# 삼고 사방공학

전근우 · 서정일 · 김석우

향 문 사

내가 오늘 이 책을 읽을 수 있다는 것은 내 생애에 가장 기록될 날이다. 훗날 내가 이 책을 다시 손에 들었을 때 오늘과 그 날을 비교해 보고, 나의 지식이 넓어졌음을 감개 깊게 느낄 것이다.

년 월 일

성 명

## 머리말

2011년 8월 5일 『신고 사방공학』이 출간된 이래로 13년 넘게 경과하였다. 그동안 사방 분야에서는 2011년 '우면산 산사태'로 대변되는 생활권 토사재해와 2017년 규모 5.4의 '포항지진'에 의한 땅밀림을 경험하였다. 이를 계기로 그간 상대적으로 등한시되던 생활권의 토석류와 땅밀림 등에 대한 관심이 높아졌고, 집필진 역시 해당 분야의 연구 성과를 기초로 『강제사방구조물 설계편람』(2012), 『해안림과의 공생』(2012), 『환경보전사방사례집』(2015), 『산림측량학』(2017), 『도시사방』(2019), 『砂防技術 Ⅰ · Ⅱ · Ⅲ』(2020), 『사방조사론』(2024) 등의 전문서적을 저술하였다.

이번 『삼고 사방공학』에서는 2011년 이후의 각종 통계와 관련 법령 및 제도에 관한 내용을 보완하고 산지사방에 설계서 작성 및 시공 요령과 산사태예방공사를 추가하였으며, 야계사방의 사방댐설치사업을 불투과형 사방댐, 투과형 사방댐, 부분투과형 사방댐, 저수형 사방댐, 기설 사방댐의 개량 등으로 구분하여 작성하였다. 또한 토사재해 예방, 도시 및 풍치 환경, 생태계의 종다양성 개선, 생활권의 무질서한 택지화 방지 및 건전한 휴양 장소의 제공을 목적으로 하는 생활권사방을 제9장으로 새롭게 편성하였다.

전 세계적으로 기후 재난으로 인한 산지 토사재해가 늘어나고 있다. 우리나라도 마찬가지로 산사태, 토석류, 유목, 땅밀림, 산불 등의 발생 빈도가 증가하고 규모가 대형화함에 따라 산지만이 아니라 생활권에서도 각종 피해가 속출하고 있다. 그러나 인간은 위험이 눈앞에 닥칠 때까지 그 위험을 인정하지 않고, 위험이 다가왔음을 인지한 후에도 평소대로 해석하고 판단하여 사태를 낙관하는 성향이 있다. 이를 재해심리학에서는 '정상화 편견(normalcy bias)'이라고 한다. 특정 지역에 대규모 재해가 발생하지 않았다고 해서 안심해서는 안 된다. 정말로 주의를 기울여야 할 곳은 지금껏 한 번도 재해가 발생하지 않은 지역일지 모른다. 이제까지 산사태 등의 피해를 입은 적이 없더라도 통계상 전국에서 엄청난 규모의 산지 토사재해가 매년 발생하고 있다는 점을 상기하여야 한다.

『삼고 사방공학』의 원고를 집필하면서 여전히 부족함을 느꼈다. 집필 과정에서 놓친 미비점은 앞으로도 계속 보완하여, 판을 거듭할 때마다 더욱 알찬 사방공학 지침서로 다듬어 가겠다고 재차 다짐하는 바이다. 책을 마무리하던 중 일본 영화 「행복한 사전」(2013)의 마지막 장면이 떠올랐다. 15년에 걸친 작업 끝에 사전이 출간되고 뒤이어 열린 출판기념회에서 한 동료가 다가와 쪽지를 건넨다. 쪽지에는 사전에서 누락되어 추후 개정판에 수록하여야 할 단어가 적혀 있다. 출판은 끝이 아니라 개정판의 시작이라는 의미로 해석하며 후학들이 곧바로

'사고 사방공학'을 준비하기를 기대한다.

책을 집필하는 데 필요한 자료를 이용하도록 흔쾌히 허락해 주신 홋카이도(北海道)대학 新谷融 명예교수, 에히메(愛媛)대학 江崎次夫 명예교수, 기후(岐阜)대학 木村正一 명예교수, 일본 일반사단법인 전국치수사방협회 岡本正男 부회장과 南哲行 전 상무이사께 감사드리며, 우리 연구실 출신의 연구자들에게도 심심한 사의를 표한다. 끝으로 책이 나오기까지 세심하게 배려해 준 향문사 대표와 직원 여러분에게 고마움을 전한다.

저자 씀

## 제1장 총론



## 제2장 사방의 동향

## 제3장 산림수문

# 제4장 산림황폐



# 제5장 사방용 재료

# 제6장 산지사방

# 제7장 야계사방

# 제8장 해안사방

## 제9장 생활권사방

# 제1장

# 총론

## 1·1 사방사업의 정의 및 목적

### 1·1·1 정의

사방(砂防, erosion control)은, 토사재해나 수해를 일으키는 해로운 토사가 단번에 하류로 이동하지 않도록 억제, 조절함과 동시에 해롭지 않은 토사를 하류로 유출하는 행위로, 이 과정에서 산지를 황폐로부터 보호하여 자연환경과 국토를 보전하는 일을 말한다. 따라서 사방은, 자연과의 대화로 시작하여 자연의 흐름에 역행하는 일 없이 우리의 생활환경 및 생산공간을 지키는 동시에 더 좋게 하는 일이다.

사방공학(砂防工學, erosion control engineering)이란 산지 녹화 및 국토 보전 면에서 사방의 목적을 달성하기 위한 기술과 이를 기초로 하는 과학의 응용에 관한 이론 및 실제를 다루는 학문이다. 즉 토사재해의 원인이 되는 토사의 생산 · 이동 · 퇴적 현상을 자연과학적으로 해명하여 토사재해의 방지기술을 확립함으로써 자연환경의 복원과 정비를 담당하는 학문이기도 하다.

### 1·1·2 목적

사방사업(砂防事業, erosion control works)은 「사방사업법」(1962년 1월 15일 제정)에 의하여 시행되고 있다. 「사방사업법」 제1조(목적)에 "이 법은 국토의 황폐화를 방지하고 산사태 등으로부터 국민의 생명과 재산을 보호하고 국토를 보전하기 위하여 사방사업을 효율적으로 시행함으로써 공공이익의 증진과 산업발전에 이바지함을 목적으로 한다."라고 분명하게 명시되어 있다.

사방사업을 통하여 산림자원의 생육 및 생산 기반을 조성하고, 산림의 공익적 기능(국토보전 기능, 수원함양 기능, 산림휴양 기능, 경관보호 기능, 대기정화 기능, 야생동물보호 기능 등)을 향상하여 공공의 이익 증진과 산업 발전에 기여하며, 수려한 산림경관을 조성함으로써

**표 1-1** 우리나라와 일본의 주요 사방 용어 비교

| 구 분 | 우리나라(사방사업법) | 일본(사방용어집) |
|---|---|---|
| 사방사업 | 황폐지를 복구하거나 산지의 붕괴, 토석·나무 등의 유출 또는 모래의 날림 등을 방지 또는 예방하기 위하여 인공구조물을 설치하거나 식물을 파종·식재하는 사업 또는 이에 부수되는 경관의 조성이나 수원의 함양을 위한 사업을 말한다. | 유역에 있어서 황폐 지역을 보전하고, 하류 하천의 하상 상승을 방지하거나 토석류 및 토사 유출에 의한 재해로부터 인명과 재산 등을 지키기 위하여 사방댐이나 골막이 등의 사방설비를 정비하는 사업이다. |
| 사방시설 (사방설비)* | 사방사업에 따라 설치된 인공구조물과 파종·식재된 식물(사방사업의 시행 전부터 사방사업의 시행 지역에서 자라고 있는 식물을 포함한다)을 말한다. | 사방지정지에 사방을 목적으로 하여 시공하는 설비이다. 사방공사를 원인 행위자가 사방법에 의한 명령에 따라 설치한 것도 사방설비로 한다. |
| 사방지 (사방지정지)* | 사방사업을 시행하였거나 시행하기 위한 지역으로서 특별시장·광역시장·특별자치시장·도지사·특별자치도지사(이하 시·도지사라 한다) 또는 지방산림청장이 지정·고시한 지역을 말한다. | 사방을 위하여 사방설비를 필요로 하거나 일정 행위를 금지·제한하여야 할 토지로서, 국토교통성 대신이 지정하는 일정한 토지구역이다. |
| 황폐지 | 자연적 또는 인위적인 원인으로 산지(그 밖의 토지를 포함한다)가 붕괴되거나 토석·나무 등의 유출 또는 모래의 날림 등이 발생하는 지역으로서 국토의 보전, 재해의 방지, 경관의 조성 또는 수원의 함양을 위하여 복구공사가 필요한 지역을 말한다. | 방재상 토사·토석의 이동을 억지하여야 하는 곳으로, 하상 상승에 의하여 홍수의 원인이 되는 황폐계류, 토사 생산원이 산복인 산복황폐지(집단지는 황폐산지), 화산퇴적물이나 화산가스 등에 의한 화산성 황폐지, 정비가 늦어져 표토가 유실되거나 벌채된 황폐임지 등이 있다. |

주 * 괄호 안은 일본에서 사용하고 있는 유사 용어

국민의 삶의 질을 높이는 데에 목적을 둔다. 따라서 사방사업은 자연환경이 파괴되거나 악화할 때 발생하는 토사의 이동·퇴적을 방지하고 황폐구역을 복구·복원하여 자연재해를 경감·방지하고 자연환경을 회복·보전함을 목적으로 시행한다.

1) 산지에 있어서 토사의 생산·이동을 방지하여 산지를 보전하고 산지의 기능을 증대한다.
2) 산사태, 토석류, 유목, 땅밀림 등의 산지 토사재해로부터 하류의 가옥, 논밭, 하천 등의 보전 대상물을 보호한다.
3) 도시나 농·산촌의 생활 및 생산 공간을 지키며, 또한 생활환경을 개선한다.
4) 각종 산지자원을 지키고, 동시에 새로운 자원 공간을 만든다.

### 1·1·3 법적 근거 및 지원 체계

사방사업은 법적으로 「사방사업법」 제5조와 제13조에 근거한다. 「사방사업법」 제5조에는 “사방사업은 국가사업으로 하며, 국가의 사업으로 시행하는 사방사업(이하 국가사방사업이라 한다)은 대통령령으로 정하는 바에 따라 시 · 도지사 또는 지방산림청장이 시행한다.”라고 되어 있다. 제13조에는 “누구든지 사방사업을 시행하거나 사방시설을 관리하는 것을 거부하거나 방해하여서는 아니 된다.”라고 되어 있다. 또한 제27조(벌칙)에는 제14조제1항의 사방사업에 의하여 설치된 기초인공구조물을 훼손하거나 원형을 변경하는 행위를 한 자에 대하여 “5년 이하의 징역 또는 5천만 원 이하의 벌금에 처한다.”라고, 제28조에는 “제13조를 위반한 자는 1년 이하의 징역 또는 1천만 원 이하의 벌금에 처한다.”라고 명시되어 있다.

지원 체계는 「사방사업법」 제7조에 “사방사업의 시행에 따른 비용은 국가가 부담한다. 다만 제6조에 따라 지방자치단체, 공공단체, 그 밖에 국가 외의 자가 시행하는 경우에는 해당 시행자가 그 비용을 부담하되 국가는 그 비용의 전부 또는 일부를 보조할 수 있다.”라고 명시되어 있다. 이에 따라 현재 우리나라에서는 사유림의 경우 국고 70%와 지방비 30%로, 국유림의 경우 국고 100%로 사방사업을 진행하고 있다.

### 1·1·4 사방사업 기본계획

「사방사업법」 제3조의2에 의하면 “산림청장은 사방사업을 계획적 · 체계적으로 추진하기 위하여 5년마다 다음 각 호의 사항이 포함된 사방사업 기본계획을 수립 · 시행하여야 한다.” 라고 되어 있다. 구체적인 내용은 ①사방사업의 기본목표 및 추진방향, ②사방기술의 개발 촉진 및 그 활용을 위한 사항, ③사방사업 대상지 및 사후관리에 관한 사항, ④사방사업 기술인력의 육성에 관한 사항, ⑤사방기술의 국제교류 확대에 관한 사항, ⑥그 밖에 산림청장이 필요하다고 인정하는 사항 등이다.

한편 “기본계획은 사방사업의 여건 및 경제사정 등에 현저한 변경사유가 있는 경우에는 변경할 수 있다.”라고 되어 있으며, “산림청장이 기본계획을 수립하거나 변경하려는 경우에는 관계 행정기관의 장 및 시 · 도지사의 의견을 들어야 하며, 기본계획을 수립하거나 변경한 경우에는 지체 없이 그 내용을 시 · 도지사 또는 지방산림청장에게 통지하고, 그 개요를 고시하여야 한다.”고 명시되어 있다. 또한 “시 · 도지사 및 지방산림청장은 기본계획에 따라 관할 지역의 특성을 고려하여 5년마다 지역사방사업계획을 수립 · 시행하여야 한다.”라고 되어 있다.

## 1·2 관련 법령 및 제도

### 1·2·1 관련 법령

우리나라의 사방 관련 법령에는 산림청 소관 법률인 「사방사업법(砂防事業法, Erosion Control Work Act)」, 대통령령인 「사방사업법 시행령」, 농림축산식품부령인 「사방사업법 시행규칙」이 있다. 또한 산사태의 예방 · 대응 및 복구에 관련된 법령에는 법률인 「산림보호법(山林保護法, Forest Protection Act)」, 대통령령인 「산림보호법 시행령」, 농림축산식품부령인 「산림보호법 시행규칙」이 있다.

#### 1 사방사업법

「사방사업법」은 1962년 1월 15일 제정되었으며 사방시행, 시설관리, 비용부담 및 수익, 벌칙, 사방시설의 해제 등을 주요 내용으로 한다. 현재는 총 26개 조로 구성되어 있으며, 제1조(목적), 제2조(정의), 제3조(사방사업의 구분), 제3조의2(사방사업 기본계획 등), 제3조의3(황폐지 실태에 대한 조사), 제4조(사방지의 지정), 제5조(사방사업의 시행), 제6조(국가 외의 자의 사방사업 시행), 제6조의2(사방댐의 유지 · 관리 등을 위한 데이터베이스의 구축 등), 제7조(비용의 부담 등), 제7조의2(사방사업의 설계 · 시공), 제7조의3(사방사업의 타당성평가), 제8조(산림공학기술자의 배치), 제9조(공무원의 조사 등), 제10조(손실보상 등), 제10조의2(토지 등의 수용 · 사용), 제11조(보상금의 결정), 제12조(재결의 신청), 제13조(사방사업의 거부 등의 금지), 제14조(사방지 안에서의 행위 제한), 제15조(사방시설의 관리), 제16조(관리비용의 부담), 제17조(수익의 귀속), 제20조(사방지의 지정해제 등), 제21조(비용의 변상), 제22조(서류 등의 무료열람 등), 제22조의2(한국치산기술협회), 제22조의3(벌칙 적용에서의 공무원 의제), 제23조(지방자치단체의 사방사업), 제24조(공공단체 등의 사방사업), 제24조의2(국제협력 등), 제24조의3(사방사업의 기술개발 등), 제25조(권한의 위임), 제26조(사업의 위탁), 제27조(벌칙), 제28조(벌칙) 등이다.

「사방사업법 시행령」은 "사방사업법에서 위임된 사항과 그 시행에 필요한 사항을 규정함"을 목적으로 하여 1962년 2월 27일 제정되었다. 현재는 총 25개 조로 구성되어 있으며, 제1조(목적), 제2조(사방지의 지정 · 해제 등의 고시), 제2조의2(사방지로 지정하지 아니할 수 있는 규모), 제3조(국가사방사업의 시행자), 제4조(국가 외의 자의 사방사업 시행), 제4조의2(사방사업의 타당성평가), 제5조(공무원의 조사 등), 제6조(복구), 제7조(손실보상의 신청 및 결정), 제8조(재결의 신청), 제9조(손실보상금의 공탁), 제10조(감정인의 의견청취 등), 제11조(사방지에서의 행위 제한), 제12조(사방시설의 관리 등), 제13조(수익의 교부), 제14조(수익교부금의 공탁), 제17조(사방지의 지정해제), 제18조(사방시설의 무상양여), 제19조(비용의 변상), 제20조(공부의 비치), 제21조(대장의 열람 등), 제21조2(타당성평가 업무의 위탁), 제22조(권한의 위임), 제23조(사방사업의 위탁시행), 제24조(규제의 재검토) 등이다.

「사방사업법 시행규칙」은 "사방사업법 및 같은 법 시행령에서 위임된 사항과 그 시행에 필요한 사항을 규정함"을 목적으로 하여 1963년 11월 19일 제정되었다. 현재는 총 20개 조로 구성되어 있으며, 제1조(목적), 제1조의2(황폐지 실태에 대한 조사의 내용 등), 제2조(사방지의 지정 등), 제2조의2(사방댐의 유지 · 관리 등을 위한 데이터베이스의 구축 등), 제3조(사방사업의 설계 · 시공 기준), 제4조(산림공학기술자의 임무 등), 제5조(조사 등의 통지), 제6조(손실보상의 신청), 제7조(재결의 신청), 제8조(감정인과 참고인의 여비), 제9조(허가신청서류 등), 제10조(수익의 교부방법 등), 제12조(사방지의 지정해제), 제13조(사방시설의 양여), 제14조(비용의 변상통지), 제15조(공부의 비치), 제16조(한국치산기술협회의 조직 · 운영 등), 제18조(협회의 사업계획 등 제출), 제19조(사방사업 기술의 연구 · 개발 등의 위임 · 위탁 대상), 제20조(규제의 재검토) 등이다.

### 2 산림보호법

「산림보호법」은 "산림보호구역을 관리하고 산림병해충을 예찰(豫察) · 방제(防除)하며 산불을 예방 · 진화하고 산사태를 예방 · 복구하는 등 산림을 건강하고 체계적으로 보호함으로써 국토를 보전하고 국민의 삶의 질 향상에 이바지함"을 목적으로 하여 2010년 3월 10일 제정된 법률이다. 「산림보호법」에서 사방과 관련한 부분은 제5장 산사태의 예방 · 대응 및 복구이다. 세부적으로 제1절 산사태예방 대책의 수립 등은 제45조의2(산사태예방장기대책의 수립 · 시행), 제45조의3(산사태예방연도별대책의 수립 · 시행), 제45조의4(산사태예방지원본부의 설치 · 운영), 제45조의5(산사태정보체계의 구축 · 운영), 제45조의6(산사태예측정보의 제공 및 산사태위기경보의 발령 등), 제2절 산사태의 예방 및 대응은 제45조의7(산사태의 발생우려지역에 대한 조사), 제45조의8(산사태취약지역의 지정 및 해제), 제45조의9(산사태취약지역지정위원회), 제45조의10(산사태취약지역에서의 행위 제한 등), 제45조의11(산사태취약지역의 관리), 제45조의12(산사태취약지역 등의 산지 매수 · 교환), 제45조의13(산사태예방 교육), 제45조의14(산사태 신고 및 보고), 제45조의15(산사태대응팀의 설치), 제3절 산사태발생지의 복구 등은 제45조의16(산사태 발생지의 복구), 제45조의17(산사태 대응의 평가 · 분석), 제45조의18(산사태예방에 대한 문책 요구 등) 등으로 구성되어 있다.

「산림보호법 시행령」은 "산림보호법에서 위임된 사항과 그 시행에 필요한 사항을 규정함"을 목적으로 하여 2010년 3월 10일 제정되었다. 이 중 사방과 관련한 부분은 제5장 산사태의 예방 · 대응 및 복구이다. 세부적으로 제1절 산사태예방 대책의 수립 등은 제32조의2(산사태예방장기대책의 수립), 제32조의3(산사태예방연도별대책의 수립 · 시행), 제32조의4(산사태예방지원본부의 구성 · 운영), 제32조의5(산사태정보체계의 구축 · 운영), 제32조의6(산사태예측정보의 제공 및 산사태위기경보의 발령 등), 제2절 산사태의 예방 및 대응은 제32조의7(산사태취약지역지정위원회의 구성 등), 제32조의11(안전조치 명령), 제32조의12(산사태취약지역 등의 산지 매수 · 교환), 제32조의13(산사태현장예방단의 구성 · 운영), 제3절 산사태 발생지의 복구 등은 제32조의14(산사태 대응의 평가 · 분석) 등으로 구성되어 있다.

「산림보호법 시행규칙」은 "산림보호법 및 같은 법 시행령에서 위임된 사항과 그 시행에 필요한 사항을 규정함"을 목적으로 하여 2010년 3월 10일 제정되었다. 이 중 사방과 관련한 부분은 제5장 산사태의 예방 · 대응 및 복구이다. 세부적으로 제37조의2(산사태의 발생 우려지역에 대한 조사의 내용 등), 제37조의3(산사태취약지역의 지정 · 고시 등), 제37조의4(안전조치 명령), 제37조의5(산사태예방 교육계획의 수립 · 실시 등), 제37조의6(산사태 신고 및 보고), 제37조의7(산사태대응팀의 교육 등), 제37조의8(산사태 발생지의 복구) 등으로 구성되어 있다.

#### 3 사방사업 관련 기타 법률

그 밖에 사방사업과 관련이 있는 법률로 「재난 및 안전관리 기본법」의 실행법에 해당하는 「자연재해대책법」(1995년 12월 제정)이 있으며, 「자연재해대책법」에서 누락된 급경사지와 관련한 내용은 「급경사지 재해예방에 관한 법률」(2008년 7월 제정)에서 정하고 있다.

### 1·2·2 관련 제도

사방사업과 관련한 제도에는 「사방사업의 설계 · 시공 기준」, 「사방사업의 설계 · 시공 세부기준」, 「사방사업의 시공감리 업무지침」, 「산사태 대응제도 및 계약예규」 등이 있다.

#### 1 사방사업의 설계 · 시공 기준

「사방사업법 시행규칙」의 별표로서 「사방사업의 설계 · 시공 기준」을 마련하여 사방사업에 대한 포괄적인 설계기준과 시공기준을 규정하고 있다. 설계기준에서는 현지조사(공통 조사항목, 야계사방사업의 경우 추가 조사항목), 사방사업의 면적 산출, 도면의 제도(제도, 평면도, 종단면도, 횡단면도, 공작물도), 설계서 작성 등에 관한 사항이 규정되어 있다. 「사방사업법 시행규칙」의 별표에서 규정한 시공기준은 다음과 같다.

1) 사방사업 대상지의 상 · 하단부에 있는 주택과 산업시설 등의 피해 방지를 우선적으로 고려하여 시공한다.
2) 산사태가 발생된 산지의 경우 인근 지역을 포함하여 2차적인 붕괴 · 침식 또는 토석의 유출 등을 방지하기 위한 공법 등을 적용한다.
3) 야계사방사업의 경우 계류의 유속을 줄이고 침식 또는 토석류를 저감하기 위한 공법 등을 적용한다.
4) 상시 물이 흐르고 어류 등이 서식하는 계류에는 어류 등의 이동이 가능하도록 생태통로를 설치한다.

### [2] 사방사업의 설계 · 시공 세부기준

산림청에서는 「사방사업의 설계 · 시공 세부기준」을 제정하여 운영하고 있다. 세부기준에는 공통사항(토공, 파종, 나무심기, 생태통로 등의 설치, 자연경관 증진, 안전시설물 설치, 편익시설 등, 현장대리인 배치, 사방사업 자체설계심의), 산사태예방 · 산사태복구 · 산지보전사업의 공통사항(정지작업, 흙막이, 수로내기, 줄[條] 만들기, 단쌓기, 줄떼만들기, 사면보호하기, 편책 · 바자얽기, 씨뿌리기, 골막이, 기슭막이), 산지복원사업(기본원칙, 산지복원사업의 종류, 식생복원사업의 기준, 기반안정복원사업의 기준), 해안방재림조성사업(기본원칙, 수종선정, 객토 · 시비, 식재목 보호시설, 사후관리시설), 해안침식방지사업(기본원칙, 시공기준), 계류보전사업(둑쌓기, 바닥막이, 기슭막이), 계류복원사업(기본원칙, 사업기준), 사방댐설치사업(사방댐의 유형, 기본원칙, 위치선정, 댐의 안정성, 높이 등 크기, 저사선, 방수로, 댐어깨, 댐단면 및 기울기, 물빼기구멍, 물받이, 끝돌림, 측벽), 재검토 기한, 기타 등에 관한 사항이 포함되어 있다.

### [3] 사방사업의 시공감리 업무지침

산림청지침 제4001호인 「사방사업의 시공감리 업무지침」은 제1조(목적), 제2조(적용범위), 제3조(용어의 정리), 제4조(감리대상 사방사업), 제5조(감리를 할 수 있는 자), 제6조(감리원의 자격), 제7조(감리원의 배치기준), 제8조(감리방법), 제9조(감리의 실행시기), 제10조(감리원의 기본임무), 제11조(감리원의 업무 수행방법), 제12조(감리원의 근무수칙), 제13조(감리원의 재시공 명령 등), 제13조의2(발주청의 지도감독), 제15조(감리비용대가의 지급), 제16조(표준계약서 등), 제17조(재검토 기한) 등으로 구성되어 있다.

## 1·3 사방사업의 분류

### 1·3·1 시행 장소, 시기, 수단에 따른 구분

사방사업은 시행 장소에 따라 ①산지사방(山地砂防, hillside erosion control), ②계간사방(溪間砂防, valley erosion control), ③야계사방(野溪砂防, torrent erosion control), ④해안사방(海岸砂防, coastal sand dune fixation and stabilization), ⑤도시(생활권)사방[都市(生活圈)砂防, urban erosion control] 등으로 구분한다. 시행 시기에 따라서는 ①산지재해를 미연에 방지하기 위한 예방사방(豫防砂防, preventive erosion control)과 ②재해 발생지의 복구사방(復舊砂防, post-disaster erosion control)으로 구분하며, 시행 수단에 따라 ①산지의 침식을 방지, 복구할 목적으로 토목 공작물을 시공하는 토목적 방법과 ②황폐지에 사방용 초본류와 수종을 식재하여 복원, 녹화하는 식생적 방법으로 나눈다.

### 1·3·2 사방사업법에 의한 구분

「사방사업법」에서는 사방사업을 산지사방사업, 해안사방사업, 야계사방사업으로 구분한다.

#### 1 산지사방사업

산지사방사업(山地砂防事業, hillside erosion control projects)은 산지에 대하여 시행하는 사방사업이다. 이에는 ①산사태의 발생을 방지하기 위하여 시행하는 사방사업인 산사태예방사업(山沙汰豫防事業, landslide prevention projects), ②산사태가 발생한 지역을 복구하기 위하여 시행하는 사방사업인 산사태복구사업(山沙汰復舊事業, landslide rehabilitation projects), ③산지의 붕괴·침식 또는 토석의 유출을 방지하기 위하여 시행하는 사방사업인 산지보전사업(山地保全事業, mountain conservation projects), ④자연적·인위적인 원인으로 훼손된 산지를 복원하기 위하여 시행하는 사방사업인 산지복원사업(山地復元事業, restoration projects) 등이 있다.

#### 2 해안사방사업

해안사방사업(海岸砂防事業, coastal sand dune fixation projects)은 해안 모래언덕 등 해안과 연접한 지역에 대하여 시행하는 사업이다. 이에는 ①해일·풍랑·모래날림·염분 등에 의한 피해를 감소하기 위하여 시행하는 사방사업인 해안방재림조성사업(海岸防災林造成事業, coast disaster prevention forest projects), ②파도 등에 의한 해안침식을 방지하거나 복구하기 위하여 시행하는 사방사업인 해안침식방지사업(海岸浸蝕防止事業, prevention of coastal erosion projects) 등이 있다.

#### 3 야계사방사업

야계사방사업(野溪砂防事業, torrent erosion control projects)은 산지의 계곡, 산지에 접속된 시내 또는 하천에 대하여 시행하는 사업이다. 이에는 ①계류의 유속을 줄이고 침식을 방지하기 위하여 시행하는 사방사업인 계류보전사업(溪流保全事業, stream conservation projects), ②자연적·인위적 원인으로 훼손된 계류를 복원하기 위하여 시행하는 사방사업인 계류복원사업(溪流復元事業, stream restoration projects), ③계류의 물매를 완화하여 침식을 방지하고 상류에서 내려오는 토석·나무 등을 차단하며, 수원 함양을 위하여 계류를 횡단하여 소규모 댐을 설치하는 사방사업인 사방댐설치사업(砂防dam設置事業, erosion control dam projects) 등이 있다.

### 1·3·3 토사재해대책에 따른 구분

토사재해대책이란 토사 이동에 의한 재해를 방지 또는 경감하여 인명, 재산 등을 보전하려는 대책으로, 시설에 의한 구조물 대책과 비구조물 대책으로 구분한다.

**1 구조물 대책**

구조물 대책(構造物 對策, structural measures)은 각종 사방시설 등의 구조물을 정비하여 붕괴, 산사태, 토석류, 땅밀림 등에 의한 토사재해를 방지 또는 경감하기 위한 대책으로, 토사 발생원, 토사의 이동, 이동 토사의 정지 또는 퇴적 지역의 대비 방법을 마련하는 대책이다.

**2 비구조물 대책**

비구조물 대책(非構造物 對策, non-structural measures)은 토사재해의 위험이 있는 구역의 주지(산사태취약지역, 산사태위험지도 등), 경계 · 피난 체제의 정비(산사태정보시스템, 산사태예보발령 등), 주택 등의 토지이용 규제 및 이전 촉진, 경계 · 피난 활동을 지원하기 위한 우량정보시스템 정비(산악기상관측망), 산사태현장예방단의 구성 및 운영 등 시설이나 제도 전반에 관한 대책이다.

## 1·4 사방사업의 효과

사방사업의 효과는 크게 직접적 효과와 간접적 효과로 구분한다. 직접적 효과로는 ①산지침식 및 토사유출 방지, ②산비탈 및 계안의 붕괴 방지, ③산각의 고정 및 땅밀림 방지, ④계상물매 완화 및 계류생태계 보전, ⑤모래날림의 고정 및 방재림 형성, ⑥홍수 조절 및 수원 함양, ⑦하구 및 항만의 토사 퇴적 방지, ⑧저수지 · 탄갱 · 농경지 매몰 방지, ⑨국토 보전 등이 있다. 간접적 효과로는 ①각종 용수 보전, ②하천 공작물 보호, ③경지와 택지의 조성 및 안정, ④자연환경의 복구 및 보전 등이 있다. 또한 기능 면에서는 ①재해 방지 효과, ②수자원 함양 효과, ③생활환경 보전 효과, ④정책상의 효과 등을 들 수 있다.

### 1·4·1 산림자원 생산기반 조성

시공 후 40년이 경과하여 산림이 울창해지면 연간 $4m^3/ha$의 용재가 생산되며, 시공 후 매년 10t/ha의 임산연료가 생산된다.

### 1·4·2 계류 환경 보전

사방시설이 주변 계류의 환경에 미치는 영향은 계류의 토사 이동에 미치는 영향과 수변 생태계에 미치는 영향으로 구분할 수 있다. 즉 사방시설은 계류의 물리적 구조와 토사 이동에 긍정적인 영향을 미치며, 수변 생태계에 대해서는 수변림과 수생곤충 · 어류 · 양서류 · 포유류 · 조류 등의 생식 및 생활 환경을 조성하는 등의 기능을 한다.

### 1·4·3 국토 보전 및 재해 방지

산림지대의 붕괴토사량과 유출토사량은 임상에 따라 차이가 난다(표 1-2 참조). 사방사업 후 시공 연수가 경과하면 수림화가 진행되면서 황폐산지의 지표가 피복되어 생산토사량이 줄어들고, 식물의 근계가 네트 작용과 파일 작용 등을 발휘하여 붕괴토사량이 감소한다. 실제로 사방사업에 따른 연차별 유출토사량의 변화를 측정하였더니 시공 연수가 경과함에 따라 표면유출수량이 감소하여 황폐지에 비하여 유출토사가 크게 줄어든 것으로 나타났다(표 1-3 참조).

**표 1-2** 임상별 유출토사량(단위: t/ha/년)

| 구 분 | 활엽수림 | 침엽수림 | 혼효림 | 황폐지 |
|---|---|---|---|---|
| 유출토사량 | 0.7 | 1.0 | 2.2 | 118.3 |

[임업시험장, 1993]

**표 1-3** 사방 시공 후 연차별 유출토사량(단위: t/ha)

| 구 분 | 황폐지 | 시공 당년도 | 시공 2년 차 | 시공 3년 차 | 시공 4년 차 |
|---|---|---|---|---|---|
| 유출토사량 | 169.1 | 188.7 | 76.5 | 3.7 | 0.1 |

[임업시험장, 1973]

일례로 2020년 역대 최장의 장마 기간(중부 지방 기준 54일) 동안 기록적인 폭우로 누적 강우량이 851.7mm에 달하고 1,343ha 면적의 산사태가 났다. 그러나 산사태 발생지 중 사방댐이 설치된 지역에서는 토사, 토석, 유목이 사방댐에 차단됨으로써 하류 지역의 인명 및 재산 피해가 발생하지 않았다.

해안지대에 해안방재림을 조성하면 파도로 인한 피해를 저감하고 모래날림과 조풍해(朝風害)를 방지할 수 있다. 내륙지대에는 내륙방재림을 조성하면 강풍과 눈사태 등으로부터 경지와 공공시설을 보호할 수 있다.

### 1·4·4 수원 함양

지표에 도달한 강우는 침투와 투수의 과정을 거쳐 지하에 저류(貯留)된 후 서서히 유출되어 산림지대의 수자원을 형성한다. 산림의 수자원 함양 기능은 강수량의 상당 부분을 지하로 침투시켜 강우 직후의 지표유출을 줄이는 일이다. 그러나 민둥산과 황폐산지는 강우의 대부분을 지표수로 유출하는 탓에 수자원 함양의 기능을 제대로 발휘하지 못한다. 이럴 경우 사방사업을 통하여 수림화를 진행하면 산림토양의 침투성을 개선할 수 있고 이에 따라 수자원 함양의 효과가 높아진다. 특히 산림지대의 침투성은 다른 지피의 지역보다 크다. 일본 홋카이도에서 유수형 침투계로 측정한 결과, 임지가 초지나 밭, 방목지, 나지(裸地)에 비하여 종기침투강도가 월등히 높게 나타났다.

**표 1-4** 지피 상태별 종기침투강도(일본 홋카이도, 단위: mm/ha)

| 지피 상태 | 임지 | 초지 | 밭 | 방목지 | 나지 |
|---|---|---|---|---|---|
| 종기침투강도 | 414 | 128 | 56 | 37 | 14 |

### 1·4·5 생활환경 보전

최근 도시의 급속한 개발과 팽창으로 녹지가 훼손되면서 미세먼지, 대기오염, 소음 등으로 인한 환경 악화가 사회문제로 대두되고 있다. 이에 도시녹화를 통하여 악화한 환경을 개선하면 도시 산림의 환경보전 기능을 기대할 수 있다. 즉 도시의 녹지가 증대하면 대기 정화, 기상 조건의 완화, 방음 · 방풍, 긴장의 완화, 토사의 붕괴와 유출 저감 등 산림의 환경보전 기능이 높아지며, 산림휴양과 숲치유 기능도 강화할 수 있다. 이와 같이 사방사업으로 산림을 조성하거나 또는 유지, 개량함으로써 국민의 보건 · 휴양과 생활환경을 보전할 수 있다.

### 1·4·6 탄소 저감

이상기후에 따른 국지성 집중호우의 빈발, 태풍 강도 및 발생 횟수의 증가 등으로 산사태를 비롯한 산지 토사재해가 전 세계적으로 증가하고 있다. 사방사업은 이러한 자연재해를 사전에 예방하여 산림의 피해를 복구하는 데 소요되는 인력이나 기자재 등의 투입을 최소화할 수 있다. 또한 산지에서의 사면 붕괴, 토석류 발생을 예방적으로 차단하여 산림 내 토양을 보전함으로써 산림이 지닌 탄소 흡수원으로서의 역할을 유지, 증진할 수 있다.

# 제2장

# 사방의 동향

## 2·1 우리나라의 사방

### 2·1·1 조선 시대까지의 사방사업

#### 1 삼국시대

『조선치수치산사고(朝鮮治水治山史考)』(1935)에 따르면 서기 935년경 수리(水利)를 잘해서 한해(旱害)를 방지하고자 하였음을 알 수 있다. 풍수해와 같은 기상재해에 관한 기록이 분명하지는 않지만 산을 잘 다스려 수원 함양, 토사유출 및 붕괴 방지를 도모하고 물을 잘 다스려 수해를 방비하는 등 치산치수(治山治水)를 중요시한 역사가 이 책에 기록되어 있다. 특히 "신라 벌휴(伐休) 9년 5월에 크고 작은 산붕이 10여 개소나 발생하였고, 백제 구수(仇首) 8년 5월에는 크고 작은 산붕이 40여 개소나 발생하여 피해가 막심하였다."라는 기록이 있다.

#### 2 고려 시대

공신과 관리에게 임야를 급여하는 제도를 시행하는 동안 산림이 사유화되면서 공용 임야[시지(柴地)]에서의 집단적인 무단벌채가 성행하였다. 이에 따라 특정 지역에서는 반복적 임산물 채취와 자연적 요인이 복합적으로 작용하여 산림이 황폐되었으며, 식량을 확보하고 세금을 거둬들이기 위하여 나라에서 개간(開墾)을 장려하기도 하였다. 그러나 한편에서는 하천에 둑을 쌓고 저수시설을 개수하여 수리를 개선하였다. 특히 수도 개경 부근에서는 벌채를 금지하고 조림을 장려하여 보호림을 조성하는 한편 하안(河岸)도 정비하였다. 산불에 대해서도 취체(取締)를 강화하여 개척화경(開墾火耕)을 위한 연소나, 불을 놓아 사냥하던 화렵(火獵) 등에 대해서도 단속하였다.

#### 3 조선 시대

임야를 국유화하기 위하여 사점을 금지하는 제도를 채택하였음에도 임야의 사유화가 확산하고 벌채가 성행하여 점차 산림이 황폐되었다. 원시적인 개간으로 인한 산림 피해가 증가하였고, 양반의 횡포를 견디다 못해 산속에 숨어든 백성들이 화전(火田)을 경작하여 산림황폐의 또 다른 원인이 되었다. 각종 정변 속에서도 양반 관료나 권세가는 먼저 산림을 점유하거나 벌채, 개간하였고, 특히 조선 말기의 빈번한 외침과 청일전쟁, 러일전쟁 등으로 인하여 산림 피해가 더욱 확대되었다.

**① 제1기 – 1392년(건국)부터 1469년(경국대전 편찬)까지 77년간**

저수지를 축조하여 융설수(融雪水)를 저수하였고, 지방관은 산림을 순시하여 산불을 방지하였다. 기우제 때에도 명목(名木) 산림을 벌채하지 못하게 하였으며, 측우기를 만들어 지방에서도 우량을 관측하였다. 식량 생산을 위하여 하천 부근의 임분이 벌채되고 임야에서는 화전이 증가하자 두만강 연안에서의 경작을 제한하고 방수림(防水林)을 조성하였으며, 제주도에서는 벌목과 신간(新墾)을 금지하였다. 「경국대전」에 따르면 하천의 둑은 수령이 매년 봄 · 가을로 관찰사에게 보고하여 개수하도록 하였으며, 신축 시에는 견고하게 축조하도록 하고 하천 둑의 내 · 외면에는 잡목을 식재하여 훼손을 방지하도록 하였다. 한성에서는 4대 산[四山]을 획정하여 보호림으로 설정하는 한편 지방에서는 국용림(國用林)인 봉산(封山)을 지정하고 공용림(共用林)을 운영하였다.

**② 제2기 – 1470년부터 1744년(속대전 편성)까지 274년간**

한해와 수해가 계속되어 생활이 궁핍해지자 많은 농민들이 산간 오지로 숨어들어 화전을 경작하였다. 화전 피해가 심해지자 1650년부터는 제언사(堤堰司)를 임명하여 하천의 둑과 보(洑) 등의 수리시설을 관리하도록 하고 산허리 이상에서나 신규 벌목에 의한 개간을 금지하였다. 화전을 정리하기 위하여 일정 지역에서 금양(禁養, 경작 금지)을 단행하였고 지역별로 정리 대상을 정하였다. 또한 산불과 도벌을 단속하고 산림관(山林官)으로 하여금 순시하도록 하였으며, 각 도읍에 있는 소나무숲[松山]의 보호취체 규정을 제정하고 금지표주(禁止標柱) 내에서는 경작을 금지하였다.

**③ 제3기 – 1745년부터 1863년(고종 즉위)까지 118년간**

측우기가 각 도에 배포되어 강우량을 측정하였으며, 하천의 둑을 규모 있게 개축하고 저수지를 개량하였다. 경계림을 설치하여 침간(侵墾)을 방지하고 관가의 절수(折受) 임야의 확대를 방지하였으며, 화전을 정리하였을 뿐만 아니라 화전민의 생계도 보장하도록 하였다. 1860년경 한성 주위에 있는 4대 산에서는 솔나방 피해로 산림이 황폐되어 토사유출이 심하게 발생하였다. 또한 영남 지방에는 미입목지와 과습한 저지대가 넓게 분포하여 호우 시 토사유출과 둑 붕괴가 자주 발생하였다. 이에 따라 각 읍에서는 벌채를 단속하고 식재를 장려하여 산림을 육성하였으며 하천 정비도 병행하였다. 금산, 봉산, 그 밖의 관공용 임지와 일반 임야에 대해서도 조림을 장려하였다.

### 2·1·2 일제강점기의 사방사업

우리나라의 근대 사방은 1907년 경성(서울)의 북한산 창의문에서 처음 실시되었다. 이후 1918년 「조선임야조사령」을 제정하여 8대 하천유역의 황폐지를 조사하고 '사방사업 실행방침'을 내부 규정으로 통첩하였다. 1922년에는 제1기 국비계속사방사업계획(1922~1934년)을 수립하여 각 도에 사방사업소를 설치하였고, 치산사업30개년계획(1922~1951년)을 수립하였으며, 사방사업비 공채지변 제도를 실행하였다. 1925년 「사방사업 실시지침」을 제정하였고 1931년 제1차 궁민구제사방사업계획(1931~1934년)을 수립하여 농·산촌민을 구제하였으며, 1933년에는 「조선사방사업령」을 제정하였다. 1934년 수해이재민구제사방사업계획(1934~1935년)을 수립하고 「조선사방사업령 시행규칙」을 제정하였으며, 제2차 궁민구제사방사업계획(1934~1935년)을 수립하였다. 1935년 제2기 국비사방사업계획(1935~1949년), 도비사방사업계획(1935~1949년), 낙동강유역 사방사업계획(1935~1949년), 한해이재민구제사방사업계획(1935~1949년) 등을 수립하였으며, 1937년에는 산사태지 복구를 위하여 재해임지복구사방사업계획(1935~1949년), 제2기 사방사업수정계획(1935~1949년) 등을 수립하였다. 1940년 사방공사 지역에 있는 야계 및 야계적 하천에 대하여 조사하고 1941년 한해 대안으로 경지보전사업을 실시하기 위하여 야계사방공사를 착수하였지만 제2차 세계대전이 확대되자 1942년 사방사업이 대폭 축소되었다. 특히 1945년에는 전시체제로 인한 기구 축소로 사방관리소가 해당 시군에 통폐합되었다.

### 1 산지사방

우리나라의 사방사업은, 1907년 경성 부근의 산림을 녹화하여 풍치를 증진할 목적으로 창의문 내 백운동(현 청운동)의 식림사업(植林事業)에 앞서 지존작업(地拵作業)으로 적묘공(積苗工)을 시행한 것이 효시이다. 이 사업을 '청계천 수원지(청운동-인왕산) 사방사업'이라고도 하였다. 민둥산의 경우 일반적인 조림 방법으로는 녹화에 성공하기 어렵기 때문에 기초공사로 적묘공을 실시한 후 소나무, 곰솔, 상수리나무, 산오리나무, 물갬나무 등을 약 5ha에 식재하였다.

**그림 2-1** 1907년 사방사업 실시 후 서울 백운동 창의문 사방사업지의 경년 변화

1918년부터 수원함양림조림사업의 일환으로 충청북도와 충청남도에 보조금(당시 5만 엔)을 교부하여 금강의 지류인 미호천 유역의 6개 군에서 사방사업을 실시하였다. 1919년부터는 경상북도 및 섬진강 유역에 속하는 전라북도 남원군에 보조금(당시 10만 엔)을 교부하여 동일 사업을 시작하였으며 이것이 민유림에 실시한 사방사업의 효시이다. 1922년부터 국비계속사방사업이 시작되었고, 1935년에는 제2기 사업이 실시되었으나 사업이 부진하여 1937년 제2

기 사방사업수정계획을 수립하였다.

1936년 8월 남한 지역을 중심으로 태풍과 이에 동반한 호우로 임야가 붕괴되고 토석류가 발생하여 하류 지역에 심한 수해가 났다. 이에 따라 국유림 내에서는 국고 전액, 민유림에서는 국고 8할, 도비 2할의 경비로 사방사업을 시행하였다. 1937년 이후 10년간은 약 5,000ha의 민둥산에 대하여 강원도동해안철도선로보전사방사업을 국고 6할, 도 및 지방 각 2할의 부담으로 시행하였다.

이상과 같이 일제강점기에는 특히 1930년대 초반에 매년 거듭되던 한해 · 수해를 복구하기 위하여 1932~1944년의 12년에 걸쳐 연간 10,000~15,000ha, 많은 해에는 27,000ha의 면적에 대하여 산지사방사업을 실시하였다. 해방 전까지 산지사방이 시행된 총면적은 약 20만 ha에 달한다.

#### 2 야계사방

일제강점기의 야계사방은 주로 산지사방사업 지역 내에 분포하는 황폐야계 및 야계적 하천을 대상으로 약 1,610km에 걸쳐 시공되었다. 1933년, 1934년, 1936년 연속적으로 삼남 지역에 대홍수가 발생하여 치산치수 정책에 대한 재검토가 이루어졌다. 즉 항구적인 대책을 수립하기 위하여 임시치수위원회를 구성하였고, 위원회에서는 치산치수 대책으로 "산복보호공의 효과가 완벽하게 발휘되기 위해서는 이와 관련된 소하천 상류부에 속히 야계공사를 실시할 필요가 있다."라고 보고하였다.

이후 임시치수위원회의 보고에 근거하여 중 · 소규모의 하천개수공사가 개시되는 등 사방사업이 확충되었지만 1939년 이래 지속된 한발과 전시체제로의 정책 전환은 야계사방사업에 큰 장애가 되었다. 그러나 1940년 5월 한해 대책으로 실시한 야계공사는 기대 이상의 성적을 얻었고 '야계공사'라는 명칭을 사용하는 계기가 되었다. 1940년 한해대책사업으로 경기도 이남의 7개 도에 걸쳐 약 131km가 복구되었고, 1941년 이후에는 경지보전사업(야계공사)으로 251개소 326km가 시행되었다.

### 2·1·3 정부 수립 이후의 사방사업

1962년 독립 법률인 「사방사업법」을 제정하여 본격적인 사방사업을 실시하기에 이른다. 1973~1988년 기간 동안 '제1차 · 제2차 치산녹화 10개년계획'에 따라서 초창기에는 황폐산림 녹화를 위한 산지사방을, 이후에는 산지와 접속된 황폐계류를 정비하는 야계사방을 주로 실시하였다. 1986년부터는 산사태, 토석류, 유목 피해 지역을 중심으로 사방댐을 시공하였다. 또한 1990년 이후에는 친환경 사방사업, 2000년대에는 대형 산림재해지의 사방 대책, 2010년대에는 생활권 지역의 사방 대책을 중심으로 사방사업을 추진하였다. 최근에는 산사태, 토석류, 지진, 땅밀림을 포함한 여러 유형의 산지 토사재해에 대한 사방사업을 추진하고 있다.

**표 2-1** 우리나라 사방사업의 발전 연혁

| 기 간 | 시대 구분 | 기 간 | 시대 구분 |
|---|---|---|---|
| 1907~1911 | 일본의 사방기술 도입 | 1964~1967 | 사방시공법 정비시대(구공법 개선시대) |
| 1911~1917 | 독창적 간이사방 시대 | 1967~1972 | 야계사방 및 유역개발사방 시대 |
| 1917~1921 | 산복공사 편중시대 | 1972~1974 | 사방 단비제도 개선 및 사방 설계기준 정비시대 |
| 1921~1923 | 계간공사 편중시대 | | |
| 1923~1928 | 제1기 근대사방 시대 | 1974~1978 | 계통사방 및 완전사방 시대(특수사방 시대) |
| 1928~1929 | 산복공사 개혁시대 | 1978~1980 | 수재해복구사방 시대(산사태 재해 발생) |
| 1929~1931 | 제2기 근대사방 시대 | 1980~1984 | 사방사업 정비시대(사방 위축시대) |
| 1931~1934 | 제3기 근대사방 시대 | 1984~1987 | 야계사방 및 사방댐시공 시대(계간사방 시대) |
| 1934~1937 | 사방 전성시대 | 1987~1993 | 예방사방 시대(산사태방지 사방공사) |
| 1937~1941 | 제2기 계간공사 편중시대 | 1993~1997 | 사방사업 다양화시대(도급 병행) |
| 1941~1945 | 사방 위축시대 | 1997~1999 | 환경사방 시대(마을환경사방, 신국가방재시스템) |
| 1945~1948 | 사방 수난시대(광복 직후) | | |
| 1948~1950 | 사방 정비시대(정부 수립) | 2000~2005 | 재해방지사방 시대(동해안 대형 산불, 태풍 및 집중호우에 의한 산사태 재해 대책) |
| 1950~1953 | 사방 재난시대(한국전쟁) | | |
| 1953~1955 | 사방 재해복구시대 및 해안사방 착공시대 | 2006~2010 | 친환경사방공사 및 사방 관련 법규 정비시대(사방 100주년 기념, 사방점검 · 평가제도 도입) |
| 1955~1957 | 사방 부흥시대(외국 원조자금 사방 시대) | 2011~2015 | 산사태 예방 중점추진시대(우면산 산사태 발생, 생활권 사방, 산사태정보체계 구축 등) |
| 1957~1961 | 토양보전식 사방공법 시대(신공법 시대) | | |
| 1961~1964 | 간이 산지사방공법 편중시대(파종공법 시대) | 2016~ | 다양한 유형(토석류, 지진, 땅밀림 포함)의 산지 토사재해 예방시대 |

### 1 산지사방

1945년은 '사방 수난시대'이었지만 1946년에는 사방관리소가 부활하고 일제강점기의 「조선사방사업령」과 「조선사방사업령 시행규칙」이 「사방사업령」, 「사방사업령 시행규칙」, 「사방사업실시요령」으로 국문화되었다. 1947년에는 '조림 및 사방사업 10개년계획'이 수립되었고 각 도에 산림과가 설치되었다.

1948년 '조림 및 사방사업 10개년계획'에 따라 산지사방사업의 체계가 확립되었지만 1950년부터 3년간은 한국전쟁으로 인하여 사방시공지가 재차 황폐되는 '사방 재난시대'를 겪었다. 1953년 '사방사업 5개년계획'을 수립하였고, 국제연합한국재건단(United Nations Korean Reconstruction Agency, UNKRA)의 원조를 받아 소위 '밀가루 사방'을 시행하였다. 1954년 「산림계 사방사업비 보조금 교부규칙」이 제정되었고, 1957년 '제2차 사방사업 5개년계획'이 수립되었으며, 1958년에는 요사방지를 A급지 · B급지 · C급지로 구분하여 시행하였다. 1959년 '사방의 날'(3월 15일)이 제정되기도 하였다.

1962년 「사방사업법」이, 1963년 「국토녹화촉진에 관한 임시조치법」이 각각 공포되어 산림사업비의 약 80%를 사방사업에 집중 투자하였다. 1964년 미국의 농산물 원조법인 PL480에 따라 원조 받은 양곡으로 노임을 지급하는 사방사업이 시행되었고, 국제연합의 한국산림조사사업기구가 발족하여 항공사진을 이용한 황폐지 조사가 이루어졌다. 1965년 '치산 7개년계획'이 수립되었지만 「산림계 사방사업비 보조금 교부규칙」이 폐지되었고, 1966년에는 사방센타가 경상북도 김천시에 설치되었다.

1967년 농림부 산림국이 산림청으로 개편되어 산림청 내 조림국에 치산과가 설치되었고, 1968년 유엔특별기금(United Nations Special Fund, UNSF)과 유엔식량농업기구(Food and Agriculture Organization, FAO)에 의한 산림조사 및 개발사업(1968~1972년)이 시작되었으며, 1969년에는 사방초지조림사업이 실시되었다. 1970년에는 제1회 사방공법 세미나가 개최되었다.

1972년 '한·일 항공노선 집단 황폐지 복구사업계획'(영일지구 특수사방)이 수립되었다. 1973년 산림청이 농림부에서 내무부로 이관되면서 '제1차 치산녹화 10개년계획'(1973~1982년)이 수립되어 사방사업의 기본 방침을 지구완결원칙에 입각한 계통사방녹화로 정하였으며, 『사방기술교본』이 발간되고 방풍림 조성사업도 시행되었다.

1974년 「녹화사업에 관한 한·독 간 약정」이 체결되었고 사방사업이 새마을운동 사업과 연계되어 추진되었으며, 1975년 「훼손임지복구요령」이 제정되었다. 1977년에는 「임지훼손허가 및 복구요령」이 제정되었으며, 특히 영일지구 특수사방사업이 성공적으로 마무리되었다.

A

B

그림 2-2 경상북도 영일지구에서 실시된 사방사업 전(A)과 후(B)

1978년 '제1차 치산녹화 10개년계획'(1973~1982년)이 목표 연도보다 4년 앞서 조기 종료되었지만 사방사업은 당초 계획의 약 50%밖에 시행되지 못하였고, 1979년에 '제2차 치산녹화 10개년계획'(1979~1988년)이 수립되었다. 1981년 마을 도급사방이 확대 실행되었고, 1982년 「사방사업법 시행령」이 개정되었으며, 1983년에는 각 도청 사방계가 폐지되어 사방사무가 양묘계에 통합되었다.

1986년 사방사업소를 치산사업소로 개칭하였고, 1987년 태풍 '셀마'와 집중호우로 인한 산사태지를 복구하였으며, 1988년에는 산사태발생 예·경보제를 실시하였다. 1989년 『황폐지 복구사』가 발간되었고, 1992년도에는 「사방사업 실행지침」과 「도급사방사업 지침」이 제정되었다.

1993년 치산사업소와 도 임업시험장이 산림환경연구소로 통합되었고 야계사방과 사방댐에 대한 도급사방이 도입되었다. 1994년 「도급사방사업 실시요령」과 「사방공사 시방서」를 제정하였고, 1995년에는 산사태 위험지 일제조사를 실시하였으며 「사방사업 실행지침」이 제정되었다. 1996년 강원도 고성군에서 발생한 대형 산불을 계기로 자생식물의 혼파처리법이 개발되었고, 1997년에는 마을환경사방 시범사업과 야계정화시설 시범사업이 각각 3개소에서 실시되었다.

2000년에는 강원도 동해안 지역에 발생했던 대형 산불 피해지가 복구되었으며 산사태위험도 판정 프로그램이 개발되었다. 2002년 태풍 '루사'에 의한 산지재해 복구가 진행되었고 환경친화적 사방공법이 정립되었으며 제1차 한일토사재해방지기술회가 개최되었다. 2003년에는 태풍 '매미'에 의한 산지재해 복구사업을 위하여 설계기준을 50년 이상의 홍수 발생 빈도로 강화하였다. 2006년 지리정보시스템(geographic information system, GIS)을 이용한 산사태위험관리시스템이 운영되었고 7월 발생한 집중호우 및 태풍 '에위니아' 등에 의한 산지재해 복구가 실시되었으며 신국가방재시스템기획단이 발족하였다.

2007년 한국 사방 100주년을 맞이하여 기념식 개최, 사방 유공자 포상 및 사방기념공원 조성, 『한국사방100년사』 발간, 각종 사방 홍보물 제작, 한국 사방 100주년 기념 국제심포지엄 개최 등이 진행되었다. 2008년 「사방사업법」을 개정하여 사방사업을 산지사방사업·해안사방사업·야계사방사업으로 구분하였고 특수법인 사방협회가 창립되었다.

2009년에는 사방사업을 4대강살리기 사업과 연계하여 추진하였고, 산림복원사업을 신설하여 자연적·인위적으로 훼손된 산림을 복원하여 지속가능한 산림생태계 보전 등 다양한 산림 고유의 기능을 유지, 증진하도록 하였으며, 사방지의 점검 및 평가 사업이 시행되었다. 2010년부터는 5년마다 황폐지 실태조사를 실시하고 있으며, 「사방표준품셈」을 새롭게 개발하였다.

2011년 우면산 사방사업이 추진되었고 사방사업의 타당성평가를 사방협회에 위탁하여 사업을 추진하였다. 2012년에는 「산림보호법」을 개정하여 제5장에 '산사태의 예방·대응 및 복구'에 관한 조항을 신설하였고 산림청의 치산복원과를 산사태방지과로 개편하였으며 「산사태 취약지역 지정조서」를 마련하였다. 2013년 산사태발생 우려지역 실태조사(14,201개소)를 실시하였으며, 2014년에는 「사방표준품셈」을 전면적으로 시행하고 사방지의 해제 시기를 시행 후 10년에서 5년으로 단축하였으며 『사방기술교본』을 개정하였다. 2015년에는 생활권 산사태 취약지역 중심의 사방사업을 추진하였다.

2016년 산사태 취약지역 중심의 사방사업을 추진하였고, 2017년 지진·산사태 대응 체계를, 그리고 2018년에는 지진·땅밀림 등 새로운 유형의 재난 대응 체계를 구축하였다. 2019

년 산사태 취약지역 관리 강화, 땅밀림 기초조사 등을 추진하였고, 2020년 역대 최장 장마기간(54일) 및 태풍 피해로 인한 산사태 1,343ha를 복구하였으며, 2021년에는 「사방사업법」 개정을 통하여 사방협회에서 한국치산기술협회로 명칭을 변경하였다. 2022년 이후에는 산사태 방지 대책기반을 마련하고, 산사태 예방·대응 관리 체계의 강화, 과학적인 산사태 대응 기반 구축, 기후위기와 대형 재난에 대비한 사방사업의 실시, 체계적인 산사태 피해 조사 및 적기 복구, 땅밀림 등 새로운 유형의 산사태 예방·대응 체계의 구축 등을 목표로 하여 사방사업을 추진하고 있다.

**표 2-2** 연도별 산지사방 실적

| 연도 | 사업량(ha) | 연도 | 사업량(ha) | 연도 | 사업량(ha) |
|---|---|---|---|---|---|
| 1945 | 2,881 | 1972 | 2,782 | 1999 | 100 |
| 1946 | 6,313 | 1973 | 4,767 | 2000 | 101 |
| 1947 | 5,716 | 1974 | 9,176 | 2001 | 48 |
| 1948 | 4,071 | 1975 | 9,033 | 2002 | 61 |
| 1949 | 5,210 | 1976 | 5,486 | 2003 | 64 |
| 1950 | 1,367 | 1977 | 5,222 | 2004 | 136 |
| 1951 | 4,573 | 1978 | 7,490 | 2005 | 132 |
| 1952 | 984 | 1979 | 5,206 | 2006 | 107 |
| 1953 | 5,836 | 1980 | 5,855 | 2007 | 72 |
| 1954 | 3,176 | 1981 | 3,850 | 2008 | 78 |
| 1955 | 8,273 | 1982 | 5,850 | 2009 | 83 |
| 1956 | 7,300 | 1983 | 5,239 | 2010 | 79 |
| 1957 | 3,546 | 1984 | 3,040 | 2011 | 79 |
| 1958 | 24,000 | 1985 | 3,203 | 2012 | 79 |
| 1959 | 44,383 | 1986 | 2,230 | 2013 | 237 |
| 1960 | 78,418 | 1987 | 1,535 | 2014 | 229 |
| 1961 | 48,730 | 1988 | 1,399 | 2015 | 208 |
| 1962 | 23,794 | 1989 | 1,114 | 2016 | 225 |
| 1963 | 181,844 | 1990 | 900 | 2017 | 227 |
| 1964 | 113,459 | 1991 | 447 | 2018 | 162 |
| 1965 | 27,265 | 1992 | 791 | 2019 | 159 |
| 1966 | 6,573 | 1993 | 165 | 2020 | 166 |
| 1967 | 15,232 | 1994 | 252 | 2021 | 163 |
| 1968 | 5,532 | 1995 | 244 | 2022 | 216 |
| 1969 | 4,741 | 1996 | 100 | 2023 | 200 |
| 1970 | 4,778 | 1997 | 137 | | |
| 1971 | 3,196 | 1998 | 105 | 계 | 730,220 |

### 2 예방사방

예방사방은, 주로 주택, 공장, 도로 등의 배후 또는 인접 지역에서의 산사태, 낙석, 침식 피해를 방지하기 위하여 실시하는 예방적 공사이다. 1988년 예방사방사업을 처음 도입한 이래 연간 30~40ha의 소규모로 실행하였지만 2013년 이후로는 사업이 추진되지 않고 있다.

1995년 작성된 「사방사업 실행지침」에서는 "산사태(붕괴 포함)는 산지의 지형, 지질, 식생 등 입지요인과 태풍, 호우, 지진, 화산폭발, 천둥 등 유발요인의 복합작용으로 일어나고 있으며, 이로 인한 재해를 미연에 방지하고자 실시하는 사방공사"로 예방사방을 정의하였다. 2006년 발표된 「사방사업의 설계 · 시공 세부기준」에는 예방사방사업 예정지의 선정 기준이 ①산사태 위험지로 지정된 지역, ②산사태 등으로 인명 · 재산 피해 우려가 있으나 일반 산지 사방사업으로는 재해 방지가 어려운 지역으로 규정되어 있다. 또한 2010년 개정된 「사방사업법」 제3조(사방사업의 구분)에서는 산사태예방사업을 "산사태의 발생을 방지하기 위하여 시행하는 사방사업"이라고 규정한다.

**표 2-3** 연도별 예방사방 실적

| 연도 | 사업량(ha) | 연도 | 사업량(ha) | 연도 | 사업량(ha) |
|---|---|---|---|---|---|
| 1988 | 2 | 1997 | 21 | 2006 | 30 |
| 1989 | 10 | 1998 | 20 | 2007 | 31 |
| 1990 | 26 | 1999 | 20 | 2008 | 37 |
| 1991 | 40 | 2000 | 22 | 2009 | 60 |
| 1992 | 40 | 2001 | 20 | 2010 | 37 |
| 1993 | 42 | 2002 | 16 | 2011 | 42 |
| 1994 | 51 | 2003 | 37 | 2012 | 48 |
| 1995 | 43 | 2004 | 30 | | |
| 1996 | 31 | 2005 | 33 | 계 | 789 |

### 3 사방댐

산림청이 1984년부터 2년간 사방댐 시공 적지를 조사한 후 1986년 시공한 28개소가 우리나라 사방댐의 시초이다. 이후 매년 시공 기수가 증가하여 2000년대에는 연간 200개소 내외의 사방댐을 시공하였으며, 특히 2006년 집중호우로 발생한 산사태 및 토석류 등의 재해로부터 재산 및 인명을 보호하는 데 사방댐이 크게 기여한 것으로 나타나 지방자치단체와 지역주민의 요구가 높아지는 계기가 되었다.

우리나라의 연도별 사방댐 시공 실적을 보면 1986~2000년까지는 매년 100개소 이내이었지만 2002년 태풍 '루사'와 2003년 태풍 '매미'에 의한 피해 발생을 계기로 점차 늘려 나가 매년 200개소 정도를 시공하였다. 특히 2006년 강원도 영서 지방을 중심으로 피해를 입힌 태풍 '에위니아'와 2011년 일어난 우면산 산사태 이후 크게 증가하여 2014년에만 1,036개소를 시공하였고 2023년까지 전국에 총 14,503개소의 사방댐이 시공되었다. 그러나 전국에 60,000개 이상의 토석류 위험계류가 분포하므로 이에 필요한 개소수에 비하면 아직 정비율이 20%에도 못 미치고 있으며, 매년 1,000기 정도를 시공하더라도 앞으로 수십 년은 소요될 것으로 예상된다.

**표 2-4** 연도별 사방댐 시공 실적

| 연도 | 사업량(개소) | 연도 | 사업량(개소) | 연도 | 사업량(개소) |
|---|---|---|---|---|---|
| 1986 | 28 | 1999 | 74 | 2012 | 858 |
| 1987 | 23 | 2000 | 106 | 2013 | 987 |
| 1988 | 33 | 2001 | 143 | 2014 | 1,036 |
| 1989 | 44 | 2002 | 155 | 2015 | 946 |
| 1990 | 68 | 2003 | 281 | 2016 | 873 |
| 1991 | 86 | 2004 | 297 | 2017 | 738 |
| 1992 | 76 | 2005 | 247 | 2018 | 533 |
| 1993 | 59 | 2006 | 237 | 2019 | 424 |
| 1994 | 62 | 2007 | 704 | 2020 | 356 |
| 1995 | 55 | 2008 | 442 | 2021 | 447 |
| 1996 | 54 | 2009 | 828 | 2022 | 772 |
| 1997 | 94 | 2010 | 808 | 2023 | 636 |
| 1998 | 79 | 2011 | 814 | 계 | 14,503 |

1986년부터 시공된 콘크리트사방댐은 1990년대에는 주변 경관과 조화를 이루기 위하여 댐의 반수면에 문양과 색을 넣어 미적 효과를 부각하였으며, 전석댐으로 시공하였다. 또한 시공 지역의 여건에 따라 평상시에는 저수를 겸용하여 산불 진화 및 농업용수로 이용하고 휴양 및 주민 편익시설을 제공하는 다목적 사방댐으로 시공하였다.

1999년에는 직립형 철강재 사방댐을 비롯하여 다양한 철강재 사방구조물이 도입되었다. 1990년대 하천생태계에 대한 관심이 높아지면서 어도 설치의 필요성이 대두되자 2000년부터는 사방댐 및 계간공작물에 어도를 설치하여 어류와 수서곤충의 이동을 용이하게 하는 등 계류생태계를 배려한 공법을 도입하고 있다.

한편 1999년부터 사방댐의 준설사업이 채택되어 12년 동안, 우리나라에 시공된 전체 사방댐의 약 56%에 해당하는 8,126개소에서 실시되었다. 사방댐 준설사업은 퇴적토사를 이용할 수 있고 사방댐을 재활용할 수 있는 이점에서 실시되고 있다. 그러나 원래 만사(滿砂)에 이른 사방댐은 기능을 다한 것이므로 준설사업에 대한 근본적인 논의가 이루어져야 한다. 물가두기 사방댐은 2010년 시범사업을 시행한 이래로 2020년 현재 총 43개소가 시공되었다.

### 4 야계사방

1940~1941년에도 야계사방이 부분적으로 시행되었지만 광복과 한국전쟁 이후 본격화하였다. 1956~1962년 미국 국제협력처(International Cooperation Administration, ICA)의 원조금으로 연간 100~150km가 시행되었지만 1963~1966년에는 황폐지 녹화를 우선하는 사방 정책으로 인하여 중단되었다가 1968~1972년 세계식량계획(World Food Programme,

표 2-5 연도별 사방댐 준설 실적

| 연도 | 사업량(개소) | 연도 | 사업량(개소) | 연도 | 사업량(개소) |
|---|---|---|---|---|---|
| 1999 | 14 | 2007 | 225 | 2015 | 480 |
| 2000 | 22 | 2008 | 235 | 2016 | 439 |
| 2001 | 29 | 2009 | 517 | 2017 | 625 |
| 2002 | 29 | 2010 | 557 | 2018 | 511 |
| 2003 | 502 | 2011 | 507 | 2019 | 494 |
| 2004 | 350 | 2012 | 451 | 2020 | 506 |
| 2005 | 262 | 2013 | 534 | | |
| 2006 | 297 | 2014 | 540 | 계 | 8,126 |

그림 2-3 불투과형 사방댐(A), 투과형 사방댐(B), 환경사방(C)의 사례

WFP)과 유엔개발계획(United Nations Development Programme, UNDP)의 원조로 계획된 3강유역종합개발사업의 일환으로 연간 100~200km가 시행되어 야계사방의 부흥시대를 맞이하였다.

1977년부터 7년간 중단되었다가 1984년 산지사방사업이 거의 마무리됨에 따라 야계사방이 재개되었다. 1990년에는 호안블록이 시공되었고, 1990년대 중반에는 환경 보전에 대한 사회적 요구가 높아져 기존의 콘크리트 대신에 통나무를 이용한 계간공작물이 증가하였으며, 특히 자연경관의 유지 및 생태계의 보호, 어류의 이동로 및 휴식 공간의 제공 등에 유효한 환경친화적인 시공법이 도입되었다.

1992년 추기 사방사업의 일부를 도급제로 전환하여 해당 지역의 임업협동조합이 시공하도록 제도를 개선하였고, 그로 인하여 1995년부터는 사방댐을 포함한 야계사방 전부를 도급제로 시공하였다. 1993년에는 폐타이어기슭막이를 시공하였고, 1997년에는 둑막이의 비탈면 피복 방법 중에서 평떼붙이기를 사면파종으로 대체 시공하여 공사 기간의 단축과 인력 및 사업비 절감을 꾀하고 자재 구득에 따른 문제점을 일부 해소하였다.

2000년대 들어서는 야생동물의 생태 이동을 배려하여 생태계를 유지, 복원할 수 있는 자연친화적인 사방사업을 모색하였다. 2001년에는 사각블록구조물 바닥막이를 처음으로 시공하였으며, 2006년에는 샛강의 생태 기능을 복원하기 위한 수변관리시스템이 개발되어 황폐한 샛강의 생태 기능 회복에 기여할 것으로 평가되었다. 현재는 「사방사업법」의 개정에 따라 계류의 유속을 줄이고 침식을 방지하기 위하여 시행하는 사방사업인 계류보전사업과, 자연적·인위적 원인으로 훼손된 계류를 복원하기 위하여 시행하는 사방사업인 계류복원사업이 추진되고 있다.

최근 사방 분야의 시행계획에서는 산림환경과 주변 경관을 고려한 친환경 사방사업의 추진을 위하여 획일화·정형화된 설계를 지양하고 불필요한 인공구조물을 최소화하며, 계곡 종단의 흐름을 단절하는 구조물을 설치할 때에는 경사각을 조정하고 생태 통로를 반영하여 생태계의 연결성을 확보하도록 하고 있다. 상수 지역 중 낙엽 퇴적 등으로 수질오염, 악취 등이 우려되는 곳은 투과형 시설을 설치하고 농업용수 등을 확보하는 방안도 강구하고 있다.

**표 2-6** 연도별 야계사방 실적

| 연도 | 사업량(km) | 연도 | 사업량(km) | 연도 | 사업량(km) |
|---|---|---|---|---|---|
| 1945 | 21 | 1972 | 271 | 1999 | 53 |
| 1946 | 96 | 1973 | 58 | 2000 | 52 |
| 1947 | 119 | 1974 | 52 | 2001 | 69 |
| 1948 | 55 | 1975 | 21 | 2002 | 74 |
| 1949 | 107 | 1976 | 12 | 2003 | 93 |
| 1950 | – | 1977 | – | 2004 | 76 |
| 1951 | – | 1978 | – | 2005 | 59 |
| 1952 | – | 1979 | – | 2006 | 53 |
| 1953 | 59 | 1980 | – | 2007 | 39 |
| 1954 | 39 | 1981 | – | 2008 | 51 |
| 1955 | – | 1982 | 4 | 2009 | 62 |
| 1956 | 328 | 1983 | – | 2010 | 65 |
| 1957 | 106 | 1984 | 30 | 2011 | 124 |
| 1958 | 109 | 1985 | 52 | 2012 | 439 |
| 1959 | 117 | 1986 | 70 | 2013 | 599 |
| 1960 | 62 | 1987 | 67 | 2014 | 593 |
| 1961 | 175 | 1988 | 106 | 2015 | 594 |
| 1962 | 9 | 1989 | 120 | 2016 | 597 |
| 1963 | – | 1990 | 143 | 2017 | 476 |
| 1964 | – | 1991 | 160 | 2018 | 352 |
| 1965 | 1 | 1992 | 136 | 2019 | 336 |
| 1966 | 2 | 1993 | 140 | 2020 | 331 |
| 1967 | 42 | 1994 | 125 | 2021 | 329 |
| 1968 | 158 | 1995 | 108 | 2022 | 377 |
| 1969 | 107 | 1996 | 100 | 2023 | 323 |
| 1970 | 107 | 1997 | 71 | | |
| 1971 | 263 | 1998 | 56 | 계 | 10,200 |

### 5 해안사방

계획적인 해안사방사업은 1952년 처음 시작되어 '해안사구고정사업계획'(1953~1957년)에 따라 연평균 200ha 정도 시행되었으며, 1958~1962년에는 연평균 250ha 정도로 확대되었다. '제1차 치산녹화 10개년계획' 기간에는 연평균 150ha 정도로 시행되었고, 1980년 이후에는 연평균 50ha 정도로 축소되었다. 1989년부터 일시 중단되었다가 1992~1997년 연평균 10ha 정도로 시행되었고, 1990년대 후반부터는 해안침식방지사업이 추진되고 있다.

**표 2-7** 연도별 해안사방 실적

| 연도 | 사업량(ha, km) | | 연도 | 사업량(ha, km) | | 연도 | 사업량(ha, km) | |
|---|---|---|---|---|---|---|---|---|
| | 해안방재림 조성사업 | 해안침식 방지사업 | | 해안방재림 조성사업 | 해안침식 방지사업 | | 해안방재림 조성사업 | 해안침식 방지사업 |
| 1945 | – | – | 1972 | 150 | – | 1999 | – | 3 |
| 1946 | – | – | 1973 | 136 | – | 2000 | – | 6 |
| 1947 | – | – | 1974 | 153 | – | 2001 | – | 6 |
| 1948 | – | – | 1975 | 150 | – | 2002 | – | 6 |
| 1949 | 23 | – | 1976 | 150 | – | 2003 | – | 7 |
| 1950 | – | – | 1977 | 6 | – | 2004 | – | 7 |
| 1951 | – | – | 1978 | 20 | – | 2005 | – | 9 |
| 1952 | 13 | – | 1979 | – | – | 2006 | 9 | – |
| 1953 | 207 | – | 1980 | – | – | 2007 | 9 | – |
| 1954 | 261 | – | 1981 | 50 | – | 2008 | 9 | 3 |
| 1955 | 213 | – | 1982 | 65 | – | 2009 | 10 | 5 |
| 1956 | 109 | – | 1983 | 21 | – | 2010 | 12 | 5 |
| 1957 | 9 | – | 1984 | 68 | – | 2011 | 10 | 4 |
| 1958 | 338 | – | 1985 | 43 | – | 2012 | 13 | 6 |
| 1959 | 200 | – | 1986 | 60 | – | 2013 | 36 | 11.5 |
| 1960 | 240 | – | 1987 | 20 | – | 2014 | 39 | 10.7 |
| 1961 | 230 | – | 1988 | 12 | – | 2015 | 49 | 12 |
| 1962 | 200 | – | 1989 | – | – | 2016 | 40 | 15 |
| 1963 | 40 | – | 1990 | – | – | 2017 | 10 | 4 |
| 1964 | – | – | 1991 | – | – | 2018 | 30 | 11 |
| 1965 | – | – | 1992 | 10 | – | 2019 | 10 | 12 |
| 1966 | – | – | 1993 | 7 | – | 2020 | 10 | 12 |
| 1967 | 50 | – | 1994 | 14 | – | 2021 | 10 | 12 |
| 1968 | 100 | – | 1995 | 10 | – | 2022 | 10 | 12 |
| 1969 | 150 | – | 1996 | 10 | – | 2023 | 10 | 12 |
| 1970 | 100 | – | 1997 | 10 | – | | | |
| 1971 | 100 | – | 1998 | – | – | 계 | 4,047 | 191.2 |

㈜ 해안사방은 2006년부터 해안방재림조성사업과 해안침식방지사업으로 나뉘어 추진됨

2006년에는 해안에 다양한 숲을 조성하여 쓰나미와 같은 대형 재난을 예방하고 내륙 보호, 경관 증진, 휴양 장소 제공 등 공익 기능을 증진하기 위한 해안방재림조성사업이 계획되었다. 시행 첫해인 2008년도에는 9ha의 사업을 1억 원/ha의 시공기준단비로 추진하였으며, 최근에는 매년 해안방재림조성사업 10ha, 해안침식방지사업 10km 전후로 시행하고 있다.

#### 6 기타 사업

마을환경사방사업은 1997년, 1998년에 각각 3개 마을, 총 6개 마을에서 실시되었다. 수질정화 사방댐은 1997~2000년 동안 매년 3개소, 총 12개소에 시공되었으며, 물가두기 사방댐은 2003~2012년 43개소가 설치되었다.

산림유역관리사업은, 재해에 강하고 생태 · 환경적으로 건강한 산림유역을 조성할 목적으로 산림수계유역 전체를 통합하여 각종 재해 방지, 수원 함양, 수질 정화, 자원 증축, 환경 기능 증진 등의 다기능적 복합 관리로 산림의 공익 · 생산 기능을 최대한 발휘하게 하는 사업으로, 치산사업과 물관리사업, 경관조성사업, 산림정비사업을 포함하는 종합적인 사업이다. 이 사업은 2004~2023년 총 399개소에서 진행되었으며, 2024년도에는 68개소가 예정되었다.

## 2·2 외국의 사방

### 2·2·1 일본

일본의 사방사업은 에도(江戸) 시대(1603~1868년) 치산치수 사상에 따라 시작되었다. 메이지(明治) 시대에는 유럽의 사방기술이 도입되고 치수 3법(하천법, 사방법, 삼림법)이 정비되면서 사방사업이 전국적으로 실시되었다. 네덜란드의 토목기사 요하니스 드 레이커(Johannis de Rijke)는 1873년 일본을 방문한 이래 30여 년 동안 전국을 답사하며 17종의 공법을 제안하는 등 일본의 사방공사를 지도하였다. 쇼와(昭和) 시대에 들어서는 콘크리트 기술에 기초한 대규모 사방댐이 축조되어 사방기술이 크게 발전하였고, 법제 면에서도 「사방법」 외에 땅밀림지나 붕괴 방지를 위한 법률이 정비되었다.

#### 1 토사재해 방지를 위한 법률

1897년 치수 · 사방을 위하여 사방지정지에서의 유해 행위를 규제하고 사방설비를 정비할 목적으로 「사방법」을 제정하였다. 1958년 땅밀림에 의한 피해를 방지하고 국토 보전과 민생 안정에 이바지하기 위하여 「땅밀림 등 방지법」을 제정하였으며, 1969년에는 산사태 재해로부터 인명을 보호하기 위하여 「급경사지 붕괴에 의한 재해방지에 관한 법률」(급경사지법)을 제정하였다. 2000년에는 토사재해로부터 인명을 지키기 위하여 토사재해의 위험성이 있는 구역에 대한 위험의 주지, 경계 · 피난 체제의 정비, 주택 등의 신규 입지 억제, 기존 주택의 이전 촉진 등 비구조물 대책을 추진할 목적으로 「토사재해경계구역 등에 있어서 토사재해방지대책추진에 관한 법률」(토사재해방지법)을 제정하였다.

## 2 구체적인 사방 대책

### ① 수계사방

수원 지대의 산지가 황폐한 하천은 유입토사로 인하여 하상(河床)이 상승하고 물이 범람하여 유역 전체에 커다란 피해를 가져온다. 이 같은 하천의 경우 상류 유역에서 유출토사를 조절하여 하천 하류의 하상 변동이 극단적으로 일어나지 않도록 하는 일이 중요하다. 따라서 이러한 유역을 대상으로 수계사방(水系砂防)을 실시하고 있다.

### ② 토석류 대책

산비탈이나 하상을 구성하는 토사 · 석력(石礫)의 일부가 장마나 집중호우에 의하여 유수와 일체가 되어 단시간에 하류로 유출하는 것을 토석류(土石流)라고 한다. 토석류가 유하하거나 퇴적하는 골짜기의 출구에 저사(貯砂) 공간이 있는 사방댐을 시공하여 발생한 토석류를 직접 포착하고 있다. 특히 슬릿(slit)을 설치한 사방댐은 적은 출수로 인하여 저사 공간의 감소가 작기 때문에 토석류를 포착하는 기능이 크며, 또한 유목의 포착도 기대할 수 있다.

### ③ 화산 분화 대책

화산 분화는 넓은 범위에 걸쳐 인명이나 재산 피해를 야기하므로 사방댐 등의 구조물 대책과 함께 경계 · 피난 체제의 정비와 같은 비구조물 대책을 세워 화산재해에 종합으로 대비하고 있다. 구조물 대책으로서, 분화에 의하여 발생한 화산이류, 화쇄류, 용암류 등을 처리하고 강우에 의한 토석류 발생에 대처하기 위한 여러 가지 사방시설을 설치하여 피해를 최소화하고 있다.

## 3 창의성 있는 사방의 전개 및 사방헌장

최근의 사방은 각종 산지 토사재해로부터 인명과 재산을 지키고 안전한 생활기반을 창출해내며 지역의 활성화와 생활환경의 향상으로 윤택한 생활을 창조하도록 하고 있다. 또한 사람과 자연의 조화 및 생태계의 보전을 꾀하고 지구 환경을 보전하기 위한 폭넓은 전개를 목표로 사업을 진행하고 있다. 이에 다음과 같은 사방헌장을 제정하였다.

1) 우리의 임무는 황폐한 산하에 자연을 복원하는 것이다.
2) 우리가 사방의 역사를 창조한다는 기개를 갖자.
3) 선진의 뜻을 이어받아 자연에 조화된 사방을 실시하자.
4) 주민의 일상에 친밀하고 친숙한 사방을 실시하자.
5) 지역 경제에 도움이 되는 사업을 실시하며, 지역적 특성을 살린 사방을 실시하자.
6) 지역 주민과 함께 생각하면서 사방을 발전시키자.
7) 유역 전체의 토사를 관리하는 수토 보전 사방에 전념하자.
8) 기존의 개념을 뛰어넘어 새로운 사방을 전개하자.

한편 '방재 · 감재(減災), 국토보전을 위한 5개년 가속화대책'의 3대 사방 대책에서는 ①생명과 생활을 지키는 토사재해 대책의 추진(유역치수에 근거한 사전예방 대책), ②예방보전적 유지 관리로의 전환을 위한 노후화 대책, ③사방 관계시설에 있어서의 DX(원거리 수신) 추진 등을 목표로 사방사업을 추진하고 있다.

**그림 2-4** 일본의 종합적인 환경사방 사례[(사)전국치수사방협회, 2005]

### 2·2·2 오스트리아

오스트리아의 사방기술은, 1882년 이전에는 티롤(Tirol)주의 산악지대를 중심으로 한 부분적인 산지사방과, 토사유입을 억제하기 위한 통나무댐이 대부분이었다. 그러나 대홍수로 티롤주 및 케른텐(Kärnten)주에서 재해가 발생한 1882년을 기점으로 사방에 대한 국민적 관심이 고조되었고, 1884년 사방공사에 관한 법률을 공포한 이래 지속적으로 발전해 오고 있다. 특히 황폐계류에 대한 사방공사에 있어서는 세계에서 가장 발달한 국가로 인정받고 있다.

#### 1 토사재해의 특성

1985년 조사에 의하면 황폐계류는 8,935개 계류이며, 토사재해의 위협에 노출된 곳은 전국 2,301개 마을 중 80%에 해당하는 1,826개 마을에 이른다. 1965년과 1966년에는 전국적인 대재해가 발생하였고 중 · 소규모의 홍수 및 토사재해는 거의 매년 발생하고 있다. 황폐계류가 많은 곳은 빙하기에 빙하로 덮여 있던 유역으로, 빙하의 저지작용에 의하여 매몰되었던 골짜기는 지금도 불안정한 다량의 토사 공급원이 되고 있다.

산악지대에는 토석류 위험계류가 많지만 평탄부나 구릉지의 점유율이 비교적 높은 지역에서는 토석류가 발생하지 않고 토사만 이동하는 황폐계류가 대부분을 차지하고 있다. 따라서 사방의 중요한 과제는 토석류 대책과 황폐계류에서의 종·횡 침식 방지이지만 동부의 황토 지역에서는 표면침식이나 구곡침식이 진행되고 있어 토지 보전 차원에서 문제가 되고 있다.

### 2 구체적인 사방사업

사방사업의 법적 근거는 1884년 제정된 「사방법」으로, 이 법률에 사업의 목적, 대상, 범위, 조직 등이 규정되어 있으며, 「하천공사진흥법」이나 「수리권법」 등에도 사방과 관련한 규정이 있다. 「하천공사진흥법」에 의하면 사방공사는 국가가 전체 비용의 75%까지 부담하도록 되어 있으며, 1852년 제정된 「제국산림법」에 산림의 보전 기능을 유지하기 위한 규정이 이미 포함되어 있었다. 1975년 대폭 개정된 「개정 산림법」에는 황폐계류 및 눈사태에 대한 방호 대책이 편성되어 있으며, 이와 별개로 위험구역도나 보호림 및 보안림에 관한 규정도 제정되었다.

사방사업을 수행하는 행정조직은 농림부 임무국의 사방·눈사태방지부에 일괄되어 있으며, 하천개수사업도 농림부의 수리·하천국 소관이다. 사방사업은 연방정부의 직할로 시행되고 있으며, 하천공사 등은 주정부의 관할하에 있다. 본부의 3개 과는 각각 예산, 위험구역 설정, 조정 기능을 갖고 있으며, 전국 7개소에 사방·눈사태방지 지방기술국이 설치되어 있고 각 국의 아래에 수 개소씩 전국에 29개소의 지구공사사무소가 설치되어 있다.

오스트리아에서 사방공사의 기본은 황폐계류를 하나의 생태계(ecosystem)로 간주하여 시스템의 균형을 보전하는 일이다. 각각의 공사기술은 산림조성적 기술과 토목공학적 기술이 종합된 산림-공학기술 체계로 실시되고 있다. 현재 사용하고 있는 사방공사 방법은 토목공학적 방법, 산림생물학적 방법, 경영관리적 방법, 예방적 방법 등 네 종류로 구분된다.

#### ① 토목공학적 방법

토목공학적 방법은 우리나라에서 시공하고 있는 야계공사와 기본적으로 같다. 세로침식을 방지하기 위한 횡공작물(橫工作物)로는 사방댐, 구곡막이, 바닥막이 등을, 그리고 가로침식을 방지하기 위한 종공작물(縱工作物)로는 기슭막이, 계간수로, 수제 등을 들 수 있으며, 이는 우리나라와 공통적인 부분이 많다.

#### ② 산림생물학적 방법

산림생물학적 방법은 오스트리아의 사방사업에 있어서 큰 비중을 차지하며, 녹화공과 조림으로 구분된다. 녹화공(綠化工)은 붕괴 적지나 민둥산에 식생을 도입하여 피복하는 공법으로, 주로 표면침식을 방지하는 데 목적이 있다. 조림(造林)은 토사 생산원인 붕괴지나 산사태지의 주변에 수목을 식재하여 산지 비탈면의 수문 조건을 개량하는 데 목적을 둔다. 조림은 사방의 목적과 눈사태 방지의 목적을 겸하여 실시하는 경우가 많으며, 시공지는 대부분 황폐계류의 최상부로 고도가 높고 적설심이 큰 지역이다.

### ③ 경영관리적 방법

경영관리적 방법은 황폐계류 유역의 수문 조건을 개량하기 위하여 토지이용의 형태를 변경하거나 경영관리 방식을 전환하는 방법이다. 일반적으로 용지, 특히 방목지의 산림전환이 주요 방법이지만 개발 규제나 도로 공사의 제한 등도 이에 포함된다. 특별히 주목할 만한 것은 경영관리적 방법과 토목공학적 방법을 효과적으로 조합한 종합적 토지개량이다. 이는 토지이용의 전환과 그에 따른 산림 조성에서 유발된 사방 효과를 추구할 뿐만 아니라 농업, 임업, 관광업의 균형을 갖추어 유역 전체의 수익 향상을 도모함으로써 지역 경제의 개선을 목표로 하는 종합적인 방법이다.

### ④ 예방적 방법

예방적 방법은, 위험구역도에 근거하여 지역 내의 주거용 건축 행위를 위험도에 따라 제한하는 일이다. 위험구역 내에 보전 대상물이 증가하면 토목적 방법에 의한 직접적 대책만으로는 대응할 수 없으므로 거주제한이라는 간접적인 대책을 실시하고 있다. 재현기간 150년의 재해 규모를 예상하여 위험구역을 설정하고 있다. 즉 적색 위험구역(red zone)의 경우 위험도가 높고 예상되는 피해의 규모와 빈도로 봤을 때 거주 용도로 사용할 수 없는 지역이기 때문에 신규 건축이 금지된다. 황색 위험구역(yellow zone)은 거주 지역으로의 사용에 지장이 있는 구역으로, 건축은 조건부로 허가된다.

그림 2-5 오스트리아의 유역관리 차원의 사방사업

## 2·2·3 기타 국가

홍콩에서는 호우 등에 의하여 발생한 산사태와 채광 · 채석 및 개발에 따른 훼손지의 복구(복원) 및 관리를 토목공정척서에서 관장하고 있다. 산사태지의 복구공사에서는 콘크리트옹벽과 돌쌓기옹벽을 보강하는 방법의 일환으로 소일네일(soil nail) 공법을 도입하여 토양과 암반을 안정화하고 있으며, 특히 주변 식생과 조화되는 식물을 이용하여 수림대를 조성하고 있다.

대만에서는 행정원 농업위원회의 임무국과 수토보지국에서 산림재해 업무를 담당하고 있으며, 해발 1,000m를 기준으로 그 이상의 지역은 임무국에서, 이하 지역은 수토보지국에서 사방사업을 담당하고 있다. 지진과 호우에 의한 산사태와 토석류 재해가 자주 발생하는 산지에는 사방댐, 골막이, 바닥막이 등을 계통적으로 시공하고 있다.

프랑스에서는 프랑스혁명 이후인 1791년 9월 29일 법률로 왕유림(王有林)을 일반에게 개방하였지만 1803년부터 산림재해 방지를 위하여 산림이용을 제한하였다. 1856년 라인강, 루아르강, 론강 유역 등에서 발생한 대홍수를 계기로 사방 관련 전문기관이 창설되어 유럽에서 가장 먼저 사방기술이 발달하였다.

스위스에서는 오스트리아와 같이 산사태 등 산지재해에 대한 처리뿐만 아니라 적설과 빙하에 의한 재해 예방과 처리에 집중한 눈사태 방지공법이 발달하였다. 알프스의 주변 산지는 암반의 풍화가 극심하고 절리가 발달하여 낙석과 산사태가 빈번하게 발생한다. 이들 지역에서는 시공이 비교적 간편한 링네트(ring net) 등을 이용하고 있다.

이탈리아는 국토 면적이 좁고 지형이 급준할 뿐만 아니라 인구밀도가 높기 때문에 집중호우와 지진이 발생하면 산지 토사재해에 의한 피해를 자주 겪는다. 따라서 19세기부터 범국가 차원에서 토사재해에 대한 조사를 실시하여 대책을 마련하고 있으며, 특히 북부의 산악지대에서는 사면침식, 땅밀림, 토사류, 토석류 대책사업을 추진하고 있다.

미국에서는 1935년 4월 「토양보전법」(PL 74-46)에 의거하여 토양보전국(Soil Conservation Service, SCS)을 설치하고 미국 전역에 걸쳐 토양보전사업을 시행하였다. 1979년 대통령 직속으로 재난관리 전담기관인 연방재난관리청(Federal Emergency Management Agency, FEMA)이 설치되어 연방재난관리계획 수립, 부처 간 업무 조정, 지방정부에 대한 기술 지원과 교육 등의 업무를 담당하고 있다.

# 제 3 장

# 산림수문

## 3·1 산림수문의 정의 및 산림의 녹색댐 기능

### 3·1·1 정의

산림수문학(山林水文學)은 ①물의 순환 과정 중 산림유역에서의 물의 성질 · 현상 · 분포에 관한 기초적 연구, ②인간 환경으로서 수문학적 과정에 미치는 산림의 영향에 관한 연구, ③이상을 응용한 유역관리, 수자원 보전의 구체적인 방법 및 임업기술의 응용에 관한 연구를 포함하는 종합적인 과학 분야이다. 이전에는 산림수문학에서 ②에 해당하는 부분을 강조하는 경향이 있었지만 최근에는 산림영향학의 일부와 함께 ①, ②, ③을 전반적으로 아우르는 연구를 진행하고 있다.

산림유역에 내린 강수는 지형, 토양, 지질, 식생 등의 영향을 복합적으로 받아 양적 · 시간적으로 다양한 변화를 거치며 유출된다. 따라서 산림과 유출의 관계를 알아내기 위해서는 강수의 형태는 물론이고 유역 조건과 산림 속성에 대해서도 파악하여야 하며, 이를 기초로 산림의 이수(理水) 기능을 다른 유역 조건과 비교하여 구명할 필요가 있다.

### 3·1·2 산림의 녹색댐 기능

우리나라의 산림은 연간 192억 8,000만 t의 수량을 저류하여 유효저수량이 19억 t인 소양강댐 10개의 건설 효과에 맞먹는 물 저장 기능을 한다고 평가되었다. 또한 산림이 자연 정수기 역할을 함으로 인하여 산림을 통과하는 계류수의 수질은 보통 1급수에 해당한다. 산림이 가지고 있는 공익적 기능을 계량화하면 2020년 기준으로 총평가액 221조 원 중에서 수원함양 기능이 18조 3,000억 원으로 8.3%, 산림정수 기능이 13조 6,000억 원으로 6.1%이며, 둘을 합하면 물과 관련한 평가액이 전체의 14.4%를 차지하고 있어 산림의 중요성이 상당히 큼을 알 수 있다.

그러나 산림의 수원함양 기능은 산림이 가지고 있는 여러 기능이 종합적으로 발휘되어 나타나기 때문에 단일 기능을 정량적으로 파악하여 산림의 수원함양 기능을 평가하는 일은 적절하지 않다. 즉 ①강수의 유출에 관계하는 인자[식생, 강우 형태(시간적 변화), 지형 인자(수계의 형상과 유역 내의 사면물매, 기반 지질의 성질, 토지의 이용 형태)]가 많다는 점, ②산림 전체(지상부와 지하부)를 평가하기 어렵다는 점, ③증발량과 증산량을 분리하여 측정하기 어렵다는 점 등으로 인하여 산림이 가지고 있는 다면적 기능 중 한 가지만 정량적으로 평가하여 해석할 경우 오류를 범할 수 있다. 따라서 종합적인 시각에서 산림의 기능에 접근하여야 한다.

## 3·2 산지에서의 물순환

유역(流域, watershed, basin)이란 하천의 임의 지점에 집수되는 물(유출량)의 근간이 되는 강수가 낙하하는 전 지역을 말한다. 집수구역(集水區域)과 동의어이며, 통상 인접 유역과는 지형상의 분수계, 즉 지표수분수계(地表水分水界)에 의하여 경계가 나뉜다. 또한 강수(降水)란 공기 중의 수증기가 응결하여 액체 또는 고체 상태로 지상에 떨어진 모든 형태의 수분을 말하며 비, 눈, 우박, 이슬비, 진눈깨비 등이 있다. 강수량은 일정 기간(시간) 동안 강수로 내린 물의 양(mm/관측기간)을 말하며, 관측 시 0.1mm/일 이상을 강수량으로 기록하고 측정에는 우량계(보통우량계, 자기우량계)를 사용한다.

### 3·2·1 물순환

물이 대기권 · 육수권 · 해양권을 이동 · 순환하는 현상을 수문학적 순환(水文學的 循環) 또는 물순환이라고 한다. 산림유역에 내린 우수(雨水)의 일부는 직접 임지에 도달하지만 일부는 임지에 도달하지 않고 식물체에 부착하여 보유된다. 보유된 강수의 일부분도 곧 임지로 떨어지거나 또는 식물체의 표면을 따라 흘러내려 임지에 도달하며, 나머지는 주로 비가 갠 후 증발하여 대기로 환원된다.

임지에 도달한 강수는 토양의 영향을 받으면서 땅속으로 침투한다. 강수가 지속되거나 강우강도가 강해져 강수량이 많아졌을 때에는 땅속으로 침투하지 못한 물이 지표의 웅덩이에 저류되며, 저류된 양도 많아지면 지표를 따라 경사가 낮은 쪽으로 유하한다.

땅속에 침투한 물은 토층의 공극에 보유된다. 침투수가 많을 때에는 일부분이 토양공극을 따라 아래로 내려가 지하수와 합류하며, 일부분은 지하수에 합류하기 전 토층 밀도가 다른 층과의 경사를 따라 더 낮은 쪽으로 이동한 뒤 계류로 침출하는 용출수가 된다. 또한 땅속으로 침투한 물의 일부분은 모관 상승을 하여 재차 임지 표면에 도달한 뒤 증발하여 대기로 환원되거나, 식물에 의하여 흡수, 증산되어 역시 대기로 환원된다. 한편 계류에 도달한 물은 직접 수면에 도달한 강수와 합쳐진 뒤 증발하여 대기로 환원되기도 하지만 대부분은 유하하

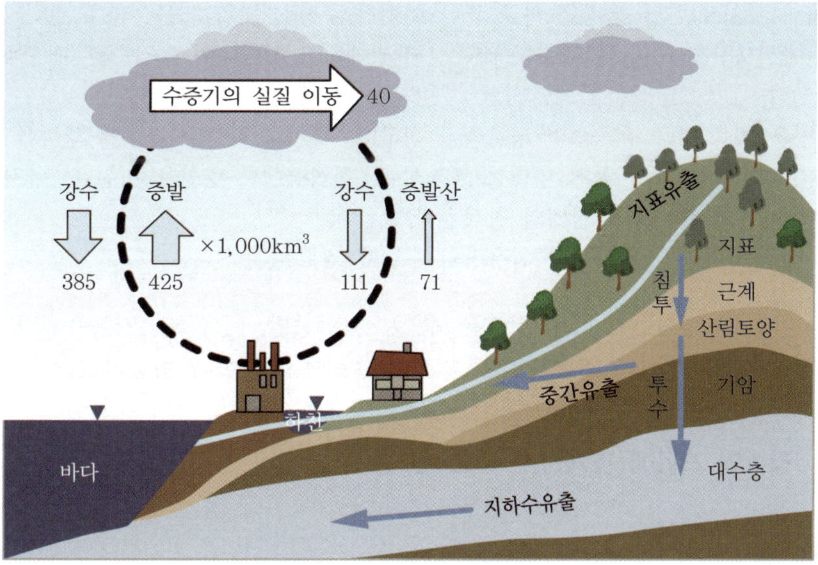


그림 3-1 산림지대에서의 물순환

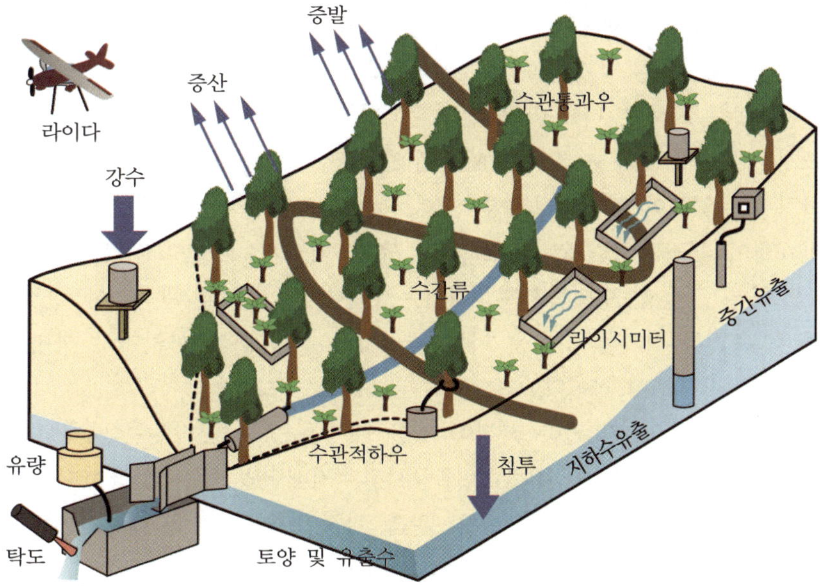


그림 3-2 산림지대에서의 물의 이동과 측정[Otsuki, 2012]

여 바다에 도달함으로써 물순환에 다시 참가한다.

이상과 같은 물순환 과정에서 산림이 하고 있는 역할을 산림수문학적 관점에서 요약하면 다음과 같다.

1) 산림은 증산작용을 함으로써 지표면의 열 환경을 완화한다.

2) 산림 파괴는 지표의 열 환경을 바꿀 뿐만 아니라 증산량을 줄여 물순환을 변화시킬 수 있다.
3) 산림은 물질생산을 하며, 물질순환에도 깊게 관계하고 있다. 이 물질순환 과정에서 산림토양이 형성된다.
4) 산림토양은 지표 부근 유출수의 경로를 결정하며, 하천의 홍수나 갈수에 영향을 미친다.
5) 유출수의 경로는 지표의 침식 형태를 결정하며, 침식량에도 영향을 미친다. 나지에서는 표면 침식을, 산림지에서는 붕괴 형태의 침식을 유발한다.
6) 산림과 산림토양은 하천의 토사 함유량과 수질에 영향을 미친다.

따라서 산림이 물순환에 미치는 영향은 증발, 차단증발, 수간류, 지하수류와 하천류, 포화·불포화 침투류와 표면류, 수관통과우 등으로 구분하여 파악할 필요가 있다.

### 3·2·2 강수의 거동에 관계하는 주요 인자

#### 1 산지기상

산림의 수문 현상을 해석하는 데에는 강수는 물론이고 기온, 바람, 습도와 같은 다양한 기상 자료가 필요하다. 우리나라의 경우 산지의 기상 자료가 불충분하므로 직접 관측하여 활용하고 있다. 특히 산지의 기상관측은 측정의 부정확성과 복잡성, 관측 인력의 확보 등에서 어려움이 더 많다. 최근에는 장기자동기록 기상관측기가 개발되어 사용되고 있으며, 산림청에서 산악기상관측망을 확충해 나가고 있다.

강우량 조사는 사방계획의 기본이기 때문에 확실한 자료를 수집할 수 있어야 하며, 자료의 정밀도에 신뢰성이 있어야 한다. 강우량 관측소는 약 50km$^2$마다 1개소가 필요하다고 알려져 있지만 사방계획이 책정된 산악의 소계류에는 조금 더 많은 관측소를 설정하는 편이 바람직하다. 특히 토석류가 발생하는 위험계류에서는 1계류에 1개소의 관측소를 설정하는 것을 원칙으로 한다. 관측소를 설치할 장소는 바람의 영향을 강하게 받지 않아야 하며 주변에 키 큰 나무가 없는 것도 필요한 조건이다.

대상 유역과 주변에 복수의 관측 지점이 있을 때에는 평균 면적우량을 계산하여 사용하며, 계산 방법으로는 산술평균법, 티센법, 등우량선법, 지배권법 등을 활용한다. 강수 형태, 고도, 방위, 경사, 풍향 등을 고려한 다수의 관측 지점이 있을 경우 대유역에는 티센법, 소유역에는 지배권법이 바람직하다.

**① 산술평균법**

산술평균법(算術平均法, arithmetic mean method)은 대상 유역 내 모든 관측 지점의 우량 관측치를 단순히 평균하는 방법이며, 간단하지만 관측 지점이 많을수록 정확한 결과를 얻을 수 있다.

$$P_m = \frac{P_1 + P_2 + \cdots\cdots + P_n}{n} = \frac{1}{n}\sum_{i=1}^{n} P_i \quad \cdots\cdots (3\cdot1)$$

식에서 $P_m$: 유역의 평균 강수량(mm), $P_1, P_2, \cdots\cdots, P_n$: 유역 내 각 지점의 강수량(mm), $n$: 관측소의 개소수

### ② 티센법

티센법(Thiessen's weighting method)에서는 우선 유역 내부와 주변 외부의 우량 관측소를 연결하여 삼각형을 만들고 이 삼각형의 각 변에 수직이등분선을 그어 이 선과 유역 경계로 둘러싸인 면을 만든다(그림 3-3 참조). 이 면적의 우량을 그 지역의 대표치로 하여 다음과 같은 식으로 평균 우량을 구한다.

$$P_m = \frac{A_1P_1 + A_2P_2 + \cdots\cdots + A_nP_n}{A_1 + A_2 + \cdots\cdots + A_n} = \frac{\sum_{i=1}^{n} A_iP_i}{\sum_{i=1}^{n} A_i} \quad \cdots\cdots (3\cdot2)$$

식에서 $P_m$: 유역의 평균 강수량(mm), $P_1, P_2, \cdots\cdots, P_n$: 유역 내 각 지점의 강수량(mm), $A_1, A_2, \cdots\cdots A_n$: 각 관측소의 지배면적

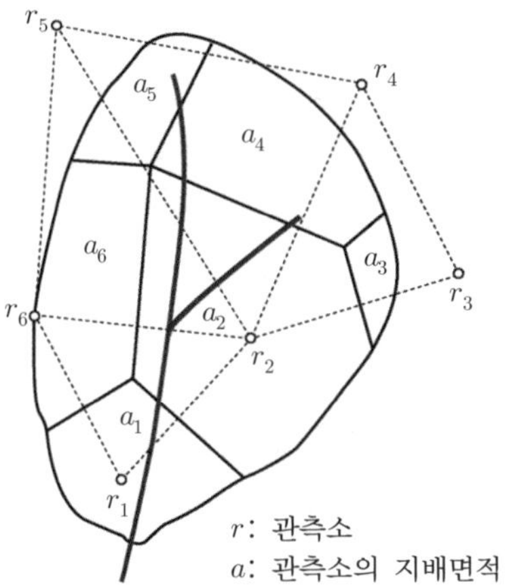


그림 3-3 티센법

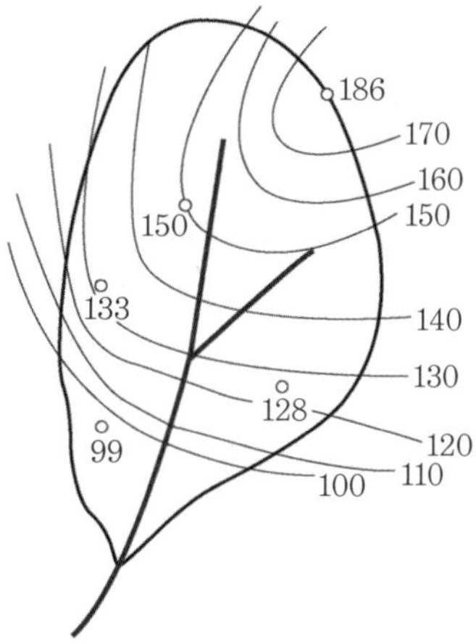


그림 3-4 등우량선법

### ③ 등우량선법

등우량선법(等雨量線法, isohyetal method)에서는 관측된 강우량으로 등우량선을 그린 뒤 등우량선 사이의 유역면적을 구적계로 측정하여 그 사이의 우량을 계산한다(그림 3-4 참조). 같은 방법으로 전 지역의 우량을 계산하여 합한 뒤 유역면적으로 나누면 평균 우량을 구할 수 있다. 이때 등우량 간격은 10mm 정도로 한다.

$$P_m = \frac{A_1P_{1m} + A_2P_{2m} + \cdots\cdots + A_nP_{nm}}{A_1 + A_2 + \cdots\cdots + A_n} = \frac{\sum_{i=1}^{n} A_iP_{im}}{\sum_{i=1}^{n} A_i} \quad \cdots\cdots (3\cdot3)$$

식에서 $P_m$: 유역의 평균 강수량(mm), $A_1, A_2, \cdots\cdots A_n$: 각 등우량선 사이의 면적, $n$: 등우량선에 의하여 구분된 면적 구간의 수, $P_{im}$: 두 인접 등우량선 사이의 면적에 대한 평균 강수량

이상과 같은 유역 단위의 강수량 외에도 토석류 대책에는 단시간의 우량강도가 중요하므로 10분간 우량, 1시간 우량 등 단시간 우량을 관측할 필요가 있다. 토석류 대책을 실시할 소계류에서는 각 계류별로 강우량을 파악하는 일이 필요하지만 적당한 장소에 강우량을 관측하는 시설이 없을 경우에는 지형 · 지질이 유사한 인접 계류에서 측정한 강우량 관측치를 사용하는 방법도 있다.

강수량은 산지가 평지보다 많고 해발고도에는 정비례한다. 그러나 산정에서는 바람 때문에 강수량이 오히려 적어져 산정의 조금 아래에서 최대가 되며, 태백산맥의 경우 해발 900~1,300m 지대에서 최대를 나타낸다. 풍하사면보다 풍상사면의 강수량이 많으며, 동일한 해발고도와 방위라고 해도 골짜기가 봉우리보다 많다.

### 2 산림

우리나라는 2020년 현재 전 국토의 62.7%인 약 629만 8,000ha가 산림지이며, 소유별 비율은 사유림 66.1%, 공유림 7.7%, 국유림 26.2%이다. 임상은 침엽수림 38.8%, 활엽수림 33.4%, 혼효림 27.8%이며, 축적은 165.2$m^3$/ha로 독일의 51.4%, 일본의 78.6% 수준이다.

산림 내 잎의 표면적, 즉 엽면적은 지표의 단위면적에 대한 총엽면적으로 나타내며, 이를 엽면적지수(LAI; ha/ha, $m^2/m^2$)라고 한다. 식물 개체의 단위중량당 엽면적, 즉 엽면적비(ha/t)로 나타내기도 한다. 산림의 엽면적지수는 수종 구성, 개체 밀도, 수령 등에 의한 임형, 지리적 위치 등에 따라 다르다. 유령림(幼齡林)은 생장에 비례하여 엽량도 증가하지만 특정 임령(대부분 15~25년)에서 최대가 되고 이후에는 조금 감소하여 입목 밀도, 임령에 관계없이 일정한 값에 근접한다.

수종에 따라 뿌리의 발달 양상이 다르며, 같은 토양 조건에서도 비교적 깊게 뿌리를 뻗는 심근성 수종과 수평 방향으로 뻗는 천근성 수종이 있다. 근량은 표토층에 많으며, 토층이 깊어짐에 따라 급격히 적어진다. 수목의 지상부와 지하부는 비례관계에 있으므로 지상부의 무

**그림 3-5** 나무뿌리의 위치별 분포

게로부터 뿌리의 무게를 추정할 수 있다. 근계는 근주를 중심으로 하여 평면적으로는 방사상으로, 입체적으로는 근주의 직하부를 최대심으로 하여 원추상으로 분포하며, 최대심은 심근성 수종이 깊고 천근성 수종은 얕다. 뿌리의 현장 조사법에는 ①조사목 주위의 흙에 홈을 판 후 홈의 토양단면에 출현하는 뿌리를 조사하는 트렌치(trench)법, ②토층을 괴상으로 파낸 후 포함되어 있는 뿌리를 조사하는 블록법, ③주요 수평근 · 사출근 · 수하근을 추적하여 조사하는 추적법, ④펌프 등을 이용한 분출수로 흙을 닦아 내어 뿌리를 조사하는 수세법 등이 있다.

벌채는 벌채 시기에 따라 차세대 산림을 조성하기 위하여 실시하는 주벌(主伐)과, 주벌 사이에 보육 작업으로 실시하는 간벌(間伐)로 나뉜다. 벌채 방법에 따라서는 수목을 1회 내지 수차례에 걸쳐 벌채하여 일시적으로 임목을 모두 없애는 전벌(全伐), 1회에 벌채를 전부 실시하는 개벌(皆伐), 수차례에 걸쳐 벌채를 실시하는 점벌(點伐), 수목을 계속해서 조금씩 벌채하여 임상이 그다지 변하지 않는 택벌(擇伐) 등으로 구분한다.

### 3 산림토양

지표에 도달한 강수는 지표를 따라 흐르거나 토양에 침투한 후 다양한 경로를 통하여 하천에 유출된다. 이때 토양의 상태에 따라 하천의 유황(流況)이 변화하므로 토양이 강수의 이동무대로서 중요한 역할을 하고 있음을 알 수 있다.

산림토양은 암석의 풍화 쇄설물에 수목의 유기물이 공급되거나, 뿌리나 토양소동물이 작용함으로써 만들어진다. 광물질 입자와 교질성 부식질로 구성되며, 낙엽 · 부식의 퇴적층을 비롯하여 자연히 생긴 층위가 발달하였다. AO층은 유기물층으로 낙엽 · 낙지 또는 그 일부가 분해 과정에 있는 퇴적층이고, A층은 표층 혹은 용탈층이며, B층은 하층 혹은 집적층, 그리고 C층은 기층이다.

수문학에서 가장 중요한 토양의 성질은 공극의 양과 질이다. 토양의 공극은 크기에 따라 세공극 · 조공극 · 조대공극 또는 모관공극 · 비모관공극으로 구분하며, 성인(成因)에 따라서는 생물적 공극, 비생물적 공극 등으로 분류한다. 가능한 한 자연 상태에서 채취한 토양 시료를 물에 침적시켜 물을 충분히 흡수하였을 때의 토양수분량을 최대용수량이라고 하며, 시료 용기에 남아 있는 공기가 차지하는 용적을 최소용기량이라고 한다.

1) **조대공극**(粗大孔隙): 산림토양 조사법에서 말하는 최소용기량에 해당하며, 안지름 3~4mm 이상의 거친 비모관공극이다.
2) **조공극**(租孔隙): 토양을 구성하는 자갈 · 모래 · 미사 · 점토의 입자 간 간극이 큰 경우로, 공극의 크기는 입자의 배합 비율, 즉 토양 조직(토성)에 따라 다르다. 그러나 토성보다 단립의 배열 상태, 즉 토양구조가 조공극의 크기와 관계가 깊다.

### 4 지형

지형 해석에는 ①유역의 평면형상을 비교하기 위한 유역의 형상계수, ②유역의 주변 길이와 같은 길이의 원주를 갖는 원의 면적에 대한 유역면적의 비율인 원상률, ③유역면적과 같은 면

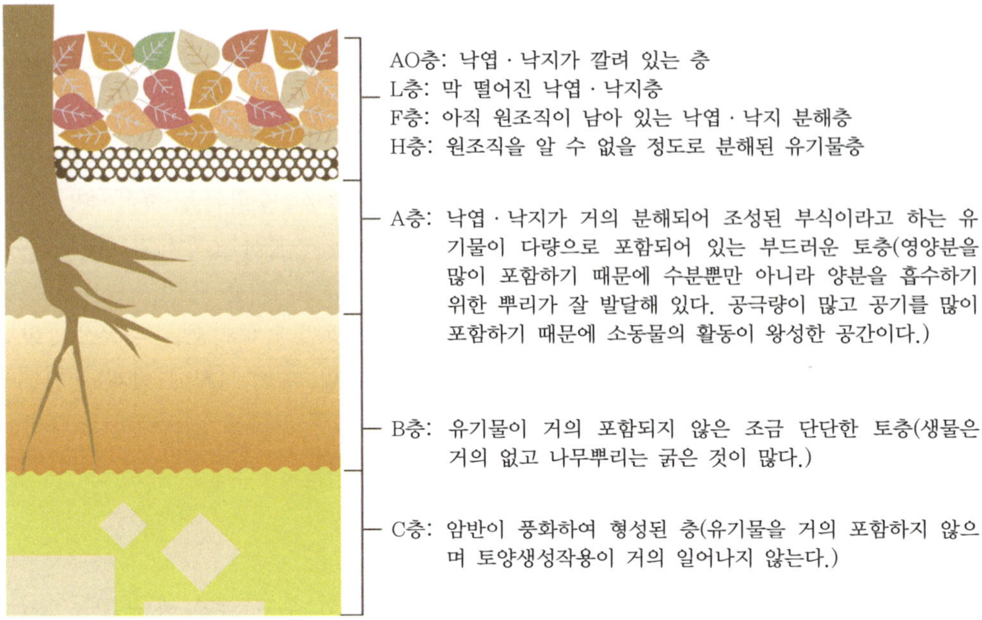


**그림 3-6** 산림토양의 층위 구조

적의 원의 지름과 유역 최대변장(≒주류의 길이)의 비율인 세장률, ④한 유역이 포함한 골짜기의 수나 길이인 곡밀도가 사용된다.

유역의 지표 경사는 물의 유출에 크게 영향을 미친다. 유역의 평균 경사를 나타내는 방법에는 여러 가지가 있지만 지형도에 해석 방안을 덮어 구하는 방법을 주로 사용하고 있다. 즉 우선 지형도에 덮은 방안 내 등고선의 개수를 세고 여기에 등고선 간의 고도차를 곱한 후 이를 방안선 간격으로 나누어 방안 구역 내의 평균 경사를 구한다. 이어서 같은 방법으로 모든 방안별로 평균 경사를 구하면 유역의 경사 분포를 파악할 수 있다.

유역의 최대 고도와 최저 고도의 차이를 기복량(起伏量)이라고 하며, 유역 내의 기복 분포와 평균 기복량으로 유역의 기복을 나타내기도 한다. 또한 고도는 강수량의 분포와 깊은 관계가 있다. 유역의 평균 고도는 ①각 등고선의 길이와 해당 고도를 곱한 값을 등고선의 총연장으로 나누는 방법, ②유역에 방안을 덮어 각 방안의 중심 고도를 구한 후 이를 평균하는 방법으로 구한다. 유역의 고도 분포는 일반적으로 등고선으로 표현하지만 방안의 평균 고도의 분포로 표시하기도 한다.

한반도는 동서로 약 300km, 남북으로 1,000km이며, 해안 주변에는 3,500여 개의 섬이 분포한다. 태백산맥을 중심으로 동고서저(東高西低)의 지형을 이루고 있으며, 동해안에는 소규모의 해안퇴적층이 발달하였다. 서해안에는 구릉 · 평야가 발달하였을 뿐만 아니라 조수 간만의 차가 크고 리아스식 해안을 이룬다. 토지 경사별로 구분하면 평탄지(5° 이하) 19.5%, 완경사지(5~15°) 24.0%, 급경사지(15° 이상) 56.5%로 구성되어 있다.

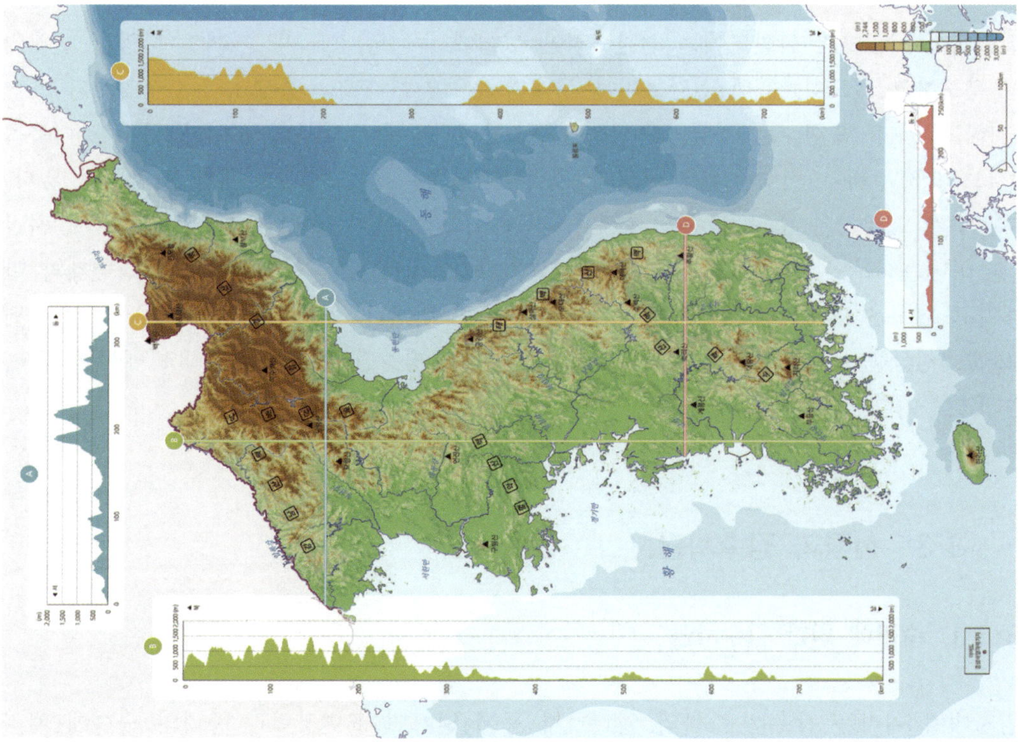

그림 3-7 한반도의 지형 기복 및 단면[국토지리정보원, 2020]

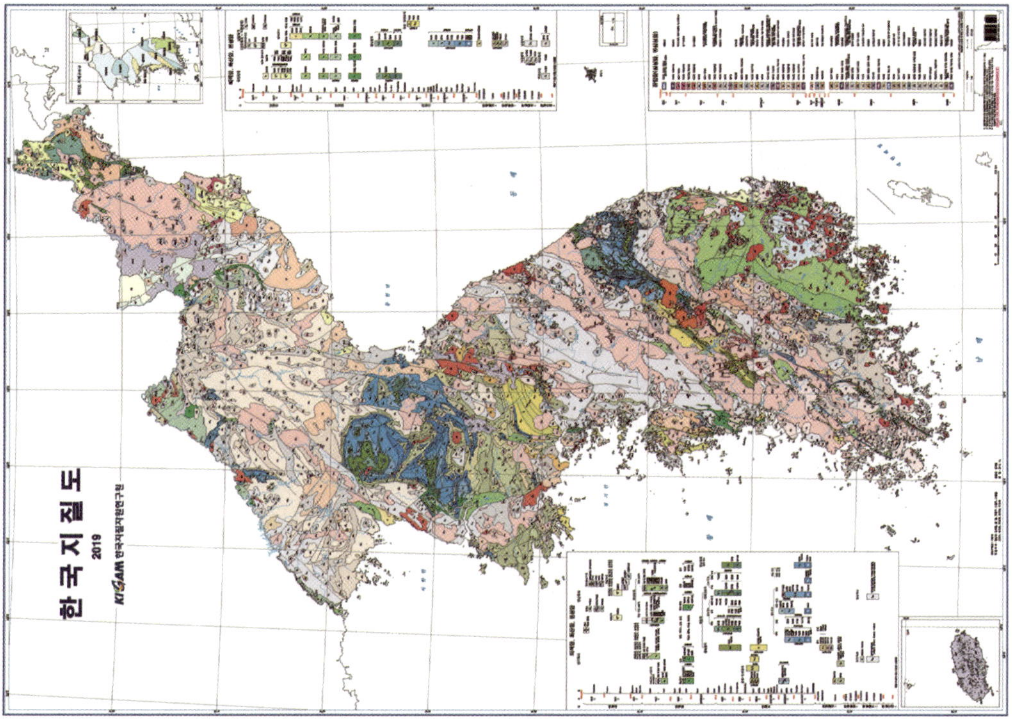


그림 3-8 한반도의 지질 분포[국토지리정보원, 2020]

### 5 지질

토층에 침투한 물의 일부는 더 깊이 내려가 토양 모재층과 기암의 각종 간극에 스며들어 지하수가 된다. 따라서 지하수의 분포, 유동, 수질 등은 이들 간극의 다소, 성질의 영향을 강하게 받는다. 토층 아래의 토양 모재층이나 쇄설물 퇴적층은 두께가 다양하지만 일반적으로 지표의 기복에 따라 층상을 이루고 그 하부는 기암의 상연층에 이행한다. 더욱이 기암에도 소량이나마 간극이 있기 때문에 투수가 이루어지며, 기암을 이루는 조성 광물의 입자 간극 외에 절리나 각종 균열이 존재하기도 한다.

간극층은 암석에 따라 다르지만 지표면 수십~수백 미터 깊이에 복수로 존재하며, 각 층은 서로 연결되어 있다. 또한 간극층은 토양 모재층이나 기암 상연층과 같이 지표와 평행하지만 지표 경사보다 완만한 곳도 있기 때문에 종종 산비탈 또는 계안(溪岸)에서 지표와 교차하기도 한다. 이 간극층의 교차 지점에서 상시 또는 강우 시 지하수가 용출한다.

암층의 함수량은 간극량에 의하여 결정되며, 투수성은 간극의 형태와 크기로부터 영향을 받는다. 또한 간극의 크기는 암석을 구성하고 있는 광물질의 종류와 배열에 의하여 정해지며, 간극률은 광물질의 크기, 형, 배열, 응결 정도 등에 의하여 정해진다. 미고결의 사력퇴적암층이나 사암은 간극과 간극률이 크기 때문에 투수층이 되고 용암, 응회암, 석회암은 반투수층이 된다. 그러나 점토퇴적층과 이암은 간극이 작기 때문에 불투수층이며, 특히 견고한 암반은 간극과 간극률 모두 매우 작아 불투수층이 된다.

지질연대학에서 보면 한반도에는 선캄브리아 누대에서 신생대에 이르기까지 다양한 연대의 지질이 분포하고 있으며, 특히 선캄브리아 누대의 변성암류와 고 · 중생대의 심성암류가 50%를 차지하고 있다. 또한 추가령열곡대(추가령구조곡)를 경계로 남북의 차이가 현저하여 북쪽은 선캄브리아 누대의 변성암류와 고생대 퇴적층, 남쪽은 여기에 중생대가 포함되어 있다. 산계 및 수계의 방향은 주로 북쪽이 동북동~서남서, 남쪽이 북동~남서이며, 화강암체 지반의 산출 상태는 북쪽이 저반상이고 남쪽은 불규칙하다. 지층은 북쪽이 원생대의 상원계와 마천령계이고 남쪽은 백악기이다. 한편 지질계통별 분포 면적과 구성비는 화강암 28%, 화강편마암 28%, 경상층 20%, 결정편암 11%, 반암 4%, 편상화강암 3%, 석회암 3%, 현무암 2%, 안산암 1% 등이다.

## 3·3 산림과 강수차단

### 3·3·1 수관에 의한 강수차단

산림지대에 내리는 강수는 수목의 잎, 가지 등에 닿으면 표면장력과 중력의 균형에 따라 부착, 보유되거나 낙하한다. 보유된 강수의 일부는 대기로 증발하고, 강우가 계속되어 보유량이 증가하거나 바람 등에 의하여 표면장력과 중력의 균형이 깨지면 지표로 직접 떨어지거나 가지나 줄기를 타고 임상으로 이동한다.

이처럼 수관에서 차단된 강수량 중 지표로 떨어진 경우를 수관적하우량(樹冠滴下雨量, drip from crown), 가지나 줄기를 타고 흘러내린 경우를 수간유하우량(樹幹流下雨量, stem flow)이라고 하며, 수목에 닿지 않고 임상에 직접 도달한 경우를 수관통과우량(樹冠通過雨量, through fall)이라고 한다. 수관적하우량과 수관통과우량을 합하여 임내우량(林內雨量, rainfall under tree crown)이라고 한다. 또한 통상의 우량계를 사용하여 나지에서 측정한 우량, 즉 임외우량(林外雨量, precipitation)에서 임내우량과 수간유하우량을 제외한 나머지를 수관차단우량(樹冠遮斷雨量, crown interception)이라고 하며, 임외우량에 대한 차단우량의 백분율을 수관차단율이라고 한다.

$$ic = sc + ert \quad \cdots\cdots (3 \cdot 4)$$

식에서 $ic$: 수관차단우량(mm), $sc$: 강우 직후 수체 표면에 보유된 우량(수관투영면적의 수량; mm), $e$: 젖은 수체 표면과 수관투영면적의 평균 증발강도(mm/hr), $r$: 수관투영면적에 대한 젖은 수체 표면의 면적비, $t$: 강우 지속시간(hr)

$$ic = p - (pt + pd + ps) \quad \cdots\cdots (3 \cdot 5)$$

식에서 $p$: 임외우량(mm), $pt$: 수관통과우량(mm), $pd$: 수관적하우량(mm), $ps$: 수간유하우량(mm)

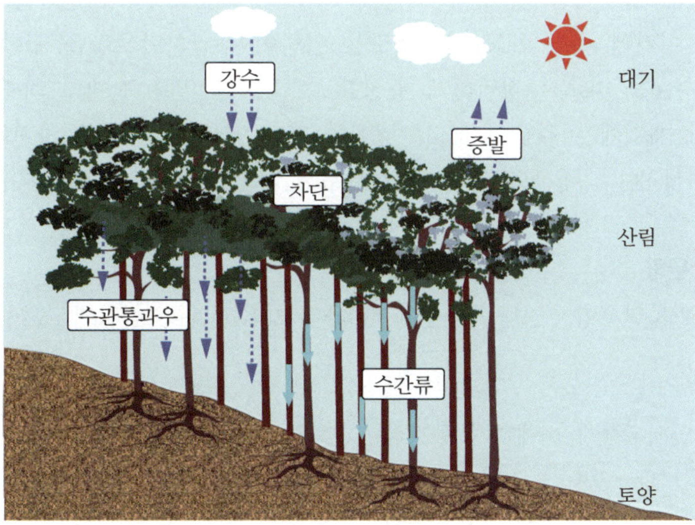


**그림 3-9** 수관에 의한 강수차단

### 1 현지 측정 방법

먼저 합성고무인 우레탄 매트를 세로로 길게 절단한 뒤 절단면을 예각으로 자른다. 자른 우레탄 매트를 수간에 감고 수목과의 틈을 실리콘 수지로 채워 고정한 후 수간유하우를 채취한다. 조사구의 전체 임목을 흉고직경에 따라 몇 단계로 구분하여 각 단계별 대표목을 선정한 뒤 측정목의 평균 측정치에 대상 임분의 임목 본수를 곱하여 총수간유하우량을 구한다.

그림 3-10 수관의 강수차단에 대한 현지 측정

### 2 실내실험 방법

잎이나 잎이 붙어 있는 가지를 물속에 침지 혹은 살수한 후 무게 변화를 측정하여 최대부착수량을 정하고 여기에 수목 개체수나 엽량을 곱하여 수관차단우량을 구한다. 이 방법으로 시료의 최대부착수량을 비교적 정밀하게 측정할 수 있지만 임분 전체의 최대부착수량을 결정하는 데에는 시료 채취에 어려움이 있다. 잎이나 가지, 줄기를 실내로 가져와 살수하거나 또는 겨울철 야외에서 눈[雪]에 노출시켜 각각의 무게 변화를 측정하기도 한다.

### 3 수관차단우량

임외우량과 수관차단우량, 임내우량, 수간유하우량의 관계를 다음과 같이 정리할 수 있다(그림 3-11 참조).

1) 임내우량은 임외우량에 비례하여 증가하며, 적은 우량에서는 완만하게, 이후에는 거의 직선적으로 증가한다.
2) 임외우량에 대한 임내우량의 비율은 낮은 우량에서 임외우량에 비례하여 급격히 증가하지만 많은 우량에서는 점차 일정한 값에 근접한다.
3) 수간유하우량은 임외우량이 2~5mm를 초과할 때 발생하기 시작하며, 증가하는 정도는 낮지만 거의 직선적으로 증가한다.
4) 수간유하우량의 비율은 상대적으로 낮지만 임내우량률과 비슷한 증가 경향을 나타낸다.

5) 수관차단우량은 임외우량에 비례하여 증가하지만 적은 우량에서는 비교적 급하게, 그후에는 거의 직선적으로 증가한다.
6) 수관차단우량의 비율은 낮은 우량에서 급격히 감소하여 일정한 값에 근접한다.

수관차단우량은 기상 및 산림 조건의 영향을 받는다. 기상 조건은 총우량, 우량강도, 우량 빈도, 풍속, 기온 등이며, 산림 조건은 임관의 두께, 가지 · 잎의 밀도, 잎의 유무, 즉 수종, 산림구조, 임령, 축적 등이다. 따라서 침엽수가 활엽수보다 차단량이 많다. 연간 차단율은 건조 지역에서 높고 다우 지역에서는 낮으며, 강우의 일차단율은 적은 강우에서 상당히 높고 집중호우 시에는 낮다.

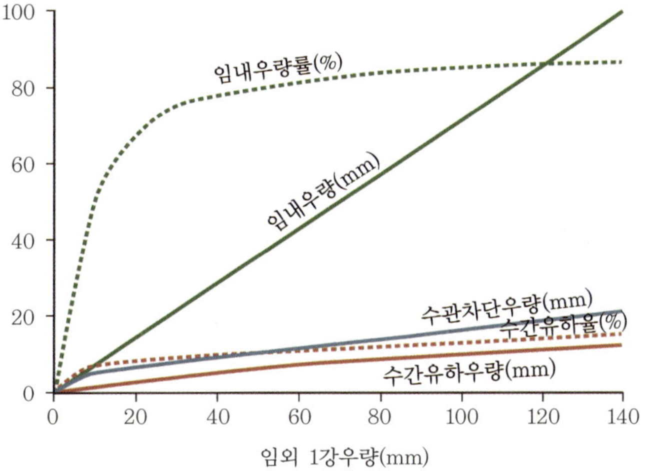


**그림 3–11** 임외우량과 수관차단우량, 임내우량, 수간유하우량의 관계[中野秀章, 1976]

### 3·3·2 하층식생에 의한 강수차단

임관을 통과하거나 적하한 강수의 일부는 임내의 하층식생에 의해서도 수관차단과 비슷하게 차단된다. 그러나 하층식생은 식물체가 작고 형태가 명확하지 않으며 변형되기 쉽기 때문에 측정하기 곤란하고, 또한 양적으로 수관차단보다 중요성이 낮은 탓에 연구가 별로 진행되지 않고 있다. 다만 인공 살수 등의 간접적인 방법으로 표면부착수량을 조사하여 최대가능차단우량을 추정하는 연구가 진행된 바 있다.

### 3·3·3 임상물에 의한 강수차단

수관 및 하층식생에 의하여 차단되지 않은 강수가 임상물에 부착되거나 흡수된 후 대기로 증발하는 경우를 임상물차단우량(林床物遮斷雨量)이라고 한다. 임상물차단우량은 통상 시료를 채취한 후 실내실험으로 추정한다. 시료살수법(살수 강도 50mm/hr, 살수 시간 1시간), 12시간 시료침지법, 원통법 등이 사용되지만 낙엽의 종류, 부식 정도, 퇴적 상태, 퇴적량, 건습 상태 등과 우량강도 및 우량 등에 따라 변하기 쉽다.

### 3·3·4 임분에 의한 차단강수량

임분 전체의 차단강수량은 수관 · 하층식생 · 임상물의 차단강수량과 임분의 식물체 및 임상물 전체의 보유 강수량으로 구성된다. 따라서 임목의 축적이 큰 임분은 작은 임분보다 차단량이 많고 장령림이 유령림이나 노령림보다, 음수가 양수보다 많다. 잎이 소지에 예각으로 착생하는 형태의 수종은 둔각으로 착생하거나 평활한 형태의 수종보다 차단량이 많다.

### 3·3·5 증우

산림지대에서 안개가 심할 때 나무 표면에 부착한 수분 입자가 물방울이 되어 떨어지는 현상을 수우(樹雨)라고 한다. 일본 홋카이도 동부의 해안지대에서는 4월과 7월에 각각 11%, 10%의 무적보촉작용(霧滴捕捉作用)이 확인되었으며, 미국 캘리포니아주의 윌슨산(Mount Wilson)에서는 10~5월 사이의 임내우량이 임외우량보다 2.0~2.7배 많았다. 또한 남인도에서는 조림사업을 실시한 결과, 12% 정도의 증우(增雨)가 발생하였다.

## 3·4 침투와 투수

### 3·4·1 침투

임지에 도달한 강수가 지표를 통과하여 토양으로 들어가는 현상을 침투(浸透, infiltration)라고 하며, 대기의 수증기가 토양으로 들어가 응결하는 현상과 합하여 흡수(吸收, absorption)라고 한다. 지표에 도달한 물은 우선 지면을 적시고 이어서 공극을 통하여 거의 전 임지에서 침투한다.

침투 속도는, 공극이 작고 적은 구역에서 느리고 반대로 크고 많은 구역에서 빨라 지점별로 다르게 나타난다. 침투하지 못한 물은 지면을 따라 흐르며, 토양의 공극량이 많은 지역에 이르면 다시 침투하게 된다. 또한 강우가 계속되어 조대공극 지역에서도 침투하지 못할 정도의 우량강도에 이르면 지표 전면에서 유수가 발생한다. 이때에도 침투는 큰 공극에서 빠르며, 또한 다량으로 이루어진다.

경사지의 특정 구역에서 일정 시간 동안 이루어진 침투수량은 같은 시간 동안의 강우량과, 지면의 잔류수량을 포함한 지표유출수량의 차이로 구할 수 있으며, 단위면적당 단위시간 내의 침투수량을 침투강도(침투도; mm/hr, mm/min)라고 한다.

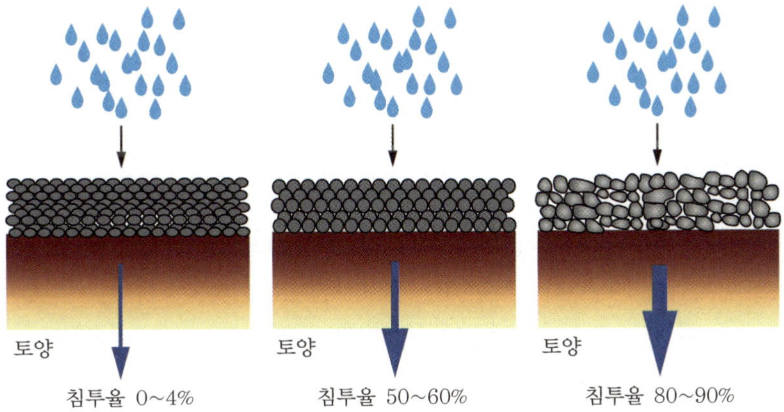


**그림 3-12** 토양의 공극량에 따른 침투율의 변화

$$\Psi_t = \Psi_c + (\Psi_o - \Psi_c) \cdot e^{-kt} \quad \cdots\cdots (3\cdot6)$$

식에서 $\Psi_t$: $t$시간 동안의 침투강도, $\Psi_c$: 종기침투강도, $\Psi_o$: 초기침투강도, $e$: 자연로그, $k$: 토지에 따라 정해진 계수

경사지에 강우가 장시간 계속될 경우 침투강도가 초기(초기침투강도)에는 대단히 크지만 곧 급격히 감소하여 1~1.5시간 후에는 거의 일정한 값(종기침투강도)에 이르게 된다. 이를 시간에 따른 침투강도로 나타낸 곡선을 침투강도곡선이라고 한다(그림 3-13 참조). 침투강도가 시간이 경과함에 따라 감소하는 이유는 ①강우시간이 길어지면 침투가 점차 하부 토층의 낮은 침투성의 영향을 받고, ②수분 증가에 따라 토양이 팽창하거나 ③침식된 토양 미립자가 침입하여 토양공극이 점차 적어지기 때문이다.

침투강도는 토양공극의 차이(토양의 조성 및 구조), 지피(산림)의 상태, 지표 경사, 당초의

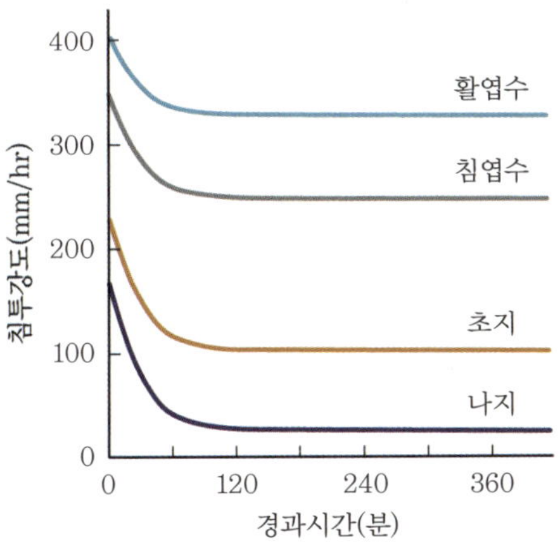


**그림 3-13** 지피 상태에 따른 침투강도곡선

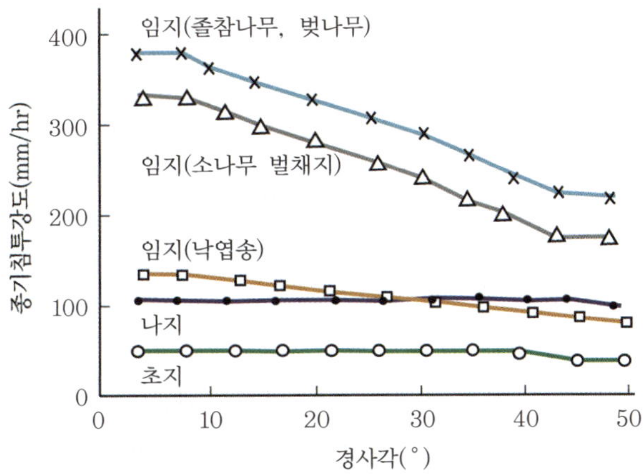


**그림 3-14** 지표 경사와 종기침투강도의 관계

토양수분, 우량강도 등에 따라 달라진다. 즉 종기침투강도는 우량강도와 함께 증가하여 일정 범위에서 최대가 되고 이후에는 우량강도와 거의 관계없이 일정해지며 이를 최대종기침투강도라고 한다.

### 1 침투능 측정 방법

임지의 침투능을 측정하는 방법에는 ①침투계로 현장에서 측정하는 방법, ②토양을 가능한 한 자연 상태로 채취하여 각종 라이시미터(lysimeter)로 측정하는 방법, ③강수량과 유출량을 실측한 자료로부터 추정하는 방법 등이 있다. 침투계에 의한 방법을 이용할 경우 현장에서 강우를 대신하여 지표에 물을 공급하여 실험적으로 침투능을 측정할 수 있으며, 급수 방식에 따라 관수형, 유수형, 살수형으로 분류한다.

그림 3-15 침투능 시험 장치(A) 및 라이시미터를 이용한 실험(B)

### 2 유역의 침투능 추정 방법

유역의 침투능을 추정하는 방법에는 ①유역 내 몇 개의 대표 구역을 설정하여 침투능을 측정한 후 평균값을 구하는 방법과 ②유역의 우량강도와 유출강도 자료를 이용하여 구하는 방법이 있다. 전자는 대표 구역의 표본추출 방법과 침투계의 개량에 문제가 많다. 후자의 경우 우선 유역 내의 한 지점에 대하여 총우량과 지표유출량의 차이를 구한 후 이를 강우시간으로 나누어 침투강도를 구하고 이어서 침투강도와 초과우량을 계산하여 합산하는 호턴법(Horton method)을 이용한다. 같은 방법으로 다른 지점의 강우에 대하여 총우량, 가정침투강도, 전초과우량의 관계를 추정한 후 전초과우량과 침투강도의 관계도를 작성한다.

### 3 산림과 침투

산림은 근계를 이룸으로써 ①뿌리 채널(root channel) 또는 토양 간극을 만들고, ②토양소동물을 풍부하게 하며, ③이들의 활동을 활발하게 하여 간극을 증대한다. 또한 ④다량의 유기물을 공급하여 조공극이 풍부한 토양구조를 만들고, ⑤세공극도 적극적으로 늘려 토양의 공극성을 개선한다. 또한 낙엽층이 지표를 피복함으로써 ①우격침식에 의한 토양 미립자의 분산을 줄이고 ②공극이 막히는 것을 방지하여 토양의 공극성을 유지한다. 따라서 같은 종류의 토양 일지라도 산림에서의 투수성이 다른 지피 상태보다 양호하다.

그러나 벌채, 산불, 방목, 초지로의 전환 등으로 인하여 산림의 투수성이 악화할 수 있다. 즉 ①임내방목과 초지로의 임지전용에 따른 가축의 지표 교란과 답압, ②농업용 차량의 전압, ③밀생 초본의 뿌리 매트(root mat) 효과 등으로 인하여 침투능이 저하한다. 특히 ④최근 빈번히 발생하고 있는 산불은 임상물을 소실하고 표토를 가열하여 침투성을 현저하게 떨어뜨린다는 사실이 각종 실험에서 구명되고 있다.

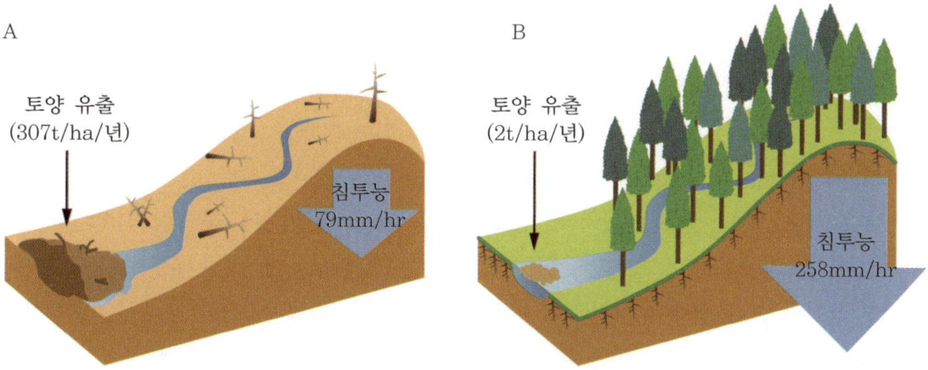


**그림 3–16** 지피 형태별 침투능과 토양 유출(A: 나지, B: 산림)

침투강도는 다수의 요인에 의하여 지배되기 때문에 당연히 장소에 따라 상당한 차이가 있으며, 특히 산림지대의 침투강도가 다른 지피의 지역에 비하여 일반적으로 높다. 일본 홋카이도에서 측정한 결과에도 초지, 밭, 방목지, 나지에 비하여 임지의 종기침투강도가 상당히 높게 나타났다(제1장 표 1–4 참조).

### 3·4·2 투수

침투한 물이 토양과 모재층의 공극을 지나 기암 풍화층의 간극을 따라 이동하는 현상을 투수(透水, percolation)라고 한다. 또한 단위시간에 단위면적을 통과하는 지중 수분량을 투수강도(透水强度, percolation velocity)라고 하며, 최대 투수강도를 투수능(透水能, percolation capacity)이라고 한다.

침투한 물은 중력에 의하여 아래쪽으로 이동하며, 모관작용에 의하여 조공극과 세공극으로 확대되어 간다. 즉 강우가 계속되면 조공극이 많은 A층의 수분량이 우선 증가하고 이어서 B층, C층, 기암 간극층의 수분량이 차례로 증가하는 연직 방향의 투수가 이루어진다. 또한 각 층이 포화하면 비모관공극량이 서로 다른 토층의 경계 부근에서 경사에 따라 면적투수(面的透水)가 발생하며, 각 층의 중간 부위에 조대공극이 있을 때에는 선적투수(線的透水)가 발생하기도 한다.

#### 1 투수능 측정 방법

중력수의 실제 투수 유속을 현장에서 측정하기 위하여 ①경사면의 위쪽과 아래쪽에 수 미터의 간격을 두고 트렌치를 만든 후 위쪽의 트렌치를 담수하여 투하한 물을 아래의 트렌치에서 관측하는 방법, ②위쪽에서 일정한 강도로 살수한 후 아래의 땅깎기면에서 침출수를 직접 관측하는 방법, ③경사지의 삼면을 차수벽으로 차단한 후 살수하여 하류의 땅깎기면에서 침출수를 측정하는 방법, ④투수 실험용 물속에 규광염료나 식염 등을 첨가하여 추적하는(tracing) 방법 등이 시도되고 있다. 그러나 ④의 추적법은 규광염료나 식염이 토층에 흡착하기 때문에 추적 범위가 좁고 불명확하며, 대량으로 사용하면 토양오염이 발생할 수 있는 문제점이 지적되어 실제로는 사용되지 않는다.

#### 2 산림과 투수

토층의 투수성은 주로 비모관공극의 양과 질에 따라 결정되어 공극량이 많은 토층일수록 투수성이 높다. 토양구조별로 보면 단립구조와 일부 입상구조에서는 투수성이 높지만 입상구조에서는 일반적으로 불량하며, 견과상 · 벽상 · 세립상 구조의 토층은 매우 불량하다. 또한 토양에 비모관공극이 많은 경우일지라도 세립일 경우에는 투수성이 불량하고, 토양조직이 식질일 경우에는 사력질보다 낮으며, 중식질토에서도 구조가 좋으면 투수성이 높다.

산림은 단립구조를 발달시켜 토양구조를 개선하고 뿌리 채널과 같은 조대공극의 양과 깊이를 발달시켜 토양의 투수성을 증대한다. 즉 산림은 근역 토층의 투수성을 개선 또는 유지하여 B층의 하부, C층 또는 기암 간극층의 투수성을 개선, 유지하고 있다.

## 3·5 증발산

### 3·5·1 임목의 증산

임목은 뿌리로 토양수를 흡수하며, 흡수된 물 대부분은 잎의 기공이나 잎 · 줄기 표피의 각피층을 통하여 대기로 다시 방산된다. 통상 각피층의 증산량은 기공 증산량의 1/10 이하이기 때문에 양적으로는 기공 증산량이 중요하다. 기공의 증산량은 기공의 개도(開度)에 따라 다르며, 기공의 개도는 일사량에 비례한다. 즉 일사량이 적을 때에는 기공이 닫히고, 음성식물의 경우에도 기공이 충분히 열리지 않는다. 또한 증산은 시각과 계절의 영향을 받기 때문에, 시기에 따라 다르지만 대체로 증산량이 일사량의 1/3~1에 비례한다는 것이 일반적인 견해이다.

증산량은 뿌리가 흡수할 수 있는 유효수분의 영향을 받는다. 뿌리가 이용할 수 있는 토양수는 중력수, 피막수, 모관수로 구분한다. 이 중에서 모관수가 주로 이용되며, 강우 중에는 중력수가 이용되는 경우도 있다. 피막수는 모관수대의 윗부분에 있기 때문에 극히 얕은 층에 분포하는 근계에 의해서만 이용된다. 근계가 모관수대에 도달하지 못할 경우에는 물 보급을 강수에 의존하지만 그 밖의 경우에는 필요한 수분을 지하수에서도 공급받는다.

#### 1 수액류 측정 방법

수간의 목질부에서 수액류의 상승 속도와 횡단면적을 측정하여 수액의 이동량을 파악하고 이를 기초로 하여 증산강도를 추정할 수 있다. 수액류의 속도는 수액류에 지표를 붙여 지표의 이동 속도를 측정하여 구한다. 지표로는 열펄스, 방사성 동위원소, 색소를 이용한다.

열펄스법은 수간의 목질부에 주사침을 삽입하고 내장된 니크롬선에 열을 가해 달군 후 상하 두 지점의 가열점에서 주사침에 내장된 수액흐름측정기(sap flow meter)로 두 지점의 온도가 같아지기까지의 시간을 측정하여 열펄스의 속도를 구하는 방법이다. 또한 수액류 이동의 지표로서 방사성 동위원소를 뿌리에 주입하여 줄기의 일정 지점에 도달하기까지의 시간을 측정하는 방법과, 같은 방식으로 색소를 이용하는 방법도 시도되고 있다.

그림 3-17 열펄스법에 의한 수액류 측정

#### 2 신속 엽중량 측정 방법

수목의 잎 또는 잎이 붙어 있는 가지를 잘라내어 기공개폐나 삼투압이 변하지 않는 동안 중량 감소를 측정하여 단위증산량을 파악하는 방법이다. 이 방법은 가지를 잘라낸 직후에는 줄기에 붙어 있던 때와 증산량이 같다는 가정하에서 시도된다. 그러나 식물에 따라서는 이보다 짧은 시간 내에 기공이 닫히거나 절단에 의하여 도관 내 압력이 급격히 떨어져 일시적으로 증산이 증가하는 경우가 있다.

### 3·5·2 임지면의 증발

임지의 지표온도가 접지기온보다 높아지면 지표의 수분은 수증기가 되어 공중으로 방산된다. 임지면 증발은 접지 공기의 증기압, 증발면의 온도, 증발면에 공급되는 수분량의 영향을 받기 때문에 임외지 또는 공개지보다 임내의 지표 증발이 적다. 활엽수 잡목림의 임내 일증발량은 임외의 약 28%로 낮 동안 차이가 더 크게 난다.

### 3·5·3 임지의 증발산

산림유역에 도달한 강수 중 유역의 수면, 임지면, 식물체 표면으로부터 증발하거나 증산하여 공중으로 되돌아간 수분량을 증발산량(蒸發散量, evapotranspiration)이라고 하며, 필요한 수분이 항상 완전하게 공급되는 경우의 증발산량을 증발산능(蒸發散能)이라고 한다. 즉 증발산능은 수분 공급이 충분하기 때문에 계속 포화되어 있는 토층을 식물이 완전하게 피복하고 있는 상태일 때의 최대 증발산량이라고 할 수 있다. 그러나 증발산능을 충족하는 상태가 항상 유지되기는 현실적으로 불가능하다.

이와 같이 실제 기상 조건과 지표 수분 조건에서의 증발산량을 현장증발산량이라고 하며, 습한 지역에서는 현장증발산량과 증발산능의 차이가 매우 적다. 산림지대의 증발산량은 강수, 산림, 기상, 지형 등에 좌우되어 양상이 매우 복잡하지만 일반적으로 정오에 최대가 되고 자정에 최소가 되며, 또한 한여름에 최대가 되고 겨울철에 최소가 된다.

#### [1] 증발산량 측정 방법

산림지대의 증발산량은 물수지법, 열수지법, 수증기유동법으로 파악할 수 있다. 물수지법은 증발산면의 물수지를 측정하여 그 차이로 증발산량을 구하는 간접 측정법이며, 열수지법은 증발산면의 열수지를 측정하여 그 차이인 잠열을 구하는 간접 측정법이다. 또한 수증기유동법은 증발산면으로부터 방산되는 수증기의 흐름을 직접 또는 간접으로 측정하는 방법이다.

#### [2] 라이시미터법

라이시미터법은 라이시미터의 크기, 토층의 종류, 지표 경사, 설치 상태, 급수 · 배수 방법, 배수량 측정법, 토양수분 변화의 측정 방법에 따라 여러 종류로 분류할 수 있다. 이 중에서도 식피(지피의 유무), 지표의 경사(경사지표와 수평지표), 지하수면의 유무(배수형과 지하수형), 물수지 계량 방법(직접 칭량형, 간접 칭량형) 등의 네 인자가 중요하다.

#### [3] 증발산량 추정 방법

손스웨이트식(Thornthwaite equation)은 기온 자료만으로 월평균 일증발산량 또는 월증발산량을 추정할 수 있고, 손스웨이트식을 개량한 하몬식(Hamon equation)은 월평균 일증산량을 추정할 수 있다. 펜만식(Penman equation)은 식생지대의 증발산량을 경험적으로 동일한 기상 조건하에서의 수면증발량에 계수를 곱하여 구할 수 있다. 블래니 · 크리들식(Blaney-Criddle equation)은 기온 · 일조시간 자료로부터 월증발산량을 추정하고, 켈리허식(Kelliher equation)은 평균 기온으로 연증발산량을 추정할 수 있다.

# 3·6 토양수분

## 3·6·1 토양수분의 구분

토양수분은 수분과 토양 고체 물질의 결합강도에 따라 구분할 수 있다. 즉 결합강도에 따라 흡습수 · 모관수 · 중력수로 구분하며, 흡습수보다 결합이 강한 토양수분을 결합수로, 모관수의 일부를 부착수로 구분하는 경우도 있다. 일정 조건하에서 토양으로부터 일정량의 물을 제거하는 데 필요한 단위면적당 힘을 수주(水柱)의 높이 또는 기압으로 표현한다. 실제로 토양에서 이 힘은 0.001~10,000기압에 이르기 때문에 간략화하기 위하여 수주의 단위높이(cm)에 대한 로그값을 pF(potential force)라고 명명하고 있다.

흡습수(吸濕水, hygroscopic water)는, 두께가 수 마이크론을 넘지 않는 얇은 피막 모양으로 토양입자의 표면에 흡착된 비액상의 수분으로 pF는 4.5 이상이다. 흡습수는 토양입자가 미세할수록, 그리고 유기물 함량이 높을수록 증가하며, 풍건토양을 100~110℃에서 8~10시간 건조하여야 제거할 수 있다. 모관수(毛管水, capillary water)는 토양입자 사이의 모관공극에서 유지되는 수분으로 pF는 2.7~4.5이다. 중력수(重力水, gravitational water)는 토양입자 사이의 비모관공극을 중력에 의하여 자유롭게 이동하는 수분으로 pF는 2.7 이하이다. 또한 결합수(結合水, bound water)는 토양 고체와 화합하거나 강하게 결합하여 상온에서는 기화하지 않으므로 높은 열을 가하지 않으면 제거할 수 없는 수분이다. 부착수(附着水, adhesion water)도 모관공극에 존재하지만 지하수면까지 연결되지 않는 점이 모관수와 다르다.

## 3·6·2 토양수분 측정 방법

### ① 건조중량법

건조중량법은 토양 시료를 채취하여 105~110℃에서 중량이 감소하지 않을 때까지 건조한 뒤 중량의 감소분을 계산하는 방법이다. 소량을 측정하는 데 유리하지만 같은 토양에 대하여 수분의 시간 변화를 연속해서 측정할 수 없고 측정에 많은 노력과 시간이 드는 단점이 있다.

### ② 텐시오미터법

텐시오미터(tensiometer)법은 물이 든 밀봉된 도기를 토양에 설치한 뒤 토양의 수분장력과 평형이 되기 위하여 수분이 도기의 벽을 통과할 때 진공계가 토양의 흡인력을 측정하는 원리를 이용하는 방법이다. 측정 범위는 포화수분 상태부터 1기압(pF 3)까지이며, 한번 물을 채워 매설하면 진공계의 눈금으로 토양수분의 증감을 계속 파악할 수 있다.

### 3 열전도측정법

열전도측정법은, 토양에 매설한 발열체에 일정한 열에너지를 가하면 발열체의 온도 상승이 주위의 토양 비열, 즉 함유 수분에 반비례하는 원리를 이용하여 토양의 열전도도를 측정하는 방법이다. 지중 온도계에 발열 히터를 감은 후 일정한 전류를 흘려 온도가 상승하는 시간을 측정함으로써 토양수분량을 파악한다.

### 4 전기전도측정법

전기전도측정법은 토양에 흡습체를 매설한 뒤 두 전극 사이의 전기저항 변화를 측정하여 토양수분을 파악하는 방법이다. 흡습체에는 석고블록, 나일론 또는 유리섬유, 나일론섬유를 석고로 피복한 것이 있다. 흡습체마다 수분의 함유 염류에 대한 성질, 내후성(耐朽性) 외에 측정 범위도 차이가 있으며 나일론 석고가 pF 0~5.7로 범위가 가장 넓다.

### 5 유전율측정법

유전율측정법(誘電率測定法)은 토양 고체의 유전율과 물의 유전율(약 80)이 다르고 토양 시료의 종합 유전율이 수분 함유량에 따라 크게 변하는 원리를 이용하여 토양수분을 측정하는 방법이다. pF 0~4 범위의 측정이 가능하며, 다점 측정과 원격자기기록도 가능하지만 전류값과 수분 함유량을 미리 측정할 필요가 있다.

### 6 중성자감속측정법

중성자감속측정법은 검출기의 형태에 따라 표면형과 삽입형으로 구분하며, 모두 충전지로 작동하는 휴대용이다. 삽입형은 토양에 도입관을 매설한 뒤 그 속에 선원(線源)과 검출기를 한데 모은 탐침(probe)를 삽입하여 측정하기 때문에 도입관을 설치한 지층의 수분을 측정할 수 있다. 선원 주위의 토양 체적은 수분이 적을수록 커지지만 반경 30cm가 표준이다.

## 3·6·3 산림과 토양수분

우수가 침투하기 시작하면 토층의 깊이에 따라 토양수분의 변화가 일어난다. 초기에는 중력수의 하향 투수가 주로 이루어지지만 비가 개고 시간이 경과하면 모관수의 상향 투수나 뿌리에 의한 흡수가 일어난다. 산림의 증발산에 의한 임지의 토양수분은 봄 · 여름에 강하게, 가을 · 겨울에 약하게 변화하기 때문에 토양수분의 연변화는 식물의 생육기간에 작고 휴면기에 크다.

토양수분의 연변화는, 식생이 제거된 낙엽층과 부식층의 조사구가 식생구보다 분명히 많게 나타난다. 이는 증산손실은 적지만 침투 역시 불량하기 때문에 나타나는 현상이다. 장령림은 유령림보다 적고, 또한 임목구가 벌채구보다 항상 적다. 장령림 지역의 토양수분이 연간, 특

그림 3-18 산림의 토양수분 측정

히 생육기간에 다른 지피구보다 적은 것은 강수의 침투는 많았지만 차단을 포함한 증발산량이 많았기 때문이다.

결국 지표부터 근역 토층까지의 연간 함수량은 일반적으로 산림지가 다른 식생지보다 적다. 토층의 깊이별로는 산림지에서는 표토층의 함수량이 많고 시간적 변동이 적지만 10cm 전후 깊이의 토층, 특히 근계 부위에서는 함수량이 적고 변동이 크게 나타난다. 그러나 수목이 생육하지 않는 초지 · 나지는 산림지에 비하여 표층 수십 센티미터의 함수량이 적고 변동이 크지만 하층에서는 함수량이 비교적 많고 변동이 작다. 얕은 표토층의 함수량과 변동은 지표 증발을 억제하는 임관 등의 영향을 받고 하층토는 근계에 의한 흡수량의 영향을 받는다.

## 3·7 유출

### 3·7·1 산림지대의 유출

산림지대에서 침투강도를 초과하는 강수가 계속되어도 어느 정도의 초과수량은 지표에 보유되지만 그 이상이 되면 지표류가 되어 지대가 낮은 쪽으로 흐르다 계류에 유출되는데 이를 지표유출(地表流出, runoff)이라고 한다. 또한 산림유역 내의 하도(河道)에 직접 도달하는 강수와 지표유출을 합하여 표면유출(表面流出, surface runoff), 그 양을 표면유출량이라고 한다.

지표를 침투한 물은 토양의 공극이 변화하는 층을 따라 수분퍼텐셜이 작은 쪽으로 이동하다 변이층이 계안과 만나는 곳에서 계류로 유출되며, 이를 중간유출(中間流出, interflow)이라고 한다. 중간류는 토층에 따라 다른 깊이에서 발생하며 얕은 중간류와 비교적 깊은 중간류로 구분된다. 한편 침투한 물이 지하수대까지 내려간 후 서서히 유출되는 경우를 지하수유출(地下水流出, groundwater runoff)이라고 한다.

얕은 중간유출과 표면유출을 합하여 직접유출(直接流出, direct runoff)이라고 하며, 강우 중이나 직후 또는 급격한 융설 시의 하천 유량이 대부분 직접유출량에 해당한다. 또한 깊은 중간유출과 지하수유출을 합하여 기저유출(基底流出, baseflow)이라고 하며, 평상시의 유량은 대부분 기저유출량에 해당한다.

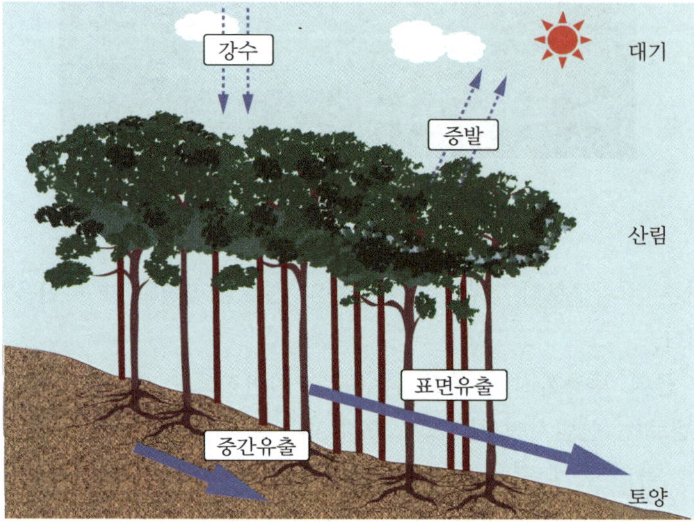


그림 3-19 산림지대에서의 유출

계류나 하천의 유량은 강우 중에는 물론이고 비가 갠 뒤에도 시시각각 변화하며, 하도의 한 지점에서의 유량 또는 수위의 시간적 변화를 나타낸 그림을 유출수문곡선(runoff hydrograph; 그림 3-20 참조)이라고 한다. 계류의 유량은 강우량 및 융설량에 따라 변화하며 그래프상에 상승부·하강부로 표현된다. 또한 둘의 변환점에서 정점에 달한 유량을 첨두유량[尖頭流量, 피크유량(peak flow)]이라고 한다. 강우나 융설이 멈추면 유량은 시간 경과와 함께 감소하여 수문곡선에서는 지수곡선의 하강선으로 표현되며, 이 곡선을 감수곡선(減水曲線, recession segment)이라고 한다.

강우가 멈추고 시간이 어느 정도 지나면 표면유출과 얕은 중간유출이 멈추므로 감수곡선이 급하게 하강하며, 그후에는 깊은 중간유출과 지하수유출의 영향을 받으므로 감수물매가 완만해진다. 감수곡선의 초기 감수 형태는 유역에 따라 크게 달라 비교적 큰 유역에서는 완만하고 작은 유역에서는 급하다. 그러나 감수 후기에는 모든 유역에서 유량과 감수강도가 작아져 점차 일정한 값에 근접한다. 한편 작은 산림유역에서는 지하수체수층에 깊은 중간유출원이 되는 체수층도 포함되어 있어 양상이 복잡하기 때문에 감수곡선이 단순한 지수곡선으로는 표현되지 않고 몇 개의 직선으로 이루어진 절선이 된다. 또한 같은 유역에서도 작은 산림유역의 감수곡선은 증발산작용 때문에 계절에 따라 감수물매가 달라진다.

연간 직접유출량과 기저유출량의 총합을 연유출량(mm)이라고 하며, 수문통계에서는 역년

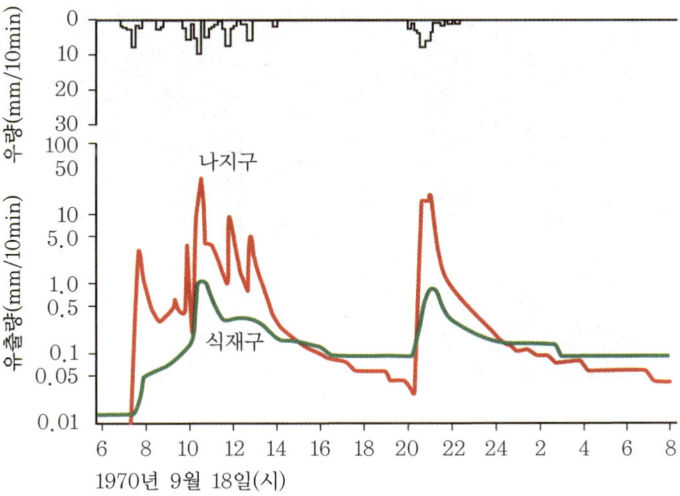


**그림 3–20** 나지와 식재지의 유출수문곡선[福嶌義宏, 1981]

과 별도로 임의의 12개월을 1수년(一水年)이라고 한다. 산림수문에서는 식물의 생육기간과 휴면기간을 구분하여 각 기간의 유출량을 하기유출량, 동기유출량이라고 한다.

1수년의 모든 일유출량을 크기에 따라 열거하여 작은 쪽부터 50일분, 51~135일분, 135~225일분, 225~365(366)일분의 유출량을 각각 갈수유출량, 저수유출량, 평수유출량, 풍수유출량(mm)이라고 하며, 또한 이들의 연유출량에 대한 백분율을 갈수율, 저수율, 평수율, 풍수율이라고 하여 계류의 유황을 나타낼 때 사용한다. 하천 조사에서는 연간 35일, 95일, 185일, 275일, 355일째의 일유량이 되지 않는 경우를 각각 35일유량, 풍수유량, 평수유량, 저수유량, 갈수유량이라고 한다. 유역면적이 서로 다른 하천을 비교하기 위하여 각지의 유량을 단위면적당 유량으로 나타낸 최대비유량, 최소비유량, 홍수비유량도 있으며, 단위는 $m^3/s/km^2$, $m^3/s/100km^2$ 등을 사용한다.

### 3·7·2 유량 측정 방법

#### 1 양수웨어법

양수웨어(量水weir, stream gauging weir)법은 계류에 양수댐을 설치한 후 월류수심(越流水深, overflow depth)을 측정하여 유량을 구하는 방법이다. 최소유량이 적을 때에는 삼각형 노치(notch)의 댐을, 비교적 많을 때에는 장방형 노치의 댐을 사용한다. 삼각형 노치가 월류수심이 커져 장방형 노치보다 측정 정밀도가 높으며, 삼각형 노치 중에서도 예각이 둔각보다 측정 정밀도가 높다. 노치의 정각은 15~120°로 한다.

수위 측정에는 자기수위계를 사용하며, 낙엽 집적, 수면 동결, 토사 퇴적 등의 문제에 대비하여 낙엽 방지망 설치, 기름 사용, 침사지 상류 설치로 장애 요인을 제거한다.

그림 3-21 양수웨어를 이용한 유량 측정

$$Q = C \cdot H^{\frac{3}{2}} \quad \cdots\cdots (3\cdot7)$$

식에서 $Q$: 유량, $C$: 유량계수, $H$: 수위(cm)

**① 사각웨어**

사각웨어(rectangular notch, rectangular weir)는 칼날웨어 중에서 노치 부분의 형상이 직각 모양인 것을 말하며, 주로 유량 측정에 사용된다.

$$Q = C \cdot b \cdot h^{\frac{3}{2}} \quad \cdots\cdots (3\cdot8)$$

식에서 $Q$: 유량($m^3/s$), $C$: 유량계수, $b$: 노치 폭(m), $h$: 월류수심(m)

유량계수 $C$를 위한 실험공식이 다양하지만 적용 범위가 다르기 때문에 측정 시에는 이에 유의할 필요가 있다.

**② 삼각웨어**

삼각웨어(triangular notch, triangular weir)는 칼날웨어 중 노치 부분의 형상이 이등변삼각형인 것을 말하며, 약간의 유량 변화에도 월류수심이 크게 변화하기 때문에 비교적 적은 유량의 측정에 사용된다.

$$Q = C \cdot h^{\frac{5}{2}} \quad \cdots\cdots (3\cdot9)$$

식에서 $Q$: 유량($m^3/s$), $C$: 유량계수, $h$: 월류수심(m)

**③ 사다리꼴웨어**

사다리꼴웨어(trapezoidal weir, trapezoidal dam)에는 칼날웨어 중 상부를 역사다리꼴으로 잘라낸 단면형의 판을 설치한 웨어와, 광정웨어 중 종단측면형이 사다리꼴인 웨어가 있다. 광정웨어(廣頂weir, broad-crested weir)는 월류수심에 비하여 댐 정상의 폭이 넓은 댐으로 종단측면의 형상에는 직사각형, 사다리꼴 등이 있고, 종단측면의 단면형상에는 댐의 정상이 평면인 것과 둥글게 파인 것이 있다. 구조적으로 안정되어 있으며 하천에서는 높이가 낮은 월류댐 등에 자주 사용된다.

### 2 유속법

큰 유역의 경우에는 자연유로(自然流路)나 이를 정비한 양수로에서 유속과 유적을 유속계로 측정하여 유량을 구하는 방법을 사용한다. 개수로의 유속이 수면에서는 표면장력 등으로 인하여 느려지고 유로의 밑바닥이나 기슭에서는 마찰로 인하여 느려지기 때문에 일반적으로 유심부의 수면보다 조금 아래쪽에 최대 유속이 나타난다. 즉 수면으로부터 수심의 0.8배에서 최대 유속, 0.6배에서 평균 유속이 각각 나타나며, 깊이별 유속 분포는 포물선형이나 로그곡선형이 된다. 그러나 홍수 시에는 명확하지 않다.

$$Q = A \cdot V \quad \cdots\cdots (3\cdot10)$$

식에서 $Q$: 유량($m^3$/s), $A$: 통수단면적($m^2$), $V$: 평균 유속(m/s)

$$V \fallingdotseq V_{0.6} = \frac{V_{0.2} + V_{0.8}}{2} = \frac{V_{0.2} + 2V_{0.6} + V_{0.8}}{4} \quad \cdots\cdots (3\cdot11)$$

식에서 $V$: 평균 유속(m/s), $V_{0.6}$: 수면으로부터 수심의 0.6배의 유속(m/s), $V_{0.2}$: 수면으로부터 수심의 0.2배의 유속(m/s), $V_{0.8}$: 수면으로부터 수심의 0.8배의 유속(m/s)

#### ① 셰지공식

셰지공식(Chezy formula)은 물의 흐름이 등류(等流) 상태일 경우의 단면평균 유속을 구하는 식으로, 다음과 같다.

$$V = C\sqrt{RI} \quad \cdots\cdots (3\cdot12)$$

식에서 $V$: 평균 유속(m/s), $C$: 셰지계수, $R$: 경심($=A/P$), $A$: 유로의 통수단면적($m^2$), $P$: 윤변(m), $I$: 에너지물매(수면물매, 계상물매; %)

식 3·12는 조면난류(粗面亂流)의 유수에 적용되며, $C$와 매닝의 조도계수 $n$은 $C = R^{1/6}/n$의 관계가 있다. $C$는 차원을 가지고 있기 때문에 유속을 계산할 경우에는 단위에 주의할 필요가 있으며, 통상은 m/s 단위를 사용한다. 셰지공식은 등류를 대상으로 하지만 점변류(漸變流)의 해석 시 벽면의 마찰손실에 이 식을 이용하는 경우도 있다.

#### ② 바쟁공식

바쟁공식(Bazin formula)은 물매가 급하고 유속이 빠른 수로에서 평균 유속을 계산할 때 적절한 식으로, 다음과 같다.

$$V=\left(\frac{87}{1+\frac{n}{R^{\frac{1}{2}}}}\right)\cdot(RI)^{\frac{1}{2}} \quad \cdots\cdots (3\cdot13)$$

식에서 $V$: 평균 유속(m/s), $n$: 조도계수(매닝의 조도계수와는 다름), $R$: 경심($=A/P$), $I$: 에너지물매(수면물매, 계상물매; %)

식 3·13은 셰지공식과 같은 지수함수형의 평균 유속공식으로, 셰지공식의 계수 $C$를 부여하는 공식이라고 할 수 있다.

**표 3-1** 바쟁공식의 조도계수

| 종별 | 수로의 상태 | 조도계수($n$) |
|---|---|---|
| 1 | 시멘트수로 또는 가공 목재수로 | 0.06 |
| 2 | 통나무수로, 콘크리트수로 또는 벽돌수로 | 0.16 |
| 3 | 막돌수로 또는 야면석수로 | 0.46 |
| 4 | 돌붙임수로 | 0.85 |
| 5 | 일반 흙수로 | 1.30 |
| 6 | 큰 자갈이나 수초가 많은 흙수로 | 1.75 |

### ③ 강귀예 · 쿠터공식

강귀예 · 쿠터공식(Ganguillet–Kutter formula)은 바쟁공식과 마찬가지로 셰지공식에 계수 $C$를 부여하는 공식이라고 할 수 있다.

$$C=\frac{\frac{1}{n}+23+\frac{0.00155}{I}}{1+\left(23+\frac{0.00155}{I}\right)\cdot\frac{n}{\sqrt{R}}},\quad V=\frac{\frac{1}{n}+23+\frac{0.00155}{I}}{1+\left(23+\frac{0.00155}{I}\right)\cdot\frac{n}{\sqrt{R}}}\cdot\sqrt{RI} \quad (3\cdot14)$$

식에서 $C$: 셰지계수, $V$: 평균 유속(m/s), $n$: 쿠터의 조도계수, $I$: 에너지물매(수면물매, 계상물매; %), $R$: 경심($=A/P$)

식 3·14는 과거 오랫동안 사용되었지만 $C$의 표현이 복잡하고 물리적 의미도 명확하지 않기 때문에 현재는 거의 사용하지 않는다.

### ④ 매닝공식

매닝공식(Manning formula)은 셰지공식이나 쿠터공식과 함께 대표적인 평균 유속공식의 하나이며, 개수로의 등류나 거친 관로에 널리 적용된다.

$$V=\frac{1}{n}\cdot R^{\frac{2}{3}}\cdot I^{\frac{1}{2}} \quad \cdots\cdots (3\cdot15)$$

식에서 $V$: 평균 유속(m/s), $n$: 조도계수($n$의 선정에는 풍부한 경험이 필요함) $R$: 경심(cm), $I$: 수면물매(때로는 계상물매로 대용됨)

매닝의 조도계수(Manning's coefficient of roughness) $n$은 $TL^{-1/3}$의 차원을 가지고 있지만 수치 자체의 표시는 일반적으로 m/s 단위로 통일되어 있다. 따라서 식 3·15를 적용할 때에는 각 제원의 단위를 m/s로 통일하여 취급하는 점에 유의하여야 한다. 매닝의 조도계수는, 자연하천에서는 하상재료의 입경이나 하도 내 식생의 밀도 등에 따라, 인공수로에서는 수로 벽면의 구성 재료와 그 표면의 거칠기에 따라 각각 경험적으로 개략적인 값이 제안되어 있다(표 3-2~3-4 참조).

**표 3-2** 매닝의 조도계수(수로 벽면의 재료별)

| 구 분 | 조도계수($n$) | 구 분 | | 조도계수($n$) |
|---|---|---|---|---|
| 목재 | 0.010~0.016 | 수심이 깊은 급류 하천 | | |
| 콘크리트 | 0.012~0.017 | (모래의 평균 | 50cm$^3$ | 0.018 |
| 돌(쌓기), 시멘트블록(쌓기) | 0.013~0.017 | 체적) | 100cm$^3$ | 0.021 |
| 균질의 흙수로 | 0.017~0.025 | | 400cm$^3$ | 0.030 |
| 일반 흙수로 | 0.025~0.033 | | 1,000cm$^3$ | 0.038 |
| 자갈바닥, 수초 계안 | 0.030~0.040 | | 2,500cm$^3$ | 0.060 |
| 수초가 무성한 곳 | 0.075~0.150 | 급류 하천 | | 0.060~0.080 |

**표 3-3** 매닝의 조도계수(계상의 상황별)

| 구 분 | 계상의 상황 | 조도계수($n$) | |
|---|---|---|---|
| | | 범 위 | 기 준 |
| 자연하천 | 산지유로(자갈, 호박돌) | 0.030~0.050 | - |
| | 산지유로(호박돌, 큰 호박돌) | 0.04 이상 | - |
| | 대유로(점토, 사질토) | 0.018~0.035 | - |
| | 대유로(사력하상) | 0.025~0.040 | - |
| 인공수로 | 콘크리트인공수로 | 0.014~0.020 | - |
| | 양안 석력, 작은 수로(진흙바닥) | - | 0.025 |
| 산지유로 | 바닥은 자갈, 호박돌, 약간 큰 호박돌 | 0.03~0.05 | 0.04 |
| | 바닥은 큰 호박돌, 자갈이 섞인 호박돌 | 0.04~0.07 | 0.05 |
| 일반계류 | | - | 0.07 |
| 산악계류 | 직경 0.5m 이상의 석력이 점재 | - | 0.08 |
| | 직경 0.3~0.5m의 석력이 점재 | - | 0.07 |
| | 비교적 정비된 상황의 계상 | - | 0.06 |
| | 유수, 유사에 의하여 암반이 드러난 계상 | - | 0.05 |

**표 3-4** 매닝의 조도계수(수로 주변의 재료 또는 상태별)

| 수로 주변의 재료 또는 상태 | 조도계수($n$) | | |
|---|---|---|---|
| | 양호 | 보통 | 불량 |
| 콘크리트수로 | 0.0120 | 0.0140~0.0160 | 0.018 |
| 가공 목재수로 | 0.0100 | 0.0120~0.0130 | 0.014 |
| 마름돌쌓기 | 0.0130 | 0.0140~0.0150 | 0.017 |
| 막깬돌쌓기 | 0.0170 | 0.0200~0.0250 | 0.030 |
| 인공 흙수로 | | | |
| 직선 흙수로 | 0.017 | 0.0200~0.0225 | 0.025 |
| 준설 흙수로 | 0.025 | 0.0275~0.0300 | 0.033 |
| 측면은 흙, 바닥은 막깬돌수로 | 0.028 | 0.0300~0.0350 | 0.040 |
| 측면은 호박돌, 바닥은 흙수로 | 0.028 | 0.0300~0.0330 | 0.035 |
| 자연하천 | | | |
| 수심이 깊고 일정한 곳 | 0.025 | 0.2750~0.0300 | 0.033 |
| 사행하천으로 수심 변화가 심한 곳 | 0.033 | 0.0350~0.0400 | 0.045 |
| 사행하천으로 사력하상이고 수심이 얕은 곳 | 0.045 | 0.0500~0.0550 | 0.060 |
| 사행하천으로 수심 변화가 심하고 수초가 많은 곳 | 0.050 | 0.0600~0.0700 | 0.080 |

### 3 양수기법

소면적의 임분에 대한 유량을 측정할 때에는 소규모의 언측법을 사용하거나 프레임을 사용하기도 하지만 주로 양수기를 사용한다. 양수기법에는 ①일정한 용량의 전도형 용기를 이용하여 전도 횟수를 측정하는 방법, ②일정한 용량의 수조에 유출수를 저수한 후 배수하면서 저수 횟수를 세는 방법, ③양수기에 수위계를 부설하여 수조 안의 수위 변화를 측정하여 저수 횟수와 저수량의 변화를 동시에 측정하는 방법 등이 있다.

## 3·7·3 최대홍수유량 산정 방법

### 1 시우량법

시우량법(時雨量法)은 일반적으로 사방에서 널리 사용되고 있으며, 유역에서 가장 가까운 관측소에서 관측한 시우량(mm/hr)과 유역면적(ha)으로 1초당 유량($m^3/s$)을 산정하는 방법이다.

- 로터부르(Lauterbourg)의 식

$$Q=f\cdot\frac{a\cdot\frac{m}{1000}}{60\cdot 60}=0.002778\cdot K\cdot a\cdot m \quad \cdots\cdots (3\cdot16)$$

식에서 $Q$: 최대홍수유량($m^3/s$), $f$: 유출계수(보통 황폐지는 0.8, 소면적은 1.0), $a$: 유역면적(ha), $m$: 최대시우량(mm/hr)

표 3-5 유역면적별 유출계수

| 유역면적(ha) | 유출계수($f$) | | |
|---|---|---|---|
| | 장방형 유역 | 원형 유역 | 신장형 유역 |
| 10 | 1.00~0.75 | 1.00~0.70 | 1.00~0.65 |
| 10~30 | 0.75~0.70 | 0.70~0.60 | 0.65~0.55 |
| 30~50 | 0.70~0.60 | 0.60~0.55 | 0.55~0.45 |
| 50~100 | 0.60~0.55 | 0.55~0.46 | 0.50~0.43 |
| 100~500 | 0.55~0.46 | 0.46~0.40 | 0.43~0.33 |
| 500~1,200 | 0.46~0.45 | 0.40~0.39 | 0.33~0.30 |

표 3-6 자연 상태의 유출계수

| 구 분 | 침투능이 불량한 모재 | | | 침투능이 보통인 모재 | | | 침투능이 양호한 모재 | | |
|---|---|---|---|---|---|---|---|---|---|
| | 급준 | 사면 | 평지 | 급준 | 사면 | 평지 | 급준 | 사면 | 평지 |
| 산림지 | 0.65 | 0.55 | 0.45 | 0.55 | 0.45 | 0.35 | 0.45 | 0.45 | 0.25 |
| 불량임지 | 0.75 | 0.65 | 0.55 | 0.65 | 0.55 | 0.45 | 0.55 | 0.45 | 0.35 |
| 초지 | 0.85 | 0.75 | 0.65 | 0.75 | 0.65 | 0.55 | 0.65 | 0.55 | 0.45 |
| 암석지 | 0.90 | 0.80 | 0.70 | 0.80 | 0.70 | 0.60 | 0.70 | 0.60 | 0.50 |

㊟ 대면적인 경우에는 각각의 점유 면적에 대한 비율로 계산함

### 2 비유량법

우량이나 유량의 관측 자료가 적고 첨두유량을 산정하기 어려울 경우에는 비유량(比流量, specific discharge)으로 추정하면 편리하다.

$$Q_m = q \cdot A \quad \cdots\cdots (3\cdot17)$$

식에서 $Q_m$: 최대홍수유량($m^3/s$), $q$: 비유량(유역 $1km^2$당 최대홍수유량으로 합리식 $Q=0.2778CIA$에서 $0.2778CI$ 값에 해당함; $m^3/s/km^2$), $A$: 유역면적($km^2$)

표 3-7 황폐계류의 유역면적별 비유량

| 유역면적($km^2$) | 1~10 | 11~20 | 21~40 | 41~60 | 61~80 | 81~100 |
|---|---|---|---|---|---|---|
| 비유량($m^3/s$) | 25 | 20 | 15 | 12 | 10 | 8 |

### 3 합리식법

합리식(合理式, rational formula)은 강우량으로부터 대상 지점의 피크유량을 산출하기 위한 식으로, 각종 수로의 단면을 결정하는 데에 널리 사용된다. 적용할 때에는 대상 지점까지의 홍수도달시간을 추정하는 일이 특히 중요하다.

#### ① 홍수도달시간

홍수도달시간은 원칙적으로 다음의 식을 이용하여 구한다.

$$T_f = K_{p1} \cdot A^{0.22} \cdot P_e^{-0.35} \quad \cdots\cdots (3\cdot18)$$

식에서 $T_f$: 홍수도달시간(분), $K_{p1}$: 계수(=120), $A$: 유역면적(km$^2$), $P_e$: 유효강우강도 (mm/hr)

#### ② 평균 강우강도

홍수도달시간 내의 강우강도는 다음의 모노베식[물부식(物部式)]과 같이 24시간 우량으로부터 구한다.

$$P_a = \frac{P_{24}}{24}\left(\frac{T_f}{24}\right)^{K_{p2}} \quad \cdots\cdots (3\cdot19)$$

식에서 $P_a$: 홍수도달시간 내의 평균 강우강도(mm/hr), $P_{24}$: 24시간 우량[이를 얻을 수 없는 경우에는 일우량($P_{\mathrm{day}}$)으로 대신할 수 있음($P_{24} \fallingdotseq P_{\mathrm{day}}$)], $T_f$: 홍수도달시간(분), $K_{p2}$: 계수(=−1/2)

#### ③ 유효강우강도

유효강우강도는 다음의 식으로 구한다.

$$P_e = K_{f1} \cdot P_a \quad \cdots\cdots (3\cdot20)$$

식에서 $P_e$: 유효강우강도, $K_{f1}$: 유출계수, $P_a$: 홍수도달시간 내의 평균 강우강도(mm/hr)

$K_{p2}$=−1/2이라고 하면 식 3·18과 식 3·19로부터 다음과 같이 유효강우강도를 구할 수 있다.

$$P_e = \left(\frac{P_{24}}{24}\right)^{1.21} \cdot \left(\frac{24 \cdot K_{f1}^{\ 2}}{\frac{K_{p1}}{60} \cdot A^{0.22}}\right)^{0.606} \quad \cdots\cdots (3\cdot21)$$

#### ④ 대상 유수의 유량

강우에 의한 대상 유수의 유량은 다음의 합리식으로 구할 수 있다.

$$Q_p = \frac{1}{3.6} \cdot K_{f1} \cdot P_a \cdot A = \frac{1}{3.6} \cdot P_e \cdot A \quad \cdots\cdots (3\cdot22)$$

### 4 홍수위흔적법

홍수위흔적법(洪水位痕迹法)은 우선 홍수 직후 계안에 쓰레기가 걸려 있는 상태나 식피의 상처와 같은 홍수위 흔적으로 홍수위를 추정하거나 최고수위 흔적표 또는 최고수위계를 이용하여 홍수위를 실측한다. 이어서 유로 횡단면을 측량하여 유적을 구한 후 홍수류의 수면물매와 경심(徑深)을 파악하여 매닝공식 등의 평균 유속공식으로 홍수유량을 산정한다. 골막이 및 유로내기 등의 계간공사 시공지는 횡단면이 안정되어 있기 때문에 홍수위흔적법을 적용하기에 적합하다.

그림 3-22 홍수위 흔적

# 제4장

# 산림황폐

## 4·1 산림황폐의 원인

### 4·1·1 자연적 원인

산림황폐를 일으키는 자연적 요인에는 지질, 지형, 기상, 병해충, 산림토양 등이 있다.

#### [1] 지질 요인

산림의 황폐는 지질구조에 따라 큰 차이가 있다. 「대한지질도」(1956)에 나타난 조사 결과에 의하면 남한의 지질 분포는 그림 4-1에서 보는 바와 같이 화강암과 화강편마암이 각각 28%로 가장 널리 분포하고 다음은 경상층 20%, 결정편암 11%의 순으로 나타난다.

일제강점기에 실시된 황폐지 조사 결과에 의하면 전국 민둥산의 지질별 분포는 화강암 지역 약 43%, 회색화강편마암 지역 40%, 경상층(이암, 사암, 역암, 혈암 등) 지역 12%, 기타 5%로 나타났다. 그러나 경기도 북부와 강원도 중앙부를 연결하는 북위 38°를 기준으로 이남에 약 93%, 이북에 7%가 분포하여 황폐지는 대부분 남한에 집중된 것으로 파악되었다. 특

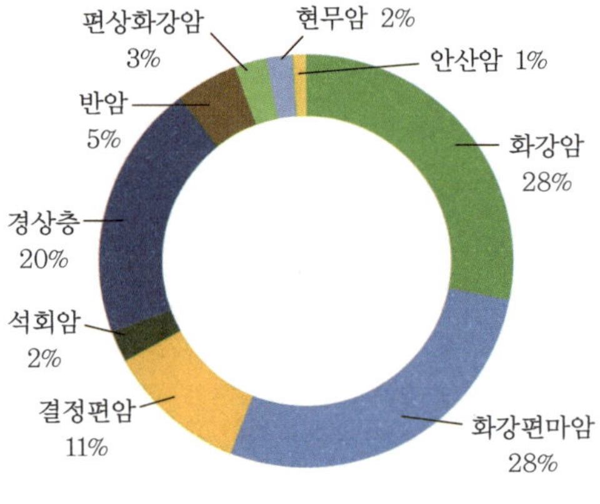


그림 4-1 남한의 지질 계통별 구성비

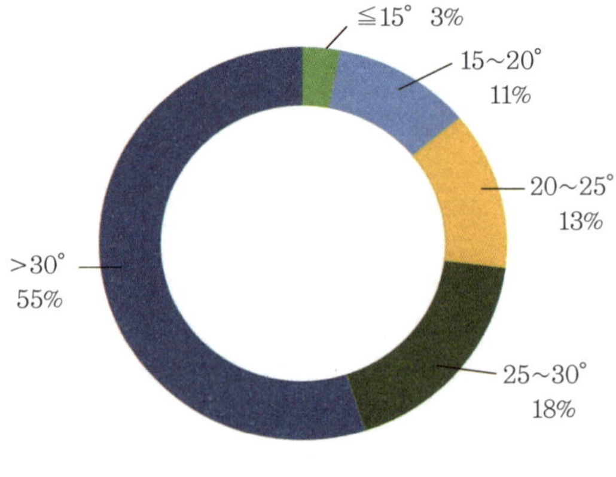


그림 4-2 우리나라의 경사별 분포 비율

히 각종 중력침식은 표면침식과 함께 주로 화강암이나 화강편마암 계통에서 발생하였다.

### 2 지형 요인

산지의 오목지형[요부(凹部)]이나 곡두부는 빗물이 집중되고 붕괴 가능한 토사가 퇴적되어 산복부보다 쉽게 붕괴하기 때문에 산붕(山崩)이 빈번하게 발생한다. 우리나라의 경사별 분포 비율은 그림 4-2와 같다.

지표 경사와 산붕 발생의 관계를 보면 지표 경사 30° 내외에서 붕괴가 가장 많이 발생하고 20° 이하 혹은 40° 이상에서는 발생 빈도가 적게 나타난다. 또한 사력원추(砂礫圓錐)와 같은 지형은 호우 시 대붕괴의 발생 가능성이 크고 땅밀림 지형의 특징을 보인다. 계안은 유수에 의하여 산지의 각부(脚部)가 침식되기 때문에 경사가 급할수록 사면을 유지하기 어려우며, 이렇게 불안정한 계안은 호우 시 붕괴로 이어져 다량의 토사를 유출하는 경우가 자주 나타난다. 이와 같은 급경사지는 지질적 조건에도 영향을 미쳐 호우 시 대·소규모의 산붕이 쉽게 발생함으로써 산지에서의 침식을 조장할 수 있다.

### 3 기상 요인

산림황폐는 기상 요인의 직간접적 영향을 크게 받는다. 우리나라는 대륙성 기후인 관계로 일부 남해안 지방을 제외하면 한서(寒暑, 추위와 더위)의 차가 심하고 겨울철에는 일교차가 심하여 암석의 풍화를 촉진한다. 동해, 서리해, 가뭄 등은 어린 묘목의 활착 및 생육을 저해하고 고사하게 함으로써 산지의 지피물 조성을 불가능하게 하여 임지를 황폐화하는 원인으로 작용한다.

그러나 산림황폐에 이보다 강한 영향을 미치는 기상 요인은 호우, 폭풍우, 태풍, 눈 등의 직접적인 작용이다. 연평균 강수량 1,300mm 중 약 2/3가 6~8월에 집중되어 각종 수해를 일으키고 있으며, 특히 집중호우와 태풍은 산사태, 토석류, 땅밀림 등을 유발하는 주된 원인이 되고 있다.

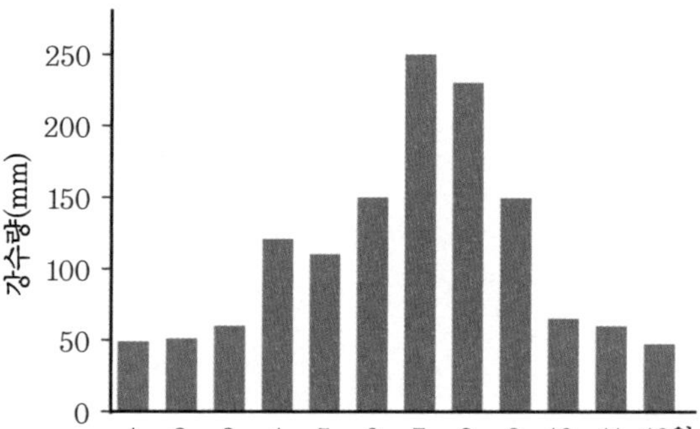


그림 4-3 우리나라의 월별 강수량

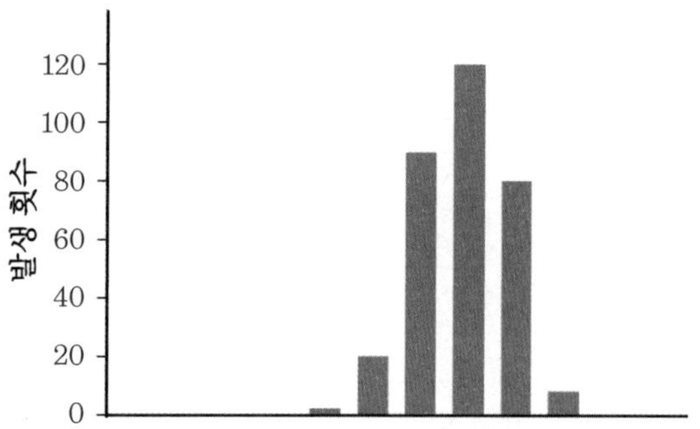


그림 4-4 우리나라의 월별 태풍 발생 횟수

### 4 병해충 요인

우리나라의 산림은 단순림(單純林)이 많아 특정한 해충이나 병균의 전파 및 번식이 용이하다. 특히 단순임분에서는 솔나방, 솔잎혹파리, 소나무재선충병이 전국적으로 퍼져 이로 인한 수목 고사 등이 산림황폐의 원인이 되고 있다. 최근에는 새로운 산림병해충이 유입되고 돌발성 병해충이 확산하면서 산림의 건강성이 위협을 받고 있다.

산림병충해의 발생 동향을 보면 1997년 솔잎혹파리, 솔껍질깍지벌레 등에 의하여 최대 면적의 피해를 입은 이래 2004년까지 지속적인 감소 추세를 보여 오다 2005년과 2006년에는 솔잎혹파리의 피해 면적이 증가함과 동시에 소나무재선충병의 피해 면적도 확대되었다. 그 후 효과적인 방제 노력으로 솔잎혹파리 피해지가 줄어 안정화되었지만 최근 다시 증가하는 양상을 보이고 있다. 소나무재선충은 1988년 부산에서 처음 발견된 이래 꾸준한 방제 활동에도 불구하고 피해 면적이 점진적으로 증가하다 2005년 7,811ha로 급증하였고 급기야 2005년 경상북도 안동시와 강원도에, 2007년 경기도에까지 출현하였다. 이후 피해 확산을 저지하기 위한 총력 대응으로 2006년에는 2005년과 비슷한 수준을 보이다 2007년 이후로는 감소하였지만 2022년 다시 급격히 증가하였다.

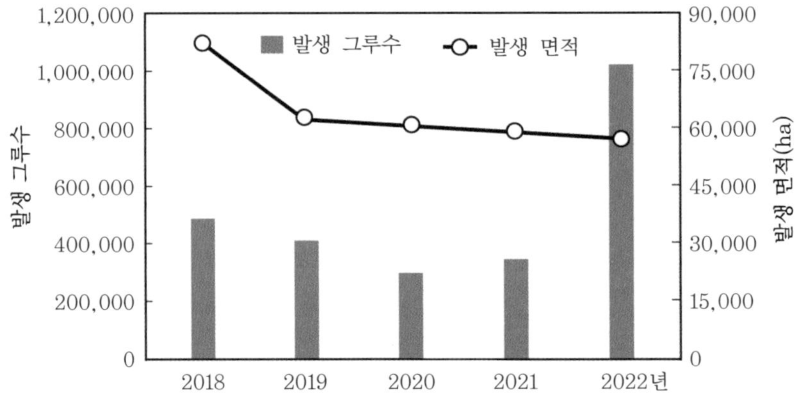


그림 4-5 소나무재선충병의 연도별 발생 그루수 및 면적

## 4·1·2 인위적 원인

산림황폐의 인위적 원인으로는 도벌 · 남벌, 낙엽과 근주 채취, 화전 및 불법개간, 산불, 토석 채취, 채광, 산지개발 행위 등이 있다.

### 1 도벌 · 남벌

도벌(盜伐) · 남벌(濫伐)이 성행하는 이유와 배경은 매우 복잡하며, 오랫동안 동일 장소에서 반복될 경우 산림은 자연회복력을 상실하고 만다. 이를 예방하기 위해서는 지역 주민들이 자율적으로 산림을 보호하도록 애림사상을 고취하는 일이 무엇보다 중요하다.

우리나라에서는 1951년 「산림보호임시조치법」을 공포한 바 있다. 이 법률에 의거하여 전국의 리·동 단위로 해당 지역의 주민과 산림소유자가 산림계를 조직하여 계의 규약에서 정한 바에 따라 자율적인 산림보호를 실시하도록 하였다. 또한 자발적인 조림사업에 관한 조항을 법령 내 독립된 장에 둠으로써 산림계 사업의 기반을 굳게 다졌다.

### 2 화전 및 불법개간

화전(火田)이란 산림에 불을 놓아 임목과 지피식물을 태운 후 경작하는 토지를 말하며, 이러한 화경(火耕)은 원시 단계의 경작법이다. 화전에서 몇 년 농사를 지으면 지력(地力)이 감퇴하기 때문에 보통 다른 산림으로 옮겨 다니며 화경을 이어 간다. 남겨진 적지(跡地)는 호우 시 표토의 침식 및 유실, 붕괴가 심하게 발생하므로 산림황폐의 원인이 된다.

예로부터 화전은 잦은 전란과 정쟁, 중과세, 과중한 부역, 일제 학정 등으로부터 피신, 은거하는 생활 기반이었으며, 8·15 광복 이후에는 정치적 공백과 6·25 전쟁을 겪는 동안의 사회적 혼란, 인구 증가 등으로 화경이 더욱 성행하였다. 이와 같은 화전의 확대는 산림의 훼손뿐만 아니라 국토의 훼손이라는 인식이 확산하면서 심각한 문제로 대두하였다.

이에 따라 사회적 측면에서의 화전민에 대한 생계 대책과 국토보전적 측면에서의 화전정리의 당위성이 강조되어 오다가 1966년에 비로소 「화전정리에 관한 법률」을 제정, 공포함으로써 정부 차원에서 화전정리의 기틀을 마련하고 화전정리에 착수하였다. 화전정리사업은 제1차(1965~1968년), 제2차(1969~1973년) 기간 동안 취약지 대책사업의 일환인 '독립가옥집단화계획'과 함께 실시되었으며, 제3차(1974~1979년)에 완전히 마무리되었다.

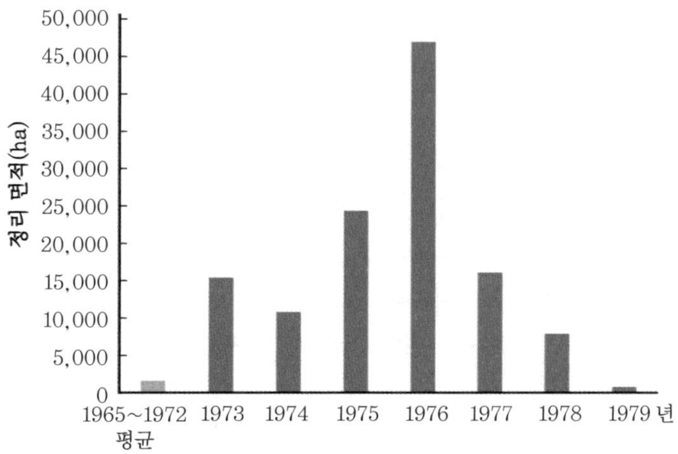


**그림 4-6** 화전지 정리 실적

### 3 산불

산불은 임목의 손실을 가져올 뿐만 아니라 천연갱신지의 치수(稚樹, 어린나무), 종자, 또는 인공조림지의 유령림이 전소되면 산림시업에 악영향을 미치며, 산불 피해목이 고사하지 않더라도 생장력이 쇠퇴하고 재질이 손상되며 병충해 발생도 늘어나게 된다. 또한 임지에 분포하는 유기질 양료(養料)의 근원인 지피물이 소실되고, 토양공극이 불량해져 침투능이 저하하고, 때로는 나지로 바뀌는 등 결과적으로 산불은 임지의 황폐를 초래한다.

우리나라의 최근 10년 평균 산불 발생 건수는 537건, 피해 면적은 3,560ha이다. 산불의 발생 원인을 보면 입산자 실화 및 논·밭두렁과 쓰레기 소각이 94%를 차지하여 대부분은 사람에 의한 실수라고 볼 수 있다. 특히 1996년 강원도 고성군과 2000년, 2005년, 2019년, 2022년, 2023년 동해안에서는 이제까지 볼 수 없었던 대형 산불이 발생하였고 산불 피해지의 2차 피해로도 이어졌다. 이는 영동 지방의 숲에 소나무가 많은 데다 봄철 따뜻하고 강한 바람인 양간지풍(襄杆之風, 봄철에 영서에서 영동으로 부는 고온·건조하고 풍속이 빠른 국지풍)이 불어오기 때문이다. 또한 이상기후와 숲 발달에 따른 산림 내 가연물질의 증가 등으로 대형 산불이 전국적으로 빈번해졌다.

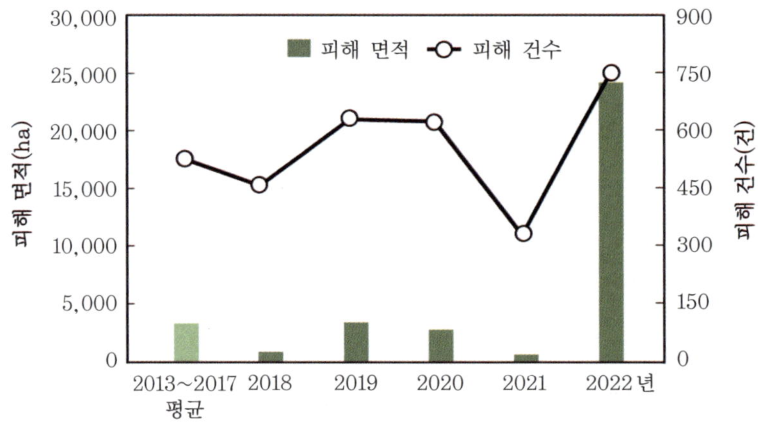


**그림 4-7** 연도별 산불 피해 면적 및 발생 건수

## 4 산지전용

불법 산림 훼손은 2001년 이래로 피해 건수와 면적이 감소하다가 2004년부터 약간씩 증가하였지만 최근에는 다시 감소하는 추세이다. 피해 유형별로는 불법 산지전용의 비율이 가장 높고 다음으로 무허가 벌채가 차지하였다.

산림의 형질변경 및 피해지의 벌채 현황을 살펴보면 광산, 도로, 농지 조성, 초지, 공장, 택지, 학교, 종교시설, 군사시설 등의 용도로 산림의 형질을 변경하였고, 특히 공장, 골프장, 도로 등의 수요 증가에 따른 최근 5년간 평균 전용 면적은 7,644ha로 국토 면적의 약 0.08%를 차지한다. 즉 보전지역 1,815ha(24%)와 준보전지역 5,829ha(76%)를 공장 972ha, 골프장 168ha, 택지 1,469ha, 도로 688ha, 농업용지 500ha, 묘지 53ha, 기타 3,794ha 등으로 전용하였고 2022년에는 6,283ha를 공장 959ha, 골프장 162ha, 도로 447ha, 택지 1,334ha, 농업용지 459ha, 묘지 37ha, 기타 2,885ha로 전용하였다.

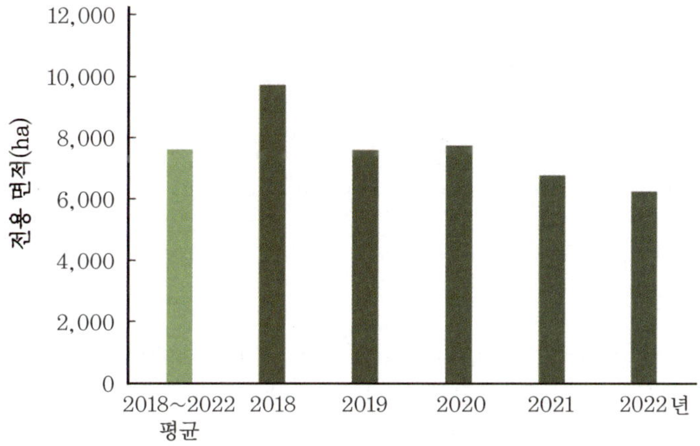


**그림 4-8** 연도별 산지전용 면적

## 4·2 사방사업 대상지

산지의 지피식생이 소멸 또는 파괴되고 이에 따라 각종 토양침식이 발생하여 토사가 유출되기 쉬운 곳을 사방사업 대상지 또는 요사방지(要砂防地)라고 한다. 사방사업 대상지는 성인, 형상, 발생 장소, 사방에 필요한 시공 방법 등에 따라 몇 가지로 구분한다. 황폐산지의 구분은 국가마다 그리고 분류 목적에 따라 다르지만 사방사업의 대상지이므로 황폐지의 분류 체계가 사방계획 및 실행상의 기본 성격을 결정하는 요인이 된다.

「사방사업법」 제2조(정의)에서는 "'황폐지'란 자연적 또는 인위적인 원인으로 인하여 산지(기타 토지를 포함한다)가 붕괴되거나 토석 · 나무 등의 유출 또는 모래의 날림 등이 발생하는 지역으로서 국토의 보전, 재해의 방지, 경관의 조성 또는 수원의 함양을 위하여 복구공사가 필요한 지역을 말한다."라고 정의하여 넓은 의미로 해석하고 있다.

### 4·2·1 황폐산지

#### [1] 황폐지

황폐지(荒廢地, denuded land, devastated land)는 황폐의 진행 상태 및 정도 등에 따라 척악임지, 임간나지, 초기황폐지, 황폐이행지, 민둥산, 특수황폐지 등으로 구분한다.

##### ① 척악임지

척악임지(瘠惡林地, degraded forest land)는 산지 비탈면에서 오랫동안 표면침식과 토양유실이 반복되어 척박해진 상태의 산지로, 신속한 임지비배(林地肥培)가 필요한 곳이다. 척악임지를 개량하기 위해서는 비료목(肥料木) 식재, 등고선구공 설치, 비탈덮기, 시비 등을 실시한다.

### ② 임간나지

임간나지(林間裸地, eroded land under trees)는 외견상 숲을 이루고 있지만 지피 상태가 불량하고 부분적으로 누구침식 또는 구곡침식이 진행된 곳으로, 임목이 벌채되거나 병충해를 입으면 초기황폐지나 황폐이행지로 진전된다. 처리 방법이 척악임지의 경우와 유사하지만 지피식생이 쇠퇴한 곳은 내음성 초본류를 파식(播植)하고, 누구와 구곡에는 침식 발달을 저지하기 위한 토목시설물을 설치한다.

### ③ 초기황폐지

초기황폐지(初期荒廢地, initial stage eroded land)는 임지 내에서 침식이 진행되고 있는 곳으로, 황폐의 상태에 따라 국소적인 사방공사를 실시하여야 할 곳이다. 주로 산지 비탈면에는 비료목이나 사방수종을 밀식하고 나지에는 비탈면 흩어뿌리기나 줄뿌리기를 실시한다.

### ④ 황폐이행지

황폐이행지(荒廢移行地, eroded forest land)는 황폐가 심하지는 아니지만 지표침식이 진행되어 방치하면 머지않아 민둥산이 될 위험성이 있는 곳이다. 황폐이행지를 복구, 녹화하기 위해서는 산지 비탈면에 선떼붙이기, 싸리 및 잡초 혼합 씨뿌리기 등을 집약적으로 실시하고 산비탈돌흙막이, 산비탈수로내기, 누구막이, 구곡막이 등을 시공한다.

### ⑤ 민둥산

민둥산[독나지(禿裸地), bare mountain, bare hill, bare land]은 황폐 이행이 더욱 진행되어 지표, 누구, 구곡 침식이 발달한 곳으로, 붕괴지와 같이 일시에 다량의 토사가 유실되지는 않지만 강우 때마다 토사가 유실되며 모래내[천정천(天井川), elevated stream, bed-up stream]를 형성하여 홍수 범람을 가속한다. 주로 화강암 지대의 남서 비탈면에서 발생한다. 민둥산을 복구, 녹화하기 위해서는 집약적인 산지 및 계간 공사를 실시하여야 하고, 특히 산비탈에는 비탈덮기와 밀파식을 실시한다.

### ⑥ 특수황폐지

특수황폐지(特殊荒廢地, peculiarly denuded land)는 각종 침식 및 황폐 단계가 복합적으로 발생하여 황폐 정도가 대단히 심한 곳으로, 암석 산지나 공해가 심한 공단 지대 등에서 볼 수 있다. 특수황폐지를 복원하기 위해서는 황폐 특성을 고려한 사방공법을 채택하고, 특히 주변 환경과 조화로운 사방기술을 개발하여 현지에 적용한다.

## 2 산사태지

산사태지[붕괴지(崩壞地), landslide area]는 비탈면의 일부가 강우나 지진 등에 의하여 안정성을 잃고 토사가 집단을 이루어 아래쪽으로 이동하는 산지를 말한다. 급한 비탈면에서 발생하기 쉽고 이동 속도가 매우 빠르기 때문에 직접적인 토사재해를 일으킬 위험성이 높다.

산사태지의 문제는 복구보다 예방이 중요하다. 따라서 효과적인 예방 대책으로서 붕괴 발생위험 개소부터 산록부(山麓部)의 계류에 이르기까지 겉도랑과 속도랑의 집 · 배수로를 계통적으로 배치하고, 붕괴 발생위험 지점에 콘크리트흙막이나 말뚝박기와 같은 붕괴방지용 흙막이 공작물을 설치하여야 한다. 이미 발생한 붕괴지에 대해서는 산비탈수로내기를 설치하고 산비탈바자얽기, 산비탈돌흙막이, 산비탈콘크리트흙막이와 같은 산비탈흙막이를 시공한다.

#### ① 표층붕괴지

표층붕괴지(表層崩壞地, shallow landslide area, surface failure area)는 산사태나 벼랑붕괴 등의 사면붕괴 중에서 두께 0.5~2.0m의 표층토가 지반층과의 경계를 따라 활락(滑落)하는, 비교적 규모가 작은 붕괴 현상이 발생한 곳을 말한다. 풍화 화강암이나 시라스(白砂) 대지의 급경사에서 발생하는 경우가 많으며, 황폐지나 개벌 적지에서 발생하기 쉽다. 발생 원인으로는 강우 침투에 의한 급격한 간극수압의 상승, 지진동(地震動) 등이 있다.

#### ② 심층붕괴지

심층붕괴지(深層崩壞地, deep weathering area)는 산사태, 벼랑붕괴 등의 사면붕괴 중에서 미끄럼면이 표층붕괴보다 깊은 곳에서 발생하여 표토층뿐만 아니라 심층 지반까지도 붕괴토괴가 되는, 비교적 규모가 큰 붕괴 현상이 발생한 곳을 말한다. 지질구조 등이 깊게 관계하고 중·고생대층 지대에서 종종 나타난다. 호우 시뿐만 아니라 호우 이후의 지하수 이동이나 비교적 규모가 큰 지진 활동에 의해서도 발생한다.

#### ③ 산복붕괴지

산복붕괴지(山腹崩壞地, hillside landslide area)는 강우나 지진 등에 의하여 산복의 자연사면 붕괴가 발생한 곳으로, 오목지형[요형(凹型)]에서 자주 나타난다.

#### ④ 계안붕괴지

계안붕괴지(溪岸崩壞地, streambank-collapsed area)는 주로 산지 사면의 하부에서 계류의 가로침식에 의하여 나타난다.

### 3 땅밀림지

땅밀림지[지활지(地滑地), creeping land]는 특정 지질·지질구조로 이루어진 산지나 구릉지에서 지하수 등에 기인하여 지괴(地塊)의 일부가 하층의 미끄럼면[활동면(滑動面), slip surface, sliding surface]을 이동 경계로 하여 중력작용에 의하여 밀리는 곳을 말한다. 일반적으로 점성토를 미끄럼면으로 하여 계속성·재발성을 수반하면서 완만하게 활동하는 경우가 많다.

땅밀림을 방지하려면 운동블록 및 각 운동블록을 포괄한 구역 전체의 안정도를 향상하기 위하여 배치하는 시설이 필요하며, 크게 억제공사와 억지공사로 나눈다. 억제공사에는 지표수배제공사, 지하수배제공사, 비탈다듬기, 배토공사, 누름흙쌓기, 하천 구조물이 있고, 억지공사에는 말뚝박기, 샤프트공법, 앵커박기가 있다.

### 4·2·2 훼손지

훼손지(毁損地, damaged land)는 인위적으로 토지의 형질에 변화를 가져온 곳으로, 땅깎기비탈면, 흙쌓기비탈면, 채석장, 채광지 외에도 등산로, 캠프장, 각종 체육시설, 폐군사시설지, 폐통신시설지 등이 포함된다.

#### 1 땅깎기비탈면

땅깎기비탈면[절토사면(切土斜面), cutting slope]은 도로, 철도, 택지 조성과 같이 큰 규모의 토목공사 시 지층을 깎아낸 단면으로, 비탈면 안정을 위하여 일정한 물매가 형성되어야 한다. 땅깎기비탈면은, 절취 후에 나타난 비탈면을 구성하는 모재(母材)의 종류에 따라 암석비탈면, 토사비탈면, 토석비탈면 등으로 구분한다.

#### 2 흙쌓기비탈면

흙쌓기비탈면[성토사면(盛土斜面), banking slope]은 재료에 따라 암석쌓기비탈면, 사력쌓기비탈면, 흙쌓기비탈면 등으로 구분한다. 일반적으로 땅깎기비탈면이나 흙쌓기비탈면의 안정과 녹화를 위해서는 기초공사인 비탈다듬기로 정지하여 비탈면을 물리적으로 안정시켜야 하며, 이때 기초옹벽, 심줄박기, 콘크리트격자틀붙이기, 돌쌓기, 바자얽기, 배수로설치, 떼단쌓기, 비탈면선떼붙이기, 비탈면줄떼다지기, 기타 식수공법 등이 이용된다.

#### 3 채석장

채석장(採石場, quarry)에서는 암벽의 면을 식물로 직접 녹화하기 어렵기 때문에 주로 간접적 녹화공법을 적용한다. 암벽 면에는 새집공법으로 관목류를 식재하거나 담쟁이덩굴로 피복, 녹화하는 방법이 효과적이며, 장소에 따라서는 속성수로 차폐식재하는 방식도 종종 시도된다.

#### 4 채광지

채광지(採鑛地, mining area)는 채광으로 인한 훼손지이며 폐광지, 휴광지, 광재(鑛滓) 또는 폐석 적재지, 운반 도로의 비탈면 등이 포함된다. 채광지를 복구하기 위하여 기초옹벽식돌쌓기, 산비탈돌쌓기, 돌단쌓기, 돌조공, 편책과 같은 비탈흙막이가 사용되고 있으며, 비탈면격자틀붙이기 및 힘줄박기와 전면후층객토붙이기의 병용, 씨뿌리기 및 씨뿜어붙이기, 상록큰나무심기 등이 시공되고 있다.

### 4·2·3 황폐계류

황폐계류(荒廢溪流, denuded torrential stream)는 토석류 등에 의하여 계상(溪床) 자체

가 황폐된 계류를 말한다. 위치에 따라 산지 내의 계곡이나 계간에 있을 때에는 계간황폐지(溪間荒廢地, eroded valley) 또는 침식계류(浸蝕溪流)라고 하고, 산지 밖에서 구거(溝渠) 또는 소하천 등과 접속할 때에는 야계(野溪, torrent)라고 한다. 또한 물매가 급하고 계안 및 산비탈 사면에 붕괴지가 많은 계류를 황폐계류라고 하며, 그중에서도 양안(兩岸)이 급한 사면의 곡지형을 이룬 곳을 황폐계곡이라고 부르지만 현장에서 이를 구별하기는 쉽지 않다. 황폐의 원인에는 ①지진 · 호우에 의한 붕괴 등의 자연적 요인, ②난벌이나 광산 개발 등의 인위적 요인이 있으며, 이들 요인이 복합적으로 작용하기도 한다.

### 4·2·4 해안 모래땅

해안 모래땅[해안사지(海岸砂地), coastal dune]에서는 모래가 이동하여 형성되는 모래언덕과, 모래날림이 심한 해안의 모래땅이 문제가 된다. 해안의 모래언덕에서 이동하는 모래를 고정하기 위해서는 퇴사공(堆砂工)을, 그리고 해안의 모래땅에서 모래날림을 안정시키기 위해서는 정사공(靜砂工)을 적용한다.

## 4·3 산지침식

### 4·3·1 산지침식의 개념

산지침식은 주로 물, 중력, 바람 또는 다른 요인에 의하여 토양입자가 분리, 분산되고 이동하는 현상을 말한다. 지표면의 정상적인 풍화작용에 의한 토양의 침식작용이나 퇴적작용과 명확히 구분하기는 매우 어렵다. 미국에서는 일반적으로 지표가 안정된 임지의 경우 300년에 깊이 25mm, 불안정한 임지는 30년에 깊이 25mm, 즉 12.5t/ha/년을 기준으로 구분하고 있다.

이와 같은 가속침식에 의하여 산지로부터 토양의 입자가 유실될 뿐만 아니라 비옥한 토양층도 함께 유실되므로 산지가 황폐해진다. 또한 황폐산지로부터 유실된 토사와 토석이 토석류 등의 형태로 각종 공공시설을 파괴하여 막대한 경제적 손실을 입히기도 한다.

### 4·3·2 산지침식의 구분

산지침식의 형태를 구분하는 일정한 기준이 있지는 않지만 일반적으로 침식을 일으키는 원인에 따라 크게 정상침식과 가속침식, 작용에 따라 기계적 침식과 화학적 침식, 그리고 영력(營力) 요인에 따라 물침식, 중력침식, 바람침식, 침강침식으로 구분한다.

### 1 원인에 따른 분류

**① 정상침식**

정상침식(正常浸蝕, normal erosion)은 토양이나 식생이 특별히 변하지 않더라도 지표면의 자연적인 풍화로 인하여 지표 토양의 형성과 분포에 영향을 미치는 침식으로, 자연침식(自然浸蝕, natural erosion) 또는 지질학적 침식(地質學的 浸蝕)이라고도 한다. 일반적으로 식생의 상태가 양호한 곳에서는 진행이 느리지만 식생이 불량한 반건조지대에서는 진행이 빠르다. 예를 들면 미국 콜로라도주의 대협곡(Grand Canyon)은 정상침식에 의하여 형성된 전형적인 경관이다.

**② 가속침식**

가속침식(加速浸蝕, accelerated erosion)은 산불, 방목, 산림개발 등으로 인하여 정상침식보다 빠르게 진행되는 침식으로, 주로 인위로 지피식생이 파괴되거나 물이나 바람 등이 토양에 작용하여 이루어지므로 이상침식(異常浸蝕, abnormal erosion)이라고도 한다. 사방의 대상이 되는 침식 형태이며, 일반적으로 식생이나 토양이 복구되면 침식이 멈춘다.

### 2 작용에 따른 분류

**① 기계적 침식**

기계적 침식(機械的 浸蝕, mechanical erosion)은 물리적인 풍화작용에 의하여 암석의 파쇄가 일어나는 현상으로, 팽창하는 정도가 다른 조암광물에 온도 변화로 인하여 틈이 생기거나, 암석의 절리나 균열에 침입한 물이 동결하여 압력을 가하면 발생하지만 풍화 생성물 자체의 성질에는 아무런 변화도 일어나지 않는다. 온도가 변하면 파쇄되기 쉬운 암석은 화강암과 같이 조암광물의 결정이 조잡한 화성암류(火成岩類)이고, 물의 동결로 파괴되기 쉬운 암석은 투수성이 큰 수성암류(水成岩類)이다. 물리적 풍화작용은 건조지대나 한랭지대에서 발생하기 쉽다.

**② 화학적 침식**

화학적 침식(化學的 浸蝕, chemical erosion)은 물, 산소, 탄산 등이 암석에 화학변화를 일으킴으로써 발생하는 침식으로, 특히 고온·다습한 지역에서 잘 나타난다. 일반적으로 칼슘이나 마그네슘이 많고 규산이 적은 현무암·감람암 등의 염기성 암석이 화강암·석영조면암 등의 산성 암석과 접할 경우 화학적 변화가 일어나 결국에는 염기성 암석에 그 영향이 나타난다. 한편 식물의 근계는 암석의 균열을 따라 신장하며 미량의 산성물질을 분비하므로 간극 주변의 암석에 대한 물리적 또는 화학적 풍화작용을 촉진할 수 있다.

## 4·3·3 산지침식의 종류

### 1 물침식

물침식[수식(水蝕), water erosion, erosion by water]은 물에 의하여 지표 또는 토양에

서 발생하는 침식으로, 침식이 발생하는 기구 또는 장소에 따라 빗물침식, 하천침식, 지중침식, 바다침식으로 구분한다. 물침식에 관계하는 인자는 강수량, 강우강도, 지형, 지피물, 토양 투수성 등이 있다.

**① 빗물침식**

빗물침식[우수침식(雨水浸蝕), rainfall erosion, rain sculpture]은 비가 지면을 흐르면서 토양입자를 분산하고 운반, 이동하는 침식 형태로, 침식의 진행 과정 및 침식작용의 형태 등에 따라 빗방울침식, 면상침식, 누구침식, 구곡침식 등으로 구분한다. 이 밖에 야계침식을 빗물침식에 포함하는 경우도 있고 때로는 하천침식에서 다루기도 한다.

**㉠ 빗방울침식**

빗방울침식[우적침식(雨滴浸蝕), raindrop erosion]은 지표의 토양과 아주 얕은 수면을 빗방울이 직접 타격하여 흙의 입자를 비산시키는 분산 및 운반 작용으로 일어나는 침식 현상의 초기 과정으로, 우격침식(雨擊浸蝕), 타격침식(打擊浸蝕, splash erosion) 또는 토양입단파괴침식(土壤粒團破壞浸蝕, puddle erosion, pudding)이라고도 한다. 빗방울침식의 규모를 결정하는 인자는 빗방울의 크기와 낙하 속도이며, 유실률은 빗방울의 낙하 속도의 4.33제곱에 비례한다. 이와 같은 빗방울의 침식작용이 평지에서는 그다지 중요하지 않지만 임목이나 지피식생이 없는 민둥산에서는 심각한 문제를 일으킬 수 있다.

• 엘리슨(Ellison)의 식

$$E = 7.66 \cdot \frac{V^{4.33} \cdot D^{1.07} \cdot I^{0.65}}{10^{-5}} \qquad (4 \cdot 1)$$

식에서 $E$: 30분간의 생산토사량(g), $V$: 빗방울의 낙하 속도(ft/s), $D$: 빗방울의 지름(mm), $I$: 강우강도(in/hr)

**㉡ 면상침식**

면상침식(面狀浸蝕, sheet erosion)은 빗방울의 튀김과 표면유출수에 의하여 비탈면의 표층이나 토양의 얕은 층이 유실되는 현상으로, 층상침식(層狀浸蝕), 표면침식(表面浸蝕, surface erosion), 평면침식(平面浸蝕), 표층침식(表層浸蝕) 또는 우세침식(雨洗浸蝕, sheet washing)이라고도 한다. 면상침식의 범위는 토양의 표면에 한정되지만 면적이 넓으면 생산되는 토사량이 많아지고 토지로부터 가벼운 토양입자와 유기물은 물론 양료까지 유실되기 때문에 비옥도와 생산성을 유지하기 어려워진다. 따라서 국토 보전이라는 측면에서 면상침식에 주목하여야 한다.

**㉢ 누구침식**

누구침식(淚溝浸蝕, rill erosion, shoestring erosion)은 면상침식이 구곡침식으로 진행하는 과정에서 나타나는 과도기적 침식 단계로, 비탈면 상하 방향의 작은 물길 또는 자연적인 비탈면 오목지형에 표면유출수가 모여 유하하는 힘이 점차 증대함에 따라 하나의 분명한 작은 물길인 누구(淚溝)를 형성하면서 진행하는 침식 형태이며, 누로침식(淚路浸蝕), 우열침식(雨裂浸蝕, rill washing), 우곡침식(雨谷浸蝕, trickle erosion) 또는 세류침식(細流浸蝕, stream-let erosion, incipient erosion)이라고도 한다. 누구침식은 표면 유실이 심하게 발생하기 쉬운 지면에 비교적 큰 빗방울이 강하게 충돌할 때 일어나며, 표면류가 작은 물길에 집중되면 수심과 유속이 증가하여 소류력(掃流力, tractive force)이 커지므로 면상침식에 비하여 유송(流送)되는 토사량이 많다. 토사량은 다음과 같은 식으로 구한다.

- 징크(Zingg)의 식

$$E = C \cdot S^{m} \cdot L^{n-1} \quad \cdots\cdots (4 \cdot 2)$$

식에서 $E$: 생산토사량(g), $C$: 빗방울이나 토양, 작물 등에 관계하는 계수, $S$: 사면경사(%), $L$: 사면의 수평 길이(ft), $m$: 상수(=1.4), $n$: 상수(=1.6)

- 머스그레이브(Musgrave)의 식

$$E = 0.00527 \cdot IRS^{1.35} \cdot L^{0.35} \cdot P_{30}^{1.75} \quad \cdots\cdots (4 \cdot 3)$$

식에서 $E$: 생산토사량(mm/년), $I$: 토양수식성지수(mm/년), $R$: 식생피복지수, $S$: 사면경사(%), $L$: 사면의 수평 길이(m), $P_{30}$: 최대 30분간의 강우량(mm)

- 토양유실예측공식(Universal Soil Loss Equation, USLE)

$$E = R \cdot K \cdot L \cdot S \cdot C \cdot P \quad \cdots\cdots (4 \cdot 4)$$

식에서 $E$: 연평균 생산토사량(t/ac), $R$: 강우지표, $K$: 토양수식성지표, $L$: 사면길이지표(m), $S$: 사면경사지표(%), $C$: 작물관리지표, $P$: 보전지표

- 가와무라(川村)의 식

$$E_{v} = \left( \frac{476 C_{A} \cdot C_{E}}{D} \right) \cdot q_{*}^{\frac{15}{8}} \cdot L^{\frac{3}{8}} \cdot S_{0}^{\frac{3}{2}} \quad \cdots\cdots (4 \cdot 5)$$

식에서 $E_{v}$: 단위시간 · 단위면적당 침식토량($m^3/s/m^2$), $C_{A}$: 나지면적률, $C_{E}$: 침식성지수, $D$: 평균 입경(mm), $q_{*}$: 사면 위로 유입되는 강우량(mm/hr), $L$: 사면 길이(m), $S_{0}$: 사면물매($\tan\theta$)

### ㉣ 구곡침식

구곡침식(溝谷浸蝕, gully erosion, gullying)은 누구침식이 더 진행되고 규모가 커지면서 더욱 깊고 넓은 침식구인 구곡(溝谷)을 형성하는 침식 형태이다. 비탈면이나 부근의 누구에 모여드는 물이 점점 많아지면 소류력이 커져 구곡의 바닥과 양쪽 기슭을 침식하게 되고, 침식된 토사가 하류에 퇴적되면 유로의 방향이 바뀌어 새로운 침식작용이 시작되면서 점차 확대되어 나간다. 구곡침식은 걸리침식, 협곡침식(峽谷浸蝕, canyon erosion) 또는 계곡침식(溪谷浸蝕, valley erosion)이라고도 한다. 구곡이 한층 더 진행, 발달하여 폭이 넓어지고 구곡의 바닥물매가 비교적 완만해진 경우를 심곡(深谷, ravine)이라고 한다.

• 비어 · 존스턴(Beer · Johnston)의 식

$$X_1 = 0.01 \cdot X_4^{0.0982} \cdot X_6^{-0.0440} \cdot X_8^{0.7954} \cdot X_{14}^{-0.2473} \cdot e^{-0.0360X_3} \quad \cdots\cdots (4\cdot6)$$

식에서 $X_1$: 구곡의 성장 면적(ac), $X_3$: 강우지표(in), $X_4$: 지표류지수, $X_6$: 유역 내의 평탄지 면적(ac), $X_8$: 관측 개시 시점의 구곡 길이(ft), $X_{14}$: 구곡의 곡두로부터 분수계까지의 거리(ft)

• 톰프슨(Thompson)의 식

$$R = 0.15 \cdot A^{0.49} \cdot S^{0.14} \cdot P^{0.74} \cdot E^{1.00} \quad \cdots\cdots (4\cdot7)$$

식에서 $R$: 구곡의 신장률(ft), $A$: 구곡의 곡두를 기준으로 한 집수면적(ac), $S$: 구곡의 곡두 상부 사면의 경사(%), $P$: 강우 인자(in), $E$: 토양 인자(%)

#### ㉤ 야계침식

야계는 우리나라의 사방 분야에서 중요한, 침식성이 높은 자연계천이며, 야계사방의 대상이 된다. 야계침식(野溪浸蝕, torrent erosion)은 계천침식 또는 계간침식이라고도 하며, 구곡침식 또는 하천침식에 포함하기도 한다.

### ② 하천침식

하천침식(河川浸蝕, stream erosion)은, 토사 이동과 유수에 의하여 하천의 제방 또는 계천의 양안이 세굴(洗掘, scouring)되는 가로침식과, 하천의 바닥이 파이는 세로침식으로 나뉘며, 토사의 유송을 수반한다.

#### ㉠ 가로침식

가로침식[횡침식(橫浸蝕), cross erosion]은 하천침식 중에서 하상의 폭을 확대하는 방향으로 작용하는 침식을 말하며, 측각침식(側刻浸蝕) 또는 측방침식(側方浸蝕, lateral erosion)이라고도 한다. 하도 굴곡부의 바깥쪽은 유속이 빠르기 때문에 측방침식이 강하게 작용하며, 곡벽(谷壁, valley wall) 사면을 따라 아래쪽으로 이동한 풍화 물질의 운반 · 제거도 효과적으로 이루어진다. 하도 굴곡부의 이동을 동반하면서 이와 같은 작용이 곡벽에 대하여 반복적으로 작용한 결과로 골짜기의 폭이 확대된다.

#### ㉡ 세로침식

세로침식[종침식(縱浸蝕), longitudinal erosion, downward erosion]은 하천의 유수에 의하여 하상이 낮아지는 침식으로, 하각침식(下刻浸蝕) 또는 하방침식(下方浸蝕, fluvial erosion)이라고도 한다. 지반의 융기, 하천 수량의 증가, 토사량의 감소, 해수면 등의 기준면 저하에 의하여 하상이 낮아지며, 반대의 경우에는 하상이 높아져 토사의 퇴적이 진행된다. 또한 하상이 높아지지도 낮아지지도 않고 안정되어 있는 경우에는 하도가 가로 방향으로 이동하는 가로침식이 진행된다.

### ③ 지중침식

지중침식(地中浸蝕, underground erosion)은 지면 아래에서 물이 땅속을 통과하면서 그 통로에 있던 흙을 침식하고 운반하는 현상으로, 토목공사에서는 파이핑(piping), 펌핑(pumping), 보

링(boring) 또는 퀵샌드(quicksand) 현상이라고도 한다. 지중침식은 산지사방시설보다는 일반 토목구조물, 특히 수공학적(水工學的) 공작물의 지하시공에서 중요시된다.

㉠ **용출침식**

용출침식(湧出浸蝕, erupt erosion)은 수위의 차이에 기인한 침투수압에 의하여 일어나는 침식이다. 흙 입자 간의 부착력이 없는 모래일 경우에는 침투수압에 의하여 고수위 쪽에서 저수위 쪽으로 흙 입자가 압류(押流)되어 하류 쪽의 지반이 압력을 받거나 또는 하류 쪽의 지반에서 물이 용출하게 된다. 각종 사방댐이나 널판물막이시설, 하천제방과 같은 용수 및 배수 시설을 할 때 수두(水頭, head of water)의 차이로 인하여 구조물 쪽에 침투수가 나타날 수 있다.

㉡ **지중세굴**

지중세굴(地中洗掘, piping by subsurface backward erosion)은 주로 점성토 등의 난투수성 지반에 생기며, 지반 내 강도가 약한 곳이나 모래 성분이 많은 곳에서 침투수에 의하여 토립자가 유실되면서 지반 내에 파이프 모양의 물길이 생겨 유동화한 토사가 물과 함께 분출하는 현상을 말한다. 파이핑이 한번 발생한 곳은 동수물매가 커져 침투력이 증가하므로 파이핑이 한층 진행된다. 제방이나 필댐에 파이핑이 생기면 파괴로 이어질 수 있고, 호우 시 산지 비탈면에서 발생하는 붕괴의 계기가 되는 경우도 많다.

**④ 바다침식**

바다침식(sea-side erosion)은 바닷물에 의하여 해저나 연안에서 일어나는 침식이며, 파랑침식 및 해빈류침식 등으로 구분한다.

㉠ **파랑침식**

파랑침식(波浪浸蝕, sea wave erosion)은 바람에 의하여 발생한 파도가 일으키는 침식으로, 풍속이 빠를수록, 풍역(風域)의 길이나 시간이 길수록 커진다. 파랑침식은 파고($H$), 파장, 파도의 주기($T$), 방향, 파형물매, 재현기간 등의 영향을 받는다. 해안방재림의 조성 및 설계에는 유의파($H_{1/3}$, $T_{1/3}$), 최고파($H_{\max}$, $T_{\max}$), 1/10최대파($H_{1/10}$, $T_{1/10}$), 평균파($H_{\text{mean}}$, $T_{\text{mean}}$) 등이 사용된다. 유의파, 1/10최대파, 평균파의 상호 간에는 $H_{1/10}=1.27H_{1/3}$, $H_{1/3}=1.60H_{\text{mean}}$, $T_{1/10}=T_{1/3}$의 관계가 있다.

㉡ **해빈류침식**

해빈류침식(海濱流浸蝕, wave-induced current erosion)은 파동운동에 의하여 연안으로 전파된 파도가 쇄파되면서 공간적으로 불균일하게 일으키는 침식으로, 연안류에 의한 침식과 이안류에 의한 침식이 있다. 연안류침식(沿岸流浸蝕, coastal current erosion)은 정선(汀線, shore line) 방향으로 거의 일정하게 파도가 치면서 일으키는 침식이고, 이안류침식(離岸流浸蝕, rip current erosion)은 파도가 정선에서 바다를 향하여 파쇄대를 빠져나가 수심이 깊은 지역에 도달하는 과정에서 발생하는 침식이다. 이안류는 파랑의 불균일성, 연안류의 전단 불안정 또는 해빈역학계의 불안정성으로 인하여 발생할 가능성이 높다고 알려져 있다.

### 2 중력침식

중력침식(重力浸蝕, gravity erosion)은 유수나 바람과 같은 외력이 아니라 중력에 의하여 비탈면의 토사와 석력의 지괴가 이동하는 침식 형태이다. 즉 중력침식은, 깊은 토층이 수분으로 포화된 뒤 중력작용에 의하여 집단적으로 밀리는 지괴침식(地塊浸蝕, mass-wasting, mass erosion, mass movement of soil)이다.

### ① 붕괴형 침식

붕괴형 침식(崩壞型 浸蝕, slip erosion, slippages)은 비교적 급경사면에서 어느 정도 깊이의 토층이 호우 등으로 인하여 수분으로 포화된 뒤 응집력을 잃고 중력의 작용으로 일시에 빠른 속도로 밀려 내리는 붕괴 현상을 말한다. 땅밀림형 침식과 다른 점은 붕괴 속도가 대단히 빠르다는 점이다. 붕괴형 침식은 황폐된 산지의 경사면뿐만 아니라 땅깎기비탈면 및 흙쌓기비탈면에서도 자주 일어나며 산사태, 비탈면사태, 산붕, 비탈면붕괴, 붕락, 포락, 암층붕락 등으로 구분할 수 있다.

#### ㉠ 산사태

산사태(山沙汰, landslide)는 주로 여름철 집중호우와 태풍 시 우수가 침투하면서 산정에 가까운 산복부의 지괴가 융해, 팽창하여 일정 깊이의 토층이 균형을 잃고 일시에 계곡·계류를 향하여 길게 붕괴하는 침식 현상으로, 비교적 경사가 급하고 비탈면의 토층 바닥에 암반이 깔려 있는 산지에서 큰 규모로 발생한다.

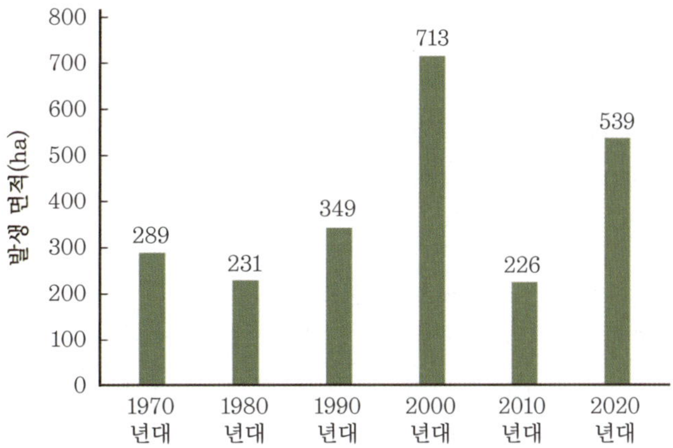


**그림 4-9** 1970년대 이후의 산사태 발생 추이

**그림 4-10** 산사태의 발생 양상

연평균 산사태 발생 추이를 10년 단위로 보면 1970년대 289ha, 1980년대 231ha, 1990년대 349ha, 2000년대 713ha, 2010년대 226ha, 2020년 이후에는 539ha로 시기별 편차는 있지만 지속적으로 발생하고 있다.

**㉡ 산붕**

산붕(山崩, landslip)의 발생 기구는 산사태와 유사하지만 발생 규모가 작아 소형 산사태라고도 한다. 산붕은 주로 산복의 중간 부위 이하인 산록부에서 발생하며, 붕락 또는 포락과 연결되기도 한다. 우리나라에서는 산붕과 붕락을 묶어 산지붕괴(山地崩壞)라고 하며, 단순히 산사태라고 부르기도 한다.

**㉢ 붕락**

붕락(崩落, slumping)은 주로 집중호우나 융설수에 의하여 토층이 포화되어 비탈면의 지괴가 균형을 잃고 아래쪽으로 무너져 떨어지는 중력침식의 형태이다. 일반적으로 무너진 지괴가 비탈면의 하단부나 산각부에 쌓여 있는 경우가 많고, 붕락된 지표층은 주름의 형태를 띤다.

**㉣ 포락**

포락(浦落, caving)은 비탈면 하단부를 흐르는 계천의 가로침식에 의하여 무너지는 침식 현상이다. 발생 부위가 반드시 유수와 관계되며, 침식 · 붕괴된 물질은 퇴적되지 않고 대부분 유수와 함께 유실되는 점이 특징이다.

**㉤ 암설붕락**

암설붕락(岩屑崩落, debris slides)은 산지 비탈면에서 중력의 작용에 의하여 토석의 더미가 붕괴하는 침식 현상으로, 과거에 산사태가 발생하지 않은 암반에서 일어나는 산사태이다. 진화하는 순서에 따라 암반사태(유년형), 풍화암사태(청년형), 붕적토사태(장년형), 점질토사태(노년형)로 분류한다.

**표 4-1 사면붕괴의 전조 현상**

| 전조 현상 | 설 명 |
|---|---|
| 사면에 균열이 생김 | 사면 내부의 지하수위 상승에 따른 압력의 증가로 결합력이 저하하여 사면의 약한 부분에 변이가 생기는 현상 |
| 작은 돌이 사면에서 떨어짐 | 사면 내부의 지하수위 상승에 따른 압력의 증가로 결합력이 저하하여 사면 표층부로부터 낙석이 생기는 현상 |
| 사면으로부터 이상한 소리나 산울림, 땅울림이 남 | 사면 내부의 지하수위 상승에 따른 압력의 증가로 결합력이 저하하여 사면 전체가 암괴 형태로 변이하여 이상한 소리가 발생하는 현상 |
| 사면이 돌출됨 | 사면 내부의 지하수위 상승에 따른 압력의 증가로 결합력이 저하하여 사면에 변이가 생기는 현상 |
| 평소 맑았던 용수가 탁해지고 용출이 나타남 | 지반 내부에 새로운 물길이 형성되거나 지하수량이 증가하여 침식량이 증대하면서 나타나는 현상 |
| 용수량이 급격히 변화함 | 지반 내부에 새로운 물길이 형성되거나 지하수량이 증가하여 침식량이 증대하면서 나타나는 현상 |

**② 땅밀림형 침식**

땅밀림형 침식[지활형 침식(地滑型 浸蝕), creeping erosion]은 지하수 등에 의하여 땅속의 전단저항이나 점착력이 약한 토층이나 암설층(岩屑層)을 따라 상층부의 지괴가 중력작용으로 아래 비탈면을 향하여 천천히 활동(滑動)하고 포행(匍行)하는 현상으로, 산지의 급경사면에서 토층이 주로 호우 등에 의하여 급격히 붕락하는 산사태와 구별된다. 지활형 침식의 전형적인 형태인 땅밀림은 속도가 매우 느려 이동을 인지하기 어려운 경우가 많으며, 일반적으로 점성토를 미끄럼면으로 하여 계속성 · 재발성을 수반하면서 완만하게 활동하는 경우가 많다.

### ③ 동상침식

동상침식(凍上浸蝕, solifluction, solifluxion)은 과습한 토양과 그 밖의 포화된 입상 물질이 토사비탈면 하부로 천천히 포행하는 침식 현상으로, 산복의 나지비탈면이나 땅깎기비탈면, 흙쌓기비탈면의 지표층에서 동결융해작용으로 인하여 발생한다. 특히 지층이 영속적으로 결빙하는 지역에 서리가 내려 동토층 위에서 작용하는 토층의 이동을 빙상동결융해침식(氷上凍結融解浸蝕)이라고 하며, 이는 다양한 형태의 토양구조가 생성되는 데에 영향을 미친다. 우리나라에서는 주로 이른봄 중부 이북 지방에서 많이 발생하므로 나지비탈면을 지피식생 등으로 피복하여 침식을 방지하여야 한다.

### ④ 유동형 침식

유동형 침식(流動型 浸蝕, flowage type erosion)은 단독으로 발생하기보다는 붕괴형 침식이나 땅밀림형 침식의 작용으로 발생하며 암설류, 토석류, 토류, 이류 등으로 구분한다.

#### ㉠ 암설류

암설류(岩屑流, debris flow)는 다양한 크기의 암설을 포함한 물질의 유동으로, 통상 상당한 양

**표 4-2** 땅밀림과 산사태의 차이

| 구 분 | 땅밀림 | 산사태 |
|---|---|---|
| 지질 | 특정 지질 또는 지질구조에서 많이 발생함 | 지질과의 관련이 적음 |
| 토질 | 주로 점성토를 미끄럼면으로 하여 활동함 | 사질토(마사, 표토, 시라스 등)에서 많이 발생함 |
| 지형 | 5~20°의 완경사에서 발생하고, 특히 상부가 대지(臺地) 모양의 지형인 경우가 많음 | 20° 이상인 급경사지의 0차 곡, 곡두부에서 많이 발생함 |
| 활동 상황 | 지(계)속성 · 재발성이며, 시간 의존성이 큼 | 돌발성이며, 시간 의존성이 적음 |
| 이동 상황 | 0.01~10mm/day인 경우가 많고 일반적으로 속도가 느림 | 10mm/day 이상으로 속도가 매우 빠름 |
| 흙덩이 | 흙덩이의 교란이 적고, 원형을 유지하면서 이동하는 경우가 많음 | 흙덩이가 교란됨 |
| 유인 | 지하수에 의한 영향이 큼 | 강우, 특히 강우강도의 영향을 받음 |
| 규모 | 1~100ha로 규모가 큼 | 면적 규모가 작음 |
| 징후 | 발생 전에 균열, 함몰, 융기, 지하수 변동 등이 발생함 | 징후가 적고, 돌발적으로 활락함 |
| 물매 | 10~20° | 35~60° |

[渡, 1986]

표 4-3 땅밀림의 전조 현상

| 전조 현상 | 설 명 |
|---|---|
| 땅이 울림 | 땅밀림 블록의 급격한 이동으로 울림이 발생하는 현상 |
| 집이 흔들림 | 땅밀림 블록의 급격한 이동으로 지반 변형이나 이동 블록의 경계에 변이가 생겨 건물 등이 흔들리는 현상 |
| 뿌리가 끊어지는 소리가 남 | 땅밀림 블록의 급격한 이동으로 미끄럼면 주변이나 블록 경계 부근의 뿌리가 절단되어 소리가 나는 현상 |
| 지면이 진동함 | 땅밀림 블록의 급격한 이동으로 진동이 발생하는 현상 |
| 나뭇가지가 부딪치는 소리가 남 | 땅밀림 블록의 급격한 이동으로 나무들이 부딪치는 소리가 나는 현상 |
| 균열이나 단차가 발생하거나 확대됨 | 땅밀림 블록의 이동으로 균열이나 단차가 발생하거나 확대되는 현상 |
| 지표면에 요철이 발생함 | 땅밀림 블록의 이동으로 주변부에 요철이 발생하는 현상 |
| 옹벽이 균열되거나 밀림 | 땅밀림 블록의 이동으로 옹벽이 밀리거나 균열이 발생하는 현상 |
| 포장도로나 터널이 균열됨 | 땅밀림 블록의 이동으로 이동 블록의 경계 부근을 통과하는 도로나 터널에 균열이 발생하는 현상 |
| 전선이 늘어지거나 팽팽해짐 | 땅밀림 블록의 이동으로 이동 블록과 외부 사이에 변이가 생겨 그 지역의 전선이 늘어지거나 팽팽해지는 현상 |
| 건물이 변형됨(여닫기가 나빠지고 벽에 간극이 발생함) | 땅밀림 블록의 이동으로 지반의 변형이나 이동 블록의 경계 부근에 변이가 생겨 건물 등의 변형이 발생하는 현상 |
| 다리에 이상이 생김 | 땅밀림 블록의 이동으로 이동 블록의 경계에 있는 교량에 변이가 생기는 현상 |
| 낙석이나 소규모 붕괴가 발생함 | 땅밀림의 말단 부근에 있는 비탈면이 땅밀림에 의하여 급격하게 변동하기 때문에 낙석이나 소규모 붕괴가 발생하는 현상 |
| 지하수가 급격히 변화함(고갈 또는 급증) | 지반 내부에 새로운 물길이 형성되거나 지하수량이 증대하여 나타나는 현상(비탈면 내부의 공동이 확대되고 불안정해짐) |
| 지하수가 탁해짐 | 지반 내부에 새로운 물길이 형성되거나 지하수량이 증대하여 나타나는 현상(비탈면 내부의 공동이 확대되고 불안정해짐) |
| 용수량이 변화함(고갈 또는 급증) | 지반 내부에 새로운 물길이 형성되거나 지하수량이 증대하여 나타나는 현상(비탈면 내부의 공동이 확대되고 불안정해짐) |
| 용수가 탁해짐 | 지반 내부에 새로운 물길이 형성되거나 지하수량이 증대하여 나타나는 현상(비탈면 내부의 공동이 확대되고 불안정해짐) |
| 새로운 용출수가 발생함 | 땅밀림 블록 내부의 지하수위가 높아지기 때문에 나타나는 현상(땅밀림 내부의 수압이 상승하여 활동력이 증가함) |

의 수분을 포함한다. 선단(先端)은 종종 설상(舌狀)을 나타내며, 유로의 양쪽에 제방 모양의 언덕이 만들어진다. 암설류는, 지질적 기초 지반 위에 있는 토층이 물로 포화될 때 그 위에 있는 쇄설층(碎屑層)이 밑에 있는 토층과 분리되어 이동, 유하하는 형태로 나타난다.

**㉡ 토석류**

토석류(土石流, debris flow, mud and stone flow)는 석력을 고농도로 포함한 이동 물체로,

석력 입자 사이의 고체마찰이나 충돌에 의한 응력에 따라 특성이 다르다. 역학적으로는 토석류를 층류(層流)로 취급하지만 토석류의 유량이나 토사 농도 등이 일정한 상태에서 토사의 입경만 작아져 난류(亂流) 상태(이류)로 전이되는 경우도 있다. 속도는 규모에 따라 다르지만 시속 20~40km로 한순간에 민가나 농경지를 덮칠 수 있다.

토석류는 산붕이나 산사태와 같은 붕괴작용에 의하여 무너진 토사, 또는 계상에 퇴적된 토사석력이 계천으로 밀려 내려와 물과 섞여서 유동하는 형태이다. 수량보다 고형물(암괴, 목편, 토사

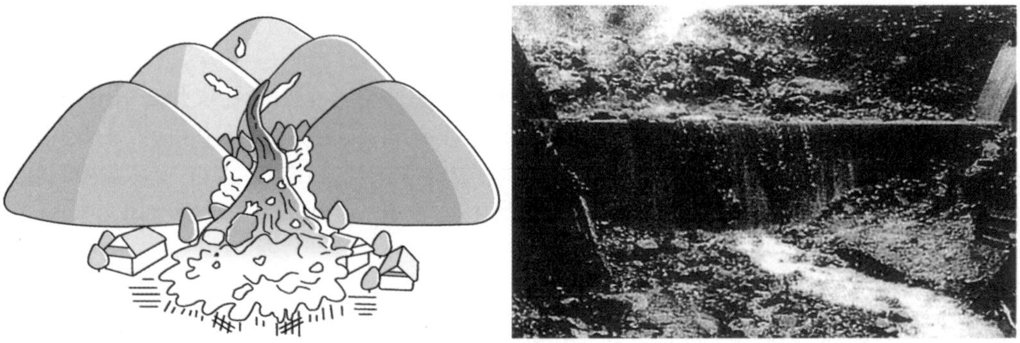

그림 4-11 토석류의 유출 양상

표 4-4 토석류의 전조 현상

| 전조 현상 | 설 명 |
|---|---|
| 근처에서 산사태, 토석류가 발생함 | 주변 사면이나 계류는 지형, 지질, 강수량이 거의 같으므로 근처에서 붕괴나 토석류가 발생하면 인접 계류에서도 토석류가 발생할 가능성이 높은 현상 |
| 입목이 부러지거나 거력이 이동하는 소리가 들림 | 계류의 상류부에서 토석류가 발생하기 때문에 거력이 부딪치거나 입목이 부러지는 소리 등이 하류까지 들리는 현상 |
| 계류의 유수가 갑자기 흐려지거나 유목 등이 유출됨 | 계류 상류부에서 토석류가 발생하여 토사나 도목이 계류에 유입될 때 나타나는 현상(토석류가 발생할 가능성이 높음) |
| 강우가 계속되고 있지만 수위가 급격히 감소함 | 계류의 상류에서 붕괴가 발생하여 하도가 폐기되면 천연 댐이 형성되어 계류수가 저류되기 때문에 나타나는 현상(천연 댐이 붕괴되어 토석류가 발생할 가능성이 높음) |
| 이상한 산울림이 남 | 사면 내부의 지하수 상승으로 압력이 증가하면 결합력이 저하하여 사면 전체가 암괴로 변이(이동)하여 산울림이 생기는 현상(붕괴가 발생하여 토석류로 이어질 기능성이 높음) |
| 이상한 냄새(흙냄새, 물건이 타는 냄새, 시큼한 냄새, 나무 냄새 등)가 남 | 계류의 상류에서 붕괴 등이 이미 발생하여 거력끼리 부딪칠 때 나는 냄새, 붕괴 토사에서 나는 흙냄새 또는 붕괴에 따라 발생한 유목의 냄새 등이 나는 현상 |
| 계류 부근의 사면이 붕괴하거나 낙석 등이 발생함 | 계류 주변의 사면이 붕괴하기 쉬워지는 현상(대규모 붕괴가 발생할 경우 토석류 발생의 계기가 됨) |
| 강우량이 감소하여도 계류 수위가 줄지 않음 | 계류에 새롭게 또는 과도하게 지하수가 공급될 때 나타나는 현상(토석류 발생의 계기가 됨) |

등)의 양이 많고, 물이 고형물을 유하시키는 것이 아니라 고형물이 물을 매개로 하여 자중으로 유하하는 집합운반[集合運搬, 집합유동(集合流動)]의 형태를 띤다.

**㉢ 토사류**

토사류(土砂流, earthflow)는 상부 비탈면으로부터 중력침식된 토괴가 유수와 함께 유하하는 흐름으로, 토석류와 소류사(掃流砂, bedload)의 중간적인 형태에 해당한다. 즉 집합운반의 형태인 토석류와 각개운반[各個運搬, 각개유동(各個流動)]의 형태인 소류사의 중간적 이동 형태에 해당하며, 이러한 의미로 '소류 상태의 집합유동'이라고도 한다. 토석류 유하구간(10° 이상의 계상물매)보다 완만한 토석류 선상지와 같은 토석류 퇴적구간에서 나타난다.

**㉣ 이류**

이류(泥流, mudflow)는 미사, 점토 등의 미세한 토사를 다량으로 함유하고 있는 진흙의 유수이다. 입자와 유체 사이 및 입자들 사이의 전기화학적 힘에 의존하는 유수에 비하면 점성계수나 항복응력 등이 높은 점이 특징이며, 층류가 형성된다. 그러나 상대적으로 점성이 낮아지거나 유수의 규모가 커지면 난류 상태가 되므로 '고농도 유수'라고도 하며, 넓게는 토석류와 같은 의미로 사용하는 경우도 있다.

**㉤ 유목**

유목(流木, coarse woody debris, large woody debris)은 계류나 하천을 유하하거나 퇴적한 지름 10cm, 길이 1.0m 이상의 통나무를 말한다. 입목이나 도목이 사면붕괴나 토석류에 의하여 유출된 경우가 대부분이지만 파괴된 목조가옥 등에서 유래한 경우도 있다. 유목이 교각 사이가 좁은 교량에 막혀 홍수나 토석류의 범람을 초래하기도 하므로 이 같은 재해를 방지하기 위하여 유목막이나 투과형 댐을 계류나 하천에 설치한다. 계류에 퇴적한 유목이 계상의 형태를 다양화하여 어류에 생식 장소를 제공한다는 긍정적인 면도 있다.

### 3 바람침식

바람침식[풍식(風蝕), wind erosion, erosion by wind]은 바람에 의하여 국지적으로 표토가 교란되는 현상으로, 해안지대에서는 해풍에 의하여 해변의 모래가 내륙을 향하여 점차로 이동할 수 있고 내륙의 건조지대에서는 표토 이동이 일어나기도 한다. 우리나라에서 일어나

**표 4–5 유목의 발생 원인**

| 기 원 | 발생 원인 |
|---|---|
| 입목의 유출 | 사면붕괴에 동반되는 입목의 활락<br>토석류 발생원에서의 입목의 활락 · 유하<br>토석류 유하에 동반되는 계안 · 계상의 침식에 따른 입목의 유출<br>홍수에 의한 계안 · 계상의 침식에 따른 입목의 유출 |
| 과거에 발생한 도목 등의 유출 | 병충해나 태풍에 의하여 발생한 수목의 토석류 · 홍수에 의한 유출<br>과거에 유출하여 계상에 퇴적되어 있거나 계상퇴적물에 매몰해 있던 유목의 토석류 · 홍수에 의한 재이동<br>눈사태의 발생, 유하에 동반되는 도목과 그후의 토석류 · 홍수에 의한 유출 |

**그림 4-12** 유목의 발생(A) 및 퇴적(B)

는 바람침식은, 주로 해변에서의 모래날림 방지와 고정을 위한 해안사방의 대상이 되는 사구지(砂丘地, sand dune area)의 침식이다. 바람침식에 관여하는 주요한 요소는 풍력, 토양의 입도, 수분, 식생의 피복 상태 등이다.

### ① 모래날림의 한계속도

모래날림의 한계속도는 풍속, 모래의 입경과 이동 용이성 등의 영향을 받지만 12m/s 이상의 바람이 불면 기상 조건에 관계없이 모래날림이 발생한다. 즉 바람에 의하여 모래의 표면에 전단력(剪斷力)이 작용하면 모래입자 사이에 전단응력(剪斷應力, shearing stress, shear stress)이 발생하고 이 힘이 한계를 초과하면 모래가 움직이기 시작한다. 이 전단력을 공기의 밀도로 나눈 값은 풍속과 같은 m/s의 차원이므로 마찰속도(摩擦速度, friction velocity)라고 하며, 모래 면의 단위면적에 작용하는 바람의 인장력을 파악할 수 있는 물리량이다.

$$V_* = \frac{\tau}{\rho} \text{ 또는 } \tau = \rho \cdot V_* \quad \cdots\cdots (4 \cdot 8)$$

식에서 $V_*$: 마찰속도(cm/s), $\tau$: 전단응력(g/cm·s$^2$), $\rho$: 공기 밀도(g/cm$^3$)

또한 바람에 의하여 모래의 입자가 움직이기 시작할 때의 마찰속도를 한계마찰속도(限界摩擦速度, critical friction velocity)라고 한다.

**표 4-6** 모래날림의 시동 풍속

| 구 분 | 조 건 | 시동 풍속($V_{100}$, m/s) |
|---|---|---|
| 강우강도 | 강할 때 | 11.8(≒12.0) |
| | 약할 때 | 9.8(≒10.0) |
| 함수량 | 강우 직후에 매우 습할 때 | 8.5 |
| | 강우 말기에 습할 때 | 7.0 |
| | 건조할 때 | 5.2(≒5.0) |

[荒巻, 1969]

일정 높이에서의 풍속은 마찰속도에 비례하며 지상 1m에서의 풍속과 마찰속도의 관계는 다음과 같다.

$$V_* = 0.053 \cdot V_{100} \quad \cdots\cdots (4 \cdot 9)$$

식에서 $V_*$: 마찰속도(cm/s), $V_{100}$: 지상 1m에서의 풍속(cm/s)

**② 모래날림의 연직 분포**

바람에 의한 모래의 운동은 부유운동, 도약운동, 전동운동 등으로 구분한다. 부유운동(浮遊運動)은 주로 직경 0.1mm 이하의 세립사가 움직이는 운동으로, 통상의 바람에 의해서도 수 미터 높이까지 이른다. 도약운동(跳躍運動)은 주로 0.2~0.3mm 모래가 모래 면을 도약하면서 바람의지(풍하)로 이동하는 운동으로, 높이가 2~20cm 범위로 한정된다. 또한 전동운동(轉動運動, 표면활동)은 비교적 큰 입자의 모래가 모래 면을 따라 이동하지 않고 표면을 활동하거나 전동하는 운동이다.

부유에 의한 모래의 이동은 무시하여도 좋을 정도의 양이며, 전동에 의한 이동은 전체 이동량의 1/4이고 나머지 3/4은 도약에 의한 이동이다. 따라서 모래가 이동하는 높이는 그다지 높지 않으며, 높이에 비례하여 모래날림의 양이 기하급수적으로 급감하여 90% 이상이 30cm 이내에 집중된다. 모래날림이 지표 부근의 낮은 높이에서 일어나므로 키가 작은 장애물이나 수초에 의해서도 모래의 이동이 저지될 수 있다.

## 4·4 토사량 산정 방법

### 4·4·1 생산토사량의 산정

#### 1 붕괴에 의한 생산토사량

사면에 대한 호우 시의 붕괴토사량을 예측하기 위해서는 많은 요인이 복잡하게 관련되어 있는 현상을 해석하여야 한다. 붕괴토사량을 정확하게 예측하기는 어렵지만 기존의 재해 사례와 지질별 붕괴면적으로부터 추정하는 방법, 강우를 지표로 하는 방법, 수량화법에 의한 방법, 확률과정에 근거한 방법 등의 통계적 방법과 토질역학적 방법 등이 응용되고 있다.

**① 기존의 재해 사례와 지질별 붕괴면적으로부터 추정하는 방법**

대표적인 통계적 방법으로, 과거의 붕괴 자료로부터 지형(경사, 기복량 등)·지질과 붕괴량(주로 붕괴면적 또는 붕괴면적률)의 관계를 구하고 이로써 우량 등 유인과의 관계를 평가하는 방법이다. 붕괴의 발생이 사면을 형성하는 지반의 영향을 크게 받는 점에 착안하여 일우량과 지질에 따른 붕괴면적을 추정한다. 그러나 계획 대상인 유역의 붕괴 실적이 없을 경우 이러한 자료를 대략적인 기준으로 사용할 수는 있지만 강우와의 관계가 불명확하다는 점과, 붕괴의 발생 요인으로 지형·식생 등의 요인이 크게 작용하는 점 때문에 원시적인 방법으로 여기고 있다.

**표 4-7** 기암의 종류별 붕괴면적률(단위: %)

| 기 암 | 일우량(mm) | | | | |
|---|---|---|---|---|---|
| | 150 | 250 | 350 | 450 | 550 |
| 심층 풍화 등을 받은 화강암 | 0.5 | 3.0 | 5.5 | 8.0 | (10.5) |
| 화산퇴적, 신제3기 이후의 퇴적암류 | 0 | 1.8 | 3.8 | 5.5 | (7.5) |
| 파쇄작용이 심한 고제3기 이후의 퇴적암류 | 0 | 0.8 | 1.4 | 2.2 | 3.0 |
| 분출암, 심층 분화 등을 받지 않은 화강암류 | 0.2 | 0.6 | 1.0 | 1.5 | (2.0) |
| 파쇄작용을 심하게 받지 않은 고제3기 이전의 퇴적암류 | 0 | 0.2 | 0.4 | 0.7 | 1.9 |

㊟ 괄호 안은 경험이 없음을 의미함[難波, 1978]

**② 강우를 지표로 하는 방법**

대규모로 발생한 토사재해의 자료를 기본으로 열역학적 해석을 실시하여 다음과 같은 식을 제안하였다. 이 방법에서는 강우량이 중요한 유인이지만 산지에서의 강우는 지형의 영향을 받아 일률적이지 않기 때문에 붕괴량을 예측하기에는 적합하지 않다.

• 우치후기(打荻)의 식(1971)

$$Y = K \cdot 10^{-6}(R-r)^2 \quad \cdots\cdots (4 \cdot 10)$$

식에서 $Y$: 붕괴면적률(%), $K$: 계수, $R$: (계획)강우량(mm), $r$: 붕괴무효우량(mm)

• 요시마쓰(吉松)의 식(1977)

$$\frac{C_a}{a} = gR_r(R-r)^{1.5} \quad \cdots\cdots (4 \cdot 11)$$

식에서 $C_a$: 붕괴면적(km$^2$), $a$: 유역면적(km$^2$), $g$: 상수, $R_r$: 기복량비, $R$: 강우량(mm), $r$: 한계우량(mm)

**③ 수량화법에 의한 방법**

수량화법에 의한 방법은, 붕괴를 일으키는 여러 요인을 동시에 취급하기 위하여 다변량해석을 이용하므로 붕괴의 발생 원인과 같이 수치로 표현하기 어려운 정성적 요인이 포함된 경우에 적용하기 편리하다. 이 방법은 많은 요인을 이용하기 때문에 실제로 발생한 붕괴 현상을 설명하기에 유효하다. 그러나 강우 및 유역별로 점수가 변하고 가끔 강우와의 상관성이 기각되거나 역상관하는 경우가 많기 때문에 붕괴의 예측 식으로 사용하기에는 문제가 많다.

**④ 확률과정에 근거한 방법**

붕괴 현상은 복잡한 요소가 상호 작용하면서 발생하지만 개개의 사면에 대하여 요소를 전부 검토하기는 곤란하기 때문에 이들 요소를 블랙박스(black box)로 두고 확률과정의 관점에서 현상을 관찰하여 설명한다. 확률과정에 근거한 방법은 많은 원인을 블랙박스로 놓아 확률 현상으로서 붕괴를 다룬다는 점에서 의미가 있다. 하지만 강우와의 관계가 명확하지 않고 기본적으로 붕괴는 물리 현상이기 때문에 붕괴생산토사량 산정 모델로서는 아직 보완할 부분이 남아 있다.

#### ⑤ 토질역학적 방법

토질역학적 방법은 사면의 표토에 대하여 무한사면의 안정해석을 실시하여 메시(mesh) 등의 계산을 컴퓨터로 시뮬레이션하는 방법이다. 좁은 유역면적에 대하여 상세하게 예측한다는 면에서 이 방법이 유효하려면 현지 관측기기의 정밀도 향상, 실험 방법의 개량, 이론의 발전 등이 선행되어야 한다.

### 2 계상의 생산토사량

불안정하게 퇴적해 있는 토사량을 해석할 수 있다면 계상의 생산토사량을 어느 정도는 예측할 수 있다. 일반적으로 곡차수별로 계류를 구분하고 각 차수의 샘플 값을 현지조사나 공중사진 판독으로 정한 불안정 토사량을 적산하는 방법이 사용되고 있다. 현지에서 계상퇴적지를 상세히 조사하고 퇴적토사 위의 식생 연대로부터 안정기간을 추정하여 생산토사량을 예측하는 방법은, 실제 각 계류별로 생산 가능한 토사가 어느 정도의 규모로 존재하는지 파악하는 유효한 방법이다.

#### ① 계안침식

계안에 분포하는 산사태지, 계안붕괴지, 계안단구 등의 불안정 퇴적물을 대상으로 가로침식에 의한 생산토사량을 예측한다. 계안침식량(溪岸浸蝕量)은 계상의 폭과 유량에 의하여 지배된다는 평형이론에 근거하여 계상 폭과 유로 폭의 차이에 따라 침식 가능 여부를 검토하여 계획량을 예상한다.

• 평형이론식(1980)

$$B = \alpha Q^{\frac{1}{2}} \quad \cdots\cdots (4 \cdot 12)$$

$B_o > B$: 계안침식량을 예상하지 않음

$B_o < B$: 계안침식량을 예상함

식에서 $B$: 계상 폭(m), $\alpha$: 계수, $Q$: 유량(피크유량; $m^3/s$), $B_o$: 유로 폭(m)

#### ② 계상퇴적물

계상퇴적물을 양적으로 파악하기 위해서는 홍수 시의 침식 깊이를 추정하는 일이 중요하다. 계상퇴적물의 침식 깊이를 합리적으로 추정하기는 어렵지만 기존의 계상변동(溪床變動, channel bed change, stream bed deformation) 실측값으로부터 침식 깊이를 추정하는 방법과, 인접한 유역 또는 유사한 유역의 기존 실측값을 사용하는 방법이 있다. 기존의 계상변동 실측값으로부터 침식 깊이를 추정하는 방법은 하도 특성이 반영되므로 비교적 타당하다고 판단되지만 현실적으로 계상변동량에 대한 자료가 충분히 정리되어 있지 않기 때문에 2차 곡 이하의 소계류에 대해서는 곡차수별 · 지질별 계상의 폭, 물매, 세굴 깊이, 토사량 등을 정리하여 계상의 생산토사량을 추정하는 방법을 사용한다.

### 4·4·2 유출토사량의 산정

유출토사량(流出土砂量, sediment runoff)은 생산토사량 중 토석류 또는 유수의 소류 등에 의하여 운반되어 계획기준점까지 유출되는 토사량으로, 기존의 토사유출, 유역의 지형, 식생 상황, 하도의 조정 능력 등을 고려하여 정한다.

#### 1 재해 실적에 근거한 방법

기존 최대 실적값의 자료가 있을 경우에는 그 값을 계획값으로 할 수 있고, 동일 유역이 아닐지라도 유역의 특성을 고려하여 주변 유역의 값을 사용하는 경우도 있다.

**표 4-8** 구간별 비유출토사량(단위: $m^3/km^2$/1홍수)

| 구 분 | 토석류구간 (표준유역면적 $1km^2$인 경우) | 소류구간 (표준유역면적 $10km^2$인 경우) |
|---|---|---|
| 화강암 지대 | 50,000~150,000 | 45,000~60,000 |
| 화산분출암 지대 | 80,000~200,000 | 60,000~80,000 |
| 제3기층 지대 | 40,000~100,000 | 40,000~50,000 |
| 파쇄대 지대 | 100,000~200,000 | 100,000~125,000 |
| 기타 지대 | 30,000~80,000 | 20,000~30,000 |

[日本河川協会, 2002]

#### 2 귀납적 방법

기존의 토사유출 실적으로부터 귀납적으로 유출토사량을 설정하는 방법이며, 토사 전체가 유출된다고 간주하는 경우가 많다.

**① 유출률에 의한 방법**

유출률에 의한 방법은 토사수지(土砂收支) 결과로부터 유출률을 설정한 다음 생산토사량에 곱하여 유출토사량을 산정하는 방법이다. 생산토사량의 설정 여하에 따라 유출토사량이 규정되며, 계류의 수리량에는 대응할 수 없는 한계가 있다.

**표 4-9** 물매(기복량비)와 유출률의 관계

| 물매($R_f$) 구간 | $0.35 \leq R_f$ | $0.25 \leq R_f < 0.35$ | $0.15 \leq R_f < 0.25$ | $R_f < 0.15$ |
|---|---|---|---|---|
| 유출률(%) | 0.8 | 0.7 | 0.6 | 0.5 |

### ② 스트림 파워에 의한 방법

스트림 파워(stream power)에 의한 방법은 하도에 저류되면서 유송되는 토사의 유사량을 표현하는 방법으로, 계상재료와 조도가 거의 변하지 않는 경우에 사용한다. 식이 간단하여 널리 사용되지만 계수 $\alpha$와 $\beta$의 설정에 신중하여야 한다.

- 오쿠무라(奧村)의 식(1974)

$$D = \alpha(A \cdot R \cdot I)^{\beta} \quad \cdots\cdots (4 \cdot 13)$$

식에서 $D$: 유출토사량($m^3$), $\alpha, \beta$: 계수, $A$: 유역면적($km^2$), $R$: 일우량(mm), $I$: 표고차 200m 사이의 평균 계상물매(%)

## 3 물리학적 방법

토사의 유송 형태인 토석류, 토사류, 소류를 상정한 후 각 산정식으로 유사량 계산을 실시하여 유출토사량을 설정한다. 일반적으로 유출토사량은 계상물매에 따라 토사의 운반 형태별로 구하며, 다음과 같은 토사수리적 방법을 사용한다.

**표 4-10 토석류, 토사류, 소류의 구분**

| 유송 형태 | 물매 | 유동 형태 | 입경 | 분급 | 층리 구조 |
|---|---|---|---|---|---|
| 토석류 | $\tan\theta > \frac{1}{4}$ | 집합유동 | 대 | 불량 | 불량 |
| 토사류 | $\frac{1}{20} < \tan\theta < \frac{1}{4}$ | 소류상태<br>집합유동 | 중 | 약간 불량 | 약간 불량 |
| 소류 | $\tan\theta < \frac{1}{20}$ | 각개유동 | 소 | 양호 | 양호 |

### ① 토석류에 의한 유출토사량

토석류 속의 수량에는 토석류가 발생한 지점의 상류로부터 공급된 유량뿐만 아니라 이동하기 전 퇴적층의 간극에 존재한 수량도 포함된다. 토석류 상태로 운반되는 토사는 집합운반으로 취급하여 다음의 식으로 구한다.

- 아시다(芦田) 등의 식(1983)

$$V_d = \frac{Q_T}{(1-\lambda)} \cdot \frac{C_d}{(1-C_d)} \quad \cdots\cdots (4 \cdot 14)$$

식에서 $V_d$: 토석류의 유출토사량($m^3$), $Q_T$: 토석류의 총유출량($m^3$), $\lambda$: 퇴적토사의 공극률, $C_d$: 토석류의 용적농도($g/cm^3$)

계상물매가 15° 이상이면 다음의 식으로 구한다.

• 다카하시(高橋)의 식(1977)

$$C_d = \frac{\rho \tan\theta}{(\sigma - \rho)(\tan\phi - \tan\phi)} \quad \cdots\cdots (4 \cdot 15)$$

식에서 $C_d$: 토석류의 용적농도(g/cm$^3$), $\rho$: 물의 밀도, $\theta$: 계상물매, $\sigma$: 사력의 밀도, $\phi$: 사력의 내부마찰각

**② 토사류에 의한 유출토사량**

토사의 이동이 토석류에서 소류로 변화하는 계상물매($0.05 < \tan\theta < 0.25$)에서는 유수의 층과 입자의 이동 층으로 명확하게 분리된 소류 상태의 집합유동(토사류)이 발생하며, 이 상태에서의 유수에 대한 토사의 농도는 다음의 식으로 구한다.

• 미즈야마(水山)의 식(1980)

$$\frac{q_s}{q} = 5.5 \tan^2\theta \quad \cdots\cdots (4 \cdot 16)$$

식에서 $q_s$: 단위폭 유사량(m$^3$/s·m), $q$: 단위폭 유량(m$^3$/s·m), $\theta$: 계상물매

• 다카하시(高橋)의 식(1982)

$$q_{s*} = \frac{2}{3} \frac{(4.2 - 0.75 C_{dc})}{\cos^2\theta (\tan\phi - \tan\theta)^2} \tau_*^2 \left(1 - \frac{\tau_{*c}}{\tau_*}\right)^2 \quad \cdots\cdots (4 \cdot 17)$$

식에서 $q_{s*} = \frac{q_s}{u_{*d}}$, $C_{dc}$: 토사 유동층의 사력 농도($\fallingdotseq 0.42 C_*$), $\tau_*$: 무차원 소류력, $\tau_{*c}$: 무차원 한계소류력($\fallingdotseq 0.05$)

**③ 소류 · 부유에 의한 유출토사량**

홍수 시에는 유수 밑면의 전단응력으로 인하여 사력이 계상 위를 부유하면서 운반되는 각개운반 형식이 일반적이다. 보통은 소류사량(掃流砂量, bedload discharge) 식을 실험에서 구하지만 계류에는 다음과 같은 식이 사용된다.

• 사토(佐藤) 등의 식(1958)

$$q_B = \frac{u_*^3}{\left(\frac{\sigma}{\rho} - 1\right) g} \cdot \varphi \cdot F\left(\frac{\tau_o}{\tau_c}\right) \quad \cdots\cdots (4 \cdot 18)$$

$n \geqq 0.025$: $\varphi = 0.623$

$n < 0.025$: $\varphi = 0.623(40n)^{-3.5}$

식에서 $q_B$: 단위폭 · 단위시간당 소류사량, $F\left(\frac{\tau_o}{\tau_c}\right)$: $\frac{\tau_o}{\tau_c}$의 함수, $n$: 매닝의 조도계수

• 아시다(芦田) 등의 식(1978)

$$\frac{q_B}{\sqrt{(\sigma/\rho-1)gd_m^3}}=\frac{12-24\sqrt{\tan\theta}}{\cos\theta}\tau_*^{1.5-\sqrt{\tan\theta}}\left(1-\alpha^2\frac{\tau_{*c}}{\tau_*}\right)\left(1-\alpha\sqrt{\frac{\tau_{*c}}{\tau_*}}\right) \quad \cdots\cdots\cdots (4\cdot19)$$

식에서 $q_B$: 단위폭 유출토사량, $\sigma$: 입자의 밀도, $\rho$: 유수의 밀도, $g$: 중력가속도, $d_m$: 사력의 평균 입경, $\tan\theta$: 계상물매, $\tau_*$: 무차원 소류력, $\tau_{*c}$: 무차원 한계소류력, $\alpha$: 계수$\left(=\frac{2\left(\mu_f-\frac{s}{s-1}\tan\theta\right)}{1-\frac{s}{s-1}\tan\theta}\right)$, $\mu_f$: 입자의 동마찰계수(=0.425), $s$: 사력의 비중($\sigma/\rho$)

• 마이어-페터 · 뮐러(Meyer-Peter · Müller)의 식(1948)

$$\frac{q_B}{\sqrt{(\sigma/\rho-1)gd_m{}^3}}=K(\tau_e-0.047)^{1.5} \quad \cdots\cdots\cdots (4\cdot20)$$

식에서 $q_B$: 단위폭 유출토사량, $\sigma$: 입자의 밀도, $\rho$: 유수의 밀도, $g$: 중력가속도, $d_m$: 사력의 평균 입경, $K$: 계수(=8), $\tau_e$: 무차원 유효소류력[$=\tau\cdot(n_b/n)^{3/2}$], $n_b=0.0192\cdot d_{90}{}^{1/6}$, $d_{90}$: 90% 입경

• 브라운(Brown)의 식(1985)

$$q_B=10\left\{U_*^2/(\sigma/\rho-1)gd_m\right\}^2\cdot U_*\cdot d_m \quad \cdots\cdots\cdots (4\cdot21)$$

식에서 $q_B$: 단위폭 · 단위시간당 유출토사량, $U_*$: 마찰속도($=\sqrt{g\cdot H\cdot I}$), $g$: 중력가속도, $H$: 수심, $I$: 계상물매, $\sigma$: 사력의 밀도, $\rho$: 유수의 밀도, $d_m$: 평균 입경

#### ④ 계상변동의 계산

산지계류의 경우 토사의 공급 상황, 시설 유무 등에 따라 계상물매가 현저하게 변동한다. 따라서 계류의 조사 단면을 설정하고 단면 간 유사(流砂) 능력의 차이로부터 토사의 퇴적 및 세굴 상황을 파악한 뒤 순차적으로 유출토사량을 산출함으로써 계상변동을 계산할 수 있다. 계상변동의 계산에는 다음의 식이 사용된다.

$$\Delta Z_{t+\Delta t}^i=Z_{t+\Delta t}^i-Z_t^i=\frac{Q_{Bi-1}-Q_{Bi}}{B(1-\lambda)\Delta x}\Delta t \quad \cdots\cdots\cdots (4\cdot22)$$

식에서 $\Delta Z$: $\Delta t$시간 후의 계상변동 높이, $Z$: 계상 높이, $i$: 계상물매, $Q_B$: 조사 단면의 유출토사량, $B$: 계상 폭, $\lambda$: 공극률, $\Delta x$: 구간거리

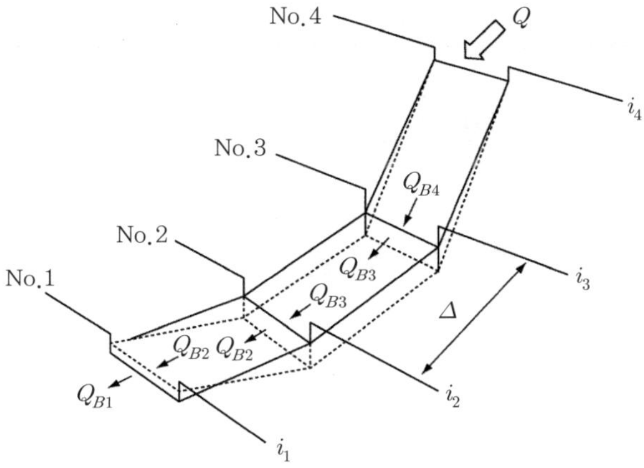


$i$: 계상물매
$Q$: 유량
$Q_{Bn+1}$: 유입토사량
$Q_{Bn}$: 유출토사량
$\Delta$: 구간거리
No.: 측선 번호
—: 초기의 횡단형
····: $\Delta t$ 후의 횡단형

**그림 4-13** 계상변동의 개념도

# 제5장

# 사방용 재료

## 5·1 사방재료의 종류

사방사업을 원활히 수행하기 위해서는 사방재료에 대한 충분한 지식을 갖춘 후 재료를 선택, 이용하여야 한다. 사방용 재료는 구조적으로 충분한 지지력이 있고 내구성 · 내수성이 있으며 마모에 잘 견딜 뿐만 아니라 외력이나 열, 습기에 의한 변형이나 비틀림도 적어야 한다. 또한 구하기 쉬우면서도 경제적이고 취급이 간단하여야 한다.

사방재료는 식생 조성에 사용되는 녹화용 재료와 기초안정공사에 사용되는 토목재료로 구분할 수 있다. 주요 녹화용 재료에는 식물재료(초본류, 목본류, 떼, 덩굴식물), 피복자재(식생반, 식생자루, 식생대, 식생매트, 식생망), 녹화기반재(배양토, 토양개량재, 비료, 배수자재, 보수재), 녹화보조재(토양안정제, 피복제) 등이 있으며, 토목재료에는 목재, 석재, 골재, 시멘트, 콘크리트, 금속재료, 고분자재료 등이 있다.

## 5·2 녹화용 재료

녹화용 재료와 관련하여서는 공사 대상지의 환경 조건에 적합한 식물을 선정하는 일, 파종 · 식재하는 식물의 생육 기반을 조성하는 일, 사후 관리가 중요하다. 특히 사방사업 대상지가 확대되고 다양화함에 따라 녹화용 식물의 식재 및 생육 기반을 조성, 정비하는 일이 중요해져 최근에는 각종 녹화기반재와 녹화보조재가 잇따라 개발되고 있다.

### 5·2·1 식물재료

#### 1 초본류

**① 재래 초본류**

재래 초본류는 특정 지역에 이전부터 자연군락을 이루고 자생하면서 자연도태를 거쳐 환경에 적응한 초본류로, 주요 식물로는 새, 솔새, 개솔새, 참억새, 까치수영, 왕까치수영, 김의털, 비수리, 쑥, 산쑥, 제비쑥, 수크령, 그늘사초, 실새풀, 차풀, 매듭풀, 잔디 등이 있다.

**표 5-1** 주요 재래 초본류의 특징

| 구 분 | 특징 및 적용 조건 |
|---|---|
| 새, 솔새, 개솔새 | 지상부가 발달하여 피복이 잘되며, 근계의 발달이 좋지만 발아가 늦다. 건조지나 사력지에서 잘 자란다. |
| 까치수영, 왕까치수영 | 척악지, 건조지에서 잘 자라고, 지상부의 생장이 좋지만 발육이 일정하지 않다. 겨울철에 고사하여 나지가 된다. |
| 김의털 | 척악지에서도 잘 자라고, 분얼 번식하며, 근계의 발달이 좋다. |
| 비수리 | 척악지나 경질토에 적합하며, 건조에도 비교적 강하다. 비료초로 사용되기도 한다. |
| 쑥, 산쑥, 제비쑥 | 지상부 · 지하부가 잘 발달하며, 습기와 추위에도 강하지만 초기 생장이 느리다. 겨울철에 지상부가 고사하여 나지가 된다. |

**② 도입 초본류**

사방사업지를 녹화하기 위하여 외국에서 들여온 초본으로 겨이삭(bent grass), 붉은겨이삭(red top), 다년생호밀풀(perennial ryegrass), 지팽이풀(switch grass), 왕포아풀(Kentucky bluegrass), 이태리호밀풀(Italian ryegrass), 켄터키(목장)개미털(Kentucky 31 fescue), 능수귀염풀

**표 5-2** 주요 도입 초본류의 특징

| 구 분 | 특징 및 적용 조건 |
|---|---|
| 겨이삭 | 습윤토양에서 잘 자라며, 내음성으로 비탈면의 녹화보다는 주로 평지의 공원녹지에 사용된다. |
| 다년생호밀풀 | 내한성 · 내음성으로 비옥한 점질토나 습윤토양에서 잘 자란다. 재생력이 강하지만 건조와 더위에 약하고 발아가 늦다. |
| 왕포아풀 | 토양에 대한 적응성이 좋고, 추위에 강하지만 건조에는 약한 편이다. 다년생으로 수분이 불충분하면 갈색으로 변한다. |
| 이태리호밀풀 | 일조가 좋은 약산성의 양토 · 식양토가 적당하며, 추위에 강하지만 더위에는 약하다. 1년생으로 응급녹화에 사용된다. |
| 켄터키개미털 | 토양에 관계없이 수분과 질소분이 있으면 겨울철에도 잘 자라며, 내한성 · 내음성이다. 혼파에 적합하다. |
| 능수귀염풀 | 모래땅에서도 잘 자라며, 더위와 건조에 강하지만 그늘과 추위에 약하고, 겨울철에 고사한다. 양지의 비탈면에 적당하다. |
| 우산잔디 | 산성토양과 배수 상태가 양호한 곳에서 잘 자라지만 추위와 그늘에 약하고, 혼파가 불가능하다. |
| 큰조아재비 | 비옥한 토양을 좋아하지만 점질토양에서도 잘 자란다. 추위와 물기에 강하지만 더위에는 약간 약하며, 음지에는 부적당하다. |
| 오리새 | 토양에 대한 적응성이 좋다. 내음성 · 내한성이므로 한랭지에서는 혼파하면 좋으며, 건조에는 약간 약하다. |

(weeping lovegrass), 우산잔디(Bermuda grass), 참새피(Bahia grass), 눈붉은개미털(creeping red fescue), 큰조아재비(timothy), 오리새(orchard grass) 등이 있다.

### 2 목본류

대표적인 목본류에는 우리나라 3대 사방수종인 리기다소나무(*Pinus rigida*), 물오리나무(산오리나무, *Alnus hirsuta*), 아까시나무(*Robinia pseudoacacia*) 외에 곰솔(해송, *Pinus thunbergii*), 참나무류인 상수리나무(*Quercus acutissima*), 갈참나무(*Q. aliena*), 졸참나무(*Q. serrata*), 싸리류인 싸리(*Lespedeza bicolor*), 참싸리(*L. cyrtobotrya*), 조록싸리(*L. maximowiczii*), 족제비싸리(*Amorpha fruticosa*), 그리고 눈향나무(*Juniperus chinensis* var. *sargentii*), 물갬나무(*Alnus hirsuta* var. *sibirica*), 사방오리(*A. firma*), 왕사방오리(*A. firma* var. *hirtella*), 좀사방오리(*A. pendul*) 등이 있다.

**표 5-3** 사방녹화용 주요 목본류의 특징

| 구 분 | 특징 및 적용 조건 |
|---|---|
| 리기다소나무 | 건조한 척악지에서 잘 자라고, 내환경성이다. 이전에는 사방 및 농·산촌 연료림을 조성하기 위하여 전국적으로 식재되었다. |
| 물오리나무 | 척악지에서 잘 자라고, 토양의 긴박력도 우수하지만 초본류와의 혼파가 어렵다. 균근균에 의한 질소고정 능력이 크다. |
| 아까시나무 | 비교적 척박한 건조지대에서도 잘 자라며, 맹아갱신이 잘 이루어질 뿐만 아니라 근계 발달도 양호하다. |
| 곰솔 | 척박한 건조지대에서 잘 자라고, 해풍에 잘 견디며, 모래날림 고정 능력이 크므로 이전부터 해안 모래땅 녹화용으로 도입되었다. |
| 상수리나무, 갈참나무, 졸참나무 | 비교적 토심이 깊고 비옥한 곳에서 잘 자라며, 심근성 수종이다. 산사태 위험지에 예방용으로 식재된다. |
| 싸리, 참싸리, 조록싸리 | 근계 발달이 양호하고, 초본류와의 혼파도 가능하기 때문에 주로 도로 주변이나 흙쌓기비탈면에 도입된다. |

### 3 덩굴식물

주요 덩굴식물에는 담쟁이덩굴(*Parthenocissus tricuspidata*), 등(*Wisteria floribunda*), 칡(*Pueraria thunbergiana*), 댕댕이덩굴(*Cocculus trilobus*), 등수국(*Hydrangea petiolaris*), 송악(*Hedera japonica*), 줄사철나무(*Euonymus fortunei*), 마삭줄(*Trachelospermum asiaticum*), 인동덩굴(*Loniccra japonica*) 등이 있다.

### 4 떼

떼[지(芝), sod]는 사방공사에 널리 사용되는 녹화자재로, 이전에는 주로 자생하는 들떼[야지(野芝), 정지(庭芝)]나 산떼[산지(山芝)]를 채취하여 사용하였지만 최근에는 떼밭을 조성하여 생산하고 있다. 떼는 산지사방의 선떼붙이기, 줄떼붙이기, 떼단쌓기, 평떼붙이기, 떼수로내기

표 5-4 사방녹화용 주요 덩굴식물의 특징

| 구 분 | 특징 및 적용 조건 |
|---|---|
| 담쟁이덩굴 | 특별한 보조시설이 없어도 벽면에 잘 부착하고, 강풍에도 잘 견딘다. 고속도로 암반비탈면이나 채석장 잔벽녹화에 효과적이다. |
| 등 | 대기오염에 강하고 척박한 토양에서 잘 자라며, 질감이 좋아 받침망을 설치하면 도시녹화, 도로공원 등에 사용할 수 있다. |
| 칡 | 생장속도가 빠르고 환경에 잘 적응하므로 땅깎기비탈면 녹화에 사용되지만 질감이 거칠고, 주변 수목을 피압하여 생장을 방해한다. |

등과 계간사방공사 및 야계사방공사 등에 널리 사용된다.

일반적으로 토공에 사용되는 떼는 뜬떼[절지(切芝)]이며, 크기에 따라 대형떼(길이 40cm×폭 25cm×두께 3~5cm 이상, 4kg/매)와 소형떼(33cm×20cm×3~5cm 이상, 2.7kg/매)로 구분하지만 시중에서는 보통떼(30cm×30cm×3~5cm)를 많이 사용한다.

떼를 뜬 후 흙을 털어 낸 것을 턴떼[진지(振芝)], 흙이 붙어 있는 떼를 흙떼라고 한다. 또한 뜬떼를 온떼[전지(全芝)]라고도 하며, 온떼를 길이 방향으로 한 번 자른 것을 반떼[반지(半芝)]라고 한다. 비탈면떼붙이기에 사용할 경우에는 붙인떼 또는 평떼[장지(張芝)]라고 하며, 이때에는 온떼를 사용한다. 평평한 정원이나 교정에는 반떼 상태의 줄떼심기 또는 평떼심기를 한다.

### 5·2·2 피복자재

피복자재는 자연생 떼를 대체하거나 뗏일을 신속히 마무리하기 위한 자재이다. 식생반, 식생자루, 식생대, 식생매트, 식생망, 식생로프, 식생포트 등이 있고 이 밖에 천연섬유로 만든 코이어네트, 주트네트 등과, 합성수지로 만든 론생백, 론생네트, 론생볏집, 다기능필터 등이 있다.

#### 1 식생반

식생반(植生盤, vegetation block, pressed soil block)은 점성토에 유기물, 비료, 물 등을 섞어 반죽한 후 틀에 채우고 압력을 가하여 제작한 판상(板狀)의 제품으로, 표면에 초본 혹은 목본의 종자를 파종하여 사용한다. 식생반은 현장에서 흙을 채취할 수 있으면 현지 제작이 가능하고, 수분이 적당하면 발아 및 생육이 좋다. 또한 식생반은 녹화가 빠르고 종자가 유출되지 않을 뿐만 아니라 토양의 유실 방지력도 크며 동상침식에 강하다.

식생반은 일반적으로 밑판, 종자, 표면 덮개 등으로 구성되어 있다. 밑판은 길이 25cm, 폭 20cm, 두께 3cm의 직사각형 판에 지름 2cm의 밑판 고정용 구멍 5개와 깊이 5mm의 종자 구멍 120개가 있으며, 1개의 무게는 500~700g이다.

### 2 식생자루

식생자루[식생대(植生袋), vegetation sack]는 합성섬유망, 부직포 등으로 제작한 자루에 종자, 비료, 토양 등의 식생기반재를 넣은 것으로, 식생기반재가 자루 안에 있으므로 유실이 적고, 자루가 소형이기 때문에 유연성, 밀착성, 운반성이 뛰어나다. 또한 객토 효과가 커서 고결토, 사력토 등에 적용할 수 있고 비교적 급한 비탈면에도 시공이 가능하다(그림 5-1 참조).

제품에 따라 규격이 다르지만 길이 33cm, 폭 16cm, 두께 4cm인 것을 10m당 30개 사용하며, 토양은 가능하면 비옥토를 $0.08m^3$ 충전한다. 길이 15~30cm, 직경 0.8~2.5cm인 고정핀을 식생자루 하나에 2개씩 총 60개 고정하며, 화성비료 10g과 복수의 종자를 혼합한다.

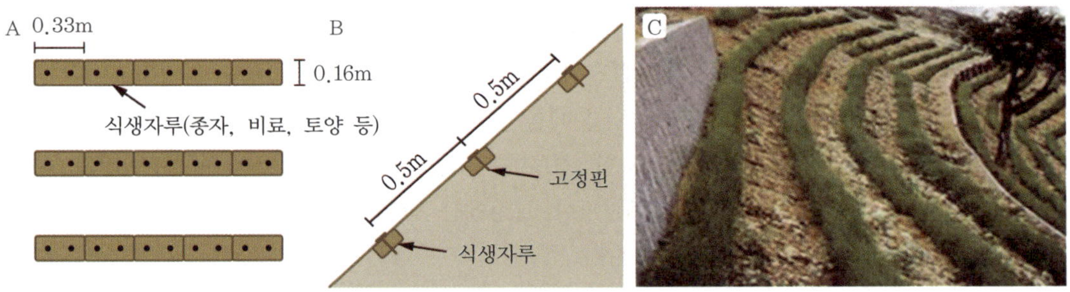


**그림 5-1** 식생자루의 정면도(A), 측면도(B) 및 시공 사례(C)

### 3 식생대

식생대(植生帶, vegetation belt)는 띠 모양으로 길게 만들어 종자와 비료를 채운 주머니로, 가볍고 취급이 간편하지만 침식이 발생하기 쉽다. 따라서 토양이 풍부하고 완만한 비탈면에 제한적으로 적용하며, 급경사지의 경질토 및 사력지에는 부적합하다. 식생대는 종자, 비료, 보수재, 토양개량재를 띠 모양의 부직포에 넣어 만들며, 땅깎기비탈면에 등고선 방향으로 폭 10cm 정도의 소단(小段) 및 도랑을 축조한 후 설치한다(그림 5-2 참조).

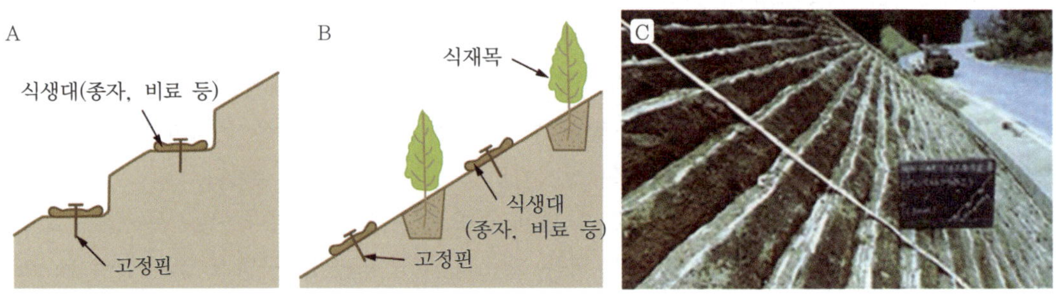


**그림 5-2** 식생대의 측면도(A · B) 및 시공 사례(C)

종자와 비료가 든 식생대는 통상 길이 50cm, 폭 10cm인 것을 10m당 20개 사용하며, 길이 15cm인 고정핀을 식생대 하나에 2개씩 총 40개 고정한다.

### 4 식생매트

식생매트(vegetation mat)는 종자, 비료, 보수재, 토양개량재, 비료주머니 또는 인공객토를 장착한 매트 모양의 피복자재로, 비탈면 전면에 앵커 등으로 고정한다(그림 5-3 참조). 일반적으로 흙쌓기비탈면과 토양경도 30mm 이하의 땅깎기비탈면에 적용한다.

시공 시 종자, 비료 등이 원지반에 밀착되도록 하고 비탈어깨에는 20cm 정도의 여유를 둔다. 식생매트는 길이 10m, 폭 1m인 것을 100m$^2$당 120m$^2$ 사용하며 직경 9mm, 길이 200mm인 앵커를 100m$^2$당 184개 타설한다.

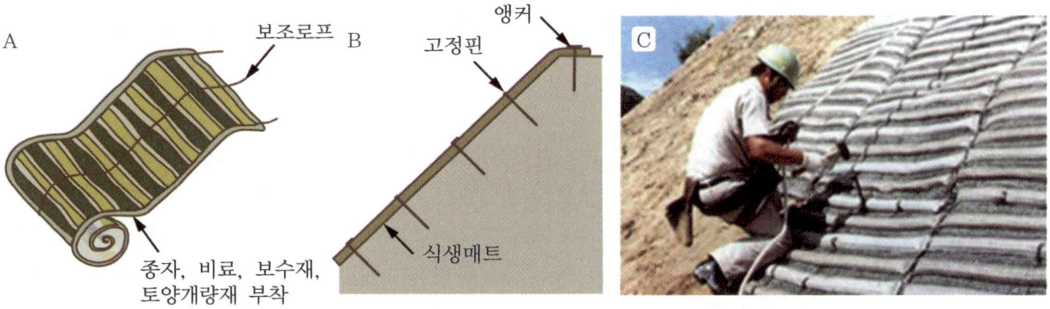


**그림 5-3** 식생매트의 모식도(A), 측면도(B) 및 설치 작업(C)

### 5 식생망

식생망(植生網, vegetation sheet)은 시트 자재에 종자, 비료 등을 장착한 것으로, 시트 자재로는 짚, 거적, 부직포, 수용성 종이 등을 사용한다(그림 5-4 참조). 주로 흙쌓기비탈면에 적용하지만 땅깎기비탈면에 적용하는 경우에는 토양경도 25mm 이하의 양질토에 한정하여 사용한다.

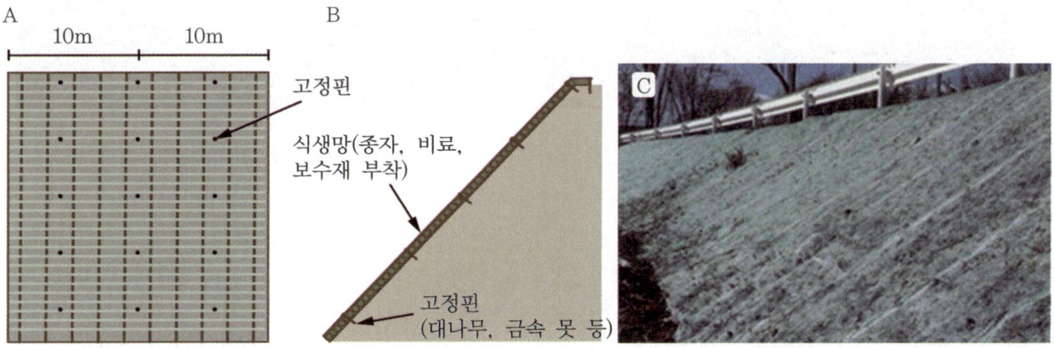


**그림 5-4** 식생망의 정면도(A), 측면도(B) 및 시공 사례(C)

시공 시 종자, 비료 등이 원지반에 밀착되도록 설치하고, 비탈면의 상부에는 20cm 정도의 여유분을 감아 탈락을 방지하며, 식생망끼리 폭 5~10cm를 겹치도록 한다. 식생망의 규격은 길이 10m, 폭 1m인 것을 $100m^2$당 $120m^2$ 사용하며, 길이 150mm인 고정핀을 $100m^2$당 500개 타설한다.

#### ① 코이어네트

코이어네트(coir net)는 코코넛 열매를 물속에 3개월 정도 담가 두었다가 원심분리기로 채취한 섬유질로 만들며, 유기질(52%)과 목질(48%)을 함유한 황금빛 천연섬유이다(그림 5-5 참조). 보온·보습이 좋고 가뭄과 냉해로부터 식물의 발아 및 생장을 보호하며, 방부·방충·방습 및 인장강도(引張强度, tensile strength)가 매우 높은 점이 특징이다. 규격은 $\phi$5mm×20mm×20mm, 2m×20m/롤이며, 7~8년이 경과하면 자연 부식되어 유기질비료가 되기 때문에 친환경적 소재라고 할 수 있다. 시공이 간편하고 단기간에 많은 면적을 피복할 수 있어 일반 토사 및 풍화암 비탈에 주로 사용된다. 그러나 경질암비탈에서는 녹화 기능이 떨어지고 가격이 비싼 단점이 있다.

#### ② 주트네트

주트네트(jute net)는 황마를 주원료로 한 천연섬유로(그림 5-6 참조) 보온·보습성이 있고, 가뭄과 냉해로부터 식물의 발아 및 생장을 보호하며, 우천 시에는 땅깎기비탈면, 흙쌓기비탈면의 세굴, 유실, 침식을 막아 준다. 코이어네트와 성질이 유사하며, 2~3년이 경과하면 자연 부식되고 비료 역할을 하여 식물의 발아 및 생장을 돕는다. 규격은 $\phi$0.5mm×5mm×5mm이며, 3.8m×18m의 롤로 되어 있다. 주트네트 역시 시공이 간단할 뿐만 아니라 단기간에 대면적을 피복할 수 있기 때문에 일반 토사 및 풍화암 비탈에 사용되고 있으며, 경질암비탈에 시공할 경우에는 기능이 떨어진다.

**그림 5-5** 코이어네트

**그림 5-6** 주트네트

#### ③ 론생볏짚

론생볏짚은 땅깎기, 흙쌓기 토사비탈면에 볏짚을 이용하여(그림 5-7 참조) 여름철의 고온, 겨울철의 한랭에 의한 피해와 장마철의 토양유실을 방지하고 가뭄 시 보습과 식생의 발아 및 발육 촉진 등의 효과를 증진하는 피복재료이다. 즉 단열 효과가 있어 고온과 한랭으로부터 종자를 보호하고 발육을 돕는다. 또한 토양개량, 토양수분 유지, 호우 시 토양침식 및 토사유출의 방지는 물론이고 주위에 생육하고 있는 2차 식생인 자생종, 향토종의 자연적 침입이 용이해지므로 주변 자연과 조화롭게 할 수 있다.

#### ④ 다기능필터

다기능필터는 부드러운 부직포를 주체로 하여 공극률 97~98%의 필터 구조로 제작한 피복자재로(그림 5-8 참조), 시공이 간단하다. 섬유조직의 멀칭 효과는 물침식에 의한 토양유실을 방지하고 바람, 동결, 가뭄과 같은 다양한 환경 조건을 완화하여 토양이나 식생 환경을 보전하는 기능을 한다. 특히 각종 배양자재나 지역 고유의 균근균을 조합하여 설치하면 초본류부터 목본류까지 자연형의 안정된 식생을 다양하게 유도할 수 있다.

**그림 5-7** 론생볏짚

**그림 5-8** 다기능필터

### 5·2·3 녹화기반재

식물 생육의 기반이 되는 토양 공간인 녹화 기반을 형성하는 데 필요한 배양토, 토양개량재, 비료, 배수자재, 보수제 등을 녹화기반재(綠化基盤材, base material for greenification)라고 한다.

#### 1 배양토

인공지반은 다양한 종류의 토양개량재를 조합한 인공 배양토(培養土, ridging)로 조성하며, 최근에는 배수와 관수 장치를 일체화한 녹화기반재와, 식물이 첨가되고 시공성이 용이한 자재들도 개발되고 있다. 또한 시설원예에서 사용되고 있는 재료를 녹화기반재로 활용하기도 한다.

시판되고 있는 배양토는 상품명으로 녹생토, 녹화토, 생명토, 생명정, 천연부엽토, 월드퇴비, 월드부엽토, 바이오테크부엽토, 부숙톱밥, 금비토, 지생토, 싱싱토, 녹양토, 상토, SF 녹화토양 등 다양하지만 각 제품의 효능이 확실하게 검증되지 않은 상태이므로 신중히 검토한 후 사용하여야 한다.

## 2 토양개량재

토양개량재(土壤改良材, soil amendment material)는 토양의 통기성, 보수성, 통수성 등의 물리성을 개량하고 보비성(保肥性) 등의 화학성을 개선하기 위하여 토양에 첨가하는 자재를 말한다.

### ① 고분자화합물계 토양개량재

고분자화합물계 토양개량재[합성수지재(合成樹脂材), synthetic resin material]는 토양의 입단화를 촉진하고 통기성과 투수성을 회복하여 팽윤한 토양을 형성한다. 또한 최근에는 수분을 자중의 수백 배 이상 흡수할 수 있는 친수성의 고분자 흡수제가 개발되어 보수제로서 건조지의 녹화 등에 활용되고 있다.

### ② 유기질계 토양개량재

유기질계 토양개량재로 사용되는 수피, 왕겨, 이탄, 피트모스(peatmoss) 등은 토양의 입단화를 촉진하고 보수성과 배수성을 회복시킬 뿐만 아니라 부식질을 공급하여 비료 효과도 발휘한다. 특히 이탄에 석회를 첨가하여 열처리한 휴민산(humin acid)은 토양의 양이온교환용량 증대와 인산의 고정 및 유실 방지 등에 효과적이다.

### ③ 무기질계 토양개량재

진주암, 흑요석, 응회암, 규석 등을 고온에서 처리한 펄라이트(perlite), 버미큘라이트(vermiculite), 제올라이트(zeolite), 벤토나이트(bentonite), 세라소일(cera soil)은 주로 암석 · 광물 계통의 무기질계 토양개량재로, 다공질의 경량재이다. 토양의 산성을 완화하고 보비력을 높일 뿐만 아니라 보수성, 통기성, 배수성까지 회복시킨다.

이상의 토양개량재는 목적에 따라 두세 종류를 조합하여 사용하는 경우가 많으며, 토양 용적비의 10~20%를 혼입한다. 특히 유기질계 토양개량재와 무기질계 토양개량재를 적절히 혼입한 초경량의 인공지반 녹화용 배양토 또는 실내녹화용 배양토를 만들어 자연토양을 대체하기도 한다.

## 3 비료

씨뿌리기, 나무심기에 도입하는 식물의 생육을 위해서는 도입식물의 특성을 고려하여 유안, 초안, 요소, 과석, 중과석, 산림용 고형복합비료 등을 적절히 선택한다.

### ① 종류

토양의 양분 함량이 적을 경우에는 도입식물의 특성을 고려하여 비료(肥料, fertilizer)의 3요소인 질소 · 인 · 칼륨과, 식물의 결핍반응이 나타나기 쉬운 2차 요소인 칼슘, 마그네슘, 황 등을 공급한다.

비료는 공정규격이 정해진 보통비료와, 농업, 임업, 축산업, 수산업, 제조업 또는 판매업에서 나온 부산물, 인분뇨, 음식물류 폐기물, 토양미생물제, 토양활성제 등 비료 성능이 있는 물질 중 농림축산식품부장관이 지정한 부산물비료로 크게 나뉜다. 또한 비료의 3요소 중에서 1종만 공급하는 비료를 단비(單肥), 2종 이상 공급하는 비료를 복합비료, 동·식물질의 비료를 유기질비료라고 한다. 또한 이탄 등을 섞어 입경을 크게 한 비료는 성형복합비료(고형비료 등), 액상의 비료는 액체비료, 3요소 중 2종 이상 함유한 액체비료는 액상복합비료라고 한다. 일반적으로 사용되는 비료에는 질소비료, 인산비료, 칼리비료, 석회비료, 고토(苦土)비료, 규산비료, 망가니즈비료, 산성비료, 염기성비료, 생리적 산성비료, 유기질비료, 무기질비료, 미생물비료 등이 있다.

녹화용 비료로는, 고형 입상으로 취급이 편리하고 작업이 용이하며 비료의 3요소가 모두 포함된 복합비료를 시용하는 것이 좋다. 특히 복합비료는 토양의 유실을 억제하고 비료의 지속성이 높을 뿐만 아니라 인산이 토양에 고정되지 않으므로 흡수율이 보통비료보다 좋고 균일하게 시용할 수 있다. 그러나 시공지의 토양개량과 지력 증진을 위해서는 유기질비료를 겸용하여야 한다.

#### ② 성분과 기능

사방사업지의 하층토는 양분을 함유하지 않아 시비를 실시하지만 한 번에 다량 시비하면 비료장해가 일어나거나 유실될 염려가 있으므로 여러 번에 걸쳐 나누어 주는 것이 효과적이다. 비료는 구득과 취급이 용이한 화학비료가 일반적으로 많이 시용된다.

질소(窒素, nitrogen, N)는 식물 섬유의 주성분으로, 줄기와 잎의 생육에 효과가 있다. 과용하면 신장은 좋아지는 반면에 병충해를 초래할 뿐만 아니라 내한성도 저하하며, 부족하면 지엽의 생육이 빈약해지고 잎의 색깔이 담황색을 띠게 된다.

인(燐, phosphorous, P)은 식물의 세포핵을 구성하는 요소로, 부족하면 뿌리의 발육과 지상부의 생장이 나빠진다. 과인산석회와 같은 수용성 인산을 함유한 비료보다 용성인비와 같은 구용인산을 함유한 알칼리성의 인산비료가 목본류에 효과적이다.

칼륨(potassium, K)은 탄수화물의 합성과 동화생산물의 이동에 관여하여 동화작용을 촉진하고 일조량을 보충하는 생리작용도 한다. 따라서 줄기와 잎을 강하게 하고 병해충에 대한 저항성을 높이며, 한해(寒害)와 가뭄해[한해(旱害)]의 경감에도 유익하다.

칼슘(calcium, Ca)은 탄수화물의 이동과 유기산류의 중화(中和) 등에 관계한다. 식물의 직접적인 영양소로서 중요할 뿐만 아니라 산성의 중화, 토양구조의 개선, 토양유기물의 분해와 비효의 증진과 같은 간접적인 효과도 크다.

#### ③ 시비량

수목은 농작물에 비하면 비료요구도가 훨씬 낮으므로 비료를 자주 줄 필요는 없다. 그러나 수종마다 차이가 있어 유실수와 속성수는 양료의 요구도가 크다. 활엽수가 침엽수보다 많은 양료를 요구하고 침엽수 중에서도 소나무류가 가장 적다.

훼손지의 시비량은 종자의 발아에 농도장해를 일으키지 않아야 한다. 순질소량으로 5~10g/m$^2$가 적당하지만 초본은 10g/m$^2$ 이상이면 장해가 발생한다고 알려져 있다. 시비장해는 비료의 종류, 비료의 지효성·속효성에 따라 차이가 있으며, 특히 종자가 비료와 직접 접촉할 경우 비료장해를 입게 된다.

#### ④ 시비 시기

식물 생장이 활발해지는 여름 이전에 시비하는 편이 유리하며, 가을에 시비할 경우에는 인산과 칼리를 시용하고 질소의 시비는 피하도록 한다.

### 4 배수자재

녹화 기반에는 수분을 유지하는 일과 마찬가지로 배수 체계를 정비하는 일도 중요하다. 배수자재(排水資材, drainage material)로는 이전부터 골재인 자갈이나 경석 등이 배수공사에 주로 사용되어 왔으며, 가벼운 펄라이트 외에 배수가 불량하여 뿌리가 썩는 것을 방지하기 위한 자재, 경화된 토양을 개량하는 자재도 활용된다. 최근에는 내하중 능력이 뛰어난 합성수지재인 FRP 파형관(유공관)이 다양하게 사용되고 있으며, 특히 돌쌓기나 흙막이 등의 물빼기구멍에는 보통 PVC관이, 속도랑내기에는 자갈깔기, 콘크리트 둥근관, 유공파형관 등이 사용되고 있다.

### 5 보수제

보수제(保水劑, water holding substance)는 토양과 뿜어붙이기 재료를 적당히 섞어서 보수성을 높인 물질로, 넓은 의미에서는 보수성이 있는 모든 인공물질을 가리키지만 좁게는 흡수성이 큰 수지를 의미한다. 종자가 발아할 때와 떼 및 수목을 이식할 때 보수성이 불량한 지반이나 건조지를 녹화하기 위하여 사용한다. 일반적으로 고분자 젤(gel)과, 고분자쇄(高分子鎖)에 이온이 해리하는 잔기(殘期)를 함유한 젤이 사용되고 있으며, 후자의 경우 맑은 물, 상온인 조건에서 침투압으로 100~1,000배의 수분을 흡수하는 종류도 있다.

## 5·2·4 녹화보조재

녹화보조재(綠化補助材)는 도입식물이 녹화 목적을 충분히 발휘할 수 있도록 보조하는 자재로, 토양안정제와 피복제로 구분한다.

### 1 토양안정제

토양안정제(土壤安定劑, soil stabilizer)에는 양생제와 혼화제가 있다.

#### ① 양생제

양생제(養生劑, curing agent)는 줄기감기, 지주, 멀칭, 종자살포, 객토뿜어붙이기 등에 사용된 재료가 유실되는 일을 방지하고 지표 건조를 줄이기 위하여 사용하는 약제이다. 또한 토양양생제(土壤養生劑) 또는 토양침식방지제(土壤浸蝕防止劑, anti-erosion reagent)는 비탈면 식생공사 직후에 토양의 표면이나 뿜어붙이기 재료가 침식되는 일을 방지할 목적으로 사용하는 약제로, 아스팔트유제와 합성고분자계의 풀 종류부터 셀룰로스 풀과 같은 천연물에 이르기까지 다양하다. 종자의 발아와 생육에 생리적 약해를 일으키는 토양양생제는 사용하지 말아야 하며, 농도에 따라서도 종자, 줄기 등에 부착하여 피막을 형성함으로써 생육을 저해하므로 주의하여야 한다.

#### ② 혼화제

혼화제(混和劑, chemical admixture)는 콘크리트에 적당하게 혼화하여 작업 능률을 향상하거나 단위수량을 줄이기 위하여 시멘트, 물, 골재 이외에 사용하는 재료로, 공기연행제(air entraining agent, AE제), 감수제(water reducer) 등이 있다. 이 중에서 AE제는 다수의 미소기포를 일정하게 분포시켜 콘크리트의 유동성을 향상하는 혼화제로, AE제를 첨가하면 물의 양을 줄일 수 있기 때문에 강도와 내구성이 높은 콘크리트를 만들 수 있다. AE제에는 로진(rosin)을 가성소다 등으로 감화(鹼化)한 것, 톨유(tall oil)로 만든 것 등이 있다.

### 2 피복제

피복제(被覆劑, covering chemical)는 화학적 재료를 이용하여 만든 피복용 재료를 말한다. 아스팔트에 유화제를 첨가한 아스팔트유제는 유화제의 분자가 아스팔트 입자의 표면에 부착함으로 인하여 입자가 안정되는 피복제이다. 아스팔트유제는 유동성이 좋아 포장용 외에도 비탈면 보호와 모래날림 방지를 위한 피복제로도 사용된다. 입자의 대전(帶電)에 따라 아스팔트유제를 음이온계와 양이온계로 나눈다. 음이온계는 수분이 증발되지 않아 응고하지 않지만 양이온계는 흙 입자와 접촉하면 곧바로 응고하는 속효성을 띠므로 비탈면녹화공법에서는 양이온계가 쓰인다.

## 5·3 토목재료

### 5·3·1 목재

사방공사에서는 다른 산림토목공사에 비하여 목재(木材, wood)를 비교적 적게 사용하는 편이지만 최근 환경에 대한 관심이 높아지면서 목재를 이용한 친환경 사방에 대한 수요가 증가하고 있다.

#### 1 특성

목재는 가벼워서 취급과 운반이 용이하고 가공이 간단하여 공작설비가 간편하다. 또한 비중(比重, specific gravity)이 작은 데 비하여 강도가 높으며, 소리나 진동, 충격에 대한 흡수성이 좋다. 특히 외관이 아름답고 주위의 경관과 환경에 조화로운 반면에 썩기 쉽고 재질과 강도가 균일하지 않으며, 함수량의 변화에 따른 수축 · 팽창 변형이 크고 내구성과 내화성이 약한 단점이 있다.

### ① 목재의 조직

목재는, 색이 엷은 바깥 부분의 변재(邊材, sap wood)와 색이 짙은 중심부의 심재(心材, heart wood)로 구분된다. 변재는 수분 등의 통도 역할을 하는 조직으로 당, 전분, 질소화합물이 많고 내후성이 약하다. 변재에 화학물질이 침착하여 변한 심재는 가지를 지탱하는 조직으로, 추출성분이 많고 내후성이 크다.

유령기에 형성된 목재의 세포는 길이가 짧고, 휘는 정도를 나타내는 영계수(Young's modulus)가 작으며, 강도가 떨어지기 때문에 미성숙재(침엽수는 약 15년생까지)라고 한다. 간벌재와 소경재는 미성숙재의 비율이 높다.

### ② 목재의 함수율

목재의 전체 무게에 대한 함유 수분의 무게 비율을 함수율(含水率, percentage of moisture content)이라고 한다. 벌채 직후 건조하지 않은 상태의 목재를 생재(生材, green wood)라고 하며, 침엽수의 경우 심재보다는 변재의 함수율이 높아 100~200%에 달한다. 생재를 장기간 방치하면 점차 건조되어 일정한 값의 기건함수율(氣乾含水率, air-dry moisture content)에 이른다. 기건함수율은 지역이나 계절 등에 따라 다르지만 일반적으로 12~15%이다.

$$M = \frac{W_a - W_o}{W_o} \times 100 \qquad (5 \cdot 1)$$

식에서 $M$: 함수율(%), $W_a$: 건조 전 중량(습윤질량; g), $W_o$: 절대건조중량(건조질량; g)

목재는 수분 상태에 따라 수축과 팽창을 반복하며, 이방성(異方性, anisotropy)이 있기 때문에 결국 갈라지거나 휠 수 있다. 함수율 20% 이하에서는 부후균의 활동이 억제되어 잘 썩지 않으며, 함수율이 섬유포화점인 30%보다 낮아지면 결합수가 감소하고 강도가 높아진다.

### ③ 목재의 강도

목재의 인장강도는 철보다 약하지만 콘크리트보다는 강하다. 목재는 섬유세포의 구조가 축 방향으로 배열되어 있고 이방성이 있기 때문에 하중이 걸리는 방향에 따라 반응하는 강도가 다르다. 압축강도(壓縮强度, compressive strength)와 인장강도는 섬유 방향의 강도가 직각 방향의 강도보다 5~30배 크다. 또한 목재는 생물 재료이기 때문에 수종, 부위, 생육 환경 등에 따라서도 강도가 다르다.

### ④ 목재의 열화

부후(腐朽), 개미 등에 의한 열화(劣化)가 목재의 강도 저하를 일으키며, 이는 목재 구조물의 내구성을 좌우한다. 목재의 내후성은 수종이나 재질 등에 따라 다르지만 그보다는 목재가 사용되는 환경의 영향을 더 크게 받는다.

부후는 목재부후균이 목재를 영양원으로 하여 번식하는 과정에서 발생하며, 목재가 썩는 조건에는 영양분, 수분, 산소, 온도 등이 있다. 따라서 목재의 수피를 제거하면 내후성을 높일 수 있고, 함수율을 20% 이하로 하면 목재부후균의 활동이 정지한다. 또한 저온에서는 생육이 늦고 20~35℃에서 왕성하게 생육하지만 고온에서는 사멸하거나 포자를 만들어 휴면한다. 개미도 목재부후균과 마찬가지로 습윤한 환경을 좋아하므로 개미에 의한 피해가 부후와 함께 진행되는 경우가 많다.

## 2 종류

### ① 통나무

통나무(log)는 수피가 붙어 있는 상태, 즉 가공하지 않은 원목(原木)을 말하며, 수피를 벗긴 통나무에 비하여 잘 썩는다. 수피를 벗긴 통나무는 원구(元口)와 말구(末口) 직경의 차이가 있다. 통나무는 질감이 거칠고 가공되지 않는 원목이라는 점에서 자연스러우며, 계곡 · 비탈에서 토양침식을 방지하기 위한 말목과 기초말뚝으로도 사용된다.

### ② 제재목

제재목(製材木, sawing lumber, lumbering)은 원목을 충분히 건조한 후 소요 치수로 절단, 제재한 공장 제품으로, 각재와 판재 등이 있다. 각재(角材)는 구조재로, 판재(板材)는 마감재로 각각 사용되며, 표면에 페인트를 칠하면 방부 효과는 물론이고 아름다운 표면 색상을 얻을 수 있다.

### ③ 원주재

제재목의 일종인 원주재(圓柱材, round timber)는 수피를 벗긴 통나무를 로터리 가공하여 원기둥 모양로 마무리한 목재로, 원구와 말구의 직경이 같다. 반절단재는 원주재를 둘로 잘라 단면이 평면이다. 양면절단재는 원주재의 양쪽을 절단하여 횡단면을 장구 형태로 만든 것으로 두께를 일정하게 할 수 있다. 또한 압각(押角)은 4면을 절단하여 귀퉁이를 둥글게 만든 것으로 폭과 두께를 일정하게 할 수 있고, 3면절단재는 3면을 절단하여 평탄하게 만든 것으로 두께를 일정하게 할 수 있다.

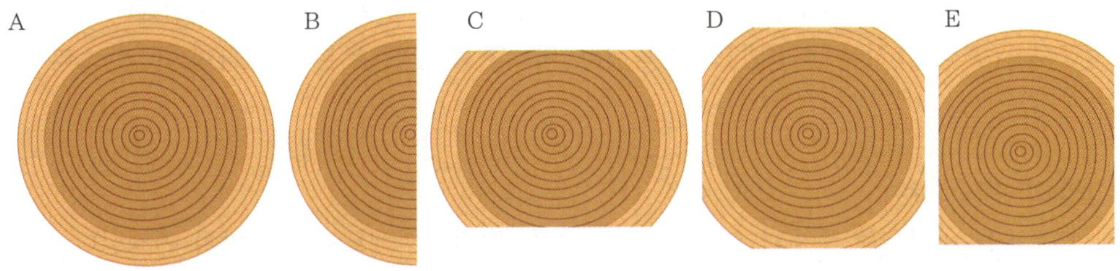


**그림 5-9** 원주재의 절단 가공(A: 원주재, B: 반절단재, C: 양면절단재, D: 압각, E: 3면절단재)

### ④ 대나무

대나무의 종류에는 죽순대, 이대, 솜대, 왕대 등이 있으며, 품질은 벌채연령과 생산지 등의 영향을 크게 받는다. 근래에는 대나무의 대용재가 개발되어 대체하기도 한다.

## 3 효과

### ① 이산화탄소 고정

목재는 절건중량(絕乾重量, absolute dry weight)의 약 1/2이 탄소이므로 목재를 장기적으로 이용하면 이산화탄소가 고정되어 있는 기간을 늘릴 수 있고, 간벌과 간벌재의 유효 이용을 추진하여 건전한 산림을 육성하면 산림의 이산화탄소 고정량을 증대할 수 있다.

#### ② 환경부하의 억제

목재는 가공, 재이용, 폐기가 용이하고 이산화탄소 배출과 같은 환경에 미치는 부하가 작기 때문에 화석연료를 많이 사용하는 콘크리트, 철 등의 대체재로 목재를 이용하면 이산화탄소의 배출량을 억제할 수 있다. 또한 목재는 생태계나 환경의 유지에 필요한 생물 재료일 뿐만 아니라 썩으면 자연으로 환원되기 때문에 생태계에 미치는 영향이 적다.

#### ③ 촉각적 · 후각적 · 시각적 효과

목재는 열전도율이 작아 열이 잘 빠져나가지 않으므로 접촉하여도 온기가 있으며, 탄성이 좋고 감촉이 부드럽고 향기도 기분을 편안하게 한다. 또한 목재는 생물 재료이므로 사람들이 자주 접하는 장소의 구조물 재료로 사용하면 구조물 자체에 대한 위화감을 해소할 수 있다.

### 4 열화

부재의 접합부, 갈라진 틈, 볼트구멍 등은 부후하기 쉬우며, 지면 · 수면은 건습이 반복되고 영양분도 풍부하여 부후, 갈라짐 등의 열화가 진행되기 쉽다. 그러나 땅속과 물속은 산소가 결핍된 상태이므로 목재가 잘 썩지 않아 지상보다 장기간 기능을 유지할 수 있다.

#### ① 정기적 조사 방법

주시(注視)는 육안으로 관찰하여 부후 등의 징후와 손상을 조사하는 방법으로, 부재의 변색, 변형, 손상, 균류의 자실체 발생, 개미길의 흔적 등을 살핀다. 촉진(觸診)은 손가락의 감촉으로 조사하는 방법으로, 부후가 확인되면 필요에 따라 추, 드라이버 등으로 추가 조사한다. 타진(打診)은 해머 등으로 두드려 조사하는 방법으로, 목재가 썩으면 건전한 부분에 비하여 둔한 소리가 나고 반발이 작다.

#### ② 정성적 판정 기준

조사한 결과를 바탕으로 목재의 열화 정도를 여섯 단계의 피해도로 구분하여 판정한다.

**표 5-5** 목재 열화의 정성적 판정 기준

| 피해도 | 관찰 상황 | 피해도 | 관찰 상황 |
|---|---|---|---|
| 0 | 건전 | 3 | 2의 상태+부분적으로 심한 부후 발생 |
| 1 | 부분적으로 가벼운 부후 발생 | 4 | 전면적으로 심한 부후 발생 |
| 2 | 전면적으로 가벼운 부후 발생 | 5 | 부후 등에 의하여 형태 변형 |

#### ③ 정량적 조사 방법

타입저항법은 핀타입시험기를 이용하여 일정한 에너지로 강제 핀을 목재 표면에 박은 후 박힌 깊이를 계측하는 방법으로, 비교적 간단하게 측정할 수 있다. 초음파전파속도법은 초음파시험기를 이용하여 부재의 양면에 밀착시킨 두 단자 간의 초음파 전파속도를 계측하는 방법으로, 목재의 휨 강도(bending strength, flexural strength)와 정의 상관이 있으며 열화가 진행되면 전파속도가 느려진다. 응력파법은 응력파시험기를 이용하여 목재에 삽입한 센서를 해머로 타격하고 다른 쪽에 붙여 놓은 센서로 그 신호를 측정하여 두 지점 간의 응력파 전파속도를 계측하는 방법이다. 천공저항법은 천공저항시험기를 이용하여 드릴로 목재에 구멍을 뚫어 천공저항을 계측하는 방법으로, 천공저항에 따라 부후 부분의 두께 등을 추정할 수 있다.

#### ④ 건전도 판정

건전도 판정은, 상세조사 결과를 기초로 하여 부재 및 구조물 전체의 열화, 손상 정도, 예측, 문제점을 파악하고 건전도를 판정한 뒤 연속 이용, 보수, 보강, 갱신을 결정하는 과정이다.

**표 5-6** 건전도 판정 및 처리

| 구분 | 내 용 |
|---|---|
| 존치 | 구조물의 필요성이 없어진 후에는 설치된 장소에서 썩어 자연에 환원됨 |
| 철거 | 구조물의 필요성이 없어진 시점에서 정리함 |
| 갱신 | 부후 등에 의하여 구조물의 기능이 없어진 시점에서 재차 설치함 |

#### ⑤ 안정성 · 강도 검토

안정성과 강도가 확인된 구조물이나, 외력과 규모가 작은 구조물 이외는 원칙적으로 설계 단계에서 안정성과 강도를 검토하여야 한다. 안정성과 강도의 검토 방법에는 구조물의 규모나 중요성에 따라 ①구조 전체의 안정이나 부재의 응력을 계산하여 안정성을 확인하는 방법과 ②실험 등에 의하여 안정성을 확인하는 방법 등이 있다.

구조 전체의 안정계산은 중력식 구조체나 셀식 구조체로 가정하여 실시하고 부재의 응력 계산은 필요에 따라 적절한 방법으로 실시한다. 특히 부재의 접합부 파괴가 구조물 전체에 영향을 미치는 프레임 타입과 부분적으로 목재를 이용하는 구조물에 대해서는 접합부의 강도와 내구성에 대

**표 5-7** 우리나라 주요 목재의 물리적 · 역학적 성질

| 수 종 | 함수율 (%) | 비중 | 종압축 강도 (MPa) | 인장 강도 (MPa) | 휨 강도 (MPa) | 갈라짐 강도 (MPa) | 충격휨 흡수에너지 (N·mm/mm²) |
|---|---|---|---|---|---|---|---|
| 소나무 | 16 | 0.55 | 36.5 | 93.7 | 83.3 | 2.1 | 50 |
| 잎갈나무 | 15 | 0.63 | 42.2 | 91.3 | 93.8 | 2.8 | 68 |
| 잣나무 | 15 | 0.52 | 46.9 | 95.1 | 89.9 | 2.2 | 39 |
| 버드나무 | 15 | 0.47 | 22.1 | 52.6 | 37.0 | 3.5 | 65 |
| 신갈나무 | 15 | 0.82 | 42.9 | 112.1 | 91.2 | – | 83 |
| 아까시나무 | 16 | 0.74 | 35.6 | 181.5 | 81.2 | 4.0 | 160 |
| 물오리나무 | 15 | 0.54 | 32.6 | 73.1 | 62.5 | – | 78 |
| 자작나무 | 14 | 0.53 | 36.3 | 107.8 | 71.7 | 4.4 | 52 |
| 물푸레나무 | 14 | 0.84 | 46.6 | 175.4 | 126.7 | 7.5 | 136 |

하여 검토하여야 한다.

### 5 방부 · 방충 처리

목재보존제로 목재를 방부 · 방충 처리하면 목재 구조물의 내구성을 향상할 수 있지만 유수 또는 지하수에 접하거나 인간의 생활환경 및 희귀 동식물의 서식지에 설치하는 구조물은 처리에 신중하여야 한다.

#### ① 가압법

가압법은 주입장치의 압력을 조작하여 약제를 주입하는 방법으로, 약제의 침투 효과와 방부 효과가 뛰어나다. 통에 목재를 넣고 진공 상태를 만든 후 80~90℃로 가열한 크레오소트유(creosote油)를 붓고 압력을 높여 목재 내로 침투시키는 압력탱크법과, 7~12기압의 압력을 가하여 크레오소트유를 목재 속에 주입하는 가압주입법이 있다. 압력탱크법은 철도 침목에 주로 이용되며, 석탄 갱목의 방부 처리에는 가압주입법이 이용된다.

#### ② 침지법

침지법은 목재를 약제에 침지하여 처리하는 방법으로, 다량의 약제를 필요로 하고 부분적인 처리가 불가능하다. 가열 용액 속에 넣어 주면 훈증 효과가 있다. 약제는 주로 크레오소트유가 사용되며 말뚝, 목책, 창틀 등에 이용된다.

#### ③ 도포법

도포법은 간단하고 소규모 설비로 실시할 수 있는 표면 처리법으로, 약제의 침투 깊이가 불충분하고 효과가 유지되는 기간이 길지 않으므로 두 번 이상 칠한다. 도포제로는 크레오소트유, 펜타클로로페놀(PCP), 황산구리용액, 염화아연용액 등의 방부제와 습기방지용인 페인트, 니스, 콜타르, 옻 등이 있다.

**표 5-8** 심재에 대한 목재보존제의 수종별 침투성

| 수 종 | 침투성 |
|---|---|
| 노송나무, 오리나무 | 양호 |
| 삼나무, 솔송나무, 일본전나무 | 약간 양호 |
| 편백, 가문비나무, 분비나무, 전나무, 느티나무, 너도밤나무 | 곤란 |
| 낙엽송, 밤나무, 상수리나무, 녹나무 | 매우 곤란 |

### 6 건조

목재에 함유된 수분은 무게를 늘리고 사용 중 균이나 곤충에 의한 피해를 가져오며, 건조(乾燥, seasoning)로 인한 수축은 결함을 유발한다. 따라서 목재의 함수율을 15% 내외로 유지하여야 한다.

**① 자연건조**

자연건조는 바람이나 태양 등의 자연에너지를 이용하여 옥외에서 건조하는 방법으로, 함수율 15% 내외까지 실시할 수 있지만 함수율이 25% 정도 되면 이후에는 인공건조를 실시한다. 자연건조를 좀 더 발전시킨 태양열건조는 건조 조건의 인위적인 조정도 가능하다.

**② 공기건조**

공기건조는 바람이 잘 통하는 장소에 목재를 쌓아 두는 방법으로, 지붕이 설치된 장소에서 건조한다. 공기건조를 실시하기 전 목재를 3~4주 동안 물속에 담가 수액을 수중에 용출시키는 침수법은 건조 시간을 단축하고 수축에 의한 결점을 줄일 수 있지만 목재의 재질과 강도가 불량해진다.

**③ 인공건조**

인공건조는 인위적으로 적절한 조건을 부여하고 가능하면 짧은 기간 안에 건조하여 결함을 줄이려는 방법이다. 최근에는 공기를 가열하여 건조하는 열기건조법(熱氣乾燥法, hot air seasoning)이 주류를 이루고 있으며, 이 외에 끓임법, 증기건조법, 훈연법, 고주파건조법 등도 개발되었다.

### 5·3·2 석재

석재(石材, stone)는 암석을 토목공사에 사용하기 위하여 가공한 재료로, 내화성, 내구성, 내마모성이 우수하고 외관이 아름다워 토목 · 건축 등의 구조 및 외장 재료로 널리 사용되어 왔다.

#### 1 성인에 따른 분류

암석은 생성 원인, 즉 성인에 따라 화성암(火成岩, igneous rock), 퇴적암(堆積岩, sedimentary rock), 변성암(變成岩, metamorphic rock)으로 분류한다. 화성암에는 화강암, 섬록암, 현무암, 안산암 등이, 퇴적암에는 응회암, 사암, 혈암, 점판암, 석회석, 규조토, 화산재 등이, 변성암에는 편마암, 천매암, 대리석 등이 있다.

**① 화강암**

화강암(花崗岩, granite)은 석질이 견고하고 압축강도와 내구성이 크다. 풍화 및 마모에 강할 뿐만 아니라 외관이 아름다워 장식용으로도 쓰이지만 자중이 크고 경도가 높아 가공이나 시공이 곤란하다.

**② 섬록암**

섬록암(閃綠岩, diorite)은 규산분이 50% 정도인 중성의 심성암으로, 다량의 사장석을 함유하고 있다. 석질이 딱딱하고 돌눈이 없어 가공하기 곤란하며, 색조가 아름답지 않아 구조용 재료로 쓰인다.

### ③ 현무암

현무암(玄武岩, basalt)은 사장석과 휘석을 주성분으로 하는 염기성의 화산암으로, 주상절리가 뚜렷하게 발달하고 비중이 크며 내화성이 있지만 가공이 곤란하기 때문에 주로 부순돌로 쓰인다.

### ④ 안산암

안산암(安山岩, andesite)은 석질이 단단하고 강도, 내구성, 내화성이 매우 크며, 판상 또는 주상절리로 되어 있어 채석과 가공이 쉽지만 조직과 광택이 고르지 못하고 절리가 많아 큰 석재를 얻을 수 없다.

### ⑤ 응회암

응회암(凝灰岩, tuff)은 화산재 등이 응고되거나 스코리어(scoria)가 뭉쳐서 굳어진 암석으로, 비교적 연하고 거칠며, 흡수율이 커서 동해와 풍해를 입기 쉽지만 무게가 가볍고 가공성이 좋아 토목용으로 쓰인다.

### ⑥ 사암

사암(砂岩, sand stone)은 점토, 산화철분 등이 모래와 함께 수중에 침전, 퇴적한 뒤 결합하여 경화한 0.6mm 이하의 암석으로, 석질이 연하고 흡수성이 커서 동해와 풍해를 입기 쉬운 탓에 부순돌, 각석으로 쓰인다.

### ⑦ 혈암

혈암(頁岩, shale)은 판상 조직의 점토가 불완전하게 응고한 암석으로, 토목용 재료로 쓰일 경우에는 주로 판석, 부순돌로 이용되고, 점토분이 많이 함유되어 있기 때문에 시멘트의 원료로도 쓰인다.

### ⑧ 점판암

점판암(粘板岩, clay slate)은 점토질의 혈암이 지압을 받아 응고, 변질한 암석으로, 석질은 혈암보다 치밀하고 단단하며, 흡수성이 작다. 판상 조직이기 때문에 주로 지붕 재료, 석반, 석비, 바둑돌 등으로 쓰인다.

### ⑨ 석회석

석회석(石灰石, limestone)은 생물의 유해가 침전, 응고된 암석으로, 탄산칼슘이 주성분이다. 암질은 경도 3~3.5로 부드러워 가공하기 쉽다. 석회와 시멘트의 원료, 카바이드, 비료, 제철 용매제 등으로 쓰인다.

### ⑩ 규조토

규조토(硅藻土, diatom earth)는 담수 · 해수 지역에 서식하는 단세포생물인 규조가 쌓여 형성된 퇴적물로, 비중은 2.2이다. 공극이 크고 가용성 규산을 다량 함유하고 있기 때문에 콘크리트공사와 내화벽돌의 재료로 쓰인다.

#### ⑪ 화산재

화산재[화산회(火山灰), volcanic ash]는 응고한 화성암의 분해생성물과 화산 분출재가 침전되어 생성된 퇴적물로, 함유된 가용성 실리카(silica)는 석회와 화합하여 수경성을 나타내기 때문에 시멘트의 혼화재료로 쓰인다.

#### ⑫ 편마암

편마암(片麻岩, gneiss)은 조직이 줄무늬의 석리(石理)를 이룬다. 광물 성분의 분포가 일정하지 않아 재질이 불균일하기 때문에 중요한 공사 재료로는 쓰이지 못하고 바닥에 까는 돌이나 돌담 등에 쓰인다.

#### ⑬ 천매암

천매암(千枚岩, phyllite)은 석영과 장석이 주성분이며, 암질이 치밀하고 강하다. 층상이 분명하여 층리를 따라 쉽게 벗겨지기 때문에 공사 재료보다는 돌담, 정원석, 비석 등으로 쓰인다.

#### ⑭ 대리석

대리석(大理石, marble)은 변성에 의하여 생긴 결정질 석회암을 총칭하며, 일반적으로 지각 속에 층상 상태로 끼어 있다. 강도는 매우 크지만 내화성이 약하고 풍화되기 쉬워 주로 실내장식재로 쓰인다.

### 2 암석의 성질

#### ① 비중 및 흡수율

석재의 비중은 조암광물의 성질, 비율, 공극률 등에 따라 달라지지만 일반적으로 겉보기 비중으로 2.65 정도이다. 암석의 흡수율은 공극을 채우고 있는 물 중량의 시료중량에 대한 백분율을 의미하며 암석에 따라 달라진다.

**표 5-9** 암석의 물리적 성질

| 암석명 | 비 중 | 흡수율 (%) | 공극률 (%) | 선팽창계수 ($\times 10^{-5}$/℃) |
|---|---|---|---|---|
| 화강암 | 2.61~2.71 | 0.10~0.40 | – | 0.34~1.19 |
| 안산암 | 2.36~2.86 | 0.50~4.70 | 0.1~10.8 | 0.41~1.03 |
| 현무암 | 2.71~3.10 | 1.40~10.00 | 0.0~22.8 | 0.36~0.90 |
| 응회암 | 2.00~2.50 | 1.30~2.00 | – | – |
| 사암 | 2.05~2.67 | 0.70~13.80 | 1.6~26.4 | 0.67~1.17 |
| 점판암 | 2.65~2.81 | 0.18~0.25 | 0.0~3.6 | 0.63~0.88 |
| 사문암 | 2.75~2.90 | 0.17~0.40 | – | – |
| 대리석 | 2.67~2.75 | 0.02~0.25 | 0.3~2.0 | 0.69~0.92 |

### ② 공극률 및 선팽창계수

암석의 공극률(孔隙率, porosity)은 암석에 포함된 전 공극량과 겉보기 체적의 비율을 말한다. 또한 조암광물은 광물의 성분에 따라 팽창계수(膨脹係數, expansion coefficient)와 결정이 다르므로 온도의 변화로 신축할 때에는 매우 복잡한 응력이 생겨 암석이 부서지기도 한다.

### ③ 강도 및 탄성계수

암석의 압축강도는 인장강도, 휨강도, 전단강도에 비하여 매우 크기 때문에 석재를 구조용으로 사용할 경우에는 주로 압축력을 받는 부분에 사용한다. 또한 탄성계수(彈性係數, modulus of elasticity)란 탄성한도 내에서의 암석의 응력(應力, stress)과 변형도(變形度, strain)의 비율, 즉 단위변형도를 일으키기 위하여 필요한 응력의 크기를 말한다.

**표 5-10** 암석의 역학적 성질

| 암석명 | 압축강도 (MPa) | 인장강도 (MPa) | 휨강도 (MPa) | 탄성계수 ($\times 10^4$MPa) | 포아송비 |
|---|---|---|---|---|---|
| 화강암 | 63.1~304.0 | 2.4~9.4 | 9.0~20.0 | 4.30~6.10 | 0.17~0.25 |
| 안산암 | 56.5~234.0 | 2.9~10.0 | 6.7~17.8 | 2.38~4.04 | – |
| 현무암 | 46.7~272.0 | 4.0~8.0 | – | 9.69 | – |
| 응회암 | 8.6~37.2 | 0.8~3.5 | 2.3~6.0 | 2.39~3.09 | – |
| 사암 | 26.6~238.0 | 2.5~2.9 | 5.4~9.4 | 1.7~2.09 | 0.09~0.33 |
| 점판암 | 42.5~164.0 | 25.5 | 50.2~79.5 | 8.78~10.71 | – |
| 대리석 | 94.0~232.0 | 3.8~10.7 | 3.2~30.6 | 2.85~8.40 | 0.22~0.35 |

### ④ 내화성 및 내구성

안산암, 사암, 응회암 등은 1,000℃ 이하에서 영향을 거의 받지 않지만 석재는 일반적으로 500℃ 이하에서 온도의 영향을 거의 받지 않다가 그 이상으로 오르면 급격히 파괴된다. 또한 석재의

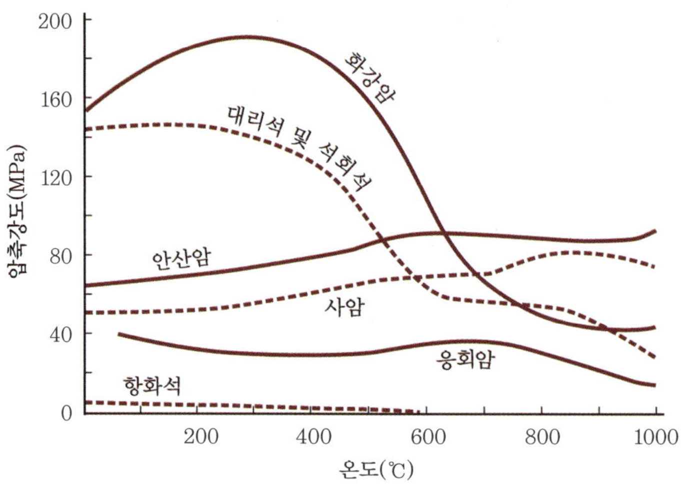


**그림 5-10** 온도와 석재의 압축강도

내구성은 조직, 조암광물의 종류, 사용 장소의 풍토와 기후, 노출 상태 등에 따라 수년에서 수백 년까지 다양하다.

**표 5-11** 석재의 내구성(단위: 년)

| 석 재 | 내구 기간 | 석 재 | 내구 기간 | 석 재 | 내구 기간 |
|---|---|---|---|---|---|
| 화강암 | 75~200 | 백운석 | 30~500 | 사암 세립 | 20~50 |
| 대리석 | 60~100 | 석회석 | 20~40 | 사암 경질 | 100~200 |
| 석영암 | 75~200 | 사암 조립 | 5~15 | | |

### 3 석재의 종류

석재의 국가표준인 KS F 2530에서는 석재를 형태에 따라 각석, 판석, 견치석, 사고석의 4종으로 분류한다. 사방공사에서는 원석, 각석, 판석, 마름돌, 막마름돌, 견치돌, 막깬돌, 야면석, 전석, 호박돌, 잡석, 뒤채움돌, 굄돌, 조약돌, 굵은자갈, 자갈, 력, 굵은모래, 잔모래, 돌가루, 고로슬래그부순돌 등으로 구분한다.

#### ① 원석

원석(原石, raw rock)은 모암에서 1차 파쇄한 암석이다.

#### ② 각석 및 판석

각석(角石, square stone)은 폭이 두께의 3배 이하이고 폭보다 길이가 긴 직육면체형의 석재로, 구조용으로 쓰인다. 판석(板石, flagstone)은 두께가 1.5cm 이하이고 폭이 두께의 3배 이상인 판 모양의 석재로, 궤도용으로 쓰인다.

#### ③ 마름돌 및 막마름돌

마름돌[방석(方石), 절석(切石), 각석(角石), 주석(柱石), cut stone rubble, ashlar]은 원석을 소요 치수에 따라 직육면체가 되도록 일정한 규격으로 다듬은 석재로, 모돌 또는 다듬돌이라고도 한다. 사방댐의 표면 처리나 경관성을 필요로 하는 메쌓기, 찰쌓기와 같은 돌쌓기공사에 사용된다. 석재의 크기는 용도에 따라 다르지만 대체로 가로 30cm, 세로 30cm, 길이 50~60cm이다. 막마름돌[황절석(荒切石)]은 마름돌을 만들기 위하여 마름돌의 규격 치수에 가공에 필요한 치수를 더한 크기의 돌로, 건축이나 포장 등에 주로 사용되며, 막다듬돌[황면석(荒面石)]이라고도 한다.

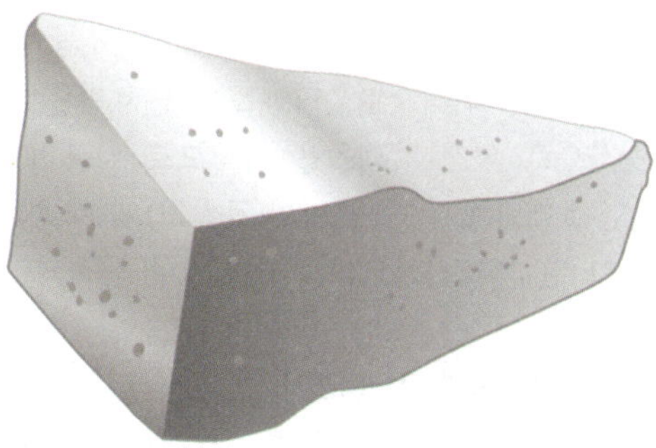

**그림 5-11** 견치돌의 모양

#### ④ 견치돌

견치돌[견치석(犬齒石), 간지석(間知石), 사각서(四角石), kenchi-stone]은 견고한 돌쌓기공사에 사용하기 위하여 다듬은 석재로, 단단하고 치밀한 돌을 사용하며, 1개의 무게가 보통 70~100kg이다. 돌을 다듬을 때에는 앞면의 크기보다 길이는 1.5배 이상, 이맞춤 폭은 1/5 이상, 꼬리면[미면(尾面)]은 1/3 정도, 허리치기의 평균 깊이는 1/10 정도로 하여야 한다. 견치돌은 마름돌과 같이 고가이므로 사방댐이나 흙막이 등에 주로 사용된다. 견치돌은 자체가 자립할 수 없는 형상이므로 뒤쪽으로 비스듬히 밀리는 힘과, 뒷면에서 돌쌓기 한 담벽돌에 작용하는 토압이 역학적으로 평형을 이루도록 쌓아야 한다.

#### ⑤ 막깬돌 및 깬돌

막깬돌[잡각석(雜角石), 잡할석(雜割石), 조석(粗石), rubble stone]은, 견치돌과 같이 이맞춤, 허리치기, 꼬리면 등의 규격을 일정하게 하지는 않지만 앞면을 대개 30cm×30cm의 정사각형, 길이를 앞면의 1.5배 이상으로 하며 면의 모양은 직사각형에 가깝다. 돌 1개의 무게는 60kg 정도이며, 마름돌이나 견치돌에 비하여 가격이 저렴하기 때문에 메쌓기 및 찰쌓기에 많이 쓰인다. 깬돌[할석(割石), broken stone]은 견치돌보다 치수가 불규칙하고 일반적으로 뒷면이 없는 돌로, 접촉면의 폭과 길이가 앞면의 한 변 평균 길이의 각각 약 1/20과 1/3이 되는 돌이다.

#### ⑥ 야면석

야면석(野面石, rolling stone)은 계상에 분포하고 표면을 가공하지 않은 무게 100kg 정도의 전석(轉石, boulder)으로, 운반이 가능하고 공사용으로 사용할 수 있는 비교적 큰 돌이다. 주로 돌쌓기공사의 현장 부근에서 채취하며, 메쌓기와 찰쌓기, 콘크리트 포석용으로 쓰인다. 정원석보다는 크기가 다소 작고 주로 야계사방공사에 쓰여 왔으며, 최근에는 자연친화적 소하천 정비공사 등에도 많이 쓰이고 있다. 무게가 무거우므로 체인브레이크(chain brake) 또는 굴착기(excavator) 등을 사용하여 작업을 실시한다.

#### ⑦ 호박돌

호박돌[옥석(玉石), boulder stone]은 호박 모양으로 둥글고 긴 지름 30cm 이상의 자연석으로, 기초, 잡석쌓기기초바닥용, 콘크리트기초바닥용 등으로 쓰이며, 시공지 부근의 산복이나 계곡에서 채취하여 사용한다. 강도가 요구되지 않는 비탈면의 안정을 위한 낮은 돌쌓기 또는 도로변 조경공사 등에도 쓰이지만 구조물의 안정성이 낮아 붕괴될 위험성이 크다. 돌쌓기공사 시에는 작은 면이 표면에 오도록 쌓고, 특히 굄돌을 잘 사용하여야 한다.

#### ⑧ 잡석

잡석(雜石, rubble stone, broken stone)은 모양과 크기가 일정하지 않고 산복이나 계곡에 산재해 있는 전석으로, 막깬돌이나 호박돌보다 크기가 작다. 채석장에서 규격의 돌을 채취할 때 부수적으로 생긴 막깬돌을 잡석으로 사용하기도 한다. 규모가 작은 골막이, 누구막이, 밑돌선떼붙이기, 돌떼단쌓기, 돌흙막이(돌쌓기)에 사용할 수 있지만 지름 10~30cm의 크고 작은 것이 섞여 형상이 일정하지 않으므로 옹벽이나 석축과 같은 구조물 쌓기에는 사용하지 않는다.

#### ⑨ 뒤채움돌 및 굄돌

뒤채움돌[이충력(裏充礫), back-filling stone]은 주로 메쌓기에서 돌쌓기의 뒷부분을 채우는 석재로, 산복이나 계곡에 산재해 있는 작은 돌이나 채석 시에 생기는 작은 깬돌 등을 사용한다.

굄돌[사석(飼石), chair stone]은 돌쌓기 시공 시 석재가 좌우 또는 상하로 움직이지 못하도록 괴어 주는 작은 돌로, 고임돌이라고도 하며 중앙부에 괴는 돌은 배굄돌, 뒤 끝에 괴는 돌은 끝굄돌이라고 한다. 굄돌은 석질이 단단한 것을 사용하지 않으면 시공 이후에 분해되거나 파손되어 쌓기돌에 영향을 미치므로 주의를 요한다.

**⑩ 조약돌, 굵은자갈, 자갈, 력**

조약돌[율석(栗石), pebblestone]은 자연석으로 지름 10~20cm인 계란형의 돌이고, 굵은자갈[대사리(大砂利), cobblestone]은 자연석으로 지름 7.5~20cm의 돌이다. 또한 자갈[사리(砂利), gravelstone]은 자연석으로 굵은자갈보다 크기가 작은 지름 0.5~7.5cm의 둥근 돌이며, 력(礫, gravel)은 자연적인 굵은자갈과 자갈이 골고루 섞여 있는 상태를 가리킨다.

**⑪ 굵은모래, 잔모래, 돌가루, 고로슬래그부순돌**

굵은모래[조사(粗砂), coarse sand]는 자연산으로 지름 0.25~2.00mm이고, 잔모래[세사(細砂), fine sand]는 자연산으로 지름 0.05~0.25mm이다. 돌가루[석분(石粉), stone dust]는 돌을 부수어 가루로 만든 것이고, 고로(高爐)슬래그부순돌(blast-furnace slag)은 제철소에서 선철을 제조하는 과정에서 생산된 고로슬래그를 40mm 이하로 파쇄, 가공한 것이다.

**⑫ 기타**

큰돌은 뒷길이가 60cm 이상이고 공사용으로 쓰일 수 있는 가공하지 않은 천연석이나 발파석으로, 지름 40~100cm 이하이다. 막돌은 야면석, 조약돌, 큰돌, 잡석 등에 속하지 않는 크기이고 쌓기에 적합한 파쇄 자연석으로, 크기는 뒷길이 25~40cm, 지름 20cm 이상이다.

### 5·3·3 골재

골재(骨材, aggregate)란 모르타르나 콘크리트를 만들기 위하여 시멘트, 물과 함께 혼합하는 모래, 자갈, 부순자갈, 부순모래, 슬래그, 기타 재료를 말한다. 콘크리트는 골재가 부피의 65~80%를 차지하므로 골재의 품질이 콘크리트의 품질을 크게 좌우한다.

#### 1 분류

**① 입경에 따른 분류**

골재는 입경에 따라 잔골재[세골재(細骨材), fine aggregate]와 굵은골재[조골재(粗骨材), coarse aggregate]로 구분한다. 「콘크리트표준시방서」에 의하면 잔골재는 10mm 체를 전부 통과하고 5mm 체를 중량비로 85% 이상 통과하며 0.08mm 체에는 거의 다 남는 골재이거나 5mm 체를 다 통과하고 0.08mm 체에 다 남는 골재를 말한다. 굵은골재란 5mm 체에 중량비로 85% 이상 남는 골재이거나 5mm 체에 다 남는 골재를 말한다.

**② 채취 장소 및 생산 방법에 따른 분류**

골재는 채취 장소 또는 생산 방법에 따라 천연골재와 인공골재로 구분한다. 천연골재에는 강모래, 강자갈, 바닷모래, 바닷자갈, 산모래, 산자갈, 천연경량골재 등이 있고, 인공골재에는 부순모래, 부순돌, 인공경량골재(ALA), 자철광, 철편, 슬래그 등이 있다.

#### ③ 비중 및 용도에 따른 분류

일반적으로 비중에 따라 경량골재(輕量骨材, lightweight aggregate)는 2.50 이하, 보통골재는 2.50~2.65, 중량골재(重量骨材, heavyweight aggregate)는 2.70 이상으로 구분한다. 용도에 따라서는 모르타르용 골재, 콘크리트용 골재, 포장콘크리트용 골재, 경량콘크리트용 골재, 철도선로용 골재 등으로 구분한다.

### 2 성질

골재는 유해물질이 포함되지 않고 물리·화학적으로 안정하며 내구성이 커야 한다. 또한 딱딱하고 단단하며 입방체나 구형에 가깝고, 시멘트풀과의 표면 접착력이 클 뿐만 아니라 입도가 적당하며 마모에 대한 저항성이 커야 한다.

#### ① 비중

표면건조포화상태를 기준으로 잔골재의 비중은 보통 2.50~2.65, 굵은골재의 비중은 2.55~2.70 범위에 있다. 골재의 비중은 콘크리트의 배합설계, 실적률, 공극률 등을 계산할 때 사용되며, 일반적으로 비중이 클수록 골재가 치밀하고 흡수량이 적어 내구성이 크다.

**표 5-12** 골재의 품질평가 사례

| 골재의 종류 | 등급 | 비 중 | 흡수량(%) |
|---|---|---|---|
| 잔골재 | A | 2.65 이상 | 1.5 이하 |
| | B | 2.65~2.50 | 1.5~3.6 |
| | C | 2.50 이하 | 3.5 이상 |
| 굵은골재 | A | 2.68 이상 | 1.0 이하 |
| | B | 2.68~2.56 | 1.0~2.0 |
| | C | 2.56 이하 | 2.0 이상 |

#### ② 함수량

함수량(含水量, water content)이란 골재 입자에 포함된 전 수량을 말하며, 흡수량과 표면수량으로 나눌 수 있다. 골재의 함수 상태는 절대건조상태, 공기 중 건조상태, 표면건조포화상태, 습윤상태 등으로 구분한다.

절대건조상태[절건상태(節乾狀態), absolute dry condition]는 110℃ 정도의 온도에서 24시간 이상 건조된 상태이고, 공기 중 건조상태[기건상태(氣乾狀態), room dry condition]는 실내에 방치하여 골재 입자의 표면과 내부의 일부가 건조된 상태이다. 또한 표면건조포화상태[표건상태(表乾狀態), saturated surface dry condition]는 골재 입자의 표면에는 수분이 없지만 내부의 공극에 물이 꽉 차 있는 상태이며, 습윤상태(濕潤狀態, wet condition)는 골재 입자의 내부에 물이 채워져 있고 표면에도 물이 부착되어 있는 상태이다.

### ③ 단위용적중량

골재의 단위용적중량(單位容積重量, unit weight)이란 골재 $1m^3$의 중량을 뜻한다. 비중, 모양, 입도, 함수량, 계량용기의 모양과 크기, 용기에 다져 넣는 방법 등에 따라 다르지만 인공경량골재의 단위용적중량은 굵은골재 700~800kg/$m^3$, 잔골재 1,000~1,200kg/$m^3$이다.

공극률(孔隙率, percentage of voids)은 골재의 단위용적 중 공극의 비율을 백분율로 나타낸 것이고, 실적률(實積率, percentage of solids)은 골재를 용기 속에 넣었을 때 골재의 실제 비율을 백분율로 나타낸 것이다.

**표 5-13** 골재의 단위용적중량 사례

| 골재의 종류 | | 상 태 | 단위용적중량(kg/$m^3$) | |
|---|---|---|---|---|
| | | | 가볍게 다짐 | 충분히 잘 다짐 |
| 잔골재 | | 건조상태 | 1,450~1,600 | 1,520~1,850 |
| | | 습윤상태 | 1,360~1,520 | - |
| 굵은골재 | 5~2mm | 건조 · 습윤 상태 | 1,450~1,550 | 1,570~1,680 |
| | 10~20mm | 건조 · 습윤 상태 | 1,450~1,510 | 1,480~1,600 |
| 잔골재와 굵은골재의 혼합 골재(최대치수 40mm) | | 건조상태 | - | 1,760~2,000 |
| | | 습윤상태 | 1,600~1,850 | - |

### ④ 굵은골재의 최대치수

굵은골재의 최대치수(maximum size of coarse aggregate)란 중량의 90% 이상을 통과시키는 체 중에서 최소 치수의 체 눈을 나타낸 공칭(公稱) 치수이다. 굵은골재의 최대치수가 클수록 단위수량 및 시멘트의 양이 감소하여 경제적이지만 압축강도가 30MPa 정도로 비교적 클 때에는 최대치수를 크게 할수록 시멘트 양이 늘어난다. 최대치수는 구조물의 종류, 철근의 간격, 시공기계 등을 고려하여 정한다.

**표 5-14** 굵은골재의 최대치수 표준값(단위: mm)

| 구조물의 종류 | 최대치수 | 구조물의 종류 | 최대치수 |
|---|---|---|---|
| 철근콘크리트 | | 무근콘크리트 | |
| 두꺼운 판 | 40~50 | 큰 단면의 콘크리트 | 80~100 |
| 판, 보, 벽, 기둥 | 25 | 보통 단면의 콘크리트 | 50~80 |
| 확대기초 | 40 | 포장콘크리트 | 50 이하 |
| 지하벽, 케이슨 | 50 | 댐콘크리트 | 80~150 |

### ⑤ 입도

골재의 입도(粒度, grading)란 골재 입자의 크기가 혼합된 정도를 말하며, 콘크리트를 경제적으로 만들기 위해서는 골재의 입도가 적당하여야 한다. 콘크리트에 입도가 적당한 골재를 사용하면 작업 능률이 오르고 단위수량 및 단위시멘트의 양이 적어지며, 재료의 분리현상이 감소할 뿐만 아니라 건조수축이 적어져 내구성이 증대한다.

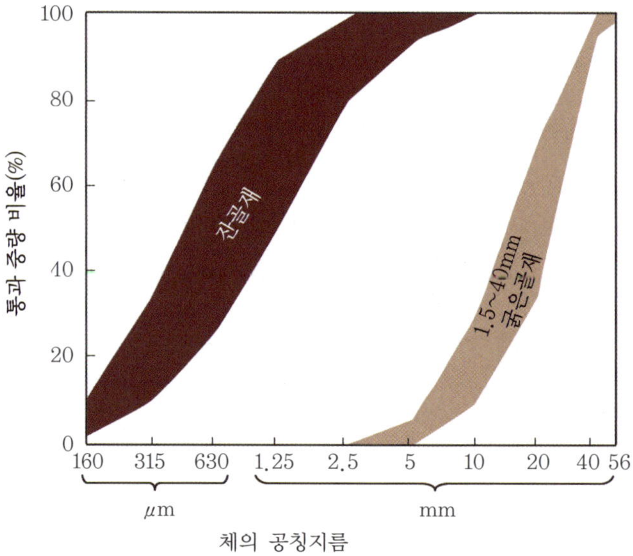


**그림 5-12** 골재의 입도곡선 사례

### 3 천연골재

천연골재는 채취한 장소에 따라 하천골재, 육상골재, 바다골재 등으로 나뉘며, 둥근 형상의 여러 암석으로 구성된 점이 특징이다. 천연골재를 채취할 때에는 주위의 자연환경 보전 및 공해 등을 신중하게 검토하여야 한다.

#### ① 하천골재

침식작용을 받은 천연의 암석은 하천을 유하하는 과정에서 골재 크기가 배열되어 상류에는 큰 자갈, 하류에는 가는 모래가 퇴적된다. 하천골재는 내구적이고, 이동 거리가 길수록 둥근 형태가 많다. 퇴적지 조사, 채취, 운반, 입도 구분, 세척의 공정을 거쳐 사용한다.

#### ② 육상골재

육상골재는 과거 하천이나 범람 지역이었던 논밭 등의 농지에 부존되어 있는 골재로, 미립분이나 유기 불순물이 포함되기 쉬우므로 주의해서 사용하여야 한다. 육상골재도 하천골재와 마찬가지로 퇴적지 조사, 채취, 운반, 입도 구분, 세척의 공정을 거친 뒤 사용한다.

#### ③ 바다골재

바다골재는 산지에서 운반되어 오거나 해안 경사면의 붕괴 또는 파도침식에 의하여 세립화되어 퇴적된 골재로, 최근 양질의 강모래가 부족해지자 사용이 급격히 증가하고 있다. 그러나 조개껍데기, 산호 등이 섞이기 쉽고 너무 미세하여 입도 면에서 문제가 될 수 있다. 특히 염화나트륨(NaCl)이 0.08~0.9%의 범위로 염분 허용한도를 초과할 때에는 제염 콘크리트를 부배합으로 하여 수밀성(水密性, watertightness)을 높이고, 아연도금한 철근을 사용하거나 살수법, 자연방치법 등으로 염분을 제거하여야 한다.

## 4 인공골재

### ① 부순골재

현무암, 안산암, 경질 화강암, 경질 사암, 석회암 등을 부순돌[쇄석(碎石), crushed stone]로 만들어 콘크리트용 골재로 사용하면 강자갈과 차이가 없다. 그러나 각이 져 있기 때문에 효율을 높이기 위하여 단위수량은 10% 정도, 잔골재의 비율은 3~5% 높여야 한다. 골재의 균일성이나 강도 등이 강자갈에 비하여 우수하며, 표면이 거친 경우 시멘트에 잘 부착하기 때문에 양질의 부순돌을 사용하면 강자갈을 사용한 콘크리트보다 강도가 높다.

부순모래는 부순돌을 제조할 때 발생하므로 이를 재이용하였지만 최근에는 부순모래 전용 제조기로 제조한다. 그러나 부순모래는 입도 및 모양 면에서 문제가 있으므로 콘크리트의 능률을 얻기 위해서는 단위량을 8% 정도 늘려야 한다.

### ② 재생골재

재생골재(再生骨材, recycled aggregate for concrete)란 폐콘크리트를 파쇄, 처리하여 생산한 골재 중 국토교통부장관이 정한 콘크리트용 품질을 충족하는 골재로, 일반골재보다 부착 모르타르의 다공성이 높아 흡수율이 높고 비중이 낮다. 재생골재를 사용할 때에는 콘크리트의 단위수량이 커지므로 적절한 AE제를 사용한다. 재생 굵은골재 30%에 잔골재인 천연모래를 사용한 콘크리트는 보통 굵은골재나 천연모래만 사용한 경우와 큰 차이가 없다. 그러나 재생골재만 사용한 콘크리트는 단위수량이 크며, 보통콘크리트에 비하여 강도나 탄성계수가 작을 뿐만 아니라 수축이 크고 동결융해에 대한 저항성도 작으므로 버림콘크리트 등에 제한적으로 사용하여야 한다. 고도 처리한 재생골재를 사용한 콘크리트는 일반 골재를 사용한 경우와 큰 차이가 없다.

## 5 저장 및 취급

골재를 저장할 시에는 종류 및 입도가 다른 골재를 구분한 상태로 저장하여야 하며, 굵은골재의 최대치수가 65mm 이상인 경우에는 적당한 체로 2종 이상 체가름을 한 후 별도로 저장한다. 골재를 운반하거나 저장할 때에는 골재가 크기별로 나뉘지 않도록 하고, 특히 먼지와 불순물이 섞이지 않아야 하며, 굵은골재는 골재가 부서지지 않도록 취급에 주의하여야 한다.

골재의 저장설비에는 용량에 따라 적당한 배수시설을 설치하여 표면수가 균일한 골재를 사용할 수 있도록 하며, 새로 들어온 골재는 검사 후 사용하여야 한다. 겨울에는 눈이나 얼음이 섞이거나 동결하는 것을 방지하고 여름에는 직사광선에 의한 골재의 건조나 온도 상승을 방지하기 위하여 적당한 시설에 저장하여야 한다.

## 6 혼합용수

콘크리트 제조 시 사용하는 혼합용수는 시멘트와의 수화작용으로 응결, 경화하여 강도를 높이므로 물이 콘크리트의 강도와 내구성에 미치는 영향은 매우 크다. 따라서 혼합용수는 기름, 산, 염류, 유기물 등의 유해물질을 함유하지 않은 깨끗한 물이어야 한다. 해수(海水)는 철근 또는 PC강선을 부식시키므로 철근콘크리트의 혼합수로 사용하지 않는다.

콘크리트의 혼합수로 수돗물, 하천수, 호소수(湖沼水) 등을 이용할 수 있지만 공장폐수 등으로 오염된 하천수, 호소수, 저장수 등에는 황산염, 유화물, 붕산염, 탄산염, 아연, 구리, 주석, 망가니즈 등의 화합물이나 알칼리 등의 무기물, 그리고 당류(糖類), 펄프폐액, 부식물질 등의 유기물이 함유되어 있으므로 콘크리트의 경화, 강도의 발현, 체적의 변화, 백화(白化, efflorescence), 작업 능률 등에 나쁜 영향을 미칠 수 있다. 또한 한천, 설탕, 아미니유, 타닌(tannin), 글리세린 등을 함유한 물도 콘크리트 강도 발현에 큰 영향을 미치므로 주의하여야 한다.

**표 5-15** 혼합수 속 불순물 함유량에 따른 콘크리트의 압축강도(강도비, 단위: %)

| 재령일 | 함유량(%) | | | | | | | |
|---|---|---|---|---|---|---|---|---|
| | 한천 | | 타닌 | | 글리세린 | | 아미니유 | 설탕 |
| | 0.14 | 1.00 | 0.14 | 1.00 | 0.14 | 1.00 | 0.14 | 1.00 |
| 7일 | 70 | 0 | 51 | 0 | 118 | 18 | 0 | 0 |
| 28일 | 70 | 0 | 77 | 0 | 150 | 75 | 0 | 0 |

## 5·3·4 시멘트

시멘트(cement)란 넓은 의미에서 물질과 물질을 접합하는 성질을 갖고 있는 모든 재료를 말하며, 좁은 의미로는 무기질 접착제(inorganic cementing materials)를 가리킨다.

### 1 분류

시멘트는 공기 중에서 경화하는 기경성(氣硬性) 시멘트(non-hydraulic cement)와 수분에 의하여 경화하는 수경성(水硬性) 시멘트(hydraulic cement)로 분류한다.

#### ① 포틀랜드시멘트

대표적 수경성 시멘트인 포틀랜드시멘트(portland cement)는 1~5종과 백색포틀랜드시멘트로 나뉜다.

**㉠ 1종 시멘트**

1종(보통포틀랜드시멘트, normal portland cement; KS L 5201)은 일반적으로 말하는 시멘트로, 원료인 석회석과 점토를 구득하기 쉽고 제조공정이 간단할 뿐만 아니라 성질도 우수하여 토목·건축구조물 콘크리트 제품 등에 널리 쓰인다.

**㉡ 2종 시멘트**

2종[중용열(中溶熱)포틀랜드시멘트, moderate-heat portland cement; KS L 5201]은 수화열에 의한 균열(龜裂, crack)을 줄이기 위하여 $C_3A$의 양을 제한하고 $C_2S$를 적당량 늘린 저열형의 시멘트로, 수화열이 적고 건조수축이 적어 단면이 넓은 콘크리트용으로 적합하다.

**㉢ 3종 시멘트**

3종[조강(早强)포틀랜드시멘트, high-early strength portland cement; KS L 5201]은 조기에 강도를 발현하는 시멘트로, 보통포틀랜드시멘트가 재령 28일에 나타내는 강도를 재령 7일에 나타낸다. 단기강도가 요구되는 긴급공사, 한중콘크리트 시공에 적합하다.

**㉣ 4종 시멘트**

4종[저열(低熱)포틀랜드시멘트, low-heat portland cement; KS L 5201]은 중용열포틀랜드시멘트보다 수화열을 5~10% 줄인 시멘트로, $C_3S$와 $C_3A$는 수화열이 높기 때문에 적게 하고 $C_2S$는 많게 한다. 댐과 같은 매스콘크리트의 시공에 적합하다.

**㉤ 5종 시멘트**

5종(내황산염포틀랜드시멘트, sulfate resisting portland cement; KS L 5201)은 토양 속의 황산염이나 해수 및 공장폐수 등의 황산염에 대한 저항성을 높이기 위하여 $C_3A$의 함유량을 줄이고 $C_4AF$의 양을 증가시켜 만든 시멘트로, 해양 구조물에 적합하다.

**㉥ 백색포틀랜드시멘트**

백색포틀랜드시멘트(white portland cement; KS L 5204)는 철분, 산화마그네슘(MgO)이 적은 백색 점토와 석회석을 원료로 하고 소성연료로 중유를 사용하여 만든 시멘트로, 건축물의 미장, 장식용, 표식용, 인조대리석 제조 등에 쓰인다.

**② 혼합시멘트**

혼합시멘트(blended cement)는 포틀랜드시멘트에 적당한 혼합재를 섞은 시멘트를 말하며, 혼합한 재료에 따라 종류가 나뉜다.

**㉠ 고로슬래그시멘트**

고로슬래그시멘트(blast-furnace slag cement; KS L 5210)는 포틀랜드시멘트의 원료인 클링커(clinker)에 급랭한 고로슬래그를 적당히 혼합하고 석고를 넣어 미분쇄한 시멘트로, 잠재수경성(潛在水硬性)이 있으므로 댐, 하천, 항만 등의 토목공사에 사용된다.

**㉡ 플라이애시시멘트**

플라이애시시멘트(fly-ash cement; KS L 5211)는 플라이애시를 포틀랜드시멘트 클링커에 혼합하여 분쇄한 시멘트로, 수밀성이 좋아 수리구조물에 적합하다. 수화열과 건조수축이 적을 뿐만 아니라 해수에 대한 내화학성이 크다.

**㉢ 포틀랜드포졸란시멘트**

포틀랜드포졸란시멘트(portland pozzolan cement; KS L 5401)는 수밀성을 증대하고 해수 등에 대한 화학저항성을 향상하기 때문에 댐, 방파제, 하수처리시설 등에 이용되며, 도장 모르타르용으로도 쓰인다.

**③ 특수시멘트**

특수시멘트(special cement)는 특수한 용도의 시멘트를 총칭하며, 포틀랜드시멘트에 혼합재를 혼합하거나 일부 화학물질을 강화한 시멘트이다.

**㉠ 알루미나시멘트**

알루미나시멘트(aluminous cement; KS L 5205)는 긴급공사나 한중공사 등에 적합하고 산,

염류, 해수 등의 화학적 침식에 대한 저항성이 커서 해수공사에도 적합하다. 내화성이 커서 내화물용으로도 쓰인다.

**㉡ 초속경시멘트**

초속경시멘트(regulated set or jet cement; KS L 5214)는 응결시간이 짧고 경화 시 발열이 크기 때문에 긴급공사, 보수공사 및 콘크리트 2차 제품, 비탈뿜어붙이기, 그라우트 등에 쓰이며, 포틀랜드시멘트와 함께 사용하지 않는다.

**㉢ 팽창시멘트**

팽창시멘트(expensive cement; KS L 5215)는 경화건조에 의한 수축과 균열의 원인이 되는 수축성을 개선할 목적으로 개발되었다. 양생이 매우 중요하며, 믹싱 시간이 길어지면 팽창률이 떨어지므로 주의할 필요가 있다.

## 2 제조

### ① 원료

포틀랜드시멘트의 제조에 필요한 주원료는 석회석, 점토, 규석, 슬래그, 석고이다. 석회질 원료와 점토질 원료를 4 : 1의 비율로 섞어 원료 약 1.5t에 중유 100L, 전력 120kWh로 소성(燒成)하면 탄산가스, 수분, 유기물 등이 분해되어 없어지고 약 1t의 시멘트가 얻어진다.

**표 5-16** 포틀랜드시멘트 1톤을 생산하는 데 필요한 주원료의 양

| 원 료 | 소요량(kg) | 특 징 |
|---|---|---|
| 석회석 | 1,130 | 일반적으로 $CaCO_3$가 95% 이상인 양질의 것이 쓰임 |
| 점토 | 240 | 점토, 혈암, 이암, 점판암 등 |
| 규석 | 50 | 점토 중의 $SiO_2$가 부족할 때 첨가함(연질규석, 가용성 백토 등) |
| 슬래그 | 35 | 점토 중의 $Fe_2O_3$를 보충하기 위하여 구리에서 얻음(펄라이트 신더 등) |
| 석고 | 33 | 응결시간을 조절할 목적으로 첨가함(화학석고, 천연석고 등) |

### ② 제조 방법

**㉠ 건식법**

건식법(乾式法, dry process)은 석회석, 점토, 슬래그 등을 건조한 후 적당한 비율로 조합하여 분쇄기로 미분쇄하고 회전로에 투입하여 소성하는 방법이다. 석회석과 점토 원료를 따로 분쇄, 조합하여 소성하므로 효율과 품질이 좋다. 습식법에 비하여 원료의 미분말화(微粉末化)가 쉽지 않고 먼지가 많이 난다.

**㉡ 습식법**

습식법(濕式法, wet process)은 원료를 건조하지 않고 적당한 비율로 조합하여 분쇄기에 약 40%의 물을 함께 넣고 반죽 상태로 만든 뒤 분쇄, 혼합, 균질화하여 회전로에 넣고 소성하는 방법이다. 원료의 미분말화가 쉽고 먼지가 적게 나지만 많은 물이 포함된 원료를 소성하므로 열량의 손실이 많다.

**㉢ 반습식법**

반습식법(半濕式法, semi wet process)은 반죽의 수분을 여과장치로 절반가량 줄인 후 회전로

에 넣어 소성하는 방법으로, 열량의 손실이 적다. 회전로에 약 5%의 경사가 있어 회전함에 따라 내용물이 서서히 이동하고 소성대에 도달하면 클링커가 된다.

## 3 조성 광물 및 화학성분

### ① 클링커의 조성 광물

시멘트 클링커의 주요 조성 광물은 규산3석회(tricalcium silicate, $C_3S$), 규산2석회(dicalcium silicate, $C_2S$), 알루민산3석회(tricalcium aluminate, $C_3A$), 알루민산철4석회(tetra-calcium aluminoferrite, $C_4AF$)이다.

**표 5-17** 클링커 광물의 특성 및 함유율

| 주요 화합물 | 특 성 | | | | | 함유율(%) | | |
|---|---|---|---|---|---|---|---|---|
| | 조기 강도 | 장기 강도 | 수화열 | 화학 저항성 | 건조 수축 | 보통 시멘트 | 조강 시멘트 | 중용열 시멘트 |
| $C_3S$ | 대 | 중 | 중 | 중 | 중 | 45~55 | 59~69 | 41~49 |
| $C_2S$ | 소 | 대 | 소 | 대 | 소 | 26~27 | 7~17 | 29~37 |
| $C_4AF$ | 소 | 소 | 소 | 대 | 소 | 7~11 | 7~9 | 12~14 |
| $C_3A$ | 대 | 소 | 대 | 소 | 대 | 8~10 | 8~9 | 3~6 |

### ② 화학성분

포틀랜드시멘트의 화학성분에는 점토에 함유된 실리카, 알루미나, 석회석에 함유된 석회 등의 3요소 외에 산화철, 산화마그네슘, 아황산, 알칼리, 탄산가스, 물 등이 있다.

**표 5-18** 포틀랜드시멘트의 화학성분(KS L 5201, 단위: %)

| 구 분 | 1종 | 2종 | 3종 | 4종 | 5종 |
|---|---|---|---|---|---|
| 산화마그네슘(MgO) | 5.0 이하 | 5.0 이하 | 5.0 이하 | 5.0 이하 | 5.0 이하 |
| 삼산화황($SO_3$) | 3.5 이하 | 3.0 이하 | 4.5 이하 | 3.5 이하 | 3.0 이하 |
| 강열감량 | 3.0 이하 | 3.0 이하 | 3.0 이하 | 3.0 이하 | 3.0 이하 |
| $C_3S$ | – | 50 이하 | – | – | – |
| $C_2S$ | – | – | – | 40 이하 | – |
| $C_3A$ | – | 8 이하 | – | 6.0 이하 | 4.0 이하 |

#### ㉠ 강열감량

강열감량(强熱減量, ignition loss, ig. loss)은 시멘트를 950~1,050℃에서 강열하였을 때의 물과 탄산가스의 중량 감소량으로, 신선한 시멘트는 보통 0.6~0.8%이다. 강렬감량은 시멘트의 풍화 정도를 판단할 때 사용된다.

#### ㉡ 불용해잔분

불용해잔분(不溶解殘分, insoluble residue, insol.)은 시멘트를 염산 및 탄산나트륨 용액에 넣었을 때 녹지 않고 남는 부분이다. 보통포틀랜드시멘트의 불용해잔분은 일반적으로 점토 성분의 미소성으로 인하여 발생하며 0.1~0.6%이다.

㉢ **수경률**

수경률(水硬率, hydraulic modulus)은 시멘트 원료의 조합비 결정에 사용되는 계수로, 보통포틀랜드시멘트 2.05~2.15, 조강포틀랜드시멘트 2.20~2.27, 초조강포틀랜드시멘트 2.27~2.40, 중용열포틀랜드시멘트 1.95~2.00이다.

### 4 성질

**① 수화**

수화(水和, hydration)란 시멘트가 물과 접하여 시멘트 속의 수경성 화합물이 물과 화학반응을 일으키는 과정으로, 수화반응이라고도 한다. 수화반응은 시멘트의 분말도, 수량, 온도, 혼화재료의 유무 등 많은 요인의 영향을 받으며, 반응 과정이 매우 복잡하다.

**② 응결과 경화**

응결(凝結, setting)이란 시멘트풀이 시간이 경과함에 따라 유동성과 점성을 상실하고 굳는 현상을 말한다. 초결(初結, initial set)과 종결(終結, final set)은 1~10시간으로 규정하고 있으며, 시멘트의 화학성분, 분말도, 석고 첨가량, 풍화 정도, 물-시멘트비, 온도, 습도에 따라 다르다.

경화(硬化, hardening)는 응결이 끝난 시멘트가 기간이 경과할수록 젤(gel)을 형성하여 시멘트 입자 간의 조직이 치밀하게 메워지면서 진행되는 과정이다.

**③ 수화열**

수화열(水和熱, heat of hydration)은 시멘트가 물과 혼합되어 수화반응을 일으킬 때 발생하는 열로, 시멘트의 종류, 화학 조성, 물-시멘트비, 분말도, 양생 조건 등에 따라 다르지만 구성 화합물이 가장 중요하다. 매스콘크리트에서는 수화열이 적은 시멘트가, 한중콘크리트에서는 수화열이 많은 시멘트가 각각 요구된다.

**④ 풍화**

풍화(風化, aeration)란 저장 중인 시멘트가 공기 속의 수분과 이산화탄소를 흡수하면서 수화반응을 일으키는 현상으로, 시멘트가 풍화되면 입상·괴상으로 굳으며 이상응결을 일으킨다. 풍화한 시멘트는 강열감량이 증가하고 비중이 낮아지며, 응결이 지연될 뿐만 아니라 강도의 발현이 저하한다.

**⑤ 수축**

수축(收縮, shrinkage)이란 경화한 시멘트풀이 건조하면서 시멘트젤 주위에 있는 모세관 속의 수분이 증발하여 모세관 표면장력이 커지는 현상으로, 습도가 높아지면 모세관이 물을 흡수하여 표면장력이 작아지면서 다시 팽창한다. 일반적으로 저열시멘트는 수축이 작고 조강시멘트는 크다.

**⑥ 비중**

시멘트의 비중은 종류에 따라 다르지만 대략 보통포틀랜드시멘트 3.15, 조강포틀랜드시멘트

3.12, 중용열포틀랜드시멘트 3.20이다. 비중은 콘크리트의 이론, 단위중량의 계산, 콘크리트 배합 설계 등에 필요하다.

#### ⑦ 분말도

분말도(粉末度, fineness)란 시멘트 입자의 크기를 비표면적으로 나타낸 값으로, 입자가 미세할수록 분말도가 크다. 분말도가 클수록 물과의 접촉 표면적이 커져 수화반응이 빨라지고 초기강도가 커지며 블리딩(bleeding)이 적어지지만 풍화하기 쉽고 수축으로 인하여 균열이 발생한다.

#### ⑧ 안정성

안정성(安定性, soundness)이란 시멘트의 경화 중에 체적이 팽창하여 팽창균열이나 휨 등이 생기는 정도로, 이상팽창의 원인으로는 시멘트 클링커의 소성 불충분으로 생긴 유리석회에 의한 시멘트 바실루스(cement bacillus)의 생성 등을 들 수 있다. 최근에는 마그네슘의 함유량을 5% 이내로 제한하여 안정성을 유지하고 있다.

#### ⑨ 강도

시멘트의 강도(强度, strength)는 시멘트의 조성, 물-시멘트비, 재령, 양생 조건 등에 따라 다르지만 최대 강도는 시멘트풀이 2,800kgf/cm$^2$, 모르타르 및 콘크리트는 1,400kgf/cm$^2$ 정도이다.

### 5 저장 및 수송

시멘트는 저장 중 공기와 접하면 공기 속의 수분을 흡수하여 가벼운 수화작용을 일으키고, 동시에 공기 속의 탄산가스를 흡수하여 시멘트가 풍화하므로 저장할 때에는 주의를 요한다. 포대시멘트로 저장할 때에는 지상에서 30cm 이상 되는 마루 위에 쌓아 올려 검사나 반출에 편리하도록 배치한다. 저장 중에 조금이라도 굳은 시멘트는 공사에 사용하면 안 되며, 또한 오래 저장한 시멘트는 사용 전에 시험하여 품질을 확인하여야 한다. 포대시멘트는 13포대 이하로 쌓아 올려야 하며, 수송 시에는 포대시멘트나 가루시멘트로 수송한다.

## 5·3·5 콘크리트

콘크리트(concrete)는 시멘트, 물, 모래, 자갈, 부순돌, 혼화재료 등을 섞어 반죽한 혼합물로, 시멘트와 물을 혼합한 것을 시멘트풀(cement paste), 시멘트와 잔골재, 물을 혼합한 것을 모르타르(mortar)라고 한다.

### 1 특징

일반 콘크리트의 재료는 용적으로 70%가 골재이고 30%가 시멘트풀이다. 시멘트풀은 골재의 공극을 채우고, 굳지 않은 콘크리트(fresh concrete)의 유동성을 갖게 하며, 수화된 후에는 골재를 결합시켜 강도를 높인다. 경화콘크리트는 시멘트풀의 품질 및 골재의 성질로부터 큰 영향을 받고, 시멘트풀의 품질은 시멘트 품질, 물-시멘트비, 시멘트의 수화 정도의 영향을 받는다.

균질한 콘크리트를 제조하려면 강도 · 내구성 · 시공성의 3조건을 만족시켜야 한다. 이를 위해서는 재료와 배합을 잘 선정하고 비빔, 운반, 타설, 다짐, 양생 등을 알맞게 실시하여 공정이 잘 마무리될 수 있도록 한다.

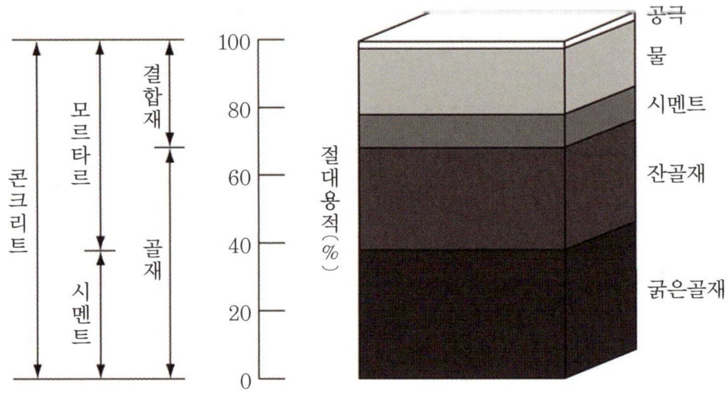


**그림 5-13** 콘크리트 재료의 용적 비율

### 2 굳지 않은 콘크리트의 성질

콘크리트를 비빈 직후부터 시간이 경과할수록 유동성이 떨어지지만 어느 정도의 강도를 유지하는 콘크리트에 요구되는 성질은 ①거푸집 구석구석 또는 철근 사이가 잘 채워질 수 있도록 반죽질기가 묽은 상태로 운반, 타설, 다짐, 마무리 될 것, ②시공 도중 및 전후에 재료의 분리가 적을 것, ③거푸집에 부어 넣은 후 블리딩이 생기지 말 것 등이다.

#### ① 반죽질기

반죽질기(consistency)는 주로 단위수량의 다소에 상관없이 콘크리트가 굳지 않는 유동성으로, 변형 또는 유통에 대한 저항성의 정도를 나타낸다.

#### ② 워커빌리티

워커빌리티(workability)는 반죽질기에 따른 작업의 난이도 및 재료의 분리에 대한 저항을 나타내는 성질로, 시멘트의 성질과 양, 골재의 입도와 모양, 혼화재료의 종류와 양, 물-시멘트비, 공기량, 콘크리트의 온도 등의 영향을 받는다.

#### ③ 성형성

성형성(成形性, plasticity)은 거푸집에 쉽게 다져 넣을 수 있고, 거푸집을 제거하였을 때 형상이 천천히 변하기는 하지만 허물어지거나 재료가 분리되는 일이 없는 성질을 말한다.

#### ④ 피니셔빌리티

피니셔빌리티(finishability)는 굵은골재의 최대치수, 잔골재율, 잔골재의 입도, 반죽질기 등에 따라 마무리하기 쉬운 정도를 나타내는 성질을 말한다.

### 3 경화콘크리트의 성질

#### ① 중량

콘크리트의 중량은 골재의 종류, 굵은골재의 최대치수, 콘크리트의 배합, 건습 정도에 따라 다르다. 단위중량 또는 공기 중 건조비중(기건비중)으로 나타내며, 철근콘크리트의 계산에 이용하는 단위중량은 일반적으로 2,400kg/m$^3$이다.

**표 5-19** 각종 콘크리트의 중량

| 종 류 | 잔골재 | 굵은골재 | 기건비중 |
|---|---|---|---|
| 중량콘크리트 | 중정석 | 중정석 | 3.40~3.62 |
| | 적철광 | 적철광 | 3.03~3.86 |
| | 자철광 | 자철광 | 3.40~4.04 |
| | 자철광 | 철편 | 3.80~5.12 |
| 보통콘크리트 | 하천모래 | 하천자갈 | 2.20~2.40 |
| 경량콘크리트 | 하천모래 | 팽창혈암 | 1.70~2.00 |
| | 팽창혈암 | 팽창혈암 | 1.40~1.70 |
| | 화산암 | 화산암 | 1.20~1.60 |
| 기포콘크리트 | – | – | 0.55~1.20 |

#### ② 압축강도

철근콘크리트 부재를 설계할 때 압축강도만 활용하며, 콘크리트는 재령 28일의 압축강도를, 댐콘크리트는 재령 91일의 압축강도를, 포장콘크리트는 재령 28일의 휨강도를 기준으로 한다.

#### ③ 인장강도

인장강도는 압축강도의 1/13~1/8이며, 압축강도가 클수록 취성계수(脆性係數, coefficient of brittleness)가 커진다. 콘크리트를 건조하면 습윤상태보다 인장강도가 저하한다.

#### ④ 휨강도

콘크리트의 휨강도는 파괴계수(破壞係數, modulus of rupture)라고도 하며, 압축강도의 1/8~1/5이다. 도로, 공항 등의 콘크리트 포장의 설계기준강도, 품질 결정 및 관리 등에 사용된다.

#### ⑤ 기타 강도

전단강도(剪斷強度, shear strength)란 파괴 시 파괴면 위에 작용하는 전단응력을 뜻한다. 콘크리트, 석재, 주철과 같은 취성(脆性) 재료는 인장강도가 매우 작아 비틀림시험으로 전단응력을 구하기 어렵다.

**표 5-20** 콘크리트의 압축강도, 인장강도, 휨강도, 강도비

| 강도(MPa) | | | 강도비(%) | | |
|---|---|---|---|---|---|
| 압축 $f_c$ | 인장 $f_t$ | 휨 $f_b$ | $f_c/f_t$ | $f_b/f_t$ | $f_c/f_b$ |
| 10.0 | 1.04 | 2.05 | 9.6 | 1.97 | 4.9 |
| 20.0 | 1.85 | 3.29 | 10.8 | 1.78 | 6.1 |
| 30.0 | 2.50 | 4.26 | 12.0 | 1.70 | 7.0 |
| 40.0 | 3.10 | 5.18 | 12.9 | 1.67 | 7.7 |
| 50.0 | 3.70 | 6.07 | 13.5 | 1.64 | 8.2 |
| 60.0 | 4.20 | 6.84 | 14.1 | 1.60 | 8.8 |

부착강도(附着强度, bond strength)란 철근과 콘크리트가 일체가 되어 하중을 지탱하는 데 필요한 강도로, 철근과 시멘트풀의 순부착력, 철근과 콘크리트 사이의 마찰력 및 철근 표면의 요철에 의한 기계적 저항력 등에 따라 다르다.

지압강도(支壓强度, bearing strength)란 교각의 지지부나 프리스트레스트콘크리트의 인장재 정착부 등의 일부분만 국부적인 하중을 받는 경우의 압축강도이다.

피로강도(疲勞强度, fatigue strength)란 콘크리트가 반복하중을 받거나 일정한 하중을 지속적으로 받을 때의 강도로, 피로 때문에 정적파괴하중보다 작은 하중에도 콘크리트가 파괴될 수 있음을 뜻한다.

### ⑥ 탄성과 소성

응력-변형률곡선을 이용하여 구한 탄성계수를 정탄성계수(靜彈性係數, static modulus of elasticity), 공명진동수나 초음파와 같은 파장이 짧은 펄스의 전달 속도를 동탄성계수(動彈性係數, dynamic modulus of elasticity)라고 한다. 또한 콘크리트 공시체에 단순 압축력이나 인장력을 가할 때 공시체의 축 방향 및 축의 직각 방향 변형률의 비를 포아송비(Poission's number)라고 한다.

### ⑦ 체적변화

콘크리트를 수중에서 양생하면 $(10 \sim 20) \times 10^{-5}$가 팽창하고, 포화된 콘크리트를 완전히 건조하면 $(60 \sim 90) \times 10^{-5}$가 수축한다. 또한 온도에 따른 체적변화(體積變化, volume change)는 물-시멘트비나 시멘트풀의 양보다 사용 골재의 암질에 지배된다. 콘크리트의 열팽창계수는 재료와 배합 등에 따라 다르지만 보통 1℃에 대하여 $(0.7 \sim 1.3) \times 10^{-5}$ 정도이고 경량콘크리트는 보통콘크리트의 70~80%이다. 일반적으로 설계계산 시에는 콘크리트의 열팽창계수로 1℃당 $1.0 \times 10^{-5}$의 값을 이용한다.

### ⑧ 크리프

크리프(creep)란 콘크리트에 일정한 하중을 지속적으로 재하(載荷)할 경우 응력이 변하지 않아도 시간이 지남에 따라 변형하는 현상으로, 시멘트의 성질, 골재의 광물적 성질 및 입도, 배합 중의 물-시멘트비와 골재량, 재하 시의 재령, 재하기간 중의 온도와 습도, 재하응력의 크기, 하중의 종류, 공시체의 크기 등의 영향을 받는다. 콘크리트의 크리프계수는 대기 중의 부정구조물에 순간

적으로 하중을 작용시키지 않을 때 실내의 경우 3.0, 실외의 경우 보통콘크리트는 2.0, 경량콘크리트는 1.5를 표준으로 한다.

#### ⑨ 내구성

동결융해작용, 탄산가스의 작용, 건습작용의 반복, 온도 변화, 유수의 작용 등에 의하여 콘크리트의 성능이 저하하며, 콘크리트가 화학물질의 영향을 받으면 시멘트 수화물과 반응하여 팽창균열을 일으키거나 반응물질이 용출되어 콘크리트의 성능이 저하한다. 또한 해양 환경에 장기간 노출되면 해수의 화학적 작용으로 콘크리트가 침식되고 콘크리트 속의 철근이 부식된다.

한편 철근콘크리트에 고압전류가 흐르면 철근이 산화되어 녹슬고 체적이 팽창하여 콘크리트에 균열이 발생하며, 염화칼슘 등의 염류를 함유한다면 피해가 가중된다. 또한 콘크리트가 경화한 후에는 유수에 포함되어 있는 모래 등에 의한 마모, 교통하중에 의한 마찰, 공동현상(空洞現像, cavitation)으로 인하여 침식이 발생한다.

#### ⑩ 수밀성

콘크리트는 다공질이기 때문에 흡수 및 투수가 이루어지지만 실용적인 배합으로 잘 시공된 콘크리트의 투수량은 $10^{-10}$~$10^{-8}$cm/s로 매우 적다. 콘크리트의 수밀성은 시공 불량에 의하여 생긴 벌집 모양의 결합부, 불완전 이음부 등 결함 부분의 영향을 받는다.

#### ⑪ 내화성

내화성(耐火性, fire resistance)은 1,000℃ 정도의 고온에 일시적으로 노출될 경우에 저항하는 성질로, 콘크리트 및 철근콘크리트는 구조재료 중에서 가장 내화성이 우수한 재료에 속한다. 콘크리트는 고온에서 강도 및 탄성계수가 낮아지고 철근과 콘크리트의 부착력이 저하한다.

#### ⑫ 균열

균열은 구조물의 내력, 내구성, 방수성, 미관 등에 악영향을 미치기 때문에 콘크리트 구조물을 건설할 때 가장 중요한 문제이다. 균열의 주요 원인은 시공 불량, 건조수축, 온도응력, 화학반응, 이상하중, 설계상의 오류, 설계 시 구조세목의 불량 등이다.

### 4 배합

콘크리트의 배합(mixing)이란 콘크리트를 만들 각 재료의 비율 또는 사용량을 말하며, 배합설계란 물, 시멘트, 잔골재, 굵은골재, 혼화재료를 가장 경제적으로 이용하여 소요 강도, 내구성, 수밀성, 작업에 적합한 워커빌리티를 얻을 수 있도록 혼합 비율을 선정하는 일이다.

#### ① 종류

시멘트, 물, 잔골재, 굵은골재 등의 재료를 콘크리트 1m$^3$당의 중량으로 표시하는 중량배합(重量配合, mixing by weight)과, 잔골재 400L와 굵은골재 800L를 기준으로 하여 이에 대한 시멘트량, 수량 등을 중량(kg)으로 표시하는 복식배합(複式配合)이 있다.

#### ② 표시 방법

시방배합(示方配合, specified mix)은 시방서 또는 책임기술자가 지시하는 배합으로, 단위량을 표시하며 사용되는 골재는 표면건조포화상태이어야 한다. 시방배합을 현장 상황에 적합하게 보정한 배합을 현장배합(現場配合, job mix)이라고 한다.

#### ③ 결정 방법

콘크리트의 물-시멘트비는 소요 강도와 내구성을 고려하여야 하며, 수밀을 요하는 구조물에서는 수밀성도 고려하여야 한다. 또한 포장콘크리트의 경우 소요 슬럼프(slump)를 얻는 데 필요한 단위수량을 결정해서 품질, 워커빌리티, 피니셔빌리티 등으로부터 단위시멘트량을 결정하도록 규정되어 있고, 댐콘크리트의 단위시멘트량은 내구성, 수밀성, 강도, 단위용적중량 등으로부터 결정하도록 규정되어 있다.

콘크리트의 수밀성을 고려한 물-시멘트비는 55~60%이고, 단위수량은 포장콘크리트에서 150kg 이하, 댐콘크리트에서 120kg 이하를 표준으로 한다. 또한 단위시멘트량은 단위수량과 물-시멘트비에 따라 정하지만 대체로 철근콘크리트에서는 300kg 이상을, 포장콘크리트에서는 280~340kg을 표준으로 한다.

### 5 특수콘크리트

#### ① AE콘크리트

AE콘크리트(air-entrained concrete)는 AE제로 콘크리트 속에 미세한 기포를 발생시켜 공기량을 3~6% 늘린 콘크리트로, 워커빌리티가 개선되고 동결과 융해에 대한 내구성, 화학작용에 대한 저항성, 수밀성이 증대한다. 그러나 공기량 1% 증가 시 물-시멘트의 압축강도가 4~6MPa 감소하므로 감수제로 강도를 높인다.

#### ② 레디믹스트콘크리트

레디믹스트콘크리트(ready mixed concrete)는 구매자가 지정한 배합으로 공장에서 제조하여 희망 수량을 소정 시간에 현장까지 배달, 공급하는 콘크리트로, 레미콘이라고도 한다. 운반 즉시 타설하고 충분히 다져야 하며, 비비기에서 타설까지의 시간은 고온 · 건조 시 1.5시간, 저온 · 습윤 시 2시간 이내로 한다.

#### ③ 한중콘크리트

평균 기온이 -3℃ 이하일 때 콘크리트를 시공할 경우, 즉 한중콘크리트(寒中concrete, cold weather concreting)의 경우에는 콘크리트가 응결 · 경화의 초기 단계에서 동결함으로 인하여 시멘트의 화학반응이 잘 진행되지 않아 강도, 내구성, 수밀성 등이 악화하므로 물과 골재를 가열하여 온도를 높이거나 적절한 보온, 급열을 통하여 타설한 콘크리트의 적정 온도를 유지하여야 한다.

#### ④ 서중콘크리트

평균 기온이 25℃가 넘을 때 콘크리트를 시공할 경우, 즉 서중콘크리트(暑中concrete, hot weather concreting)의 경우에는 콘크리트의 소요 수량 증가, 수송 중의 슬럼프 저하, 치기 후의 너무 빠른 응결, 수화열로 인한 온도 상승, 재령 28일 및 이후의 강도 감소 등이 생기므로 타설 도중 및 직후에 온도가 내려가도록 재료 취급, 비비기, 치기, 양생을 실시하여야 한다.

#### ⑤ 수중콘크리트

콘크리트를 물속에서 시공할 경우, 즉 수중콘크리트(水中concrete, underground concrete)의 경우에는 품질의 균일성, 시공이음의 신뢰성, 철근과의 부착 등에 문제가 발생하기 때문에 배합강도를 높이거나 설계기준강도를 낮추어야 한다.

#### ⑥ 프리팩트콘크리트

프리팩트콘크리트(prepacked concrete)는 특정 입도의 굵은골재를 거푸집에 채워 넣고 그 공극 속에 모르타르를 적당한 압력으로 주입하는 콘크리트로, 항만공사를 비롯하여 심해 수중에 축조하는 구조물, 방사선 차폐용, 고밀도콘크리트, 기존 노후 구조물의 보수 · 보강, 매스콘크리트 등에 사용된다.

#### ⑦ 뿜어붙이기콘크리트

뿜어붙이기콘크리트[숏크리트(shotcrete)]는 콘크리트나 모르타르를 시공면에 압축공기로 뿜어 붙이는 공법이다. 각종 재료의 표면 형상 등에 관계없이 쉽게 시공할 수 있고 시공면에 잘 부착하며, 강한 강도와 수밀성을 기대할 수 있기 때문에 터널 등의 라이닝, 굴착비탈면 보호, 구조물 보강 등에 널리 적용되고 있다.

#### ⑧ 경량골재콘크리트

경량골재콘크리트(輕量骨材concrete, lightweight concrete)는 자중을 경감하기 위하여 경량골재를 이용해서 만든 단위용적중량 $2.0\mathrm{t/m^3}$ 이하의 콘크리트로, 일반적으로 천연경량골재는 입자의 모양이 좋지 않고 흡수율이 크기 때문에 구조용 콘크리트 재료로는 인공경량골재가 토목구조물에 널리 사용된다.

#### ⑨ 중량콘크리트

중량콘크리트(重量concrete, heavyweight concrete)는 비중이 큰 골재를 사용하여 만든 단위용적중량 $3 \sim 5\mathrm{t/m^3}$의 콘크리트로, 주로 X선, $\gamma$선, 중성자선의 차폐용과 같은 특수 목적에 유효하므로 원자력발전용 압력용기, 생체차폐(生體遮蔽, biological shield) 등에 사용된다.

### 6 품질관리

품질관리(品質管理, quality control)는 품질의 목표를 정하고 달성하기 위하여 실시하는 모든 활동으로, 설계 및 기타 요구되는 품질의 콘크리트를 경제적으로 제조하기 위하여 공사의 전 단계에 걸쳐 콘크리트의 기술 · 지식 및 통계적 방법을 활용하여 관리하는 시스템이다. 품질관리의 목적은, 설계서 · 시방서에 표시된 규격에 적합한 구조물을 만들고 결함을 사전에 방지할 뿐만 아니라 유해한 요소를 제거하여 품질의 변동을 허용 범위 내로 최소화하며, 이상 원인을 조사, 규명하여 시정 조치함으로써 경제적 · 내구적 구조물을 만들고 생산성을 향상하는 데 있다. 이를 위해서는 사용 재료, 배합, 시공, 양생 등이 적절하여야 하지만 경우에 따라서는 품질 변동에 따른 목표를 정한 뒤 이상이 확인되면 즉시 조치를 취함으로써 소정의 품질 범위를 유지하여야 한다.

### 5·3·6 금속재료

금속재료(金屬材料, metallic material)는 금속광택이 있고 빛에 불투명하며, 전기전도율(電氣傳導率, electric conductivity)과 열전도율(熱傳導率, thermal conductivity)이 클 뿐만 아니라 전성(展性, malleability)과 연성(延性, ductility)이 풍부하고, 상온에서 결정고체이므로 가공하기 쉽다.

#### [1] 철금속

철금속(鐵金屬, ferrous metal)은 철광석을 환원, 분리하여 얻어지는 선철을 원료로 제조하며, 탄소 함유량이 1.7% 이상인 철은 약 1,150℃에서 녹으므로 주물 제조에 사용할 수 있다.

**① 선철**

선철(銑鐵, pig iron)은 함유 탄소의 결합 상태에 따라 백선철과 회선철로 구분한다. 백선철(白銑鐵, white pig iron)은 시멘타이트(cementite, $Fe_3C$)가 분해되어 있지 않아 파면(破面)이 희게 보이는 선철로 백선이라고도 하며, 열처리하여 가단성(可鍛性)을 주면 가단주철(可鍛鑄鐵, malleable cast iron)이 된다. 또한 회선철(灰銑鐵, gray pig iron)은 주조 과정에서 냉각할 때 시멘타이트가 분해하여 흑연이 생기므로 파면이 회색으로 보인다.

**② 주철**

주철(鑄鐵, cast iron)은 선철에 철 찌꺼기를 섞은 뒤 융해하여 주물 주조용으로 만든 합금으로, 강(鋼)보다 녹는점이 낮아 복잡한 형태의 주조가 가능하지만 단조성이 없는 점이 결점이다. 탄소량은 1.7~6.67%로, 실용화된 주철은 2.5~4.5% 범위이며, 회주철과 백주철이 있다.

회주철(灰鑄鐵, gray cast iron)은 파단면의 재질이 비교적 연하고 점성이며, 조직이 펄라이트이다. 비중은 약 7.2, 녹는점은 1,200~1,250℃이며, 인장강도가 200~300MPa이면 고급품이다. 백주철(白鑄鐵, white cast iron)은 파단면이 매우 단단하고 액성이며, 인장강도가 큰 편이어서 가단주철 제조에 주로 사용된다. 비중은 약 7.0, 녹는점은 약 1,100℃이며, 수축률이 2% 내외로 크기 때문에 주조하기 어렵다.

**③ 강**

강(鋼, steel)은 철과 탄소의 합금으로, 0.05~2.1%의 탄소를 함유한 탄소강(炭素鋼, carbon steel)과, 강의 성질을 개량하기 위하여 크로뮴, 니켈, 망가니즈, 몰리브데넘, 텅스텐 등의 금속원소 중에서 복수의 원소를 첨가해서 만든 합금강(合金鋼, alloy steel)으로 크게 나눌 수 있다. 일반적으로 강의 비중, 선팽창계수, 열전도율 등은 탄소 함유량에 반비례하고 비열 및 전기저항 등은 비례한다. 또한 강은 수분과 탄산가스에 의하여 산화되어 녹이 생기면 조직 내부까지 부식되므로 탄소, 규소, 망가니즈 등의 함유량을 늘려 내식성을 높이고 있다.

**표 5-21** 강의 물리적 성질

| 비중 | 녹는점 (℃) | 비열 (cal/g·℃) | 전기저항 (Ω, $mm^2/m$) | 열전도율 (cal/cm·s·℃) | 선팽창계수×$10^{-5}$ (20~100℃) |
|---|---|---|---|---|---|
| 7.789~7.876 | 1,425~1,528 | 0.102~0.108 | 0.10~0.18 | 0.087~0.134 | 1.04~1.50 |

#### ④ 주강

주강(鑄鋼, steel casting)은 탄소량 0.1~0.5%인 용해강을 주형에 주입하여 제작한 주물로, 저탄소주철이라고도 한다. 규소 및 망가니즈의 양이 많고 주조성이 있는 점이 특징이다. 탄소강과 성질이 비슷하지만 인성은 이보다 떨어지며, 주조용 주철로는 강도가 약한 것이 쓰인다. 화학 조성에 따라 보통주강(탄소강주강)과 특수주강(저합금강주강, 고합금강주강)으로 분류하며, 고합금강주강은 화학성분 및 용도에 따라 스테인리스주강, 내열강주강, 고망가니즈주강 등으로 분류한다.

### 2 비철금속

#### ① 알루미늄 및 알루미늄합금

알루미늄(aluminium)은 보크사이트(bauxite)에서 Al과 $O_3$를 분리하여 제조하며, 가볍고 비중이 철이나 구리의 1/3 정도이다. 용도에 따라 강도를 조절할 수 있고 내식성, 내후성, 가공성이 좋기 때문에 판, 압출형, 관, 봉, 선형 등의 제품을 쉽게 제조할 수 있다. 그러나 순도, 합금성분, 조절 등에 따라 성질이 크게 변화하므로 특성을 잘 살려야 한다.

알루미늄합금(aluminium alloy)은 탄소강에 비하여 비중이 1/3, 영계수가 약 1/3이지만 단위중량당 강도가 몇 배에 달하여 가벼우면서 고강도이다. 경량성, 성형성, 가공성 외에도 취성 파괴의 염려가 없고 미관성과 내식성이 좋지만 영계수가 작기 때문에 처짐, 진동 등 정적 및 동적 변위가 크며, 좌굴하중(挫屈荷重, buckling load)이 작다.

#### ② 구리 및 구리합금

황동석, 휘동석 등의 광석을 가열하여 $Cu_2$, $O_2$를 포함한 황동을 만들고, 전로에서 정련하여 조동(粗銅)을 얻은 후 전기분해하여 구리[동(銅), copper]로 정제한다. 정제된 전기동은 순도 99.97~99.98%, 비중 8.9로 전도성이 좋고 전연성이 풍부하여 판, 봉, 관 재료 등으로 가공된다.

황동(黃銅, brass)은 구리에 아연을 첨가한 합금으로, 500~600℃에서는 인장강도와 신장률이 온도에 반비례한다. 청동(靑銅, bronze)은 구리와 주석의 합금으로, 주석의 함유량에 따라 색깔, 비중, 기계적 성질이 변한다. 인청동(燐靑銅, phosphor bronze)은 탈산, 조직, 성질 개선을 위하여 구리에 미량의 인을 첨가한 합금으로, 주조가 용이하고 기계적 성질과 내식성이 우수하다.

#### ③ 니켈

니켈(nickel)은 전기도금 이외에는 합금으로 사용되며 내식성, 내변색성, 기계적 성질이 우수하다. 또한 연성과 전성이 철과 유사하며, 공기 및 습도에 대해서는 철보다 강하다. 니켈-구리 합금은 니켈 함유량 50% 정도까지는 비열, 비저항, 인장강도, 경도가 증가하지만 열팽창계수, 신장률은 감소한다. 니켈-크로뮴 합금은 고온 · 부식에 대한 저항성, 전기저항이 크기 때문에 크로뮴 함유량 30% 정도까지는 인장강도, 신장률이 비례하지만 30%를 넘으면 반비례한다.

#### ④ 주석

주석(朱錫, tin)은 상온에서 가공하기 쉽고 산소, 물, 탄산가스, 유기산류 등의 부식에 대한 저항이 매우 우수하다. 18℃와 161℃가 변태점이고 18℃ 이하에서는 알파($\alpha$) 주석(gray tin), 18℃ 이상에서는 베타($\beta$) 주석(white tin)이 된다.

#### ⑤ 납

납[연(鉛), lead]은 방연석, 백연석, 황산연석, 홍연석 등의 광석을 제련하여 얻는다. 유연하고 전 · 연성이 풍부하지만 인장강도가 낮다. 특히 순납은 내식성이 풍부하지만 불순물이나 산화물이 있을 경우, 외력과 부식이 동시에 작용할 경우에는 부식되기 쉽다.

#### ⑥ 아연

아연(亞鉛, zinc)은 섬아연석, 능아연석 등의 원광석을 증류법 또는 전해법으로 제련하여 제조한다. 상온에서는 취성이지만 100~150℃에서는 전 · 연성이 증가하며, 공기 중 탄산가스와 수분이 공존하면 표면에 염기성 탄산염의 얇은 막이 생기므로 산화 방지에 유효하다.

### 3 철강 제품

#### ① 철근

철근(鐵筋, steel reinforcement)은 봉강이라고도 하며, 원형철근과 이형철근으로 구분한다. 이형철근은 부착강도를 높이기 위하여 표면을 요철형으로 만든 철근이다. 원형철근의 지름은 6.9mm, 12mm이고, 이형철근은 지름 10mm, 13mm, 16mm, 19mm, 22mm, 25mm, 29mm, 32mm, 36mm, 38mm에 길이 9m를 표준으로 한다.

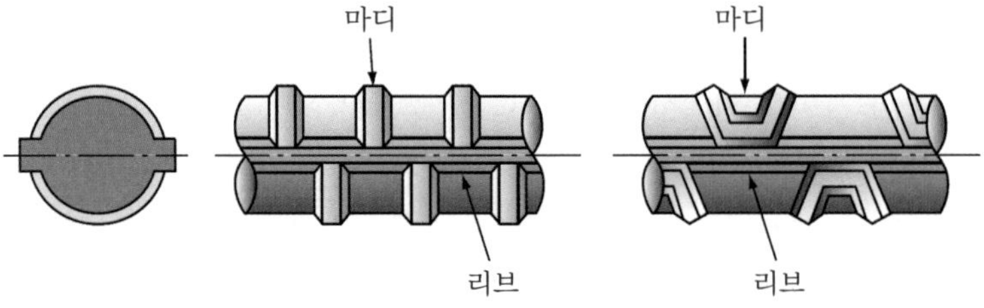


**그림 5-14** 이형철근의 형상

#### ② PC 강선 및 강연선

프리스트레스트콘크리트(prestressed concrete, PC)에 이용하는 PC강선(鋼線, steel wire)은 강철을 패턴팅(patenting) 처리 후 상온에서 신장한 것이고, PC강연선(strand)은 PC강선 여러 가닥을 꼬아 제조한 것이며, 모두 KS 규격에 적합하여야 한다. 최종 공정에서 가공변형을 제거하기 위하여 블로잉(blowing)을 실시한다. 이형강선 중에는 부착강도를 증대하기 위하여 요철부를 준 인덴티드강선(indented wire), 그리고 최근에는 릴렉세이션(relaxation)이 특히 작은 강선도 시판되고 있다.

**표 5-22** 철근의 종류

| 종 류 | 기 호 | 항복점 (MPa) | 인장강도 (MPa) | 시험편(연신율, %) |
|---|---|---|---|---|
| 원형철근 | SR24 | 240 이상 | 390~530 | 2호(20 이상), 3호(24 이상) |
| | SR30 | 300 이상 | 460~610 | 2호(18 이상), 3호(20 이상) |
| 이형철근 | SD30A | 300 이상 | 450~610 | 2호(16 이상), 3호(18 이상) |
| | SD30B | 300~400 | 450 이상 | 2호(16 이상), 3호(18 이상) |
| | SD35 | 350~450 | 500 이상 | 2호(18 이상), 3호(20 이상) |
| | SD40 | 400~520 | 570 이상 | 2호(16 이상), 3호(18 이상) |
| | SD50 | 500~640 | 630 이상 | 2호(12 이상), 3호(14 이상) |

### ③ PC강봉

프리스트레스트콘크리트에서 이용하는 PC강봉(steel bar)은 제조 방법에 따라 인발강봉, 압연강봉, 열처리강봉으로 구분한다. 신장률은 5% 이상, 릴렉세이션은 1.5% 이하로 규정되어 있다.

### ④ 와이어로프

와이어로프[wire rope, 강삭(鋼索)]는 마닐라삼으로 만든 로프나 그 밖의 섬유를 심으로 하고 그 주위에 1~3mm의 강연선 6개를 꼬아서 만든다. 소선(素線)은 1% 정도의 탄소를 함유한 양질의 고탄소강선으로, 0.9~1.0 탄소의 강선은 냉간가공(冷間加工, cold working)과 패턴팅이라는 열처리의 조합으로 만들며, 인장강도는 $1mm^2$당 300kg이 넘는다.

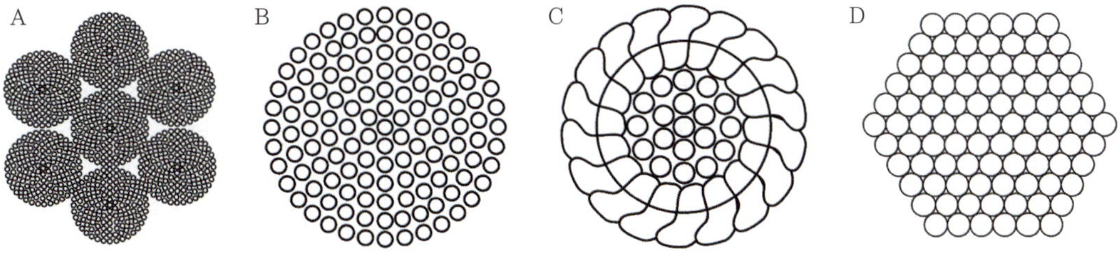


**그림 5-15** 각종 와이어로프의 사례(A: 공심로프(7×37), B: 나선로프(1×127), C: 로크코일로프(C형), D: 평행선스트랜드(PWS-91))

### ⑤ 철선

철선(鐵線, wire)은 연강선을 아연도금한 것으로, 철사라고도 하며 철망, 가설재, 못 등의 재료로 쓰인다. 철선의 지름은 밀리미터 단위 또는 번수의 표준에 따라 표시하며, #1(7.62mm), #5(5.50mm), #8(4.19mm), #10(3.40mm), #16(1.65mm), #18(1.24mm), #22(0.71mm) 등이 있다.

#### ⑥ 형강

형강(形鋼, section shape steel)은 특수 단면으로 압연한 강재로, 주로 철골 구조용으로 쓰인다. 용강(鎔鋼, molten steel)을 각주 모양의 형에 주입하여 강괴를 만들고, 불순물을 제거하여 치밀하게 하는 공정을 거친 다음 가열로에서 재가열하여 압연기에 건 후 10여 단계의 형붙이 롤러를 통하여 각종 단면 형상으로 다듬질한다. 단면 형상에 따라 I형강, H형강, T형강 등으로 구분한다.

#### ⑦ 강철말뚝

강철말뚝(steel pile)은 강관, I형강, H형강과 같은 강으로 만들어진 말뚝으로, 연약지반에서 흙파기를 할 때 지반의 붕괴를 방지하기 위한 기초공사에 사용되며, 특수 단면의 접촉부를 연결하는 강철널말뚝으로도 사용된다.

#### ⑧ 파형관

파형관(波形管, corrugated steel pipe)은 파형의 강판으로 제조하여 관면에 주름이 있는 파이프로, 각종 배수로공사에 널리 쓰인다.

#### ⑨ 철선돌망태

철선돌망태[사롱(蛇籠), wire gabion]는 철사로 얽어 만든 망태로, 굵은자갈이나 잡석을 충전하여 야계의 기슭막이, 용출수 지대의 흙막이 등에 사용한다. 보통 아연도금철선 또는 합성수지피복철선재 #8~10 선을 사용하여 망눈크기 8~15cm의 마름모꼴로 짠다. 돌망태는 표면의 조도가 크고 굴요성(屈橈性)이 좋으며 작업 · 시공이 비교적 쉽다. 그러나 내구성이 보통 10~15년으로 길지 않아 산사태지 복구공사, 둑 파괴지, 비탈면붕괴지 등에 대한 응급복구공사와 가설공사, 임도의 비탈안정용 흙막이에 제한적으로 사용된다.

#### ⑩ 기타

그 밖의 철제품으로 철망, 철주, 척쇠, 볼트, 못 등이 있다. 철망은 급경사지, 특히 파쇄암땅깎기면의 낙석방지용 피복망으로 쓰이고 낙석저지책과 종비토뿜어붙이기 공사 시에는 암벽면 피복용으로도 쓰인다.

### 5·3·7 고분자재료

분자량이 10,000 이상인 화합물을 고분자화합물(高分子化合物, high molecular compound)이라고 하며, 토목재료로 사용되는 고분자재료는 대부분 유기고분자화합물인 합성수지(合成樹脂, synthetic resin)이다.

## 1 합성수지의 종류

### ① 열가소성 수지

열가소성 수지(熱可塑性 樹脂, thermoplastic)는 가열하면 유연해지고 소성을 나타내지만 성형 후 상온에서는 딱딱해져 소성이 없어진다. 성형이 자유롭고 투광성이 좋지만 강도와 연화점이 낮은 결점이 있어 구조재로 사용하기에는 적당하지 않다.

### ② 열경화성 수지

열경화성 수지(熱硬化性 樹脂, thermosetting plastic)는 가열하면 연화되고 성형이 가능하지만 계속 가열하면 화학적 반응에 의하여 경화되며, 한번 경화되면 다시 가열하여도 연화되지 않는다. 강도나 열경화점이 높고, 유리섬유 등과 함께 사용하면 구조적 소질과 내후성이 우수하지만 가격이나 성형 등에 결점이 있다.

## 2 성질

합성수지를 구조재료로 사용할 경우에는 유리섬유, 석면, 합성섬유 등으로 보강한 강화플라스틱(fiberglass reinforced plastic, FRP)을 사용한다. 합성수지의 장점을 들어 보면 다음과 같다.

1) 목재보다 무겁지만 강이나 콘크리트보다 훨씬 가볍기 때문에 합성수지 구조물은 가볍고 강하다.
2) 성형이 자유롭고 크기가 정확하며, 가공성이 양호하여 대량생산이 가능하다.
3) 내수성, 내습성, 내식성이 양호하여 구조물의 방수재료로 널리 이용되며, 약품류에 대한 저항성이 커서 화학공업용 장치에 적합하다.
4) 내절연성과 전기적 특성이 우수하다.

**표 5-23** 금속재료와 합성수지의 기계적 성질

| 구 분 | 재 료 | 강도(MPa) | | | | 영계수 (MPa) | 샤르피충격치 (MPa) | 비중 | 용도 |
|---|---|---|---|---|---|---|---|---|---|
| | | 인장 | 압축 | 휨 | 전단 | | | | |
| 금속재료 | 구조용 강 | 420 | – | – | – | 210,000 | 15,000 | 7.8 | 구조재 |
| | 알루미늄합금 24S-T | 470 | – | – | 280 | 70,000 | 2,000~2,900 | 2.8 | |
| | 알루미늄합금 52S-O | 190 | – | – | 127 | 70,000 | 8,300 | 2.8 | |
| 강화플라스틱 | 고급유리가소제포 | 330 | 280 | 500 | 80~100 | 20,000 | 1,300 | 1.8 | 부구조재 |
| | 르빙포 | 273 | 167 | 235 | 163 | 20,000 | – | 1.8 | |
| | 중급유리포 | 200 | 243 | 260 | 80~100 | 16,000 | 1,000 | 1.7 | |
| | 유리매트 | 100 | 230~270 | 140~180 | 80~100 | 10,000 | 1,000 | 1.6 | |
| 플라스틱 | 불포화폴리에스터 | 41 | 158 | 115 | 66 | 3,800 | 31 | 1.12 | 구조 부속 부분 |
| | 경화염화비닐 | 60 | 100 | 100 | 40 | 3,000 | 80 | 1.4 | |
| | 아크릴수지 | 72 | 100 | 100 | 44 | 2,800 | 80 | 1.4 | |

5) 색을 자유롭게 착색할 수 있으며, 투광성이 우수하다.

한편 합성수지의 단점을 들어 보면 다음과 같다.

1) 강화플라스틱을 제외하고는 압축강도 이외의 강도가 매우 낮다.
2) 탄성계수가 작고, 변형이 크다.
3) 내열성과 내후성이 약하다.
4) 열에 의한 체적변화가 크고, 열팽창계수가 온도 변화의 영향을 크게 받는다.
5) 플라스틱보다 경도가 큰 재료에 의하여 마모되기 쉽고, 특히 열을 가하면 마모가 촉진된다.

### 3 첨가재료

#### ① 가소제

가소제(可塑劑, plasticizer)는, 고분자 사이의 가소성을 증대하고 수지 분자 사이의 힘을 약화하여 플라스틱의 성형을 쉽게 할 뿐만 아니라 제품의 균열을 방지하고 도료 도막의 탄성을 개선할 목적으로 첨가하는 약품이다. 대표적인 가소제로는 인산에스터, 프탈산에스터, 지방산에스터 등이 있다.

#### ② 충전재

제품의 품질을 저하하지 않는 범위에서 기계적 성질을 보강하고 내구성을 증대하며 제품의 가격을 낮추기 위하여 최종 제품의 20~50%는 충전재(充塡材, filler)로 채운다. 충전재로 요구되는 성질은 품질이 균일하고 비중과 흡수율이 적으며 금속을 침식하지 않아야 한다. 또한 성형품으로서는 기계적 · 전기적 성질, 내열성을 향상할 수 있고 가격이 저렴하여야 한다.

#### ③ 수지안정제

수지안정제(樹脂安定劑, resin stabilizer)는 압출성형, 롤 가공, 사출성형 등의 공정 중 압력이나 마찰열에 의하여 수지가 분해되지 않도록 첨가하는 약품으로, 스테아린산염, 라우릴산염, 나프텐산염 등이 이용된다. 또한 플라스틱 성형품이 자외선에 의하여 분해되거나 산화되는 것을 방지할 목적으로 산화방지제인 알킬페놀계, 아민계, 퀴논계와 자외선 흡수제인 살리실산에스터, 벤조산에스터 등을 사용한다.

### 4 토목재료로 사용되는 고분자재료

고분자재료는 구조용 재료를 비롯하여 상하수도관, 차수(遮水)공사, 도로 · 교량공사, 도료, 접착제, 구조물의 보수 · 보강, 각종 방수 · 방식 피복 등에 광범위하게 쓰이고 있다.

#### ① 경질염화비닐관

경질염화비닐관(rigid polyvinyl chloride pipe)은 종래의 토관(土管)부터 송수관, 급수관, 배수관, 전선관, 케이싱관, 유공관(有孔管), 케이블관, 해저송수관, 옹벽의 배수용 파이프까지 광범위하게 사용되고 있다. 내식성이 좋으며, 관의 내면이 매끄럽기 때문에 유수마찰이 작고 관내의 유량도 커서 경제적이다. 또한 이음이 용이하고 가벼울 뿐만 아니라 휘는 성질 때문에 시공이 간단하며, 가격도 저렴하다. 관의 크기는 공칭지름 10~500mm로 규격화되어 있지만 800mm까지 생산되고 있으며, 수도관은 공칭지름 10~50mm이지만 75~150mm까지 생산되고 있다.

#### ② 차수막과 방사막

토사, 암석 등의 공극에 물이 침투하여 침하, 활동, 세굴되는 일을 방지하기 위하여 매립지의 주위, 저수댐, 용수로의 밑면, 흙댐의 비탈면 등에 설치하는 플라스틱 막을 차수막(遮水膜)이라고 한다. 또한 해안선이나 매립지 호안에 있는 뒤채움흙이 조수 간만으로 인하여 유실되는 일을 방지할 목적으로 호안의 배면지와 토사 사이에 설치하는 플라스틱 막을 방사막(防砂膜)이라고 한다. 플라스틱 막의 두께는 보통 0.5~3.0mm로 차수막에는 0.5~1.0mm가, 방사막에는 1.0~2.0mm가 주로 사용되지만 사용 장소에 따라 0.1~0.3mm의 얇은 막이나 4~6mm의 두꺼운 막이 사용되기도 한다.

차수막 및 방사막에 요구되는 성질 및 조건은 ①인장강도나 인열강도가 크고 예리한 돌기물에 의하여 파괴되지 않을 것, ②불투수성일 것, ③지반의 움직임에 견딜 정도의 휨[요(撓)]성이 있을 것, ④내구성, 내해수성, 내토양성 등이 좋고 토사나 수중에 매몰되어도 부패하지 않을 것, ⑤내후성이 양호할 것, ⑥막과 막 사이의 접착이 용이하고 보수가 간단할 것, ⑦가능하면 가벼울 것, ⑧가격이 저렴할 것 등이다.

**표 5-24** 플라스틱 차수막의 성질

| 구 분 | 폴리염화비닐 | 부틸고무 | 폴리에틸렌 |
|---|---|---|---|
| 인장강도(MPa) | 17.6 | 9.8 | 11.2 |
| 탄성변형률(%) | 300 | 550 | 9 |
| 파열저항 | 우수 | 양호 | 불량 |
| 제조 가능 치수 | | | |
| 두께(mm) | 0.2~0.9 | 0.8~3.2 | 0.15~0.5 |
| 폭(m) | 1.2~18.6 | 8.5~14.0 | 4.9~12.2 |
| 접합 방법 | 가열 및 접착제 | 접착제 | 가열 및 접착제 |
| 비중 | 1.25 | 1.25 | 0.93 |

#### ③ 차수판

하천이나 간척지의 제방 등에서 침윤선을 저하시켜 투수계수를 낮출 목적으로 사용되는 차수코어(core) 중에서 플라스틱 시트 종류를 차수판(遮水板, water-stop)이라고 하며 일반적으로 연질폴리염화비닐시트(두께 1.0~3.0mm)가 사용된다. 과거의 점토 코어에 비하여 시공이 간단하고 값이 저렴하며 내구성이 우수하다.

#### ④ 방수시트

방수시트(防水sheet, waterproof sheet)는 터널공사 시 용수 처리 및 지하구조물의 콘크리트 방수 등에 주로 사용된다. 특히 터널공사에는 불투수성이고 가격이 저렴한 연질폴리염화비닐이나 폴리에틸렌 시트류인 두께 0.8~2.0mm의 부틸고무, 클로로프렌고무, 에틸렌, 프로필렌, 폴리머고무, 폴리이소부틸렌, 폴리염화비닐 등이 사용된다.

#### ⑤ 봉함제 또는 양생제

타설한 콘크리트의 소요 강도 및 내구성을 유지하기 위해서는 7일 정도 습윤상태로 유지하여야 하므로 콘크리트 표면에 봉함제(封緘劑, sealing compound)를 도포하거나 양생제(養生劑, curing agent)를 뿜어 붙인다. 봉함제로는 역청질 혼합물이나 유지계·수지계의 재료를 사용한다.

봉함제가 갖추어야 할 성질은 ①습기를 봉함하는 능력이 있을 것, ②수지의 콘크리트 면에 사용할 경우 흘러내리지 않고 피막 형태로 피복될 것, ③건조 속도가 적당할 것, ④내구성이 어느 정도 있을 것, ⑤착색한 물질이 콘크리트 표면을 더럽히거나 흡열작용으로 콘크리트의 온도를 지나치게 올리지 않을 것 등이다.

#### ⑥ 방식재

방식재(防蝕材)는 코팅(coating) 또는 라이닝(lining)이라고도 한다. 일반적으로 코팅은 두께 0.3~0.5mm로 피복층이 얇고, 라이닝은 두께 0.5~3.0mm로 피복층이 두껍다. 방식재는 강교, 강관말뚝 등의 방청·방식 처리에, 수로, 하수도, 공장 지대나 해안·해중에 있는 콘크리트 구조물, 흄관과 같은 콘크리트 2차 제품의 내식 처리 등에 사용된다.

#### ⑦ 지수판

지수판(止水板, cut-off plate)은 콘크리트 구조물의 누수 방지나 지수 효과를 위하여 이음 부분에 삽입하는 판 모양의 재료로, ①콘크리트에 대한 밀착성이 좋고, ②판막작용을 하며, ③굴곡진 투수경로를 형성하여야 한다. 지수판으로 강판, 연판, 천연고무, 합성고무 등이 사용되었지만 현재는 연질폴리비닐 제품이 널리 사용되고 있다. 토목공사에서 지수판의 용도는 수력발전소의 댐, 도수암거, 취수로, 배수로, 철도 및 도로, 터널, 고가교, 지하철, 수로교, 매립지의 옹벽, 상하수도의 정화조, 항만·하천의 방조제, 사방댐 등의 이음부나 신축이음 등이다.

#### ⑧ 이음판

이음판(joint bar)은, 콘크리트 포장의 경우 온도 등의 변화에 따라 콘크리트가 변형되기 때문에 응력을 받아도 콘크리트가 파괴되지 않도록 소정의 팽창이음부에 사용하는 이음재로, 이음 폭은 15~25mm이다. 이음판의 기능은 ①건설 중 팽창 공간 형성, ②콘크리트의 자유팽창 허용, ③봉합재의 보유 등이다. 이음판으로는 주로 아스팔트계 재료가 사용되어 왔지만 압축력을 받으면 포장면에 불거져 나오는 문제가 있어 요즘은 폴리염화비닐, 폴리에틸렌, 폴리스틸렌, 폴리우레탄 등의 플라스틱으로 만든 이음판이 사용되고 있다.

#### ⑨ 개스킷

개스킷(gasket)은 클로로프렌고무나 폴리염화비닐 등을 특수 단면 모양으로 만들어 연결부의 기밀을 유지하기 위하여 끼우는 이음재의 일종이다. 끈 모양의 이음재는 폴리부텐, 부틸고무와 아스팔트, 폴리우레탄 폼 등을 끈, 테이프, 튜브, 리본 모양으로 성형한 것으로, 이음의 치수 정도가 비교적 좋아야 한다. 개스킷은 상하수도관·케이블관 등의 관로 접합, 연약지반을 위한 실드(shield)공법의 세그먼트(segment) 이음, 프리캐스트콘크리트 슬래브의 접합 등에 이용된다.

### ⑩ 주입이음재

주입이음재(joint sealing compound)는 대부분의 건설공사에서 현장타설 또는 프리캐스트콘크리트판의 이음에 사용하는 봉합재로, 상온 또는 가열 상태에서 이음부에 주입한다. 지금까지 주입이음재로 가격이 저렴한 아스팔트가 널리 사용되었지만 성질 및 조건을 충족하지 못하여 ①성분형(자기가류형) 탄성 이음재인 폴리설페이트(티오콜), 실리콘, 폴리우레탄, 부틸고무, 클로로프렌고무 등과 ②이성분형(가황형) 탄성 이음재인 폴리설페이트(티오콜)타르, 에폭시, 폴리설페이트, 폴리우레탄 등이 사용되고 있다.

### ⑪ 접착제

토목공사용 접착제(接合劑, adhesive agent)로 쓰여 온 아스팔트와 시멘트 모르타르 등은 접착강도, 성능, 내구성 등이 좋지 않아 고분자재료를 사용하고 있다. 일반적으로 접착을 위해서는 고체 면에 습기가 필요하므로 접착제에는 적당한 유동성과, 고화된 피막의 사용 목적에 따라 신장성, 내열성, 내수성, 내약품성 등이 요구된다.

접착제가 갖추어야 할 조건은 ①피착면을 잘 적실 수 있고 유동성이 있을 것, ②고화 시 체적수축 등에 의한 내부 변형을 일으키지 않을 것, ③장기 부하에도 크리프가 없을 것, ④진동과 충격의 반복에 잘 견딜 것, ⑤내수성, 내알칼리성, 내산성, 내열성, 내후성이 있을 것, ⑥접착강도가 클 것, ⑦취급이 용이할 것 등이다.

### ⑫ 그라우트재

콘크리트 구조물의 균열 부분에 주입, 충전하여 강도를 높이고 수밀성을 향상하기 위하여 사용하는 액상의 폴리머 재료를 그라우트재(grout材)라고 한다. 그라우트재가 갖추어야 할 성질 및 조건은 ①균열 폭의 크기에 따라 점도를 적당히 선택할 수 있고 세부까지 주입이 가능할 것, ②시공이 용이할 것, ③콘크리트의 건습에 관계없이 접착강도가 크고 경화 후에는 콘크리트보다 큰 강도를 발현할 것, ④내수성, 내알칼리성, 내후성 등이 좋을 것, ⑤경화 후에는 흡수 및 투수에 대한 저항성이 클 것, ⑥가격이 저렴할 것 등이다.

### ⑬ 수지콘크리트

수지콘크리트(resin concrete)는 합성수지를 소재로 하여 골재와 섞어 만든 콘크리트로, 폴리머시멘트콘크리트와 폴

**표 5-25 수지콘크리트의 물리적 성질**

| 구 분 | 수지의 종류 | | | | | | 포틀랜드시멘트 |
|---|---|---|---|---|---|---|---|
| | 푸란 | 폴리에스터 | 에폭시 | 폴리우레탄 | 페놀 | 아스팔트 | |
| 밀도($kgf/cm^3$) | 2,000~2,100 | 2,200~2,400 | 2,100~2,300 | 2,000~2,100 | 2,000~2,100 | 2,000~2,400 | 2,300~2,400 |
| 압축강도(MPa) | 50~140 | 80~160 | 80~120 | 65~72 | 24~25 | 2~15 | 10~60 |
| 인장강도(MPa) | 6~10 | 9~14 | 10~11 | 8~9 | 2~3 | 0.2~1.0 | 2~7 |
| 휨강도(MPa) | 16~32 | 14~35 | 17~31 | 20~23 | 7~8 | 2~15 | 1~4 |
| 탄성계수(MPa) | 20,000~30,000 | 15,000~35,000 | 15,000~35,000 | 10,000~20,000 | 10,000~20,000 | 1,000~5,000 | 20,000~40,000 |
| 흡수율(wt%) | 0.1~1.0 | 0.1~1.0 | 0.2~1.0 | 0.1~0.3 | 0.1~1.0 | 0.1~3.0 | 4.0~6.0 |

리머콘크리트가 있다. 수지콘크리트용 재료는 불포화 폴리에스터, 에폭시, 푸란, 폴리우레탄 등의 액상수지, 탄산칼슘, 실리카 등의 충전재, 그리고 자갈, 모래, 부순돌 등의 골재이다. 특히 수지콘크리트에서는 골재나 충전재에 포함된 수분이 수지의 경화를 저해하기 때문에 함수율 0.1% 이하인 재료를 사용하여야 하며, 골재의 강도가 콘크리트 강도에 미치는 영향이 크므로 고강도의 골재를 사용하여야 한다.

수지콘크리트는 ①경화 속도를 억제할 수 있으므로 용도에 따라 광범위하게 선택할 수 있고, ②조기에 고강도의 발현이 가능하므로 한랭지 또는 겨울철의 시공에 유리할 뿐만 아니라 고강도를 얻을 수 있어 부재의 단면을 작게 할 수 있으며, ③수밀성이 매우 좋고 동결융해에 대한 저항성이 양호하며, ④수지의 종류에 따라 시멘트콘크리트, 석재, 금속 등의 각종 재료에 잘 접착하고, ⑤내약품성, 내마모성, 내충격성, 전기절연성 등이 양호하다.

수지콘크리트의 강도가 어느 정도까지는 수지의 함유율에 비례하지만 한계를 초과하면 오히려 수축균열이 발생한다. 지금까지는 통신용, 가스용, 전력용의 블록 맨홀, FRP보강파이버실드공법용 세그먼트, FRP보강패널, U자구, 고강도 파일, 보도판 등의 프리캐스트 제품과 댐 배수로의 복공, 산성수가 흐르는 곳의 사방댐 등에서 실용화되고 있다.

### 5·3·8 화약류

화약은 채석장 및 계간공작물 바닥의 암석을 폭파하기 위하여 사용한다. 보통은 흑색화약으로 충분하지만 용수부의 바닥파기 및 심부의 균열을 방지하기 위한 채석에는 티엔티(TNT)를 사용한다.

#### 1 분류

화약류는 화약과 폭약으로 크게 나눌 수 있다. 화약(火藥, explosive material)은 가벼운 자극에 순간적으로 폭발하는 화합물 또는 혼합물로, 폭파속도가 340m/s 이하이다. 폭약(爆藥, explosives, high explosives)은 뇌관 등을 사용한 기폭에 의하여 폭발하는 물질로, 폭파속도가 2,000~8,000m/s이다.

##### ① 화약

흑색화약(黑色火藥, black powder)은 황, 목탄, 질산칼륨을 15 : 15 : 70의 비율로 혼합하여 지름 3~7mm로 제조한 화약으로, 유연화약이라고도 한다. 비중은 1.5~1.8이며, 충격이나 가열(260~280℃)에 의하여 폭발하면 300배의 가스로 팽창하여 2,000℃의 고열과 660MPa의 압력으로 주위의 물체를 파쇄한다. 저렴하고 취급 및 보관 시 위험이 적으며 발화가 간단하다. 그러나 흡수성이 크고, 젖으면 발화하지 않을 뿐만 아니라 수중에서는 폭발하지 않는 결점이 있다.

무연화약(無煙火藥, smokeless powder)은 흑색화약에 비하여 압력이 높지 않지만 압력을 장시간 작용시킬 수 있기 때문에 연소성을 조절할 수 있으며, 주로 총탄, 포탄, 로켓 등의 발사에 사용된다. 비중은 1.54~1.68이고 발생 가스량은 900~1,100cc/g이다. 충격이나 마찰에 예민하여 액체 운반은 법규상 금지되어 있다. 기초 성분에 따라 싱글베이스 화약, 더블베이스 화약, 트리플베이스 화약 등으로 분류한다.

#### ② 폭약

기폭약(起爆藥, initial explosives)은 자체의 폭발로 인접한 다른 화약류의 폭발을 유도하는 물질로, 뇌산수은, 질화납, DDNP 등이 있다. 매우 예민하여 작은 충격이나 점화에 의해서도 쉽게 폭발하므로 뇌관에 장전(裝塡)하여 사용한다.

폭약에는 과염소산암모늄과 규소철, 목분, 중유 등을 조합한 칼릿(Carlit), 글리세린에 질산을 반응시켜 만든 무색 · 무취의 투명한 유상 용액인 나이트로글리세린(nitroglycerine, NG), 나이트로글리세린을 흡수성이 큰 고체에 흡수시킨 함유율 6% 이상의 다이너마이트(dynamite)가 있다.

### 2 기폭용품

#### ① 도화선

도화선(導火線, blasting fuse, fuse)은, 흑색화약을 마사, 종이테이프 등으로 피복하고 습기를 방지하기 위하여 특수 방수도료로 도포한 심지로, 비닐도화선과 유니버설도화선이 있다. 시료 5개의 평균 연소속도는 100~140s/m±10%이어야 하며, 연소속도가 정확하고 점화력과 내수성이 우수하여야 한다.

#### ② 도폭선

도폭선(導爆線, detonating fuse)은 대폭파나 수중폭파와 같이 동시 폭파할 경우 뇌관 대신 사용하는 코드선으로, 폭약을 심약(心藥)으로 하고 섬유, 플라스틱, 금속관 등을 피복한다. 도폭선의 종류에는 폭속시험용인 제1종(T도폭선, 기준도폭선), 헥소젠(hexogen)을 심약으로 사용한 제2종, 제2종 도폭선을 방수도료로 가공한 제3종(심수용 도폭선)이 있다. 도폭선의 파폭속도는 5,500m/s 이상이고 연소속도는 3,000~6,000m/s이다.

#### ③ 뇌관

뇌관(雷管, detonator, blasting cap)은 폭약이나 화약을 폭발하기 위하여 기폭약 또는 첨장약(添裝藥)을 관체에 장전한 것으로, 점화용 뇌관 및 점폭용 뇌관으로 나뉜다. 점화용 뇌관은 소총이

**표 5-26** 폭약의 기폭에 필요한 최소 뇌관 용량

| 약량(g) | 교질 다이너마이트 | 질산암모늄 다이너마이트 | NG 불함유 질산 다이너마이트 |
|---|---|---|---|
| 0.05 | 0/6 | – | – |
| 0.15 | 3/5 | 0/5 | – |
| 0.20 | 5/5 | 1/5 | 0/5 |
| 0.25 | | 1/5 | 1/5 |
| 0.35 | | 5/5 | 2/5 |
| 0.45 | | | 5/5 |

㈜ 분자: 발화수, 분모: 시험수

나 피스톨 약협(藥莢) 지부에 부착하여 발사약에 점화하는 것으로, 격발뇌관과 전기뇌관으로 구분한다. 점폭용 뇌관은 폭약을 폭광시키는 것으로, 공업용 뇌관과 군용 뇌관으로 구분하며, 공업용 뇌관에는 공업뇌관과 전기뇌관이 있다.

## 3 사용 및 취급 방법

### ① 흑색화약

암반 구멍에 습기가 없을 때에는 흑색화약을 낱개로 직접 삽입하지만 습기가 있을 때에는 화약을 방수포장하여 사용한다. 화약을 구멍 깊이의 1/3까지 채우고 나머지는 건조한 점토분이나 잔모래를 채워 넣어 폭발할 때 가스의 손실을 방지한다. 구멍에 장전된 화약 사이에 공극이 없도록 나무막대로 밀착시키고 적당한 길이의 도화선을 화약 속에 확실하게 묻는다. 화약을 장전한 후 부근의 정비가 끝나면 도화선을 점화하고 안전한 장소로 대피한다.

### ② 다이너마이트

다이너마이트의 점화에는 대부분 전기뇌관을 사용한다. 전기뇌관을 장진하는 순서는 ①폭약의 포장지를 열고 뇌관 전체가 들어갈 정도의 구멍을 나무막대로 뚫은 뒤 ②뇌관 전체를 폭약 속에 삽입하고, ③열어 놓은 포장지로 약포와 뇌관을 싼 후 뇌관이 빠져나오지 않게 끈이나 고무줄 등으로 동여맨다.

## 4 주의 사항

화약을 취급할 때에는 다음의 사항에 주의한다.

1) 다이너마이트는 직사광선을 피하고, 화기에 접근시키지 말아야 한다.
2) 운반 시 화기를 가까이 하지 않고, 충격을 받지 않도록 주의한다.
3) 뇌관과 폭약은 같은 장소에 두지 않는다.
4) 장기간 보관 시에는 온도나 습도에 의하여 변질되지 않도록 하고, 수분을 흡수하여 동결하지 않도록 한다.
5) 화약 취급자를 수시로 교육, 지도, 감독하여 안전관리에 만전을 기한다.

화약을 사용할 때에는 다음의 사항에 주의한다.

1) 도화선을 삽입하여 뇌관에 압착할 때 충격이 가해지지 않도록 한다.
2) 도화선과 뇌관의 이음부에 수분이 침투하지 못하도록 기름 등으로 도포한다.
3) 도화선의 연소속도를 고르게 하고 점화가 안 되는 일을 미리 방지하기 위하여 사용 전에 도화선을 충분히 검토한다.
4) 도화선의 연소속도가 느린 경우가 있으므로 불발로 오인하여 사고가 일어나는 일이 없도록 한다.

# 제 6 장

# 산지사방

## 6·1 개요

### 6·1·1 정의

산지사방(山地砂防, hillside erosion control works)은, 황폐되었거나 황폐될 위험이 있는 산지에서 식생을 복구, 보전하여 산림황폐로 인한 재해를 미연에 방지하기 위하여 시행하는 사방공사이다. 특히 수원 지대에 위치한 붕괴지의 경우 시공 후에는 유지 관리가 충분히 이루어지기 어려우므로 자연의 회복력(自然의 回復力, recovery power of nature)에 기댈 수밖에 없다. 따라서 산지사방을 계획할 때 다음과 같은 점에 유의하여야 한다.

1) 식물은 착생한 곳에서 계속 생육하므로 변화된 환경이 식물의 생육에 적합한가?
2) 환경이 식물의 생육에 적합하지 않다면 해결 방법은 있는가?
3) 불량한 환경에 적응할 수 있는 식물을 어떻게 선정하고 도입할 것인가?
4) 도입한 식물군락(植物群落, plant community)을 어떻게 관리하고, 불안정한 식물군락은 어떻게 정상적인 식물군락으로 천이하게 할 것인가?

과거에는 산지사방을 산복사방(山腹砂防)으로 부르기도 하였다. 산복(山腹)은 산에서 기울기가 가파른 곳, 즉 산비탈을 뜻하지만 사방과 관련하여서는 종종 산지 전체를 가리키는 용어로도 사용된다. 이러한 혼란을 줄이기 위하여 이 책에서는 전자를 산비탈로, 후자를 산복 또는 산지로 표기하기로 한다.

### 6·1·2 목표

#### 1 시공 대상지

사방사업의 시공 대상지인 요사방지 중에서 황폐지(척악임지, 임간나지, 초기황폐지, 황폐이행지, 민둥산, 특수황폐지 등), 산사태지(산복붕괴지, 계안붕괴지 등), 밀린땅(지활지), 훼손지(땅깎기비탈면, 흙쌓기비탈면, 채석장, 채광지 등) 등이 산지사방 대상지에 해당한다.

### 2 시공 방침

산지사방은 황폐지 등에 산비탈기초공사와 산비탈녹화공사를 실시하여 표토의 풍화, 침식, 붕괴가 확대되는 것을 방지하는 사업으로, 식물을 주체로 하여 산비탈에서의 토사 이동(토사생산)을 경감하고 환경성 · 경관성이 뛰어난 산비탈로 회복하는 것을 목표로 한다.

#### ① 표토침식의 방지

산지 비탈면에서 발생하는 침식은 비탈면을 유하하는 유량과 비탈면의 경사로부터 영향을 받으므로 ①비탈면의 경사를 완만하게 하고, ②유출수를 분산 유하시키며, ③지면을 피복하고, 또한 ④나지를 유하하는 유량을 줄이기 위하여 유로에 집수시켜야 한다. 따라서 경사가 급한 비탈면에 단차(段差)를 두어 수세를 경감하고, 유수의 집중을 방지하기 위하여 비탈면을 정지하거나 초본류 또는 피복자재로 피복한다. 또한 지표의 유하수가 나지로 유입되지 않도록 돌림수로나 집 · 배수로를 설치하여 신속하게 배출하도록 한다.

#### ② 붕괴 확대의 방지

산지에서 발생하는 붕괴는 호우 등에 의한 우수의 침투와 지하수면의 상승으로 인하여 불안정한 토층이나 풍화암층이 포화되어 평형을 잃고 유출되는 현상이다. 일반적으로 불안정했던 부분은 붕괴 후 안정되지만 급경사인 붕괴면의 상부가 노출되어 풍화가 급속히 진행되므로 다시 불안정해져 또 다른 호우에 붕괴되는 경우가 많다. 따라서 붕괴지 주변의 불안정한 토사가 붕괴되는 일을 방지하기 위해서는 상연부를 절취하여 경사를 완화하고 흙막이나 배수시설을 시공하여야 한다.

#### ③ 산사태 위험지의 대책 수립

산사태 위험지의 토층을 안정화하기 위해서는 지하수의 배수시설과 흙막이를 시공하여야 한다. 특히 도로, 철로, 주택지와 같은 보전 대상물의 상부에 낙석 위험지가 있을 경우에는 위험 부분을 제거하고 낙석방지망이나 낙석저지책 등을 설치하여야 한다. 또한 산비탈녹화공사를 실시할 때에는 사업지의 비탈면 특성을 고려하여 도입수종을 선정하고, 근계가 발달하는 심근성 수종을 식재한다. 경우에 따라서는 위험지구 내 주민의 이주 대책도 검토할 필요가 있다.

## 6·1·3 공종의 분류

산지사방공사에서는, 붕괴지 등의 상태나 특성에 따라 산비탈기초공사, 산비탈녹화공사, 산사태예방공사의 각 공종(工鍾)이 효과적이고도 상호 유기적, 보완적으로 기능할 수 있도록 규모나 배치를 정하여야 한다. 『사방기술교본』에서는 산지사방을 산사태 발생지와 황폐산지에 대한 산사태복구공사, 산지보전공사, 산지복원공사, 땅밀림방지공사, 그리고 산사태 발생 위험지에 대한 산사태예방공사로 분류한다.

## 1 산지 복구 · 보전 · 복원 공사

산지의 복구 · 보전 · 복원을 위한 공사는 산비탈기초공사와 산비탈녹화공사로 나뉘며, 기본 공종은 사용하는 재료에 따라 기초공사와 녹화공사 공종으로 분류한다.

### ① 산비탈기초공사

산비탈기초공사는 산지의 비탈면을 안정시켜 침식을 억제하기 위하여 실시하는 토목적 기초공사로, 녹화 및 식재의 준비 단계 공사이다. 주요 공종으로는 비탈다듬기, 단끊기, 땅속흙막이, 산비탈흙막이, 돌쌓기, 누구막이, 산비탈수로내기, 속도랑배수구 등이 있다.

### ② 산비탈녹화공사

산비탈녹화공사는 비탈면을 식생으로 피복하여 토양침식을 방지하고 수목 식재가 가능한 환경조건을 정비하는 공사로, 식생의 생육 기반을 조성하고 개선하는 녹화기초공사, 식생을 도입하는 식생공사로 분류한다. 주요 공종으로는 녹화기초공사의 경우 산비탈바자얽기, 산비탈울짱얽기, 단쌓기, 선떼붙이기, 줄떼공, 평떼붙이기, 새심기, 조공, 등고선구공법, 비탈덮기 등이 있으며, 식생공사에는 씨뿌리기, 나무심기, 식생관리 등이 있다.

## 2 산사태예방공사

산사태예방공사에는 지표수배제공사, 지하수배제공사, 토압처리공사, 암괴처리공사 등이 있다.

### ① 지표수배제공사

지표수배제공사(地表水排除工事)는 비탈면에 내리는 강우나 주변부에서 유입되는 유수를 안전하게 배수하고, 지표수가 비탈면에 침투하지 않도록 억제하여 비탈면을 안정시키는 데 목적이 있다. 주요 공종으로는 돌림수로내기, 침투수방지공사, 주입공사 등이 있다.

### ② 지하수배제공사

지하수배제공사(地下水排除工事)는 산사태에 영향을 주는 지하수를 배제하거나 산사태지 내부로 유입되는 지하수를 차단하여 붕괴위험 비탈면의 간극수압을 저하하는 데 목적이 있다. 주요 공종으로는 속도랑내기, 보링속도랑내기, 터널속도랑내기, 집수정공사, 지하수차단공사 등이 있다. 지하수배제공사로 집수된 지하수는 땅속으로 재차 침투하지 않고 안전한 지역으로 유하하도록 수로망을 계통적으로 배치하여야 한다.

### ③ 토압처리공사

토압처리공사(土壓處理工事)는 산사태지의 토압을 지탱하기 위하여 시공하는 공법으로, 산사태 위험지의 토압을 지탱하기 위하여 시공하는 배토공사, 산사태 비탈의 각부에 흙쌓기를 하여 땅밀림 추력을 경감하는 누름흙쌓기, 산비탈흙쌓기, 땅속흙막이, 힘줄박기, 샤프트공법, 축대벽 등이 있다.

#### ④ 암괴처리공사

암괴처리공사(石塊處理工事)는 산사태지의 붕괴 · 붕락 위험이 있는 암괴를 처리하기 위하여 시공하는 공법으로, 폭파공사, 팽창성파쇄공사, 앵커박기, 말뚝박기, 전석정리공사, 낙석방지망덮기, 낙석저지책세우기 등이 있다.

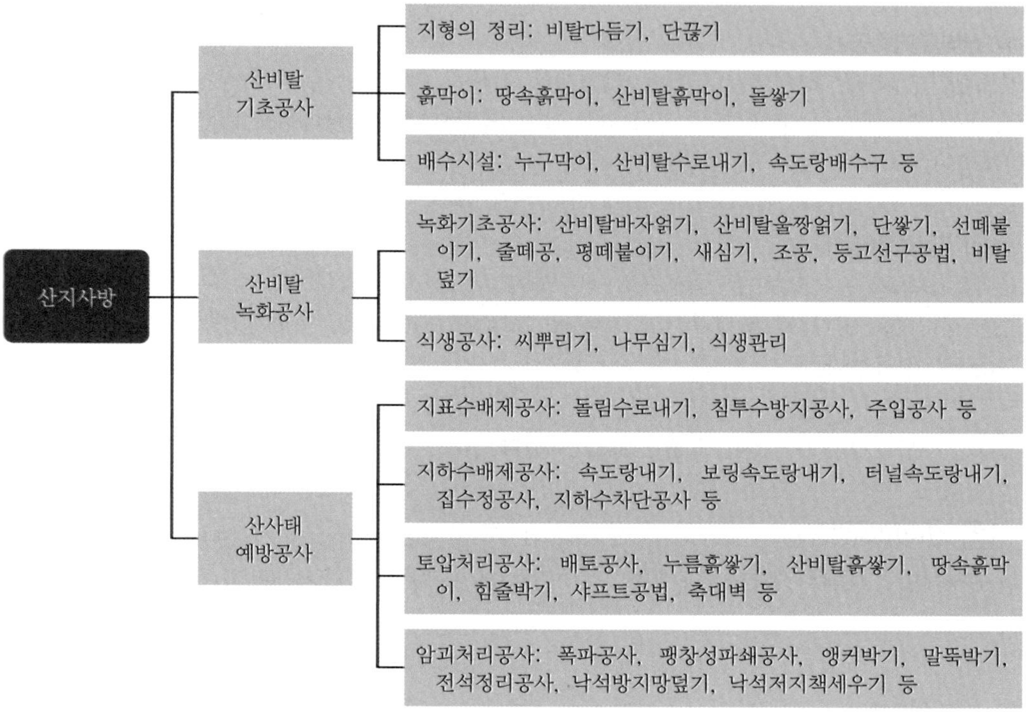


**그림 6-1** 산지사방의 공종에 따른 분류

산지사방공사의 배치나 공종의 선정, 규모 등은 붕괴지의 지질, 지형, 토양 등에 따라 유기적으로 기능하여 상호 보완하도록 계획한다. 산지사방공사를 계획할 때에는 붕괴지 등의 지형을 정밀하게 파악하고 땅깎기면 · 흙쌓기면 등의 지형 산정, 토압의 유무, 지하수의 용출 장소(특히 호우 시), 낙석의 발생과 낙하 형태 등을 추정하여 적절한 공종을 배치한다.

1) 산지 비탈면에 불안정한 토층이 많을 경우에는 흙막이 등의 산비탈기초공사로 안정시키고, 산비탈녹화공사로 식생을 회복시킨다.
2) 산지 비탈면이 집수 지형인 경우에는 산비탈수로로 강우 시의 지표유하수를 안전한 위치로 배수하고, 용출수 등이 있을 경우에는 속도랑을 배치한다.
3) 비탈 퇴적토 등이 강우에 의하여 침식될 위험이 있을 경우에는 편책이나 떼단쌓기 등으로 표면침식을 방지한다.
4) 붕괴될 위험이 있는 곳에는 비탈다듬기, 앵커박기, 보강토공 등으로 비탈면을 안정시키고, 산비탈녹화공사로 표면침식을 방지한다.

이와 같이 산지사방에서는 산비탈기초공사, 산비탈녹화공사, 산사태예방공사 등을 유기적으로 계획하여 효과가 확실히 발휘되도록 하여야 한다.

## 6·2 조사 및 측량

### 6·2·1 조사

산지사방을 계획 · 설계할 때에는 사업의 목적과 내용 등에 부합하도록 하는 조사가 필요하다. 현지조사는 크게 ①시공 여부의 검토, ②공법 및 공작물의 검토, ③적산 조건(자재, 노동력, 기계, 운반 관계 등) 조사 등으로 구분하여 실시한다.

#### [1] 조사 항목

산지사방을 계획 · 설계할 때 필요한 조사 항목과 조사 순서 등은 사업의 목적에 따라 선택한다. 조사 항목은 지형 조사, 토질 조사 및 지질 조사, 토양 조사, 기상 조사, 임황 조사 및 식생 조사, 수문 조사, 황폐 현황 조사, 황폐 위험지 조사, 환경 조사, 사회적 특성 조사 등이며, 각 조사는 예비조사, 현지조사, 정리 순으로 실시한다.

예비조사는 현지조사에 앞서 기존의 자료와 문헌 등을 통하여 조사 대상 지역의 상황을 개괄적으로 파악할 목적으로 실시한다. 그러나 광역적인 조사와 국지적인 조사는 조사 방법이 서로 다르기 때문에 조사 목적에 따라 적합한 자료와 문헌을 수집하여야 한다. 구체적으로는 대상 지역의 ①자연적 특성([지형] 지형도, 항공사진, GIS, [지질과 토양] 지질도, 토양도, [기상] 기상 자료, [수문] 기존의 수문 조사 자료, [식생] 임상도, 산림조사부, 기존의 식생 조사 자료, [황폐 현황] 지형도, 항공사진, 기존의 재해 기록 등), ②사회적 특성(기존의 재해 기록, 각종 편람, 기타 자료와 문헌 등), ③사방시설(기존의 사방시설 관련 자료, 타 부처의 방재시설 관련 자료, 기타 자료와 문헌 등) 등을 파악하여야 한다.

현지조사는 예비조사 자료의 분석 및 검토 결과에 근거하여 현지를 답사하고 계획 · 설계에 필요한 자료를 수집하여 소요량을 측정한다. 현지조사의 정확도는 조사 방법 및 시험 방법에 달려 있지만 조사 목적에 따라 종합적으로 판단한다.

#### [2] 지형 조사

지형 조사는 계획 · 설계에 필요한 조사 대상 지역의 고도, 기복량, 경사, 수계, 곡밀도, 방위, 미지형 등 지형 특성에 대한 기초자료를 얻기 위하여 실시한다.

**① 예비조사**

지형도, 항공사진 등을 사용하여 지형, 고도, 수계 모양과 같은 지형 특성을 개괄적으로 파악하기 위한 지형 분류를 실시한다.

#### ② 지형계측

지형도를 사용하여 거리, 면적, 경사각 등을 측정한다. 산지사방의 기초자료로 사용하기 위하여 조사 대상 지역의 목적에 따라 대지형, 중지형, 소지형, 미지형으로 구분하여 실시한다.

#### ③ 지형계측의 종류

고도 계측은 비탈면의 형태를 명확하게 표현하여 현 지형의 생성 과정과 구조선(構造線, tectonic line)을 판정하고 붕괴와 침식을 예측하기 위하여 실시한다. 침식면의 높이 등은 고도빈도곡선, 고저도곡선(高低度曲線, hypsograph) 등을 사용하여 추정한다.

경사 계측은 지형도를 소지형으로 구획하여 산지 비탈면의 형상(상승비탈면, 평형비탈면, 하강비탈면, 복합비탈면), 경사각(8° 이하, 8~30°, 30~40°, 40~45°, 45° 이상), 지질과 침식의 정도, 토양의 퇴적 양식 등을 검토하기 위하여 실시한다.

방위는 토양, 식생, 일조, 적설, 풍향, 기온 등과 관계가 깊기 때문에 나침반을 이용하여 8방위로 구분한 후 경사의 주방향을 파악하고 비탈면의 환경 조건을 유추한다.

기복량 계측은 단위면적 내 최고점과 최저점의 고도차를 측정하여 조사 대상 산지의 개석 정도를 추정하기 위하여 실시하며, 미기복량은 축척 1/20,000~1/5,000의 지형도를 사용하여 계급을 구분한다(표 6-1 참조).

$$R = \frac{H}{L} \quad \cdots\cdots (6 \cdot 1)$$

식에서 $R$: 기복량비, $H$: 유역 내 최고점과 최저점의 고도차(m), $L$: 최고점까지의 유역 길이 또는 유로 연장(m)

**표 6-1** 미기복량의 구분 기준

| 계 급 | 1 | 2 | 3 | 4 | 5 |
|---|---|---|---|---|---|
| 미기복량 | 0 | 1 | 2~3 | 4~5 | 6 이상 |

곡밀도 등을 구하기 위하여 지형도(중지형인 경우 1/50,000~1/25,000, 소지형인 경우 1/25,000~1/5,000)의 등고선으로부터 계류를 차수별로 구분한 후 수계도를 작성하여 수계의 형태를 파악한다. 곡밀도, 즉 단위면적의 계류 및 계곡의 수를 계측하여 단위지형면의 분포와 연속성 등을 조사한다. 구곡은 평시에 유수가 거의 없어 침식이 적지만 호우 시에는 침식에 의하여 토사유출이 심하게 발생하므로 곡밀도의 구분 기준을 작성한다.

**표 6-2** 곡밀도의 구분 기준

| 계 급 | 1 | 2 | 3 |
|---|---|---|---|
| 곡밀도 | 0 | 1~2 | 3 이상 |

#### ④ 현지조사

현지를 답사하여 거시적 · 미시적 지형의 차이, 인접지의 지형 등을 정확하게 파악하고 예비조사에서 파악한 내용 등을 확인한다. 또한 필요에 따라서는 측량을 실시하여 계획, 시공 시에 필요한 지형 조건 등의 기초자료를 정비하여야 한다.

#### ⑤ 정리

예비조사 및 현지조사의 결과를 조사 목적에 따라 조사 항목별로 정리하고 필요한 항목을 종합적으로 해석하여 소요 자료로 정리한다.

### 3 토질 조사 및 지질 조사

토질 조사와 지질 조사는 산지황폐의 중요한 소인인 토질과 지질의 특성을 파악하여 사업 계획 등의 기초자료를 얻을 목적으로 실시한다.

#### ① 예비조사

지질도, 지형도, 항공사진, 재해 기록 등의 자료에 근거하여 조사 대상 지역의 토질 및 지질의 특성을 파악하고 그 결과를 예찰도, 노선도에 정리한다.

#### ② 현지조사

예비조사 자료를 기본으로 노선도를 따라 현지를 답사하여 지형적 특징 등으로부터 계획 · 설계에 필요한 표층지반의 토질, 암질, 지질구조, 용출수 등의 상황을 확인하고 새로운 현상과 사실을 파악하여 토질 · 지질에 관계된 기초자료를 정비한다.

정밀조사에서는 지형계측 등의 결과를 기본으로 목적, 내용, 종류, 규모, 기능, 중요도 등을 감안하여 필요에 따라 물리탐사, 보링 조사, 사운딩 조사, 지하수 조사, 토질 실험, 암석 실험 등을 실시한다. 물리탐사에서는 암석, 지층의 깊이 등을 조사하기 위하여 탄성파탐사 또는 전기탐사를 실시한다. 보링(boring) 조사는, 조사지구의 암종, 경도, 풍화, 변질 등의 정도, 층 두께 등을 직접 확인한 후 조사의 정확도를 높일 필요가 있을 경우에 지질답사나 물리탐사 등의 결과를 고려하여 실시하며, 조사 목적에 따라 보링공의 배치 및 심도를 결정한다. 또한 사운딩(sounding) 조사는 토층의 관입, 회전, 인발 등의 저항을 기본으로 하여 흙의 강도 또는 지지력을 파악할 목적으로 실시하며, 조사 방법은 조사 목적과 조사 장소의 지질 조건 및 토질 조건에 따라 결정한다.

**표 6-3** 보링 조사를 위한 시료 채취 방법

| 목 적 | 방 법 | 비 고 |
|---|---|---|
| 모든 경우 | 로터리보링 ($\phi$46~116mm) | |
| 얕은 층(5~10m) 및 지하수위 이상의 보링 | 오거보링 ($\phi$46~116mm) | 붕괴성 토양, 암, 사력, 지하수 이하의 사력층, 고결점토에는 부적합함 |
| 상세조사를 위하여 많은 시료를 필요로 하는 경우 | 시굴공(試掘孔) | 붕괴성 토양이나 지하수 이하의 토양인 경우에는 처리공사가 필요함 |

지하수 조사는 지하수의 공급 경로, 분포, 성질, 유동 경향, 압력 관계 등을 파악하기 위하여 실시하며, 토질 실험은 조사 구역의 토질에 대한 물리적 · 역학적 특성을 파악할 필요가 있을 경우에 실시한다.

#### ③ 정리

현지조사 결과는 표층지질도, 토질주상도, 지질단면도에 정리하고 설명서를 첨부한다.

### 4 토양 조사

토양 조사에서는 토양의 성인, 형태, 침투성, 보수성과 같은 이화학적 성질을 조사하여 산비탈녹화공사의 식생 도입 방법 등을 검토하기 위한 기초자료로 활용한다.

#### ① 예비조사

토양도, 토양 자료, 문헌 등을 사용하여 토양 분포, 토양형, 퇴적 양식, 토양침식 상태 등을 조사하고 예찰토양도에 정리한다.

#### ② 현지조사

예비조사에서 파악한 자료를 기본으로 현지를 답사하여 토양 조건과 식생의 대응관계 등을 확인하고, 새로운 사실을 파악하여 예비조사의 결과를 수정하거나 보정할 목적으로 실시한다.

정밀조사는 토양에 관한 세부 자료가 필요할 경우에 실시하며, 사업의 목적, 내용, 규모, 종류, 기능, 중요도 등을 감안하여 토양의 단면, 물리성, 화학성 등을 조사한다. 조사 지역의 대표적인 위치에서 토양의 층위 구분, 공극량, 투수량 등의 토양단면 조사를 실시하고 토양의 화학성 · 이학성 조사에 필요한 시료를 채취한다. 또한 토양의 생성과정, 성분 변화, 조성 등의 화학적 성질은 사방수종의 적응성 검토에 중요하기 때문에 탄소 · 부식 · 질소의 함유량, CN율(carbon-nitrogen ratio), pH, 교환산도(交換酸度, exchange acidity) 등을 조사한다.

**표 6-4** 산림토양의 탄소 · 부식 · 질소 함유량 및 CN율

| 층위 | 탄소 함유량(%) | 부식 함유량(%) | 질소 함유량(%) | CN율 |
|---|---|---|---|---|
| F | 35~45 | 60~85 | 1.0~1.5 | 30~40 |
| H | 25~40 | 40~70 | 1.0~1.5 | 20~30 |
| A | 4~15(대부분 6~10) | 7~25(대부분 10~18) | 0.3~1.0 | 12~25 |
| B | 1~8(대부분 2~5) | 2~13(대부분 3~9) | 0.1~0.5 | - |

#### ③ 정리

현지조사 결과는 토양도, 토양단면도, 토양분석결과표 등에 정리하고 설명서를 첨부한다.

### 5 기상 조사

기상 조사는 대상 지역 및 주변의 기상(강수량, 기온, 강설량 등)을 파악하여 계획 · 설계에 필요한 기초자료를 제공하기 위하여 실시한다.

**① 강수량 조사**

대상지에 가장 인접한 기상관측소 또는 대상지 내에 설치한 관측시설로부터 연강수량, 최대일우량, 최대시우량, 연속강우량, 강설량 등을 조사한다.

**② 기온 조사**

대상지에 가장 인접한 기상관측소 또는 대상지 내에 설치한 관측시설로부터 최고 · 최저 · 평균기온을 조사하고, 한랭지에서는 토양의 동결(동결 깊이, 동결 기간, 동상 깊이)에 대해서도 조사한다.

$$Z = c\sqrt{F} \quad \cdots\cdots (6\cdot2)$$

식에서 $Z$: 최대 동결 깊이(cm), $c$: 계수(=3~5, 그늘이 지고 바람이 강하게 부는 곳은 5), $F$: 동결지수(0℃ 이하의 기온이 계속되는 기간)

**③ 바람 조사**

대상지에 가장 인접한 기상관측소 또는 대상지 내에 설치한 관측시설로부터 계절적인 풍향과 최대풍속을 조사하여 방풍시설과 한해(寒害), 풍해(風害), 조해(潮害) 방지시설, 방풍림대의 계획에 필요한 자료로 사용한다.

**④ 기상 자료의 보정**

기상 자료를 보완하거나 수정할 필요가 있을 경우에는 통계적 처리가 가능한 범위에서 가장 적절한 방법으로 보정한다.

**⑤ 현지에서의 기상 조사**

기존의 관측 자료를 구할 수 없거나 기존의 자료가 현지에 적합하지 않을 경우 또는 특정 기상요소(강우량, 기온, 적설량, 바람 등)를 파악할 필요가 있을 경우에는 필요에 따라 현지에서 조사한다.

### 6 임황 조사 및 식생 조사

임황 조사와 식생 조사는 대상 지역 및 주변의 임황, 식생 등의 상황을 파악하여 계획 · 설계의 기초자료를 제공하기 위하여 실시한다.

**① 예비조사**

임상도, 산림조사부, 항공사진 등을 활용하여 산림면적률, 축적, 임종, 수종, 영급, 임관소밀도(5/10 이하: 소, 6/10~8/10: 중, 9/10 이상: 밀), 벌채 · 조림 계획, 식생의 종류 및 특징 등을 필요에 따라 조사한다.

**② 현지조사**

예비조사를 보완하여 일반적인 임황과 식생의 생육 환경 등을 파악하고, 기시공지에 있어서 식생의 생육 상황과 부존 상태 등을 파악할 목적으로 실시한다. 식생 조사는 주로 산비탈녹화공사의 성적을 파악하고, 기시공지의 개량 방법 검토 및 초본과 목본의 선택 등을 위하여 실시한다. 이때 그림 6-2와 같은 랜덤추출법 또는 계통추출법을 사용하여 표본구를 선정한다. 기시공지의 식생 조사에서는 피도, 빈도, 밀도, 개체수 등을 정량적으로 파악하고, 산림의 군락 구분 등에 대해서는 정성적으로 파악한다.

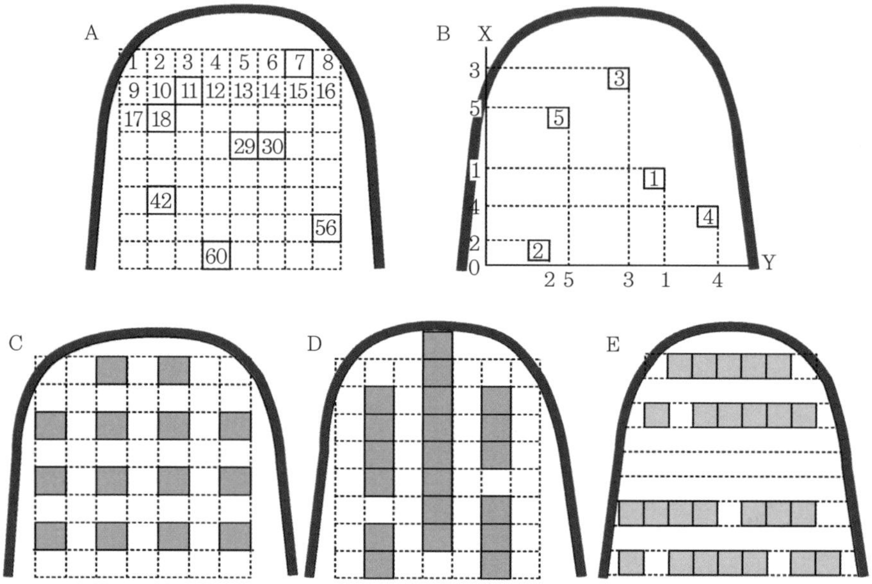


**그림 6-2** 표본구 선정 방법(A · B: 랜덤추출법, C · D · E: 계통추출법)

### 7 수문 조사

사업 대상지의 수문량(水文量, hydrologic amount, hydrologic data)에 대한 시간적 · 공간적 분포와 변화를 해석하기 위하여 물리법칙과 통계적 방법에 따른 수문 특성을 파악하고 계획 · 설계의 기초자료로 제공한다.

#### ① 수문 자료의 선정 · 수집 · 정리

수문 해석의 기본이 되는 수문 자료는 목적, 방법 등을 고려하여 선정하며, 수집된 자료에 대해서는 관측 및 기록의 오차를 조사하고 오측된 수치를 보완하는 등 필요에 따라 보정한다.

#### ② 수문량의 생기확률 해석

수문량의 생기확률(生起確率, probability of occurrence)에 대한 해석에서는 해석 시료의 추출, 적용 분포형의 선정, 오측 및 이상 수치의 폐기에 관한 검토, 재현기간의 추정 등을 실시한다. 산지사방의 계획 규모를 결정하는 데 필요한 수문량의 특정치에 대한 재현기간은 수문량의 생기도수(生起度數)를 기본으로 하여 결정한다. 수문량의 생기확률에 관한 추정을 해석적으로 실시할 때에는 분포함수식을 산정한 다음에 시료를 기본으로 함수식의 여러 계수를 구하고 이어서 재현기간에 대응하는 확률수문량을 구한다.

#### ③ 홍수 자료의 조사 등

해석 대상 유역 내에 있는 관측소에서 관측한 우량, 수위, 유량 등의 기록을 조사하여 조사 대상 홍수별로 정리하고 필요에 따라 해당 유역의 형상(면적, 경사, 주유로의 길이 등) 및 토지이용 실태(식생, 지피, 경지 등)를 조사하여 유출 계산 등에 사용할 유역 특성을 파악한다.

#### ④ 유출량의 추정

유출량을 추정할 때에는 강수량으로부터 증발과 증산에 의하여 소실되지 않고 계류로 유출되는 수량을 주로 합리식으로 산출한다.

#### ⑤ 유량 조사

유량 조사는 현지에서 유량을 직접 파악할 필요가 있을 경우에 양수웨어법, 유속법, 양수기법, 홍수위흔적법 등으로 실시한다.

### 8 황폐 현황 조사

황폐의 성인, 형상, 규모 등은 기상, 지질, 지형 등의 조건에 따라 현저하게 다르기 때문에 조사 목적에 따라 정리하고 정밀도와 내용을 충분히 검토한 후 조사한다.

#### ① 예비조사

지형도, 항공사진 등을 사용하여 황폐의 특성을 개괄적으로 파악하고 파악한 결과를 지형도 등에 정리하여 현지조사가 원활하게 진행되도록 한다.

#### ② 붕괴지 조사

붕괴지 등의 분포와 특성을 파악하기 위하여 필요에 따라 붕괴지의 분포, 밀도, 요인, 동태, 형태, 식생, 토사량 등을 조사한다. 붕괴지의 분포와 밀도 조사는, 조사 대상 지역의 붕괴지에 대한 분포 상황을 파악하고, 대상 지역의 면적에 대한 붕괴지의 면적 또는 단위면적당 붕괴지 개소수를 조사하여 산복 붕괴에 관련한 지표를 파악할 목적으로 실시한다. 또한 요인 조사는 붕괴지 발생의 소인과 유인을 파악하기 위하여 실시하고, 동태 조사는 산지 비탈면의 토층이 이미 활동하고 있거나 활동할 위험이 있는 경우에 지표 또는 토층의 변위량을 파악하기 위하여 실시한다. 형태 조사는 붕괴지의 형상 등을 조사하여 조사 구역의 붕괴 형태를 파악하기 위하여 실시하고, 식생 조사는 붕괴지 및 붕괴지 주변의 임상과 식생에 대하여 종류, 출현 빈도, 생육 상황 등을 파악할 목적으로 실시하며, 토사량 조사는 붕괴토사량, 불안정토사량, 붕괴확대예상량으로 구분하여 실시한다.

#### ③ 황폐계류 조사

황폐계류의 분포, 계류 안의 황폐지 분포, 토사유출 특성 등을 파악하기 위하여 필요에 따라 황폐계류 등의 분포, 요인, 동태, 토사량 등의 항목을 조사한다. 황폐계류 등의 분포 조사는 조사 대상 유역의 황폐계류 및 계류 안 황폐 위치의 분포 상황을 파악하기 위하여 실시하고, 요인 조사는 황폐계류의 토사 공급원을 파악할 목적으로 실시한다. 또한 동태 조사는 계류의 계상 및 구성 재료의 변위량을 파악하기 위하여, 그리고 토사량 조사는 계류로부터 유출되는 토사량을 파악할 목적으로 실시한다.

**표 6-5** 계상물매($\theta$)의 구분

| 구 분 | 특 징 | 구 분 | 특 징 |
|---|---|---|---|
| $0° \leq \theta < 10°$ | 토사류 퇴적구간 | $10° \leq \theta < 20°$ | 유하구간 |
| $3° \leq \theta < 10°$ | 토석류 퇴적구간 | $20° \leq \theta$ | 발생구간 |

### 9 황폐 위험지 조사

산지재해의 예방 대책에 필요한 기초자료를 파악하고 붕괴 등의 발생위험성이 있는 개소 및 발생 시의 상황을 예측하기 위하여 붕괴, 토석류, 유목의 발생 등을 추정한다.

#### ① 붕괴 발생위험지의 추정

붕괴 발생의 요인 조사는 산지 비탈면과 계안 등의 상황으로부터 붕괴 발생과 밀접한 관련이 있는 지질, 지황, 임황 등의 인자를 선택하여 실시하며, 붕괴위험 비탈면의 추정은 산지 비탈면과 계안 등의 지형, 지질, 식생 등에 관련한 요인을 종합적으로 검토한 후 실시한다. 또한 붕괴위험 비탈면으로 추정되는 개소에 대해서는 붕괴면적과 발생토사량의 개략적인 수량을 파악한다.

$$\overline{A} = \frac{A \cdot N}{f} \quad \cdots\cdots (6\cdot3)$$

$$\overline{V} = \overline{A} \cdot h \cdot 10^4 \quad \cdots\cdots (6\cdot4)$$

식에서 $\overline{A}$: 추정 붕괴면적(ha), $A$: 비탈면의 상황이 유사한 구역 등에 현존하는 붕괴지의 평균 면적(ha/개), $N$: 추정 위험비탈면(조사의 최소 단위)의 개소수, $f$: 현존하는 붕괴지의 발생 면적에 대한 보정계수(1.0~1.2), $\overline{V}$: 추정 토사량($m^3$), $h$: 비탈면의 상황이 유사한 구역 등에 현존하는 붕괴지의 평균 붕괴 깊이(m)

#### ② 토석류 발생위험지의 추정

토석류의 발생 요인에 대한 조사는 비탈면 붕괴의 발생 요인, 비탈면에 연결된 계류의 토석류 발생 및 유하와 밀접한 관련이 있는 인자(발생원, 유송구간, 퇴적지대)를 선택하여 실시하며, 토석류 발생위험지는 토석류가 될 수 있는 붕괴 발생 또는 계류의 토사 이동과 토석류 유하에 관련한 계류 등의 요인을 종합적으로 검토하여 추정한다. 또한 붕괴면적 및 발생토사량과 붕괴토사의 도달거리를 추정하여 계류에 도달하는 토사량과 계류 · 계안 등의 불안정토사량의 합계에 대한 개략적인 수량을 파악하며, 토석류의 영향 범위는 유하 거리와 정지 위치로써 추정한다.

#### ③ 유목 발생위험지의 추정

입목 등이 비탈면 붕괴와 토석류 등에 동반되어 유하하는 과정에서 유목이 될 가능성을 추정한다.

### 10 환경 조사

환경 조사는 산지사방 대상지 및 주변의 환경을 파악하여 사업계획 및 설계에 필요한 기초자료를 얻기 위하여 실시한다.

**① 자연환경 조사**

식물 조사와 동물 조사에서는 문헌 및 청취 조사를 실시하고 필요에 따라 현지조사를 실시한다. 식물 조사의 대상은 육상식물과 수생식물이고, 동물 조사의 대상은 포유류, 조류, 양서류, 어류, 곤충류 등이다.

**② 수질환경 조사**

원칙적으로 현지조사를 실시하며, 조사 항목은 산지사방에 의하여 변화할 가능성이 있는 토지의 형질변경에 따른 탁수 발생, 비료 등의 용해물질 유출, 산림 조성 등에 의한 수질 정화 등을 사업의 내용과 하류 지역의 물 이용 상황 등에 따라 선택한다.

**③ 경관 조사**

시설물의 설치 예정지 주변에 위치한 주요 경관지(국립공원, 자연휴양림, 문화유산 보호구역, 천연기념물 보호구역 등)의 분포 상황, 주요 전망 지점(전망대, 관광도로 등)으로부터의 조망 상황, 자연환경 보전 차원에서 특별히 유의하여야 할 내용을 조사한다. 즉 경관의 구성 요소에 대한 형태 및 조합의 정리와 변화, 색채의 다양성, 주요 전망에 대한 가시 정도, 이용 상황, 가치(전국적 가치, 광역자치단체적 가치, 기초자치단체적 가치) 등에 대하여 조사한다.

**④ 정리**

조사 결과는 산지사방에 관련한 환경 실태를 파악할 수 있도록 정리하고, 사업의 계획과 설계에 사용할 수 있도록 생태(식물, 동물), 수질, 경관 등을 정리한다.

### 11 사회적 특성 조사

**① 보전 대상 조사**

산복붕괴지, 계안붕괴지, 황폐 위험지 등과 해당 지역 내 보전 대상의 관련 및 지역개발계획 등에 대하여 조사한다. 인가, 공공시설(공공건물, 도로, 철도, 공익시설 등), 농경지, 어업시설 등의 보전 대상 중에서 황폐지나 황폐계류로부터 유출되는 토사 등의 영향이 미칠 구역에서 실시한다.

**② 법령 등의 지정 상황 조사**

사업 대상지 및 주변에 대하여 법령 등에서 지정한 상황을 파악한다. 즉 「국토의 계획 및 이용에 관한 법률」, 「자연환경보전법」, 「국가유산기본법」, 「하천법」, 「산림기본법」, 「사방사업법」 등에서의 지정 상황을 파악하고 법령 등이 정하는 바에 따라 조정한다.

**③ 사방시설 등의 조사**

사방시설, 하천시설, 다목적댐과 같은 기존의 방재시설 및 설치계획을 조사도에 명시한다. 즉 사방시설, 급경사지보전시설, 산사태방지시설 등의 규모, 시공연도, 공종, 시공면적 등에 대하여 조사한다.

### 12 기타 조사

이 밖에도 토지 권리관계(소유자), 공사용 자재 및 노무관계(공사 재료의 유무, 채취 장소, 채취 가능량, 공사용 자재의 시장가격, 운반시설의 가부, 부대공사 및 가설공사의 유무, 노무의 공급 상황, 임금의 실태, 기계임대), 시공공종(공종 및 공법의 적부, 수량의 개략적인 견적, 공종배치의 견취도 작성, 경비의 개략적인 견적, 시공기간의 견적) 등에 대해서도 조사한다.

## 6·2·2 측량

### 1 범위

측량은 설계의 대상이 되는 붕괴지 및 주변을 포함하여 시공의 범위와 지형의 상황 등을 파악할 수 있는 범위에 대하여 실시한다.

### 2 종류

#### ① 평면측량

평면측량(平面測量, plane surveying)은 붕괴지 등의 형상, 면적, 지황, 주변의 지형 조건 등을 파악하여 공종의 배치 및 수량 등을 결정하기 위하여 실시하며, 측량의 결과에 근거하여 평면도와 공종배치도를 작성한다.

평면측량은 목적에 따라 적절한 기기와 측량 방법을 채택한다. 측점은 붕괴지 등의 형상, 지황, 주변의 지형 조건 등을 파악할 수 있도록 선정하고, 기타 측량의 기점으로도 사용하는 경우가 있으므로 가능하면 움직이지 않는 지점에 설치하는 것이 바람직하다. 기준점은 지형도에 명시되어 있는 지점 · 지물에 설치하지만 수준점(bench mark, BM) 또는 삼각점이 근처에 있을 경우에는 이를 기준점으로 한다.

평면도에는 방위, 축척, 표고(標高), 등고선, 산복공사 계획지, 기시공지 등 설계에 필요한 사항을 기입하고, 공종배치도에는 측점, 시점, 방위, 축척, 계획, 기설 공작물의 제원과 같이 설계에 필요한 사항을 기입한다. 또한 공작물의 설계가 결정되었다면 제원을 기입하지만 평면도에 상세한 사항을 기입할 수 없을 경우에는 공종배치도를 겸할 수 있도록 한다. 평면도와 공종배치도의 축척은 목적과 범위에 따라 적절하게 선택하지만 통상 평면도는 1/2,000~1/500, 공종배치도는 1/500~1/200로 한다.

#### ② 종단측량

종단측량(縱斷測量, profile leveling)은 붕괴지 등에서 주요한 종단면의 지형을 측정하여 종단방향의 공종 배치와 규모 등을 결정하기 위하여 실시하며, 측량의 결과에 근거하여 종단면도를 작성한다.

종단측량은 각 산복공사의 배치, 규모, 땅깎기 토사량을 산정하는 인자가 되기 때문에 이를 고려하여 측선(測線)을 결정하며, 측점은 지형의 변곡점, 공종의 배치, 토지 구분의 변화 등을 고려하여 선정할 필요가 있다. 종단면도에는 측점, 수평거리, 수평누가거리, 수직거리, 수직누가거리, 사면물매, 기점, 축척, 계획 및 기설 공작물의 제원과 같이 설계에 필요한 사항을 기입한다. 또한 공작물의 설계가 결정되었다면 제원을 기입한다. 종단면도의 축척은 수평과 수직 모두 공종배치도의 축척과 같게 하지만 비탈면의 땅깎기 토량을 산정하기 위한 종단면도는 횡단면도의 축척과 같게 한다.

**③ 횡단측량**

횡단측량(橫斷測量, cross leveling)은 산지 비탈면의 횡단 방향에 대한 기복량 및 거리를 측정하여 공작물의 형상과 규모 등을 결정하기 위하여 실시하며, 측량의 결과에 근거하여 횡단면도를 작성한다.

횡단측량은 평면측량 및 종단측량에 의하여 공작물의 위치와 높이가 결정된 지점을 대상으로 횡단 방향의 고저차 및 거리를 측정한다. 특히 횡단측량은 흙막이 등의 구조 및 비탈면 땅깎기 등의 수량적산을 위한 기초이자, 흙막이 등의 구조 및 기초터파기의 깊이를 결정하는 근거가 되며, 구조물의 안정도에 영향을 미치기 때문에 측선의 방향이 틀리지 않도록 주의하여야 한다. 또한 붕괴지 상부의 땅깎기 토사량 산출을 위한 측량도 동일하다. 측점은 종단측량에 준하여 정확한 수량을 산출할 수 있도록 설정한다. 횡단면도의 축척은 목적과 범위에 따라 다르지만 일반적으로 1/100이 많이 사용되며, 필요에 따라서는 1/50~1/10 또는 1/200이 사용되기도 한다.

### 6·2·3 토사량 산출 방법

토사량의 체적을 산출하는 방법에는 단면법, 점고법, 등고선법 등이 있다. 이 중에서 철도, 도로, 수로 등의 축조와 같이 토공량을 상세히 산정할 때에는 단면법이 사용되고, 정지작업을 행할 때와 같이 넓은 면적의 토공량을 산정할 때에는 점고법이나 등고선법이 사용된다.

#### 1 단면법

단면법(斷面法, cross sections method)에서는 우선 중심선을 따라 종단측량을 실시하고, 그 중심선에 직각으로 설치한 관측점으로부터 횡단을 관측한 후 종단면도에 시공기준면(施工基準面, formation level)을 기입하여 각 관측점의 중심선상 시공 높이를 정하고, 횡단면도에 시공 단면을 기입한다. 그리고 각 횡단면의 토공면적을 관측하여 토공량 산정 공식에 따라 토공체량(土工體量)을 구하고 이를 합산하여 전토공량을 구한다. 횡단면 사이의 간격은 보통 같은 거리로 하되, 토지의 상태와 필요 정확도 등에 따라 지형이 급변하는 곳에서는 보조횡단면을 추가한다.

**① 횡단면의 토공면적 산정**

횡단면형이 불규칙할 때에는 횡단면도상에서 구적기를 이용하여 구하기도 하지만 비교적 규칙적인 단면형일 때에는 다음과 같은 식으로 구한다.

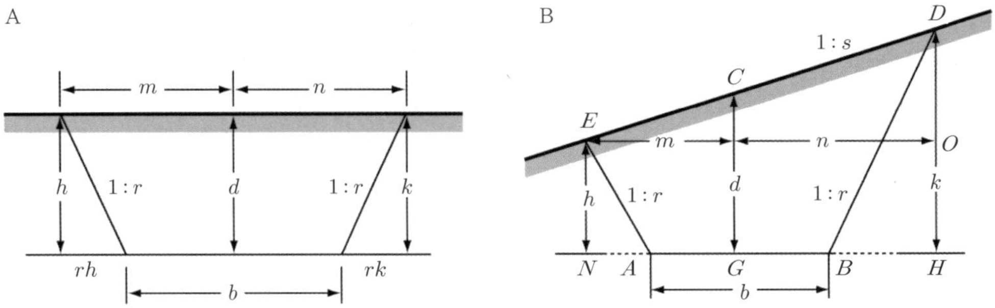


**그림 6-3** 규칙적인 단면형

- 그림 6-3 A의 경우

$$A = bd + rd^2 = \frac{1}{2}(m+n+b)d \quad (\text{단}, \ m=n, \ h=k=d) \cdots\cdots (6\cdot5)$$

- 그림 6-3 B의 경우

$$A = \frac{s^2 r}{s^2 - r^2}\left(d + \frac{b}{2r}\right)^2 - \frac{b^2}{4r} = \frac{b}{2}(h+k) + rhk = \frac{1}{2}bh + mk = \frac{1}{2}bk + nh \cdots\cdots (6\cdot6)$$

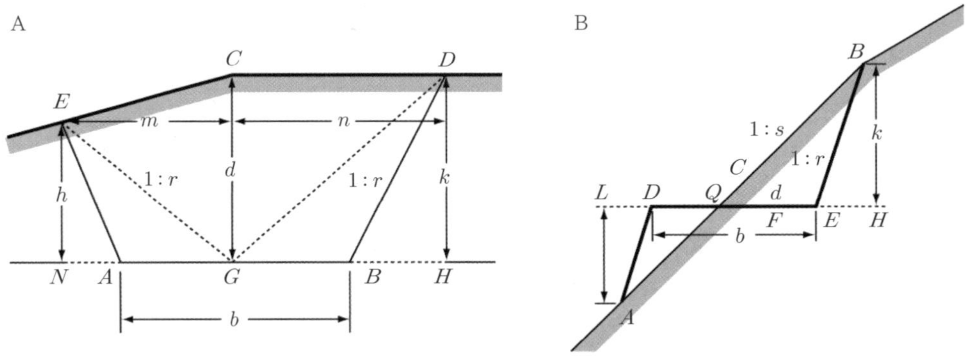


**그림 6-4** 불규칙적인 단면형

- 그림 6-4 A의 경우

$$A = \frac{1}{2}\left(d + \frac{b}{2r}\right)(m+n) - \frac{b^2}{4r} = \frac{1}{2}d(m+n) + \frac{1}{4}b(h+k) \cdots\cdots (6\cdot7)$$

- 그림 6-4 B의 경우

$$A' = \triangle QEB = \left(\frac{b}{2} + sd\right)^2 / 2(s-r) \cdots\cdots (6\cdot8)$$

$$A'' = \triangle QDA = \left(\frac{b}{2} - sd\right)^2 / 2(s-r) \cdots\cdots (6\cdot9)$$

실제 계산에 필요한 토사량 산정 방법에는 야장에서 직접 구하는 방법과 도상에서 길이를 측정하여 구하는 방법이 있지만 전자로 구하는 편이 정확하며, 면적을 간단히 계산하기 위한 트로트윈(Trautwine), 괴링 · 뮐러(Göring · Müller) 등의 도표가 작성되어 있다.

### ② 토공량 산정을 위한 기본 공식

#### ㉠ 각주공식

다각형의 양 단면이 평행하고 측면이 평면형인 입체일 경우에는 심프슨 제1법칙(Simpson's first rule)으로 체적을 구할 수 있다.

$$V_0 = \frac{h}{3}(A_1 + 4A_m + A_2) \quad \cdots\cdots (6\cdot10)$$

식에서 $A_1, A_2$: 양 단면의 면적, $A_m$: 높이 $h$의 중앙 단면적

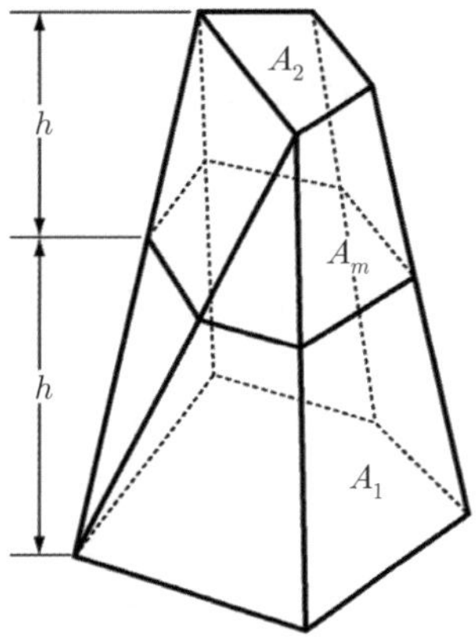

**그림 6-5** 각주의 모양

일반적으로 전토공량은, 중심선에 수직인 평행단면으로 절단하여 각각을 각주로 가정하고 그 둘을 1개 조로 하여 계산한다. 즉 $A_0, A_1, \cdots, A_n$(단, $n$은 짝수)이 동일 간격인 $l$마다 구한 토공량이라고 하면 다음과 같은 각주공식(角柱公式, prismoidal formula)으로 전토공량을 구한다.

$$V = \sum V_0 = \frac{h}{3}\{A_0 + A_n + 2(A_2 + A_4 + \cdots + A_{n-2}) + 4(A_1 + A_3 + \cdots + A_{n-1})\}$$

$$= \frac{h}{3}\left(A_0 + A_n + 4\sum A_{홀수} + 2\sum A_{나머지\ 짝수}\right) \quad \cdots\cdots (6\cdot11)$$

#### ㉡ 양단면평균법

각주공식에서 $A_m = \frac{1}{2}(A_1 + A_2)$로 가정할 때의 공식인 양단면평균법(兩斷面平均法, end area formula)은 다음과 같다.

$$V_0 = \frac{l}{2}(A_1 + A_2), \quad V = l\left\{\frac{1}{2}(A_0 + A_n) + \sum_{r=1}^{n-1} A_r\right\} \quad \cdots\cdots (6\cdot12)$$

양단면평균법은 각주공식보다 약간 큰 값이 도출되는 경향이 있지만 간단하기 때문에 실제로 토공량 산정에 널리 이용되고 있다.

#### ㉢ 중앙단면법

각주공식에 있어서 $A_m$을 $A_1$과 $A_2$의 중앙에 위치한 단면으로 가정할 때의 공식인 중앙단면법(中央斷面法, middle area formula)은 다음과 같다.

$$V_0 = A_m l, \quad V = l\sum A_m \quad \cdots\cdots (6\cdot13)$$

중앙단면법은 각주공식보다 약간 작은 값이 도출되는 경향이 있지만 매우 간단하기 때문에 실용상 자주 쓰인다. 결국 체적을 산정한 결괏값의 크기는 양단면평균법, 각주공식, 중앙단면법의 순으로 나타난다.

## [2] 점고법

점고법(點高法, spot levels method)에는 단면을 사각형으로 구분하는 경우와 삼각형으로 구분하는 경우가 있다.

### ① 사각형으로 구분할 경우

일반적으로 양 단면이 평면인 경우의 체적은 양 단면의 중심점(重心點) 사이의 거리에 수직면적을 곱한 값과 같다. 따라서 사각기둥에서는 중심축(重心軸)의 길이가 $h=\frac{1}{4}(h_1+h_2+h_3+h_4)$이므로 수직단면의 직사각형 면적을 $A$로 하면 체적 $V_0$는 다음과 같다.

$$V_0=\frac{1}{4}A(h_1+h_2+h_3+h_4) \quad \cdots\cdots (6\cdot14)$$

전 구역을 종횡이 같은 면적으로 분할하고 각 직사각형 모서리의 지반고를 레벨과 표척으로 관측하여 지반고와의 차로써 땅깎기 또는 흙쌓기의 높이를 구한다. 한 직사각형에서 네 모서리의 토공 높이의 합을 $\sum h$, 직사각형 면적을 $A$라고 하면 토공량은 $V_0=\frac{1}{4}A\sum h$가 된다. 각 모서리에 집중되어 있는 직사각형의 수를 기입한 후 1인 지반고의 합을 $\sum h_1$, 2인 지반고의 합을 $\sum h_2$, …라고 하면 전토공량 $V$는 다음과 같다.

$$V=\sum V_0=\frac{1}{4}A\left(\sum h_1+2\sum h_2+3\sum h_3+4\sum h_4\right) \quad \cdots\cdots (6\cdot15)$$

### ② 삼각형으로 구분할 경우

사각형으로 구분하는 경우보다 정밀을 요할 때에는 삼각형으로 나누어 삼각기둥의 공식을 적용한다. 삼각기둥의 경우 수직단면을 $A$라고 하면 체적 $V_0$는 다음과 같다.

$$V_0=\frac{1}{3}A(h_1+h_2+h_3) \quad \cdots\cdots (6\cdot16)$$

이 경우 각 모서리의 토공 높이를 산정하려면 모서리에 집중된 삼각형의 수를 기입하여 $\sum h_1$, $\sum h_2$, …를 계산하며 전토공량 $V$는 다음과 같다.

$$V=\sum V_0=\frac{1}{3}A\left(\sum h_1+2\sum h_2+\cdots+7\sum h_7+8\sum h_8\right) \quad \cdots\cdots (6\cdot17)$$

식에서 $A$: 직사각형 면적인 삼각형 2개의 면적(직사각형을 삼각형으로 분할할 때에는 각 삼각형 내의 지반고가 가급적 평면을 이루도록 함)

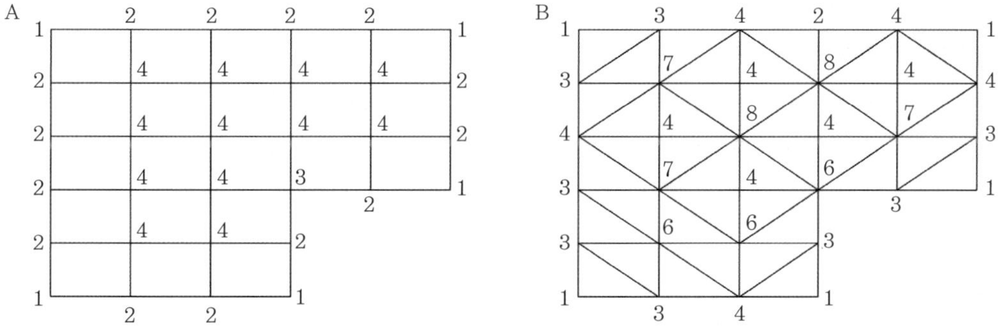


**그림 6-6** 직사각기둥(A) 및 삼각기둥(B)의 체적 산정

# 6·3 설계 및 시공

## 6·3·1 설계 요령

산지사방은 붕괴지 등의 복구 및 붕괴 예방을 목적으로 실시한다. 설계 시에는 붕괴지 등의 지형, 지질, 토양, 기상, 식생 등의 조사 결과를 참고로 보전 대상 등과의 관련성을 검토하여 현지에 가장 적합한 공종·공법을 선정하여야 한다.

### 1 붕괴지 복구

붕괴지의 복구공사는, 산지 비탈면이나 구곡 등의 침식으로 인하여 나지가 형성된 장소를 대상으로 확대 및 표면침식 등을 방지하기 위하여 지반을 안정시키고 식생을 신속히 도입하여 최종적으로는 산림으로 이행시키는 사업이다. 지형·지질 등에 따라 붕괴지가 다양한 형태를 이루며, 복구의 난이도나 시공의 성과와도 관련이 깊다. 따라서 설계 시에는 이러한 조건이나 특성을 명확하게 조사, 검토하여 대책을 강구하고 적합한 공종·공법을 선정하여야 한다. 예를 들면 지하수형의 붕괴지는 지하수를 충분히 배제할 수 있는 공종을 채택한다. 호우 등으로 발생한 붕괴지 중에서 표면침식이 심한 급경사지에 대해서는 비탈면을 안정시키기 위한 기초공사에 중점을 두어 계획·설계하고, 침식이 적은 완경사지에 대해서는 녹화나 산림복원이 신속하게 이루어지도록 한다.

### 2 붕괴 예방

붕괴예방공사는, 붕괴 또는 나지가 발생하지는 않았지만 방치하면 붕괴지나 나지가 될 위험이 있는 장소에 대한 사전대책을 마련하여 예방하는 사업으로, 산지재해위험지구에 중점적으로 실시한다. 공종·공법을 선정할 때에는 토석류의 발생원과, 보전 대상에 직접적으로 피해를 줄 수 있는 장소를 대상으로 재해를 예상하여 가장 적합한 것을 채택하여야 한다.

### 3 계간공사와의 일체적 계획

계류의 양안이나 곡두부에 발생한 붕괴지를 복구할 때에는 계간공사와 일체가 되도록 계획하여야 한다. 즉 산복공사를 선행하는 경우와 계곡(계천)공사를 선행하는 경우, 그리고 양자를 병행하여 시공하는 경우로 나누어 황폐 상황이나 지역 특성 등에 따라 우선순위를 정한다.

### 4 식생 도입

산지사방공사의 목적인 산비탈녹화공사, 즉 식생 도입 및 산림 조성은 식생의 생육 조건에 따라 성과가 크게 좌우된다. 따라서 현지의 기상 조건을 충분히 유의하면서 가장 적합한 녹화기초공사나 식생공사를 선정하여야 한다.

### 5 구조물 안정성

주택이나 공공시설 등에 근접한 곳에서 붕괴가 발생하면 인명 피해로 이어질 위험이 매우 높으므로 특히 구조물의 안정성, 내구성 등을 충분히 검토하여야 한다.

## 6·3·2 설계서 작성

### 1 기본 사항

측량 및 설계를 실시할 때에는 사업별, 공사별로 다음의 내용을 기초로 하여 현장을 고려한 별도의 설계지침서를 작성하여야 한다.

1) 현지조사(측량, 설계인자) 및 제도 방법
2) 축조물의 위치, 규모, 크기, 형상
3) 공법 및 공사시방서
4) 사용할 중장비의 종류 및 용도별 명세
5) 주요 재료의 품명, 규격, 수량 및 조달 방법
6) 골재원, 지질, 토취장, 배합설계 등 사전조사 자료
7) 축조, 공작물의 구조, 공법, 규모, 형상
8) 공사 및 공정 관리에 관한 사항
9) 공사의 시공 순서
10) 필요할 경우 사방시설의 활용성 및 타당성(도면 포함)
11) 설계 변경의 조건
12) 공사기간 산정기준의 근거
13) 그 밖에 설계도 작성의 지침이 되는 사항

### 2 작성 요령 및 편철 순서

설계서는 「사방사업의 설계 · 시공 기준」에 따라 ①목차, ②위치도, ③설계설명서, ④일반시방

서, ⑤특별시방서, ⑥예정공정표, ⑦임야 등 관계지적조서, ⑧공사원가계산서, ⑨사업비내역서(설계내역서), ⑩일위대가표, ⑪단가산출서, ⑫각종 중장비의 경비계산서, ⑬공작물별 수량계산서, ⑭각종 소요자재총괄표, ⑮설계도면 등의 순서로 작성하며, 토적표와 산출기초 등도 포함한다. 설계서의 공작물 배열은 계간공사, 산비탈기초공사, 산비탈녹화공사 순으로 작성하고, 동일 공작물로서 규격이 상이할 경우에는 공작물 치수조사표에 기재한다.

### 3 설계내역서, 단가산출서, 공작물별 수량계산서의 작성 요령

설계내역서는 재료를 먼저 기입한 후에 인부를 기입하고, 단가는 높은 것부터 차례로 기입한다. 다만 동일 공작물로서 규격이 상이할 경우에는 공작물 치수조사표에 기재된 평균 치수를 적용하여 설계단가를 산출한다. 설계에 필요한 각종 단가산출서의 적용은 「사방표준품셈」을 기준으로 하며, 「건설표준품셈」 및 실적공사에 의한 예정가격을 적용할 수도 있다. 환율은 「외국환거래법」에 따른 기준환율(매매기준율)을 기준으로 한다. 노임은 대한건설협회에서 조사한 시중노임단가를 상 · 하반기로 구분하여 적용한다.

### 4 중장비 경비계산서의 작성 요령

중장비의 노무비는 「근로기준법」, 「산업안전보건법」, 「국가를 당사자로 하는 계약에 관한 법률」, 「지방자치단체를 당사자로 하는 계약에 관한 법률」 등에 맞추어 산정한다. 기계화 시공 시 중장비의 작업 효율 등은 보편적인 현장 상태를 기준으로 적용하지만 공사 현장의 여건에 따라 신축성 있게 조정할 수 있다.

### 5 제경비의 작성 요령

일반관리비, 간접노무비, 이윤(수수료), 부가가치세, 경비(기계경비, 운반비, 4대보험료, 산업안전보건관리비, 기타경비 등)의 요율은 「국가를 당사자로 하는 계약에 관한 법률」, 「지방자치단체를 당사자로 하는 계약에 관한 법률」 등에 따라 산정한다.

### 6 소요자재총괄표, 산출기초 등의 작성 요령

관급자재 등 자재 구입에 필요한 사항은 발주기관이 정하는 바에 따른다. 단가산출기초는 공통된 사항이므로 설계자가 공사비를 산출할 때 신공법 등의 설계 도입이 시공 면에서 합리적이면서도 기술적인 발전에 적절하고 저렴한 공사비가 소요된다고 판단할 때 조정한다.

### 7 설계도면의 작성 요령

설계도면의 범례에 대한 선과 색은 다음을 기준으로 하여 작성한다.

1) 시공구역의 경계: 굵은 실선
2) 전답: 가는 실선(가장자리에 엷은 먹칠 또는 평행선)

3) 도로: 적색 평행선
4) 하천: 가는 실선(내부는 청착색)
5) 산능선: 장파선
6) 단지경계: 작은 점선(아라비아숫자로 번호를 기입함)
7) 지번계: 가는 실선
8) 산비탈기초공사 · 산비탈녹화공사 시행지: 가는 선(가장자리에 홍착색)

공작물은 사방기술의 공작물별 부호로 적정 위치에 표시한다. 설계평면도에는 방위, 축척, 시공연도, 구역번호, 구역면적, 시공면적 등을 기입한다.

### 6·3·3 시공 요령

산지사방은 황폐지의 침식을 방지하고 붕괴의 확대를 저지하기 위하여 시공하며, 기본적인 시공 요령은 다음과 같다.

#### 1 황폐지

황폐지에서는 표토침식을 방지하는 일이 매우 중요하기 때문에 표토의 침식력을 약화하기 위하여 비탈면의 경사를 완화하고, 비탈면의 표면을 식생으로 피복하여 빗물를 분산한 후 일정한 장소에 집수하여 유하시킨다. 황폐지에 대한 산지사방공사는 다음과 같은 일반적 시공 요령에 따라 실행한다.

1) 불규칙한 지반을 정리한다.
2) 경사가 완만한 초기 및 중기 황폐지는 단을 끊지 않고, 가급적 표토가 이동되지 않도록 파종상(播種床)을 만든다.
3) 누로(淚路, rill)나 작은 구곡(溝谷, gully)에는 떼를 이용한 누구막이 또는 산비탈수로를 만들어 침식을 방지한다.
4) 경사가 급한 지역은 단을 끊고, 생산된 뜬흙[부토(浮土)]은 선떼붙이기, 흙막이, 돌쌓기, 땅속흙막이, 골막이 등으로 고정한다.
5) 소규모 수로의 위쪽에 누구막이를, 아래쪽에 산비탈수로를 설치하며, 구곡에는 골막이를 시공하여 산각을 고정한다.
6) 소단 사이의 비탈면에는 새심기를 실시한 후에 초목 종자를 직파하고, 단상(段床)에는 리기다소나무, 오리나무류, 상수리나무 등을 식재한다.
7) 직파로는 성공하기 어려운, 경사가 급한 소단 사이의 비탈면(단간사면)은 전면파종을 실시한 후 짚덮기 또는 거적덮기 등으로 피복한다.

#### 2 무너진땅

산사태는 비탈면을 형성하고 있는 표토나 풍화암층이 평형을 잃고 붕락하는 현상으로, 유수의 침투와 지하수면의 상승, 중력작용 등이 원인이 되어 발생한다. 산사태지는 붕괴원(崩壞

源)의 상부가 급경사로 되어 있고 붕괴원과 침식부의 양 비탈면이 급경사면을 형성하며, 바닥은 미풍화토양(未風化土壤)이나 기반암으로 이루어진 특징이 있다. 퇴적부는 붕괴토사로 이루어졌기 때문에 재붕괴할 우려가 높은 토석의 제거, 견지반(堅地盤)의 식생피복, 퇴사지의 식재, 계통적인 수로 설치 등으로 복구한다. 무너진땅(붕괴지, 산사태지)에 대한 산지사방공사는 다음과 같은 일반적 시공 요령에 따라 실행한다.

1) 산사태지의 경사가 급한 상연부와 좌우 양쪽의 재붕괴 우려가 있는 부분의 표토와 돌출 암석을 제거한다.
2) 급경사면에는 선떼붙이기, 돌쌓기, 돌흙막이 또는 축대벽(옹벽)을 설치하여 재차 붕괴되는 일을 방지한다.
3) 붕괴원과 침식부의 바닥은 경사도에 따라 선떼붙이기(또는 떼단쌓기), 돌쌓기, 흙자루흙막이 등을 시공한다.
4) 수로는 경사도와 비탈면 길이에 따라 떼수로 또는 돌수로를 설치하고, 경사 변환점과 수로 방향이 바뀌는 개소에는 떼누구막이, 돌누구막이 또는 골막이 등을 설치한다.
5) 용출수가 있는 지역은 보링배수공이나 집수정을 설치하여 지하수를 제거한다.
6) 단상에는 나무심기 또는 씨뿌리기를 실시하며, 소단 사이의 비탈면에는 씨뿌리기 또는 새심기를 실시한다. 소단 사이의 비탈면이 급경사일 경우에는 짚덮기나 거적덮기를 시공한다.
7) 붕괴지가 도로변 또는 계류와 연결된 지역에서는 하단부에 돌쌓기 또는 기슭막이를 설치한다.
8) 붕괴지의 유송부와 퇴적부에는 나무심기 또는 씨뿌리기를 실시한다.

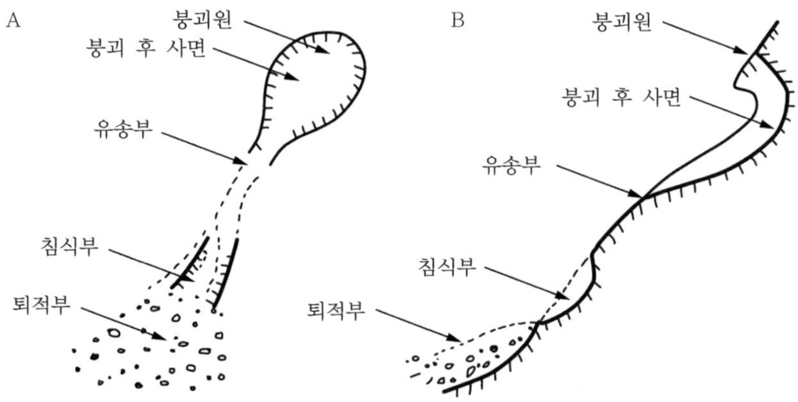


**그림 6-7** 산사태지의 토석 이동 구분(A: 평면도, B: 단면도)

### 3 밀린땅

밀린땅은 미끄럼면(활동면)을 따라 아래쪽 방향으로 표면의 토양이나 암석이 중력에 의하여 집단적으로 이동되는 현상으로, 이를 방지하기 위해서는 미끄럼면에서 윤활제 역할을 하는 지하수를 배출하고 토압을 고정하여야 한다. 밀린땅에 대한 산지사방공사는 다음과 같은 일반적 시공 요령에 따라 실행한다.

1) 밀린땅 지역의 경계부에 있는, 재붕괴의 우려가 높은 표토나 돌출 암석은 제거하고, 약간의 균열 부위는 흙 또는 이화토(석회+흙)로 메워 유수가 침투되지 않도록 다져 준다.
2) 밀린땅의 상단부에 돌림수로를 설치하여 상류 지역으로부터 유입되는 지표수를 차단한다.
3) 지면에 세로수로(종수로)와 가로수로(횡수로)를 설치하여 우수의 침투를 최대한 방지한다.
4) 용출수 지역은 배수터널, 집수정, 암거 또는 보링배수공을 시공하여 지하수를 외부로 배출한다.
5) 토압을 고정할 필요가 있는 곳에는 땅속흙막이, 말뚝박기, 옹벽 등을 시공한다.
6) 미끄럼면까지의 깊이가 비교적 얕은 지역은 심근성 수종(상수리나무 등의 참나무류)을 식재한다.

## 4 산사태 위험지

### ① 예정지 선정

예방사방의 시공 대상지는, 산사태에 대한 피해 감수성이 높은 지역으로 산사태위험지도 또는 시 · 군에서 기조사한 1등급 산사태 위험지, 그리고 예비조사에서 위험도가 높게 판정된 곳부터 순차적으로 채택한다.

예비조사는 해당 지역에 대한 자료 조사, 지형 조사, 야외 개략조사 등으로 수행한다. 대상 지역의 역사적 사실은 문헌과 기록물을 이용한 자료 조사로 파악하며, 지형 상태는 지형도(1/5,000 또는 1/25,000)와 항공사진 등을 이용한 지형 조사로 파악한다. 또한 현지의 지상 물질, 붕괴 움직임 등의 붕괴 추이는 야외 개략조사로 선정한다.

#### ㉠ 산사태 피해감수성 등급

산사태정보시스템 및 항공사진이나 각종 지도를 참고로 하여 산사태에 대한 피해감수성을 다음과 같은 등급으로 구분한다.

1) 1등급지: 가옥, 학교 등 인명 피해 예상 지역
2) 2등급지: 수리시설, 제방, 도로, 철도 등 공공시설 피해 예상 지역
3) 3등급지: 농경지 등 기타 피해 예상 지역
4) 4등급지: 발생 가능성이 없는 지역

#### ㉡ 산사태 발생위험도

산사태 피해감수성이 높아 산사태 발생이 우려되는 지역에 대해서는 산사태 발생위험도(risk)를 구분하기 위하여 모암, 비탈면의 형상 등 산사태 발생에 미칠 영향력이 큰 인자들을 야외 개략조사로 파악한다. 조사 항목은 모암, 비탈면의 형상, 경사도, 임상 · 경급, 비탈면의 길이 · 위치 · 형태 · 높이, 토심, 시공 기술, 돌출부의 유무, 불연속면의 경사 방향, 비탈면 구성물(모암)의 풍화 정도, 용출수의 유무, 붕괴 이력, 붕괴 위험 여부 등이다.

### ② 시공 대상지 정밀조사

정밀조사는, 예방사방공사를 실시할 경우 어떤 방법으로 어떤 공작물을 얼마만큼 시공할지를 파악하기 위하여 실시하는 조사로, 기반암까지의 깊이(토심), 기반암의 절리 방향과 균열 부위, 지하수의 배치 상태 등을 포함한 붕괴 위험 요인이 정확하게 조사되어야 한다. 따라서 설계에 필요한

조사 항목에 시공 대상 범위(면적), 지질구조, 미끄럼면, 지하수위, 토양 시료 분석, 수문 조사 등이 포함되어야 한다.

**③ 설계서 작성**

현지 정밀조사 자료와 현장조사 결과에 따라 사방공종을 선정하고, 설계서는 산지사방공사 설계요령에 준하여 작성한다. 설계에 필요한 공종 · 공법별 부호는 별도의 자료를 참고하여 작성한다.

**④ 시공 방법**

피해감수성이 높은 지역에서는 원칙적으로 위험비탈면에 대하여 개소별로 시공하여야 한다. 반면에 피해액보다 시공비가 더 소요되는, 피해감수성이 낮은 지역에 대해서는 개소별로 적정 공작물을 시공하기보다는 소유역 단위에 사방댐을 계통적으로 설치하는 편이 바람직하다.

# 6·4 산비탈기초공사

## 6·4·1 목적

산비탈기초공사[산복기초공사(山腹基礎工事), technical hillside works]는 비탈면이 붕괴되거나 확대되는 것을 방지하여 비탈면의 안정을 꾀함으로써, 식생을 도입하거나 산림을 조성하기 위한 녹화기초공사 또는 식생공사를 안전하게 시공하기 위하여 실행하는 공사이다.

## 6·4·2 지형의 정리

### 1 비탈다듬기

**① 목적 및 시공 장소**

비탈다듬기[법절공(法切工), 정도공(整度工), hillside slope grading, slope grading works]는 불규칙한 비탈면을 완만하게 정리하여 붕괴 및 붕괴 확대를 방지할 목적으로 실시한다. 즉 붕괴 위험이 있는 비탈면을 안정하게 조성하거나 곡두부에 불안정, 불규칙한 상태로 남아 있는 토사를 제거하여 붕괴의 확대를 방지하기 위함이며, ①표토층의 토양침식이 심하여 기복량이 큰 산비탈, ②임도 건설 등으로 인한 땅깎기비탈면 또는 흙쌓기비탈면, 암반절개비탈면 등에 계획한다.

**② 설계 및 시공 방법**

비탈다듬기의 물매는 지표경사를 구성하는 토질의 안식각(安息角, angle of repose)을 표준으로 결정하며, 대상지의 경사, 토질, 주변 지형, 공종 조합 등을 고려하여 자연물매가 되도록 한다. 특히 보전 대상물의 직상부에 위치한 비탈면의 안전을 기하기 위하여 가능하면 안정물매까지 절취하는 것이 바람직하다.

그러나 지형이 급하거나 비탈면의 길이가 긴 경우에는 비탈다듬기를 실시하기 곤란하거나 불가

**그림 6-8** 비탈다듬기

능할 뿐만 아니라 생산된 토사를 처리하는 일도 용이하지 않으므로 토질 등이 유사한 주변의 안정된 지형을 참고로 하여 물매를 결정한다. 주변 지형은 지질 조건 및 환경 조건에 대한 다양한 정보를 담고 있어 비탈다듬기 물매를 결정하는 데 중요한 참고 자료가 될 수 있다.

지질, 면적, 공법에 따라 다르지만 수정물매는 최대 35° 전후로 하고, 퇴적층의 두께가 3m 이상일 때에는 반드시 땅속흙막이를 시공한다. 물매가 급한 곳은 선떼붙이기와 산비탈돌쌓기로 조정하고, 붕괴면의 주변 상부는 충분히 끊어 낸다.

시공 시 비옥한 표토는 산비탈면에 남겨 두고, 공사는 상부에서 하부를 향하여 실시한다. 뜬흙이 많은 지역의 속도랑 및 묻히기 공사는 미리 실시한다. 정단부(頂端部)는 단순히 삭취하지 말고 절단하여 오목한 곳에 단번에 투입한다.

비탈다듬기를 실시한 후에는 뜬흙이 안정될 때까지 일정 기간 비와 바람에 노출한 후에 다른

**표 6-6** 흙의 안식각 및 마찰계수

| 흙의 종류 | 상 태 | 안식각(°) | 마찰계수 |
|---|---|---|---|
| 점토 | 건조상태 | 20~37 | 0.36~0.75 |
| | 함수량 적음 | 40~45 | 0.84~1.00 |
| | 함수량 많음 | 14~20 | 0.25~0.36 |
| 모래 | 건조상태 | 27~40 | 0.51~0.84 |
| | 함수량 적음 | 30~45 | 0.58~1.00 |
| | 함수량 많음 | 20~30 | 0.36~0.58 |
| 자갈 | 건조상태 | 30~45 | 0.58~1.00 |
| | 함수량 적음 | 27~40 | 0.51~0.84 |
| | 함수량 많음 | 25~30 | 0.47~0.58 |
| 보통 흙 | 건조상태 | 20~40 | 0.36~0.84 |
| | 함수량 적음 | 30~45 | 0.58~1.00 |
| | 함수량 많음 | 14~27 | 0.25~0.51 |
| 작은 돌 | | 35~48 | 0.70~1.11 |

[山口伊佐夫, 1979]

공종을 시공하여야 하며, 비탈다듬기로 인하여 잡목이나 그루터기가 매몰되지 않도록 사전에 정리하여야 한다.

### 2 단끊기

**① 목적 및 시공 장소**

단끊기[단절공(段切工), 계단공(階段工), terracing]는 비탈다듬기를 실시한 비탈면에 식생을 도입할 목적으로 목·초본류를 파식하기 위한 수평 계단을 만드는 공사로, ①황폐산지 및 산사태 발생지에서 비탈다듬기를 실시하고 식생을 도입할 예정인 비탈면, ②임도 및 생활권 땅깎기비탈면에서 비탈면의 길이를 줄이고자 하는 곳에 계획한다. 단끊기는 비탈면의 길이를 줄일 수 있을 뿐만 아니라 수평면을 유지할 수 있어 유수의 분산과 토사유출을 방지하고 식생 도입에 필요한 기반을 조성할 수 있다. 통상 단끊기를 실시한 후에는 선떼붙이기나 조공, 흙막이, 씨뿌리기 등을 병행한다.

**그림 6-9** 단끊기

**② 설계 및 시공 방법**

계단의 폭은 일반적으로 0.5~0.7m로 하지만 비탈면의 물매가 급할 때에는 폭을 좁혀 비탈면의 물매를 완만하게 한다. 계단의 간격은 지형이나 공종에 따라 조정하며, 수직높이는 비탈면의 물매에 따라 조정하고 상부의 첫 단은 수직높이를 1m 내외로 한다.

작업 방향은 상부에서 하부를 향하여 실시하며, 계단 위에는 원래의 표토를 남겨야 절취토사의 이동량을 줄일 뿐만 아니라 도입식생의 생육에도 유효하다. 사토장(捨土場)과 취토장(取土場)의 위치 및 규모 등은 신중하게 결정하여야 한다.

## 6·4·3 흙막이

### 1 땅속흙막이

**① 목적 및 시공 장소**

땅속흙막이[매설공(埋設工), underground-laying structures]는 비탈다듬기와 단끊기 등으로 생산된 퇴적토사의 전단저항과 마찰저항을 높여 토사층의 활동과 토사 유실을 방지하고 산각(山脚)을 고정할 목적으로 시공한다. ①산비탈에 절취한 토량이 많고 퇴적토층이 깊어 강우에 의하여 토층이 유출될 우려가 높은 곳, ②계상 및 산비탈의 비탈면 길이를 줄여야 할 곳에 계획한다.

#### ② 설계 및 시공 방법

땅속흙막이는 비탈다듬기 토사가 깊이 퇴적된 지역 중에서 기초가 단단한 지역을 시공 대상지로 한다. 절취토사의 퇴적 깊이, 흙막이의 배치 등을 고려하면서 공종을 선정하여 가장 효과적인 위치와 높이를 결정한다. 또한 땅속흙막이의 종류 및 구조는 흙막이 또는 산비탈울짱얽기에 준하여 정한다.

상부의 토압에 충분히 견딜 수 있도록 안정된 기반 위에 설치하고, 바닥파기를 충분히 실시하여 높이의 2/3 이상이 묻히도록 한다. 퇴적토사가 진흙일 때에는 돌땅속흙막이, 콘크리트땅속흙막이, 블록땅속흙막이를 시공하고, 퇴적토사가 사질이거나 건조할 때에는 돌땅속흙막이를, 기타 자재 취득이 곤란할 경우에는 심벽(心壁)을 넣은 흙땅속흙막이를 시공한다. 방향은 상류를 향하여 직각이 되도록 축설하며, 돌쌓기의 비탈은 1 : 0.3, 흙땅속흙막이의 비탈은 1 : 1.0~1.3으로 한다.

#### ③ 종류

땅속흙막이의 종류는 사용하는 재료에 따라 돌땅속흙막이, 바자땅속흙막이, 흙땅속흙막이, 돌망태땅속흙막이, 블록땅속흙막이, 콘크리트땅속흙막이, 앵글크리브망땅속흙막이 등이 있다. 땅속에 매설하는 공작물이기 때문에 외관보다는 강도가 중요하므로 재료의 선택과 시공에 신중하여야 한다.

**그림 6-10** 돌땅속흙막이

### 2 산비탈흙막이

#### ① 목적 및 시공 장소

산비탈흙막이[유토공(留土工), soil arresting structures on slope]는 불안정한 토사의 이동 억지, 비탈면 경사의 수정, 표면유하수의 분산, 공작물의 기초와 수로의 지지, 매토층의 하단부 지지 등을 목적으로 하여 ①산지 비탈면에서 붕괴위험성이 높은 곳, ②붕괴된 곳에서 비탈다듬기 및 단끊기로 발생한 토사를 유치(留置)하여 비탈면을 안정시킬 필요가 있는 곳에 시공한다.

### ② 설계 및 시공 방법

#### ㉠ 배치 원칙

산비탈흙막이는 비탈면 공사의 기초 골격이기 때문에 비탈면의 평형을 유지하도록 하여 지표의 침식 및 붕괴, 산사태 등이 발생하지 않도록 고정한다. 잔벽면(殘壁面)의 경사가 안식각보다 큰 곳은 계단차를 두어 뒷면에 가해지는 토사와 석력에 의한 압력을 지지할 수 있도록 한다. 비탈다듬기를 시공할 때에는 매토 부분에도 흙막이를 설치하여 비탈면을 안정시킨다. 또한 흙막이의 하부가 밀리지 않도록 본바닥에 기초를 두고 축조한다.

#### ㉡ 위치, 높이, 간격

산비탈흙막이의 위치는 시공 목적, 지형 조건, 지질 조건 등을 검토한 후 지반의 안전성을 고려하여 결정한다. 높이는 흙막이의 마루[천단(天端)]를 연결하는 종단물매가 산각부터 산정까지 자연스럽고 무리 없는 선형이 되도록 한다. 일반적으로 오목지형의 비탈면에서는 하부를 완만하게 하고 상부는 급하게 하여 전체적으로 하강사면이 되도록 하는 것이 바람직하므로 이에 일치되도록 흙막이의 위치와 높이를 결정한다.

산비탈흙막이는 연속적으로 배치되거나 불안정한 비탈면에 축조되는 경우가 많기 때문에 높이가 4m를 초과하지 않도록 한다. 다만 지형 조건 등으로 인하여 4m를 초과할 필요가 있거나 충분히 안정되었을 때에는 초과할 수도 있다. 흙막이의 마루는 수평을 이루도록 하며, 간격은 비탈면의 물매가 35° 미만에서는 20m를 표준으로 하고 35° 이상에서는 15m를 표준으로 한다.

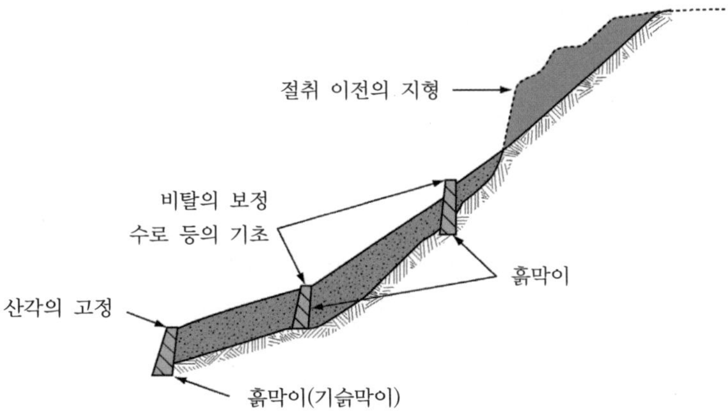


**그림 6-11** 산비탈흙막이의 위치와 높이

#### ㉢ 방향

산비탈흙막이의 방향은 원칙적으로 비탈면에 대하여 직각으로 계획한다. 이는 절취토사의 억제용량을 최대한으로 확보하고 흙막이에 작용하는 토압에 대한 안정도를 높이기 위함이다.

#### ㉣ 안정계산에 사용하는 하중

산비탈흙막이의 안정계산에 사용하는 하중은 자중(自重, self load)과 토압(土壓, earth pressure)으로 한정되지만 특별히 필요한 경우에는 지진 등도 고려한 하중으로 한다. 즉 산비탈흙막이에 작용하는 하중에는 자중, 토압, 재하중, 충격력, 침투수압, 적설하중, 지진력 등이 있지만 산비탈흙막이의 안정계산에 사용하는 하중은 원칙적으로 자중과 토압이다.

토압은 산비탈흙막이의 배면 토질과 지면의 물매로 구할 수 있지만 일반적으로는 그림 6-12의 사선 부분에 대한 흙의 내부마찰각 및 흙막이 배면과 흙의 마찰각(벽면마찰각)으로 계산한다. 특히 토층이 연약한 잔적토(殘積土)나 붕적토 및 땅깎기비탈면일 때에는 산비탈흙막이 배면의 흙쌓기 토사를 안정시켜야 하고, 안정된 원지반 토층이 산비탈흙막이의 배면에 접근해 있을 때에는 흙막이를 원지반에 접근시켜 시공한다.

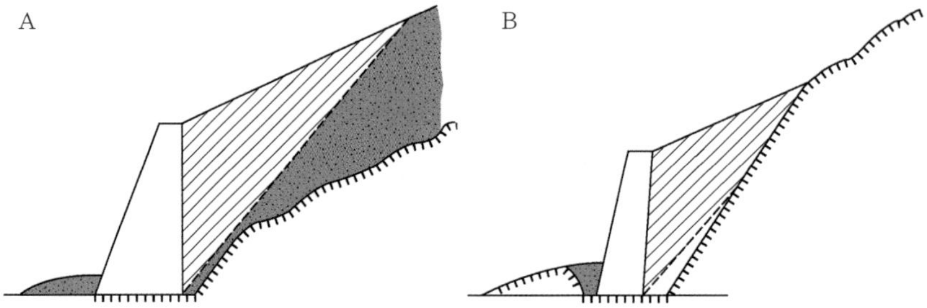


**그림 6-12** 산비탈흙막이의 위치와 토압(A: 흙쌓기의 형상, B: 산지 비탈면에 접근)

흙의 종류별 안식각의 개략적인 값은 보통 흙 30°, 사질토 35°, 부순돌 40° 이며, 산비탈흙막이의 배면이 콘크리트와 같이 평활한 재료일 때에는 배면토의 내부마찰각×(2/3)로 한다.

### ⓜ 안정성 검토

콘크리트흙막이나 철근콘크리트흙막이는, 중요한 보전 대상에 근접한 장소나 다량의 절취토사를 고정하여야 할 곳, 기타 공작물의 기초가 되는 곳 등에 시공하기 때문에 안정성을 충분히 검토하여야 한다. 그러나 돌망태흙막이나 통나무흙막이는 장기간의 내구성이나 안정성을 요하지 않는 장소에 설치하는 비교적 소규모 시설이어서 높이나 구조 등을 경험에 의하여 결정하므로 안정계산을 일반적으로 생략한다.

#### ⓐ 부재 응력도에 대한 안정성

산비탈흙막이의 각 부위에 발생하는 응력은 흙막이 재료의 허용응력도(許容應力度, allowable unit stress)를 초과하지 않으면 파괴에 대하여 안정하다. 다만 지진 시의 하중을 고려할 경우에는 허용응력도의 1.5배 이내이면 안정하다고 본다.

#### ⓑ 전도에 대한 안정성

산비탈흙막이에는 수평토압 등에 의하여 앞굽을 축으로 전도(轉倒, overturn)하려고 하는 모멘트(moment)와, 벽체의 자중이나 수직토압 등에 의한 저항모멘트가 작용한다. 전도에 대한 안전율 $F_s$는 다음의 식으로 구할 수 있다.

$$F_s = \frac{\text{저항모멘트}}{\text{전도모멘트}} = \frac{W \cdot a + P_v \cdot b}{P_H \cdot h} \quad \cdots\cdots (6 \cdot 18)$$

식에서 $W$: 자중 및 재하중(kN/m), $a$: 벽 밑면의 앞굽부터 $W$의 작용점까지의 수평거리(m), $P_v$: 토압합력의 수직분력(kN/m), $b$: 벽 밑면의 앞굽부터 $P_v$의 작용점까지의 수평거리(m), $P_H$: 토압합력의 수평분력(kN/m), $h$: 벽 밑면부터 $P_H$까지의 수직거리(m)

전도에 대한 안전율은 1.5 이상으로 하지만 지진 시의 하중을 고려할 경우에는 1.2 이상으로 한다.

ⓒ **활동에 대한 안정성**

산비탈흙막이가 벽의 밑면을 따라 활동하려는 힘을 수평토압(水平土壓, horizontal earth pressure)이라고 하며, 이에 저항하는 힘은 벽 밑면과 지반 사이에 생기는 전단저항력이다. 활동에 대한 안전율 $F_s$는 다음과 같은 식으로 구할 수 있다.

$$F_s = \frac{\text{활동에 대한 저항력}}{\text{활동력}(=\text{토압의 수평분력})} = \frac{(W+P_v)\cdot \tan\delta + c\cdot B}{P_H} \quad \cdots\cdots (6\cdot 19)$$

식에서 $W$: 자중 및 재하중(kN/m), $P_v$: 토압합력의 수직분력(kN/m), $\tan\delta$: 벽 밑면과 기초지반 사이의 마찰계수, $c$: 벽 밑면과 기초지반의 부착력(흙의 점착력으로 간주함; kN/m$^2$), $B$: 흙막이의 밑면 폭(m)

활동에 대한 안전율은 1.5 이상으로 하지만 지진 시의 하중을 고려할 경우에는 1.2 이상으로 한다.

ⓓ **기초지반의 파괴에 대한 안정성**

산비탈흙막이의 벽 밑면에는 흙막이의 자중, 토압 등의 하중이 작용한다. 밑면에 발생하는 지반 반력은 이러한 하중의 합력과 밑면에 작용하는 작용점의 편심거리에 따라 다르다. 그림 6-13에서 벽 밑면의 앞굽부터 합력 $R$의 작용점까지의 거리 $d$는 다음의 식으로 구할 수 있다.

$$d = \frac{W\cdot a + P_v\cdot b - P_H\cdot h}{W+P_v} \quad \cdots\cdots (6\cdot 20)$$

식에서 $W$: 자중 및 재하중(kN/m), $a$: 벽 밑면부터 $W$의 작용점까지의 수평거리(m), $P_v$: 토압합력의 수직분력(kN/m), $b$: 벽 밑면의 앞굽부터 $P_v$의 작용점까지의 수평거리(m), $P_H$: 토압합력의 수평분력(kN/m), $h$: 벽 밑면부터 $P_H$의 작용점까지의 수직거리(m)

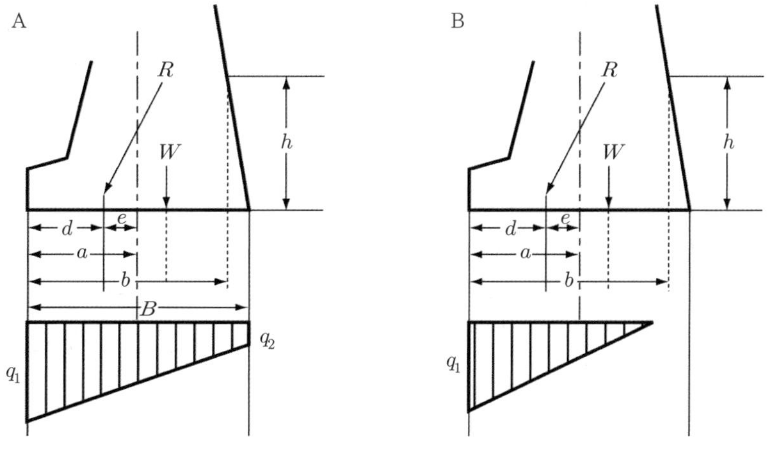


**그림 6-13** 산비탈흙막이에 작용하는 외력의 작용선과 크기(A: $e \leq \frac{B}{6}$, B: $e > \frac{B}{6}$)

벽의 밑면 중앙부터 합력의 작용점까지의 편심거리를 $e$라고 하면 $e=\frac{B}{2}-d$가 되며, 지반의 지지력에 대한 검토에서 통상의 지반일 경우에는 우선 이 식에서 구한 $e$가 $e \leqq \frac{B}{6}$를 만족하여야 한다. 이때 지반반력은 $e$의 분포에 따라 다음과 같이 구할 수 있다.

- $e$가 중앙의 $\frac{1}{3}$ 이내에 있으면($e \leqq \frac{B}{6}$)

$$q_1=\frac{P_v+W}{B}\left(1+\frac{6e}{B}\right) \quad \cdots\cdots (6\cdot21)$$

$$q_2=\frac{P_v+W}{B}\left(1-\frac{6e}{B}\right) \quad \cdots\cdots (6\cdot22)$$

- $e$가 중앙의 $\frac{1}{3}$을 벗어나면($e > \frac{B}{6}$)

$$q_1=\frac{2P_v+W}{3d} \quad \cdots\cdots (6\cdot23)$$

식 6·21과 식 6·23에서 $q_1$은 최대지반반력을 나타내므로 지반의 허용지지력(연직 방향)을 $q_a$라고 할 때 $q_1 \leqq q_a$이면 안정하다. 다만 지진 시의 하중을 고려할 경우에는 $q_1 \leqq 1.5q_a$이면 안정하다고 간주한다.

ⓑ **물빼기구멍**

불투수성의 산비탈흙막이에는 배면의 침투수를 배제하기 위하여 물빼기구멍을 설치한다. 특히 콘크리트흙막이나 찰쌓기흙막이 등은 불투수성이기 때문에 배면의 침투수를 배제하지 않으면 간극수에 의한 수압이 작용하여 불안정해지기 때문에 이를 방지할 목적으로 물빼기구멍을 설치하여 흙막이의 안정을 유지하도록 한다.

물빼기구멍은 산비탈흙막이의 배면에서 전면을 향하여 약간의 역물매가 되도록 하며, 지름 50~100mm인 관을 사용하여 $3m^2$당 1개 이상 설치한다. 또한 물빼기구멍은 토사 등으로 쉽게 막히기 때문에 주변을 모래나 자갈로 보호하여야 한다.

ⓢ **뒤채움**

산비탈흙막이의 벽면에 작용하는 침투수를 배제하고 토압을 균등화하기 위하여 배면에 뒤채움을 실시한다. 즉 산비탈흙막이의 뒤채움은 배면의 침투수를 물빼기구멍으로 신속하게 유도하여 배제하고 산비탈흙막이의 배면마찰각을 크게 하여 토압을 줄이고 균등화할 목적으로 실시한다.

뒤채움의 재료로는 일반적으로 조약돌, 부순돌 등이 사용되지만 고분자재료로 만든 2차 제품이 사용되기도

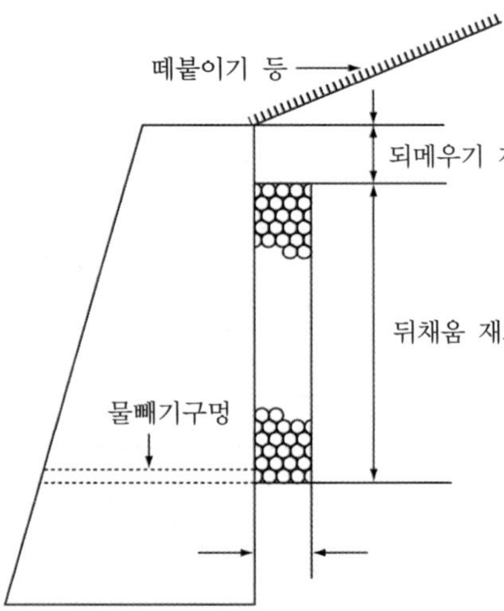


**그림 6-14** 산비탈흙막이의 뒤채움

한다. 력 등을 사용할 경우의 뒤채움 두께는 경제성이나 시공성을 고려하여 30cm를 표준으로 하며, 상하 양쪽을 같은 두께로 하는 것을 원칙으로 한다. 또한 2차 제품을 사용할 경우에는 토압 감소와 균등화의 효과를 기대할 수 없으므로 배면토압이 균등한 곳에 사용한다.

**◎ 신축줄눈**

길이가 긴 콘크리트흙막이나 찰쌓기흙막이에는 온도 변화에 의한 균열 등을 방지하기 위하여 신축줄눈(expansion joint)을 설치한다. 길이가 긴 구조물에 작용하는 배면토압이나 기초지반의 강도가 반드시 일정하지는 않기 때문에 부동침하가 발생하거나 국소적으로 비정상적인 토압이 작용하여 구조물이 파괴되는 경우가 있다. 따라서 신축줄눈은 구조가 극단적으로 변화하는 곳이나 기초지반의 지지력에 현저한 차이가 있는 곳의 경계 등에 설치하는 것이 효과적이다. 간격은 원칙적으로 10m 정도마다 설치하지만 현지의 상황에 따라 결정할 필요가 있다.

### ③ 종류

산비탈흙막이는 시공지의 자연적 · 사회적 여건을 검토한 후 안정성, 내구성, 시공성, 주위 환경과의 조화 등을 고려하여 가장 적절한 종류를 선정하여야 한다. 즉 흙막이는 종류에 따라 기능과 특성이 다르기 때문에 시공지의 사회적 · 자연적 조건, 특히 시공지와 보전 대상의 위치적 관계, 산비탈흙막이에 기대하는 기능이나 필요로 하는 효과의 계속성 등을 고려하여 종류별 강도나 내구성을 검토한 뒤 선정한다. 시공 재료에 따라 콘크리트벽흙막이, 철근콘크리트벽흙막이, 콘크리트블록흙막이, 콘크리트판흙막이, 콘크리트기둥틀흙막이, 돌(쌓기)흙막이, 돌망태흙막이, 통나무흙막이, 마대흙막이, 바자흙막이 등이 있다.

**㉠ 산비탈콘크리트벽흙막이**

산비탈콘크리트벽흙막이(concrete soil arresting structures)는 배면토압이 현저하게 크거나 활락할 위험이 있는 토괴 등을 물리적으로 억지할 경우, 낙석 등으로 인하여 기타 산비탈흙막이의 마루 등이 파괴될 위험이 있는 경우, 보전 대상에 가깝게 설치되어 장기간에 걸쳐 강도를 유지할 필요가 있는 경우 등에 계획한다. 구조는 원칙적으로 중력식으로 한다.

산비탈콘크리트벽흙막이는 산비탈흙막이 중에서도 가장 내구성이 높은 구조물로, 반영구적인 공작물이라고 할 수 있다. 특히 지반지지력이 있으면 형상을 자유롭게 만들 수 있기 때문에 토압이 큰 경우에도 대응하기 용이하다. 또한 내구성과 강도 면에서는 콘크리트의 배합에 따라 어느 정도

**그림 6-15** 산비탈콘크리트벽흙막이

의 폭을 유지할 수 있기 때문에 경제적인 설계가 가능하다.

높이는 산비탈의 기초로 시공할 때에는 4.0m 이하, 비탈면에 시공할 때에는 2.0m 내외로 시공하며, 배면의 토압이 클 경우에는 마루의 두께를 30cm 이상, 앞면 기울기는 1 : 0.3, 뒷면 기울기는 수직으로 시공한다. 뒤채움돌은 토압을 균등화, 완화하고 배면의 침투수를 신속하게 배제하기 위하여 잡석으로 채우며, 두께는 상하 모두 30cm 이상으로 한다. 물빼기구멍은 지름 3cm 정도로 2~3$m^2$당 1개씩 설치하고, 신축줄눈은 20m 초과 시 10~15m마다 설치하며, 견고하지 않은 지반에 시공할 경우에는 반드시 말뚝기초 등으로 보강한다. 높은 구조물보다는 다소 낮은 구축물을 유기적으로 시공하는 편이 자연친화적이다.

**㉡ 산비탈철근콘크리트벽흙막이**

산비탈철근콘크리트벽흙막이(reinforced concrete soil arresting structures)는 지형 조건 등으로 인하여 높이가 현저하게 높아질 경우 등에 계획하며, 구조는 원칙적으로 외팔보(cantilever beam)식으로 한다.

산비탈흙막이는 높이가 높을수록 벽면에 작용하는 토압이 커지고, 중력식 콘크리트 구조인 경우에는 단면이 더욱 커진다. 따라서 높이가 현저하게 높을 경우에는 안정성, 시공성, 경제성을 고려하여 철근콘크리트벽흙막이로 한다. 산비탈철근콘크리트벽흙막이는 벽체가 얇기 때문에 낙석 등에 의하여 마루가 파괴되기 쉬우므로 보강 대책을 마련하여야 한다.

외팔보식 흙막이는 세로벽과 밑판으로 이루어지며, 자중 및 밑판 뒷굽 위의 흙의 중량과 부재의 전단저항력에 의하여 외력으로부터 안정시키는 구조물이다. 세로벽은 밑판과 접합부의 고정단인 외팔보가 토압의 수평분력에 의한 등변분포가중(等邊分布加重, distributed load equilateral)을 받는 것으로 간주하여 설계한다. 밑판의 앞굽에 작용하는 외력은 상향 지반반력과 밑판 앞굽의 자중을 고려하여야 한다.

그림 6-16에서 $m$은 뒷면 기울기로 최솟값을 0으로 하여 안정계산 결과에 따라 결정한다. $b$는 마루의 두께로 붕락토사를 고려하여 0.3m 또는 0.5m로 하며, 밑판의 두께인 $h_1$은 0.1~0.12$h$로

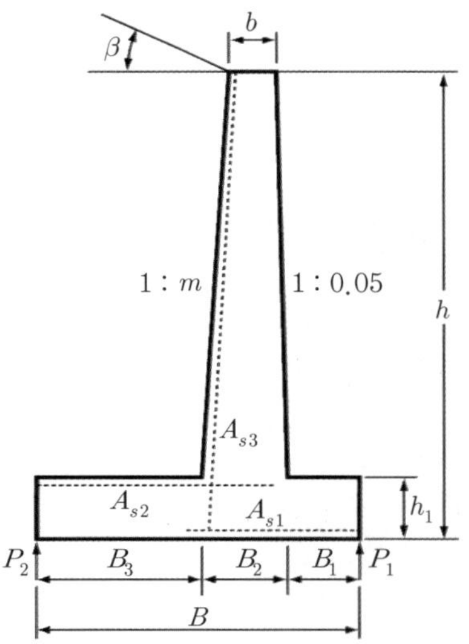


**그림 6-16** 산비탈철근콘크리트벽흙막이의 구조

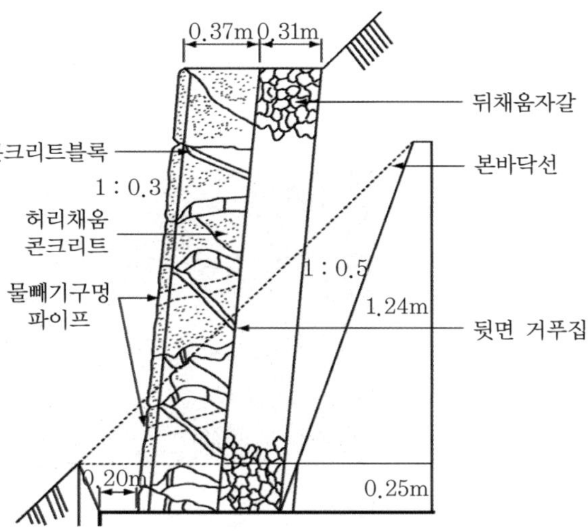


**그림 6-17** 산비탈콘크리트블록흙막이의 시공 구조도

한다. 또한 $B$는 밑판의 폭으로 안정계산에 의하여 정하며, $B_1$은 앞굽의 길이(m), $B_2$는 세로벽 밑면의 두께(m), $B_3$는 뒷굽의 길이(m), $A$는 단면적($m^2$), $A_s$는 철근이다.

**㉢ 산비탈콘크리트블록흙막이**

산비탈콘크리트블록흙막이(concrete block soil arresting structures)는 시공지 주변에서 석재를 구득하기 곤란한 곳이나 도시 주변에서 경관을 보전하기 위하여 시공한다. 일반적으로 규격화된 블록을 구하기 쉽고 시공이 어렵지 않기 때문에 도로 주변의 비탈면흙막이로 널리 활용되고 있다. 콘크리트블록으로는 견치블록과 같이 뒷길이가 충분히 길고 견고한 쌓기용 블록을 사용한다. 최근에는 자연친화적 공사용인 각종 그린스톤 블록이 제품화되어 사용되고 있다.

산비탈콘크리트블록흙막이는 벽면의 안정을 위하여 중량이 무거울수록 좋지만 일반적으로 300~400kg/$m^2$인 것이 많이 사용된다. 벽면의 뒷길이는 대체로 30cm 이상이 되어야 하며, 산비탈콘크리트흙막이 공작물에 준하여 시공한다. 다만 허리채움자갈과 같은 뒤채움자갈은 돌쌓기와 블록 등을 안정시키기 위하여 돌의 뒤꼬리면까지 완전히 채워야 한다.

**㉣ 산비탈콘크리트판흙막이**

산비탈콘크리트판흙막이(concrete plate soil arresting structures)는 토압에 대한 저항력이 필요하지 않은 곳이나 석재 구득이 용이하지 않은 곳에 시공한다. 높이가 높을 경우에는 뒤채움자갈을 사용하여야 하며, 경우에 따라서는 흙시멘트를 채우기도 한다.

콘크리트판이 비교적 가벼워 운반 및 취급이 간편하며, 광범위하게 사용할 수 있기 때문에 지형이나 토압 조건에 무리가 없을 때 시공한다. PNC(pipe net concrete)는, 철망이 들어 있는 콘크리트 앞판(100cm×40cm)과 뒤판(25cm×20cm)으로 이루어진 PNC판과 염화비닐제연결대(길이 50cm) 및 고정핀으로 구성되어 있으며, 4매(1.6m) 이상은 설치하지 말아야 하고 반드시 뒤채움자갈을 사용하여 시공한다.

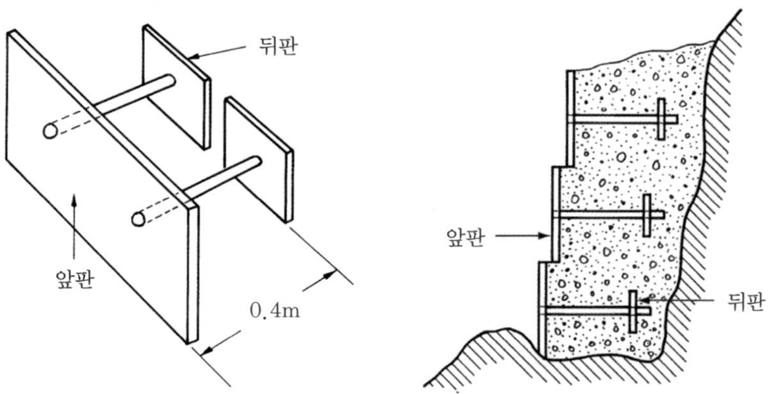


**그림 6-18** 산비탈콘크리트판흙막이의 구조

**㉤ 산비탈콘크리트기둥틀흙막이**

산비탈콘크리트기둥틀흙막이는 자재를 철재로 간단히 연결한 것으로, 가동성이 있어 지반 변동에 대한 대응이 용이하기 때문에 연약지반 지대나 불규칙한 토압을 받는 지대 또는 충전할 석재가 많은 지대에 설치한다. 투수성이 좋아 땅밀림 지대의 지하수에 대한 배수 효과가 좋고, 다양한 형상을 볼트로 조립할 수 있으므로 호박돌과 자갈로 충전하기가 쉽다.

시공 시에는 바닥파기를 충분히 실시하고 그 위에 자갈이나 호박돌을 평평히 깔아 충분히 다진 후에 기초콘크리트치기를 한다. 이어서 콘크리트기둥을 정사각형, 사다리꼴, 삼각형 등의 형상으로 조립용 볼트로 조립하고 그 속에 호박돌과 자갈 등으로 채운다.

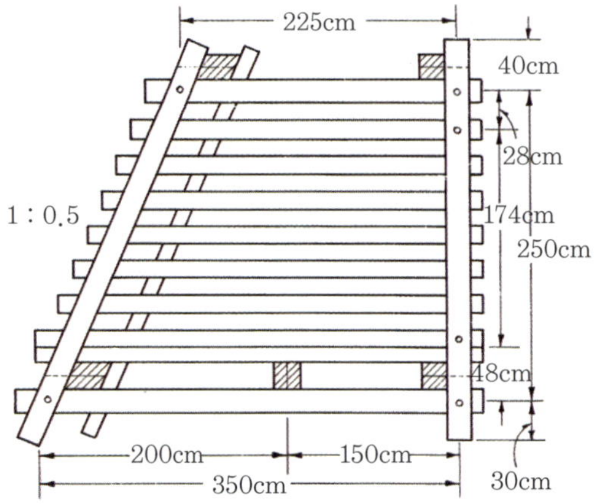


**그림 6-19** 산비탈콘크리트기둥틀흙막이의 구조

**그림 6-20** 산비탈돌흙막이

### ⓑ 산비탈돌흙막이

산비탈돌흙막이[산비탈돌쌓기흙막이, 축석토류공(築石土留工), stone soil arresting structures]는 축조 방법에 따라 찰쌓기흙막이[연적토류공(練積土留工), wet masonry soil arresting structures]와 메쌓기흙막이[공적토류공(空積土留工), dry masonry soil arresting structures]로 나뉜다. 사용하는 재료에는 석재와 콘크리트블록이 있지만 최근에는 재료의 입수가 용이하고 경제적인 콘크리트블록을 많이 사용하고 있다.

찰쌓기흙막이는 벽 배면에 작용하는 토압이 비교적 약하고 높이가 낮을 경우에 계획하고, 메쌓기흙막이는 높이가 찰쌓기보다 더욱 낮고 배면의 토압이 현저하게 약할 경우에 계획한다. 또한 지반지지력이 약한 곳이나 산사태지와 같이 구조물 전체가 변형될 위험이 있는 곳에는 이형블록의 메쌓기흙막이를 사용하는 경우도 있다.

산비탈돌쌓기는 현장과 가까운 곳에서 질 좋은 석재를 구할 수 있을 경우에 시행하며, 석재의 종류에 따라 견치돌쌓기, 막깬돌쌓기, 잡석쌓기, 야면석쌓기 등이 있다. 돌쌓기용 석재를 구하기 힘들거나, 석재를 사용할 경우 시공경비가 많이 소요되는 지역에서는 콘크리트블록쌓기를 시공한다. 석재는 중량이 무겁고(300~400kg/$m^2$) 뒷길이가 30cm 이상인 것을 사용한다.

돌쌓기의 물매는 1 : 0.3으로 하며, 돌단의 높이는 찰쌓기의 경우 3.0m 이하, 메쌓기의 경우 2.0m 이하가 되도록 한다. 돌쌓기 시공지의 지형 조건상 돌단을 높여야 할 경우에는 발디딤을 설치하여 2단이나 3단으로 쌓는다.

뒤채움자갈은 산비탈콘크리트벽흙막이에 준하지만 허리채움자갈은 돌쌓기와 블록 등을 안정시키기 위하여 뒤꼬리면까지 완전히 채운다. 이때 막깬돌과 잡석은 뒷길이의 1/2로 하고 야면석은 뒷길이의 1/3로 한다. 기초의 균열이 발생하는 원인인 ①기초의 부등침하, ②벽체 모서리 부분의 토압에 의한 인장 발생, ③토압의 국부적 확대(불안전한 돌쌓기와 뒤메우기)를 방지하여야 한다.

### ㉧ 산비탈돌망태흙막이

산비탈돌망태흙막이(gabion soil arresting structures)는, 콘크리트흙막이나 찰쌓기흙막이 등으로는 기초지반의 부동침하나 활동의 발생을 막을 수 없는 곳, 응급공사를 시공할 필요가 있는 곳, 높이가 낮고 뒷면의 토압이 약하여 기초지반의 지지력 요구도가 적은 곳, 용출수가 있는 곳, 산지 비탈면이나 근처의 계류로부터 호박돌과 자갈을 구하기 쉬운 곳에 돌망태의 유연성을 이용하여 시공한다.

철선돌망태흙막이는 철선이 부식되면 콘크리트에 비하여 내구성 및 강도가 떨어지기 때문에 물매가 급한 비탈면과 같이 배면에 큰 힘이 걸리는 곳에 설치할 경우에는 높이를 낮게 할 필요가 있다. 돌망태의 종류는 둥근돌망태, 방석돌망태, 마름모꼴방석돌망태, 변형돌망태 등이 있으며, 돌망태 속에 돌을 채우고 주변의 토사를 그 뒤에 충전한 다음 초본류 및 목본류를 도입하는 방법이 유용하다. 속채움돌의 규격은 지름 15~30cm, 높이 2.0m 정도가 좋으며, 가로쌓기 또는 세로쌓기는 지형 및 퇴적토사의 질과 양에 따라 선정한다.

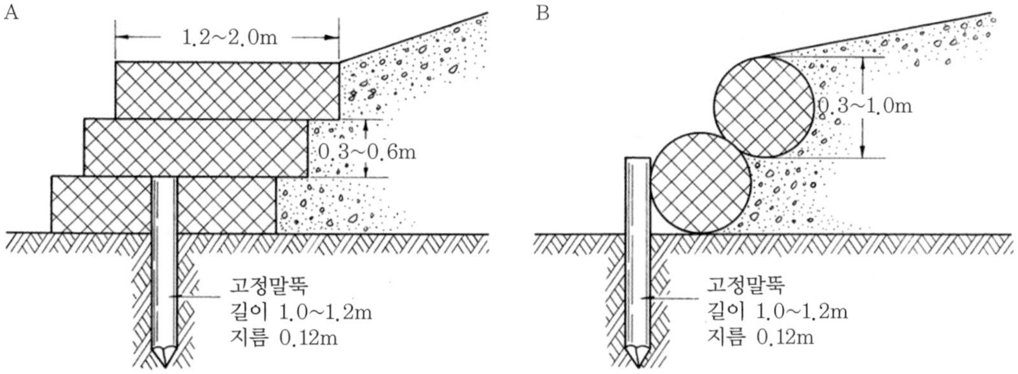


**그림 6-21** 산비탈돌망태흙막이의 시공 구조도(A: 세로쌓기, B: 가로쌓기)

### ㉨ 산비탈통나무흙막이

산비탈통나무흙막이[목재유토공(木材留土工), timber soil arresting structures]는 간벌재 등을 사용하는 간단한 흙막이로, 환경과의 적응성이 높은 유기 자재이며, 현지 자재의 활용도 가능하다. 목재는 부후되는 결점이 있지만, 부식 전에 식생의 근계에 의한 토사억지 효과가 발휘되면 생물의 서식처 제공 등의 효과도 기대할 수 있어 자연환경에 조화로운 공법이다.

통나무흙막이는 기초지반에 대한 적응성이 높으며, 기초터파기와 절취토량이 적고 1기당 연장이 짧기 때문에 시공이 용이하다. 또한 배면 침투수의 배수가 쉽고 뒤채움 재료로 현장의 토석을 사용할 수 있으며 주변 산림과 조화롭다는 점에서 친환경적이지만 부후에 대비하여 식생에 의한 토사 고정을 신속히 진행하여야 한다.

통나무흙막이의 높이는 1.5m 이하로 한다. 우선 기초바닥파기를 충분히 실시한 후 1.0m 정도의 말뚝을 1.0m 간격으로 박고 그 위에 횡목(橫木)을 놓은 후 0.7~1.0m의 공목(控木)을 0.5~1.0m 간격으로 설치하여 횡목에 고정한다. 이어서 토사, 자갈 등으로 속채움을 실시한 후 충분히 다진다. 공극 부분에는 식생을 도입하고 조기에 착생시켜 토사의 유출을 방지한다.

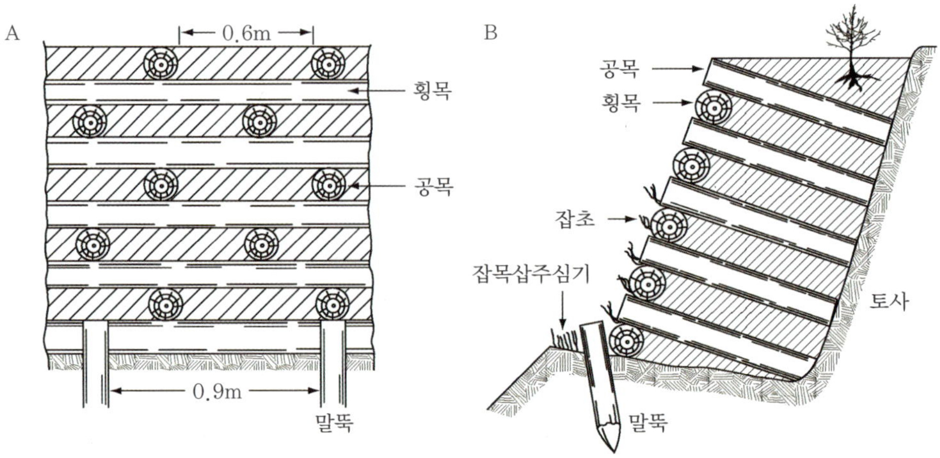


**그림 6-22** 산비탈통나무흙막이의 시공 구조도(A: 정면도, B: 단면도)

**㉫ 산비탈흙자루흙막이**

산비탈흙자루흙막이(soil arresting structures by soil-sacks)는 각종 종이나 피륙 등으로 제조한 자루에 토사를 담아 비탈면에 쌓는 공법으로, 일시적인 응급 흙막이공사와 유입수의 방지공사 등에 사용된다. 흙자루의 재료에 따라 포대흙막이 또는 마대흙막이라고도 하며, 지역에 따라서는 포대, 마대 외에 황마대, 야자마대, 비닐자루 등도 사용한다.

최근에는 자루에 미리 종자를 부착한 후 흙을 담아 시공하는 론생백이나 식생자루와 같은 녹화흙자루가 사용되고 있다. 특히 식생자루의 경우 분사식씨뿌리기와 함께 식생을 도입할 때에는 흙자루에서 종자의 싹과 뿌리의 발달이 지장을 받지 않도록 주의하여야 한다. 녹화흙자루는 이 외에도 비탈흙막이, 비탈수로, 비탈선떼붙이기, 비탈떼조공의 떼 대체공사 등에 다양하게 사용된다.

**그림 6-23** 산비탈흙자루흙막이

### 3 돌쌓기

**① 목적 및 시공 장소**

산지사방에서 돌쌓기[축석공(築石工), 적석공(積石工), stone masonry works]는 일반적으로 돌흙막이를 말하며, 비탈다듬기 등으로 생산된 토사를 유치하거나 붕괴토사를 고정하기 위한 공작물이자 파종상이나 떼단쌓기의 기초로 시공한다. 시공 장소는 ①산비탈이나 산각부에 있는, 토사의 퇴적량과 붕괴토사가 많고 경사 45° 이상인 습지, ②지반이 견고하여 비탈다듬기나 선떼붙이기를 시공하기 곤란한 기복지형 등이다.

그림 6-24 돌쌓기

### ② 설계 및 시공 방법

기초를 깊이 파고 단단히 다진 후 큰 돌부터 차례로 쌓아 올린다. 돌을 쌓을 때에는 상하좌우의 면이 맞도록 하며, 귀돌(모서리돌)이나 갓돌(머리돌)은 규격제품을 사용한다. 돌쌓기의 세로줄눈이 일직선이 되는 통줄눈(through joint)을 피하고 파선줄눈(break joint)이 되도록 쌓는다. 줄눈의 두께는 9~12mm로 하고 모르타르를 충분히 사용한다. 높은 돌쌓기는 밑으로 내려올수록 돌쌓기의 뒷길이를 길게 하는 것이 원칙이다.

표 6-7 돌쌓기의 표준 뒷길이

| 구 분 | 메쌓기(cm) | 찰쌓기(cm) |
|---|---|---|
| 돌쌓기 높이(m) | | |
| 1.5 미만 | 25~35 | 25~35 |
| 1.5~3.0 | 36~45 | 30~35 |
| 3.0~5.0 | 36~60 | 35~45 |
| 5.0~7.0 | 45~75 | 35~55 |
| 7.0 이상 | 75 이상 | 45~60 |
| 돌붙이기 | 25~60 | 20~40 |

㊟ 높이는 마루를 기준으로 함

돌쌓기의 표준 기울기는 특수한 경우를 제외하고는 쌓기 높이의 최대치를 취하고 표준 뒷길이의 상부부터 적용한다. 산돌쌓기의 비탈 높이는 원칙적으로 2m 이하로 하지만 2m 이상일 경우에는 2단으로 한다. 용출수가 있는 곳은 마루에 오목한 형태의 수로를 만들어 유하수가 집수되도록 한다. 줄눈메꿈의 모르타르는 $1m^2$당 $0.009m^3$를 표준으로 하여 사용한다.

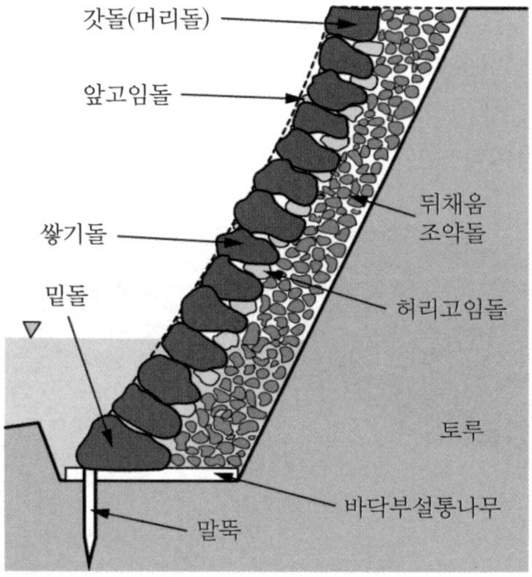


**그림 6-25** 돌쌓기의 단면

**표 6-8** 돌쌓기 높이에 따른 표준 기울기

| 구 분 | | 수직높이(m) | | | | |
|---|---|---|---|---|---|---|
| | | 1.5 미만 | 1.5~3.0 | 3.0~5.0 | 5.0~7.0 | 7.0 이상 |
| 메쌓기 | 흙쌓기 | 1 : 0.30 | 1 : 0.35 | 1 : 0.40 | 1 : 0.45 | 1 : 0.50 |
| | 땅깎기 | 1 : 0.25 | 1 : 0.30 | 1 : 0.35 | 1 : 0.40 | 1 : 0.45 |
| 찰쌓기 | 흙쌓기 | 1 : 0.25 | 1 : 0.30 | 1 : 0.35 | 1 : 0.40 | 1 : 0.45 |
| | 땅깎기 | 1 : 0.20 | 1 : 0.25 | 1 : 0.30 | 1 : 0.35 | 1 : 0.40 |

㈜ 야면석쌓기는 높이 3m 이상일 경우 전부 또는 하부를 찰쌓기로 함

**③ 종류**

돌쌓기는 모르타르의 사용 여부에 따라 메쌓기와 찰쌓기로 구분하고, 축조 방법에 따라서는 골쌓기와 켜쌓기로 구분한다. 골쌓기는 비교적 안정되며, 견치돌(축댓돌)이나 큰 들돌을 이용하여 층을 형성하지 않고 쌓기 때문에 막쌓기라고도 한다. 켜쌓기는 마름돌이나 견치돌을 이용하여 돌 앞면의 높이가 같고 가로줄눈이 일직선에 놓이도록 쌓기 때문에 바른층쌓기라고도 한다.

**㉠ 찰쌓기공사**

콘크리트의 사용량은 $1m^2$당 $0.2 \sim 0.3m^3$으로 시공하고, 뒤채움자갈의 사용량은 $1m^2$당 $0.2 \sim 0.3m^3$, 다습지로 퇴적토의 붕괴가 예상될 경우에는 $1m^2$당 $0.3 \sim 0.5m^3$로 시공한다. 막깬돌 찰쌓기공사는 골쌓기를 원칙으로 하며 밑돌은 큰 돌을 사용하여 오각형으로 다듬은 후 인접한 돌에 밀착하도록 놓아야 한다. 또한 찰쌓기의 석재 및 블록은 흙이나 부착물을 제거하여 깨끗한 상태에서 쌓아야 하며, 뒤채움조약돌의 두께는 수직높이에 따라 크기를 정한다.

찰쌓기에서는 앞면 접합부의 이를 맞추고 쌓기돌을 허리고임돌로 고정하며, 돌 사이에는 채움콘크리트로 앞면 돌의 이까지 충분히 채우고 다져야 한다. 1일 시공량은 1.2m를 넘지 않아야 한다. 물빼기구멍은 어긋나게 배치하되, 간격은 $2 \sim 3m^2$마다 1개를 표준으로 하고 바닥지름 3~5cm의

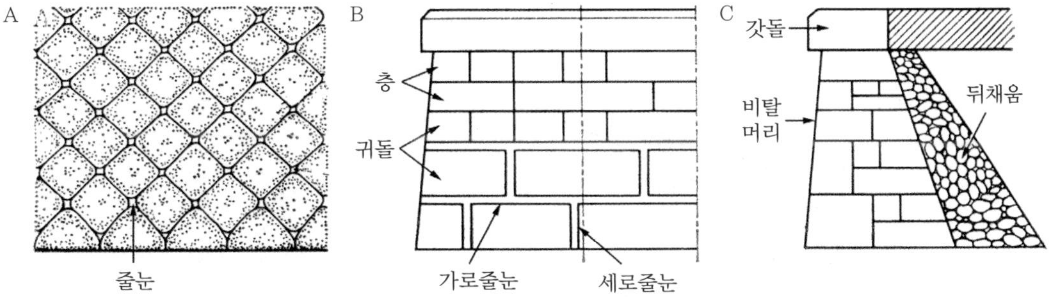


**그림 6-26** 돌쌓기의 종류(A: 골쌓기, B · C: 켜쌓기)

**표 6-9** 흙쌓기에서의 뒤채움조약돌 두께(단위: cm)

| 구 분 | 수직높이(m) | | | |
|---|---|---|---|---|
| | ~1.5 | ~3.0 | ~5.0 | ~7.0 |
| 상부 두께 | 20~40 | 20~40 | 20~40 | 20~40 |
| 하부 두께 | 30~60 | 45~75 | 60~100 | 80~140 |

㊟ 땅깎기의 경우(다져진 상태)에는 뒤채움조약돌의 상 · 하부 두께를 30~40cm로 함

염화비닐관 등으로 시공한다. 앞면에 줄눈 모르타르를 시공할 때에는 줄눈 부분을 물로 충분히 적신 후에 시공하여야 하며, 시공 직후 표면을 가마니 등으로 덮고 살수하여 10시간 이상 습윤상태를 유지한 채로 양생한다.

ⓛ **메쌓기공사**

규격이 일정한 석재의 줄쌓기를 원칙으로 한다. 접촉부는 견치돌이 폭 5~10cm, 막깬돌이 폭 3~6cm가 되도록 돌메로 다듬어서 맞추고 허리고임돌 및 뒷고임돌로 괴어야 하며, 돌쌓기와 뒤채움을 같이 진행한다.

ⓒ **골쌓기공사**

견치돌, 막깬돌, 깬잡석은 잘 접촉되게 다듬어야 하고 허리고임, 옆고임, 뒷고임은 잡석으로 고인다. 메쌓기 시공 시에는 고임돌의 틈새에 채움자갈을 충분히 다져 넣는다. 밑돌[기석(基石)]과 머리돌[천단석(天端石)]의 앞면은 두 모서리를 따내서 오각형으로 다듬고 좌우의 밑돌과 밀착되게 놓아야 한다.

ⓔ **줄쌓기공사**

줄쌓기공사는 비탈면의 높이가 1m 이하일 때 양질의 규격재인 견치돌이나 막깬돌로 시공한다. 호박돌 및 잡석 쌓기공사는 쇠메로 다듬어서 앞면을 맞추며, 좁은 면이 비탈면에 나오도록 마구리쌓기, 골쌓기로 한다.

돌쌓기공사 시의 뒤채움 재료로는 조약돌이나 부순돌을 사용하며, 최대 지름 15cm인 돌이 적당한 입도로 혼합되어 있어야 한다. 뒤채움 시공 시 되메우기 재료와 뒤채움 재료가 혼합되지 않아야 하며, 작업 중에는 기계의 주행 또는 편심하중에 의하여 구조물이 손상을 입지 않도록 주의한다.

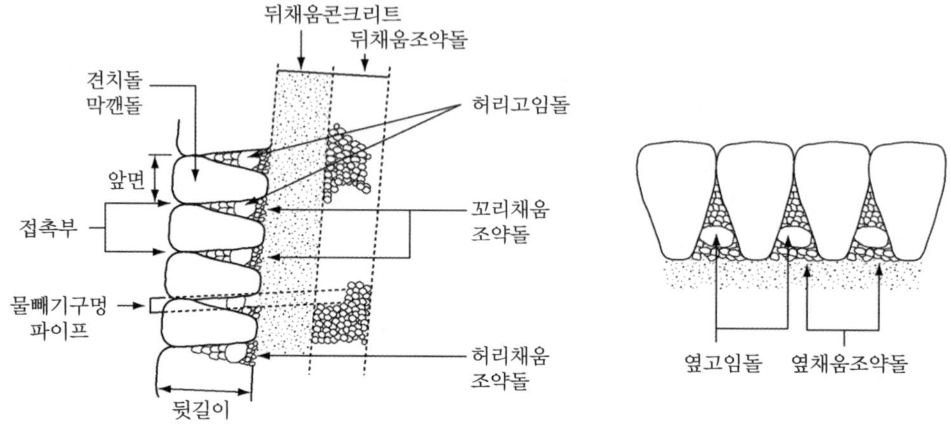


**그림 6-27** 돌쌓기의 시공 구조도

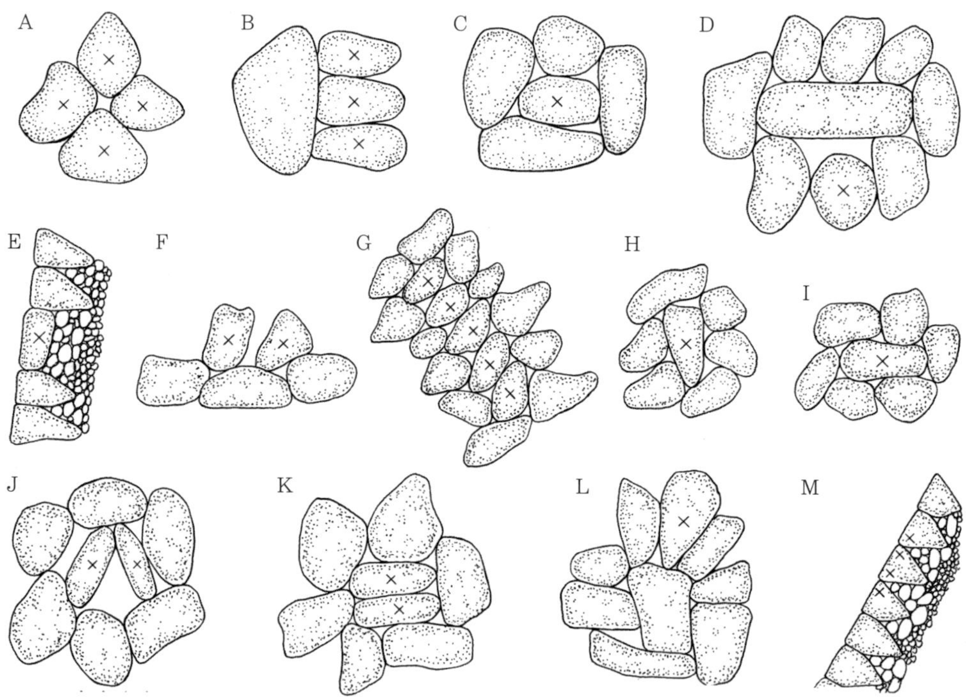


**그림 6-28 잘못된 돌쌓기**(금기석(禁忌石); A: 넷붙임[사접(四接)], B: 셋붙임[삼접(三接)], C: 넷에움[사위(四圍)], D: 뜬돌[부석(浮石)], E: 거울돌[경석(鏡石)], F: 떨어진돌[이석(離石)], G: 꼬치쌓기[곶석(串石)], H: 선돌[종일자(縱一子)], I: 누운돌[횡일자(橫一子)], J: 이마대기[액접(額接)], K: 포갠돌[중첩석(重疊石)], L: 뾰족돌[첨석(尖石)], M: 새입붙이기[조구축(鳥口築)])

돌쌓기공사에서 석축 뒤는 돌쌓기에 맞추어 뒤채움을 실시한 후에 층별로 되메우기를 실시하며, 높은 돌쌓기에서는 되메우기를 한 번에 하지 말아야 한다. 또한 낙석이 예상되는 지역은 마루 부분을 꺾어 축설한다. 돌의 배치에 특히 주의하며, 돌 하나를 둘러싸는 돌의 개수에 대하여 다섯 에움 이상 일곱 에움 이하가 되도록 하고 보통은 여섯 에움으로 한다.

### 6·4·4 배수시설

#### 1 누구막이

**① 목적 및 시공 장소**

누구막이[누구방지공(涙溝防止工), rill control structures, small check dam]는, 산비탈면에서 강수 및 유수에 의한 비탈침식으로 인하여 발생하는 누구침식을 방지하기 위하여 누구를 횡단하여 시공하는 비탈 수토보전공법으로, 산비탈수로와 떼단쌓기의 기초공사나 토사를 유치할 목적으로 시공한다. 따라서 ①누구침식이 발달한 곳이나 비탈다듬기 및 단끊기로 발생한 토사가 퇴적된 곳, ②뜬흙이 1m 이상인 퇴적지, ③누구의 경사가 급하게 형성되어 사력의 유출이 심한 지역을 시공 대상으로 한다.

**② 설계 및 시공 방법**

수로를 개설하기 위하여 바닥파기를 실시한 후에 잉여 토사를 적치할 필요가 있는 견지반 중에서 비탈면의 경사가 비교적 완만한 지역에 계획한다. 계곡부의 침식 방지용 누구막이는 산각이 고정된 곳으로, 유량이 비교적 적어 별도의 방수로를 설치할 필요성이 없는 지역에 계획한다. 산비탈수로를 계획할 때 비탈면의 경사가 25~30°인 경우 수직높이 5m마다 누구막이를 계획하고, 상류를 향한 중심선에 직각 방향으로 축설한다.

시공할 때에는 설계 지점의 계획된 높이에 말뚝을 박아 시공줄을 설치하고, 시공 위치 및 규모를 감안하여 기계장비 및 인력 투입을 결정한다. 바닥과 어깨파기는 원지반 이하의 견지반까지 충분하게 실시하고, 돌을 재료로 사용할 경우에는 자갈 뒤채움을 규정에 따라 실시한다. 공작물 설치가 완료되면 공작물의 상부, 하부, 어깨 위에 되메우기를 실시한다.

**③ 종류**

누구막이는 구곡막이나 땅속흙막이보다 규모가 작으며, 사용하는 재료에 따라 돌누구막이, 콘크리트누구막이, 콘크리트블록누구막이, 떼누구막이, 돌망태누구막이, 바자누구막이, 통나무누구막이, 흙포대누구막이 등으로 구분한다.

**㉠ 돌누구막이**

돌누구막이에는 잡활석이나 야면석을 이용하며, 터파기를 실시한 후 폭 40cm의 뒤채움을 실시한다. 시공 요령은 땅속흙막이나 골막이에 준하지만 규모를 사면적 $3m^2$ 이내로 하며, 높이는 선떼붙이기 하부와 수평이 되도록 설치하지만 계간이나 수로의 뜬흙을 처리하기 위하여 대략 60cm 내외로 한다. 돌누구막이의 비탈은 1 : 0.3으로 한다.

**㉡ 떼누구막이**

떼누구막이는 용출수가 없고 토양구조가 양호한 곳에 산비탈떼수로와 함께 시공한다. 시공 요령은 땅속흙막이나 골막이에 준하지만 $2m^2$로 규모가 작으며 높이와 비탈물매는 돌누구막이와 같다.

그림 6-29 돌누구막이

그림 6-30 떼누구막이

## 2 산비탈수로

### ① 목적 및 시공 장소

산비탈수로[산복수로(山腹水路), hillside channel]는 산비탈에서 발생하는 강우 또는 용출수 등의 유수에 의한 비탈면 침식의 방지, 침투에 의한 흙의 강도 저하나 간극수압의 증대 방지, 비탈면 유수의 안전한 배수와 속도랑에 의하여 집수된 지중수의 지표 도출 및 안전한 배수, 붕괴비탈면의 자연유로 고정을 목적으로 시공한다.

강우강도가 지면의 침투능을 초과하면 유수는 지표를 따라 유하하고 지표수에 의하여 누구침식이 발생하며, 누구가 발달하면 구곡이 된다. 또한 침투한 물은 흙의 강도를 떨어뜨리거나 간극수압을 높여 비탈면의 붕괴를 유발한다.

산비탈수로는 ①산지사방지 내에 용출수가 있는 경우, ②산지사방지 주변부에 지표수가 집중되어 유하하는 경우, ③비탈면이 오목지형을 이루어 지표수가 집중되는 경우, ④산지의 지질이 지표수의 침식에 약한 경우, ⑤속도랑에 의하여 배수된 물을 지표수로 유하시킬 경우에 설치한다.

### ② 설계 및 시공 방법

**㉠ 배치**

붕괴지 및 주변의 지표수와 용출수를 신속하게 배출할 수 있도록 배수계통을 충분히 검토하여야 한다. 즉 구역 내의 종·횡배수가 잘 이루어지도록 배수계통을 배치하여 호우 시 발생하는 지표수를 원만하게 유도하는 일이 중요하며, 상부 비탈면에는 지선배수로를 설치하여 유출수가 유하하기 쉬운 물매로 계획한다.

**㉡ 평면선형**

원칙적으로 붕괴지 등의 가장 낮은 부분을 연결하는 선형(線形)으로 하며, 상부부터 하부까지 무리 없는 물매선[법선(法線)]이 되도록 계획한다. 수로 합류점의 교각(交角, crossing angle)은 예각이 되도록 하고 원칙적으로 흙막이 등으로 유지한다.

붕괴지 등의 횡단형상이 단순하지는 않지만 비탈면의 유하수는 최대 경사 방향으로 유하하여 가장 낮은 곳에 집수되기 때문에 산비탈수로를 가장 낮은 곳에 설치하는 것이 원칙이다. 또한 산비탈수로의 평면형상은 유하수가 원만하게 배수되도록 가능한 한 직선으로 하는 것이 바람직하지만 가장 낮은 곳을 연결한 평면지형이 직선이 되지 않는 경우가 많다. 따라서 산비탈수로 또는 대규모 붕괴지에 있어서 횡방향으로 설치하는 지선수로의 평면선형은 가능하면 직선으로 하고 선형이나 방향이 바뀔 때에는 흙막이 등으로 변경하도록 한다.

**㉢ 종단형**

극단적인 굴곡은 피하고 전체적으로 무리가 없는 선형을 유지하도록 계획한다. 즉 원칙적으로는 일정한 물매를 유지하여야 하지만 붕괴 지형은 일반적으로 상부에서 하부를 향하여 물매가 서서히 완만해지기 때문에 종단형에 따른 무리가 없는 선형이 되도록 계획한다. 수로의 물매가 극단적으로 변하면 그 부분에 토사가 퇴적하거나 도수(跳水, hydraulic jump) 등이 발생하여 수로가 파괴되는 원인이 되므로 주의한다. 물매를 조정할 때에는 흙막이 등을 시공하여 변경하도록 한다.

**㉣ 통수단면**

집수되는 최대유량을 안전하게 배수할 수 있는 단면에 충분한 여유고(餘裕高)를 두고 하부로 갈수록 단면이 커지도록 설계하여야 한다. 지선수로가 필요한 경우에는 간선수로와 지선수로의 집수구역을 구분하여 단면을 결정한다.

산비탈수로의 통수단면은 합리식을 이용하여 호우 시의 예상최대우량으로 단면을 구할 수 있지만 도달 시간이 지나치게 짧고 지피 상태에 따라 차이가 발생하기 때문에 반드시 적절하다고는 할 수 없다. 따라서 침식에 의하여 형성된 작은 유로의 형성 과정, 분포, 형상을 충분히 관찰한 후에 현지에서 기술적 · 경험적 판단에 따라 결정한다. 특히 붕괴지 주변으로부터의 유입수 등에 대해서 충분히 조사, 검토하고, 낙엽 · 토사 등의 퇴적을 고려하여 단면을 여유롭게 확보할 수 있도록 계획한다.

**㉤ 수로의 구간길이**

수로의 구간길이는 지형 조건 등을 고려하여 결정하며, 구간의 길이가 길어질 경우에는 낮은바닥막이 등을 설치하여 수로의 활동, 침하 등을 방지한다. 붕괴지는 일반적으로 급경사지라서 기초지반의 상태도 불량한 경우가 많기 때문에 수로의 구간길이를 길게 잡으면 수로 자체의 중량으로 인한 부동침하나 활동이 발생하여 수로가 파괴된다. 따라서 흙막이 등을 두어 수로의 구간길이를 제한할 필요가 있으며, 일반적으로는 20m 정도를 표준으로 한다.

**㉥ 수로받이**

산비탈수로는 일반적으로 급물매인 경우가 많으므로 수로의 합류점이나 방향의 변환점에서 도수 등이 발생하여 수로가 파괴되는 원인이 된다. 또한 산비탈수로의 굴곡부나 합류점 등에서는 유속의 변화로 일수(溢水, overflow)가 생기면서 수로가 파괴된다. 이러한 피해를 줄이기 위하여 흙막이 등의 하부에 수로받이, 수로덮개 등을 설치하며, 위치적 조건을 고려하여 공종 · 종별에 따른 안전한 크기와 구조로 설계한다.

수로물매의 변곡점, 굴곡부, 합류점에 흙막이 등의 낙차(落差)를 둔 경우에는 그 하부에 수로받

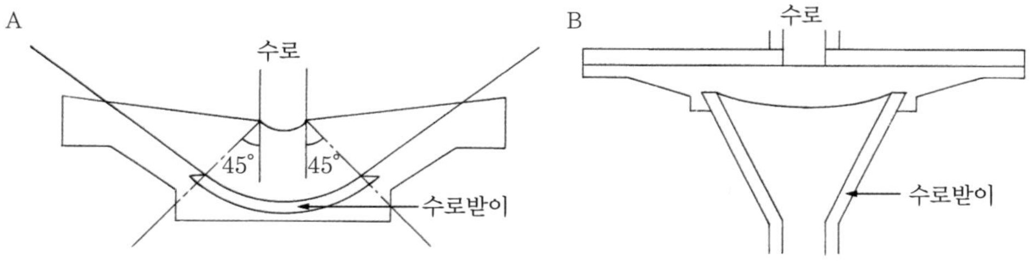


**그림 6-31** 산비탈수로의 수로받이(A: 정면도, B: 평면도)

이[수로수구(水路受口), water receiving]를 설치하여 일수, 도수 등에 의한 수로의 파괴를 방지한다. 수로받이의 규모와 구조는 현지의 지형과 유수량에 따라 결정한다.

수로받이의 규모는 낙차의 유효높이와 수로물매 등을 고려하여 결정하며, 유하수가 직접 붕괴면에 비산되지 않을 정도로 한다. 수로받이의 길이는 다음과 같은 식으로 구한다.

$$l = V\sqrt{\frac{2(h+h')}{9.8}} - nh \quad \cdots\cdots (6\cdot24)$$

$$l = 1.5 \sim 2.0(h+h') \quad \cdots\cdots (6\cdot25)$$

식에서 $l$: 수로받이의 길이(m), $V$: 유수의 표면유속(m/s), $h$: 쌓기 공작물의 높이(m), $h'$: 수로의 깊이(m), $n$: 수면물매

수로의 폭은 상부 수로의 마루바닥에서 수선을 내린 후 바깥쪽으로 45° 각도로 직선을 긋고 지반과 접촉하는 교점까지의 폭보다 넓게 한다.

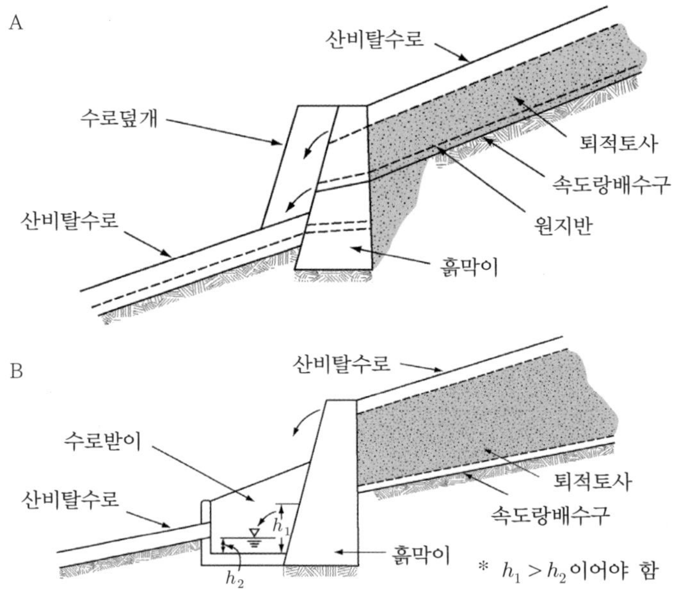


**그림 6-32** 수로덮개(A)와 수로받이(B)의 구조

### ③ 종류

산비탈수로의 종류는 지형, 토질 조건, 배치 위치, 집수량, 사용 재료의 내구성 · 시공성, 주위 환경과의 조화 등을 고려하여 선정한다. 산비탈수로의 종류를 선정할 때 유의할 사항은 ①필요한 통수단면을 확보할 것, ②필요한 강도나 내구성이 있을 것, ③기초지반에 잘 접착될 것, ④시공성이 우수할 것, ⑤경제적일 것 등이다.

한편 유하량이 많고 경사가 급한 경우나 상수(常水)가 있는 경우에 간이수로를 배치하면 파괴되기 쉽다. 따라서 현지의 상황을 충분히 조사하고 여러 조건을 종합적으로 검토한 후에 도입할 수로의 종류를 결정한다.

표 6-10 산비탈수로의 종류별 적용 장소

| 종 류 | 적용 장소 |
|---|---|
| 떼수로 | 완경사로 상수와 토사유송이 없고 유량이 적으며 떼의 생육에 적당한 곳 |
| 찰붙임돌수로 | 유량이 많은 간선수로와 자연유로를 고정하는 곳 |
| 메붙임돌수로 | 상수가 없고 물매가 급한 곳, 지반이 견고하고 집수량이 적은 곳 |
| 콘크리트수로 | 유량이 많고 상수가 있는 곳, 유량이 많은 간선수로 |
| 콘크리트블록수로 | 집수량이 많은 간선수로, 비탈어깨 돌림수로 |
| 콘크리트관수로 | 집수량이 적은 간선수로 |
| 철선돌망태수로 | 지반이 연약하고 상수가 없는 곳 |
| 목책수로, 편책수로 | 집수량이 적고 비교적 가벼운 내구성으로 충분한 곳 |
| 흙자루수로, 금망수로 | 상수와 토사유송이 없고 유량이 적으며 떼의 생육에 적당한 곳 |
| 플라스틱관수로 | 비탈의 소규모 수로, 비탈어깨의 돌림수로 |

**㉠ 떼수로**

떼수로[떼붙임수로, 장지수로(張芝水路), sod-pitching channel]는 물매가 완만하고 유량과 토사유송이 적은 곳에 시공하며, 소규모 붕괴지의 수로, 대규모 붕괴지의 지선수로, 민둥산의 수로로 이용된다. 떼를 구하기 쉽고 시공지의 환경 조건이 떼의 생육에 적합한 곳에 적용한다.

떼수로의 횡단면 모양에 따라 사다리꼴떼수로와 활꼴떼수로 등으로 구분한다. 사다리꼴떼수로는 토사의 퇴적과 침식을 방지할 목적으로 시공하며, 윤주(潤周)길이 80~100cm, 집수구역 0.5ha, 비탈물매 12~24°로 하고 양안의 뜬흙은 줄떼다지기로 처리한다. 활꼴떼수로는 누구의 침식 발달과 선떼붙이기 등의 유실을 방지할 목적으로 시공하고, 선떼붙이기나 씨뿌리기 시공지가 견고해지는 효과가 있으며, 윤주길이는 60cm로 한다.

뗏장을 대신하여 비탈 오목지형에 흙수로를 시공한 후 각종 초본류 종자를 흙지반에 직파하는 초생수로(草生水路, grassed channel)를 조성하기도 한다.

그림 6-33 떼수로

**㉡ 돌붙임수로**

돌붙임수로[장석수로(張石水路), stone pitching channel]는, 속도랑에서 배수나 용출수가 발생하여 상수가 있는 경우, 경사지가 급하고 토사의 유출이 많아 침식이 현저한 경우에 붕괴비탈면을 유하하는 상수가 있는 자연유로를 고정하기 위하여 시공한다. 주로 사다리꼴이나 활꼴의 단면을 조성하며, 시공단가가 높으므로 특별한 경우에만 사용한다.

메붙임돌수로는 잡석, 호박돌, 막깬돌 등을 가공하지 않은 상태로 축설하는 것으로, 유량이 비교적 적고 물매가 약간 급한 산비탈에 사용한다. 시공 시 돌의 긴 면이 유수의 방향에 직각이 되도록 하고, 뒤채움자갈을 잘 다져서 붙임돌이 빠져 나오지 않도록 한다. 특히 줄눈으로 유수가 침투하면 수로바닥이 침식되기 때문에 유의하여야 한다.

찰붙임돌수로는 돌붙임을 실시할 때 뒷부분의 공극에 콘크리트를 채워 축설하는 것으로, 메붙임돌수로로는 효과가 발휘되지 않을 경우에 시공한다. 즉 수로에 집수되는 유량이 많을 경우, 유하하는 토석에 의한 충격으로 돌붙임에 사용된 돌이 빠져 나오거나 침투수에 의하여 수로바닥이 침식될 위험이 있는 경우에 시공한다.

막논돌수로[사석수로(捨石水路), riprap channel]는 집수구역이 좁고 경사가 완만한 곳에 설치하며, 수로의 반경은 0.6~1.0m, 깊이는 윤변(潤邊)의 1/10~1/5로 한다.

그림 6-34 메붙임돌수로

그림 6-35 찰붙임돌수로

### ⓒ 콘크리트수로

콘크리트수로(concrete channel)는 찰붙임돌수로에 비하여 유속이 빠르고 사류(射流)와 도류(跳流)가 발생하는 구간에 시공한다. 시공 장소 등은 찰붙임돌수로에 준하며, 형상과 크기를 자유롭게 조절할 수 있다. 토압 등에 대하여 가장 안전하지만 급비탈면에서는 시공이 곤란하고 단면이 커져 비경제적이므로 소규모 붕괴지의 수로로는 적절하지 않다. 재료 운반이 어려울 경우에는 콘크리트블록을 이용한다.

수로 단면은 보통 사다리꼴로 하며, 측벽의 앞쪽 물매는 1 : 0.3~0.5, 뒤쪽 물매는 수직이나 1 : 0.1의 역물매로 한다. 수로의 규격은 밑두께가 20~30cm, 측면의 두께가 벽마루에서 20cm가 되도록 한다.

### ⓓ 콘크리트블록수로

콘크리트블록수로(concrete block channel)는 공장에서 일정한 규격으로 제품화한 수로용 콘크리트블록을 사용하여 시공하는 수로이다. 단면은 주로 U자형이지만 반원관 또는 원형관을 사용하기도 하며, 철근콘크리트관이나 흄관(hume concrete pipe)이 많이 사용된다.

콘크리트블록 제품을 사용하는 수로공사는 콘크리트현장치기에 비하여 시공이 간편하지만 시공 상태가 불량하면 파손되거나 훼손되기 쉬우므로 뒷자갈채우기와의 연결부 접속공사에서 특히 수로관 아래로 유수가 침투하여 침식되지 않도록 주의하여야 한다. 관의 규격은 배수 유량에 따라 결정하지만 보통 깊이와 폭을 30~50cm로 한다.

그림 6-36 콘크리트수로

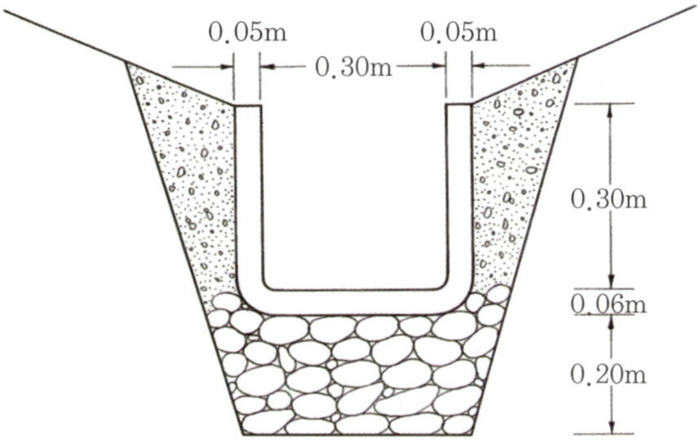


그림 6-37 콘크리트블록수로(U자형)

ⓜ 기타

흙자루수로는 떼수로보다 다소 물매가 급하거나 유량 및 유송토사가 많은 지역에 설치한다. 최근에는 다양한 흙자루가 개발되어 현지에 적용되고 있으며, 응급복구를 실시하여야 할 경우에 널리 활용되고 있다. 특히 식생마대는 수로의 물리적 안정뿐만 아니라 생태 면에서도 효과적이므로 지역 고유의 재래식생을 활용하는 방안이 제시되고 있다.

목제수로(木製水路, timber channel)는 유연성이 풍부하여 시행지에 순응할 수 있는 장점이 있다. 측면으로부터의 침투수를 동시에 배수할 수 있으며, 목재가 짧거나 구부러지더라도 사용할 수 있다. 물매가 급한 곳, 수로의 부지가 침식될 우려가 있는 곳에 적합하다. 최근에는 국산재를 치산 분야에 활용하는 방안을 적극적으로 강구하고 있다.

그림 6-38 흙자루수로

그림 6-39 목제수로

## 3 속도랑배수구

### ① 목적 및 시공 장소

속도랑배수구[암거공(暗渠工), culvert, closed conduit, underdrain works]는 지하수, 침투수

를 신속히 배제하여 비탈면의 함수비 및 간극수압을 저하할 목적으로 시공한다. 즉 속도랑배수구는 지하수, 침투수를 신속히 배제하여 토층의 활동적 이동을 방지하고, 지하수가 지표면으로 분출하거나 용출수가 발생하여 재차 붕괴되는 일을 방지하기 위하여 ①지하수나 침투수를 효율적으로 집수할 수 있는 곳, ②지표수를 원활하게 산비탈수로로 배제할 수 있는 곳에 설치한다.

### ② 설계 및 시공 방법

#### ㉠ 배치 및 물매

속도랑배수구는 지하수나 침투수를 효율적으로 집수할 수 있고 지표수를 원활하게 산비탈수로로 배제할 수 있는 위치에 배치하여야 한다. 속도랑배수구의 물매는 원칙적으로 원지반의 종단물매와 일치시켜 산비탈수로와 마찬가지로 같은 구간 내에서는 일정한 물매를 유지하도록 한다. 원지반의 종단형상에 따라서는 산비탈수로의 물매와 일치하지 않는 경우도 있지만 대상이 되는 지하수나 침투수를 효율적으로 집수하여 신속하게 표면수로 유도할 수 있도록 계획하여야 한다.

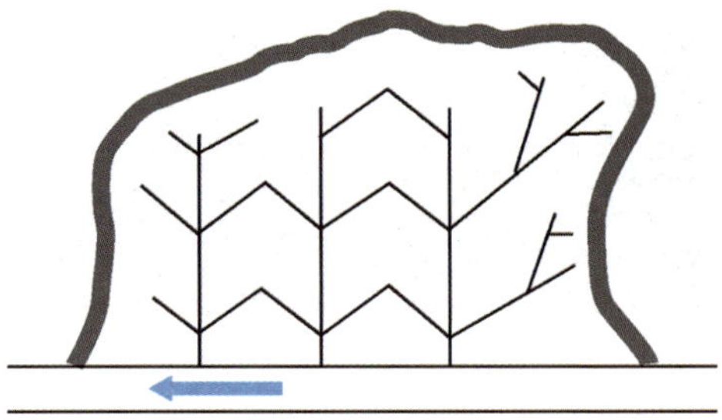

그림 6-40 속도랑배수구의 계통도

#### ㉡ 구조

속도랑배수구의 구조는 충분한 배수 능력, 내구성, 시공성이 있으면서 상부의 하중, 토압 등에 대한 강도가 충분하여야 한다. 또한 속도랑배수구의 밑면은 원칙적으로 불투수층 또는 원지반에 계획하도록 하며, 비탈다듬기에 앞서 바닥파기를 충분히 한 후에 깊게 시공한다.

속도랑배수구의 구조 및 사용 재료는 배수할 침투수의 양, 비탈면의 토질, 흙의 침투능 등을 충분히 검토하여 결정한다. 또한 집수된 물이 지중으로 재침투하지 않도록 원지반의 불투수층 등에 설치하고, 밑면은 누수를 방지할 수 있는 구조로 하는 것이 원칙이다.

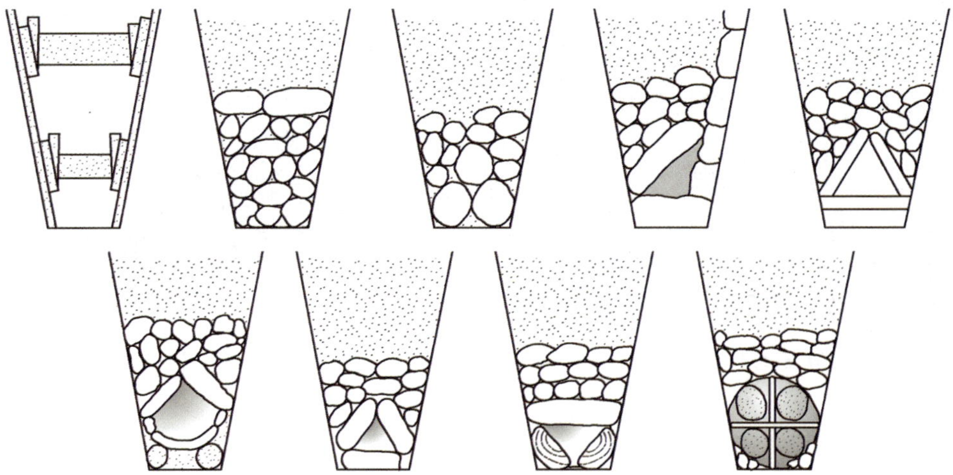

그림 6-41 각종 재료를 사용한 속도랑배수구의 구조 사례

㉢ 막힘 방지

배수관의 집수공에 토사가 쌓여서 막히면 속도랑배수구의 배수 능력 및 내구성이 저하하는 요인이 된다. 또한 속도랑배수구와 주변 토사의 투수계수에 차이가 날 때에는 유수의 속도가 느려져 주위의 세립토가 유수와 함께 관내에 유입되어 막히게 된다.

배수공의 막힘을 방지하기 위해서는 유입토사가 집수구까지 유출되지 않도록 속도랑배수구의 물매를 급하게 조성하거나 관의 지름을 크게 설치하여야 한다. 그러나 물매가 급하면 유속이 빨라지고, 관의 지름을 크게 하려면 지형과 경제성 등에서 제약이 생기기 때문에 일반적으로는 막힘방지재를 사용한다. 막힘방지재로는 적당한 투수성을 지닌, 입도분포가 다양한 모래와 자갈을 사용하면 경제적이지만 조건에 맞는 재료를 구하기 어려울 때에는 2차 제품인 매트 종류를 사용한다.

㉣ 구간길이

속도랑배수구의 구간길이는 산비탈수로의 구간길이에 준한다. 비탈면 길이로 20m 정도가 되게 하며, 그 이상의 길이가 필요한 경우에는 20m 정도의 간격마다 흙막이 등을 설치한다. 1개의 장대구간에 집수하기보다 공사 구간을 적당하게 구획하여 표면수를 배제하거나, 몇 개의 속도랑배수구를 W형이나 Y형으로 배치하여 최단거리로 배수할 수 있도록 계획한다.

㉤ 집수 후 처리

속도랑배수구에 의하여 집수된 물은 재침투되지 않도록 신속하게 표면수로 처리할 필요가 있다. 표면수로 유도할 때에는 일반적으로 흙막이 등의 낙차를 이용하도록 한다.

③ 종류

㉠ 자갈속도랑배수구

자갈속도랑배수구[역암거배수구(礫暗渠排水溝)]는 자갈이 풍부하고 지하수 용출수량이 많은 장소에 적용하며, 지하수나 용출수의 양, 표토의 상황, 속도랑의 밀도에 따라 단면을 결정한다(깊이 0.5~1.0m, 밑너비 0.3~0.7m). 시공 시에는 집수된 지하수의 재침투를 방지하기 위하여 비닐 등의 불투수성 피복재를 부설하고 돌로 충전한다. 또한 하부에는 지름이 큰 재료를, 상부로 갈수록 작은 재료를 부설하고, 토사유입에 의한 막힘을 방지하기 위하여 섶 등으로 피복한다.

㉡ 돌망태속도랑배수구

돌망태속도랑배수구[사롱암거배수구(蛇籠暗渠排水溝)]는 지반이 불안정한 땅밀림 지대와 급경사지 등에 이용하며, 지층 변동에도 자갈의 연속성 유지, 외력에 대한 저항력 보강, 형태 유지 등의 구조적 장점을 지니고 있다.

㉢ 기타

이 외에 콘크리트관에 집수용 구멍이 뚫려 있는 콘크리트관속도랑배수구[유공관암거배수구(有孔管暗渠排水溝)]와 섶다발속도랑배수구[조타암거배수구(粗朶暗渠排水溝)] 등이 있다.

## 6·5 산비탈녹화공사

### 6·5·1 목적

산비탈녹화공사[산복녹화공사(山腹綠化工事), hillside seeding, planting works on

hillside]는 비탈면에 식생을 도입하여 지표를 피복하고 근계의 긴박(緊縛) 효과를 활용하여 비탈면을 안정화할 목적으로 실시하며, 식생의 생육 기반을 조성, 개선하는 녹화기초공사와 식생공사로 나뉜다.

### 6·5·2 녹화기초공사

녹화기초공사(綠化基礎工事)는 식생의 생육 기반을 정비하기 위하여 실시하는 산비탈바자얽기, 산비탈울짱얽기, 단쌓기, 선떼붙이기, 줄떼붙이기, 평떼붙이기, 새심기, 조공, 등고선구공법, 비탈덮기 등을 말한다. 녹화기초공사는 등고선 방향으로 유하수를 분산하는 방법과, 비탈면을 피복하여 표면침식을 방지하는 방법으로 구분하며, 두 방법 모두 침식 방지를 전제로 식생을 도입하는 공종이다. 초기에는 초본을 중심으로 식생을 도입하고 최종적으로는 목본을 도입할 수 있는 식생공사를 실시한다.

#### 1 산비탈바자얽기

**① 목적 및 시공 장소**

산비탈바자얽기[산복편책공(山腹編柵工), hillside wicker structures]는 산지 비탈면에 토사가 퇴적하거나 붕괴하는 것을 방지하고 식생을 조성하기 위하여 비탈면 또는 계단 위에 바자[책(柵), 편책(編柵)]를 설치하고 뒤쪽에 흙을 채워 식생을 조성하는 공종이다. 따라서 ①떼를 채취하기 곤란하거나 떼붙임 효과가 없는 지역, ②토압이 작고 식생 도입과 토양 조건이 양호하면서(나무말뚝을 타설하기 양호한 토질) 재료를 쉽게 구득할 수 있는 지역, ③산비탈다듬기를 실시한 곳으로 토사 안정이 필요한 곳, ④산사태에 대비한 비탈면의 토사 안정과 녹화공사가 필요한 곳, ⑤비탈면 안정과 녹화가 필요한 훼손지 등에서 실시한다. 하지만 견고하여 말뚝을 타설하기 어려운 곳이나 경사가 급한 곳에는 적용하지 않는다.

**그림 6-42** 산비탈바자얽기

#### ② 설계 및 시공 방법

말구직경 8~10cm, 길이 1.0~1.5m인 말뚝을 0.5~1.0m 간격으로 1/2 정도 땅에 박은 후 50cm 정도의 밤나무, 참나무류, 버드나무류의 초두목이나 가지로 바자를 엮어맨다. 말뚝은 비탈면에 직각 또는 수직선의 이등분이 되도록 타설하지만 경사가 완만할 때에는 수직으로 박아도 된다.

급경사지는 계단을 끊고 편책을 설치한 후 뒷부분을 토사로 채운다. 바자로 엮어매는 나뭇가지는 밑부분이 3cm 이하인 것을 0.3~0.5속/m(1속은 25본 내외)씩 묶어서 사용한다. 바자 앞면에는 버드나무류 등의 삽수를 땅에 꽂아 발근시키는 생물응용기술(生物應用技術, bioengineering techniques)을 도입한다.

#### ③ 종류

사용하는 재료에는 바자, 통나무, 판자류, 콘크리트판, 초두목, 가지 등이 있다.

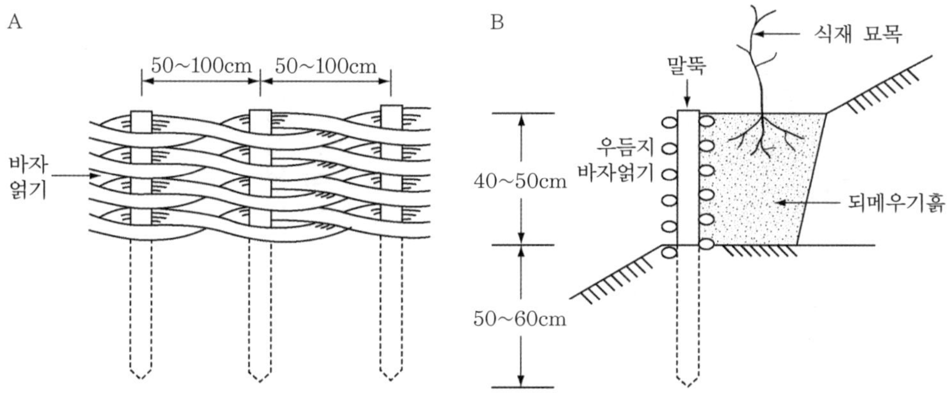


**그림 6-43** 산비탈바자엮기의 시공 구조도(A: 정면도, B: 단면도)

### 2 산비탈울짱엮기

#### ① 목적 및 시공 장소

산비탈울짱엮기[산복책공(山腹柵工), plank-board barrier works]는 산지 비탈면 또는 계단 위에 울짱[책(柵)]을 설치하여 표토의 유실을 방지하고, 울짱 뒷면에 되메우기를 하여 식재한 묘목의 생육 환경을 조성하기 위하여 시공한다. 따라서 ①떼를 채취하기 곤란하고 떼붙임으로 실효를 거둘 수 없는 지역, ②토압이 적고 식생 도입과 토양 조건이 양호한 지역, ③간벌재 및 숲가꾸기 산물을 쉽게 구할 수 있는 임도의 흙쌓기비탈면 또는 대형 산불 적지 등에 시공한다.

#### ② 설계 및 시공 방법

산지 비탈면에 0.5~1.0m의 수평간격으로 말뚝을 박고 말뚝 사이를 각종 재료로 엮거나 조립하며, 울짱의 벽면 높이는 0.5m 정도, 말뚝의 길이는 울짱 높이의 1.5~2.0배로 한다. 울짱에 사용하는 말뚝과 벽재에 사용하는 재료는 부후하기 쉽기 때문에 뒷면의 되메우기흙을 식생으로 고정하고 계단 위와 벽재 사이에는 새류와 잡초 포기를 심거나 씨뿌리기를 실시한다. 말뚝을 박는 각도는 일반적으로 수직 방향으로 하지만 경사가 급하여 말뚝 아래의 흙을 말뚝이 충분히 지지할 수 없을 경우에는 비탈의 수직 방향과 직각 방향의 2등분선으로 타설한다.

### ③ 종류

#### ㉠ 목책울짱얽기

목책울짱얽기[목책공(木柵工), timber barrier works]는 울짱의 벽재로 판재(판자) 또는 통나무를 사용하여 벽재에 가해지는 토압을 말뚝으로 지지하는 공사로, 산비탈흙막이까지는 필요하지 않을 때 시공한다. 일반적으로 말구직경 10cm, 길이 1.0~1.5m의 말뚝을 1m 간격으로 박고 그 안쪽에 두께 3cm 정도의 판자, 또는 지름 10cm, 길이 2.0m 정도의 통나무를 높이 50cm 정도로 나란히 설치한 후에 토사가 유출되지 않도록 섶을 깔고 되메우기를 실시한다.

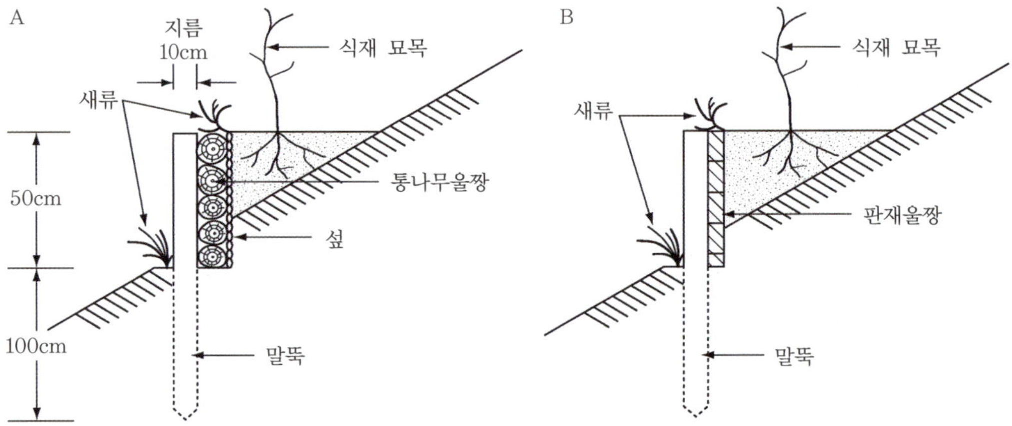


**그림 6-44** 산비탈울짱얽기의 시공 구조도(A: 통나무울짱얽기, B: 판재울짱얽기)

**그림 6-45** 판재울짱얽기

**그림 6-46** 합성수지울짱얽기

#### ㉡ 합성수지울짱얽기

합성수지울짱얽기[합성수지책공(合成樹脂柵工), synthetic resin barrier works]는 합성수지계의 2차 제품을 사용하는 울짱얽기로, 제품을 선정할 때에는 지형 조건과 토질 조건 등을 고려하여야 한다. 기본적으로는 산비탈바자얽기와 구조가 같지만 나무말뚝 대신에 철재 파이프와 경질염화비닐계 파이프를 사용하고, 나무 우듬지 대신에 강판과 익스팬디드 메탈(expanded metal) 또는 섬유판계의 투수성 매트와 철망 등을 사용한다. 또한 산지 비탈면의 녹화를 촉진하기 위하여 벽재에 종자와 소량의 비료를 부착하기도 한다.

㉢ 기타

섶울짱얽기[조타책공(粗朶柵工), fascine barrier works]는 잎나무 또는 땔나무를 이용하는 울짱얽기로, 숲가꾸기 산물의 확보가 용이한 지역에서 주로 시공한다. 이 외에도 콘크리트판울짱얽기[콘크리트판책공, concrete-plate barrier works]는 두께 5~6cm의 콘크리트판(블록)을 이용하고, 강철울짱얽기[강철책공(鋼鐵柵工), steel barrier works]는 눈사태와 낙석을 저지하기 위하여 H형강 등의 강철재를 이용하는 울짱얽기이다.

### 3 단쌓기

#### ① 목적 및 시공 장소

단쌓기[단적공(段積工), stepped mini-terrace works)]는 산지 비탈면의 우수를 분산하여 지표침식을 방지하고 식생을 조기에 도입하기 위하여 생육 환경을 정비하는 일이다. 시공 장소는 ①우수를 분산하여 뜬흙의 침식을 방지하여야 하는 급경사의 비탈면, ②식생을 조기에 도입하기 위하여 생육 환경을 조성하여야 하는 산비탈 등이다.

#### ② 설계 및 시공 방법

단쌓기는 지형, 토양, 기후, 설치 위치, 배면하중, 시공성, 주위 환경과의 조화 등을 고려하여 적절한 종류를 선정하여야 한다.

#### ③ 종류

단쌓기의 종류에는 떼단쌓기, 돌단쌓기, 돌떼단쌓기, 볏짚단쌓기, 섶단쌓기, 통나무단쌓기, 새단쌓기, 2차 제품을 이용한 단쌓기 등이 있다.

㉠ 떼단쌓기

떼단쌓기[단적입지공(段積立芝工), stepped mini-terrace sodding works, linear sodding works]는 계단 위에 떼를 연속적으로 쌓는 공사로, 비탈다듬기나 단끊기에서 발생한 토사를 피복

그림 6-47 떼단쌓기

할 목적으로 시공한다. 주로 뜬흙이 많은 비탈면이나 훼손지의 땅깎기비탈면, 흙쌓기비탈면에 시공하며, 단끊기 및 떼붙이기의 요령은 7급 선떼붙이기와 같고, 떼단의 높이와 폭은 각각 20~30cm로 한다. 떼는 흙이 붙은 두꺼운 흙떼를 사용한다.

떼단쌓기를 동일 비탈면에 연속적으로 시공할 때에는 5단을 초과하지 않도록 한다. 5단을 초과할 경우에는 5단을 쌓은 후 돌쌓기와 같은 견고한 산비탈흙막이를 시공하고 떼단의 폭보다 더 넓은 소단을 설치한 다음 떼단쌓기를 계속한다. 떼단을 쌓을 때에는 앞모서리 부분을 연결한 선이 직선이나 줄드리움선이 되도록 시공한다.

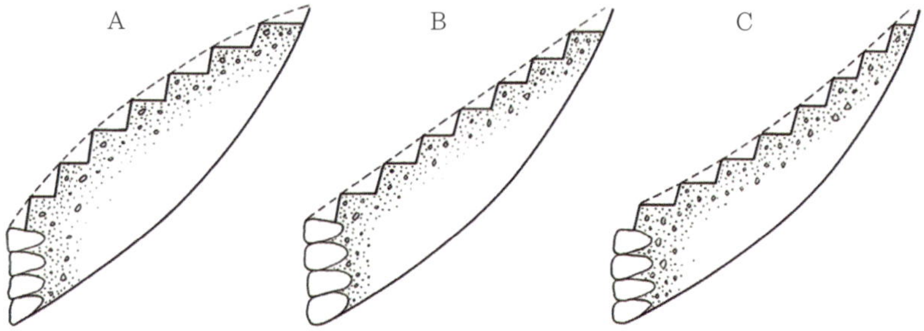


**그림 6-48** 떼단쌓기의 시공 적부(A: 불량함, B: 적당함, C: 좋음)

떼붙이기공사는 흙이 잘 붙어 있는 보통떼를 사용하여 흙과 떼가 완전히 밀착되도록 시공한다. 또한 떼단쌓기의 최하단과 그 주위에는 아까시나무, 싸리와 같은 사방수종의 묘목을 식재하며, 붕괴 위험이 있을 경우에는 떼단 앞에 나무말뚝을 박아 고정한다.

**㉡ 돌단쌓기**

돌단쌓기[단적석공(段積石工), stepped mini-terrace masonry works]는 떼단쌓기를 시공하여야 할 곳 중에서 ①떼는 구하기 곤란하고 돌(잡석)을 쉽게 구할 수 있는 곳이나 ②용출수, 지중수가 자주 용출되는 곳에 시공한다.

돌단쌓기 시 잡석으로 돌단을 쌓을 경우 안정도가 약하고 녹화가 제대로 이루어지지 않으므로 돌 사이에 흙떼를 끼워 넣어 교착제(膠着劑)로 활용한다. 또한 돌단에는 크기가 일정한 잡석을 사용하며, 호박돌일 경우에는 3단 이상 쌓지 않는다.

**그림 6-49** 돌단쌓기

**그림 6-50** 돌떼단쌓기

㉢ 기타

돌떼단쌓기[돌떼혼합단쌓기, 석지혼합단적공(石芝混合段積工), stepped mini-terrace stone-sodding works]는, 돌이 많은 지역에서 떼 대신에 돌로 단을 쌓을 때 돌 사이에 떼를 넣어 돌과 떼가 일체가 되도록 시공하는 방법으로, 경제적이지만 견고하지 못하다. 일반적으로 산사태 발생지의 표토층 안정과 녹화공사, 땅깎기비탈면 녹화에 이용된다.

볏짚단쌓기(stepped mini-terrace straw works)는 떼를 구하기 어려운 고산지대에서 떼 대신에 볏짚의 양 끝을 구부려 넣은 후 단 위에 묘목을 심고 풀씨를 뿌리는 방법이다. 볏짚은 사용연한이 짧으므로 시공 후 2~3년 내에 파식한 식물이 활착하여 녹화 기능을 발휘할 수 있도록 유의한다. 계단의 폭은 발디딤을 설치할 경우 60cm 정도, 발디딤이 없을 경우 50cm 정도로 하며, 볏짚단의 높이는 30cm 정도로 한다.

2차 제품을 이용한 단쌓기는 공사의 생력화(省力化) 등에 효과가 있다. 특히 2차 제품의 자재 중에는 객토 효과를 기대하는 자재, 씨뿌리기의 생력화와 균일화를 기대하는 자재가 있으므로 토양 조건이 불량한 장소라면 객토 효과를 기대할 수 있는 자재를 선정한다.

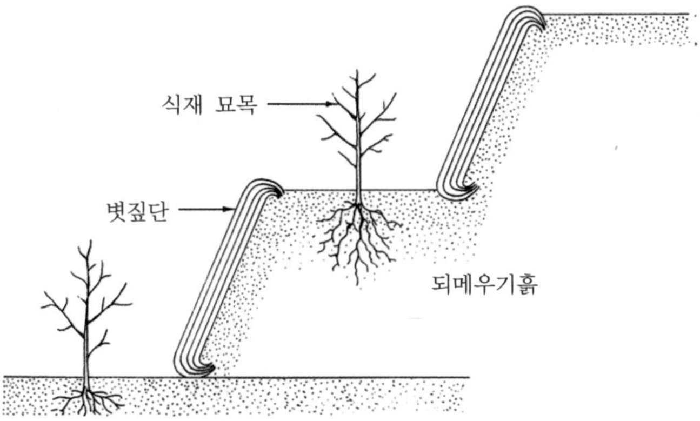


그림 6-51 볏짚단쌓기의 시공 구조도

### 4 선떼붙이기

#### ① 목적 및 시공 장소

선떼붙이기[입지공(立芝工), terrace-sodding structures]는 비탈다듬기에서 생산된 뜬흙을 고정하고 식생 조성용 파식상(播植床, seeding bed)을 설치할 목적으로, 비탈다듬기를 실시한 산지 비탈면에 수평계단을 설치하고 앞면에 뜬떼를 붙여 토사를 고정한 다음 뒷면의 매토 부분에 묘목을 식재하는 공종이다. 시공 장소는 ①경사가 급하고 토질이 단단한 지역, ②강수량이 많은 지역의 민둥산이나 화강암류의 풍화에 의한 토양화가 천천히 진행되어 점착성(粘着性, cohesive)이 적은 척박한 지질, ③산비탈의 길이가 길고 경사가 30° 이상이며 표토(뜬흙)가 많아 토사의 유실 방지와 안정이 필요한 곳, ④계간침식이 심하게 발생한 지역으로, 표토가 고르지 않아 대규모의 비탈다듬기를 실시한 산비탈 등이다.

그림 6-52 선떼붙이기

### ② 설계 및 시공 방법

등고선 방향으로 수직높이 1~2m마다 단끊기를 하고, 표토를 재활용하기 위하여 상부에서 하부 방향으로 한 계단씩 차례로 실시한다. 계단 폭은 50~70cm, 발디딤 폭은 10~20cm, 마루 폭은 40cm를 기준으로 하며, 떼붙이기의 기울기는 1 : 0.2~0.3으로 한다. 뜬흙이 깊은 곳은 산비탈돌 흙막이를 시공한 후에 밑돌선떼붙이기[대석입지공(臺石立芝工)]를 시공한다. 급경사지에 시공한 선떼 밑부분의 붕괴 방지 및 활착 촉진, 작업로로의 활용, 선떼의 밑부분과 바닥떼(밑떼)의 활착 등을 위하여 바닥떼 앞부분의 견지반에 발디딤을 설치한다. 선떼, 갓떼(머리떼), 받침떼, 바닥떼가 잘 밀착되도록 하며, 마루는 항상 수평을 유지하여야 한다. 특히 토사의 침하율을 고려하여 두께 5~10cm의 더쌓기를 실시한다.

선떼붙이기의 높이는 경사와 입지 조건에 따라 다르지만 저급으로 시공하는 것이 효과적이기 때문에 일반적으로 6~7급이 많이 시공된다. 표토의 이동 방지와 강수의 차단을 주목적으로 할 때에는 5급 이상으로 하고, 사방지 나무심기 및 씨뿌리기를 목적으로 할 때에는 6급 이하로 시공한다. 계단 폭은 산지 비탈면의 경사가 비교적 완만하고 토질이 부드러운 곳은 70cm 정도, 경사가 급하고 토질이 단단한 곳은 50cm 정도로 시공한다.

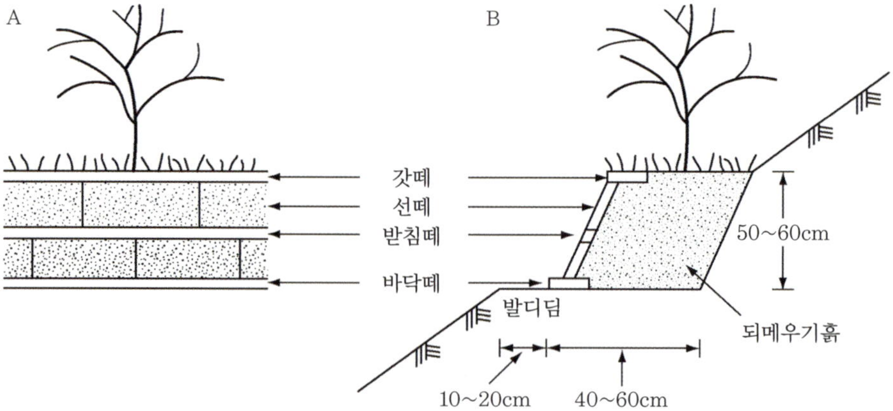


그림 6-53 선떼붙이기의 시공 구조도(A: 정면도, B: 단면도)

선떼붙이기에는 작은 규격의 재배 떼가 유용하여 갓떼, 받침떼, 바닥떼로는 반떼(18cm×18cm×1cm)를, 선떼에는 대형떼(40cm×40cm×1cm)를 각각 사용하고 있다. 떼는 도입 후 5~6년이 경과하면 자생 초본류의 착생으로 인하여 고사하고, 단상 및 단간에 밀식한 리기다소나무, 물오리나무와 같은 사방수종의 묘목이 성장한다.

**표 6-11** 선떼붙이기의 시공표준 사례

| 구분 | 비탈 (°) | 떼 매수 (매/m) | 수직높이 (m) | 수평거리 (m) | 사면거리 (m) | 시공 연장 (m/ha) |
|---|---|---|---|---|---|---|
| 1급 | 35~45 | 12.5 | 2.80~4.00 | 4.00 | 4.94~5.90 | 2,500 |
| 3급 | 35~45 | 10.0 | 2.80~4.00 | 4.00 | 4.94~5.90 | 2,500 |
| 5급 | 25~35 | 7.5 | 1.55~2.33 | 3.33 | 3.70~4.11 | 3,000 |
| 6급 | 25~35 | 6.25 | 1.55~2.33 | 3.33 | 3.70~4.11 | 3,000 |
| 8급 | 15~25 | 3.75 | 0.75~1.30 | 2.79 | 2.90~3.10 | 3,500 |

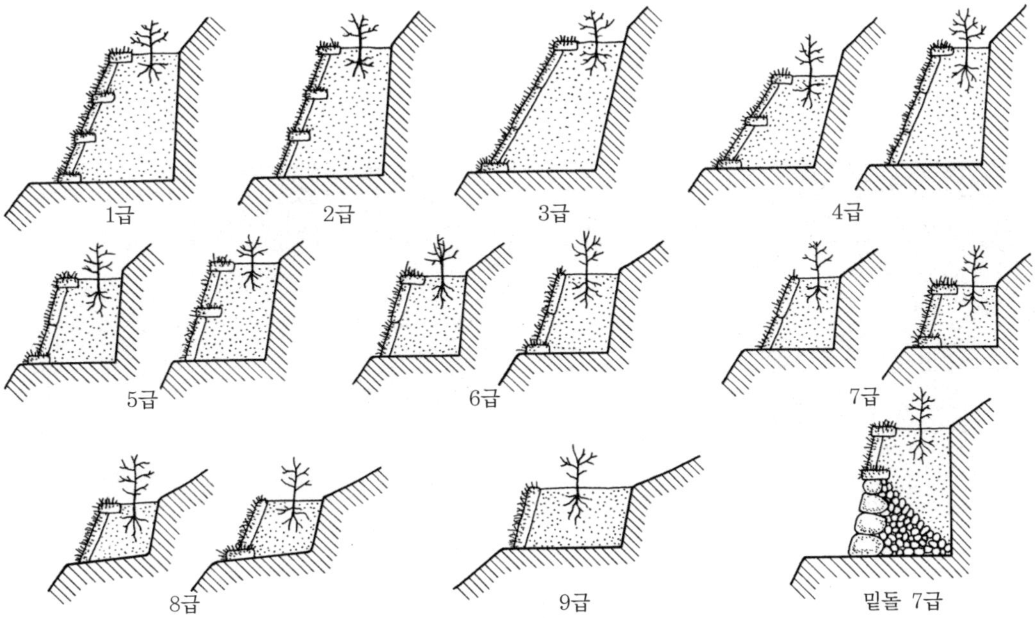


**그림 6-54** 선떼붙이기의 급수별 시공기준

**③ 종류**

수평계단 1m당 떼의 사용 매수에 따라 고급 선떼붙이기인 1급부터 저급 선떼붙이기인 9급까지로 구분한다.

## 5 줄떼공

**① 목적 및 시공 장소**

줄떼공[선지공(線芝工), 근지공(筋芝工), strip-sod works, terrace-sodding works]은 비탈면

을 일정한 기울기로 유지, 녹화하기 위하여 수직높이 20~30cm의 간격으로 반떼를 수평으로 심고 달구판으로 다지는 공종이다. 시공 장소는 계단 사이의 거리가 비교적 길고 경사가 급하여 비탈면의 유실이 예상되는 땅깎기비탈면, 흙쌓기비탈면, 평탄지이며 특히 ①줄떼다지기는 계단의 거리가 길고 급경사인 흙쌓기비탈면, ②줄떼붙이기는 계단의 거리가 길고 급경사인 땅깎기비탈면, ③줄떼심기는 평탄지를 대상지로 선정한다.

**② 설계 및 시공 방법**

줄떼공을 설계할 때에는 흙쌓기비탈면의 기울기에 각별히 유의하여야 하며, 특히 줄떼다지기는 흙쌓기비탈면의 기울기를 1 : 1~1.5 범위 이내로 실시하여야 한다.

**③ 종류**

**㉠ 줄떼다지기**

줄떼다지기[선지공(線芝工), strip-sod tamping works]는 흙쌓기비탈면을 보호, 녹화하기 위하여 폭 10~15cm의 수평골[수평구(水平溝)]에 길이 20~30cm, 폭 10~15cm의 흙이 붙은 반떼, 새 또는 잡초 등을 수평으로 놓고 흙을 덮은 후 다지는 공법이다. 비탈면 기울기는 1 : 1~1.5로 하며, 흙쌓기비탈면의 아래부터 비탈면 어깨까지 한 층이 20~30cm가 될 때마다 반복한다. 시공 후 2~3년이 경과하면 줄떼가 서로 연결되어 완전히 피복되며, 그 사이에는 자생 초본류의 종자가

**그림 6-55** 줄떼다지기

**그림 6-56** 줄떼붙이기

**그림 6-57** 줄떼심기

침입하여 안정된다.

ⓛ **줄떼붙이기**

줄떼붙이기[선지장공(線芝張工), strip-sod pitching works]는 주로 땅깎기비탈면에 흙이 붙어 있는 반떼를 수평 방향으로 붙여 활착시키는 공법으로, 줄떼는 상부에서 하부를 향하여 20~30cm 간격으로 시공하면서 떼꽂이로 고정한다. 땅깎기비탈면에서는 평떼붙이기를 실시하기 때문에 실제로 줄떼붙이기를 실시하는 경우가 많지 않으며, 시공 방법은 띠떼심기와 유사하다.

ⓒ **줄떼심기**

줄떼심기(strip-sod planing works)는 평탄지에 20~30cm 간격으로 줄띄기를 하고 골을 파서 줄떼를 놓은 다음 흙을 덮고 고루 밟아 주는 공법이다. 다소 흙이 털린 떼도 사용할 수 있지만 떼의 뿌리가 마르거나 노출되지 않아야 떼 활착에 유리하다.

### 6 평떼붙이기

#### ① 목적 및 시공 장소

평떼붙이기[장지공(張芝工), 지부공(芝付工), block-sod pitching works]는 전체 비탈면에 흙이 붙은 평떼를 붙여 일시에 녹화하는 공종으로, 시공 직후부터 효과가 나타난다. ①경사 45° 이하이고 비교적 토양이 좋은 땅깎기비탈면을 떼로 조기에 녹화하여야 할 곳, ②운동장과 같이 평탄한 전체 면적을 일시에 떼로 피복, 녹화하여야 할 곳, ③떼밭을 조성하려는 곳 등을 시공 대상지로 선정한다.

#### ② 설계 및 시공 방법

떼붙이기를 실시하기 전에 지면을 정지하여 석력, 초목 등의 유해물을 제거한 후 모래나 좋은 흙을 깔고 평떼(40cm×25cm×3cm)를 일정한 간격으로 부착한다. 부착 후에는 다시 모래나 흙으로 떼붙임면을 얇게 덮어 고루 두들겨 주고 길이 20cm 이상의 떼꽂이로 고정한 후 시비를 한다.

#### ③ 종류

㉠ **평떼심기**

평떼심기(block-sod planting works)는 평탄지에 평떼를 심는 공법으로, 15~30cm 이상의 규

그림 6-58 평떼붙이기

그림 6-59 새심기

격 떼를 사용한다. 시공지를 잘 정지하고 자갈이나 초목 등을 제거한 다음 모래나 좋은 흙을 10cm 정도 깔아 땅고르기를 한 뒤 수평이 되도록 심는다. 심은 후에는 잘 밟아 다지고 뗏밥을 준 후에 뒷정리를 깨끗이 하며, 필요에 따라 시비와 관수를 실시한다.

**㉡ 띠떼심기**

띠떼심기[대지공(帶芝工), belt sod planting works]는 경질토의 땅깎기비탈면에 수평으로 가늘고 긴 골을 판 후 흙이 붙어 있는 반떼, 띠떼[대지(帶芝), belt sod; 길이 20~30cm, 너비 10~15cm, 두께 5cm 정도]를 심는 공법으로, 땅깎기비탈면의 기울기가 1 : 0.7 이상인 급한 경질토 비탈에 효과적이고 채석 적지의 잔벽녹화에도 활용된다.

## 7 새심기

### ① 목적 및 시공 장소

새심기[초식공(草植工), 흰주이식공(萱株移植工), grass planting works]는 녹화공사를 보완하기 위하여 새류(새, 솔새, 억새 등)를 식재하는 공종으로, 시공 장소는 ①산불 피해지, ②민둥산, ③석력지, ④각종 훼손지 중에서 소규모로 녹화하여야 할 곳이다.

### ② 설계 및 시공 방법

점심기의 주간(株間) 간격, 줄심기의 줄 간격, 흩어심기의 배식은 각각 20~30cm로 한다. 새는 3~5본을 한 주로 하여 봄철에는 마른 줄기를 잘라 근계 부분만 이식하고, 생장기에는 지상부와 지하부의 근계를 모두 이식한다. 이식 후에는 잘 밟아 밀착시키고 시비를 한다.

새심기를 실시할 때에는 새의 종류와 본수, 이식 방법, 밀착, 급수, 시비 등에 유의하여야 하며, 가능하면 유기질비료 또는 퇴비를 충분히 시비하여 활착과 생육을 촉진한다.

### ③ 종류

시공지의 여건에 따라 점심기[점식공(點植工), spot planting], 줄심기[열식공(列植工), strip planting], 흩어심기[산식공(散植工), broad casting planting] 중에서 적당한 방법을 선택한다.

## 8 조공

### ① 목적 및 시공 장소

조공(條工, strip-terracing works)은, 경사가 완만한 산지 비탈면이나 붕괴지 비탈면을 유하하는 우수를 분산하여 지표침식을 방지하고 식생을 조기에 도입하기 위하여 생육 환경을 정비할 목적으로 실시한다. 선떼붙이기까지는 필요하지 않으나 녹화가 필요하고 비교적 경사가 완만한 비탈면, 각종 붕괴지, 땅깎기비탈면, 흙쌓기비탈면, 훼손지 등을 대상지로 선정한다.

### ② 설계 및 시공 방법

시공 장소의 특성 및 자재의 구득과 같은 적산 조건을 충분히 고려하여 공종을 계획한다. 산지 비탈면에 수직높이 1.0~1.5m, 폭 50~60cm의 수평계단을 만든 후 앞면의 침식을 방지하기 위하여 떼, 돌(잡석), 풀포기 등으로 계단을 보호하고 뒷면의 되메우기 부분에는 사방수종의 묘목을 식재한다.

### ③ 종류

#### ㉠ 돌조공

돌조공[석조공(石條工), stone strip-terracing works]은 산지 비탈면 또는 땅깎기비탈면, 흙쌓기비탈면에 토석이 많거나 용출수가 있는 곳에 시공하며, 돌쌓기보다 규모가 작은 구조물로 돌쌓기 요령에 준하여 시공한다. 돌쌓기의 기울기는 1 : 0.2~0.3, 계단 폭과 높이는 50cm로 하고 계단 위에는 잡석이나 호박돌로 가로골쌓기를 하며, 마루와 계단 앞면에는 동상, 서릿발, 빗물침식을 방지하기 위하여 새포기를 심거나 초목류의 종자를 혼파한다.

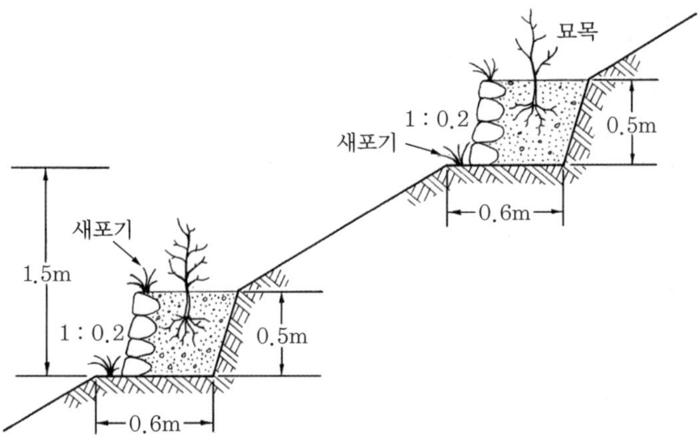


**그림 6-60** 돌조공의 시공 구조도

#### ㉡ 떼조공

떼조공[지조공(芝條工), sod strip-terracing works]은 떼를 쉽게 구할 수 있고 비교적 경사가 완만한 곳과 땅깎기비탈면, 흙쌓기비탈면에 시공한다. 과거에는 들떼를 채취하여 사용하였지만 요즘은 떼를 구하기 어려우므로 식생반, 식생자루, 식생대와 같은 대용 자재를 사용한다. 앞면에 가로 40cm, 세로 12cm, 두께 5cm의 반떼를 붙이고, 맹아력이 큰 버드나무류, 싸리, 족제비싸리 등으로 만든 떼꽂이로 흙떼를 눌러 고정한다. 뒷면에는 묘목을 식재한다.

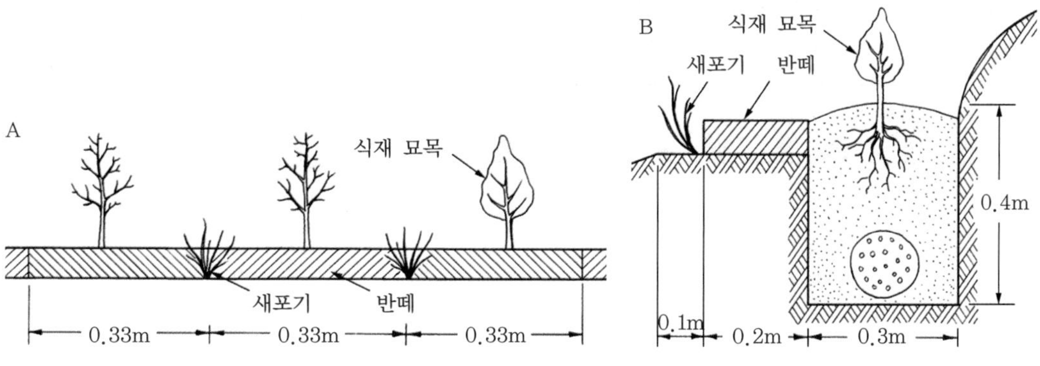


**그림 6-61** 떼조공의 시공 구조도(A: 정면도, B: 단면도)

### ㉢ 통나무조공

통나무조공[환태조공(丸太條工), log strip-terracing works]은 산사태지나 산불 피해지와 같이 통나무를 쉽게 구할 수 있고 지질이 연약한 곳을 대상으로, 비탈다듬기를 실시할 때 발생한 토사가 지표침식 등으로 유출되는 일을 방지하기 위하여 시공한다. 말구직경이 10cm 정도인 말뚝을 0.7~1.0m 간격으로 고정하고 안쪽에 통나무를 일렬로 포개 쌓은 후 배면의 매토한 부분에 묘목을 식재하며, 통나무 사이에는 잡초와 버드나무류 등을 삽입하여 조기에 녹화되도록 한다.

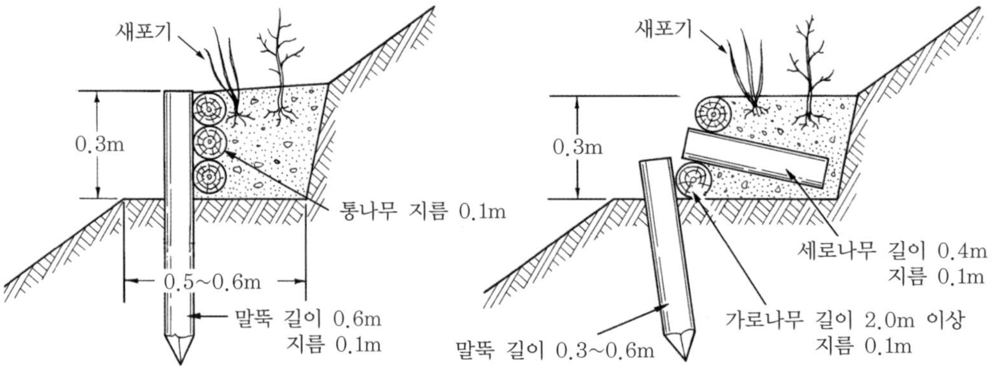


**그림 6-62** 통나무조공의 시공 구조도

### ㉣ 새조공

새조공[훤조공(萱條工), grass strip-terracing works]은 경사 30° 이하의 연약지대나 산비탈 하부의 퇴적지대 등에 계단을 설치하고 계단 위에 새류를 나란히 놓은 후 흙을 덮고 충분히 다지는 공법이다. 높이는 계단을 설치할 때에는 1.0~1.2m, 설치하지 않을 때에는 0.5m로 하며, 새류의 줄기 길이는 30cm 정도로 한다.

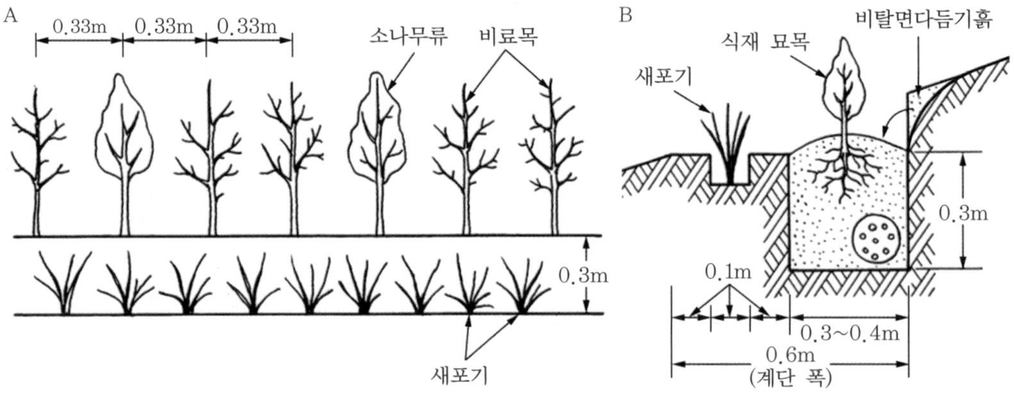


**그림 6-63** 새조공의 시공 구조도(A: 정면도, B: 단면도)

### ㉤ 섶조공

섶조공[조타조공(粗朶條工), fascine strip-terracing works]은, 섶과 되메우기흙을 구하기 용이하고 지형이 비교적 완만한 곳에 선떼붙이기 및 돌조공과 같은 방법으로 시공한다. 섶을 40cm

정도로 절단한 후 10cm 다발로 묶어 계단 위에 일렬로 부설하고 그 위에 흙 10cm를 피복하여 다진 후 다시 1~2단을 포개어 쌓으며, 흙덮기[복토(覆土)] 부분에는 새나 잡초 등을 이식한다.

**그림 6-64** 섶조공

**ⓗ 인공자재 조공**

**ⓐ 식생반조공**

식생반조공(植生盤條工, vegetation block strip-terracing works)은 길이 25cm, 폭 20cm, 두께 3cm의 식생반에 비료를 혼합한 흙을 넣고 표면에 종자를 고정한 다음 50~60cm 간격으로 수평골에 부설하는 공법으로, 시공 방법은 평떼붙이기와 같다. 시공 순서는 상부부터 수평골을 배열하고, 지반과 간격이 벌어지면 건조해 등이 발생하므로 세토로 충분히 채운다.

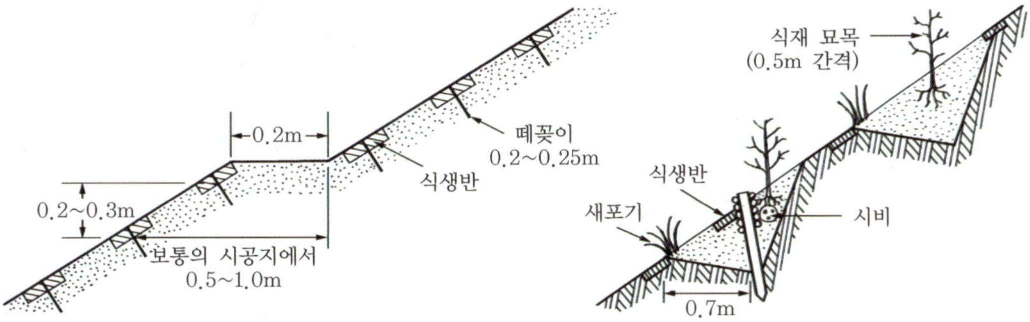


**그림 6-65** 식생반조공의 시공 구조도

**ⓑ 식생자루조공**

식생자루조공[식생대조공(植生袋條工), vegetation sacks strip-terracing works]은 길이 30cm, 폭 12cm, 두께 12cm 정도의 망이나 자루에 종자, 비료, 흙, 양생제 등을 채운 다음 비탈면에 일정한 간격으로 파 놓은 수평골에 부설하는 공법이다. 현장에서 식생자루에 재료를 넣는 방법과 공장에서 제조된 기성제품을 사용하는 방법이 있다. 식생자루의 종류에는 베지타이(vegitai), 론생백 등이 있으며, 모두 녹화 효과가 양호하지만 시공단가가 높다.

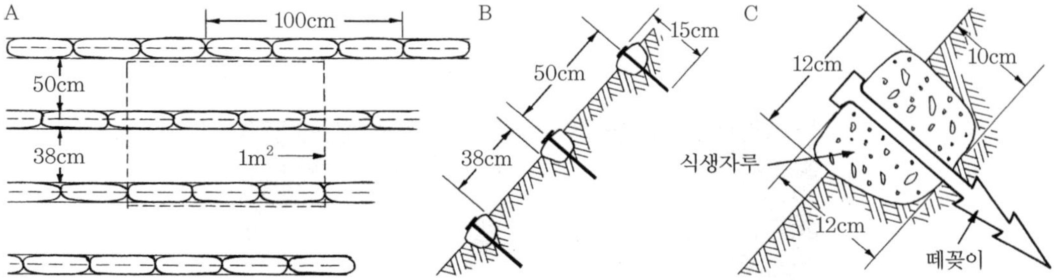


**그림 6-66** 식생자루조공의 시공 구조도(A: 정면도, B · C: 단면도)

ⓒ **식생대조공**

식생대조공(植生帶條工, vegetation belt strip-terracing works)은 종자, 비료 등을 부착한 띠 모양의 식생대를 비탈면에 일정 간격으로 수평이 되게 시공하는 공법으로, 떼 대신에 종자, 종이, 짚, 합성망 등을 조합한 재료를 사용한다. 줄떼 재료로는 기지(안쪽에 붙이는 종이로 된 바탕 재료)에 풀로 종자를 붙인 것, 끈 모양의 천에 종자를 넣고 기지에 붙인 것, 종자가 비료피해를 입지 않도록 별도로 부착한 것 등이 있다.

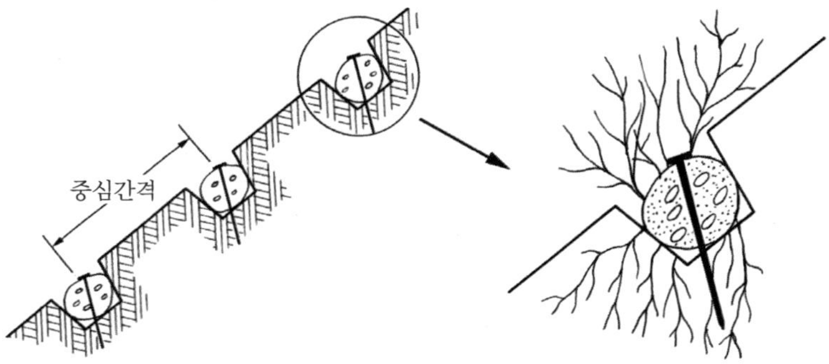


**그림 6-67** 식생대조공의 시공 구조도

ⓓ **식생구멍조공**

식생구멍조공[식생혈조공(植生穴條工), 종자혈조공(種子穴條工), vegetation hole strip-terracing works]은 비탈면에 직각으로 일정한 간격의 구멍을 파고 종자, 비료, 토양을 충전하는 공법으로, 단단하여 식물을 도입하기 곤란한 점토질, 경질 화산회토와 같은 균일한 땅깎기비탈면, 동상 피해가 현저한 비탈면 등에 시공한다. 식생 구멍은 지름 6~10cm, 깊이 15cm, 가로 간격 20~25cm, 세로 간격 25~35cm로 $1m^2$당 15~20개씩 원형이나 정방형으로 배치한다.

## 9 등고선구공법

### ① 목적 및 시공 장소

등고선구공법(等高線溝工法, contour-trench measures)은 산지 비탈면에 등고선 방향으로 수평골(contour trench)을 설치하여 표면유출에 따른 이수 기능의 감소를 막고 토양침식과 토사 이

그림 6-68 식생구멍조공

그림 6-69 등고선구공법

동을 저지하여 식물의 생육에 필요한 수분을 공급할 목적으로 실시한다. ①산지의 완경사 비탈면 중에서 토양침식이 예상되고 수분이 부족하여 저사시설이나 저수시설이 필요한 곳, ②사막화가 진행되고 있는 국가의 강수량이 부족한 지역 등을 대상지로 선정한다.

**② 설계 및 시공 방법**

경사 30° 이하의 산비탈에 등고선 방향으로 길이 8~10m, 좌우 간격 6~10m, 상하 구간의 수평거리 10~15m의 수평도랑을 설치한다. 수평도랑이 길면 중간 고랑의 높이보다 10cm 정도 낮게 칸막이를 설치하고, 짧으면 상하의 도랑을 어긋나게 배치한다. 도랑의 규격은 밑너비 0.3m, 윗너비 1.1m, 깊이 0.36m, 양쪽 경사 1 : 1.2로 시공하며, 도랑의 앞면에는 파낸 흙으로 둑을 쌓고 뜬흙에는 줄떼붙이기나 씨뿌리기를 실시한다.

**③ 종류**

등고선구공법과 유사한 공법으로 확수구공법(擴水構工法, trenching for water spreading), 보수구공법(保水構工法, trenching for water storage), 계단식 집수구공법(階段式 集水溝工法, stepped water harvesting measures) 등이 있다.

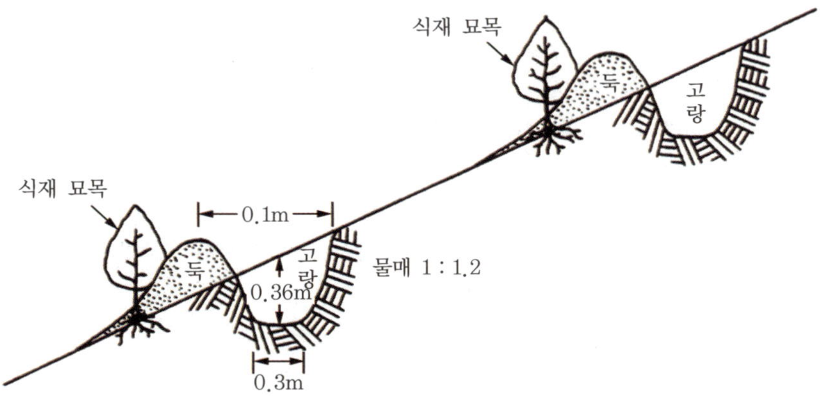


그림 6-70 등고선구공법의 시공 구조도

## 10 비탈덮기

### ① 목적 및 시공 장소

비탈덮기[사면피복공(斜面被覆工), slope mulching works]는, 강우, 동상(凍上) 등으로 인하여 발생하는 표토침식과 붕락 및 종자 유실을 방지하고 토양수분을 보전하여 파식한 식물의 발아·활착을 촉진함으로써 식생을 조성할 목적으로 시공한다. ①강우 또는 동상과 서릿발 등에 의한 침식이 우려되는 땅깎기비탈면 및 흙쌓기비탈면, ②표면침식이 진행되고 있거나 진행을 억제하여야 하는 비탈면, ③수분의 증발을 억제하는 수분 보전이 필요한 비탈면 등을 대상지로 선정한다.

### ② 설계 및 시공 방법

공법 선정, 재료 구득과 인력 수급 등에 유의하여 침식을 방지하고 수분을 유지할 수 있는 공법을 적용하고, 재료 구득과 인력 수급이 어려울 경우에는 볏짚거적덮기로 설계한다. 종자가 살포된 비탈면은 피복자재로 덮음으로써 햇빛에 의한 수분 증발과 바람에 의한 파종 종자의 유실 등을 방지한다. 피복자재의 두께는 시공 목적에 따라 다르지만 적어도 비탈면의 흙이 보이지 않을 정도의 두께로 덮는다.

### ③ 종류

#### ㉠ 섶덮기

섶덮기[조타복공(粗朶覆工), fascine mulching works]는 동상과 서릿발이 발생하기 쉬운 한랭지대에 적용할 수 있는 가장 효과적인 방법으로, 누구침식을 방지하기 위하여 섶을 좌우로 엇갈리도록 가로 방향으로 놓고 길이 0.5m 정도의 고정말뚝을 1m 간격으로 박은 후 철사로 단단히 묶는다. 토사나 사력이 섞인 경사 30° 미만의 비탈면에 적합하며, 섶을 덮기 전에 씨뿌리기를 하는 것이 효과적이다.

#### ㉡ 짚덮기

짚덮기[고복공(藁覆工), straw mulching works]는 산지 비탈면의 완만한 건조지나 토양이 부드러운 곳에 비탈면의 수분 증발과 종자 유실을 방지하기 위하여 시공한다. 폭 50cm, 깊이 2~3cm의 고랑에 짚 0.4kg/m을 깔고 15cm 정도를 묻은 후 새끼와 대꽂이로 고정한다. 조공 및 선떼붙이기와 병행할 때에는 짚의 선단을 계단 끝에 묻은 다음 하부를 새끼 등으로 고정하고, 계단을 설치하지 않을 때에는 비탈면에 가로 방향으로 볏짚을 깔고 양 끝과 중앙을 새끼로 고정한다. 볏짚의 두께는 붕괴비탈면의 흙이 보이지 않을 정도로 덮어야 한다.

#### ㉢ 합성수지망덮기

합성수지망덮기[합성수지망복공(合成樹脂網覆工), synthesized materials mulching works]는 섶, 짚, 거적 대신에 화학섬유, 목재섬유, 각종 침식방지망을 사용하는 공법으로, 한랭지대와 급경사지에서는 동토, 서릿발, 강우로 인한 식생의 붕락을 방지하는 데 효과적이다. 최근에는 다양한 형태의 합성수지망에 초본 및 목본 종자와 비료를 부착하여 파종 효과와 피복 효과를 높인 2차 제품이 개발되어 사용되고 있다. 합성수지망은 가볍고 취급이 용이하며, 종자·비료가 부착되어 씨뿌리기와 동시에 시공할 수 있지만 보온·보습 효과가 적다는 점에 유의하여야 한다.

그림 6-71 섶덮기

그림 6-72 짚덮기

그림 6-73 합성수지망덮기

### 6·5·3 식생공사

식생공사(植生工事, vegetation works)는 산비탈기초공사 및 산비탈녹화공사의 녹화기초공사로 안정된 비탈면에 식생을 도입할 목적으로 실시한다. 즉 붕괴 등으로 발생한 비탈면에 식생을 도입하여 침식을 방지하고 근계의 긴박 효과로써 비탈면을 안정시키기 위하여 식생공사를 실시한다.

#### 1 씨뿌리기

**① 목적**

씨뿌리기[파종공(播種工), direct seeding works]는 초본류와 목본류의 종자를 산지 비탈면에 직접 파종하여 녹화하는 공종으로, 묘목의 운반이나 식재를 위한 품이 들지 않고 넓은 면적을 단시간에 시공할 수 있다. 목본의 경우에는 묘목을 식재하였을 때보다 발아 · 생장하였을 때 근계가 잘 발달하여 토양의 긴박 효과가 높아진다. 그러나 실생 식물은 발아기나 유묘기에 환경에 대한 적응력이 부족하기 때문에 시공지의 환경 조건이 불량할 때에는 순조롭게 생장하지 못하는 경우도 있다.

#### ② 사용 식생의 구비 조건

- 초본류
  1) 척악지나 환경 조건에 대한 적응성이나 저항성이 큰 것
  2) 생장이 빠르고 잘 번무(繁茂)하며 엽량이 많은 것
  3) 근계가 잘 발달하여 토양의 긴박 효과가 있는 것
  4) 토양의 개량 효과와 비옥화를 기대할 수 있는 것
  5) 생육 초기 및 생육 이후에 지표피복에 대한 효과가 큰 것
  6) 다년생으로 번식력이 왕성하고 생육의 연속성이 있는 것

- 목본류
  1) 척악지나 환경 조건에 대한 적응성이나 저항성이 큰 것
  2) 생육이 빠르고 잘 번무하며 번식력 · 맹아력이 왕성한 것
  3) 근계가 잘 발달하고 토양의 긴박 효과가 있는 것
  4) 엽량이 많고 잎에 비료분이 있어 토양개량과 비옥화를 기대할 수 있는 것
  5) 병충해, 풍해, 기타 재해에 강한 것

#### ③ 선택 및 조합

씨뿌리기에 사용하는 종자를 선택, 조합할 때에는 각 식물의 특징을 충분히 파악하여 가장 적절한 조합이 되도록 한다. 원칙적으로 시공지의 자생식물이나 향토종을 사용하여야 하지만 대부분 채종이 곤란하고 종자의 구득이 어려우며 고가일 뿐만 아니라 발아율도 저조하므로 주로 외래종을 사용하고 있다.

**㉠ 초본 종자만 파종할 경우**

조기에 녹화할 수 있으므로 비탈면 침식의 방지가 주목적인 경우에 선택하며, 초기 생장이 빠른 외래 초본류를 주체로 하고 재래 초본류를 첨가한다.

**㉡ 목본과 초본 종자를 혼파할 경우**

넓은 면적을 시공하거나 초본을 녹화한 이후 식재하기가 곤란할 경우에 유효하지만, 도입 종류나 혼파 비율이 적절하지 않으면 목본이 초본에 피압되어 발아 · 생육하지 못하기 때문에 식물체의 크기나 엽량 등이 목본의 생육을 방해하지 않는 초본류와 조합하여야 한다. 보통은 외래 초본류 2~3종과 재래 초본류 1~2종에 목본류 1~2종을 첨가하는 구성을 표준으로 한다.

**㉢ 목본 종자만 파종할 경우**

묘목을 식재하기 부적당하거나 곤란할 경우에 대체 수단으로 사용하지만, 목본은 발아 이후의 초기 생장이 느려서 표면침식이 심한 곳에서는 유실될 위험성이 높다. 씨뿌리기에 사용되는 목본류로는 리기다소나무, 곰솔, 낙엽송, 산오리나무, 사방오리(남부 지방), 물갬나무, 상수리나무, 굴참나무, 졸참나무, 갈참나무, 떡갈나무, 버드나무, 아까시나무, 싸리, 족제비싸리, 칡 등이 있다. 초본류에는 국내산인 새, 개솔새, 솔새, 김의털, 산거울, 비수리, 매듭풀, 차풀 등과, 도입종인 인디안풀, 다년생호밀풀, 능수귀염풀, 이태리호밀풀, 켄터키개미털, 오리새 등이 있다.

#### ④ 파종량

씨뿌리기의 파종량은 발아기대본수에 따라 정해진다. 발아기대본수는 목표로 하는 식물군락을 조성하는 데 필요한 식물의 발생 본수로, 파종 후 1년이 경과한 시점까지 발아한 총본수이다. 발아기대본수는 도입 형태, 시공 형태, 환경 조건에 따라 결정한다.

파종량은 중량으로 표시한다. 종자는 종류에 따라 단위면적당 입수가 다르고 순도나 발아율의 차이가 크게 난다. 따라서 파종량은 발아기대본수를 기초로 다음의 식에 따라 산출하고, 시공 시기에 따른 발아율 저하나 시공 시의 손실 등은 별도로 계산한다.

$$W = \frac{G}{S \times P \times B} \quad \cdots\cdots (6 \cdot 26)$$

식에서 $W$: 파종중량(g/m$^2$), $G$: 발아기대본수(본/m$^2$), $S$: 평균 입수(입/g), $P$: 순량률(%), $B$: 발아율(%)

전면파종은 발아기대본수를 6,000본/m$^2$으로 하고 도입 형태와 시공 형태에 따라 적정하게 보정한다. 발아 초기에는 발생 본수가 많아야 하지만 지나치면 밀생에 의한 개체 간의 경쟁으로 고사하기 쉽다. 목 · 초본을 혼파할 경우에는 초본 4,000~5,000본/m$^2$, 목본 1,000~2,000본/m$^2$으로 배분하며, 한 종류의 발아기대본수가 총발아기대본수의 5% 이하가 되지 않게 한다.

#### ⑤ 파종 시기

원칙적으로는 봄철이 좋지만 도입식생의 발아에 필요한 온도와 수분을 확보할 수 있는 기간에서 가능한 한 빠른 시기를 선정하여 시공하는 것이 효과적이다. 봄철 이외의 시기에 시공할 때에는 특히 동상 · 건조 등의 기상재해에 대한 보호 대책을 마련하고 식생의 발아 및 생육을 보호할 수 있는 방법을 함께 사용한다.

대부분의 초 · 목본 종자는 겨울철에 발아와 생장이 불량하고 특히 한해(寒害)를 입기 쉬우므로 늦어도 4월 하순 이전에 파종한다. 능수귀염풀, 크로탈라리아, 솔새는 6월 중순까지 파종할 수 있고 다년생호밀풀, 우산잔디, 지팽이풀, 참싸리, 안고초, 솔새, 참억새 등은 12~2월에도 파종이 가능하다.

#### ⑥ 도입 형태

##### ㉠ 줄뿌리기

줄뿌리기[줄씨뿌리기, 사면조파공(斜面條播工), strip seeding measures]는 비교적 경사가 완만하고 토양 조건이 좋은 곳이나 계단 위에 시공하며, 강우에 의한 종자의 유실이 적고 발아 조건이 좋은 곳에 적합하다. 비탈면에 수직높이 30~50cm마다 폭 15~20cm의 수평계단을 설치하고 계단 안에 크기 10cm, 깊이 2~3cm의 파종구를 조성하여 시비와 객토를 실시한 후 파종하거나 종자, 비료, 토양을 섞어 1,000m당 330L씩 넣는다. 비료는 지효성보다 속효성인 요소, 황산칼리, 중과인산석회 등이 유효하다. 파종 후에는 잘 밟아 주고 흙을 약간 덮은 후 짚이나 산풀로 피복한다.

##### ㉡ 흩어뿌리기

흩어뿌리기[흩어씨뿌리기, 사면산파공(斜面散播工), 사면혼파공(斜面混播工), broadcast seeding

measures]는 경사가 완만하고 토사가 습윤한 퇴적 비탈면 또는 땅깎기비탈면, 흙쌓기비탈면 중에서 토양 조건이 양호한 비탈면에 시공한다. 비탈다듬기를 실시하여 반드시 견지반을 노출하고 뜬 흙은 하부의 각종 산비탈흙막이로 완전히 처리한다. 비탈면에 수직높이 60cm, 폭 20~30cm의 수평계단을 조성한 후 작은 구멍을 파고 작은 골을 수평 방향으로 만들어 종자 유실을 방지한다. 도입종자는 양성 또는 음성의 목·초본류를 발아촉진 처리 후 조합하며, 사전에 혼합한 종자, 비료, 토양을 비탈면에 골고루 흩어 뿌리고 짚으로 얇게 덮은 후 새끼줄로 고정한다.

ⓒ **점뿌리기**

점뿌리기[점씨뿌리기, 사면점파공(斜面點播工), spot seeding measures]는 경사가 비교적 급하거나, 완경사지라도 자갈이나 석벽(石壁)으로 인하여 줄뿌리기가 곤란한 지역에 실시하며, 작은 구덩이 모양의 파종상에 비교적 굵은 종자를 파종한다. 파종상의 크기, 배치 간격, 구조 등은 현지의 입지 조건에 따라 시공기술자가 적절히 조절하며, 뜬흙을 모아 경사면에 수평 방향으로 40,000개/ha의 파종 구덩이를 조성한 후 파종한다. 종자의 발아·생육 면에서는 가장 확실한 방법이지만 노동력이 많이 소요되므로 시공비가 상승한다.

그림 6-74 줄뿌리기

그림 6-75 흩어뿌리기

그림 6-76 점뿌리기

⑦ **시공 방법**

㉠ **조공식씨뿌리기**

조공식씨뿌리기[조공식파종공법(條工式播種工法), 실파공(實播工), direct seeding works for slope revegetation]는 붕괴비탈면의 물매가 비교적 완만하고 토양 조건이 양호한 곳, 또는 계단이 강우 등에 의하여 유실되거나 비산될 위험이 적어 발아 조건이 좋은 곳에 계획한다. 황폐된 비탈면에 수직높이 50cm마다 폭 20cm의 수평계단을 만들고 수평계단에 폭 10cm 정도의 파종구를 판 후에 종자, 비료, 토양을 넣고 가볍게 밟아 준다. 목·초본류를 혼파하면 목본류가 피압되므로 별도로 파종하거나 초본류가 번무하여도 피압되지 않을 거리에 목본류의 종자를 파종한다.

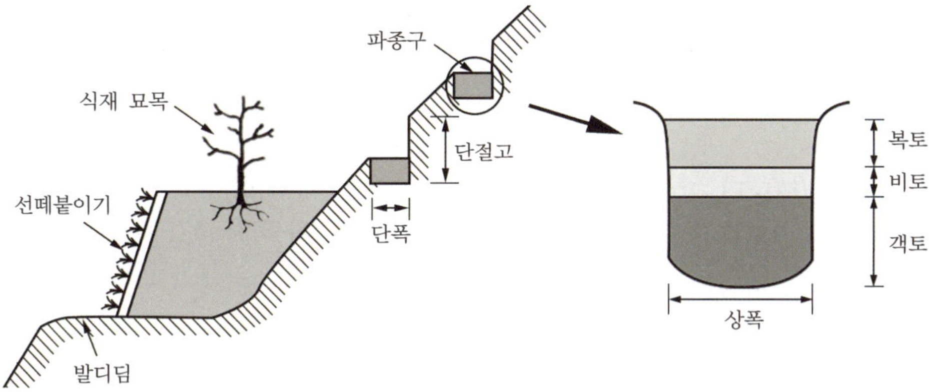


**그림 6-77** 조공식씨뿌리기의 시공 구조도

ⓛ **분사식씨뿌리기**

분사식씨뿌리기[분사식파종공법(噴射式播種工法), hydroseeding measures, seed spray measures]는 토양 조건이 나쁜 급경사지로 종자나 비료가 정착하기 곤란한 곳과 기타 공법으로는 부적당한 경우에 계획한다. 즉 종자, 비료, 첨가제 등을 물에 섞어 모르타르 또는 수용액 상태로 만든 다음 압축공기나 펌프로 압송하고 이를 호스로 연결한 뿜기용 노즐로 비탈면이나 평지에 뿜어 고착하는 파종공법이다. 이 같은 기계화를 통하여 생력화할 수 있고 토양 조건이 불량하더라도 식생의 생육에 필요한 다량의 비옥토를 뿜어 붙일 수 있으며, 객토와 씨뿌리기를 동시에 실시할 수 있는 이점이 있다.

ⓒ **항공씨뿌리기**

항공씨뿌리기[항공파종공법(航空播種工法), aerial seeding measures]는 면적이 넓은 지역 또는

**그림 6-78** 분사식씨뿌리기

**그림 6-79** 항공씨뿌리기

붕괴가 산발적으로 발생한 지역을 응급 또는 긴급 녹화할 필요가 있거나 자재를 운반할 수단이 적당하지 못하여 항공기의 사용이 가장 합리적일 때 사용한다. 주로 헬리콥터와 같은 특수 목적 항공기를 사용하여 식물의 종자와 식생기재를 살포하며, 원거리에 위치한 광대한 면적의 황폐지나 산불 피해지 또는 사막화 지역의 녹화공사에 활용된다. 살포 자재로는 종자, 비료, 침식방지제, 토양개량재, 식생기반재, 동물기피제, 착색제 등을 넣으며, 식생의 정착을 촉진하기 위하여 가능하면 산비탈기초공사나 산비탈녹화공사의 녹화기초공사 등을 함께 실시한다.

## 2 나무심기

### ① 목적

나무심기[식재공(植栽工), tree planting works]는 수목을 식재하여 붕괴 방지 등의 기능이 높은 산림을 조성 및 복원할 목적으로 실시하는 공종으로, 식재지의 토양 조건 및 환경 조건에 가장 적절한 수종 및 식재 본수를 결정하여 계획, 시공한다.

### ② 식재 계획

대상지의 토질 조건, 토양 조건을 조사하여 시공평면도에 구획하고 각 구획마다 가장 적절한 수종, 식재 본수, 혼효비율, 식재 방법 등을 선정하여 작성한다. 나무심기의 대상지가 붕괴지인 경우에는 산비탈울짱얽기, 조공 등의 녹화기초공사에 의한 지존작업이 종료된 상태이어야 한다.

그러나 녹화기초공사에 의하여 개선되는 환경은 제한적이기 때문에 붕괴지의 상부와 하부 또는 붕괴의 심층부, 기층의 노출 정도 등에 따라 토질 조건, 토양 조건에 상당한 차이가 있다. 대상지 전체에 획일적으로 식재하면 이러한 조건에 따라 식재의 성과가 다르게 나타나므로 각각의 조건에 맞는 식재 계획을 수립하여야 한다. 식재 계획을 수립할 때에는 우선 대상지의 토질 · 토양의 차이 등에 따라 구분하고 그에 대응한 식재 방법, 수종, 식재 본수 등을 결정한다.

### ③ 식재 방법

식재 대상지는 붕괴지의 원지반 노출지와 같이 토층이나 토양 조건이 나쁜 곳이 많으므로 묘목이 충분히 뿌리를 뻗을 수 있도록 나무심기 구덩이를 깊이와 지름 모두 20cm 이상으로 파고 객

그림 6-80 나무심기

토한 후 일반적인 조림 요령에 따라 식재한다. 혼식(混植)할 경우의 수종 배열 및 간격은 비료목 등이 쇠퇴하였을 때를 예상하여 주임목에 중점을 두고 결정한다. 묘목 가격이 비싸고 운반비가 많이 들기는 하지만, 양묘장에서 생산된 1-0묘, 1-1묘 등의 실생묘보다는 분묘 또는 용기묘를 식재하는 편이 활착률이 높다. 식재 간격은 소나무류의 경우 1.0~1.5m, 오리나무류의 경우 1.5~2.0m로 하여 리기다소나무 2본에 오리나무류 1본을 배열하는 것이 생장에 유리하며, 계단 사이의 비탈면에는 수간거리가 3m 정도 되도록 오리나무류를 식재한다.

#### ④ 식재 시기

식재 시기는 묘목의 활착 및 생장에 필요한 온도와 수분을 확보할 수 있는 시기를 선택한다. 이른 봄 수액의 유동이 시작되기 직전이 적기이므로 남부 지방에서는 2월 하순~3월 하순이 적합하고, 중부 지방에서는 3월 중순~4월 상순이 적합하다. 가을에 묘목을 식재하면 한해와 동상해 등을 입기 쉬우므로 특별히 주의하여야 한다.

#### ⑤ 식재 수종

환경 조건에 적합하고 방재 기능이 높은 수종을 선정하며, 원칙적으로 복수의 수종을 식재한다. 방재 기능이 높은 수종은 다음과 같은 조건을 갖추어야 한다.

1) 생장이 왕성하고 잘 번무할 것
2) 뿌리의 발달이 좋고 토양의 긴박력(緊縛力)이 클 것
3) 피음(被陰)에 강할 것
4) 척악지, 건조, 한해, 병충해 등에 대하여 적응성과 저항성이 클 것
5) 토양개량 효과를 기대할 수 있을 것
6) 갱신이 용이하고 가능하면 경제적 가치가 높을 것
7) 묘목의 생산비가 적게 들고 대량생산이 가능할 것

건조, 한해, 병충해 등을 방지하고 수목의 생육이 양호하려면 다음과 같은 성질을 지닌 수종을 서로 혼식하면 효과적이다.

1) 천근성과 심근성
2) 비료목과 기타 수종
3) 침엽수와 활엽수
4) 교목과 관목

우리나라에서 치산녹화용으로 식재하고 있는 대표 수종으로는 리기다소나무, 아까시나무, 물오리나무, 물갬나무, 사방오리, 싸리, 참싸리, 곰솔 등이 있으며, 이 중에서 사방오리는 내한성이 약하여 남부 지방에 적합하고, 곰솔은 해안 지방에 적합한 수종이다. 이 밖에 산지사방용으로 식재할 수 있는 수종으로는 상수리나무, 졸참나무, 족제비싸리 등이 있고, 남부 해안사지용으로는 보리장나무 등이 있다. 암석산지나 암벽녹화용으로는 병꽃나무, 노간주나무, 눈향나무, 개나리, 회양목, 붉나무 등이 있고, 덩굴식물로는 담쟁이덩굴, 댕댕이덩굴, 등수국, 칡, 등, 줄사철나무, 송악, 아이비, 마삭줄, 인동덩굴, 능소화, 노박덩굴 등이 있다.

### ⑥ 식재 본수

원칙적으로 토양 조건이 나쁜 곳에는 밀식하여 산비탈 시공지가 울폐되도록 계획한다. 산비탈 시공지는 일반 조림지보다 입지 조건이 복잡하고 생육 조건도 열악하기 때문에 식재 본수는 4,000~6,000본/ha을 기준으로 하며, 토양 조건이 나쁜 곳은 주로 비료목을 중심으로 8,000~12,000본/ha을 식재한다. 특히 원지반이 노출된 곳은 토양이 거의 없거나 미숙하기 때문에 식재목의 생육에 적합하지 않다. 따라서 수목의 생육보다는 토양개량을 목표한 식재 계획을 우선 수립하여야 한다.

### ⑦ 시비

식재지의 입지 상태 및 식재 수종 등에 따라 비료의 종류와 시비량을 결정하며, 원칙적으로 지효성 비료를 선택하고 시비 효과가 지속되는 곳에 실시한다. 붕괴지 등은 일반적으로 수목의 생육에 필요한 양분이 결핍되어 있기 때문에 시비를 통하여 양분을 보충하여야 하므로 사방용 묘목에 사용하는 비료는 다음과 같은 조건을 구비하여야 한다.

1) 시비 효과가 장기간 지속될 것
2) 유실되지 않을 것
3) 다른 성분과 잘 결합하지 않을 것
4) 사용이 편리할 것

일반적으로 시비 효과가 오랫동안 유지되는 지효성 비료를 선택하여야 하지만 경우에 따라서는 속효성 비료를 적당량 혼합하기도 한다. 또한 현지의 토양 조건이 불량하여 비료나 수분을 유지하는 능력이 결여되었을 때에는 객토, 토양개량재 등으로 토양을 개선한다.

묘목을 심을 구덩이의 밑에 미리 흙과 비료를 잘 혼합하여 넣는 식혈시비(植穴施肥)가 이상적이지만 구덩이가 작거나 낮을 경우에는 뿌리가 비료에 직접 닿아 고사할 수 있으므로 주의하여야 한다. 이를 막고자 묘목을 식재한 후 1주일이 경과하였을 때 묘목의 둘레에 폭 15cm, 깊이 4~5cm의 시비구(施肥溝)를 환상(環狀)으로 조성하여 시비한 다음 복토하기도 한다.

식재 묘목 1본에 시비하는 양은 토양 및 수종 등에 따라 달라 종래에는 소나무류에 요소 20g, 오리나무류에 중과인산석회 50g, 아까시나무에 중과인산석회 30g 또는 복합비료 40g을 시비하였지만 최근에는 산림용 고형복합비료를 시비한다.

## 3 식생관리

### ① 목적

식생관리(植生管理)는 도입한 식물이나 자연적으로 침입한 식물을 산비탈녹화공사의 목표에 따라 육성함으로써 재해에 강하고 자연환경을 개선할 뿐만 아니라 경관 형성이 뛰어난 군락으로 유도하는 작업이다.

산비탈녹화공사의 효과는 시공 완료와 동시에 발휘되지 않고 관리를 통하여 서서히 강화되어 가므로 관리가 공사의 성패를 좌우한다. 따라서 식생을 관리할 때에는 식물군락에 요구되는 기능을 충분히 이해하고, 식물의 생육 상황이나 기능의 발현 상태, 식생의 천이 방향을 확인하여 목표로 하는 군락이 원활하게 형성되도록 하는 일이 중요하다. 이를 위해서는 평소의 점검이 중요하다. 점검에는 평상시에 실시하는 통상점검, 재해 시에 실시하는 긴급점검이 있으며, 모든 점검은 식생의 생육 상황이나 생육 기반의 상황에 주목하여 실시한다.

**② 종류**

산비탈녹화공사의 식생관리는 식생의 초기 단계에 실시하는 관리, 목표로 하는 군락이 형성되는 과정에 실시하는 관리, 목표로 하는 군락이 형성된 이후에 실시하는 관리로 나눌 수 있다.

1) 초기 단계에 실시하는 작업: 추비, 추파, 보식, 제초, 하예(下刈) 등
2) 군락이 형성되는 과정에 실시하는 작업: 보식, 제벌, 하예, 덩굴치기, 도목 처리 등
3) 군락이 형성된 이후에 실시하는 작업: 하예, 덩굴치기, 도목 처리, 수목 전정, 벌채 등

## 6·6 산사태예방공사

### 6·6·1 목적

산사태예방공사(山沙汰豫防工事, hillside prevention works)는 산사태 등의 발생을 방지하기 위하여 사전에 시행하는 공사로, 4개의 공종과 18개의 세부공종으로 분류할 수 있다(그림 6-1 참조). 또한 산사태예방공사는, 지형이나 지하수 등의 자연 조건을 변화시켜 산사태의 활동력과 저항력의 균형을 개선하는 억제공사(抑制工事, control works)와, 말뚝이나 앵커와 같은 인공구조물의 저항력으로 산사태를 직접 억지하는 억지공사(抑止工事, restraint works)로 크게 구분할 수 있다.

### 6·6·2 억제공사

억제공사는 산사태의 유인이 되는 지하수 등을 배제하는 공법, 지형을 변경하여 땅밀림의 활동력을 경감하는 공법, 기타 공법으로 나눌 수 있다. 일반적으로 지하수 등을 배제하는 공법은 효과가 늦게 발현하지만 산사태지의 체질을 개선할 수 있고 효과의 지속성이 크다. 반면에 지형을 변경하여 땅밀림의 활동력을 경감하는 공법은 즉효성이 있고 효과도 확실하다. 따라서 산사태가 일시적으로 정지해 있고 지하수 등에 의한 영향이 현저한 산사태지에 대해서는 전자가 효과적이며, 급속하고도 확실한 효과를 기대하는 경우에는 후자가 유효하다.

#### 1 돌림수로내기

**① 목적 및 시공 장소**

돌림수로내기[법견배수구공(法肩排水溝工), 우회수로공(迂廻水路工), diversion drain at top of slope]는 산사태지 등의 상부 비탈면으로부터 유입되는 지표수가 노출된 산비탈을 유하하지 않도

록 도중에 차단 또는 분산하는 수로이다. 시공 장소는 ①상부로부터 지표수가 유입되는 산비탈의 상연부, ②주위로부터 지표수가 유입되는 산비탈면의 경계부 등이다.

**② 설계 및 시공 방법**

돌림수로는 균열이 발생한 위험비탈면으로부터 약간(약 5m) 떨어진 외곽 부위에 계획한다. 가급적 깊게 설치하여 지표수가 지층 사이로 침투되지 않도록 설계한다.

돌림수로내기를 시공할 때에는 기초침하로 인하여 관의 이음매에 턱이 생기지 않게 주의하고, 비탈이 급하거나 굴곡이 심한 지형에는 계단식으로 수로를 설치하여 수세를 저감한다. 수로의 양측에는 떼붙이기 또는 씨뿌리기를 실시하고, 시공이 끝나면 수로의 가장자리를 정리한 후 다지기를 실시한다.

**③ 종류**

돌림수로내기는 시공 장소의 면적과 기울기, 지표수의 유입수량, 지반 특성에 따라 다음과 같은 공법을 선택한다.

**㉠ 콘크리트돌림수로**

콘크리트돌림수로는 위험비탈면의 면적이 넓고 기울기가 급한 지역으로, 용출수가 있거나 유량이 많은 곳에 시공한다. 집수유량이 많고 지반이 불안정한 곳에는 활꼴의 콘크리트돌림수를 설치하고 기타 지역은 콘크리트반원관돌림수로를 시공한다.

**㉡ 합성수지돌림수로**

합성수지돌림수로는 시멘트와 벤토나이트의 혼합물을 바닥과 연결 부위에 주입하여 누수를 방지한다.

그림 6-81 비탈어깨 콘크리트돌림수로

그림 6-82 콘크리트돌림수로(U형관)

## 2 침투수방지공사

**① 목적 및 시공 장소**

침투수방지공사(浸透水防止工事, preventing measures of surface water penetration)는 지하수의 공급원이 되는 장소를 대상으로 지표수의 침투, 산사태의 발생 또는 조장을 미연에 방지할 목적으로 실시하는 공종이다. 시공 장소는 ①산비탈의 균열 부위, ②지표수가 체류하는 오목지형, ③늪, 습지와 같은 산림습원 등이다.

### ② 설계 및 시공 방법

시공지의 상황, 시공성 등을 고려하여 공법을 채택한다. 수밀성이 높고 유연성이 있어 지표에 밀착하는 재료를 사용하며, 기타 균열 정도, 유입수량, 지반의 상태 등에 따라 적당한 공법을 선택한다.

시공할 때에는 시공 대상지 내에 생육하고 있는 초목을 완전히 제거한 후 비탈다듬기를 실시한다. 비탈다듬기가 종료된 균열 부위에는 점토, 점성토, 벤토나이트 등을 충분히 충전한 후 단단하게 다진다. 균열 부위의 빗물 침투를 방지하기 위하여 비닐을 덮고, 피복한 비닐 위에 두께 20cm 정도로 깬자갈 또는 깬돌(잡석)을 부설하여 고정한 후 그 위에 아스팔트판(두께 5~15mm)을 부설한다.

### ③ 종류

#### ㉠ 점토충전공법

땅밀림지에 발생한 균열에 점토를 충전하여 침투수를 방지하는 방법으로, 점토를 쉽게 구할 수 있을 경우 조기에 저렴하게 시공할 수 있다. 점토 대신에 점성토 또는 벤토나이트를 사용하기도 하며, 소규모 균열의 충전에 사용할 수 있다.

#### ㉡ 비닐피복공법

산사태지 안에 발생한 균열을 정형하여 빗방울 등이 유하하기 쉬운 형상으로 만들고 비닐시트를 피복하여 침투수를 방지하는 방법으로, 대부분 응급대책의 일환으로 시공하고 있다. 장기적인 대책으로 실시할 경우에는 내구성이 높고 두꺼운 합성고무시트를 사용한다.

**그림 6-83** 산사태 방지용 비닐피복공법

#### ㉢ 아스팔트판덮기공법

여울, 산림습원과 같이 비교적 면적이 넓거나 용출수가 발생하는 장소의 침투수방지공사에 사용된다. 시공 시 침투수방지구역의 초목을 완전히 제거하고 정형한 후 자갈 또는 채석을 두께 20cm 정도 깔고 그 위에 두께 5~15mm인 아스팔트판을 덮어 누수를 방지한다.

## 3 주입공사

### ① 목적 및 시공 장소

주입공사(注入工事, grouting works)는 산사태 위험이 있는 산비탈에 약액을 주입하여 토립자의 전단강도를 높이고 불투수층을 형성시켜 지하수가 침투하는 것을 방지할 목적으로 시공한다. 시공 장소는 ①암반이 균열되어 붕괴위험성이 높은 땅깎기비탈면과 흙쌓기비탈면, ②암반이 균열된 비탈면 등이다.

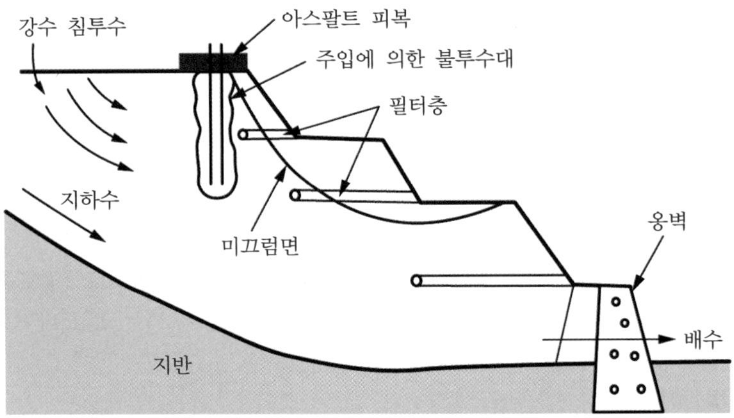


**그림 6-84** 주입에 의한 불투수층 형성

### ② 설계 및 시공 방법

주입공사를 계획할 때에는 현지 각 지층의 주수압, 투수량, 공극 상태(공동 등), 균열 상태 등을 조사하여 그라우트의 종류, 주입 압력, 주입량, 시공 방법을 선정한다. 주입 방법은 시공 대상이 되는 지반의 형상 및 시공 목적에 따라 선정하며, 주입 순서에 따라 반복주입, 계단주입, 유도주입으로 구분하여 실시한다. 주입 자재의 혼합 방법에 따라서는 1.0쇼트(shot) 주입(1액 1공정 방식; 주입재를 1액으로 주입), 1.5쇼트 주입(2액 1공정 방식; 주입재를 2액으로 나누어 Y자관에서 혼합하여 주입), 2.0쇼트 주입(2액 2공정 방식; 주입재를 2액으로 나누어 1개 또는 인접한 2개의 주입관에서 교호로 주입하여 지중에서 혼합) 등으로 구분하여 실시한다. 현탁액성의 시멘트, 점토, 벤토나이트, 역청 및 용액상의 물유리, 고분자재료 등을 주성분으로 하는 그라우트는 주입 목적과 대상 지반의 상태에 따라 선정한다.

시공할 때에는 주입 구멍을 그라우트의 침투 범위가 겹치게 배치하고, 지수를 목적할 경우에는 2줄 이상 주입한다. 주입 순서는 교호로 시행하거나 순차가 구속성이 강하도록 결정한다. 시멘트는 KS L 5201(포틀랜드시멘트)의 규격품 또는 그 이상의 것을 사용한다. 잔골재는 2.36mm(No. 8) 체를 100% 통과한 조립률 1.3~2.3으로 입도가 고른 것을 사용하고, 큰 자갈은 지름이 2.5~5.0mm 범위인 것을 사용하며, 혼화재료는 KS 규격품을 사용한다. 젤타임(gel-time)은 현장 주입시험 등에서 파악된 그라우트의 침투 소요 시간과 제조사에 따른 그라우트의 침투 범위 등을 참고로 하여 그라우트가 주입계통 내에서 젤화(gelation)되지 않고, 침투가 예상되는 범위 밖으로 유실되지 않게 시간을 결정한다.

③ **종류**

㉠ **주입공법**

주입공법(注入工法, impregnation method)은 시멘트와 약액을 산비탈의 땅속에 직접 주입하는 방법으로, 약액으로는 시멘트풀 또는 시멘트에 벤토나이트를 혼합하여 사용한다.

㉡ **고결공법**

고결공법(固結工法, consolidation process measures)에는 전기화학적 에너지로 연약지반을 안정화할 수 있는 전기화학적 고결법, 점질토를 가열처리하여 강화하는 소결공법(燒結工法), 석회를 첨가하여 흙의 물리적·공학적 성질을 개량하는 석회처리공법 등이 있다.

### 4 속도랑내기

① **목적 및 시공 장소**

속도랑내기[암거배수공(暗渠排水工), closed conduit, culvert works, underdrain works]는 산사태 위험비탈면의 상연부로부터 유입되는 얕은 층[천층(淺層)] 지하수를 배제하거나 강우 및 융설수의 침투에 의한 깊은 층[심층(深層)] 지하수의 증가를 방지하기 위하여 시공한다. 시공 장소는 ①얕은 층의 지하수를 효율적으로 배제할 수 있는 오목지형, ②강우 및 융설수가 쉽게 침투하는 비탈면의 경사 변환점 등이다.

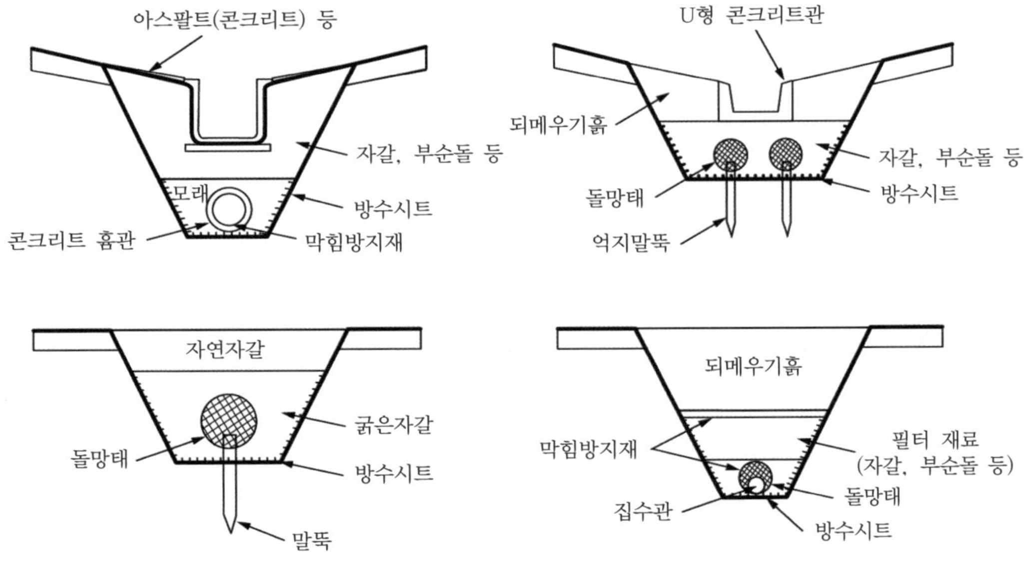


**그림 6-85** 속도랑내기의 구조 사례

② **설계 및 시공 방법**

속도랑은 깊게 설계할수록 효과적이므로 속도랑의 깊이에 유의하며, 굴착 시 토괴의 이동이 우려될 때에는 깊이를 2m 이내로 한다.

속도랑관의 재료는 산사태에 의한 지반 변동으로도 절손되지 않을 정도의 강도가 유지되는 돌망태와 다공질의 콘크리트관 등을 사용하며, 절손 시에도 집수된 물이 땅속에 재차 침투되지 않도록 속도랑의 밑부분에 침투방지용 방수시트를 부설한다. 지표수를 흡수할 목적으로 시공할 때에는 지표까지 자갈, 조약돌, 잘게 부순돌 등으로 채우고, 특히 지표수가 많은 지역에는 겉도랑배수공사[명거공사(明渠工事)]를 실시한다. 속도랑의 끝 부위를 집수통에 연결하여 유하한 물이 지표수로를 통과하게 하고, 지반이 불안정하거나 경사가 급한 비탈면에는 외력으로부터 속도랑을 보호하기 위하여 돌망태속도랑을 시공한다. 집수를 위한 속도랑은 배수관에 집수될 수 있는 구멍을 뚫고 난 다음 매설한다.

**그림 6-86** 집수관속도랑내기

#### ③ 종류

속도랑은 상부가 덮여 있는 도수량(導水梁)과 지하부가 매몰된 도수관에 의하여 지표 부근의 지하수를 배제하는 구조물로, 자갈속도랑내기, 돌망태속도랑내기, 집수관속도랑내기(유공관속도랑내기) 등이 있다.

### 5 보링속도랑내기

#### ① 목적 및 시공 장소

보링속도랑내기(boring closed conduit drain works)는 산사태지에서 아래 방향으로 보링 구멍을 설치하여 지하수를 집수한 후 지표나 집수정 혹은 터널 등으로 배수하는 공종으로, 보링속도랑으로는 경질염화비닐관 혹은 배관용 탄소망강철관(가스관) 등의 재료를 사용한다. 시공 장소는 ①굴착에 의한 속도랑내기로는 배제할 수 없는 규모의 지하수가 분포하는 지역, ②대수층이 넓고 얕게 분포하거나 깊은 지하수(피압지하수)가 분포하는 지역 등이다.

#### ② 설계 및 시공 방법

속도랑 공구(孔口)는 지하수의 위치와 압력수두(壓力水頭, pressure head)의 저항량을 충분히 감안하여 굴진하는 길이가 가장 짧게 설계한다. 굴진 방향과 보링의 구경은 대수층의 분포 및 지하수의 유동 방향, 굴진의 난이도를 감안하여 결정한다. 보링은 일반적으로 구경 66~100mm인 것을 사용하며, 보링의 길이는 땅밀림지의 경우 50~60m가 적당하다.

보링공(孔)은 경질염화비닐관 또는 가스관을 삽입하여 보호하고, 보공관(保孔管)의 집수구 관은

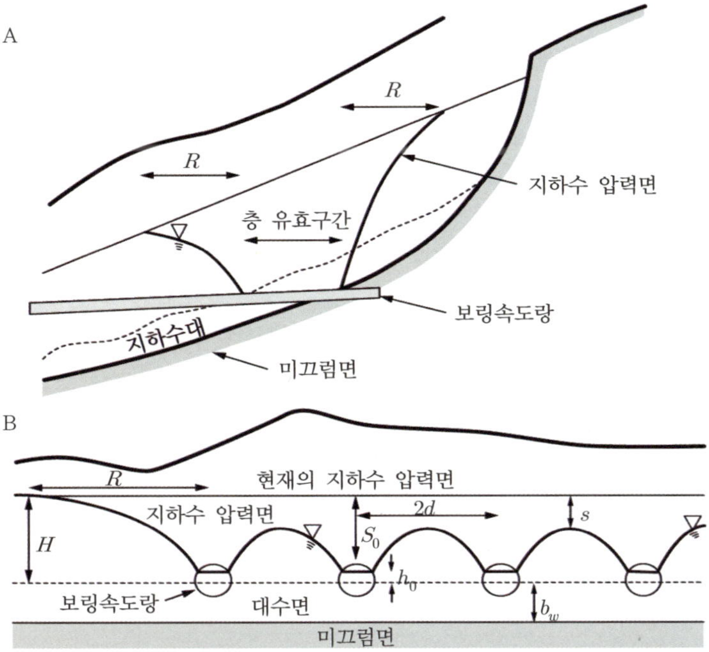


$R$: 영향권역, $H$: 보링속도랑부터 표고까지의 수위(m), $2d$: 보링속도랑의 선단 간격(m), $S_0$: 보링속도랑의 수압 저하 높이(m), $h_0$: 대수층 상부부터 보링속도랑 안 수위까지의 높이(m), $b_w$: 지하수대의 두께(m), $s$: 보링속도랑 중간 지점의 수압 저하 계획고(m)

**그림 6-87** 보링속도랑내기의 영향 범위(A: 세로 방향, B: 수평 방향)

여과가 될 수 있도록 가공한다. 보링속도랑의 공구는 주위의 토사가 붕괴되지 않도록 조치하고, 끝부분은 배수관의 지하수가 지중에 재차 침투되지 않도록 수로에 연결한다. 기울기는 원칙적으로 앙각 5° 이상으로 하며, 지하수대를 관통하여 집수구간이 가급적 길어지게 계획한다. 그러나 수압이 높을 때에는 굴진 기울기를 부각으로 천공한다.

**그림 6-88** 보링속도랑내기

### ③ 종류

대구경 집수보링공(large collection boring works)을 시공할 때에는 심층부의 지하수를 배제하기 위하여 대구경의 집수관을 산사태면 경계 부근의 지하수대에 상향 3~10° 로 삽입하고 집수관으로는 유공(有孔)인 내경 300~600mm의 탄소강관을 사용한다.

## 6 터널속도랑내기

### ① 목적 및 시공 장소

터널속도랑내기(tunnel closed conduit drain works)는 집수정과 같이 산사태의 유인이 되는 지하수를 배제하기 위하여 실시하며, 지하수의 배수 효과, 경제성, 시공성, 소요 공기, 시공 및 유지 관리 면에서의 안정성 등을 기타 방법과 비교, 검토한 후에 채택 여부를 결정한다. 시공 장소는 ①보링속도랑이나 집수정보다 효과적으로 지하수를 배제할 수 있는 곳, ②집수정에 의한 배수보링으로는 통상의 배수가 불가능한 곳, ③산사태의 속도가 빠르고 집수정이 파괴될 염려가 있는 곳, ④대규모 산사태로 집수정이나 양수우물[양수정(揚水井), deep well]과 연결하여 입체적으로 지하수를 배제하여야 할 곳 등이다.

### ② 설계 및 시공 방법

터널속도랑의 위치는 활동면등고선도, 지하수면등고선도, 기반면등고선도, 지질구조도 등에 근거하여 지하수 배제의 효율성 및 안정성을 종합적으로 검토한 후에 결정한다. 노선의 선정과 함께 적절한 갱구부의 위치에 대하여 검토하고, 자연배수가 가능하도록 터널의 기울기는 1~2%로 설계한다.

터널속도랑은 지하수를 가장 효과적으로 집 · 배수할 수 있는 안전지반에 설치한다. 산사태 취약지 바깥에서 안쪽으로 굴착하여 하부에 수로를 만들고 내부는 자갈을 충전한다.

### ③ 종류

터널속도랑내기에 필요한 재료에는 구조용 강관, 풋 플레이트(foot plate), 크라운 플레이트(crown plate), 볼트 · 너트, 타이 로드(tie rod), 육각너트, 따리쇠[평좌금(平座金), flat washer] 등이 있으며, 터널속도랑에 사용하는 재료에 따라 라이너 플레이트(liner plate), 파형관(corrugated pipe), 나무틀 등으로 구분한다.

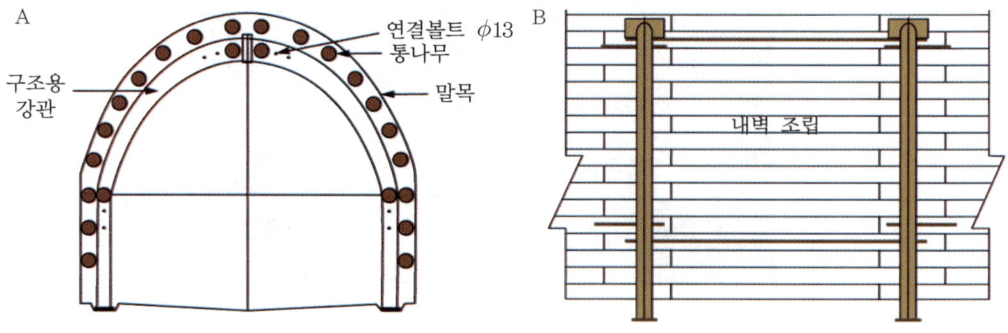


**그림 6-89** 터널속도랑내기의 시공 구조도(A: 정면도, B: 측면도)

그림 6-90 터널속도랑내기

## 7 집수정공사

### ① 목적 및 시공 장소

집수정공사(集水井工事, water collecting well works)는 산사태를 억제하기 위한 지하수배제공사로, 보링속도랑으로는 배제할 수 없는 비교적 깊은 층의 지하수를 배제하기 위하여 실시한다. 시공 장소는 ①지하수가 집중되는 곳으로, 지하수위가 높거나 기반면의 등고선도가 오목한 지형, ②함몰 지대가 있는 산사태지, ③활동 중인 땅밀림지의 주변 지역 등이다.

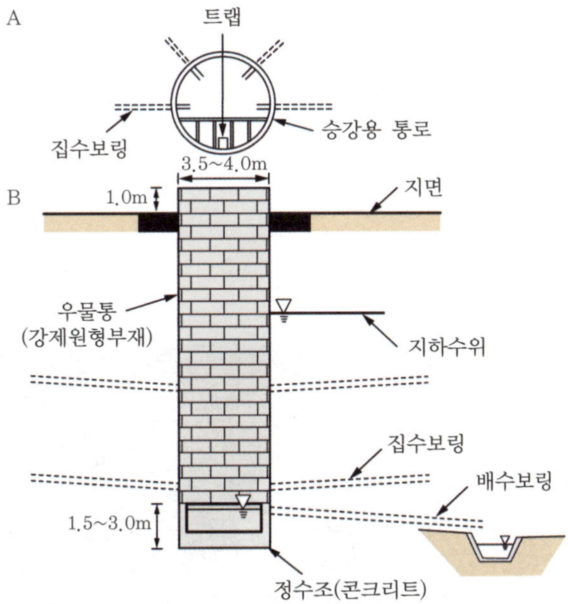


그림 6-91 집수정의 시공 구조도(A: 횡단면도, B: 종단면도)

### ② 설계 및 시공 방법

집수정의 크기는 벽면으로부터의 용출수만 집수할 때에는 그에 필요한 최소 직경으로 하고, 집수정 내에 보링 집수할 때에는 가능한 한 크게 설계한다. 일반적으로 집수정의 지름은 3.0~3.5m를 표준으로 하고, 집수정의 깊이는 미끄럼면의 밑 부위까지 도달하는 것을 원칙으로 한다. 배수 방법은 양수(揚水, water lifting) 또는 자연배수에 의하며, 주위의 지하수를 집수정 내로 유도하기 위해서는 지하수의 압력수두를 계획수두까지 낮출 수 있도록 집수정의 시공 깊이, 시공 각도, 시공 본수와 연장을 결정한다. 집수보링의 방향, 길이, 본수, 구조, 기울기와 같은 설계에 관한 사항은 보링속도랑내기에 준한다. 물빼기구멍은 원칙적으로 자연유하가 가능한 기울기로 유지하고 연장이 가장 짧은 방향으로 설계한다. 따라서 물빼기구멍은 3~5°의 내림기울기로 설계하고 지름 100mm, 길이 70~80m로 한다.

집수 지구의 도수로(導水路, link canal)는 집수정보다 먼저 시공하고, 지하수가 광범위하게 분포하는 지역은 집수정을 2개 이상 설치한다. 집수정이 목적으로 하는 지하수를 가장 효과적으로 배제할 수 있어야 하므로 최대 간격은 배수보링의 시공성에 의하여 제한되지만 보통 70~80m로 시공한다. 집수정의 구조는 토질 및 시공성 등을 고려하여 결정하며, 기초부는 수밀성의 정수조(靜水槽, hydrostatic tank) 구조로 시공한다.

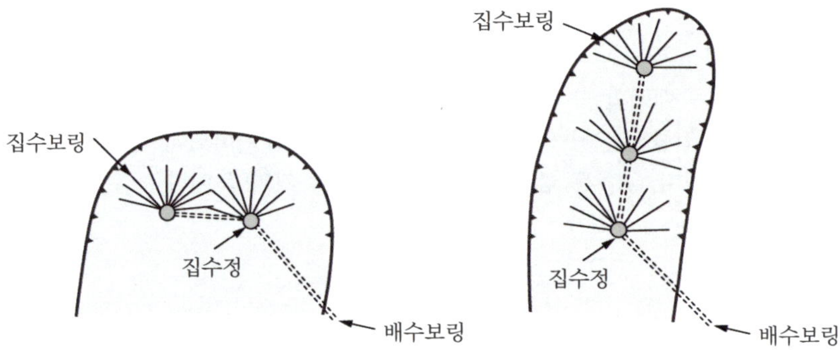


**그림 6-92** 집수정의 배치 사례

### ③ 종류

집수정의 우물벽[정벽(井壁), wall of a well]에 사용하는 재료는 다음과 같다.

**그림 6-93** 집수정공사

㉠ **라이너 플레이트**

라이너 플레이트는 시공이 용이한 길이인 50cm가 주로 사용된다.

㉡ **콘크리트틀**

비교적 균질인 지반으로 우물통[정통(井筒), sunk well]의 침하가 우려되는 지역, 다량의 지하수로 인하여 보링이 발생하기 쉬운 사질 지반이거나 히빙[heaving, 팽상(膨上)]이 일어나기 쉬운 연점토질 지반에는 콘크리트틀이 주로 사용된다.

## 8 지하수차단공사

### ① 목적 및 시공 장소

지하수차단공사(地下水遮斷工事, underground water interception works)는 속도랑과 지중벽을 이용하여 지하수를 효과적으로 차단함으로써 산사태 및 땅밀림을 방지하기 위한 공종으로, 땅속흙막이, 시트파일공법, 주입공법 등이 사용되고 있다. 시공 장소로는 산사태 및 땅밀림 발생지에 유입되는 지하수를 차단할 수 있는 지역을 선정한다.

### ② 설계 및 시공 방법

자연배수가 원활히 이루어질 수 있도록 기울기를 결정한다. 산사태 및 땅밀림 발생지 주변에서 안으로 유입되는 얕은 층의 지하수를 유입경로에서 횡단적으로 차단한 후 속도랑을 이용하여 지표로 유도, 배수한다.

속도랑내기에 의한 차단공사는 지표에 가까운 비교적 얕은 층의 지하수를 대상으로 시공한다. 지하수가 깊어서 속도랑내기로 지하수를 배제하기 어려운 지역에서는 땅속에 차수벽(遮水壁, impervious wall)을 설치하여 지하수를 차단한다.

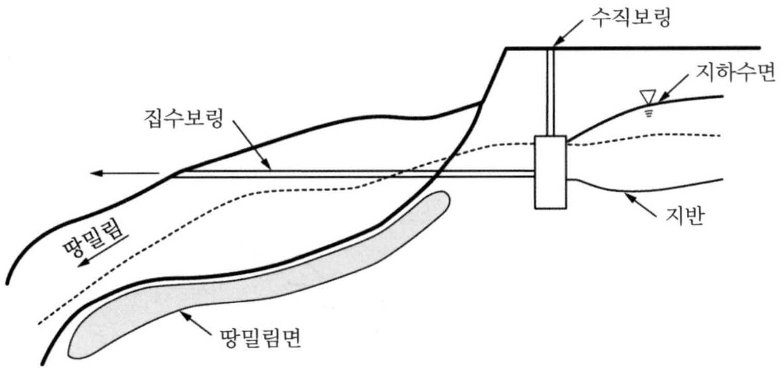


**그림 6-94** 지하수차단공사의 시공 구조도

### ③ 종류

㉠ **땅속흙막이**

땅속흙막이는 산비탈기초공사의 땅속흙막이에 준하여 실시한다.

㉡ **시트파일공법**

시트파일공법[시판공(矢板工), sheet pile works]은 토사가 붕괴되거나 물이 침투하는 것을 방지하기 위하여 지반에 판 모양의 말뚝(시트파일)을 연속하여 타설하는 공법으로, 토사붕괴 방지, 지표수 또는 지하수 차단, 지반 다짐 흙의 이탈 방지, 댐 공사 등의 목적에 따라 목제시트파일, 강제시트파일, 철근콘크리트시트파일 등을 사용한다.

㉢ **주입공법**

주입공법은 지표수배제공사의 주입공사에 준하여 실시한다.

**그림 6-95** 지하수차단공사

### 9 배토공사

**① 목적 및 시공 장소**

배토공사(排土工事, unstable soil removal works)는 산사태 및 땅밀림을 방지하기 위하여 산비탈의 머리 부위에 있는 토괴의 하중을 제거하는 공사로, 하단부는 붕괴의 위험성이 있으므로 가급적 실시하지 않는다. 시공 장소는 ①산사태 및 땅밀림의 규모가 비교적 작고, 상부가 평탄하거나 완경사인 지역, ②산사태 및 땅밀림의 미끄럼면이 원호(圓弧)에 가까운 지역, ③산사태지 및 땅밀림지의 머리 부위에 위치하는 활동토괴가 산비탈 하부에 비하여 상당히 두꺼운 지역 등이다.

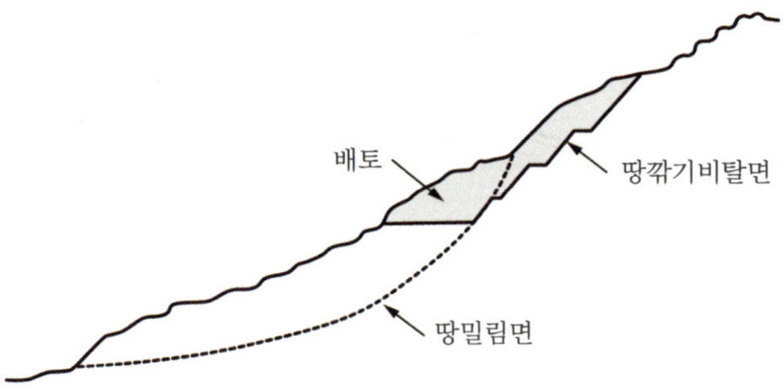


**그림 6-96** 배토공사의 종단면

**② 설계 및 시공 방법**

땅깎기(배토)비탈면에 대규모 비탈면이 조성되지 않도록 적당한 간격으로 계단을 설치하며, 계단 사이의 비탈경사각은 비탈면 붕괴가 발생하지 않도록 안식각을 유지한다. 비탈면의 기울기와 계단의 설치 간격은 연암 지대의 경우 기울기 1 : 0.5~1.2, 계단 사이의 수직높이 7m 이내로 하며, 토사 지대는 기울기 1 : 1.0~1.5, 계단 사이의 수직높이 5m 이내를 기준으로 한다.

배토 이후에 조성된 땅깎기비탈면에는 녹화공사를 실시하며, 필요에 따라서 흙막이, 수로 등으로 보완한다. 산사태 및 땅밀림 비탈면에서 절취한 흙은 땅밀림 구역 밖으로 사토(捨土)하며, 땅깎기 토사가 붕괴 또는 유실되지 않도록 적절하게 조치한다.

그림 6-97 배토공사

### 10 누름흙쌓기

#### ① 목적 및 시공 장소

누름흙쌓기[압성토공사(押盛土工事), earth buttress loaded berm works, loading embankment works]는 산사태 및 땅밀림 방지용 흙쌓기를 축설하여 땅밀림 비탈면의 하단부에 작용하는 산사태 및 땅밀림 추력(推力, thrust)을 경감할 목적으로 실시한다. 시공 장소는 산사태 및 땅밀림 등의 활동력을 효과적으로 줄일 수 있고 기초지반이 양호한 장소 중에서 ①산사태 및 땅밀림 등의 규모가 비교적 작고 상부가 평탄한 지역, ②경사가 완만한 산사태 및 땅밀림 구역의 하단부 등이다.

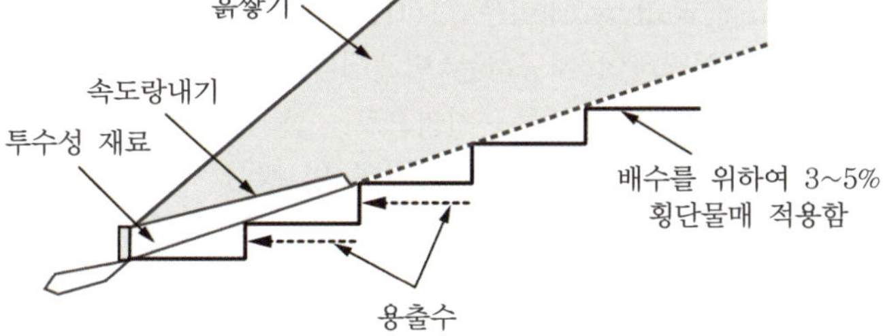


그림 6-98 누름흙쌓기 기초부의 배수 처리 사례

#### ② 설계 및 시공 방법

누름흙쌓기의 설치 지점 및 두께는, 산사태 및 땅밀림 추력을 가장 효과적으로 경감하고 누름흙쌓기에 의하여 흙쌓기 하부 비탈에 산사태 및 땅밀림이 발생하지 않도록 결정한다. 누름흙쌓기의 기울기는 통상 1 : 1.8~2.0을 표준으로 하고 원칙적으로 수직높이 5m마다 폭 1~2m의 계단을 설치한다.

산사태 및 땅밀림의 하단부에 누름흙막이를 시공한 후 이를 기초로 배토공사 시 생산된 토사를 이용하여 누름흙쌓기를 실시하고, 흙쌓기비탈면에는 나무를 심어 녹화한다. 산사태 및 땅밀림 등이 발생할 위험성이 연속된 지역의 경우 누름흙쌓기가 산사태 및 땅밀림 등을 새롭게 유발할 수 있기 때문에 주의를 요한다.

그림 6-99 누름흙쌓기

### ③ 종류

누름흙막이는 산사태 및 땅밀림을 안정시키는 본체, 흙쌓기비탈면의 표면침식을 방지하는 비탈면보호공사, 흙쌓기 내부의 지하수 상승을 방지하는 속도랑과 배수로, 비탈면의 하단부를 안정시키는 흙막이 등으로 구성된다.

## 11 축대벽

### ① 목적 및 시공 장소

축대벽[옹벽(擁壁), retaining wall works]은 산사태지 또는 땅밀림 위험 지역의 토압에 따라 적절한 형식, 구조, 재료 등을 선택하여 시공하는 벽체이다. 시공 장소는 토압이 커서 기타 흙막이 등으로는 산비탈의 안정을 기대할 수 없는 지역으로, ①붕괴위험지의 하부와 같이 토압이 큰 지역, ②붕괴 위험이 높은 대지(垈地), ③임도 등의 비탈면 및 광산 적치장 등이다.

### ② 설계 및 시공 방법

축대벽은 전도(轉倒)와 활동(滑動)에 안전하고 기초지반에 작용하는 최대 압력이 지반의 허용지지력을 초과하지 않도록 설계한다. 중력식 축대벽은 자중이 크기 때문에 기초지반이 단단한 지역을 대상으로 하며, 벽체의 자중에 의하여 전도에 안정하도록 설계한다. 반중력식 축대벽은 중력식 축대벽보다 콘크리트의 사용량을 줄이기 위하여 철근을 사용한다. L형과 도립T형 축대벽은 밑바닥의 반력(反力)과 콘크리트의 양을 감소시킬 필요가 있을 경우에 채택하고 자중과 뒤채움흙에 의하여 전도에 안정하게 설계한다. 부벽식 축대벽[부벽식 옹벽(扶壁式 擁壁), buttress retaining wall]은 앞부벽식 축대벽(토압을 직접 받지 않는 벽 쪽에 지지벽을 설치하는 방법)과 뒷부벽식 축대벽(토압을 받는 벽 쪽에 버팀벽을 설치하는 방법) 중에서 적정하게 선택한다.

시공할 때에는 기초처리, 신축이음, 물빼기구멍, 뒤채움, 콘크리트치기, 되메우기 등에 유의하여야 한다.

**③ 종류**

축대벽은 형식에 따라 중력식 축대벽, 반중력식 축대벽, L형과 도립T형 축대벽, 부벽식 축대벽으로 구분하고, 사용 재료에 따라서는 돌축대벽, 콘크리트축대벽, 콘크리트블록축대벽, 지오웨브축대벽, 돌망태축대벽 등으로 구분한다.

**㉠ 콘크리트축대벽**

콘크리트축대벽은 콘크리트기슭막이의 시공기준에 준하여 시공한다. 기초지반이 연약하여 부등침하가 예상되는 경우에는 말뚝기초나 콘크리트기초 등으로 보강한다. 축대벽의 높이는 토심에 따라 다르지만 통상 4m 이하(산비탈에는 2m 내외)로 계획하고, 콘크리트치기를 실시한 후 충분히 다져서 콘크리트가 철근의 주위와 거푸집의 구석구석까지 잘 충전되도록 한다.

뒤채움용 돌은 배수가 잘 되도록 조약돌 또는 잡석을 사용하며, 뒤채움용 흙으로 배수가 양호한 토양을 충분히 다져 줌으로써 침하를 방지한다. 콘크리트치기를 실시한 후에는 직사광선, 건조, 비바람 등을 차단하고, 콘크리트의 노출 면은 거적 등으로 덮고 양생하여 수화작용을 촉진한다. 되메우기는 축대벽의 몸체를 완전히 양생한 후에 시행한다.

신축이음은 연직 방향으로 9m마다 설치한다. 물빼기구멍은 안지름 5~10cm의 PVC관을 사용하여 수평 방향으로 2~3m 이하, 연직 방향으로 1.5m 이하가 되게 설치하고, 최하단의 물빼기구멍은 지면에서 약 30cm 위에 설치한다.

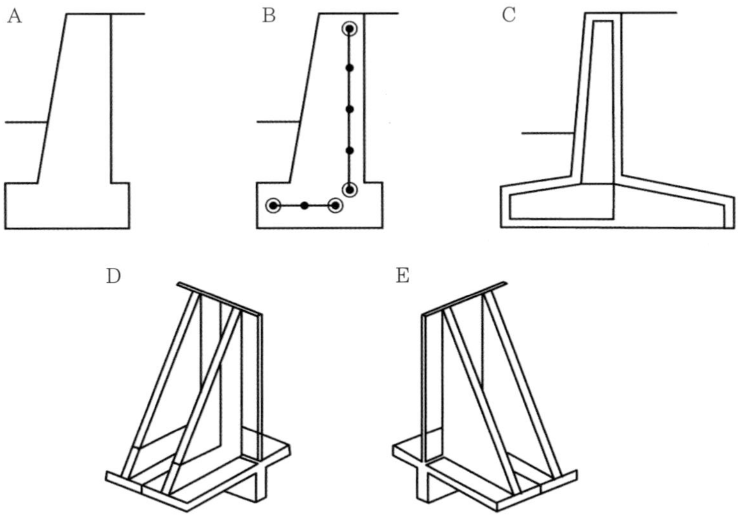


**그림 6-100** 축대벽의 종류(A: 중력식 축대벽 측면도, B: 반중력식 축대벽 측면도, C: L형과 도립T형 축대벽 측면도, D: 앞부벽식 축대벽, E: 뒷부벽식 축대벽)

㉡ **지오웨브축대벽**

지오웨브(geoweb)축대벽은 고밀도 폴리에틸렌(HDPE)을 띠로 제작한 후 일정한 간격으로 초음파 용접을 실시하여 벌집 모양의 구조체를 형성함으로써 3차원적인 토양억제 시스템을 구성하는 공법이다. 매우 가볍기 때문에 시공성이 탁월하고 경제적이지만 땅깎기비탈면에서는 높이 6m 이하, 기울기 45° 이하의 지역에 한하여 채택한다.

㉢ **돌망태축대벽**

돌망태축대벽은, 아연도금 철선으로 육각형의 망을 제작한 후 일정 규격의 상자 모양으로 조약돌 또는 깬돌 등을 충전하여 용도에 맞게 조립한 구조물이다. 조약돌이 풍부한 지역에서는 경제적이고 시공이 용이하지만 높이 6m 이상일 경우에는 문제가 발생할 수 있다. 특히 축대벽의 설치로 인하여 신규 산사태가 발생할 위험이 있으므로 주의를 요한다.

**그림 6-101** 도립T형 축대벽

**그림 6-102** 돌망태축대벽

## 12 폭파공사

### ① 목적 및 시공 장소

폭파공사(爆破工事, demolition works)는 일반발파, 진동제어발파, 정밀진동제어발파, 암발파파쇄공법(암파쇄굴착공법)으로 구분한다. 설계도서에 따라 발파 방법의 기준을 정하고, 시험발파를 통하여 암깎기비탈면의 손상을 최소화할 수 있는 적정 방법으로 수정, 보완한 후 공사를 진행한다. 시공 장소는 ①비탈면 위에 돌출 부위가 있거나 낙석의 발생 위험이 높은 비탈면으로, 폭파에 의한 피해 발생이 적을 지역, ②땅깎기 작업 중에 암괴가 발생한 지역, ③불도저에 장착한 유압식 리퍼(ripper)로는 깎기 어려운 암반 등이다.

### ② 설계 및 시공 방법

본발파에 앞서 시험발파를 실시하여 현장의 여건에 부합하는 천공(穿孔) 장소, 천공 배치, 화약 종류와 같은 발파 방법과 발파 계획을 수립하고, 발파를 수행하기 전에 발파 시각의 설정, 경고 방법, 경계 및 감시, 대피 장소의 방호설비, 비석(飛石) 대책 등을 마련한다. 발파 작업에 있어서는 지질, 암괴의 경도(硬度) 등에 따라 천공 간격, 천공 장소, 장약량 등을 조정, 검토하고, 주변의 환경을 고려하여 필요할 경우에는 대책을 강구한다. 발파로 인하여 각종 재료가 이완되었을 때에는 승인된 재료로 변경하고, 기준에 따라 다지기를 실시하며, 허용치를 벗어난 요철은 조정한다.

천공 작업을 실시하기 전에 바닥면 정리, 뜬돌 제거, 잔류 폭약의 유무 확인 및 회수 등의 조치를 취하고, 천공과 장약은 발파 방법에 따라 정확하게 실시한다. 또한 천공 시에는 용출수, 가스 분출, 지질 변화 등에 주의하고, 천공은 미리 정해진 천공 배치에 따라 위치, 방향, 깊이를 정확하게 실시하며, 장약의 유무가 확인되지 않은 구멍은 재차 천공하지 않도록 한다.

발파는 발파책임자의 지휘에 따라 작업원의 대피를 확인한 후에 실시하고 방호 대책을 마련하며, 발파 후에는 안전이 확보되는 시간이 경과한 다음 접근한다. 또한 불발된 잔류 폭약의 유무를 점검하여 조치를 강구하고, 발파 시에는 발파진동속도에 대한 계측과 기록이 가능한 측정계기를 설치한다.

발파 장소가 각종 보전 대상물에 인접한 경우 비산에 대한 방호는 물론이고 기존 구조물에 대한 사전조사를 실시하여 방호 조치를 수립한 후에 발파 작업을 시행한다. 발파로 인한 민원 발생이 예상될 경우 소음과 진동을 줄일 수 있는 적절한 공법을 검토하고 시험발파를 실시한 후에 설계 변경을 실시한다.

발파기의 최대 전류가 발파뇌관의 개수에 충분한지를 사전에 점검하고, 용출수 지역에서 발파를 실시할 경우 화약류에 대한 방수 조치를 충분히 마련하여 누전으로 인한 불발이 발생하지 않도록 주의한다. 특히 강우와 번개 위험이 있을 경우에는 전기뇌관에 의한 작업을 중지하고, 이미 설치된 장약은 즉시 발파한 후 나머지는 화약 취급소에 입고한다.

발파는 경작지, 묘지, 국가유산 등의 보전 대상물에 손상을 입히지 않도록 주의를 기울여 실시한다. 모든 허용기준은 설계적용기준에 따라 설정하며, 작업 시에는 규제 기준을 초과하지 않도록 한다. 발파의 소음 및 진동에 대한 계측 관리는 관련 규정에 따라 실시한다.

### ③ 종류

일반적으로 폭파공사에 사용되는 표준발파공법은 표 6-12와 같이 분류할 수 있다.

**표 6-12 표준발파공법의 분류**

| 구 분 | 특수 발파 | 제한 발파 | | | 무제한 발파 |
|---|---|---|---|---|---|
| | Type Ⅰ<br>일반파쇄<br>공법 | Type Ⅱ<br>정밀진동<br>제어발파 | Type Ⅲ, Ⅳ<br>진동제어<br>발파 | Type Ⅴ<br>일반<br>발파 | Type Ⅵ<br>대규모<br>발파 |
| 폭약 등 | 미진동<br>파쇄기 | 유화액(乳化液, emulsion) 계열의 폭약 등 | | | 초유폭약 등 |
| 천공 지름<br>(mm) | $\phi$51 이내 | | 소규모 $\phi$51 이내<br>대규모 $\phi$76 | $\phi$76 | $\phi$76 이상 |
| 천공 장비 | 공기 압축식 또는 유압식 크롤러 드릴(crawler drill) | | | | |
| 파쇄 정도 | 균열 발생<br>(보통암~경암) | 파쇄+균열 | 파쇄 | 파쇄+대피 | 파쇄+대피 |
| 2차 파쇄 | 대형 브레이커<br>적용 | 대형 브레이커<br>사용 | – | – | – |

**그림 6-103** 폭파공사

### 13 팽창성파쇄공사

#### ① 목적 및 시공 장소

팽창성파쇄공사(膨脹性破碎工事)는 제거하려는 암괴에 천공을 실시한 후 팽창제(소석회)를 주입하여 물의 화학작용에 의한 팽창압으로 암반을 파쇄하는 공사이다. 소음, 비석, 분진, 진동 등의 환경공해 측면에서 우수하고 발파공법에 비하여 시공 능률이 뛰어나지만 공사 기간과 굴착 규모에 제약이 있고 공사비가 고가이다. 시공 장소는 폭파공사를 실시할 경우 암석의 붕괴가 우려되는 암반비탈면 등이다.

#### ② 설계 및 시공 방법

설계할 때에는 암반 천공, 천공구 장약 및 화약고 관리, 암반 발파, 발파 파쇄석 반출 등에 유의하여야 한다.

시공할 때에는 소음, 분진, 비산에 대한 대비책과 불발공 처리에 대한 안전 대책을 마련하여야 한다. 팽창성파쇄재는 혼합 후 5분 이내에 천공에 충전하고 양생을 위하여 12~14시간 대기한다. 불발되었을 때에는 60cm를 이격하여 천공을 실시하고, 불발공의 인계를 위하여 내용, 위치, 표식

**표 6-13** 팽창제 종류별 표준공경의 적용 조건

| 종 류 | 적용 표준공경 | 피파쇄체의 온도<br>(적용 조건) |
|---|---|---|
| (S-Mite) S형<br>(S-Mite) A형<br>(S-Mite) B형 | $\phi$30~50<br>(최적 공경 $\phi$40) | 10℃ 이하(겨울철용)<br>10~20℃(봄철용)<br>20~35℃(여름철용) |
| (S-Mite) $V_1$형<br>$V_2$형<br>$V_3$형<br>$V_4$형 | $\phi$50 이상<br>(최적 공경 $\phi$65) | 10℃ 이하<br>10~18℃<br>18~26℃<br>26℃ 이상 |

을 확실히 하며, 노천 발파 시에는 불발공 위치에 깃발로 표식한다. 팽창성파쇄공사는 팽창제의 종류별 표준공경(孔徑) 적용 조건을 고려하여 시공한다.

**③ 종류**

**㉠ 무진동 암반파쇄공법**

유압기계식공법(H.R.S, S.R.S, DRADA 등), 팽창성파쇄재공법 등이 있다.

**㉡ 미진동 공법**

미진동파쇄기(CCR 파쇄기), 플라스마공법(전력충격, PRF, 금속화합물), 가스압(cardox) 젤(gel)파쇄공법 등이 있다.

그림 6-104 팽창성파쇄공사

### ⑭ 낙석방지망덮기

**① 목적 및 시공 장소**

낙석방지망덮기[낙석방지망복공(落石防止網覆工), rockfall prevention netting works]는 암석 비탈면의 전석이나 암괴 등을 철망, 합성섬유망, 비닐망 등으로 덮어 낙석이 비탈면과 낙석방지망 사이로 낙하하도록 하거나 뜬돌(부석)을 눌러 암반을 보호할 목적으로 실시하는 공사이다. 시공 대상지는 낙석이 우려되는 암석비탈면 중에서 ①뜬돌이 분포하는 암반비탈면이나 이완이 심한 비탈면, ②암반비탈면 내의 암질이 불량하거나 파쇄대가 발달한 비탈면 등이다.

**② 설계 및 시공 방법**

망눈의 크기는 50mm×50mm 정도로 하며, 철망은 1t 정도의 전석을, 합성섬유망은 10kg 이내의 돌을 대상으로 한다. 와이어로프의 간격은 가로와 세로 모두 4~5m로 한다.

시공할 때에는 작업 순서에 유의하여야 한다. 우선 비탈면의 뜬돌 등을 완전히 제거한 후 낙석방지망을 덮는다. 철망덮기의 경우에는 앵커를 박은 후 가로 방향으로 밧줄을 고정하고 최상단의 세로 방향 줄을 같은 방법으로 앵커에 고정한 다음 가로 방향의 밧줄에 철물을 사용하여 결합한다. 철망(폭 4~5m, 길이 3~5m)을 최상단 가로 방향 밧줄까지 끌어올린 후 결속선 등으로 고정하고 중간부 이하의 가로 방향 밧줄을 설치하여 앵커에 고정한 다음 세로 방향 밧줄과 결합한다.

망의 하단은 비탈면 끝에서 1m 정도 여유를 두고 비탈면 위쪽에서 아래쪽으로 내려오면서 망을 설치하며, 망의 여분은 가급적 제거한다. 앵커는 지질과 토질에 적합하도록 제작되기 때문에 선정에 유의하여야 하며, 비탈면에 망을 부설한 후 가로·세로 방향으로 굵고 튼튼한 쇠밧줄로 망을 당겨 끝부분을 앵커에 고정한다.

#### ③ 종류

낙석방지망에 사용하는 철망과 합성섬유망의 낙석 크기별 시공 조건은 표 6-14, 6-15와 같다.

**표 6-14** 낙석 크기별 철망의 시공 조건

| 낙석 크기 | 낙차 | 기울기 | 망눈 | 철망 굵기 | 와이어 지름 | 앵커볼트 | |
|---|---|---|---|---|---|---|---|
| | | | | | | 지름 | 길이 |
| 500kg까지 | 20m | 60° | 50mm | 3.2mm | 12mm | 22mm | 80~120cm |
| 500~750kg | 20m | 60° | 50mm | 3.2mm | 14mm | 22mm | 80~120cm |
| 750~1,500kg | 20m | 60° | 50mm | 4.0mm | 16mm | 22mm | 80~120cm |

**표 6-15** 낙석 크기별 합성섬유망*의 시공 조건

| 낙석 크기 | 낙차 | 기울기 | 망눈 | 실 지름 | 로프 지름 | 앵커 | |
|---|---|---|---|---|---|---|---|
| | | | | | | 지름 | 길이 |
| 60kg까지 | – | 63° | 37.5mm | 2.4mm | 8mm | 12mm | 50cm |
| 60~100kg | 15m | 63° | 30.0mm | 2.4mm | 12mm | 19mm | 50cm |

㈜ * 폴리에틸렌, 나일론, 비닐론 등

**그림 6-105** 낙석방지망덮기

**그림 6-106** 낙석저지책세우기

### ⑮ 낙석저지책세우기

#### ① 목적 및 시공 장소

낙석저지책세우기[낙석저지책공(落石沮止柵工), rockfall prevention fencing works]는 낙석을

차단하기 위하여 낙석 발생원의 하부에 설치한 콘크리트흙막이 및 축대벽 위에 강철재 낙석저지책을 세우는 공법이다. 시공 장소는 ①낙석에 의한 파괴력이 비교적 작은 암석깎기비탈면의 하단부, ②낙석에 의한 파괴력이 비교적 작은 콘크리트흙막이나 축대벽의 상단, ③낙석 발생원까지 경사가 급하고 상당한 거리가 있는 비탈면으로, 낙하물이 콘크리트흙막이나 축대벽을 월류할 위험이 있는 곳 등이다.

#### ② 설계 및 시공 방법

지주의 간격은 2~3m로 한다. 지름 18mm 이상의 와이어로프를 사용하고, 철망의 망눈은 암괴의 지름보다 작아야 한다. 재질이 KS D 3552(철선)의 규격에 적합한 소선을 경질염화비닐로 피복한 철망을 사용한다.

높이 1~2m의 강재로 제작한 지주를 콘크리트흙막이나 축대벽 위에 설치한 뒤 와이어로프, 철망 등으로 연결한다. 지주 상단부는 일정 길이가 도로 방향으로 휘도록 제작하고, 낙석저지책의 상부부터 낙석 발생원까지의 경사가 급하거나 거리가 상당한 경우, 또는 낙하물이 낙석저지책을 월류할 위험이 있는 곳에는 몇 개의 단으로 나누어 시공한다. 울타리(책)와 비탈면의 사이에 폭 1m의 공간을 두며, 중간 지주로는 I자망이나 H자망 등을 사용한다. 낙하 시 토사를 수반할 것으로 예상될 경우에는 아래쪽에 반드시 콘크리트축대벽을 설치한 후 그 위에 낙석저지책을 세운다. 산악지에서는 눈사태 방지용으로 사용하는 방안을 강구한다.

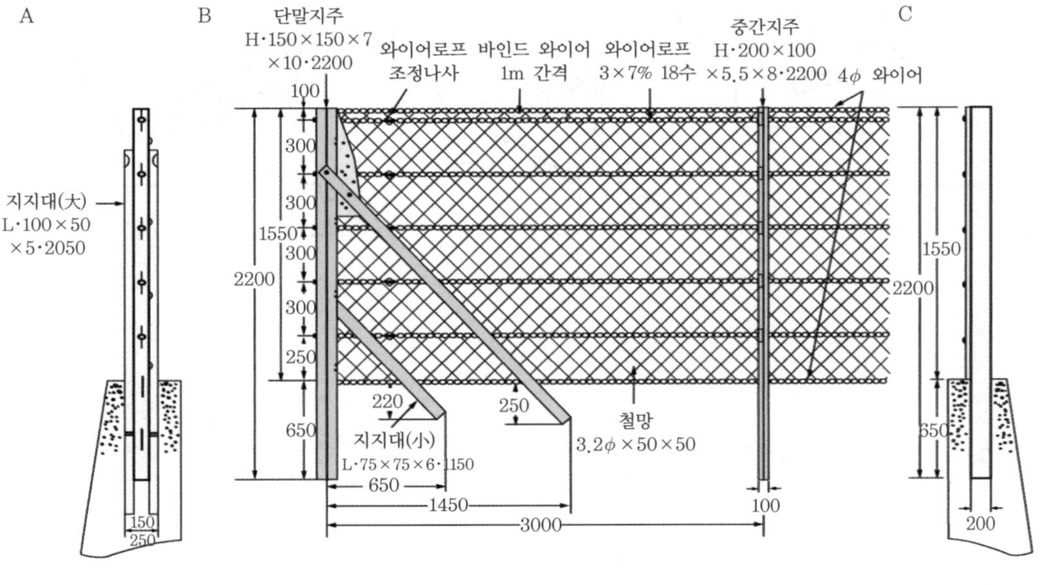


**그림 6-107** 낙석저지책세우기의 시공 구조도(A: 단말 지주 단면도, B: 평면도, C: 중간 지주 단면도)

#### ③ 종류

#### ㉠ 설치 방법에 따른 분류

낙석저지책은 콘크리트흙막이 위에 울타리(책)를 설치하는 방법, 콘크리트흙막이 위에 강제흙막이를 설치하는 방법, 책을 직접 설치하는 방법 등으로 유형을 분류할 수 있다.

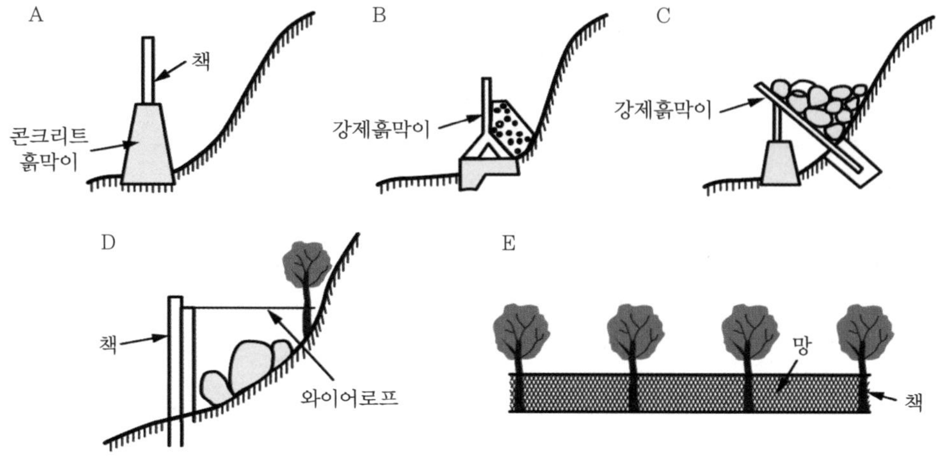


**그림 6-108** 낙석저지책의 유형

**ⓛ 특수 형태의 낙석저지책**

낙석과 충돌하는 낙석저지책의 면에 폐타이어를 부착하거나 흙자루 등을 이용한 샌드쿠션(sand cushion)을 놓으면 낙하에너지를 분산, 흡수할 수 있다.

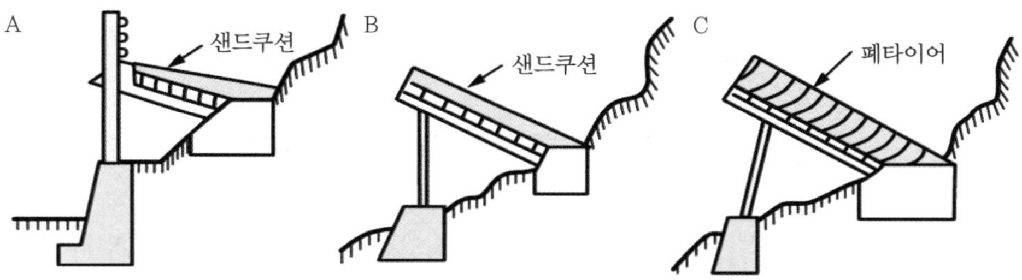


**그림 6-109** 특수한 형태의 낙석저지책(A · B: 샌드쿠션 부착, C: 폐타이어 부착)

**ⓒ 낙석방지공법**

낙석에 의한 피해를 방지하기 위하여 낙석방지망덮기와 낙석저지책세우기 외에 보전 대상지의 상부에 전석정리공사, 비탈고정공사, 낙석저지공사와 같은 낙석방지공법(落石防止工法, rockfall control works)을 도입한다.

### 6·6·3 억지공사

억지공사는 땅밀림을 방지하기 위하여 구조물로써 땅밀림을 직접적으로 억지하는 공사이다. 즉 억지공사는 구조물의 역학적 강도가 땅밀림의 활동력에 직접적으로 저항하도록 하며, 시공 효과가 즉시 발휘될 수 있다. 그러나 땅밀림의 규모가 클 경우에는 지하수배제공사, 배토공사 등의 억제공사와 병행하여 경제성 및 효과의 지속성을 확보하여야 한다.

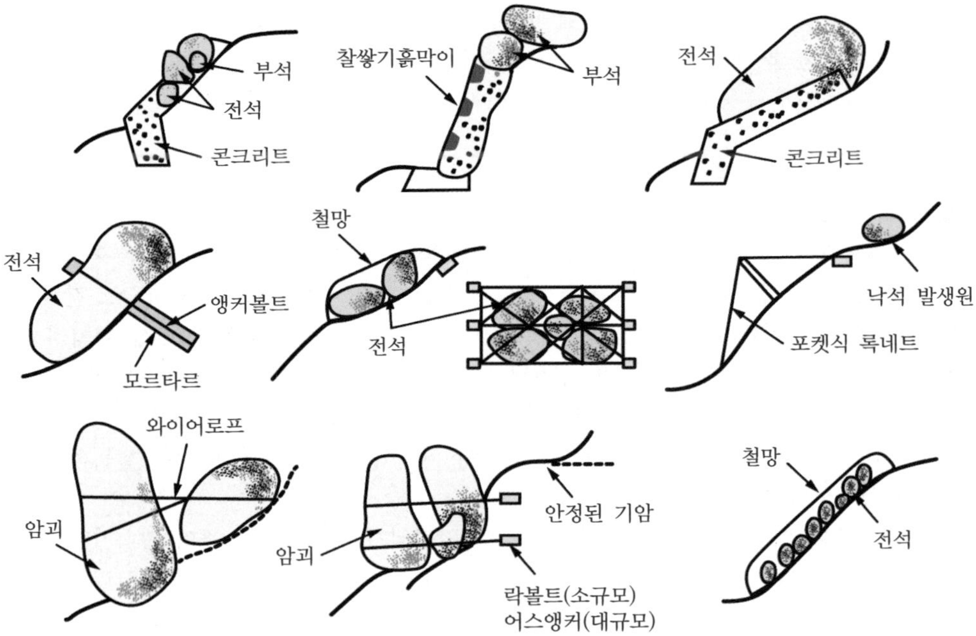


**그림 6-110** 전석정리공사의 유형

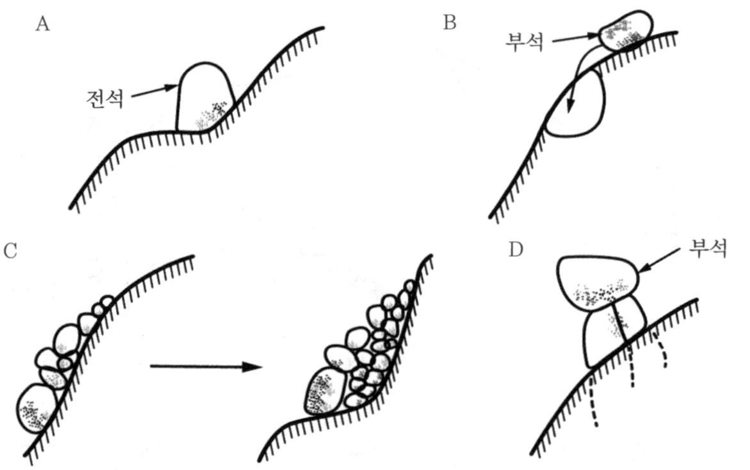


**그림 6-111** 전석의 정리 및 비탈고정(A: 착공, 파쇄, 안정개소에 반출, B: 구멍을 파고 부석을 묻어 표면침식 방지, C: 소전석을 평탄한 곳에 쌓아서 처리, D: 부석을 파쇄하여 처리)

## 1 말뚝박기

### ① 목적 및 시공 장소

말뚝박기[항타공사(杭打工事), pile driving, piling works]는 산사태 및 땅밀림을 억지하기 위하여 비탈의 부동층까지 말뚝을 타설하여 산사태 및 땅밀림의 추력을 낮추는 것을 목적으로 하는 공법이다. 시공 장소는 ①산사태 및 땅밀림 비탈면 중에서 하부의 지반이 단단하고 미끄럼면이 수평에 가까운 부분, ②산사태 및 땅밀림 이동층의 이동반력이 충분한 곳, ③말뚝박기로 인하여 산사태 및 땅밀림 이동층에 수동파괴가 작용할지라도 새롭게 산사태 및 땅밀림이 발생하지 않을 곳 등이다.

### ② 설계 및 시공 방법

말뚝의 규격과 간격은 안정조건 및 시공성을 검토하여 결정한다. 말뚝의 배열은 대체적으로 산사태 및 땅밀림 이동 방향과 직각이 되게 하며, 일정한 간격(일반적으로 1.5~4.0m 간격)을 두고 수평면에 수직으로 설치한다. 산사태 및 땅밀림의 형태, 지질 상황, 말뚝의 타설 위치에 따라 말뚝을 전단저항말뚝으로 타설할 수 있을 경우에는 말뚝의 밑넣기 깊이를 말뚝 길이의 1/4~1/3로 설계한다. 비탈말뚝박기의 안정조건은 말뚝이 산사태 및 땅밀림 모든 단면에 있어서의 전단력과, 산사태 및 땅밀림의 추력에 의한 휨모멘트로 인하여 파괴되지 않도록 설계한다. 말뚝의 배열은 원칙적으로 단열로 한다.

시공할 때 말뚝의 아래쪽 비탈과 주변의 토층이 안정되기 위해서는 말뚝이 뽑히거나 지반이 파괴되지 않도록 충분히 타설한다. 말뚝의 내부 및 공벽과의 공간은 원칙적으로 콘크리트 또는 시멘트모르타르 등을 충전하여 보강한다. 말뚝의 강성을 높이기 위하여 말뚝의 머리 부위를 철근콘크리트나 H형강 등으로 연결하거나 말뚝의 머리부에 앵커타이를 장치하여 활동력에 대한 내력을 증가시켜 미끄럼을 방지하고 앵커의 기능을 발휘하도록 한다.

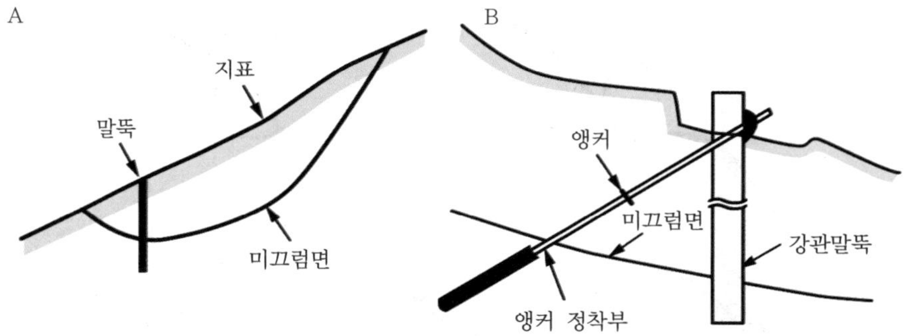


**그림 6-112** 말뚝박기의 종단면(A) 및 앵커공사와의 병용공법(B)

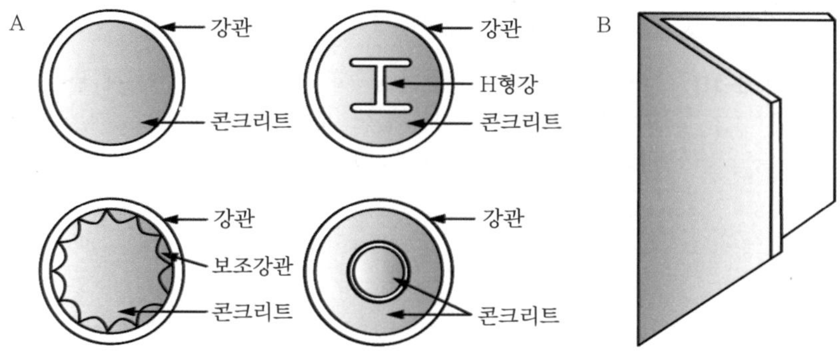


**그림 6-113** 말뚝의 종류(A: 강관말뚝, B: V형말뚝)

③ **종류**

㉠ **항타기 등에 의한 타설 방법**

항타기(杭打機)로 말뚝을 타설하는 방법과, 대구경 보링머신으로 천공한 후 그 안에 강관말뚝 등을 삽입하는 방법이 있으며, 각종 억제공으로 산사태 토괴의 이동속도를 줄인 후 삭공(削孔)한 구멍에 강관을 삽입하는 방법이 널리 이용되고 있다.

㉡ **재료에 따른 분류**

말뚝박기에 사용하는 재료에 따라 강관말뚝, 철근콘크리트말뚝, H형강말뚝, 나무말뚝 등으로 구분할 수 있다.

**그림 6-114** H형강을 이용한 말뚝박기

## 2 샤프트공법

① **목적 및 시공 장소**

샤프트공법[심초공사(深礎工事), shaft works]은, 지리적인 제약으로 말뚝박기 기계인 항타기를 사용할 수 없거나 구경이 큰 보링으로 인하여 땅속으로 물이 유입되어 산사태 및 땅밀림이 발생할 우려가 있는 경우, 일반 말뚝박기로는 목표로 하는 안전율을 확보할 수 없는 경우에 산사태 및 땅밀림의 비탈면에 대경말뚝[대구경항(大口徑杭), shaft pile]을 설치하여 땅밀림 추력에 저항하도록 하는 공사이다. 시공 장소는 단순한 억제공법 또는 억지공법으로는 처리할 수 없는 대규모의 산사태 및 땅밀림 지역 중에서 ①대규모의 산사태 및 땅밀림이 발생하여 억지력이 크게 필요한 곳, ②지리적 제약으로 인하여 말뚝 재료나 시공기계를 반입할 수 없는 곳, ③지하수를 배제하기에 집수정만으로 한계가 있는 곳 등이다.

② **설계 및 시공 방법**

샤프트 말뚝의 단면과 간격은 안정조건 및 시공성을 검토한 후 결정한다. 말뚝의 배열은 산사태 및 땅밀림 이동 방향에 대하여 수직이 되도록 등간격으로 설치한다.

시공 시 원형으로 굴착한 후 라이너 플레이트 등으로 공벽을 막으면서 굴진한다. 굴착이 완료되면 공내(孔內)에 철근콘크리트를 충전하여 샤프트 말뚝을 축설한다. 경우에 따라서는 공내로부터 집수보링 및 배수보링을 실시하여 집수정으로서의 기능을 병행하게 한다. 샤프트 말뚝의 내부는 철근콘크리트 또는 철골콘크리트를 타설하여 외력에 대하여 샤프트 말뚝의 모든 단면이 유효하게 작용할 수 있게 한다.

### ③ 종류

샤프트공법은 원칙적으로 라이너 플레이트로 시공하며, 산사태 및 땅밀림의 상황에 따라 철근콘크리트블록을 사용하기도 한다.

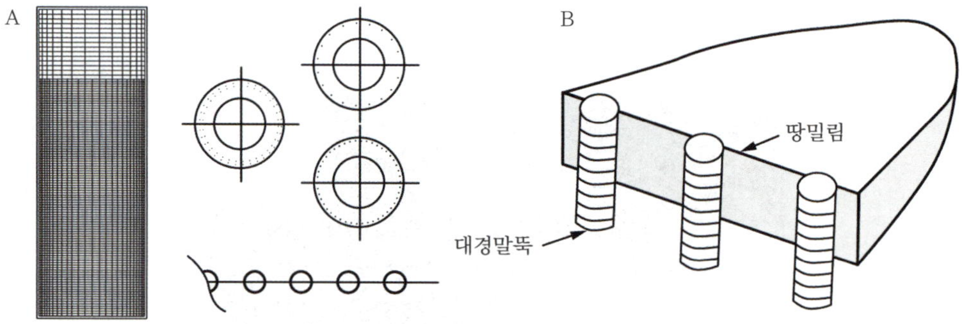


**그림 6-115** 샤프트 말뚝의 구조(A) 및 시공 구조도(B)

**그림 6-116** 샤프트공법

## 3 앵커박기

### ① 목적 및 시공 장소

앵커박기(anchor works)는 산사태지 및 땅밀림지의 기반에 앵커체를 설치한 후 인장재(引張材)를 이용하여 지표에 설치한 수압부(受壓部)와 연결하고 그 인장력에 의하여 땅밀림을 방지하는 공법이다. 시공 장소는 땅밀림이나 암석붕괴가 발생할 것으로 예상되는 보전 대상지 중에서 ①비탈면 상·하부에 인가가 있어 땅깎기를 실시하거나 축대벽 등을 시공할 수 없는 곳, ②땅밀림이나 암석붕괴가 자연적으로 발생할 것으로 예상되는 곳(그라우트앵커공사), ③낙석의 위험이 있는 절개지 암반(락볼트공사) 등이다.

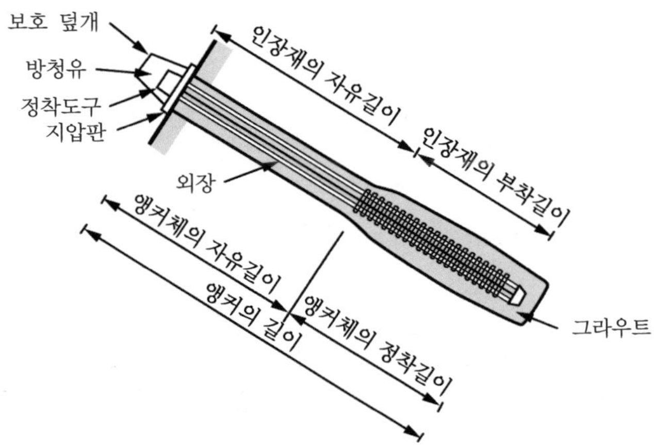


**그림 6-117** 영구 앵커의 구조

### ② 설계 및 시공 방법

앵커의 간격 및 길이는 앵커로 고정되는 구조물의 주변을 포함한 전체적인 안정성을 확인하여 결정한다. 천공의 위치, 지름, 길이, 방향은 주위의 지반을 교란하지 않도록 실시한다.

시공할 때에는 내부의 안정된 암반층에 천공을 실시한 후 앵커를 삽입하고 콘크리트를 주입하여 양생한다. 앵커에 부식이 생길 우려가 있는 경우에는 적당한 방식 조치를 한다. 콘크리트축대벽이나 콘크리트판과 같은 기타 공법과 함께 시공하여 안전성을 높인다.

### ③ 종류

사용하는 앵커에 따라 락볼트공사와 어스앵커공사, 사용 방식에 따라 튜브가압식, 그라우트가압식, 밀집식 등으로 구분한다.

#### ㉠ 락볼트공사

락볼트(rock bolt)공사는 절개지 암반을 천공한 후 그 속에 락볼트를 타입(打込)하여 너트 조임으로 표면의 뜬돌을 고정하는 공사로, 쐐기 부분이 암석에 밀착되도록 천공 틈새에 시멘트를 주입한 후에 너트를 조인다. 락볼트의 길이는 삽입 간격의 2배 이상으로 하며, 간격은 최대 1.5m를 초과하지 않도록 한다.

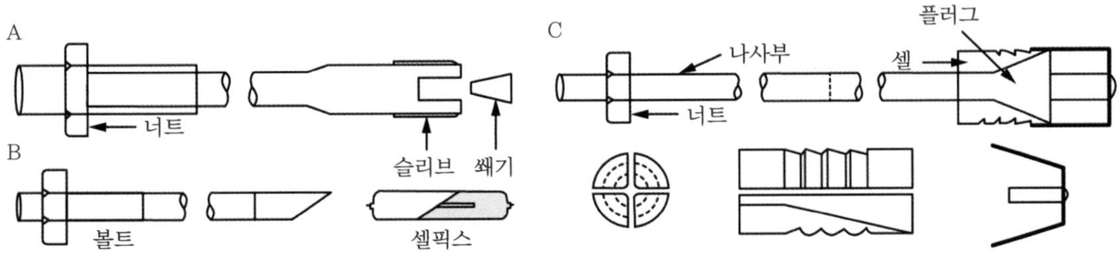


**그림 6-118** 락볼트의 종류(A: 쐐기형, B: 접착형, C: 확장형)

#### ㉡ 어스앵커공사

어스앵커(earth anchor)공사는 보링 구멍에 플레이트를 부착한 PC강봉(또는 PC강재)을 삽입하거나(플레이트형), PC강재를 삽입한 뒤 모르타르를 주입하거나(부착형), 쐐기를 장치한 PC강재를 삽입하여(바이트형) 인장력에 대항하도록 하는 공법이다.

㉢ **그라우트앵커공사**

그라우트앵커(grout anchor)공사는 시멘트풀 혹은 모르타르를 주입하여 땅속에 매입된 인장재의 선단부에 앵커 몸체를 고착하는 공법으로, 인장재와 앵커의 머리부를 구조물과 연결시켜 앵커의 인장재에 가하는 힘이 앵커 몸체를 통하여 땅속에 전달되게 한다.

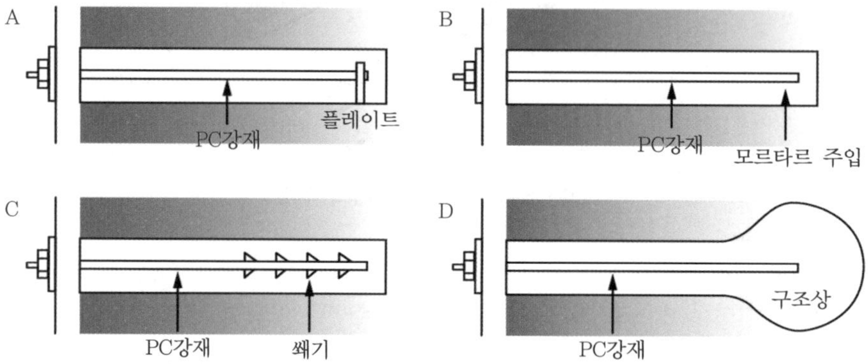


**그림 6-119** 어스앵커의 종류(A: 플레이트형, B: 부착형, C: 바이트형, D: 양파형)

**그림 6-120** 앵커박기

# 제 7 장

# 야계사방

## 7·1 개요

### 7·1·1 정의

야계사방(野溪砂防, torrent erosion control works)은, 유수에 의하여 계상재료가 침식, 운반, 퇴적, 재이동하는 과정에서 발생하는 토사재해를 억제하거나 조절하기 위하여 시행하는 공사로, 계류의 자연환경과 경관을 보전하고 창조할 뿐만 아니라 합리적으로 이용하기 위하여 수계 혹은 지류(支流)별로 계획하는 사업이다. 따라서 해당 유역의 특성을 충분히 파악하여 토사재해에 대한 안정성을 확보하고, 자연환경과 경관의 보전 · 창조 · 이용에 관한 기본이념 및 합리적인 정비 방침에 따라 사업을 추진하여야 한다.

계간사방의 경우 우리나라에서는 황폐된 계류구간에서 침식 등에 의하여 발생하는 토사재해를 방지하거나 경감하는 것을 목적으로 하여 시행한다는 의미에서 산지사방에 포함하고 있지만, 이 책에서는 세계적인 추세에 따라 수계사방(水系砂防, drainage system erosion control works)의 의미에서 야계사방에 포함하였다.

### 7·1·2 목표

#### 1 시공 대상지

사방사업 대상지인 요사방지 중에서 붕괴지의 계안붕괴지, 황폐계류인 계간황폐지, 야계 등이 해당한다. 계간사방의 대상지인 황폐계류(荒廢溪流)는 황폐산지로부터 생산된 토사가 공급되어 계상변동이 빈번하게 발생하는 계류로, ①유로의 길이가 짧을 뿐만 아니라 ②계상물매가 급하고 불규칙적이며, ③유량과 사력의 이동이 많아 홍수 범람과 토석류 등이 빈번히 발생한다. 계류 중에서 계상변동이 활발하게 발생하는 계류를 활동성 계류(活動性 溪流, active devastated torrential stream)라고 하며, 반대로 계상이 오랫동안 유지되는 계류를 비활동성 계류(非活動性 溪流, inactive devastated torrential stream) 또는 휴면성 계류(休眠性

溪流, dormant devastated torrential stream)라고 한다.

## 2 황폐계류의 유역 구분

### ① 토사생산구역

토사생산구역(土砂生産區域, sediment production zone)은 붕괴작용, 침식작용이 가장 활발히 진행되고 있는 유역으로 유역의 최상류에 해당하며, 사력생산구역, 침식구역, 집수구역 또는 채집구역이라고도 한다. 이 지역에 내린 강우는 일단 낮은 곳에 집수된 후 협착부를 형성하고 있는 토사유과구역으로 유출되며, 이 과정에서 평상시 유로에 붕락, 퇴적되어 있던 다량의 토사·석력이 하류로 유송된다. 따라서 붕괴 및 계상·계안 침식으로 생산된 토사를 억지, 조절하기 위하여 횡공작물 위주의 공사를 실시한다.

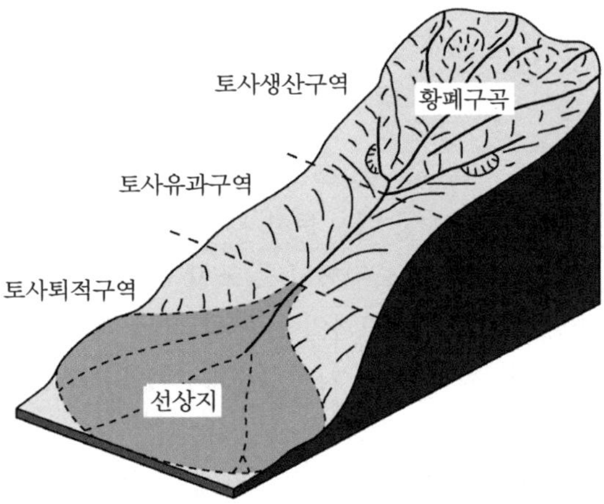


**그림 7-1** 황폐계류의 유역 구분[木村, 1984]

### ② 토사유과구역

토사유과구역(土砂流過地域, gorge)은 침식과 퇴적이 거의 발생하지 않고 상류에서 생산된 토사가 통과하는 구역으로, 토사유하구역, 중립지대 또는 무작용지대라고도 한다. 계상의 형태는 협착부로 사력을 하류로 운반하는 수로에 해당하며, 종공작물을 중심으로 시공하지만 횡공작물을 함께 사용하기도 한다.

### ③ 토사퇴적구역

토사퇴적구역(土砂堆積地域, sediment deposit zone)은 계상물매가 완만하고 계폭(溪幅)이 넓어 유수의 유송력이 저하함에 따라 계상재료가 퇴적하는 구역으로, 사력퇴적지역 또는 침적지대라고도 한다. 주변의 토지이용도를 높이기 위하여 감세(減勢)공법, 모래막이, 수로내기 등의 사방시설을 집약적으로 시공한다.

### 7·1·3 공종의 분류

야계사방은 크게 계류보전사업, 계류복원사업, 사방댐설치사업, 수질관리시설사업으로 분류할 수 있다.

#### 1 계류보전사업

계류보전사업의 공종으로는 종공작물인 기슭막이와 수제, 그리고 횡공작물인 바닥막이가 기본이 되며, 기타 둑쌓기와 밑막이 등의 공종이 포함된다. 각 공종은 목적에 따라서 통나무, 떼, 새류, 돌 등의 자연자재와 콘크리트, 철강재, 합성섬유 등의 인공자재를 복합적으로 사용한다.

#### 2 계류복원사업

계류복원사업은 물의 흐름을 자연스럽게 유도하기 위하여 계폭을 충분히 넓혀 주고, 유속이 줄 수 있게 물웅덩이와 여울을 만들어 어류의 서식처를 제공하며, 양쪽 기슭에는 친환경적인 침식방지시설과 계류 주변에 자생하는 식물을 도입하여 생태계의 안정화를 꾀한다. 따라서 통나무, 새류, 수초류, 돌 등의 자연자재를 이용한 공법을 주로 활용한다.

#### 3 사방댐설치사업

사방댐설치사업에서는 외력에 대한 저항력을 기준으로 중력댐, 아치댐, 3차원응력해석댐, 부벽댐 등으로, 투과 여부에 따라 불투과형 사방댐, 투과형 사방댐, 부분투과형(복합식) 사방댐 등으로 구분한다. 또한 주기능에 따라 치산댐, 토사조절댐, 저사댐, 저수댐, 저사저수댐, 방재댐 등으로, 구축 재료에 따라서는 돌댐, 콘크리트댐, 철근콘크리트댐, 강제댐, 돌망태댐, 블록댐, 통나무댐, 흙댐, 혼합쌓기댐 등으로 분류한다.

#### 4 수질관리시설사업

수질관리시설사업은 저수지나 취수시설 등 상류 수계에서 유입되는 오탁수(汚濁水)를 정화하기 위하여 설치하는 공사로, 황폐계류, 난개발지, 축산시설지와 같이 오탁수가 발생하는 곳을 대상으로 강제틀댐, 부벽식 스크린댐, 슬릿댐 등을 사용한다. 특히 산지 계류에서는 수질 정화를 위하여 강제틀댐, 모래막이(침사지) 등을 이용하고 있다.

# 7·2 조사 및 측량

## 7·2·1 현지조사

### 1 계상변동량 조사

조사 대상 구간에 대한 측량을 실시할 목적으로 기준말뚝을 일정한 간격으로 설치하여 계상의 횡단측량 및 종단측량을 실시한 후 다음의 식을 이용하여 계상변동을 정량적으로 파악한다.

$$\Delta V_S = \frac{(\Delta A_S + \Delta A_{S+1}) \cdot L_S}{2} \quad \cdots\cdots (7 \cdot 1)$$

$$\Delta V_T = \sum_{S=1}^{n} \left\{ \frac{(\Delta A_S + \Delta A_{S+1}) \cdot L_S}{2} \right\} \quad \cdots\cdots (7 \cdot 2)$$

식에서 $\Delta V_S$: 각 구간의 계상변동량($m^3$), $\Delta A_S$: $S$ 지점의 횡단면적 변화($m^2$), $\Delta A_{S+1}$: $S+1$ 지점의 횡단면적 변화($m^2$), $L_S$: 측선 사이의 거리(m), $\Delta V_T$: 총계상변동량($m^3$)

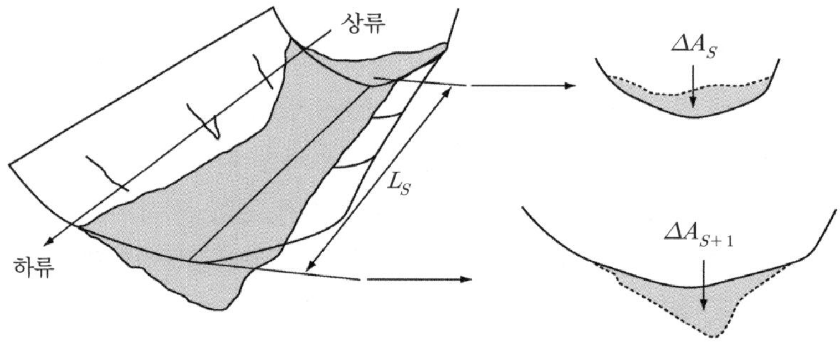


**그림 7-2 계상변동의 측정 사례**[김석우, 2010]

측량은 연 1회를 기준으로 홍수가 발생한 이후에 실시하는 것을 원칙으로 하지만 계상변동이 발생하지 않았을 때에는 수년에 한 번 실시한다. 횡단측량 간격은 일반적으로 200~500m를 기본으로 하고, 사방댐의 퇴사구역 내에서는 50~100m 간격으로 실시하며, 지류의 합류점이나 물매의 변환점 등에는 보조측점을 설치하여야 한다. 또한 측량을 실시할 때에는 계상에 퇴적해 있던 계상재료의 채취나 제석(除石, debris excave)과 같은 인공굴삭이 사전에 있었는지 여부를 파악하여야 한다.

## 2 유출토사량 조사

### ① 사방댐을 이용한 조사

사방댐이 설치되어 있는 경우에는 사방댐에 유입되는 토사량을 측정하여 유출토사량을 파악한다. 그러나 사방댐에 큰 규모의 물빼기구멍이 설치되어 있는 경우에는 유출되는 토사를 파악할 수 없어 정밀도가 떨어지기 때문에 계통적으로 설치된, 만사(滿砂)되지 않은 상태의 사방댐을 이용하여 유출토사량을 파악한다.

사방댐이 만사 상태인 경우에는 댐 퇴사지의 계상변동에 대한 측량 결과를 이용하여 유출토사량을 추정할 수 있다. 즉 홍수 이전과 이후의 퇴사 종단형상을 측량하여 각각을 2차식으로 근사한 후 평균 계폭과 퇴사 길이를 이용하여 유출토사량을 구한다.

$$Z(x, t) = a(t)x + b(t)x^2 \quad \cdots\cdots (7\cdot3)$$

식에서 $x$: 댐 댐둑마루부터 상류를 향하여 측정한 수평거리, $Z(x, t)$: 시간 $t$와 거리 $x$의 퇴사 높이, $a(t), b(t)$: $x$ 및 $x^2$의 계수

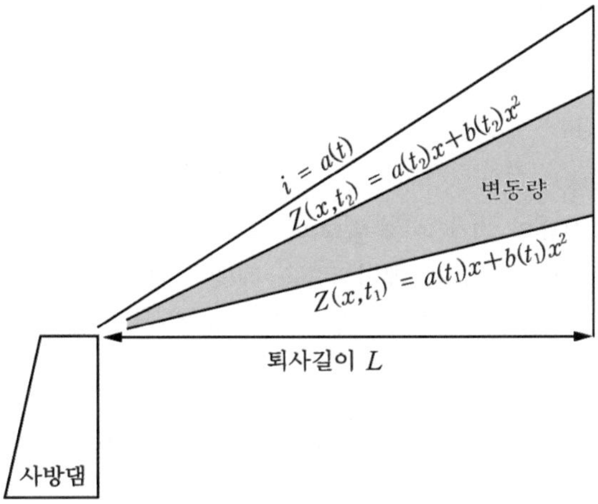


**그림 7-3** 사방댐의 퇴사 종단형상

이상은 부유사(浮遊砂, suspended load)가 포함되지 않은 경우이기 때문에 산비탈에서 발생한 부유사가 계류의 부유사량(浮遊砂量, suspended load discharge)에 직접 미치는 영향을 정량적으로 파악하여야 한다.

$$Q_{SS} = \alpha Q^{\beta} \quad \cdots\cdots (7\cdot4)$$

식에서 $Q_{SS}$: 부유사량, $\alpha$: 계수, $Q$: 유량, $\beta$: 거듭제곱수

### ② 유역의 특성치에 의한 조사

조사 대상지의 유역 특성을 조사하여 유출토사량을 추정할 수 있으며, 유출토사량은 지질 조건

에 대하여 상당히 높은 상관을 나타낸다.

$$\log q_s = a + b\log A + c\log R + d\log M_E + e\log R_r \quad \cdots\cdots (7 \cdot 5)$$

식에서 $q_s$: 비퇴사량($m^3$/년/$km^2$), $A$: 유역면적($km^2$), $R$: 장기간의 연평균 우량(mm), $M_E$: 유역의 평균 고도(m), $R_r$: 기복량비(연 단위), $a \sim e$: 중회귀분석으로 구한 각 항의 계수

**표 7-1 지질별 유출토사량의 계수**

| 지질 \ 계수 | $a$ | $b$ | $c$ | $d$ | $e$ | 상관계수 |
|---|---|---|---|---|---|---|
| I | −8.5498 | −0.3926 | 1.3380 | 2.5230 | 0.0955 | 0.6669 |
| II | −2.7844 | −0.0618 | 2.0970 | 0.1071 | 1.8900 | 0.8342 |
| III | −2.9090 | −0.3928 | 0.9728 | 0.9631 | −0.2270 | 0.6059 |

주 I: 고퇴적암(고생층, 중생층)으로 구성된 유역
II: 주로 신퇴적암류(제3기층, 제4기층, 화산쇄설물)로 구성된 유역
III: 주로 분출암류(안산암, 석영조면암 등)로 구성된 유역[村野, 1967]

## 3 토석류 조사

### ① 토석류 발생위험 조사

조사 대상 계류에서 토석류의 발생 여부를 파악하는 일은 사방계획을 수립하는 데 매우 중요하다. 발생 형태가 다양한 토석류의 발생 메커니즘을 해명하기는 어렵지만 계류의 특성인 계상물매, 계상퇴적물의 유무, 지형, 지질, 유역면적, 계상퇴적물의 질(특히 입경), 비탈면의 불안정한 토층, 강우량 등을 다음과 같은 방법으로 조사한다.

1) 계상물매: 200m 간격의 간이측량을 실시하거나 1/10,000~1/5,000 지형도를 판독하여 구한다.
2) 계상퇴적물의 양과 위치: 현지조사로 파악하고, 특히 계상물매 15° 이상인 계상퇴적물은 토석류 발생과 관계가 깊으므로 상세하게 조사하여야 한다.

**표 7-2 계상물매($\theta$)의 구분**

| 구 분 | 특 징 |
|---|---|
| $0° \leqq \theta < 2°$ | 토석류, 이류형 토석류 발생구간 |
| $2° \leqq \theta < 10°$ | 토석류, 토사류 퇴적구간 |
| $10° \leqq \theta < 15°$ | 토석류, 토석류 유하구간 |
| $15° \leqq \theta < 20°$ | 발생구간, 유하구간 |
| $20° \leqq \theta$ | 발생구간 |

3) 지형 · 지질: 지질 조건, 용출수 장소, 붕괴 이력, 균열 등을 조사하며, 특히 지질 조건 중 표토층발달 지대, 풍화암 지대, 붕적토층 지대, 파쇄대 지대 등에서 토석류가 발생할 위험성이 높다.
4) 기타: 붕괴에 동반되는 토석류에는 비탈면의 토층이 주요한 요인으로 작용하기 때문에 최근에 붕괴가 발생한 지역의 주변 등을 상세히 조사하여야 한다.

**② 토석류 동태 조사**

토석류의 유속, 파고, 유하 폭 등에 대한 조사는 사방계획에 반드시 필요하지만 일부 장소를 제외하면 대부분 토석류의 동태를 파악하기가 어렵다. 따라서 토석류가 발생하고 난 이후에 다음과 같은 항목을 현지조사로 판명하도록 한다.

1) 유속: 현지 목격자로부터 청취조사를 실시하여 추정한다. 토석류 발생 시에는 이상현상이 나타나므로 이러한 상황이 발생한 시간을 확인하여 평균 유속을 구한다.
2) 파고: 교량 등의 피해 상황으로부터 토석류의 파고를 추정한다. 즉 재해 이전의 계상 높이와 교각의 피해 흔적까지의 높이를 파악하여 파고를 추정한다.
3) 유하 폭: 재해가 발생한 이후의 계폭을 조사하여 추정한다.

**③ 토석류 정지 · 퇴적 조사**

퇴적지의 지형 조건, 토석류의 양이나 종류(사력형 토석류, 이류형 토석류) 등에 따라 유하하여 도달하는 범위가 변하기 때문에 재해가 발생한 이후에 실시한 현지조사 및 과거 자료를 참고하여 해당 지역의 토석류에 대한 정지 및 퇴적 구역을 상정한다.

### 4 계상퇴적지 조사

현재의 계상퇴적지는 과거부터 토사가 생산, 이동, 퇴적, 재이동, 재퇴적을 반복하여 생성된 결과로, 계상변동 과정을 파악하는 데 중요한 정보원이므로 다음과 같은 내용을 조사한다.

1) 퇴적물: 사력의 크기 및 형태, 이끼, 오염도, 퇴적토사량, 유목, 토사 이동의 활동성, 토사의 퇴적 시기 등을 조사한다.

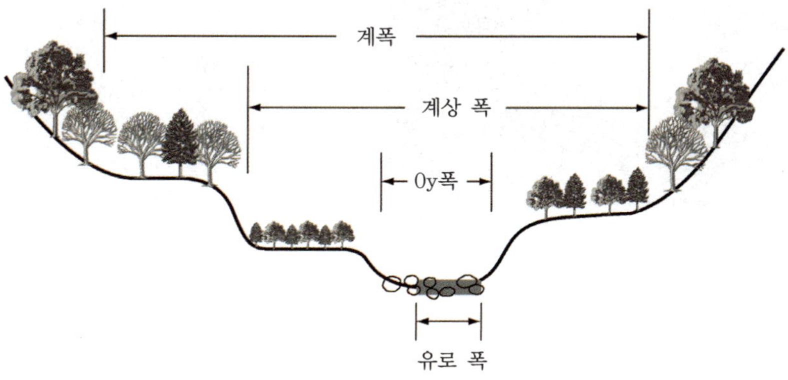


**그림 7-4** 계폭, 계상 폭, 유로 폭 등의 개념도

2) 퇴적 장소: 계상변동의 무대가 되는 계상의 폭(계폭, 계상 폭, 유로 폭 등), 계상물매, 횡단형상, 종단형상, 유로의 굴곡도, 노반 상황 등을 조사한다(그림 7-4 참조).
3) 퇴적면의 식생: 퇴적면의 식생은 토사의 안정도 및 퇴적 시기를 파악할 수 있는 주요 정보원이므로 계상퇴적지에 생육하고 있는 수목의 종류, 생육 상황, 크기, 굵기, 나이, 초본의 생육 상황 등을 조사한다.
4) 유수 및 생태: 유수의 양, 오염원, 수온 등을 조사하고, 어류와 수서곤충 등의 생식 및 생육 장소에 대해서도 조사한다.

## 5 거석의 입경 조사

### ① 사력의 측정 개수

석력의 최대입경은 사방시설 계획지점의 상 · 하류 각 200m 사이에 존재하는 거석 200개의 입경을 측정하고, 빈도분포를 작성한 후 누적치의 95%에 상당하는 입경($D_{95}$)으로 한다.

### ② 사력의 선정 지표

측정 대상 거석은 토석류의 선단부가 퇴적되었다고 판단되는 장소를 중심으로 사방시설 계획지점 주변에 분포하고 있는 석력 중에서 최대입경을 선정하여야 한다. 그러나 모나거나 재질이 달라 산복에서 유입되었다고 분명히 판단되는 거석은 제외한다.

### ③ 랜덤법

랜덤법이란 계상에 분포하는 거석 중에서 눈에 띄는 거석을 임의로 선정하는 방법으로, 측정자가 경험을 바탕으로 선택한다. 측정 방법을 보면 선정된 거석을 대상으로 두 변과 세 변의 평균값을 비교한다. 즉 두 변은 '첫 번째와 두 번째의 평균', 세 변은 '첫 번째~세 번째의 평균'을 평균값으로 한다.

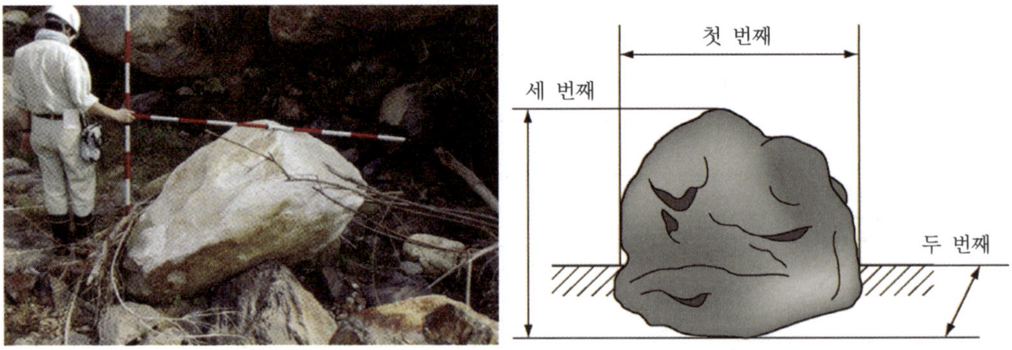


그림 7–5 랜덤법

### ④ 선격자법

선격자법은 계상에 테이프(권척)를 직선으로 띄우고 측선 위에 분포하는 석력의 최대입경을 구분한 후 그 직하부에 있는 사력의 크기를 계측하는 방법이다. 측선은 종단 방향으로 20m 간격을 두고 설정하며, 사방시설의 규모가 작을 경우에는 10m 간격으로 한다.

**그림 7-6** 선격자법

### 6 계류 환경 실태 조사

야계사방은 안전성 확보는 물론이고 유역의 환경에도 조화롭게 실시하여야 하지만 황폐계류에서는 토사 이동의 규모가 크고 건천(乾川, bourn)이 많기 때문에 계류와 주변 환경의 실

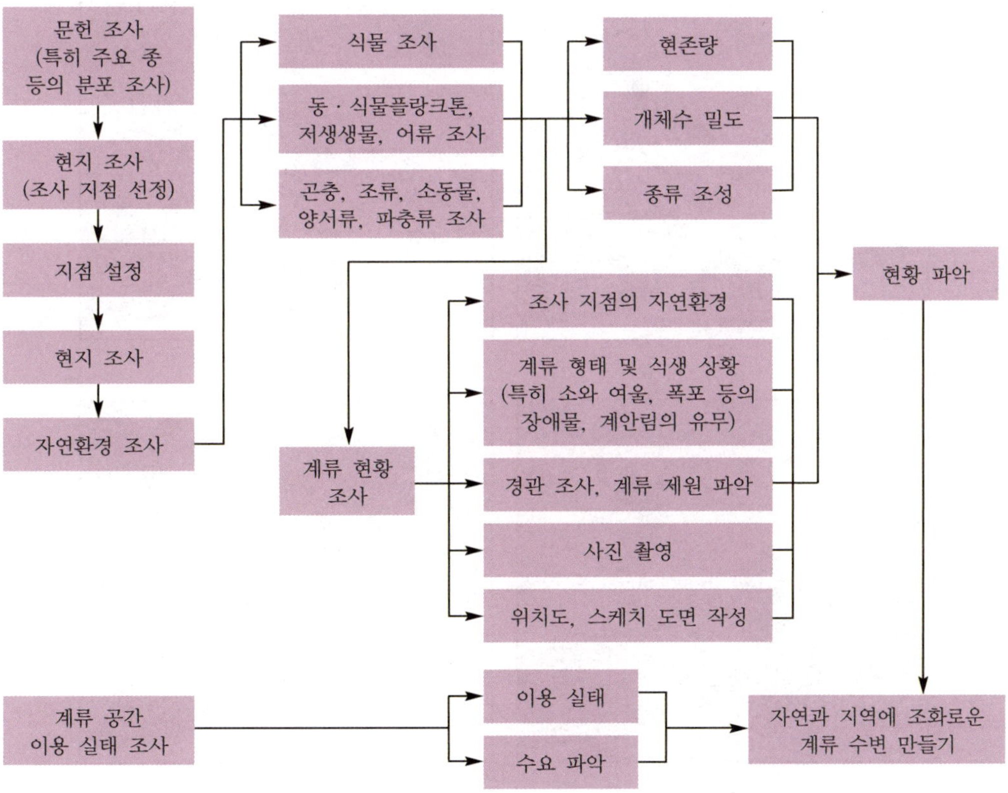


**그림 7-7** 계류 환경 실태 조사의 흐름도

태에 대한 자료가 불충분한 경우가 많다. 따라서 유역 내에 생육하고 있는 희귀 동식물의 분포, 특히 계류와 관계가 깊은 동물과 식물의 분포 실태를 정확히 파악하여야 한다. 또한 토사 이동이 동식물에 어느 정도의 영향을 미치는가를 예상하고 안전을 확보할 수 있는 방안이 필요하다.

1) 대상 계류의 자연환경을 파악할 때에는 시공 장소에 한정하지 말고 유역 전체에 대하여 조사한다.
2) 조사 방법은 문헌이나 청취조사 등에 따르며 식물, 어류, 저생동물, 조류, 양서류, 파충류, 포유류, 육상곤충의 서식처 및 생식 장소에 대하여 조사한다. 특히 천연기념물과 같은 희귀 동식물이 서식하고 있는 경우에는 더욱 상세히 조사한다.
3) 공사 장소 주변의 경관에 대하여 조사한다.
4) 공사가 끝난 후에는 사후 모니터링(monitoring)을 실시한다. 특히 생식 장소가 파괴된 경우에는 계류의 변화와 토사 이동이 환경에 미치는 영향을 파악한다.
5) 환경조사를 검토한 이후에는 공사와의 관계를 잘 정리하며, 필요에 따라서는 합리적인 대안을 제시하여 주민의 생명과 재산을 보호하고 자연환경을 지킬 수 있게 한다. 계류를 이·활용할 경우에도 안전과 환경이 공존할 수 있도록 배려한다.

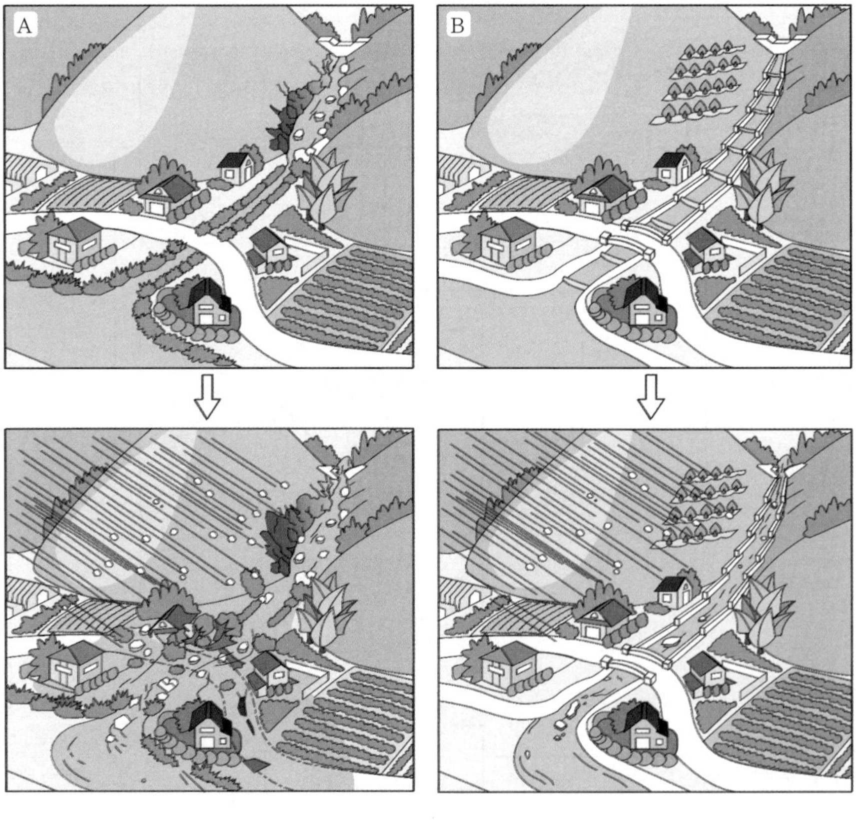


**그림 7-8** 계간사방의 효과(A: 시공 전, B: 시공 후)[히로시마현, 2010]

### 7 효과 평가와 조사

야계의 사방시설이 계획 당시에 예상한 기능을 제대로 발휘하고 있는지 조사하여 필요할 경우 사방계획을 수정하며, 특히 홍수 유출 시의 조사가 매우 중요하다. 조사 항목으로는 토사 조절 효과, 입도의 조정 효과, 피크유량의 저감 효과 등이 있다. 최근에는 토석류에 의한 재해 예방에 사방시설이 효과적임이 입증되고 있으므로 이에 대한 구체적인 내용을 주민에게 제시할 필요가 있다.

### 8 조사 자료의 정리와 활용

현지조사 결과를 야계사방의 기초자료로 활용하는 일은 매우 중요하다. 따라서 야계사방에 이용할 수 있도록 조사 자료를 잘 정리하여야 하며, 경우에 따라서는 공사 자체를 수정할 수 있는 기초자료로 활용할 수 있다. 예상 강우량보다 초과 발생한 경우와 태풍, 지진 등이 발생한 경우뿐만 아니라 중 · 소규모의 출수가 발생한 후에도 재조사를 실시하고, 특히 변화 과정에 대한 지속적인 모니터링을 시스템화하여 야계사방의 기초자료를 확보하여야 한다.

## 7·2·2 측량

### 1 범위

계간측량의 범위는 계간공작물을 종합적으로 배치하는 데 필요한 시공 장소의 상 · 하류 및 계안을 대상으로 한다. 시공 장소의 상류는 공작물의 종류에 따라 사력의 퇴적 상황, 침식 가능성, 산각고정구역의 범위, 공작물 완성 이후의 영향 등을 충분히 파악할 수 있는 범위까지 측량하여야 하며, 하류는 공작물이 미치는 영향, 홍수류의 영향을 받는 양안과 계상 저하 등을 파악할 수 있는 범위까지로 한다. 또한 계안은 공작물의 종류에 따라 계획할 공작물 및 붕괴지를 충분히 포함할 수 있는 범위까지 측량한다.

### 2 종류

#### ① 평면측량

평면측량(平面測量, plane surveying)은 계안 및 산복 붕괴지 등의 형상, 면적, 지황, 주변의 지형 조건 등을 파악하여 야계공작물의 배치 장소 및 수량 등을 결정하기 위하여 실시하며, 측량 결과에 근거하여 평면도를 작성한다.

평면측량은 목적에 따라 적절한 측량기기를 사용하여 다음과 같은 상황을 파악할 수 있도록 정확하고도 상세하게 실시한다. 즉 지형, 집수면적, 계안의 상황(붕괴지, 노출암반), 산각의 선(계상과 계안의 경계), 유수의 정선, 거석의 분포, 계상석력의 퇴적 상황 등과 토지이용의 구분(국유림, 사유림, 경작지, 주택 등), 각종 건물, 기설 공작물(도로, 교량, 제방, 기슭막이, 댐, 용수로 등), 임상 구분 등을 파악한다.

측량의 기준점은 국토지리정보원에서 발행한 지형도에 명시되어 있는 지점 · 지물에 설치하지만 수준점 또는 삼각점이 근처에 있을 때에는 이를 기준점으로 한다. 중심점의 간격은 20m, 지형상 종단과 횡단의 변화가 심한 지점이나 구조물을 설치한 지점 등에는 보조측점을 설정한다.

평면도의 경우 야계에서는 폭 100m 정도, 계류의 연장은 야계공사의 설계에 필요한 범위를 기준으로 한다. 평면도에는 측점번호, 수준점, 방위, 축척, 표고, 등고선, 계획 및 기설 공작물의 축설연도와 같은 주요한 제원, 기타 설계에 필요한 사항을 기입한다. 평면도의 축척은 목적과 범위에 따라 적절하게 선택하지만 통상 공종분류에 근거하여 기호로 표시하는 경우는 1/1,000로 하고, 특히 중요하거나 공종이 복잡한 경우, 공종의 규모와 방향을 평면투영으로 나타낼 경우 등은 1/500~1/200로 하며, 구조도는 1/100로 한다.

### ② 종단측량

종단측량(縱斷測量, profile leveling)은 야계의 종단지형을 측정하여 구조물의 배치 규모 등을 결정하는 데 필요한 자료를 제공하기 위하여 실시하며, 측량 결과에 근거하여 종단면도를 작성한다.

종단측량은 목적에 따라 적절한 측량기기를 사용하여 다음과 같은 내용을 파악할 수 있도록 정확하고도 상세하게 실시한다. 즉 계상물매의 변이점, 노출된 계상암반, 거석 · 계상석력의 퇴적 상황, 수준점의 표고, 공작물의 퇴사 상황 및 세굴 상황 등을 파악한다.

종단측량의 범위는 측량시점 및 측량종점까지로 하지만 필요할 경우 지류를 포함한다. 중심선 및 보조점을 따라 좌우로 측량하며, 야계의 경우 중심선을 따라 측량한다. 종단측량의 기준점은 공작물 계획 장소 부근의 부동점에 설치하며, 주요 구조물 주변은 임시 기표를 하고 평면도에 이를 표시한다.

종단면의 수평축척은 평면도와 같게 하고, 수직축척은 계상물매가 1/10 미만일 경우에는 수평축척의 5배, 1/10 이상일 경우에는 2배로 한다. 계상물매가 급할 때에는 종단면도의 수직축척을 수평축척과 동일하게 하며, 완만한 경우에는 특별히 수평축척의 10배로 하여 종단형상을 알기 쉽게 하는 경우도 있다. 또한 야계유로, 기슭막이를 설계하기 위한 종단면도는 수평축척과 동일하게 한다.

종단면도에는 측점번호, 수평거리, 수평누적거리, 수직거리, 수직누적거리, 계상물매, 수준점, 계획 및 기설 공작물의 축설연도 등 주요 제원을 기입한다. 또한 공작물의 설계가 완료되었을 때에는 그 제원을 기입한다. 종단물매는 물매의 변이점(노출암반, 사력의 퇴적 상황, 유량, 붕괴지 등 물매 형성에 영향을 미치는 인자의 변이점)을 구간별로 일괄하여 산정한다.

### ③ 횡단측량

횡단측량(横斷測量, cross leveling)은 야계의 횡단지형을 측정하여 구조물의 배치 규모 등을 결정하는 데 필요한 자료를 제공하기 위하여 실시하며, 측량의 결과에 근거하여 횡단면도를 작성한다.

횡단측량은 목적에 따라 적절한 측량기기를 사용하여 다음과 같은 내용을 파악할 수 있도록 정확하고도 상세하게 실시한다. 즉 공작물 시공 장소의 횡단측선상의 지반 변이점, 노출암반, 토석 구분, 추정 암반 및 기설 공작물 등을 필요한 범위까지 측량하며, 공작물 시공 장소의 상류는 공작물 완성 이후의 퇴사, 퇴사 이후의 고수위의 영향, 산각고정 등을 검토하는 데 필요한 범위까지 측량한다.

측점은 평면측량 또는 종단측량의 측점을 기준으로 하고 필요에 따라 보조측점을 설치하여 설계도면의 작성에 지장이 없게 한다. 특히 기슭막이 등의 횡단측량에 대해서는 보조측선을 세밀하게 설치하여 앞에서 기술한 방법에 따라 필요한 범위까지 측량한다. 횡단면도의 축척은 목적과 범위에 따라 적절하게 선택하지만 통상은 1/100을 사용하며, 필요에 따라 1/50~1/10 또는 1/200을 사용하기도 한다.

## 7·3 설계 및 시공

### 7·3·1 설계 요령

야계사방은 계류가 야계화(野溪化)하는 것을 방지하고 위험한 야계의 안정성을 높이며 생태 · 경관적으로 뛰어난 계류로 복구, 복원하기 위하여 실시하는 사업이다. 따라서 야계사방은 ①계상의 종 · 횡 침식 방지, ②유송토사의 조절, ③토석류의 발생 억제 등에 목적이 있으며, 하도미지형(河道微地形, microtopography of the channel)의 차원에서 보면 주로 확폭부(擴幅部, wide section of the stream)를 중심으로 이루어지고 있다.

#### 1 종침식방지공사

종침식은 계상의 저항력보다 유수의 충돌력이 클 때 발생하기 때문에 계상의 평형상태를 유지하기 위한 방법이 필요하다. 따라서 종침식방지공사(縱浸蝕防止工事, longitudinal erosion control works)에서는 ①유수의 충돌력을 약화하는 방법, ②계상의 저항력을 증강하는 방법, ③①과 ②를 동시에 실현하는 방법 중에서 최소한 한 가지 방법을 선택하여 공사를 실시한다. 유수의 충돌력을 약화하기 위해서는 사방댐, 골막이 등의 횡구조물(橫構造物, cross dyke)로 계상물매를 완화하고 계폭을 넓혀 유하물질을 분산하며, 바닥막이 등으로 계상의 저항력을 증진하여야 한다.

#### 2 횡침식방지공사

횡침식에 의하여 발생하는 계안 붕괴를 방지하기 위한 횡침식방지공사(橫浸蝕防止工事, lateral erosion control works)에서는 수로와 평행을 이루는 기슭막이 등의 종구조물(縱構造物, longitudinal dyke)을 시공하고, 유심선(流心線, center line of stream)에 직각 혹은 상 · 하 방향으로 수제를 설치하며, 급류에 종공작물의 기초부가 쉽게 침식되기 때문에 바닥막이 등을 시공한다. 또한 유송 토사와 석력을 억지, 저류하기 위하여 골막이, 사방댐, 바닥막이 등을 시공하여 계류의 유로에 퇴적해 있는 토사 · 석력의 재이동을 방지한다.

#### 3 토석류조절공사

토석류조절공사(土石流調節工事, debris flow control works)는 산비탈 및 계류에서 발생

하는 토사와 석력의 생산 또는 유출을 억지하거나 저감하는 공사로, 토석류의 유출을 방지하기 위하여 유효한 방법을 도입하여야 한다. 특히 토석류에 의한 피해를 경감하거나 방지하기 위해서는 토석류를 안전하게 저류 또는 퇴적시킬 수 있는 비교적 큰 규모의 사방댐이나 모래막이 등을 시공한다.

#### 4 난류조절공사

야계의 하류부에 위치하여 계폭이 넓은 퇴적구역에는 사주(砂洲, bar, sand bar, barrier)가 비정상적으로 발달하여 난류가 발생하기 때문에 국소침식, 제방결괴, 제방 주위의 세굴 등에 대한 대책을 마련한다. 난류조절공사(亂流調節工事, turbulent flow control works)에서는 산복공사에 의하여 상류로부터 유송되는 토사·석력이 감소할 때에는 홍수유량을 안전하게 유하시키고 홍수 시의 종·횡 침식으로부터 하류부의 수로를 안정화할 수 있도록 수제, 바닥막이 등을 시공한다.

#### 5 유목대책공사

유목대책공사(流木對策工事, prevention works against driftwood)는 토사의 생산 및 유송에 동반되어 발생, 유하하는 유목의 이동 대책을 마련하는 공사로, 유목발생억지공사와 유목포착공사로 나눌 수 있다. 유목발생억제공사는 산비탈, 계안, 계상 등을 보호하여 토사와 함께 유하하는 유목의 발생을 억지 또는 경감하기 때문에 유목의 발생원 대책이라고 할 수 있으며, 유목포착공사는 도목이 퇴적해 있는 산비탈이나 유목이 유하하는 계류에 유목막이 등을 시공하는 유하 대책이다.

#### 6 사방환경정비공사

사방환경정비공사(砂防環境整備工事, designated projects for environmental improvement for erosion control works)는 사방시설 및 주변을 정비하여 토사재해 방지 기능을 제고하고 환경을 보전, 육성하는 공사로, 경관과의 조화 및 친밀감을 유지하기 위하여 수변녹지(水邊綠地) 등의 자연 공간을 확보하는 사업이다. 즉 사방설비로 자연환경을 보전, 회복, 육성하여 토사재해를 방지하고 사방설비 주변의 휴양 기능을 증진하기 위하여 실시하는 공사이다. 따라서 자연석 등의 현지 자재를 활용하거나 공학적 방법 외에 수림대와 같은 식물학적 방법도 활용할 필요가 있다.

### 7·3·2 설계서 작성

설계서는 산지사방에 준하며 ①목차, ②위치도, ③설계설명서, ④일반시방서, ⑤특별시방서, ⑥예정공정표, ⑦지적조서, ⑧공사원가계산서, ⑨사업비내역서, ⑩일위대가표, ⑪단가산출서, ⑫중장비의 경비계산서, ⑬공작물별 수량계산서, ⑭소요자재총괄표, ⑮설계도면의 순서로 작성한다.

## 1 계류보전사업

계류보전사업의 설계서는 ①예정지 조사, ②예정지 선정 및 측량, ③토공량 계산 및 계획, ④시설물 계획 및 설계, ⑤부대공사 설계, ⑥설계서 작성의 순으로 작성한다. 특히 시설물 계획 및 설계는 ①둑쌓기(밑넣기 포함), ②사방댐, ③바닥막이, ④골막이, ⑤기슭막이, ⑥낮은바닥막이, ⑦산비탈수로공, ⑧돌수로공, ⑨계상정리, ⑩잡공사의 순서로 하며, 사방댐의 설계는 사방댐설치사업의 설계서 작성에 준한다.

## 2 계류복원사업

계류복원사업의 설계서는 계류보전사업에 준하며, 현장에 있는 자연재료의 활용을 우선하기 때문에 현장 상황에 따라 설계의 일부 과정을 생략하거나 간략하게 진행할 수 있다.

## 3 사방댐설치사업

사방댐설치사업은 계획 단계에서 사방댐의 형식을 결정하고, 사방댐의 목적에 대한 적합성과 외력에 대한 안전율 등의 각 요소를 충분히 검토한 후에 종류를 결정한다. 사방댐을 설계

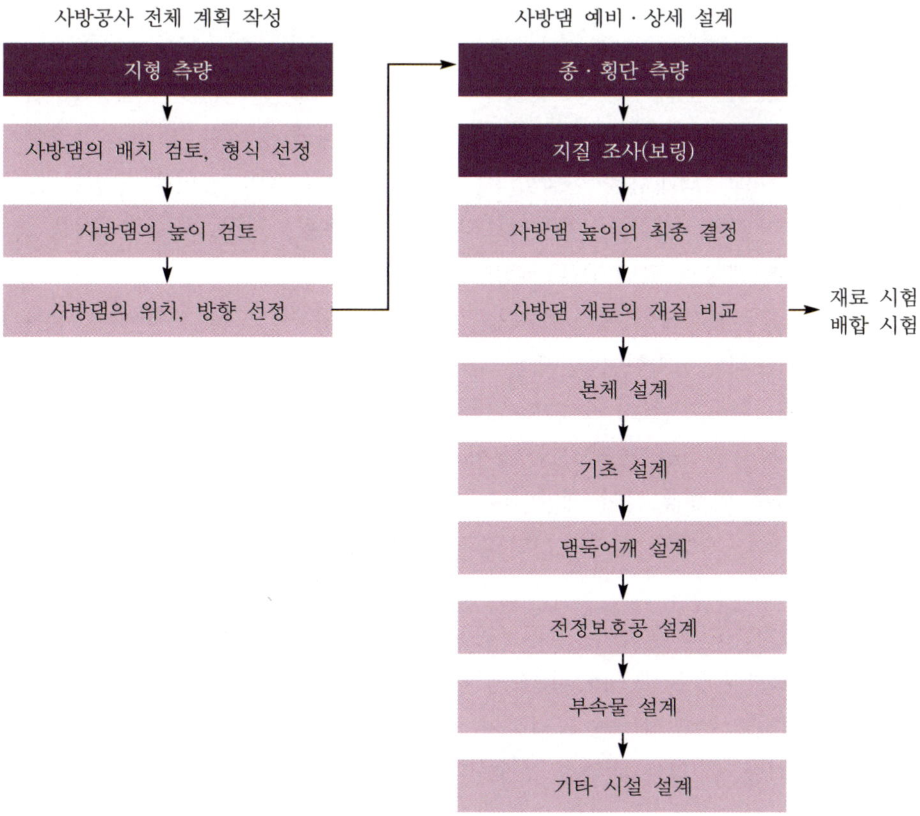


**그림 7-9** 사방댐의 계획 및 설계 순서

할 때에는 목적으로 하는 기능이 제대로 발휘되고 그 기능이 장기간 유지되도록 하며, ①댐자리의 지형 · 지질, 해당 사방댐의 목적에 대한 적합성, 안전성, 경제성 등 각 요소의 고찰, ②사방댐 형식의 선정에 필요한 시설설계나 사방댐 형식의 결정, ③사방댐의 높이, 위치, 방향을 설정하는 등의 사방공사 전체 계획의 작성, ④결정된 사방댐 형식과 위치에 대한 종 · 횡단 측량과 지질조사의 실시 및 높이의 결정, ⑤본체 및 기초에 대한 실시설계, ⑥댐둑어깨, 전정보호공, 부속물과 기타 시설의 설계, ⑦설계서 작성의 순으로 한다.

#### 4 수질관리시설사업

수질관리시설의 설계서는 사방댐설치사업 및 계류보전 · 복원사업에 준하며, ①지형 및 지질조사, ②예정지 선정 및 측량, ③토공량 계산 및 계획, ④시설물 계획 및 설계, ⑤정화필터 선정 및 설계, ⑥부대공사 설계, ⑦설계서 작성의 순으로 한다.

### 7·3·3 시공 요령

야계사방은 황폐계류의 안정성을 높이고 생태 · 경관적으로 뛰어난 야계로 복구, 복원하기 위하여 시공하며, 시공 요령은 다음과 같다.

#### 1 계류보전사업

계류보전사업은 계상의 기울기와 만곡부를 완화하고 야계의 종 · 횡 침식을 방지할 목적으로 시공하며, 자연환경과 생태성을 향상할 수 있는 자연친화적인 공법을 도입한다. 유역의 특성(유역면적, 지형, 임상, 지피물, 계상재료의 크기, 강우량, 지질, 투수성 등)을 조사하여 유량을 산정하고 계폭(계상의 단면적)을 결정한다.

상류부는 산지사방과 연계하여 일련의 계통적인 사업이 추진되도록 계획하며, 상류 계곡에는 골막이 또는 사방댐을 설치하여 산각을 고정하고 토사유출을 방지하여 야계를 안정시킨다. 수로의 굴곡부는 최소 반경이 수로의 밑폭보다 10배 이상 되게 하고, 굴곡부의 외측은 내측보다 기슭막이나 둑쌓기를 높게 시공하며, 계류의 분류 지점과 합류 지점은 예각이 되도록 시공한다. 굴곡부 외측과 같이 계안이나 제방을 보호하여야 할 곳에는 기슭막이를 시공하고 골막이, 바닥막이, 사방댐 등을 상호 연관성 있게 시공하여 계류의 안전물매를 유지시킨다.

계상의 침식을 방지하고 기슭막이, 돌수로공사, 둑쌓기를 보호 · 유지하기 위하여 바닥막이의 길이는 수로의 폭보다 1.5~2.0m 더 길게 하여 둑 안으로 깊게 들어가도록 시공한다. 계상에는 여울을 조성하고 수생식물을 도입하여 수서생물(水棲生物, aquatic plants, aquatic macrophyte)이 서식할 수 있는 환경을 조성하며, 경관적인 면도 충분히 고려한다.

### 2 계류복원사업

계류복원사업은 자연적 · 인위적 원인으로 훼손된 계류를 복원하기 위하여 시행하는 사방사업으로, 몇 가지 사항을 고려하여야 한다. 우선 계류가 본래 지니고 있던 자연성을 최대한 살려 동식물이 서식하기 유리한 환경을 조성한다. 특히 식물은 계류 주변에 자생하는 식물종을, 토양은 복원 대상지의 토양 특성과 같거나 유사한 흙을 사용하여야 한다. 계류생태계의 안정성을 유지하고 계류의 유속을 줄이기 위하여 계류의 바닥에 물웅덩이와 여울을 만들고 양쪽 사면의 침식을 방지하여야 한다. 계류복원사업의 재료로는 나무, 풀, 돌 등의 자연자재를 최대한 활용하고 부득이할 경우에는 자연친화적인 인공자재를 사용한다.

### 3 사방댐설치사업

사방댐은, 상류 유역의 계간과 산각이 불안정하여 호우 시마다 풍화토층의 붕괴와 산사태 등으로 발생하는 토사 · 석력이 유하, 퇴적함으로써 하류의 논, 밭, 가옥, 축사, 기타 산업시설 등에 피해가 있거나 예상되는 황폐계류에 시공한다. 기본적으로 사방댐은 줄뜨기공사, 물막이 및 돌림배수로 설치, 토사터파기, 암반터파기, 기초공사(암반 및 호박돌기초), 댐쌓기공사 등의 순서로 시공한다.

댐자리는 ①계상의 양안에 암반이 있는 곳, ②상류부의 계폭이 넓고 물매가 완만하여 저사효과가 큰 곳, ③지류의 합류점 부근에서는 합류점의 하류 지점, ④임도 또는 작업로 등이 시설되어 중장비의 진출이 용이한 곳, ⑤지역 주민이 요구하는 지역 및 토지 소유자가 동의한 곳, ⑥산지 계류의 경관이 훼손되지 않는 곳, ⑦계류생태계에 미치는 영향이 크지 않은 곳 등으로 한다.

사방댐의 종류와 형식은 대상지의 입지 환경과 사방댐의 기능을 고려하여 친환경적인 것으로 결정한다. 산사태, 토석류 등과 함께 유목을 차단하여야 할 곳에는 부벽식 댐이나 슬릿댐과 같은 투과형 사방댐을 설치하고, 공기가 짧거나 자재 반입이 어려우면 강제틀댐을 설치한다. 또한 사방댐은 계곡에 설치하는 장벽과 같은 시설이므로 계류의 자연환경, 생태에 미치는 영향을 고려하여 종류와 형식을 채택한다. 특히 이동성 어류가 서식하는 상수계천에서는 생태통로를 적극적으로 도입한다.

사방댐의 방향은 원칙적으로 직선수로일 경우 상류의 유심선, 즉 퇴사된 후의 가정 유심선에 직각이 되도록 설치하지만 부득이하게 곡선부에 설치할 때에는 홍수 시 유심선의 접선에 직각 방향으로 시공한다. 댐자리에서 상 · 하류의 한쪽 계안이 유수의 충격에 의하여 침식될 우려가 있을 때에는 사방댐의 방향이나 방수로의 위치 변경 또는 기슭막이의 설치 등으로 보강한다.

사방댐의 높이는 시공 목적, 지반의 상황, 계획물매 및 시공 지점의 상태 등을 고려하여 결정한다. 규모가 큰 붕괴지에서 산각의 침식을 방지할 목적으로 시공할 경우에는 높게 설치하고, 계안붕괴지의 침식을 방지할 목적으로 시공할 경우에는 일반적으로 낮은 댐을 연속적으로 배치한다. 또한 토석류 방지용 사방댐은 여유가 충분한 높이로 하고, 저사를 목적으로 할 경우에는 가능하면 높게 설치한다.

계획물매[계획구배(計劃句配), planning gradient]는 현계상물매[현계상구배(現溪床句配), channel bed gradient]의 1/2~2/3를 표준으로 하지만 유역 인자에 의한 계획물매 추정 표를 참조하여 결정한다.

댐어깨 보호를 위하여 홍수 시에도 월류하지 않도록 댐어깨 부분을 계획홍수위(計劃高水位, design flood level)보다 높게 설치하고, 사방댐의 댐둑어깨 부분이 암반인 경우는 1~2m, 토사인 경우는 2~3m를 양안에 넣어 파손되지 않게 처리한다.

사방댐의 기초지반은 충분한 지지력과 마찰저항력이 유지되도록 하고, 특히 사방댐의 하류면 세굴 및 파이핑 등에 의한 제체(堤體) 파괴에 대해서도 안전하게 설치한다. 측벽은 물받이의 양쪽이 월류수로 침식될 경우에 설치하며, 기초바닥에 물받이를 설치할 경우에는 기초바닥과 높이를 같게 하고, 물받이를 시공하지 않을 경우에는 측벽의 상류단은 본댐의 기초저면을 한도로 한다. 하류단은 앞댐 방수로의 마루[천단(天端)]보다 1m 정도 밑넣기[근입(根入), depth of embedment, penetration]를 실시한다. 또한 사방댐 기초의 밑넣기 및 양안 댐어깨의 추가넣기[돌입(突入)]는 지반의 불균질성과 풍화의 속도 등을 고려하여 안전한 깊이가 되도록 한다.

사방댐의 제체와 굴착면 사이에 콘크리트 등으로 사이채움을 실시하여 제체와 현 지반을 밀착시켜서 굴착면의 풍화와 붕괴를 방지한다. 또한 제체의 어깨 부분과 양안의 굴착면에는 댐어깨 보강시설(석재 찰쌓기 등) 등을 설치하여 붕락을 방지한다.

바닥파기는 굴착기와 같은 중장비를 사용하여 암반이나 견지반이 나올 때까지 충분히 굴착하고, 사방댐의 기초지반이 충분한 강도를 유지하지 못할 때에는 상황에 따라 기초말뚝박기 등의 기초처리공사를 실시한다.

### 4 수질관리시설사업

수질관리시설사업의 대상지는 ①산지 또는 계류가 황폐되어 호우 시 오탁도(汚濁度)가 높은 물이 흐르거나 흐를 우려가 있는 야계, ②광산, 공장, 골프장, 휴양시설 등의 하류 계류로 수질오염의 우려가 있는 야계, ③마을 등으로부터 오폐수(汚廢水)가 유입되는 계류 등 수질 정화의 필요성이 큰 야계 등이다. 재료로는 자갈, 활성탄(活性炭), 목탄(木炭) 등을 활용하여 강제틀댐, 스크린 형식으로 시공한다.

## 7·4 계간사방사업

계간공사(溪澗工事, torrent works)는 황폐된 계류구간에서 하류의 토사재해 발생을 방지, 경감할 목적으로 시행하는 공사로, 골막이, 기슭막이, 계간수로공 등을 시공하고 있다. 중복을 피하기 위하여 여기서는 기슭막이의 설명을 생략하므로 7·5 계류보전사업의 기슭막이를 참고한다.

### 7·4·1 골막이

#### 1 목적 및 시공 장소

골막이[보곡공(保谷工), 곡지공(谷止工), erosion check dam]는 ①계류수의 유속 완화, ②유수에 의한 종침식 방지, ③유송토사의 퇴적 촉진, ④계상퇴적물의 재이동과 계안의 결괴(決壞), 붕괴 등의 방지, ⑤기슭막이 등의 기초 보호 등을 목적으로 시공하는 작은 댐으로, 구곡막이라고도 한다. 시설 목적과 축설 위치의 선정 기준은 사방댐과 유사하지만 사방댐보다 규모가 작고, 계류의 상부에 위치하며, 반수면만 존재한다.

시공 장소는 계상과 계안의 침식이 활발하고 유하하는 토사량이 비교적 많은 구곡 중에서 ①침식에 의하여 비탈면이 붕괴될 위험성이 높은 곳, ②경사가 급한 계류 중에서 유수에 의한 침식이 예상되고 이로 인하여 계안에서의 붕괴가 예상되는 곳 등이다.

#### 2 설계 및 시공 방법

**① 높이**

골막이는 현재의 계상을 고정하여 종침식을 방지하기 위하여 설치하므로 대수면(對水面)의 마루는 상류의 계상면(溪床面)과 같게 하고, 반수면(反水面)은 하류 계상보다 2m를 넘지 않도록 하는 경우가 많다. 또한 반수면의 비탈물매는 1 : 0.2~0.3로 하고, 계상물매가 급한 경우에는 세굴에 대비하여 물받이, 수직벽, 막돌놓기 등을 설치하며, 어깨에는 규모에 따라 1~3m 이상 추가넣기를 실시한다.

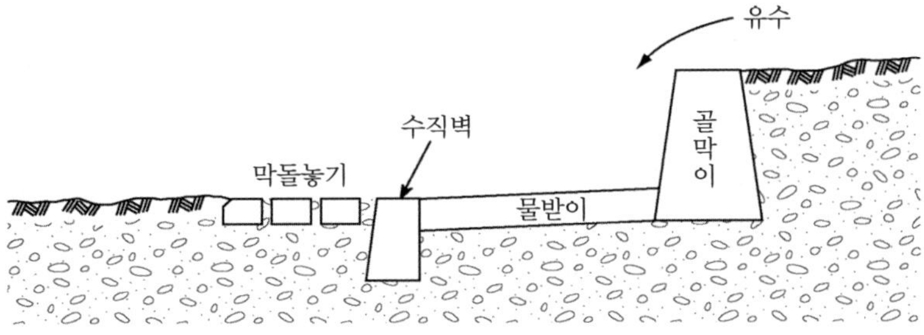


**그림 7-10** 골막이의 개념도

**② 위치**

일반적으로 계상이 저하할 위험이 있는 곳에 계획한다. 상류 지역에서 산복공사로 인하여 토사 공급이 중단되어 하류의 퇴적 지역에서 계상 저하가 발생할 곳에 계획하며, 계상이 저하하는 구간이 길 경우에는 군적(群的)으로 배치하여 종침식을 방지한다.

본류와 지류가 합류할 경우에는 합류 지점의 직하부에 계획한다. 합류 지점은 통상 양쪽 계류의 유량, 유출토사량에 차이가 있어 계상이 불안정하기 때문에 합류 지점의 하류 중에서 유수가 집중되는 곳을 피해서 계획한다. 그러나 합류 지점과 지나치게 근접한 곳에 시공하면 난류가 발생하면서 심할 경우에는 골막이를 따라 유로가 새롭게 형성되어 오히려 안정성이 상실되므로 주의하여야 한다.

계간공작물의 기초를 보호하거나 계상의 결괴 부분 및 붕괴지 등의 구조물을 보호할 목적으로 시공할 경우에는 보전 대상물의 하류에 계획한다. 계류의 굴곡부에서는 유수의 난류가 심하게 발생하여 시공된 골막이의 유지가 곤란하기 때문에 굴곡부의 하류 중에서 유수가 집중되는 곳은 피한다.

### ③ 방향

골막이의 방향은 사방댐의 경우와 마찬가지로 하류부를 향하여 유심선과 직각이 되도록 하는 것이 원칙이다. 또한 복수의 골막이를 계획할 때에는 모든 장소에서 하류를 향하여 유심선과 직각이 되도록 계획하며, 방수로의 중심은 그 직상류에 위치하는 골막이의 방수로 중심점을 유심선으로 하는 것이 원칙이다. 즉 골막이의 방향은 하류를 향하여, 방수로의 위치는 상류를 향하여 각각 제약을 받는다. 이는 방수로를 유하하는 홍수류가 골막이의 방향과 직각으로 유하하기 때문에 방수로의 위치와 방향을 합리적으로 정하지 않으면 양안이나 골막이의 어깨부에 피해가 발생하기 때문이다.

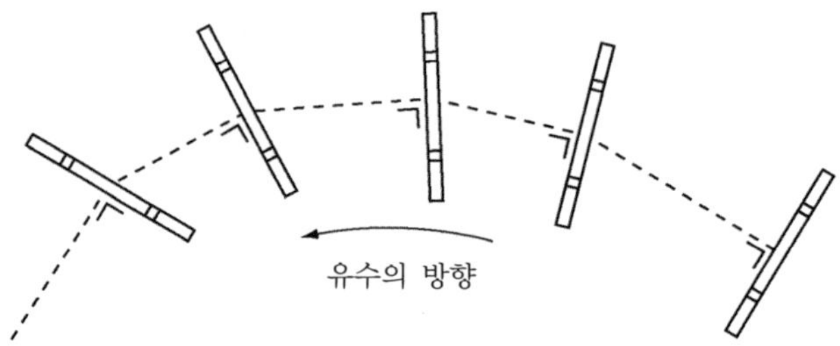


**그림 7-11** 골막이의 방향

### ④ 계획물매

골막이는 상류의 산복공사가 어느 정도 진척되어 사력의 공급이 감소되었을 때 계획하기 때문에 계획물매는 침식이나 퇴적이 발생하지 않는 물매가 되어야 한다. 즉 종침식방지댐과 같이 구계상물매의 1/3~1/2로 고정하는 것이 아니라 현 계상이 서서히 안정물매가 되도록 유도하므로 계

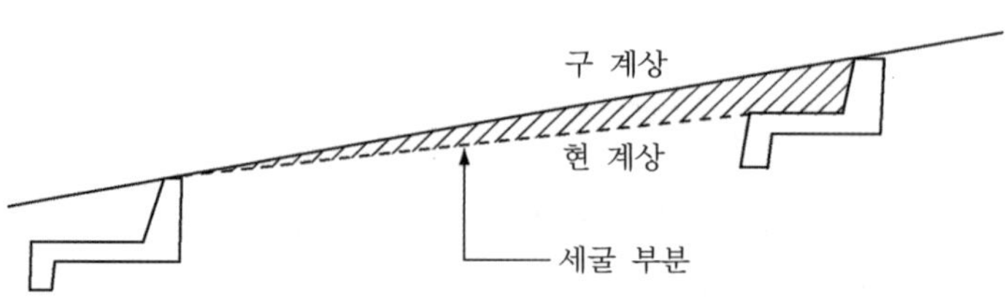


**그림 7-12** 골막이의 계획물매

상이 불안정할 때에는 골막이 사이에 새롭게 설치하여 계획물매를 수정한다. 특히 골막이에 의한 계상물매의 완화는 하류부의 세굴로 이루어지기 때문에 종침식방지댐과 같이 퇴사로 물매를 유지시키는 방법과는 대조적이다.

### 3 종류

사용하는 재료에 따라 돌골막이, 돌망태골막이, 콘크리트골막이, 통나무골막이, 바자골막이 등으로 구분한다.

#### ① 돌골막이

돌골막이[석보곡공(石保谷工), stone check-dam]는, 석재를 채취하기 용이할 뿐만 아니라 계상변동이 비교적 심한 곳에서 구곡침식을 방지하고 산각을 고정하기 위하여 시공하며, 대상 유역면적은 4~5ha 이내이다. 크기는 길이 4~5m, 높이 2m 이내로 직선부에서는 유심에 직각이 되도록 한다. 방수로를 설치하지 않을 경우에는 중앙부를 약간 낮게 하여 활꼴단면을 유지하도록 하며, 계상물매가 급한 곳에는 군적 배치를 한다. 돌쌓기의 물매는 1 : 0.3을 표준으로 하고, 석재는 막깬돌을 사용하지만 견고하게 시공하여야 할 곳은 견치돌쌓기나 찰쌓기를 한다. 또한 댐마루의 1/2 정도까지 뒤채움을 하며, 수세를 약화하기 위하여 하류에 막돌놓기를 한다.

#### ② 돌망태골막이

돌망태골막이[사롱보곡공(蛇籠保谷工), gabion check-dam]는 구곡 중에서 호박돌 크기의 자연석이 많은 장소에 축조하는 철선돌망태골막이로, 암석 지대나 산사태·토석류 발생 지대의 구곡 발달을 저지하고 산각을 고정하기 위하여 시공한다. 철선은 영구적이지 않지만 부식되기 전까지 공작물 자체를 안정화하므로 반영구적이라고 취급하기도 한다. 콘크리트 공작물보다는 자연친화적이고 상수가 흐르는 곳에서는 수서생물의 서식에도 효과적이지만 온천 지대나 유황 성분의 광산 지대에서는 돌망태의 부식으로 인하여 내구력에 문제가 생길 수 있다.

그림 7-13 찰쌓기돌골막이

그림 7-14 돌망태골막이

#### ③ 콘크리트골막이

콘크리트골막이(concrete check-dam)는 큰 규모의 구곡침식이 발생한 계곡 중에서 견고한 공작물이 필요한 장소에 침식을 방지하고 산각을 고정하기 위하여 시공한다. 모래, 자갈, 시멘트를 시공 지점까지 운반하고 거푸집을 가설하는 데 비용이 많이 들지만 공작물의 규모가 크거나 계단식으로 시공할 때에는 기계화 시공이 가능하기 때문에 유리한 점도 있다. 그러나 콘크리트골막이는 특수한 경우를 제외하면 시공하지 않으며, 시공할 경우에는 자연환경 및 경관에 미치는 영향을 고려하여 반수면을 처리하도록 한다.

**④ 통나무골막이**

통나무골막이[환태보곡공(丸太保谷工), timber check-dam]는 자연환경에 조화롭지만 목재의 부후 등에 주의하여야 한다. 특히 방부목재는 환경에 미치는 영향이 크기 때문에 선택 시 유의하여야 하며, 응급공사에서는 현지에서 벌채한 통나무를 사용하기도 한다. 시공 요령을 보면 계상 터파기를 실시한 곳에 직경 6cm의 횡목(橫木)을 3.6m 간격으로 상하 2줄로 놓은 후 그 위에 1m의 종목(縱木)을 60~70cm 간격으로 놓고 결속선으로 단단히 묶는다. 종목과 횡목이 접하는 곳에는 45° 방향으로 말뚝길이 1.8m의 기초말뚝을 박고 종횡으로 쌓은 후 공간을 자갈, 돌, 흙으로 채우고, 종목을 이용하여 방수로를 만든다.

**⑤ 바자골막이**

바자골막이[편책보곡공(編柵保谷工), wicker check-dam, brush-wood hurdle check-dam]

그림 7-15 콘크리트골막이

그림 7-16 통나무골막이

그림 7-17 바자골막이

는 규모가 작은 구곡이나 토사 지대와 같은 장소를 대상으로 하며, 편책 재료를 구하기 쉬운 곳에 적당하다. 특히 석재의 구득이 어려운 습지로 토심이 깊고 암반이 노출되지 않은 지역에 시공하면 효과적이다. 시공 요령을 보면 직경 10cm 내외의 통나무 말뚝을 계상에 고정하고 버들이나 사시나무와 같이 맹아력이 강한 나뭇가지를 엮은 후 땅에 삽입하여 발근되도록 한다.

#### ⑥ 기타

이 외에도 흙골막이(earth check dam), 떼골막이, 흙자루골막이, 콘크리트블록골막이, PNC (pipe net concrete)판골막이 등의 종류가 있다.

## 7·4·2 계간수로공

### [1] 목적 및 시공 장소

계간수로공(溪澗水路工, water channel works in valley)은 바닥막이, 낮은바닥막이, 기슭막이 등으로 유로를 고정하여 난류를 방지하고, 종단물매를 제한하여 종·횡 침식을 방지하기 위하여 실시한다. 따라서 각 공작물의 기능과 목적을 충분히 이해하고 안정성 및 경제성을 검토함으로써 유수를 안전하게 유하시킬 뿐만 아니라 유지 관리 및 주변의 물 이용 상황, 지하수위, 자연환경 등에 대해서도 충분히 배려하여야 한다.

시공 장소는 ①경지, 국가유산 등의 보호 대상물에 인접하여 물줄기바로잡기가 필요한 곳, ②계상면에 토석이 많이 쌓여 있고 유수가 집중될 우려가 있어 냇바닥치우기가 필요한 곳 등이다.

### [2] 설계 및 시공 방법

#### ① 물매

계간수로의 물매는 국소세굴(局所洗掘, local scour) 또는 이상퇴적(異常堆積, abnormal deposit)이 발생하지 않도록 가능하면 부드러운 선형이 유지되게 한다. 특히 상류로부터의 토사유출량이 많고 계상물매가 완만한 경우에는 토사가 퇴적되어 유로가 막힐 위험이 있으므로 상류 지역을 우선적으로 정비하여야 하지만 부득이 계간수로를 선행할 필요가 있을 때에는 가능하면 직선으로 하고 유로의 물매와 단면형상을 충분히 검토한 후에 시공한다.

토지이용도가 높은 계류에서는 물매를 제한하기 곤란하기 때문에 가능하면 곡률반경이 크도록 배려하고, 하류 수로 등과의 접속에 대해서도 충분히 검토하여야 한다. 본류와 지류가 합류할 경우에는 양쪽의 중심선이 예각으로 합류하도록 계획한다.

#### ② 계획단면

계간수로의 계획단면은 현 계폭을 충분히 고려하여 계획홍수유량(計劃洪水流量, design flood discharge)을 안전하게 유하시킬 수 있는 단면이어야 한다. 즉 계간수로의 계획 폭을 현재의 계폭보다 좁히면 계획홍수유량의 수심이 깊어지고 유속이 증가하여 바닥막이, 기슭막이 등의 기초세굴이 발생하므로 가능하면 계획단면을 넓게 확보할 필요가 있다.

### ③ 계상

계간수로는 원칙적으로 바닥을 포장하지 않는 구조로 한다. 다만 계간수로를 계획하는 구간의 계상재료가 불안정하여 계획물매를 유지하기 곤란할 경우에는 바닥을 포장할 수도 있다. 계간수로를 시공한 후 계상의 안정 여부는 시공 전의 계폭, 수심, 물매, 계상을 구성하는 석력의 지름 등을 조사하여 안정물매를 추정하고 정적 평형계산의 결과를 참고로 하여 판정한다. 일반적으로 바닥을 포장하는 경우는 다음과 같다.

1) 계상물매가 급하고, 소류력이 계상재료의 평균 입경에 대한 한계소류력(限界掃流力, critical tractive force)보다 클 경우
2) 계폭이 좁고, 시공 시 굴삭에 의하여 계상이 교란되어 계획계상을 유지하기 곤란할 경우
3) 비중이 낮은 사력 및 세립토로 계상이 구성되어 유수에 의한 침식을 방지하여야 할 경우
4) 바닥막이로 물매를 보정하거나 계폭을 넓혀 수심을 낮추는 방법보다 바닥을 포장하는 쪽이 경제적일 경우

일반적으로 소류력 및 한계소류력은 속도의 차원을 갖고 있는 마찰속도(friction velocity) 및 한계마찰속도(critical friction velocity)로 구할 수 있으며, 한계마찰속도가 마찰속도보다 작을 경우에는 물매와 수심을 검토하거나 바닥을 포장한다.

• 마찰속도식

$$U_* = \sqrt{\frac{\tau_o}{\rho}} \quad \cdots\cdots (7\cdot6)$$

식에서 $U_*$: 마찰속도, $\tau_o$: 계상에 작용하는 전단력$(=\rho \cdot g \cdot R \cdot I_e)$, $g$: 중력가속도, $R$: 경심, $I_e$: 에너지 물매

• 한계마찰속도식

$$U_{*c}^2 = 0.05\left(\frac{\sigma}{\rho}-1\right)g \cdot d \quad \cdots\cdots (7\cdot7)$$

식에서 $U_{*c}$: 한계마찰속도, $\sigma$: 사력의 비중, $\rho$: 유수의 비중, $g$: 중력가속도, $d$: 석력의 지름

### ④ 물매의 변화 지점

계간수로의 물매에 변화를 줄 경우에는 상류의 물매로 인한 유수의 물리적인 영향이 가능하면 하류에 미치지 않도록 물매의 변화 지점에 바닥막이를 시공하여 낙차를 두는 것이 원칙이다. 또한 동일 물매가 상당히 길게 이어질 경우에는 바닥막이의 중간에 계상침식과 기슭막이의 기초세굴 등을 방지하기 위하여 필요에 따라 낮은바닥막이를 설치한다. 이때 낮은바닥막이의 간격은 통상 그 물매를 나타내는 분수의 분모를 거리로 한다. 특히 양쪽 기슭(2면)에 더해 바닥면까지 모두 포장하는 3면 포장의 계간수로에는 지하수류의 발달을 방지하고 유로를 보전하기 위하여 필요에 따라 바닥막이의 중간에 낮은바닥막이를 설치한다. 낮은바닥막이의 둑마루 높이는 보통 계상변동의 폭

에 다소 여유고를 둔 정도로 하며 계획물매선과 맞추도록 한다.

**표 7-3** 낮은바닥막이의 간격과 물매(단위: m)

| 구 분 | 물 매 | | | | | | | | | | | | | | | | |
|---|---|---|---|---|---|---|---|---|---|---|---|---|---|---|---|---|---|
| | $\frac{1}{5}$ | $\frac{1}{10}$ | $\frac{1}{15}$ | $\frac{1}{20}$ | $\frac{1}{25}$ | $\frac{1}{30}$ | $\frac{1}{35}$ | $\frac{1}{40}$ | $\frac{1}{45}$ | $\frac{1}{50}$ | $\frac{1}{55}$ | $\frac{1}{60}$ | $\frac{1}{65}$ | $\frac{1}{70}$ | $\frac{1}{75}$ | $\frac{1}{80}$ | $\frac{1}{100}$ |
| 2면 포장 간격 | 5 | 10 | 15 | 20 | 25 | 30 | 35 | 40 | 45 | 50 | 55 | 60 | 65 | 70 | 75 | 80 | 100 |
| 3면 포장 간격 | 20 | | | | | 50 | | | | | | 100 | | | | | |

### ⑤ 계획홍수위

계간수로의 계획홍수유량은 사방댐의 계획홍수유량에 준하여 산출하며, 원칙적으로 토사 함유율을 고려한 홍수류로 한다. 계간수로의 토사 함유율은 상류의 황폐 정도, 사방공사의 정비 상황에 따라 다르지만 일반적으로 홍수 시의 토사 함유율을 사방공사가 종료된 이후에는 5%로 하고, 진행 중이거나 굴곡 또는 난류를 방지할 때에는 10%로 하여 최대홍수유량을 보정한다. 황폐계류에서는 홍수 시의 유수에 사력이 포함되어 유속, 유량, 수위 등에 영향을 미치므로 이를 충분히 고려하여야 하며, 토석류가 발생할 위험이 있는 곳은 토사 함유율을 80%로 하여 최대홍수량을 보정한다.

계획홍수위는 계획계상의 종단면과 횡단면을 상호 관련지어 결정한다. 또한 계획홍수위는 등류(等流, uniform flow)를 계산하여 구하기도 하지만 계류에서는 수위변동이 수면의 파고, 계상변동, 사행(蛇行, meander, meandering) 위치의 변화 등의 영향을 크게 받기 때문에 모형실험을 통하여 수치해석을 실시하도록 한다.

계간수로의 여유고는 계상물매에 따라 계획홍수위($h$)에 대한 여유고($\Delta h$)의 비($\Delta h/h$)로 한다.

**표 7-4** 유량과 계간수로의 여유고

| 유량($m^3/s$) | 여유고(m) |
|---|---|
| 50 미만 | 0.4 |
| 50~200 | 0.6 |
| 200~500 | 0.8 |

**표 7-5** 계간수로 여유고의 보정값

| 물 매 | $\sim\frac{1}{10}$ | $\frac{1}{10}\sim\frac{1}{30}$ | $\frac{1}{30}\sim\frac{1}{50}$ | $\frac{1}{50}\sim\frac{1}{70}$ | $\frac{1}{70}\sim\frac{1}{100}$ |
|---|---|---|---|---|---|
| $\Delta h/h(\%)$ | 50 | 40 | 30 | 25 | 20 |

### ⑥ 종단형상

계간수로는 종단형상의 결정이 중요하므로 설계 시 계상물매와 계폭을 상호 검토하고 장래의 유지 관리 등을 감안하여 종단형상을 결정한다. 계간수로를 계획하는 계류의 물매가 급하고 계상 침식이 예상될 때에는 가능하면 계간수로의 폭을 넓히고 바닥막이로 계상물매를 완화하여 계상이 침식되지 않도록 한다.

일반적으로 계간수로의 계획계상물매는 현 계상보다 낮게 하는 것이 원칙이며, 상·하단에 바닥막이 등을 설치하여 하류 끝에 세굴이나 퇴적이 발생하지 않도록 계상을 보정하여야 한다. 또한 본류에 지류가 유입될 때 생기는 세굴이나 퇴적을 방지하기 위하여 지류의 종단물매는 원칙적으로 본류의 종단물매에 맞추도록 한다. 이때 합류 지점의 직상류에 바닥막이를 설치하여 지류의 종단물매를 수정한 뒤 합류시키는 등 합류 지점의 종단물매, 평면형상 등을 충분히 검토한다.

계간수로의 계상물매를 변화시킬 경우에는 상류부터 하류를 향하여 점차 완만한 물매가 되도록 계획하고, 특히 소류력이 급격히 변화하지 않도록 계상물매를 조정한다. 물매의 변화를 급격하게 주면 변화 지점 부근에서 세굴이나 퇴적이 발생하여 계간수로를 유지하기 곤란하므로 물매가 변화하는 지점의 상·하류에서는 소류력이 크게 변화하지 않도록 물매 및 수심을 결정한다.

#### ⑦ 횡단형상

계간수로의 횡단형상은 원칙적으로 단횡단면(單橫斷面, single section)으로 한다. 즉 계간수로를 설치하는 계류는 급류이기 때문에 계간수로를 저수 및 고수부지로 나누어 복횡단면(複橫斷面, double section)화하면 계획단면을 유지하기 곤란하므로 단횡단면으로 하는 경우가 많다. 따라서 고수부지의 이용 등을 고려하지 않을 경우에는 계상재료, 유출토사 등의 계상 상태를 정밀하게 조사한 후에 단면형상을 정한다.

계간수로의 폭은 대상 유량, 종단물매, 평면형상, 지형, 지질, 배면의 토지이용 상황 등을 고려하여 정한다. 즉 계간수로의 폭은 계획물매, 유출토사량, 계상재료, 계류의 조도 등과 밀접한 관련이 있으므로 대상 유량의 안전한 유하 및 계상의 안정성에 주안점을 두어 보전 대상의 유무, 황폐지의 토지이용 상황 등을 충분히 검토한 후에 결정한다.

계폭과 유량의 관계는 다음의 식으로 구할 수 있다.

$$B = \alpha \cdot Q^{\frac{1}{2}} \qquad \cdots\cdots (7\cdot8)$$

식에서 $B$: 계폭(m), $\alpha$: 계수(표 7-6 참조), $Q$: 유량($m^3/s$)

**표 7-6** 유역면적에 따른 계수 $\alpha$의 값

| 유역면적(ha) | $\alpha$ |
|---|---|
| 100 미만 | 2~3 |
| 100~1,000 | 2~4 |
| 1,000~10,000 | 3~5 |

계간수로의 굴곡부에서는 홍수 시 오목지형[요안(凹岸)]의 수위가 상승하므로 기슭막이 및 3면포장 수로의 둑마루는 볼록지형[철안(凸岸)]보다 높일 필요가 있다. 오목지형의 상승높이, 상승구간에 대해서는 기슭막이의 식 7·12 등을 참고로 하여 구할 수 있다.

#### ⑧ 구조물 상호의 관련

##### ㉠ 계간수로의 사방댐

계간수로를 사방댐에 접속할 경우에는 기슭막이가 잘 접속되도록 한다. 즉 사방댐의 방수로와 계간수로의 유로단면은 계류의 상황에 따라 정합성을 갖도록 접속하여야 하며, 기설 사방댐의 하류에 계간수로를 계획할 경우에는 기설 사방댐의 방수로 단면을 보정하는 경우도 있다. 또한 기설 계간수로에 계간수로를 계획할 경우에는 기설 계간수로의 단면에 맞추는 경우도 있다.

##### ㉡ 계간수로의 기슭막이

계간수로에 시공하는 기슭막이는 설치 지역의 계안 붕괴를 방지하고 바닥막이 및 낮은바닥막이

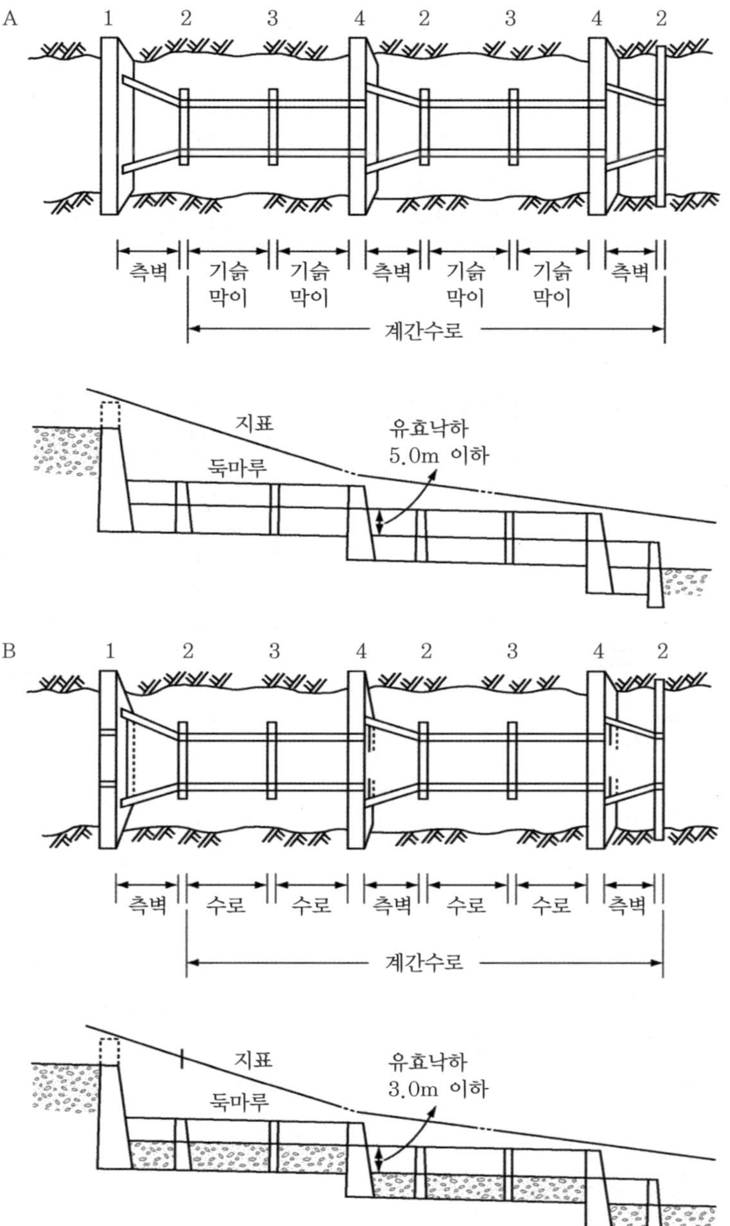


1: 사방댐, 2: 앞댐, 3: 낮은바닥막이, 4: 바닥막이

**그림 7-18** 사방댐과 계간수로의 관계(A: 2면 포장 수로, B: 3면 포장 수로)

의 둑어깨를 보호하기 위하여 설치하며, 구조는 기슭막이 및 사방댐의 측벽에 준하여 설계한다. 또한 기슭막이의 단면은 유수의 충격이나 배면의 토압을 충분히 고려한 후에 정한다.

**㉢ 계간수로의 바닥막이와 기슭막이**

계간수로의 유수가 원활하게 유하하도록 하여 유수에 의한 계안 충격이나 계상의 국소세굴을 방지할 목적으로 바닥막이의 방수로 쪽 비탈면과 기슭막이의 바깥쪽 비탈면을 일치시킨다. 또한 방수로에서 낙하하는 유수는 확산하기 때문에 바닥막이의 하류 쪽에서는 기슭막이의 접속을 산 쪽으로 후퇴시키고 수구(受口)를 설치한다. 수구의 규모는 낙차의 크기 또는 유수의 상태에 따라 다르지만 길이를 낙차의 2배 정도로 한다. 또한 바닥막이의 둑어깨는 양안 모두 원지반에 삽입하고, 낮은바닥막이는 기슭막이 등에 의하여 보호되기 때문에 기슭막이의 안쪽 비탈면보다 0.5m 정도 산 쪽으로 삽입하는 것을 표준으로 한다.

기슭막이의 밑넣기 깊이는 바닥막이의 상류 쪽에서는 직상부의 세굴을 고려하여 바닥막이의 방수로 둑마루로부터 1.0m 정도 낮게 판다.

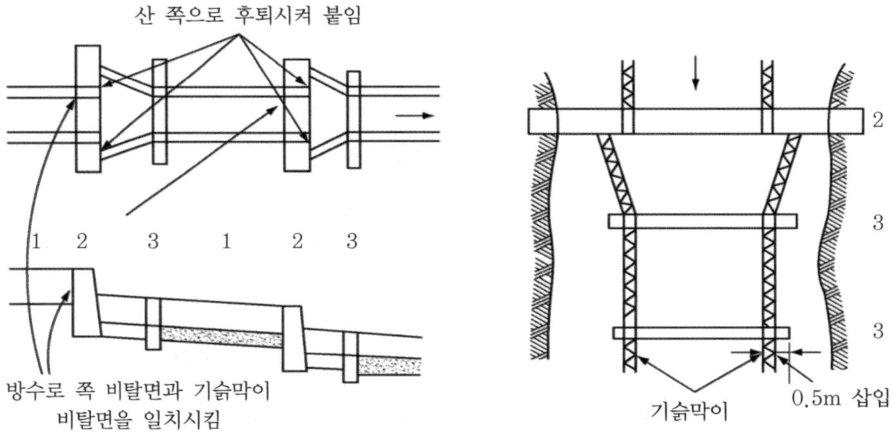


1: 기슭막이, 2: 바닥막이, 3: 낮은바닥막이

**그림 7-19** 바닥막이와 기슭막이의 접속

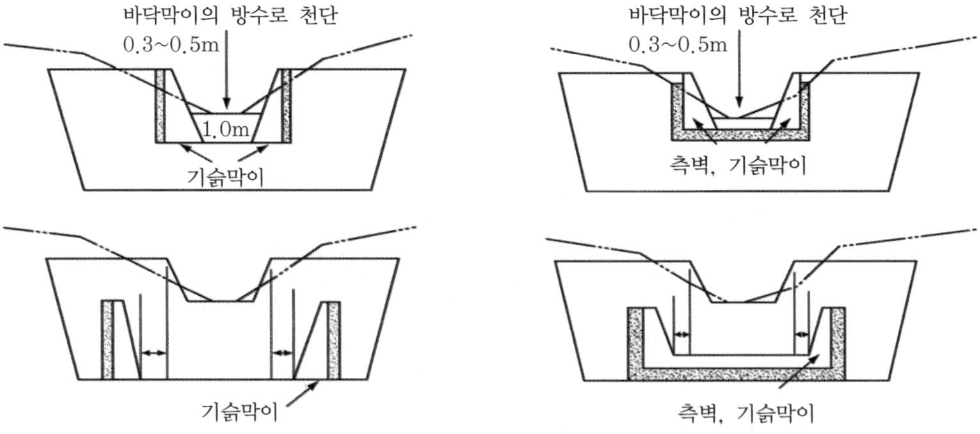


**그림 7-20** 바닥막이와 기슭막이의 밑넣기 깊이

### ㉣ 계간수로의 바닥막이 및 낮은바닥막이

계간수로의 바닥막이 및 낮은바닥막이는 국소세굴을 일으키지 않는 다음의 장소에 설치하며, 특히 낮은바닥막이는 주로 바닥막이의 1), 3), 5) 지점에 설치한다.

1) 계간수로 계획구역의 상·하류 끝 지점
2) 계획계상물매를 유지하기 위하여 필요로 하는 지점(계획계상물매의 변화 지점 등)
3) 현 물매를 유지하기 위하여 필요로 하는 지점
4) 합류 지점의 하류 지점
5) 공작물의 기초를 보호할 필요가 있는 경우에는 그 공작물의 하류 지점

계간수로의 바닥막이 및 낮은바닥막이는 사방댐의 단면, 사방댐의 물받이 수직벽에 준하여 결정한다. 또한 바닥막이의 낙차는 원칙적으로 5m 이내로 한다.

계간수로의 바닥막이는 계단 형태로 설치한다. 인접하는 상류 바닥막이의 바닥과 하류 바닥막이의 방수로 댐마루는 계상의 세굴을 방지하고 계획높이를 유지하기 위하여 중복시키며, 정적 평형 계획의 결과 등을 참고하여 결정한다. 또한 바닥막이의 낙차가 큰 경우와 같이 국부적으로 세굴될 위험이 있을 때에는 물받이 또는 앞댐으로 충분히 보호한다.

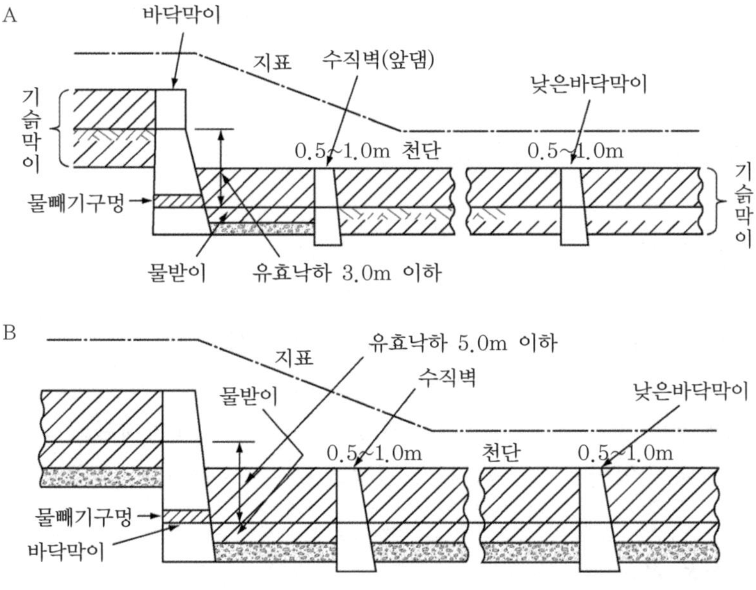


**그림 7-21** 계간수로의 바닥막이 및 낮은바닥막이(A: 2면 포장 수로, B: 3면 포장 수로)

**ⓜ 계간수로의 물받이 및 수로바닥 두께**

계간수로의 물받이 두께는 사방댐의 물받이 두께를 참고하여 정하지만 계간수로의 바닥막이는 낙차가 작고 보통 상류가 정비된 후로 계획하므로 0.5~1.0m이면 충분한 경우가 많다. 또한 계간수로를 3면 포장으로 계획할 경우에는 수로바닥에 일반적으로 콘크리트포장을 채택하며, 수로바닥의 두께는 0.3m 정도를 표준으로 한다.

### 3 종류

계간수로는 사용하는 재료에 따라 돌수로, 콘크리트수로, 콘크리트블록수로, 돌망태수로 등으로 구분한다. 공종은 물줄기바로잡기[수로변경공(水路變更工), channel-course changing]와 냇바닥치우기[수로정리공(水路整理工), channel clearing]로 구분한다. 물줄기바로잡기는 경지 등의 보호 대상물에 인접한 유로를 변경하여 유수를 안전하게 유하시키는 일이고, 냇바닥치우기는 계상면에 분포하는 토석을 정리하여 유수 집중에 의한 계상침식을 방지하는 일이다.

## 7·5 계류보전사업

「사방사업법」에 따르면 계류보전사업(溪流保全事業, torrent erosion control)은 "계류의 유속을 줄이고 침식 및 토석류를 방지하기 위하여 시행하는 사업"으로 정의된다. 여기서 보전(保全, conservation)은 보호(保護, protection)와 보존(保存, preservation)이라는 두 가지 입장의 중간적 위치에 해당하는 대책으로, 생물과 인간의 생활환경을 동시에 보호하고자 하는 개념이다.

### 7·5·1 바닥막이

#### 1 목적 및 시공 장소

바닥막이[보상공(保床工), 상고공(床固工), stream grade stabilization structures, ground sill works]는 유수에 의한 계상면의 침식을 방지하고 현 계상면을 유지할 목적으로 계상을 횡단하여 시설하는 횡구조물로, 설계 요인은 대체로 사방댐에 준한다.

시공 장소는 ①계상이 낮아질 곳이나 합류 지점 직하부, ②사방공작물의 파괴 또는 종 · 횡침식 발생이 예상되는 지역의 하류, ③난류가 발생하는 지역 등이다.

#### 2 설계 및 시공 방법

**① 높이**

일반적으로 바닥막이의 높이는 3.0m 이하가 많지만 단면은 원칙적으로 사방댐에 준하여 결정한다. 특히 최상류의 바닥막이는 유로를 고정할 목적으로 시공하기 때문에 규모가 커지므로 안정계산으로 상류의 물매를 결정한다. 그러나 높이가 2.0~3.0m일 경우에는 경험적으로 댐마루의 폭은 1.0~1.5m, 반수면의 물매는 1 : 0.2, 대수면의 물매는 수직으로 한다. 계획높이를 결정할 때의 유의 사항은 다음과 같다.

1) 낮은바닥막이는 종침식 발생 지역에서 바닥막이 사이의 계상물매를 유지하기 위하여 시공하고, 바닥막이는 산각침식(山脚浸蝕, erosion of mountain foot)이 주로 발생하는 지역에 시공한다.
2) 계상재료의 이동을 방지할 때에는 현 계상의 높이로 하고, 공작물의 기초세굴을 방지할 때에

는 기초를 보호할 수 있는 높이로 한다.

3) 계상에 돌출되지 않게 목적에 따라 높이를 3.0m 내외로 하며, 물받이나 수직벽을 설치할 때에도 총낙차가 3.0~3.5m를 초과하지 않도록 한다.

4) 유로의 굴곡부에 바닥막이를 설치할 때에는 융기수평고 산출 방식에 의하여 오목지형의 어깨 높이를 볼록지형의 어깨 높이보다 높게 계획한다.

#### ② 방수로 단면의 결정

바닥막이의 방수로 단면은 사방댐의 월류공식에 의하여 결정한다. 즉 평균 유속과 계획유량으로부터 구한 필요 단면적에 여유고를 주도록 한다. 또한 방수로의 폭은 계폭과 같거나 다소 좁게 한다.

#### ③ 간격

바닥막이의 간격은 저댐군 모양으로 설치할 경우와 마찬가지로 다음 식으로 구할 수 있다.

$$L = \frac{mn}{m-n} \cdot h \qquad (7 \cdot 9)$$

식에서 $L$: 바닥막이의 간격(m), $1/m$: 계획계상물매(%), $1/n$: 현 계상물매(%), $h$: 바닥막이의 유효높이(m)

또한 계류의 난류 또는 편류(偏流)를 방지하기 위한 바닥막이는 일반적으로 다음의 식으로 구할 수 있다.

$$L = (1.5 \sim 2.0) \cdot B \qquad (7 \cdot 10)$$

식에서 $B$: 유로 폭(m)

#### ④ 방향

바닥막이의 방향은 하류의 유심을 좌우하므로 방향을 잘못 잡을 경우 하류의 기슭막이가 수충부(水衝部)가 되어 파괴되기 쉽다. 따라서 바닥막이를 직선부에서는 유수의 방향에 직각으로 설치하고, 굴곡부에서는 유심선의 접선에 직각 방향으로 설치한다.

#### ⑤ 물받이

물받이는 콘크리트 구조물을 표준으로 하며, 본체와 일체가 되어 월류하는 유수에 의한 침식·세굴 작용과 하부에서 작용하는 양압력에 견딜 수 있어야 한다. 따라서 물받이는 월류수심이 클수록 길이를 길게 하고 두께는 0.7~1.0m를 표준으로 하며, 둑마루는 원칙적으로 수평이 되도록 설계한다. 물매가 급한 곳에 물받이를 시공하면 바닥막이의 기초 부분이 세굴되거나 바닥막이 자체가 파괴되므로 주의를 요한다.

$$l = (2 \sim 3) \cdot h \qquad (7 \cdot 11)$$

식에서 $l$: 물받이의 길이(m), $h$: 월류수심($h'$)부터 물받이까지의 높이(m)

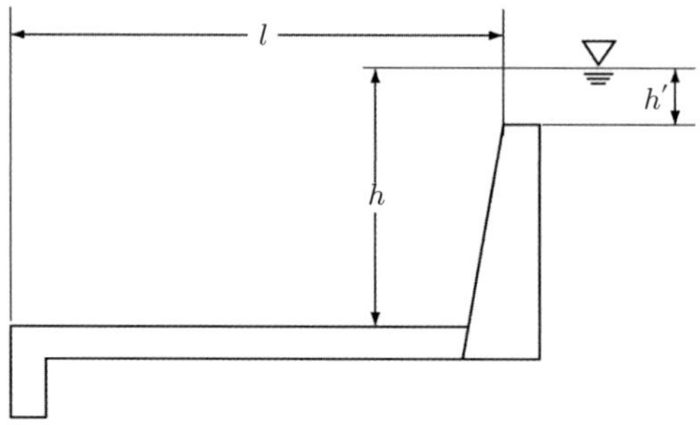


**그림 7-22** 바닥막이의 물받이

**⑥ 측벽**

바닥막이에 측벽을 설치할 때에는 낙하하는 유수의 충격을 받지 않도록 측벽의 기초를 방수로 어깨에서 수직으로 내린 선보다 바깥쪽에 위치하도록 한다. 또한 물받이에 낙하하는 유수가 월류하지 않도록 높이를 충분히 확보한다.

**⑦ 수직벽**

수직벽은 상 · 하류의 물매 모두 직각으로 하고 어깨의 폭은 0.7~1.0m를 표준으로 한다. 수직벽의 높이는 계획유량, 계상재료, 계상변동, 바닥막이의 낙차 등을 잘 파악하여 수직벽의 하류 쪽이 세굴에 잘 견딜 수 있도록 밑넣기를 충분히 하며 통상 2~3m로 한다. 수직벽의 하류 세굴을 방지하기 위하여 블록, 침상, 사석, 돌망태 등을 설치한다.

**⑧ 어깨**

바닥막이의 어깨는 원지반에 넣는 것이 바람직하다. 바닥막이를 연속적으로 계획할 경우에는 3~4기 간격으로 어깨를 원지반에 넣어 피해 범위가 최소화되도록 한다. 특히 합류 지점의 직하부와 같은 곳에 설치하는 바닥막이의 어깨는 원지반까지 충분히 넣어야 한다.

**⑨ 기초**

바닥막이의 기초는 사방댐에 준하여 설계한다. 바닥막이의 기초 부위가 미사나 세사인 경우에는 투수에 의한 파이핑 등에 주의하며, 점토인 경우에는 함수비 등에 따라 지반침하나 전단파괴를 일으키므로 하중에 대한 지지력 등을 충분히 고려할 필요가 있다. 토사지반의 기초처리 등은 사력기초의 기초처리 등을 준용한다.

### 3 낮은바닥막이

**① 목적**

낮은바닥막이[대공(帶工), inter-stream grade stabilization structures, stream bed works]는 바닥막이에 의하여 계획계상물매가 길게 형성될 경우 바닥막이 사이에 배치하여 계상변동을 방지하거나 억제하고 계상의 안정을 유지하기 위하여 시공하는 횡공작물이다.

#### ② 계획 및 설계

낮은바닥막이는 계상을 고정할 목적으로 시공하기 때문에 높이는 계상의 상승높이에 다소 여유고를 두며 일반적으로 2m 정도로 한다. 둑마루의 높이는 계획계상고와 같게 하여 낙차를 두지 않도록 한다. 단면을 결정할 때에는 둑마루의 폭을 0.5~1.5m로 하고, 대수면 물매는 수직으로, 반수면 물매는 안정계산으로 구하지만 통상 1 : 0.2로 한다. 둑어깨의 설계는 바닥막이에 준하며, 하류 세굴을 방지하기 위하여 굴삭 선까지 충분히 되메우기를 실시하고 사석이나 돌망태 등을 설치한다.

### 4 종류

사용하는 재료에 따라 돌바닥막이, 콘크리트바닥막이, 콘크리트블록바닥막이, 철강재바닥막이, 돌망태바닥막이, 통나무바닥막이, 바자바닥막이, 섶다발바닥막이 등으로 분류한다.

#### ① 돌바닥막이

돌바닥막이[석보상공(石保床工), stream grade stabilization structures by stone]는 이전에 야계사방공사에서 콘크리트 공작물과 함께 널리 사용하였던 횡구조물로, 석재를 구하기 쉬운 곳에서 주로 막깬돌을 사용하여 찰쌓기로 축조하고 일반적으로 높이는 1~2m로 한다. 그러나 황폐계류의 경우 비교적 큰 규모의 토석류가 발생하면 석력의 충돌로 공작물이 파손될 위험이 매우 높으므로 채택 여부를 결정할 때에는 계상재료의 크기, 이동 빈도 · 속도를 파악하는 등 신중하여야 한다.

#### ② 콘크리트바닥막이

최근 레미콘 차량과 임도 등의 작업로가 발달하여 사방공사에도 콘크리트 구조물을 널리 사용할 수 있게 되었지만 한편으로는 환경적이지 못하다는 비판에 따라 제한적으로 도입되고 있는 실정이다. 따라서 경관성과 생태성을 증진하는 방안을 다양하게 강구하고 있으며, 구조적인 개량에도 노력하고 있다. 경우에 따라서는 콘크리트바닥막이(stream grade stabilization structures by concrete)뿐만 아니라 콘크리트블록바닥막이로 계상을 고정하는 방식도 도입되고 있다.

**그림 7-23** 돌바닥막이

**그림 7-24** 콘크리트바닥막이

### ③ 돌망태바닥막이

돌망태바닥막이[사롱보상공(蛇籠保床工), stream grade stabilization structures by gabion]는, 채석장에서 석재를 구득할 경우 경비가 많이 소요되므로 시공비를 절약하고 시공지 주변에서 석재를 처리할 필요가 있는 곳에서 주로 채택한다. 원래 돌망태는 투수성이 높고 유연성이 있어 산사태지나 연약지반과 같은 특수한 경우에 채택하기도 한다. 특히 환경친화적이고 시공이 용이하므로 소규모의 바닥막이로는 효과적이며, 돌바닥막이에 비하여 시공단가가 저렴한 장점도 있다.

### ④ 통나무바닥막이

최근 계류 환경에 대한 관심이 증대하면서 통나무바닥막이[원목보상공(原木保床工), stream grade stabilization structures by timber]의 시공이 늘고 있다. 통나무는 자연환경에 잘 조화되지만 내구성을 향상하기 위하여 방부 처리를 하므로 도입에 신중하여야 한다. 상수 지역을 중심으로 계상변동이 심하게 발생하지 않는 지역에 한하여 제한적으로 도입하면 효과적일 수 있다.

그림 7-25 돌망태바닥막이

그림 7-26 통나무바닥막이

## 7·5·2 기슭막이

### 1 목적 및 시공 장소

기슭막이[보안공(保岸工), 호안공(護岸工), revetment]는, 유수가 직접 계안에 충돌하여 횡침식이 발생하거나 침식에 의하여 산복 붕괴가 발생할 위험이 있는 계안을 따라 설치하는 종구조물로, ①계안의 횡침식 방지, ②산비탈 공작물의 기초 보호, ③산비탈 붕괴의 직접적인 방지 등을 목적으로 시공한다. 또한 계류의 상황에 따라서는 계류의 방향을 바꾸어 붕괴, 횡침식을 방지하기 위하여 계획한다.

시공 장소는 ①유로가 만곡(彎曲, meander)하여 유수의 충격을 받는 수충부, ②오목지형의 계안, ③붕괴위험성이 높은 야계 등이다.

## 2 설계 및 시공 방법

### ① 계획위치

기슭막이의 위치를 정할 때에는 시공 장소의 지형 및 지질, 유수의 충돌 상태, 계획홍수위, 시설의 계획높이, 비탈물매, 기설 기슭막이의 실태 등을 조사하여 목적에 부합하고 가장 효과적인 장소를 선정한다.

기슭막이는 계류의 횡침식을 방지하여 붕괴되기 쉬운 계안비탈면의 유지 및 기초 보호를 위하여 붕괴지에 직접 설치하는 방법(그림 7-27 A 참조)과, 유로를 바꾸어 위험한 장소에 직접 유수가 충돌하는 것을 방지하는 방법이 있다. 또한 계안의 결괴 또는 붕괴를 방지하기 위하여 사방댐을 설치하여 종침식을 방지하였어도 횡침식이 발생할 경우에는 사방댐 상류의 붕괴지 각부에 기슭막이를 설치하여 결괴 또는 붕괴를 방지하며(그림 7-27 B 참조), 계류가 거석 등의 장애물로 인하여 유심이 변하고 붕괴지가 생긴 경우에는 장애물을 제거한 후에 기슭막이를 설치한다(그림 7-27 C 참조).

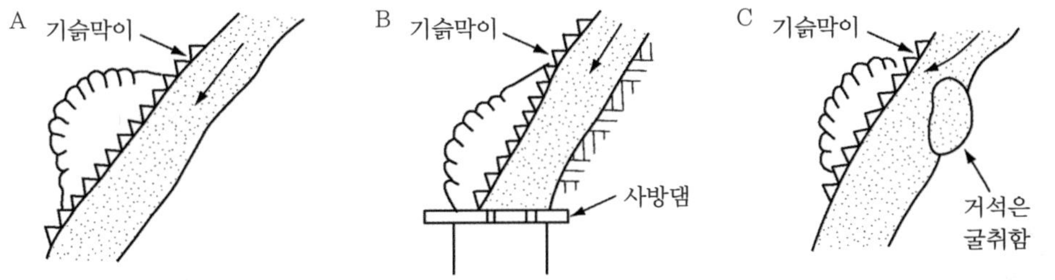


**그림 7-27** 기슭막이의 위치

### ② 높이

기슭막이의 둑마루 높이는 유수가 월류하지 않도록 정하는 것이 원칙이다. 홍수 시에는 계류수에 유목, 토사, 토석 등이 포함되어 일시적으로 수위가 상승하므로 둑마루의 높이는 계획홍수위에 여유고를 더한 높이로 한다. 또한 계획홍수위는 사방댐의 방수로 단면설계에 준하여 계상의 미지형에 따라 결정하지만 기왕의 홍수위 흔적을 참고로 검토하여야 하며, 여유고는 통상 1.0m 정도로 한다.

사방댐의 상류에 계획하는 기슭막이의 둑마루는 사방댐의 댐마루와 같은 높이로 하고 계획물매에 따라 물매를 두며, 월류하지 않을 정도의 높이로 한다. 계류의 굴곡부에서는 유속이 빨라지면 양안의 수위 차가 생기고 오목지형이 볼록지형에 비하여 수위가 상승하므로 오목지형에 견고한 기슭막이를 계획하고 둑마루는 다음의 식에 따라 높일 필요가 있다.

$$h = 2.3\frac{V^2}{g}(\log R_2 - \log R_1) \qquad \cdots\cdots (7 \cdot 12)$$

식에서 $h$: 기슭막이의 소요 상승높이(m), $V$: 평균 유속(m/s), $g$: 중력가속도(9.8m/s$^2$), $R_1$: 볼록지형의 반지름(m), $R_2$: 오목지형의 반지름(m)

㉠ **수위 상승구간**

수위의 상승구간은 곡선의 기점부터 종점까지로 하며, 상류와 하류에는 접속구간을 설치한다. 또한 상류 쪽의 접속구간은 역물매가 되지 않도록 유의하여야 하며, 기점과 종점에는 세굴을 방지하기 위하여 낮은바닥막이를 설치한다.

㉡ **수위 상승높이**

수위의 상승높이가 여유고의 1/2을 초과하지 않을 때에는 상승높이를 주지 않는다.

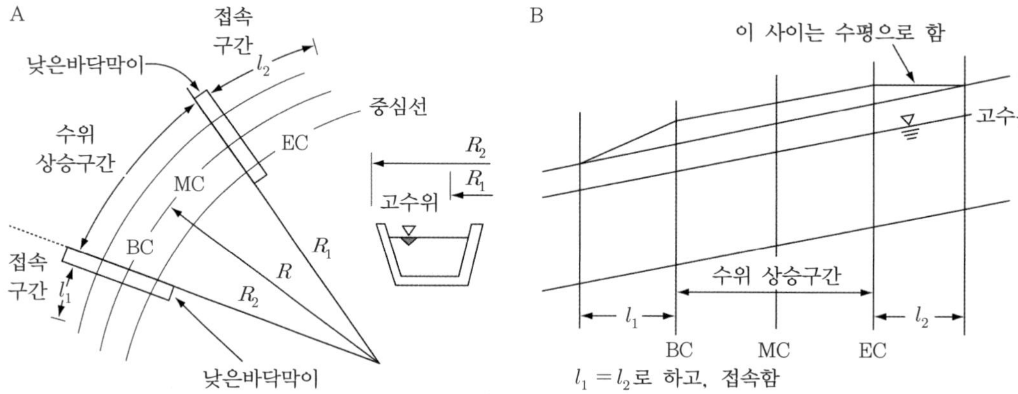


BC: 기점(beginning of curve), MC: 중간점(middle of curve), EC: 종점(end of curve)

**그림 7-28** 기슭막이의 수위 상승구간(A) 및 상승높이(B)

③ **기슭막이의 접속부**

기슭막이의 상 · 하류에 설치하는 접속부는 유수에 의하여 파손되기 쉬우므로 계안에 충분히 끼어 들어가도록 계획한다.

④ **단면, 줄눈, 물빼기구멍**

기슭막이의 단면은 배후의 지질, 지형 등을 고려하여 적절하게 정하고, 둑마루의 물매는 원칙적으로 계획계상물매에 일치시킨다. 또한 길이가 긴 콘크리트기슭막이와 콘크리트블록기슭막이에는 신축줄눈을 설치하도록 계획하며, 차수성(遮水性) 기슭막이는 배후의 토압 및 수압을 경감할 수 있는 구조로 한다.

⑤ **기초**

㉠ **기초의 밑넣기 깊이**

기슭막이의 기초 밑넣기는 계획계상물매, 계상의 상황 등을 고려하여 세굴되지 않도록 충분히 넣어야 한다. 즉 기슭막이는 각부를 따라 세굴되기 쉽기 때문에 사력층인 경우에는 기초 밑넣기를 계획물매선보다 적어도 1.0m 이상 더 넣어야 한다.

사방댐의 상류에 접속하는 기슭막이의 기초는 사방댐의 방수로 마루부터 1.0m 정도 깊게 밑넣기 하는 것을 표준으로 한다. 하류에 접속하는 기슭막이의 기초 밑넣기는 통상 사방댐의 기초와 같은 정도로 하고, 방수로 어깨의 직하부부터 1.0m 이상 산 쪽으로 후퇴시켜 접속하는 것을 표준으로 한다. 특히 계류의 굴곡부에서는 오목지형의 하류 중에서 직선으로 이행하는 지점에 세굴이 발생하므로 기초의 밑넣기 깊이를 결정할 때 유의하여야 한다.

ⓛ **기초의 세굴 방지**

기슭막이의 기초가 유수에 의하여 세굴될 위험이 있는 경우에는 밑다짐, 바닥막이, 수제 등을 설치하며, 밑다짐공사는 현지의 상황에 따라 사석, 콘크리트블록, 침상과 같은 재료 중에서 가장 적절한 것을 채택하여야 한다.

굴곡부의 오목지형, 수충부, 기슭막이의 하류와 같이 유수에 의하여 세굴될 위험이 있는 곳에는 밑넣기를 깊게 하거나 필요에 따라 밑막이, 바닥막이, 수제 등을 설치한다. 밑막이는 자중과 조도로 유수에 대응하여 기초세굴을 방지하므로 구조적으로 유연성이 있어야 하며 목공침상, 십자블록, 이형블록 등을 사용한다. 또한 밑막이의 둑마루 높이는 계획물매에 맞추어 일정하게 유지시키며, 밑막이의 밑면은 기슭막이의 기초와 거의 같게 한다. 또한 기슭막이의 기초세굴을 방지하기 위하여 수제를 사용하는 경우도 있다.

ⓒ **기초처리**

기슭막이의 기초지반이 연약할 때에는 상황에 따라 말뚝박기를 하거나 지반을 교체하는 등의 기초처리를 실시한다. 즉 기슭막이의 기초처리는 기초지반의 지지력, 투수성 등의 상황에 따라 경제성, 시공성 등을 고려하여 적절하게 처리하며, 일반적인 기초공으로 말뚝박기, 확대기초(擴大基礎, footing) 등을 실시한다.

### 3 종류

사용하는 재료에 따라 돌기슭막이, 콘크리트기슭막이, 콘크리트블록기슭막이, 돌망태기슭막이, 바자기슭막이, 통나무기슭막이 등으로 구분한다.

#### ① 돌기슭막이

돌기슭막이[석보안공(石保岸工), stone revetment]는 축설 방법에 따라 돌쌓기기슭막이와 돌붙임기슭막이로 나뉘며, 돌쌓기기슭막이는 다시 찰쌓기기슭막이와 메쌓기기슭막이로, 돌붙임기슭막이는 찰붙임기슭막이와 메붙임기슭막이로 구분한다.

돌쌓기기슭막이는 계상재료의 이동이나 유수의 충돌이 심한 곳에 설치하며, 돌쌓기 물매는 찰쌓기 1 : 0.3, 메쌓기 1 : 0.5를 표준으로 한다. 주로 암반 위에 시공하지만 사력층에 시공할 경우에는 충분한 터파기를 실시하며, 메쌓기를 할 때에는 돌쌓기의 틈으로 토사가 새지 않도록 뒤채움을 충분히 한다. 돌붙임기슭막이는 계폭이 비교적 넓고 계상물매가 완만한 곳에 설치하며, 돌붙임 물매는 1 : 1.5이다.

#### ② 콘크리트기슭막이

콘크리트기슭막이(concrete revetment)는 유수의 충격력이 크고 계안침식이 심한 곳에 시공한다. 단면은 배후의 지질, 산비탈의 물매 등을 고려하여 배면토압에 안전하게 계획하며, 둑마루의 두께는 0.3~0.5m, 앞면의 물매는 1 : 0.3~0.5를 표준으로 한다. 또한 연장이 20m를 초과하면 원칙적으로 수축줄눈을 10~15m마다 1개소 정도 설치한다.

차수성의 기슭막이는 뒤채움자갈, 물빼기구멍 등을 설치하여 배후의 토압 및 수압을 완화하도록 계획한다. 물빼기구멍은 저수위보다 높은 위치에 지름 50~100mm로 2~3m$^2$에 1개소 정도 설치하며, 뒤채움자갈을 충전할 때에는 두께 0.3m 정도를 표준으로 한다.

그림 7-29 전석기슭막이

그림 7-30 콘크리트기슭막이

### ③ 돌망태기슭막이

돌망태기슭막이[사롱보안공(蛇籠保岸工), gabion revetment]는 계안의 각부를 보호할 목적으로 낮은 부위의 기슭에 1 : 0.5 이상으로 설치한다. 낮은 기슭막이는 돌망태를 2~3단 쌓은 후에 말뚝으로 고정하고, 높은 기슭막이는 횡으로 쌓아 견고도를 증강한다. 돌망태기슭막이는 세굴에 강하고 황폐계류에 분포하는 호박돌 크기의 작은 돌을 이용할 수 있기 때문에 산사태 지대나 토석류 위험계류에 주로 설치한다.

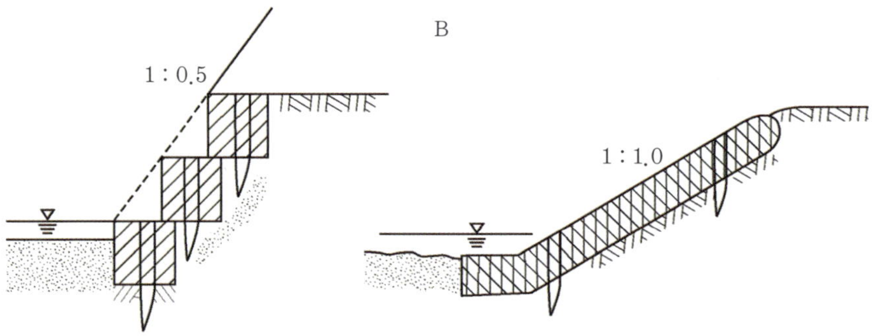


그림 7-31 돌망태기슭막이의 개념도(A: 낮은 기슭막이, B: 높은 기슭막이)

그림 7-32 바자기슭막이

#### ④ 바자기슭막이

바자기슭막이[편책보안공(編柵保岸工), wicker revetment]는 사력의 유출이 적은 계류의 계안 침식을 방지하는 데 적합하다. 우선 계안을 따라 0.6~1.0m 간격으로 길이 1.2m 정도의 말뚝을 박고 말뚝의 지상 0.5m 정도를 나무섶 등으로 바자를 엮은 후 그 뒤에 흙을 채운다. 필요에 따라 바자기슭막이에 떼를 붙여 견고하게 하지만 내구력이 약하기 때문에 대부분 응급대책으로서 적용한다.

## 7·5·3 수제

### 1 목적 및 시공 장소

수제(水制, spur, groyne, spur dike)는 계안에서 유심을 향하여 적당한 길이와 방향으로 돌출한 공작물로, 계안으로부터 유심을 멀어지게 하여 유로를 변경하고 계안의 붕괴나 붕괴 확대를 방지할 목적으로 설치한다.

계폭이 좁으면 반대쪽 계안을 침식할 위험이 있으므로 시공 장소는 일반적으로 계폭이 상당히 넓은 굴곡부 등에 계획한다.

### 2 설계 및 시공 방법

#### ① 위치

수제의 위치는 시공 목적 및 현지의 상황에 따라 효과적일 수 있도록 결정한다. 즉 계류가 직선 또는 직선에 가까운 구간에서 양쪽에 수제를 설치할 경우에는 수제의 머리부분[두부(頭部), end nose]을 대립시켜 유로의 중앙에서 만나도록 위치를 정한다(그림 7-33 A 참조). 또한 계류의 상류에 짧은 구간에 걸쳐 붕괴지가 분포할 때에는 붕괴지의 상류에 수제를 설치하여 유수가 붕괴지의 각부로부터 멀리 유하하도록 함으로써 붕괴지의 확대를 방지한다(그림 7-33 B 참조). 일반적으로 붕괴지의 한쪽 계안에만 수제를 설치하기 때문에 반대쪽의 계안침식에 주의하여야 한다(그림 7-33 C 참조).

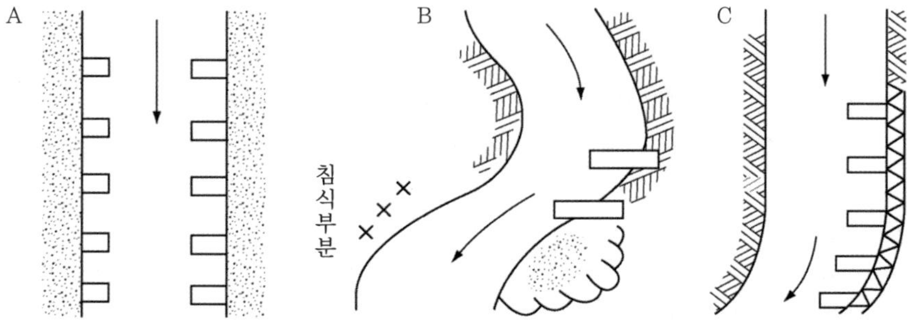


**그림 7-33** 수제의 위치

### ② 방향

수제의 방향은 유심선 또는 절선에 대하여 상향 70~90°의 각도를 표준으로 한다. 수제는 돌출각도에 따라 상향수제(上向水制, inclined spur), 직각수제(直角水制, normal spur), 하향수제(下向水制, declined spur)로 구분한다.

상향수제의 경우 수제 사이의 퇴적이 하향수제보다 많지만 머리부분의 세굴이 매우 강하며 유수가 계류의 중심 방향으로 편류한다. 직각수제는 수제 사이의 중앙에 사력이 퇴적되고 머리부분의 세굴이 비교적 약하며 유수가 편류하지 않는다. 또한 하향수제는 수제 사이의 사력 퇴적이 직각수제보다 적고 머리부분의 세굴이 매우 약하며 유수가 계안 방향으로 편류한다. 일반 계류에서는 상향수제 또는 직각수제를 채택한다.

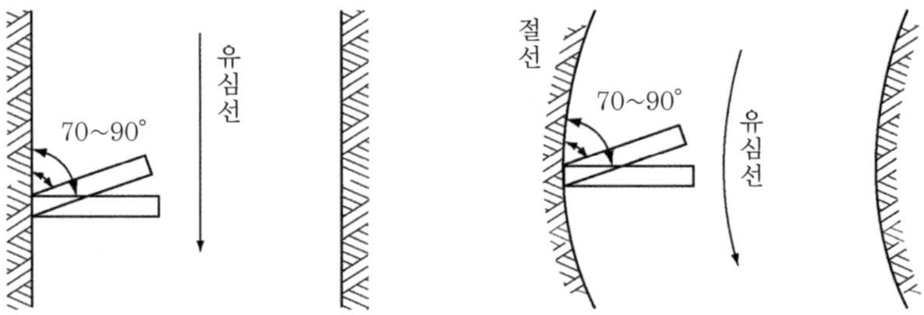


**그림 7-34** 수제의 방향

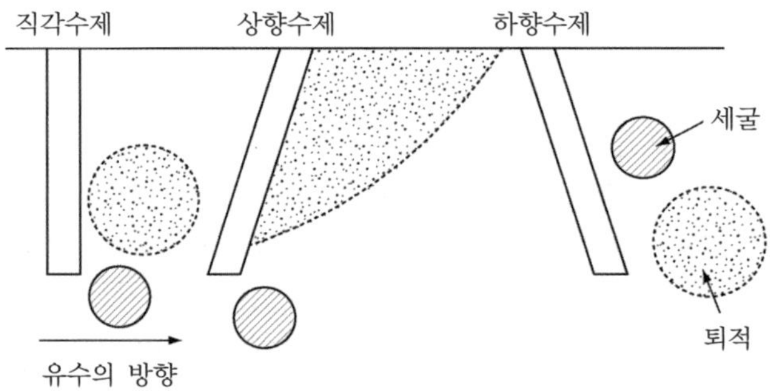


**그림 7-35** 수제의 돌출각도와 계상변동

### ③ 형상

수제의 형상에는 I자형, T자형, 역L자형, 열쇠형 등이 있다. 황폐계류에서는 일반적으로 I자형을 사용하지만 사력의 퇴적지대에서 계폭을 한정할 필요가 있을 때 T자형을 채택하는 경우가 있다.

### ④ 길이 및 간격

일반적으로 수제의 길이는 짧게 하고 수제와 기슭막이를 함께 설치하면 수제의 유지 면에서 경제적인 경우가 많다. 수제의 길이는 계폭의 1/10~1/3을 표준으로 한다. 수제의 간격은 수제의 길이, 방향, 작용 범위, 유수의 강도, 계상물매, 계상의 상황 등에 따라 정하며, 조건이 동일할 경우 수제의 길이가 길수록 간격이 커지지만 원칙적으로 수제 길이의 1.5~2.0배로 한다.

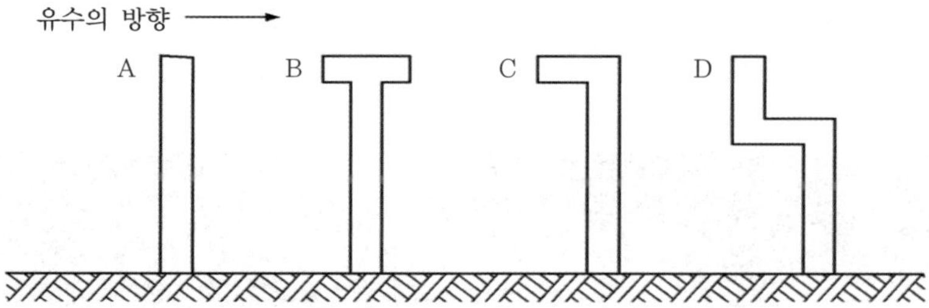


**그림 7-36** 수제의 형상(A: I자형, B: T자형, C: 역L자형, D: 열쇠형)

### ⑤ 높이

홍수 시에 유수가 수제의 둑마루를 월류하는지 여부에 따라 월류수제(越流水制, overflow spur)와 불월류수제(不越流水制, non-overflow spur)로 구분한다. 일반적으로 계류에서는 불월류수제를 원칙으로 하며, 머리부분의 침식을 방지하기 위하여 보통 기초의 밑넣기를 깊게 한다. 수제는 일반적으로 유심 방향으로 1/15~1/10의 물매가 되도록 앞부분을 낮게 축설한다.

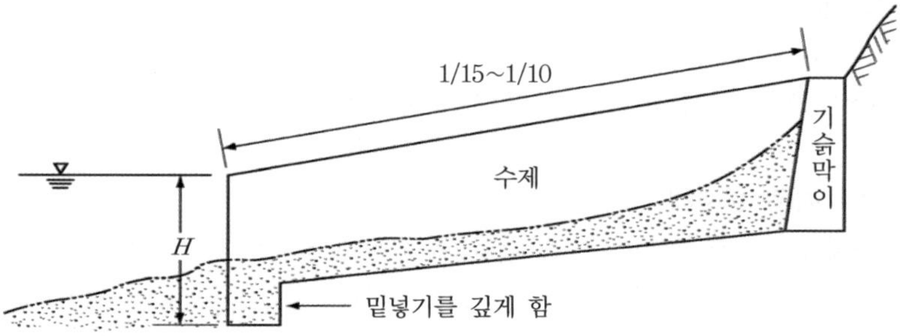


**그림 7-37** 수제의 높이($H$; 최대홍수유량을 기준으로 결정함)

## 3 종류

사용하는 재료에 따라 돌수제, 콘크리트수제, 콘크리트블록수제, 콘크리트틀수제, 강제틀수제, 돌망태수제, 통나무수제, 바자수제 등으로 구분한다. 또한 유수에 대한 방향에 따라 횡수제와 평행수제로, 유수의 투과 여부에 따라 투과수제(透過水制, permeable spur)와 불투과수제(不透過水制, impermeable spur)로 구분한다.

### ① 말뚝수제

말뚝수제(pile spur)는 대표적인 투과수제로, 목재말뚝 또는 철근콘크리트말뚝을 1개 또는 여러 개의 말뚝묶음으로 하여 한 줄 또는 여러 줄로 박고 말뚝을 가로, 세로 또는 대각선 방향으로 연결하여 일체가 되어 작용하도록 한다.

### ② 침상수제

침상수제(沈床水制, mattress spur)는 계상을 덮는 형태의 수제로, 불투과수제로 설치하는 경우가 많다. 재료에 따라 섶침상수제, 말뚝상치수제(섶침상수제 위에 말뚝을 박고 침상 위에 돌을 놓음), 목공침상수제(사각형 목재틀에 돌을 채운 형태), 콘크리트방틀수제(사각형 철근콘크리트틀에 돌을 채운 형태) 등이 있다.

그림 7-38 말뚝수제

그림 7-39 침상수제

③ **뼈대돌방틀수제**

뼈대돌방틀수제(crib spur)는, 목재나 철근콘크리트 부재로 만든 삼각형 또는 사각형 틀을 여러 개 연결하고 그 내부 공간에 잡석이나 호박돌 등을 충전한 수제로, 시공이 용이하다.

④ **콘크리트블록수제와 돌수제**

콘크리트블록수제(concrete spur)는 콘크리트블록을 조합한 수제로, 모양, 크기, 투과도를 자유롭게 변경할 수 있으며, 날개수제는 직사각형 판형상(板形狀)의 수제로, 2~4개를 유수에 따라 여러 줄 설치한다. 또한 돌수제[석수제(石水制), stone spur]는 돌을 조립한 수제로, 크기 및 투과도를 자유롭게 변경할 수 있으며, 자연친화성을 높이기 위하여 큰 돌다리 모양으로 시공하는 경우도 있다.

그림 7-40 돌수제

## 7·5·4 둑쌓기

### 1 목적 및 시공 장소

둑쌓기[축제공(築堤工), levee, embankment]는 유수를 일정한 유로로 안전하게 유출하고 범람을 방지할 목적으로 계류 양안에 흙으로 둑(제방)을 쌓는 공사로, 시공비가 비교적 저렴하고 열화가 진행되지 않지만 시간이 경과하면 침투수에 의한 강도 저하나 유수에 의한 세굴이 발생한다. 따라서 제방의 본체는 잔디 등으로 피복하고, 특히 유수에 의한 세굴이 예상되는 곳은 기슭막이나 수제 등으로 보호한다.

시공 장소는 일정한 유로가 형성되어 있지 않은 야계를 대상지로 선정하여 시공 후 유로가 확정된다.

### 2 설계 및 시공 방법

**① 단면**

수로(방수로)의 단면을 결정한 후 둑쌓기의 규격과 시공 범위를 계획하며, 계획계상물매에 따른 횡단면도를 작성하고 토공량을 확정한다. 수로의 단면은 가능하면 직선 모양으로 얕게 시공하고, 곡선일 때에는 홍수 시의 유수 방향에 따라 완만한 곡선을 유지하도록 한다.

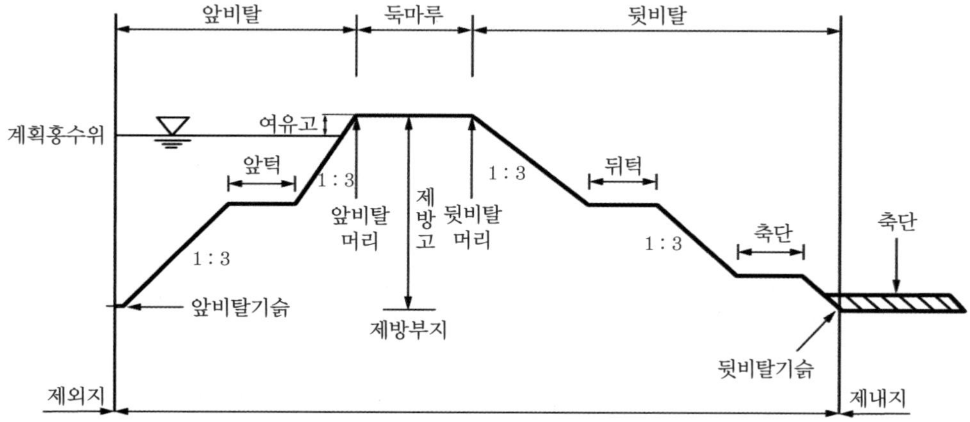


**그림 7-41** 둑쌓기의 횡단면과 부위별 명칭(대규모 계류)

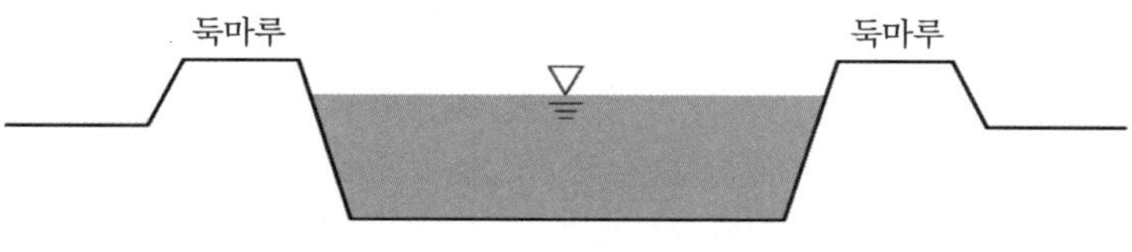


**그림 7-42** 둑쌓기의 횡단면(소규모 계류)

#### ② 물매선

제방의 물매선은 홍수 시의 유황, 하도와 주변의 토지이용 상황, 자연경관 및 환경 조건, 공사비 등을 고려하여 결정하며, 특히 홍수류의 주방향으로 원활한 곡선이 유지되게 시공한다.

#### ③ 높이와 차수벽

둑의 높이는 계획홍수위보다 0.5~1.0m 높게 시공한다. 즉 계획홍수량이 200$m^3$/s 미만인 지역의 여유고는 0.6m 이상, 200~500$m^3$/s인 지역은 0.8m 이상, 500~2,000$m^3$/s인 지역에서는 1.0m 이상이 되도록 시공한다.

홍수 시 계류수가 제체 내로 침투하면 비탈면에 누수가 발생하고, 심할 경우 관공작용(貫孔作用, piping)에 의하여 둑이 붕괴될 수도 있다. 따라서 침윤선(浸潤線, seepage line)이 낮아지도록 제방의 너비를 넓히거나 제체 내에 차수벽[遮水壁, 지수판(止水板), 지수벽(止水壁), cut-off wall, water-stop; 진흙 또는 토목섬유 이용]을 설치한다.

#### ④ 둑마루의 폭과 비탈기울기

둑마루[천단(天端), levee crown]의 폭은 용도 및 규모에 따라 1~3m로 하고, 대수면과 반수면의 비탈은 대체로 표 7-7의 기준에 따라 시공한다. 사업구간에 편입되는 토지의 사용 가능 여부에 따라 둑쌓기 비탈기울기를 조정하고 좌우 양쪽의 둑은 수평이 되게 계획한다.

**표 7-7** 둑의 높이에 따른 비탈기울기

| 둑 높이(m) | 반수면 비탈기울기(할) | 대수면 비탈기울기(할) | 둑마루 폭(m) |
|---|---|---|---|
| 1.0 | 1.3 | 1.0 | 0.7~1.0 |
| 1.1~2.0 | 1.5 | 1.3 | 1.0~1.5 |
| 2.1~3.0 | 2.0 | 1.5 | 1.5~2.0 |
| 3.1~5.0 | 2.0 | 2.0 | 2.0~3.0 |

**표 7-8** 기슭막이에 따른 비탈기울기

| 기슭막이 | 비탈덮기 수직높이(m) | 비탈기울기 |
|---|---|---|
| 돌쌓기, 콘크리트블록쌓기 | | |
| 찰쌓기 | 3 이상 5 미만 | 1 : 0.5 |
| | 3 미만 | 1 : 0.3 |
| 메쌓기 | 3 미만 | 1 : 1.0 |
| 돌붙이기, 콘크리트블록붙이기 | | |
| 찰쌓기 | – | 1 : 1.5 |
| 메쌓기 | 3 미만 | 1 : 2.0 |
| 콘크리트 피복 | – | 1 : 1.5 |
| 연결 콘크리트블록붙이기 | 3 이상 | 1 : 2.0 |
| | 3 미만 | 1 : 1.5 |
| 돌망태붙이기 | – | 1 : 2.0 |

#### ⑤ 소단 설치

야계의 내수(內水) 쪽 제방의 수직높이가 6m 이상인 경우에는 둑마루부터 3~5m마다, 하천의 외측에서 제방의 수직높이가 4m 이상인 경우에는 둑마루부터 2~3m마다 폭 0.2~0.3m의 소단(턱, berm, banquette)을 설치한다.

#### ⑥ 더쌓기

침하량을 고려하여 흙쌓기 시에 계획높이보다 더 높게 전 단면에 걸쳐 더쌓기[여성토(餘盛土), extra banking]를 실시하고(여유고에 포함하지 않음), 제방의 후면은 빗물의 표면배수가 원활하게 이루어질 수 있도록 10% 정도의 횡단기울기를 둔다.

**표 7-9** 더쌓기 높이의 기준(단위: cm)

| 제체의 특징 | | 보통 흙 | | 모래 · 자갈 | |
|---|---|---|---|---|---|
| 기초지반의 토질 | | 보통 흙 | 모래 섞인 자갈<br>자갈 섞인 모래 | 보통 흙 | 모래 섞인 자갈<br>자갈 섞인 모래 |
| 통일분류법에 의한 기초 지반의 토질 | | 모래 | 자갈 | 모래 | 자갈 |
| 제방의 높이 | 3m 이하 | 20 | 15 | 15 | 10 |
| | 3~5m | 30 | 25 | 25 | 20 |
| | 5~7m | 40 | 35 | 35 | 30 |
| | 7m 이상 | 50 | 45 | 45 | 40 |

### 3 종류

제방은 흙으로 축조하고, 흙이 모래 · 자갈일 때에는 떼붙이기를 실시하기 전에 객토를 한다. 흙쌓기용으로는 모래와 점토를 약 1 : 4의 비율로 혼합하며, 흙쌓기를 실시할 곳은 나무뿌리와 같은 장애물을 제거하고 지반을 충분히 파서 둑과 밀착시킨다. 기설 제방이 견고할 때에는 가급적 존치하며, 앞비탈면에 기슭막이를 시공하지 않는 경우에는 홍수위까지 떼붙이

**그림 7-43** 둑쌓기

기를 시공하고, 여유고 부분은 줄떼다지기를 실시한다.

둑쌓기공사와 비탈다지기가 완료된 비탈에는 강우 및 유수에 의한 침식과 붕괴를 방지하기 위하여 둑의 앞비탈(제외지 쪽)에 평떼붙이기 또는 줄떼다지기를 실시하고, 평수위 아래 부분에는 돌붙이기, 콘크리트(블록)붙이기, 돌망태붙이기로 보강하는 기슭막이를 실시한다. 또한 둑의 뒷비탈(제내지 쪽)은 줄떼다지기, 둑마루 부분은 줄떼심기로 각각 피복한다.

### 7·5·5 밑막이

#### [1] 목적 및 시공 장소

밑막이[근고공(根固工), toe protection of embankment, toe protection works]는, 둑쌓기공사에서 제체 내로 스며드는 침윤수(浸潤水)에 의한 제체의 붕괴를 방지할 목적으로 둑의 안쪽 아래 또는 바깥쪽(유로 쪽)의 각부에 구축하는 둑 비탈면의 보호공사이다. 밑막이에는 일반적으로 사석공(捨石工, riprap), 기석공(奇石工), 침상공, 망태공 등을 사용하지만 최근에는 콘크리트블록을 폭넓게 사용하고 있다.

시공 장소는 비탈기울기가 1 : 1보다 완만하고 평상시의 유량이 비교적 적은 계류의 둑비탈 중에서 ①기슭막이의 간이공사로 축조할 필요가 있는 곳, ②만곡부, 수충부, 횡공작물의 직하류와 같이 국소세굴이 예상되는 곳 등이다.

#### [2] 설계 및 시공 방법

**① 시공 재료**

밑막이의 시공 재료는 현장 여건에 맞게 채택하고, 기초지반이 연약한 경우에는 상황에 따라 말뚝박기공사 등 기초처리 계획을 반영한다. 특히 밑막이는 자중과 조도로 유수에 대응하는 기초세굴 방지공법이어서 유연성이 있어야 하기 때문에 목공침상, 십자블록, 이형블록 등을 사용한다.

**② 잔여 비탈면 처리**

둑쌓기 비탈길이 중에서 밑막이를 계획하고 남은 잔여 비탈면은 평떼붙이기, 줄떼붙이기, 씨뿌리기 등으로 피복한다.

**③ 호박돌붙이기**

찰붙이기는 석재가 완전히 접촉되도록 붙이고 호박돌의 장축 방향이 비탈면에 직각이 되게 한다. 메붙이기는 뒤채움자갈을 깔고 그 위에 호박돌을 부설한 후 돌붙임 사이는 철봉으로 모래를 충전한다. 기타 시공 지침은 돌쌓기 및 돌붙이기에 준하여 실시한다.

**④ 높이**

밑막이의 둑마루 높이는 계획물매에 맞추어 일정하게 유지시키고, 밑막이의 밑면은 기슭막이의 기초와 거의 일치시킨다.

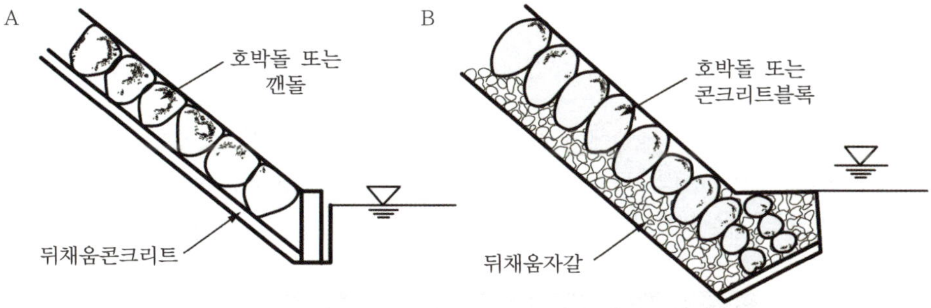


**그림 7-44** 밑막이의 시공 구조도(A: 찰붙이기, B: 메붙이기)

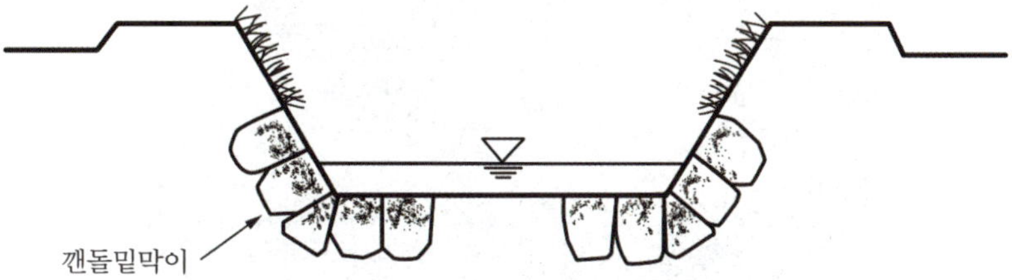


**그림 7-45** 기슭막이의 간이공사로 축조하는 돌밑막이

### 3 종류

#### ① 돌밑막이

돌밑막이는 입지 조건에 따라 막돌, 깬돌, 큰돌 등의 재료를 채택하여 사용한다. 유속이 빠르고 계상물매가 급한 곳은 찰쌓기로 시공하고, 유속이 느리고 계상물매가 완만한 곳은 메쌓기로 시공한다.

#### ② 콘크리트블록밑막이

콘크리트블록밑막이는 유수의 저항에 충분히 견딜 수 있도록 일정 중량의 재료를 선택하여야 하며, 굴요성과 내구성을 높이기 위하여 콘크리트블록을 철봉으로 고정하거나 블록끼리 서로 맞물

**그림 7-46** 돌밑막이

**그림 7-47** 콘크리트블록밑막이

리게 하여 전체 구조가 일체화되도록 한다.

#### ③ 침상공

침상공(沈床工, mattress works)에는 섶침상공[조타속침상공(粗朶束沈床工), 지조속침상공(枝條束沈床工), fascine mattress]과 목공침상공(木工沈床工, wooden mattress)이 있다. 섶침상공은 유속이 느린 곳에, 목공침상공은 유속이 빠른 곳에 채택한다.

그림 7-48 목공침상공

## 7·5·6 모래막이

### 1 목적 및 시공 장소

모래막이[사류지(砂溜地), sand catching structures]는 상류 지역에서의 각종 사방공사로 인하여 허용유출토사량까지 저감할 수 없는 경우에 설치하는 구조물로, 유역의 지형, 지질, 식생, 계상물매, 토사의 유출 형태 등을 고려하여야 한다. 즉 ①상류 지역으로부터 유출토사량이 많을 경우와 호우 등에 의한 유해토사를 예방하고, ②유로의 일부를 확대하여 유출토사를 저류하며, ③선상지대나 토석류 발생위험지 등에서의 토석류 피해를 방지할 목적으로 시공한다.

시공 장소는 ①토석류의 상습 발생지, 선상지, 계간수로의 상류, ②계상면의 지형적 특징을 고려하였을 때 포켓으로서의 기능을 충분히 발휘할 수 있는 장소 등이다.

### 2 설계 및 시공 방법

#### ① 용량

모래막이의 용량은 상류 지역의 강우량, 지형, 지질, 임상, 유역면적, 황폐 정도 등에 따라 결정되지만 연 1회 정도의 제거작업에 의하여 기능을 회복할 수 있는 용량 이상으로 하는 것이 바람직하며, 토사의 반출 방법, 반출 도로, 부대시설 등을 동시에 계획한다.

② 구조

모래막이 내 퇴적토사의 굴삭, 제거 시 상·하류 및 계안에 지장을 주지 않도록 필요에 따라 상·하류에 사방댐 또는 바닥막이를 설치하여 계상을 유지한다. 또한 유입부의 폭을 급격히 넓히면 유입부 부근에 토사가 퇴적하여 결국은 상류의 퇴적 공간이 감소하고 유수가 범람한다. 계류의 상황, 시공 위치 등에 따라 다르지만 유입부의 각도는 30° 정도가 적당하다.

**그림 7-49** 모래막이 유입부의 각도($\theta$)

③ 범위

모래막이의 퇴사구간은, 해당 유역의 토사처리계획에 근거하여 책정된 시설배치계획에서 해당 퇴사구역에 배분된 토사량, 즉 모래막이로 유입되는 토사 처리에 필요한 범위 및 계획홍수유량을 안전하게 유하시킬 수 있는 범위로 한다.

④ 퇴적토사의 배제

계획홍수가 발생한 후에 실시하는 퇴적토사의 배제와 수림의 구체적인 복구 방법에 대해서는 사전에 검토하여야 한다. 특히 침사지가 조성된 모래막이라면 토석류 발생 시 유출토사 포착용량을 상시 확보하기 위하여 중·소규모 홍수 시의 퇴적토사에 대한 배제 방법에 대해서도 사전에 검토한다.

### 3 종류

모래막이의 형상은 지형의 특성에 따라 설계하며 반주걱형, 주걱형, 자루형, 위형 등이 있다.

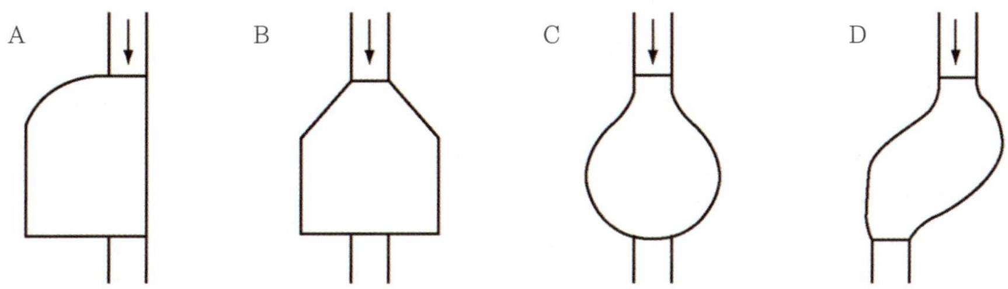


**그림 7-50** 모래막이의 평면형상(A: 반주걱형, B: 주걱형, C: 자루형, D: 위형)

그림 7-51 모래막이의 외부(A) 및 내부(B)

## 7·6 계류복원사업

### 7·6·1 복원과 복원사업

복원(復元, restoration)은 자연을 교란 또는 훼손되기 이전의 상태(state)나 위치(position), 또는 건강하고 활발한 상태로 되돌리는 과정을 말하며, 생물다양성을 지향한다. 따라서 복원사업은 ①철저한 현장조사에 기반하여 복원 목표를 설정하고 계획을 수립하며, ②산지가 본래 지니고 있는 자연성을 최대한 고려하여 식생이 서식하기 유리한 환경을 조성할 뿐만 아니라 ③현지의 자생식물과 자연재료를 사용하여 산림식생을 조기에 회복시킨다. 또한 ④소생물권을 중심으로 훼손된 식생의 복원력을 강화하며, ⑤산림복원을 계획하고 사업을 실행한 후에는 모니터링과 평가를 유기적으로 연계할 수 있도록 한다.

「사방사업의 설계 · 시공 세부기준」(산림청 고시)에서는 산지복원사업을 식생복원사업과 기반안정복원사업으로 구분하고 있으며, 「산림자원의 조성 및 관리에 관한 법률」에는 산림복원이 "자연적 · 인위적으로 훼손된 산림의 생태계 및 생물다양성이 원래의 상태에 가깝게 유지 · 증진될 수 있도록 그 구조와 기능을 회복시키는 것"으로 정의되어 있다. 또한 같은 법 제42조의2부터 제42조의11에는 산림복원의 기본원칙, 산림복원 기본계획의 수립 등, 산림복원 기본계획 등의 심의, 산림복원 대상지의 실태조사, 산림복원사업의 타당성평가, 산림복원사업의 계획 · 시행 등, 산림복원지의 사후 모니터링, 산림복원의 재료 등, 산림복원 전문 인력의 양성, 산림복원지원센터의 지정 등이 규정되어 있다.

### 7·6·2 계류복원

#### 1 목적 및 기본 원칙

황폐계류의 재해에 대한 안전성 확보와 함께 계류생태계의 생태성 및 경관성을 향상하기 위한 계류복원사업의 설계 및 시공에 관한 기본 원칙은 다음과 같다.

1) 산사태, 토석류 등 재해에 대한 계류의 안정성을 확보한다.
2) 계상의 자연형 유로를 유지한다.
3) 자연적으로 형성된 계단-소(step-pool)를 그대로 유지한다.
4) 가능하면 현지의 돌을 가공하지 않고 그대로 재사용한다.
5) 계류 주변부에 생육하고 있는 수목을 가급적 존치한다.

## 2 설계 및 시공 방법

### ① 계류의 안정성 확보

계상의 유로를 유지하기 위해서는 급격한 계상변동을 조절하여 계류를 물리적으로 안정시켜야 한다. 따라서 최상류에 불투과형 콘크리트사방댐 등을 시공하고, 특히 콘크리트 단면이 노출되지 않도록 전석을 붙여 불규칙적이지만 자연스러운 경관을 연출한다. 물빼기구멍 하단부의 종·횡단 물매를 완만하게 하여 자연스러운 유심선과 소규모의 낙차로 조성하는 등 정형화보다는 자연미를 살려 경관성과 생태성을 창출한다. 그러나 경관성과 생태성의 확보는 상당한 수준의 전문지식을 요구하는 작업이기 때문에 야외 조형미술가나 계류생태학자 등 해당 분야의 전문가에 충분히 자문하여야 한다.

**그림 7-52** 석재를 이용한 사방댐의 대수면(A)과 반수면(B) 처리

### ② 계상의 자연형 유로 유지

현재의 계상은 과거의 계상변동을 거치며 자연스럽게 형성된 결과이므로 지금까지의 토사 및 토석 이동에 관한 역사가 쌓여 있다. 또한 계상퇴적지는 깊이 방향으로 큰돌, 작은돌, 굵은골재, 작은골재의 순으로 층위를 이루고 있으므로 이러한 계상을 유지한 상태에서 사업을 실시할 경우 계류수는 수직 방향으로 침투하는 유수량의 지배를 받게 된다. 그 결과로 여름철 홍수기에는 상수가 형성되어 계상의 유수가 확보되지만 갈수기에는 대부분의 계류수가 계상의 하부로 침투하여 건천이 된다. 이와 같은 조건을 해결하기 위해서는 시공 시 계상재료를 정비하여 입경이 큰 골재를 하부에 부설하고 입경이 작은 골재를 상부에 적치한 후 최상부에는 가능하면 점토층에 가까운 토층으로 조성하여 투수 조건을 개선한다.

**그림 7-53** 계상의 투수 조건 개선(A: 시공 전, B: 시공 후)

### ③ 계단-소의 유지

계단-소 지형을 구성하는 계단에서는 유수와 계상재료의 상호작용으로 인하여 평면상으로는 계류를 횡단하는 방향으로, 종단면상으로는 계상의 연직 방향으로 낙차가 형성되어 계단 상류부로부터 작용하던 유수의 수리학적 에너지가 소실된다. 따라서 계단의 직하부에서 낙차에 의한 세굴이 가장 심하게 발생하며, 결국 세굴심이 가장 깊은 지점과 하류의 계단 사이에서 역물매의 종단형상을 이루는 소(沼)가 형성된다.

시공 시에는 이러한 자연형 계단-소의 형태가 유지될 수 있도록 자연재료를 이용하여 바닥막이를 시공한다. 다만 바닥막이의 평면적 형태를 활꼴형으로 설계하여 바닥막이에 작용하는 유수 및 토석의 에너지가 고루 분산되고 활꼴형 계단 직하부의 중앙 부분에 유수가 집중하도록 유도하여 소가 자연 상태에서도 지속적으로 유지될 수 있게 한다. 이때 활꼴형 바닥막이에 의한 유속의 분포 변화를 고려하여 구조물의 형상과 규모가 결정될 수 있도록 토사수리학적 검토를 면밀히 하여야 하며, 사용 재료의 크기와 종단상의 형상에 대해서도 충분히 검토하여야 한다.

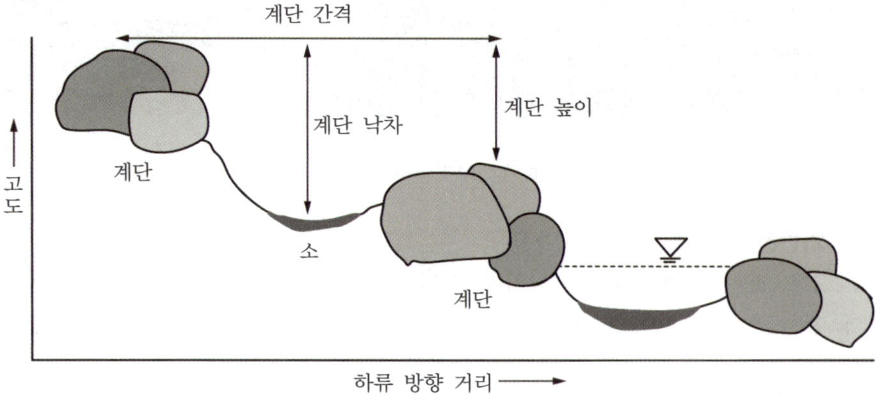


**그림 7-54** 계단-소 지형의 기하학적 구조[김석우 등, 2011]

### ④ 현지 석재의 재사용

일반적으로 유수 및 토석에 의한 침식력은 수직반력보다 수평반력으로 구조물에 작용한다. 따라서 메쌓기를 실시할 경우 세워서 끼우는 방식의 조경석쌓기를 지양하고, 돌의 길이 방향을 계안으로 2/3 이상 길게 물리도록 하는 사방돌쌓기를 실시하여 전도에 대하여 안정하도록 한다.

또한 자연적으로 형성된 바닥막이의 위치, 즉 계단-소 지형의 위치를 사전에 파악하고, 기초가 되는 거석을 현지에서 찾아 평면상 또는 종·횡단상으로 유수 및 토석에 의한 수평반력을 고려하여 쌓아 올리며, 돌쌓기의 마루를 생략하여 자연미를 더하도록 한다.

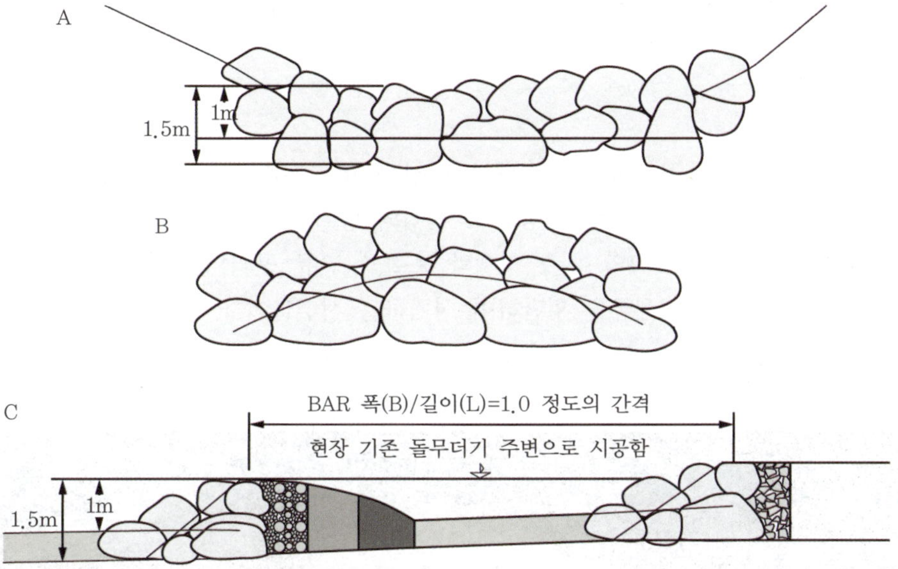


**그림 7-55** 수평반력을 고려한 사방돌쌓기의 시공 구조도(A: 정면도, B: 평면도, C: 측면도)

#### ⑤ 계류 주변부의 수목 존치

계곡 주변부에서 생육하고 있는 수목은 오랫동안 해당 지역의 환경에 적응한 결과로서 생태적·경관적 가치가 매우 높기 때문에 가급적 존치한다. 그러나 계류 내의 수목은 굴삭기의 회전 각도에 제한을 주는 등 작업 효율을 떨어뜨리고, 기계가 회전하는 과정에서 수간이 손상을 입는 등의 문제가 발생하므로 세심한 주의를 요한다.

**그림 7-56** 계안에서 생육하고 있는 수목의 존치(A: 시공 전, B: 시공 후)

따라서 사업구역 내 생육하고 있는 수목에 대한 견취도(위치, 수고, 흉고직경 등)를 자세히 기록하여 작업 시의 훼손을 최소화한다. 특히 계상에서 생육하고 있는 입목의 밀도는 유수의 홍수단면적에 영향을 미치므로 적정 밀도를 유지할 수 있는 관리 방안을 검토한다.

## 7·7 사방댐설치사업

### 7·7·1 목적

사방댐(砂防dam, erosion control dam, check dam, sediment control dam)은 ①계상물매의 완화에 의한 안정물매 유도, ②종 · 횡 침식의 방지, ③산각의 고정과 산복 붕괴 방지, ④계상퇴적물(토사, 토석, 유목)의 유출 억제와 조절, ⑤난류 구역의 유로 정비, ⑥계류생태계의 보전 등을 목적으로 황폐계류를 횡단하여 설치하는 시설물이다. 사방댐은 각 기능이 장기간 유지되도록 계획하여야 하며, 경제성과 유지 관리 측면에서도 효율적이어야 한다.

그림 7-57 사방댐의 토사유출 억제 효과

#### 1 계안 · 계상 침식 방지

계류에 사방댐을 설치하면 상류에 퇴사구역이 형성되어 원 계상보다 물매가 완화되고 계폭이 확대되므로 유수에 의한 침식력이 약해진다. 또한 사방댐의 방수로가 유심을 유로의 중앙부로 고정하여 난류를 억제한다.

#### 2 유하토사 조절

불투과형 사방댐에서는 홍수 시와 평상시의 퇴사물매가 다르기 때문에 유하하는 토사량이 조절된다. 또한 투과형 사방댐의 경우에는 홍수 시에 계상이 상승하여 유속이 일시적으로 감소하므로 소류력이 저감되며, 특히 함수율이 클 경우에는 퇴사구역의 유출토사가 조절된다.

### 3 토석류 포착 및 감세

사방댐에 의하여 퇴적 공간이 조성되면 토석류가 포착되고 종단물매가 완화될 뿐만 아니라 토석과 유수도 분리되기 때문에 토석류는 감세된다. 특히 투과형 사방댐은 평상시 퇴사 용량이 증가하기 때문에 홍수 시에는 포착 기능이 상당히 커진다.

### 4 유목 포착

불투과형 사방댐은 종단물매의 완화, 계폭의 확대 등에 따라 수심이 낮아지면 유로가 고정되어 퇴사구역을 중심으로 유목이 포착된다. 따라서 단독 사방댐보다는 계단 모양으로 저댐군(低dam群)을 설치하여 기능이 잘 발휘되도록 할 필요가 있다.

## 7·7·2 분류 및 선정

사방댐의 형식과 종류는 시공 목적, 구조, 구축 재료에 따라 구분한다. 최근 사방댐에 대

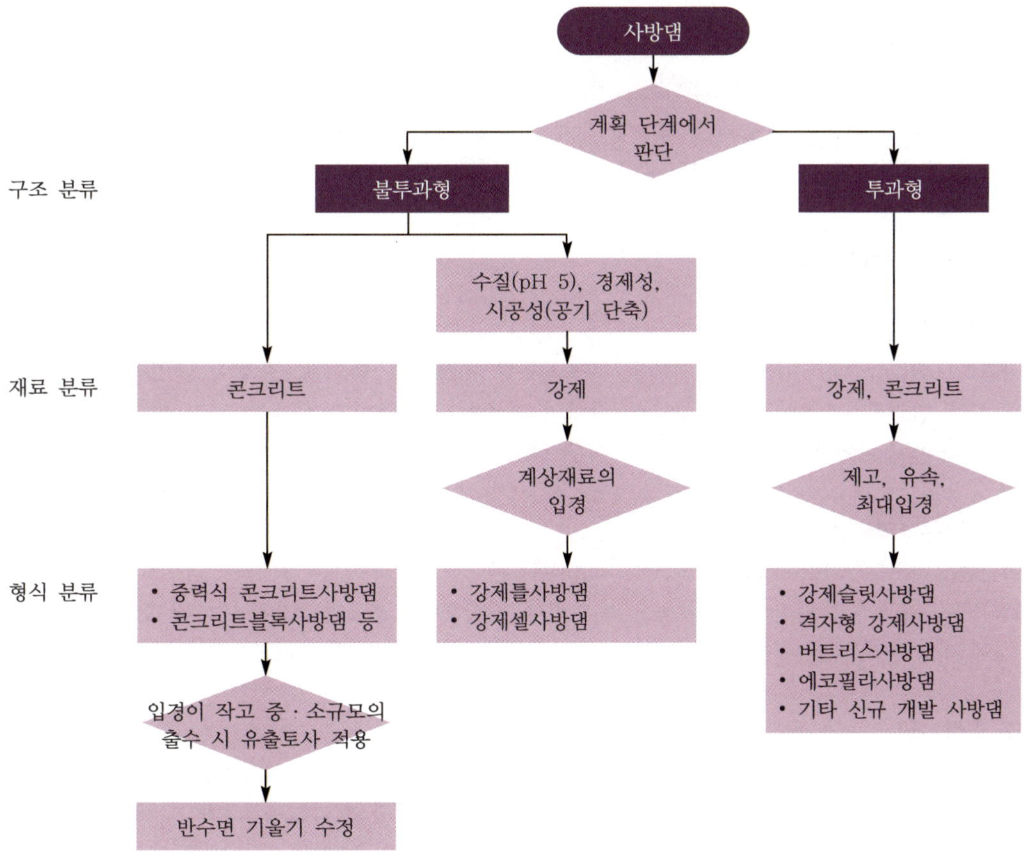


**그림 7-58** 사방댐의 분류와 선정 흐름도

한 여러 가지 요구와 사업의 효율화를 위하여 형식, 구조, 재료 면에서 다양한 공종이 개발되고 있으므로 시공 장소의 지형, 지질, 황폐 상황, 시공 조건, 경제성, 보전 대상 등을 충분히 검토한 후 선정한다.

### 1 외력에 대한 저항력에 따른 분류

#### ① 중력댐

중력댐(重力dam, gravity dam)은 제체의 중량으로 수압, 토압 등의 외력에 저항하여 안정을 유지하는 형식의 댐이다. 제체의 단면이 비교적 크기 때문에 경년에 따라 설계조건이 변동되거나 구축 재료의 품질이 열화되어도 안전도가 극단적으로 손상되지 않아 축조 이후의 여러 변동 조건에 폭넓게 대응할 수 있다.

#### ② 아치댐

아치댐(arch dam)은 댐에 작용하는 외력을 계상과 양안의 지반에 전달하는 수평아치식의 댐으로, 댐자리가 견고한 암반이거나 댐 높이에 비하여 계폭이 좁은 곳에 축조한다. 축조 이후의 여러 변동 조건에 대한 안전성은 중력식과 같다.

#### ③ 3차원응력해석댐

3차원응력해석댐(三次元應力解釋dam, three dimension analysis dam)은 댐자리에 양질의 암반이 존재하여 지지력이 확보되는 경우에 제체를 대들보로 간주하여 설계하는 댐으로, 양안에 고정된 수평바리케이드와 계상에 고정된 수직바리케이드의 합력으로 외력에 저항하는 방법 등이 있다.

### 2 구축 재료에 따른 분류

#### ① 콘크리트댐

콘크리트댐(concrete dam)은 제체를 콘크리트로 축조하는 댐으로, 품질이 균일하고 강도를 필요에 따라 변경할 수 있을 뿐만 아니라 작업의 표준화가 가능하기 때문에 가장 많이 도입되고 있다. 그러나 방수로와 반수면이 파손되기 쉬우므로 보호 조치를 취하여야 한다.

#### ② 철근콘크리트댐

철근콘크리트댐(reinforced concrete dam)은 콘크리트댐과 같은 모양의 댐으로, 제체를 철근콘크리트로 축조하고 밑판과 벽체 등으로 외력에 저항하며, 콘크리트댐에 비하면 단면이 작다. 시공 시에 가능하면 굵은 철근을 사용하여 철근 간격을 넓히는 것이 효과적이다.

#### ③ 돌쌓기댐

돌쌓기댐[석적댐(石積dam), masonry dam]은 석재를 주요 재료로 사용하는 댐이다. 댐의 외부를 깬돌, 야면석과 모르타르를 사용하여 찰쌓기를 하고 내부를 호박돌콘크리트로 채운 돌쌓기댐을 찰쌓기댐이라고 하며, 제체 전체를 야면석, 막깬돌 등으로 쌓고 콘크리트나 모르타르를 사용하지 않은 돌쌓기댐을 메쌓기댐이라고 한다.

#### ④ 목재댐

목재댐(木材dam, wooden dam)은 산사태나 급격한 붕괴가 발생할 위험구역을 긴급하게 저지할 목적으로 목재를 사용하여 축조하는 댐으로, 계상물매가 비교적 완만한 계류나 유로가 확대되기 쉬운 지질 등의 소하천이 시공 적지이며, 내부는 경량의 옥석이나 토석을 충전한다.

#### ⑤ 필댐

필댐(fill dam)에는 비가 적게 내리는 지역의 계곡에 흙을 이용하여 제체를 축조하는 흙댐(earth dam)과, 석재가 풍부한 곳에 석력을 이용하여 축조하는 록필댐(rockfill dam)이 있다. 일반적으로 방수로는 원지반에 설치하는 것이 원칙이다.

#### ⑥ 강제댐

강제댐(鋼製dam, steel dam)은 제체를 강(鋼)으로 조립하는 댐으로, 최근 다양한 형태가 개발되고 있다. 강제댐에는 일정한 크기의 석력을 통과시키고 전석과 같은 거석을 포착하는 투과형의 슬릿댐(slit dam)과, 강으로 틀을 만들고 내부에 석력을 충전하는 틀댐(steel crib dam)이 있다.

#### ⑦ 블록댐

블록댐(block dam)은 주로 콘크리트블록을 조합하여 축조하는 댐으로, 기초지반에 대한 요구도가 적을 뿐만 아니라 단기간에 시공이 가능하기 때문에 산사태지와 같이 응급복구를 필요로 하는 장소에 적용하는 경우가 많다.

#### ⑧ 기타

이 밖에도 돌망태댐[사롱댐(蛇籠dam), gabion dam], 바자댐[편책댐(編柵dam), wicker dam] 등이 있다.

### 3 형식에 따른 분류

#### ① 불투과형 사방댐

불투과형(不透過型) 사방댐은 일반적으로 토석류 대책이나 유목 대책으로서 상시 계획량에 대응하는 포착 기능을 유지하도록 하는 사방댐이다. 따라서 계류의 폭이 좁은 협착부에 암반이 있는 경우에는 아치식, 그 외의 경우에는 중력식으로 시공한다. 재료로는 대부분의 경우 콘크리트와 강제를 사용하지만 전통적인 공법에는 석재를, 그리고 산사태지와 같이 응급복구가 필요한 곳에는 콘크리트블록이나 강제틀을 사용한다.

#### ② 투과형 사방댐

투과형(透過型) 사방댐은 계류의 수리적 연속성을 유지하면서도 평상시에 토사를 유하시키는 사방댐으로, 홍수 시에는 토석류와 유목을 포착하거나 토사유출(피크)을 조절할 수 있다. 따라서 계상과 산각을 고정하여야 하는 장소에는 적합하지 않고 저댐군에는 사용하지 않는다. 특히 토석류 대책이나 유목 대책으로 시공할 경우에는 계획량에 대응하는 포착 기능을 사전에 유지시켜야 한다.

#### ③ 부분투과형 사방댐

부분투과형(部分透過型) 사방댐은 복합식 사방댐이라고도 하며, 토사 · 토석의 발생량이 적거나 유목의 발생이 예상되는 계류에서 토석과 유목을 동시에 차단하기 위하여 하부는 불투과형, 상부는 투과형으로 시공하는 형태의 사방댐이다. 이와 같은 형식의 사방댐은 계상에 퇴적된 토사의 이동을 방지하거나 유목 및 석력 등을 포착할 목적으로 시공하기 때문에 토석과 유목이 동시에 발생하는 토석류 위험계류에 적합하다.

### [4] 목적에 따른 분류

#### ① 산각고정댐

산각고정댐은 계상을 높여 산각을 고정하고 산복의 붕괴 및 확대를 방지하여 토사 생산을 억제할 목적으로 시공한다. 위치는 보전 대상의 직하류를 원칙으로 하며, 높이는 산각침식을 방지할 수 있을 정도로 한다. 유출토사의 억제 및 조절을 겸할 때에는 위치와 높이를 조절한다.

#### ② 종침식방지댐

종침식방지댐은 계상의 종침식을 방지하여 토사 생산을 억제할 것을 목적으로 한다. 따라서 종침식구역의 직하류에 배치하며, 높이는 퇴적구역에 종침식구역이 포함되도록 한다. 종침식구역이 긴 경우에는 저댐군을 시공하며, 기본이 되는 댐의 기초는 암반 지대를 원칙으로 한다.

#### ③ 계상퇴적물유출방지댐

계상퇴적물유출방지댐은 계상에 퇴적한 불안정한 토사가 유출되는 것을 방지할 목적으로 시공한다. 이 댐은 계상퇴적물이 분포하는 직하류에 설치하는 것을 원칙으로 하며, 높이는 댐의 퇴사면에 계상퇴적물이 포함되도록 한다.

#### ④ 토석류대책댐

토석류대책댐은 토석류를 억지하거나 완화할 것을 목적으로 한다. 토석류를 억지하기 위해서는 계획토석류의 30% 이상을 퇴적시킬 수 있는 규모로 하며, 토석류의 완화를 목적으로 할 경우 계상재료의 유출 형태를 토석류 형태에서 소류 형태로 변화시킬 수 있도록 위치, 높이, 형상, 기수를 정한다.

#### ⑤ 유출토사억제 · 조절댐

유출토사억제 · 조절댐은 토사유출을 억제하거나 조절할 것을 목적으로 하며, 하천개수 구간이나 보전 대상의 직상류에 시공하여 상류로부터 유출된 토사를 일시적으로 저류한 후 하류 지역에 피해를 주지 않을 정도의 토사량을 서서히 유하시키는 댐이다.

## 7·7·3 설계 및 시공 순서

사방댐을 설계할 때에는 목적하는 기능이 제대로 발휘되고, 또한 기능이 장기간 유지되도록 하여야 한다. 사방댐의 설계 순서는 댐 형식 선정, 방수로 설계, 본체 설계, 기초 설계,

**표 7-10 사방댐의 분류**

| 형 식 (평수 시의 낙차) | 토사 제어의 주안(기구) | 구 조 | 주재료 | 사방댐의 명칭 사례 (통칭) |
|---|---|---|---|---|
| 불투과형 (낙차 큼) | 퇴사 · 구배 완화 (1년 단위의 토사유출) | 중력식(단단면식) | 콘크리트, 배합콘크리트 | 중력식 콘크리트사방댐 |
| | | | 강제(안채우기는 토사) | 불투과형 강제사방댐 |
| | | | 돌쌓기 | 돌쌓기사방댐(전통적 사방댐) |
| | | | 콘크리트블록 | 블록쌓기사방댐 |
| | | | 콘크리트 | – |
| | | 아치식 | – | 아치댐 |
| 투과형 (낙차 작음) | 월류형 (홍수) | 슬릿식 | 콘크리트 | 월류형 슬릿사방댐 |
| | | 수퍼암거식 | 철근콘크리트 | 수퍼암거사방댐 |
| | | 대암거식 | 콘크리트 | 월류형 대암거사방댐(대암거사방댐) |
| | | 게이트 부착(암반 또는 인공암반 필요) | 콘크리트(게이트부 강제) | 게이트 부착 사방댐 |
| | 폐기형 (토석류) | 슬릿식 | 콘크리트 | 폐기형 슬릿식 콘크리트사방댐 |
| | | | 강제(어깨 부분만 콘크리트) | 강제슬릿사방댐 |
| | | | 강제(안채우기는 토사) | 슬릿식 강제사방댐(셀댐 등) |
| | | 격자식 | 강제(어깨 부분만 콘크리트) | 격자식 강제사방댐(격자형 사방댐) |
| | | 대암거식 | 콘크리트 | 폐기형 대암거사방댐(대암거사방댐) |

[池谷 등, 2001]

댐둑어깨 설계, 전정보호공 설계, 부속물 설계, 기타 시설의 설계 순으로 진행한다.

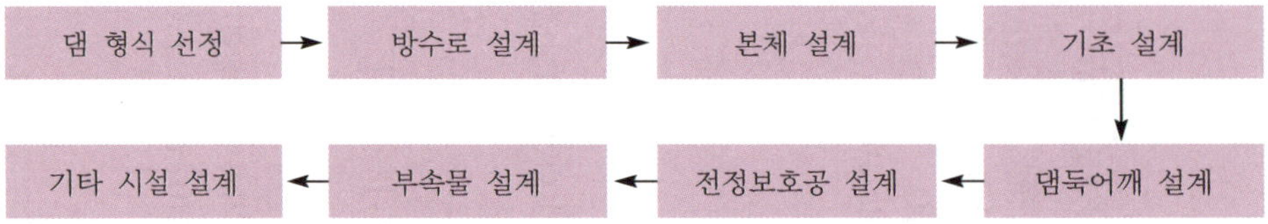


**그림 7-59** 사방댐의 설계 순서

또한 시공은 줄뜨기공사, 물막이 및 돌림배수로 설치, 토사터파기, 암반터파기, 기초공사(암반 및 호박돌 기초), 댐쌓기공사 등의 순서로 진행한다.

**그림 7-60** 사방댐의 시공 과정(A: 시공 전, B: 토사터파기, C: 암반터파기, D: 기초공사, E: 댐쌓기공사, F: 시공 완료)

### 7·7·4 안정계산에 사용하는 하중 및 수치

사방댐의 단면에 대한 안정을 계산할 때 사용하는 하중은 자중, 정수압, 퇴사압, 양압력, 토석류의 유체력, 사력의 충격력, 유목의 충격력 등이다.

#### 1 자중

제체의 자중(自重, self load)은 예상하는 체적에 제체를 구성하는 재료의 단위체적중량(單位體積重量, weight per unit volume)을 곱해서 구할 수 있다. 댐 높이가 15m 이상인 불투과형 사방댐의 경우에는 침윤선 이하의 충전재에 대한 부력도 고려하여야 한다.

$$W = W_c \cdot A \quad \cdots\cdots (7 \cdot 13)$$

식에서 $W$: 제체의 하중(t), $W_c$: 구성 재료의 단위체적중량(kN/m$^3$), $A$: 제체의 체적(m$^3$)

### 2 정수압

정수압(靜水壓, hydrostatic pressure)은 댐의 표면에 수직으로 작용하는 압력으로, 그 값은 다음 식으로 구할 수 있다. 다만 정수압을 산정할 때의 수심은 대상 유량의 유하수위로 한다.

$$P = W_o \cdot H_w \quad \cdots\cdots (7 \cdot 14)$$

식에서 $P$: 정수압(kN/m$^2$), $W_o$: 유수의 단위체적중량(kN/m$^3$), $H_w$: 임의 지점의 수심(m)

### 3 퇴사압

퇴사압(堆砂壓, reservoir deposits pressure)은 다음 식으로 구할 수 있다. 다만 퇴사압을 산정하기 위한 퇴사면은 사방댐의 완성 시 예상되는 퇴사 높이로 한다.

$$P_{ev} = W_{sl} \cdot h_e \quad \cdots\cdots (7 \cdot 15)$$

$$P_{eH} = C_e \cdot W_{sl} \cdot h_e \quad \cdots\cdots (7 \cdot 16)$$

식에서 $P_{ev}$: 퇴사압의 연직합력(kN/m$^2$), $W_{sl}$: 수중 퇴사의 단위체적중량($= W_s - (1-\nu) W_o$; kN/m$^3$), $W_s$: 퇴사의 외관 단위체적중량(kN/m$^3$), $\nu$: 퇴사의 공극률($= (W_{sa} - W_s) / W_{sa}$), $W_o$: 유수의 단위체적중량(kN/m$^3$), $W_{sa}$: 퇴사의 절대 단위체적중량(kN/m$^3$), $h_e$: 퇴사면부터 임의 지점까지의 퇴사 깊이(m), $P_{eH}$: 퇴사압의 수평합력(kN/m$^2$), $C_e$: 토압계수

### 4 양압력

부분투과형 사방댐과 같이 기초콘크리트가 두껍고 양압력(揚壓力, uplift pressure)이 예상될 경우에는 콘크리트사방댐에 준하여 양압력을 추정한다. 또한 양압력은 댐둑밑의 전체 면에 연직상향으로 작용한다고 간주하며, 15m 미만의 댐일 경우에는 양압력을 상정하지 않

**표 7-11 양압력의 크기**

| 기초지반의 종류 | 상류 끝(kN/m$^2$) | 하류 끝(kN/m$^2$) |
|---|---|---|
| 암반 지반 | $(h_2 + \mu \cdot \Delta h) W_o$ | $h_2 \cdot W_o$ |
| 사력 지반 | $h_1 \cdot W_o$ | $h_2 \cdot W_o$ |

㈜ $\mu$: 양압력계수, $h_1$: 댐 상류 쪽의 수심(m), $h_2$: 댐 하류 쪽의 수심(m), $\Delta h$: 상 · 하류의 수위 차($= h_1 - h_2$; m), $W_o$: 유수의 단위체적중량(kN/m$^3$)

는다. 임의 지점에서의 양압력은 다음 식으로 구한다.

$$U_x=\left\{h_2+\mu\cdot\Delta h\left(1-\frac{x}{l}\right)\right\}W_o \quad \cdots\cdots (7\cdot17)$$

식에서 $U_x$: $X$ 지점의 양압력(kN/m$^2$), $l$: 침투경로 전체 길이(m)($l=b_2$로 나타내며, 다만 지수벽 등을 설치할 경우 $l=b_2+2d$로 함), $b_2$: 댐둑밑의 폭(m), $d$: 지수벽의 길이(m), $x$: 상류 끝부터 $X$ 지점까지의 침투경로 길이(m)

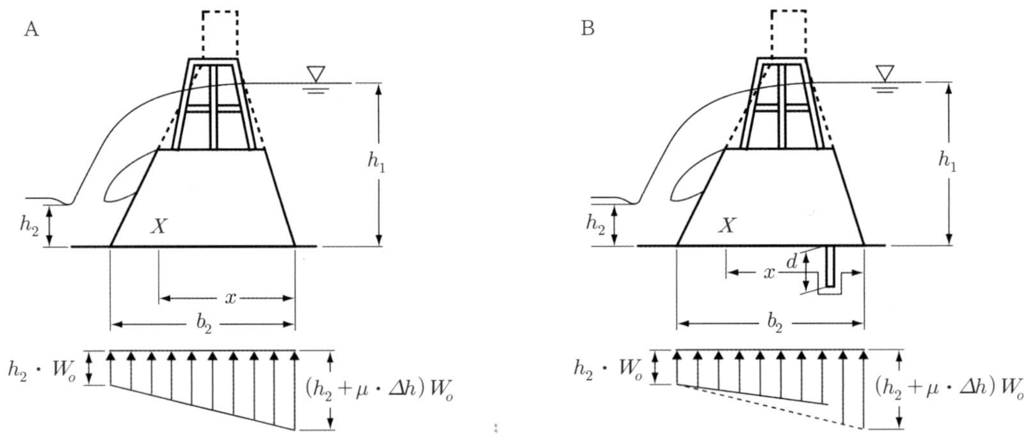


**그림 7-61** 양압력의 분포(A: 지수벽이 없는 경우, B: 지수벽이 있는 경우)

### 5 토석류의 유체력

토석류의 유체력(流體力, fluid force)은 토석류의 유속, 수심, 단위체적중량 등을 사용하여 추정한다.

$$F=K_h\cdot\frac{\gamma_d}{g}\cdot D_d\cdot U^2 \quad \cdots\cdots (7\cdot18)$$

식에서 $F$: 단위면적당 토석류의 유체력(kN/m), $K_h$: 계수(=1.0), $\gamma_d$: 토석류의 단위체적중량(kN/m$^3$), $g$: 중력가속도(9.8m/s$^2$), $D_d$: 토석류의 수심(m), $U$: 토석류의 속도(m/s)

### 6 사력의 충격력

사력의 충돌로 인하여 제체가 받는 충격력(衝擊力, impulsive force)은 제체의 재료와 특성에 따라 변화하므로 이에 따라 설계외력인 사력의 충격력을 설정한다. 매스콘크리트에서는 다음 식으로 사력의 충격력을 추정할 수 있다.

$$P=\beta \cdot na^{\frac{3}{2}},\ n=\sqrt{\frac{16R}{9\pi^2(K_1+K_2)^2}} \quad \cdots\cdots (7\cdot 19)$$

$$K_1=\frac{1-\nu_1^{\ 2}}{\pi E_1},\ K_2=\frac{1-\nu_2^{\ 2}}{\pi E_2} \quad \cdots\cdots (7\cdot 20)$$

$$a=\left(\frac{5U^2}{4n_1 n}\right)^{\frac{2}{5}},\ n_1=\frac{1}{m_2} \quad \cdots\cdots (7\cdot 21)$$

$$\beta=(E+1)^{-0.8},\ E=\frac{m_2}{m_1}U^2 \quad \cdots\cdots (7\cdot 22)$$

식에서 $P$: 사력의 충격력(N), $n$: 계수, $a$: 오목면(요면)의 양(m), $R$: 사력의 반지름(m), $K_1, K_2$: 계수, $\nu_1, \nu_2$: 콘크리트 및 사력의 푸아송비, $E_1, E_2$: 콘크리트 및 사력의 탄성계수(N/m$^2$), $\pi$: 원주율(=3.14), $U$: 사력의 속도(m/s), $m_1$: 댐둑어깨의 콘크리트 블록 질량(kg), $m_2$: 사력의 질량(kg), $\beta$: 실험상수, 또한 사력의 속도는 토석류 속도와 같다고 간주하며, 토석의 입경은 최대입경으로 함

#### [7] 유목의 충격력

유목의 충돌로 인하여 제체가 받는 충격력은 제체의 재료와 특성에 따라 변화하므로 이에 따라 설계외력인 유목의 충격력을 설정한다. 토석류구간에서 유목포착공의 댐둑어깨 등이 콘크리트 구조인 경우 댐둑어깨 등의 구조나 부재의 안정성을 검토할 때에는 유목의 충돌, 그리고 제체가 받는 충격력을 산정할 때에는 사력의 충돌로 각각 충격력을 구한다. 유목은 대부분 생목으로 수분 함유량이 높아 건조한 상태인 목재와 비중이 다르므로 충격력을 검토할 때 주의하여야 한다.

### 7·7·5 불투과형 사방댐

#### [1] 부위별 명칭

불투과형 사방댐은 댐 본체(방수로, 댐둑어깨, 물빼기구멍 등)와 그 앞에 설치하는 물받이 및 측벽으로 구성되며, 각 부위별 명칭은 그림 7-62와 같다. 이 외에 사업대상 계류의 상황에 따라 계상과 하류 지역을 보호하기 위하여 앞댐을 설치한다.

#### [2] 설계유량 및 설계수심

**① 계획홍수유량의 산정**

**㉠ 합리식**

상류에 각종 계간공작물을 배치할 계획이 없는 계류로, 유역면적이 비교적 작고 유역에 저류현상이 발생하지 않거나 고려할 필요가 없는 경우에는 일반적으로 합리식으로 계획홍수유량을 계산한다(제3장 3·7·3 참조).

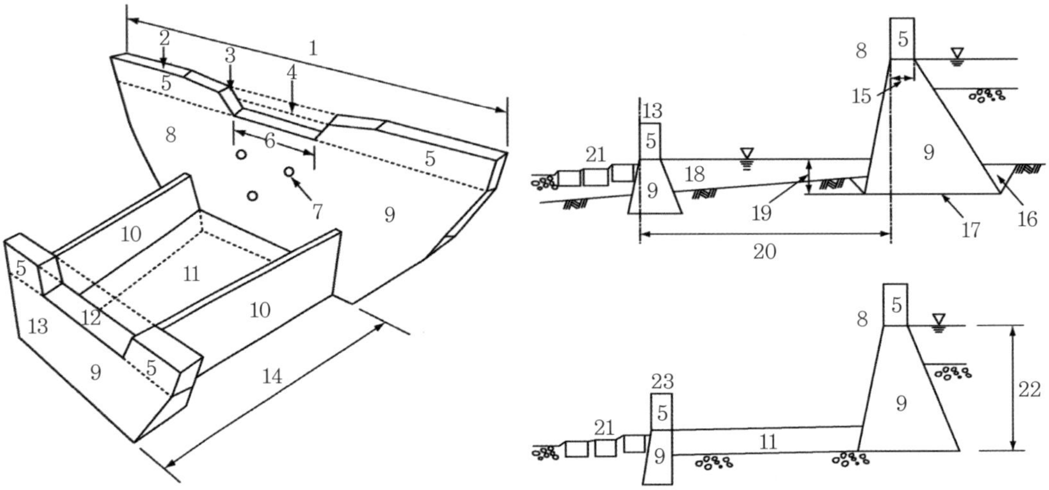


1: 댐 길이, 2: 댐둑마루, 3: 댐둑어깨 물매, 4: 방수로, 5: 댐둑어깨, 6: 방수로 폭, 7: 물빼기구멍, 8: 본댐, 9: 본체, 10: 측벽, 11: 물받이, 12: 앞댐의 방수로, 13: 앞댐, 14: 전정보호공, 15: 댐둑마루 폭, 16: 사이채움, 17: 댐둑밑, 18: 물방석, 19: 중복 높이, 20: 본댐과 앞댐의 거리, 21: 막돌놓기, 22: 댐 높이, 23: 수직벽

**그림 7-62 불투과형 사방댐의 부위별 명칭**[日本河川協議會, 1985]

$$Q = \frac{1}{3.6} \cdot K_{f1} \cdot P_a \cdot A \quad \cdots\cdots (7 \cdot 23)$$

식에서 $Q$: 최대홍수유량($m^3/s$), $K_{f1}$: 유출계수, $P_a$: 홍수도달시간 내의 평균 강우강도(mm/hr), $A$: 유역면적($km^2$)

여기서 유역면적이 비교적 작은 계류란 통상 유역면적이 200ha 미만이거나 유역의 최상류 지점부터 계획지점까지의 도달 시간이 1시간 이내인 계류를 말한다.

한편 사방댐설치사업의 대상인 황폐계류는 일반적으로 다음과 같은 특성이 있으므로 통상의 유출해석 방법이 아니라 합리식으로 유량을 산출한다.

1) 사업 대상지의 신뢰할 수 있는 실측 유량 자료를 거의 획득할 수 없기 때문에 다른 방법을 채용하기 어렵다.
2) 사방댐설치사업을 실시할 경우 유출 메커니즘이 현저하게 변화하는 경우가 많다.
3) 유역개발 등에 의하여 유출 구조가 현저하게 변화할 수 있다.

따라서 황폐계류의 계획홍수유량을 산정할 때에는 사방댐 설치로 인하여 유역의 토지이용 상황 등이 변화할 것을 예상하여 실시한다.

**㉡ 유출계수**

합리식에 사용하는 유출계수는 유역의 지질, 앞으로의 토지이용 상황 등을 고려하여 산정한다. 특히 유출계수는 유역의 개발 정도에 따라 크게 변화하기 때문에 사방계획에서 채택하는 수치에는 유역의 개발계획 등을 충분히 반영하여야 한다.

**표 7-12** 유역 조건별 유출계수

| 유역 조건 | 밀집 시가지 | 일반 시가지 | 밭, 들판 | 논 | 산지 |
|---|---|---|---|---|---|
| 유출계수 | 0.9 | 0.8 | 0.6 | 0.7 | 0.7 |

**ⓒ 평균 강우강도**

합리식에서 사용하는 홍수도달시간 내의 평균 강우강도는 원칙적으로 확률별 계속시간강우강도 곡선에 의하여 구한다. 이 경우 시간우량 자료가 많고 강우의 발생 특성이 계획지점과 거의 유사한 우량 관측소의 자료를 사용하지만 일반적으로는 해당 지역의 확률강우를 참고로 확률강우강도식에 따라 구하고 확률은 계획규모에 따라 정한다.

**ⓔ 유역면적**

합리식에서 사용하는 유역면적은 분수령, 도로, 철도 등의 구조물을 참고하여 구분한 유역경계, 수계망, 농업용 배수로 계통을 조사한 후에 결정한다. 특히 배수로 계통을 상세히 조사하여야 하며, 일반적으로는 1/5,000 지형도 등으로부터 구할 수 있다.

**② 설계유량**

불투과형 사방댐의 설계유량은 연초과확률의 강우량과 기왕의 최대강수량 중에서 큰 쪽의 수치를 사용하며, 토사를 함유한 유량과 토석류의 피크유량으로 구분하여 산출한다. 토사를 함유한 유량(홍수 발생 시)은 원칙적으로 계획규모의 연초과확률강우량과 기왕의 최대강수량 중에서 큰 쪽의 수치에 의하여 산출된 대상 유량의 1.5배로 한다.

$$Q_p = (1+\alpha) \cdot Q \qquad (7\cdot24)$$

식에서 $Q_p$: 홍수 발생 시의 설계유량($m^3/s$), $\alpha$: 토사의 혼합률(=0.5), $Q$: 계획홍수유량($m^3/s$)

토석류의 피크유량은 유출토사량에 근거하여 계산하지만 동일 유역에서 실측한 값이 있고 별도로 토석류의 피크유량을 추정할 수 있는 경우에는 다음의 방법을 사용한다.

$$Q_{sp} = 0.01 \sum Q \qquad (7\cdot25)$$

$$\sum Q = C_* \cdot \frac{V_{dqp}}{C_d} \qquad (7\cdot26)$$

식에서 $Q_{sp}$: 토석류의 피크유량($m^3/s$), $\sum Q$: 토석류의 총유량($m^3$), $V_{dpq}$: 계상퇴적토사의 용적농도(≒0.6), $C_*$: 첫 번째 토석류에 의하여 유출되는 공극을 포함한 토사량($m^3$), $C_d$: 토석류의 농도

토석류의 농도는 다음과 같은 평형농도식을 이용하여 구할 수 있다.

$$C_d = \frac{\rho \tan\theta}{(\sigma-\rho)(\tan\phi - \tan\theta)} \qquad (7\cdot27)$$

식에서 $C_d$: 토석류의 농도, $\sigma$: 석력의 밀도(≒2,600kg/m$^3$), $\rho$: 유수의 밀도(≒1,200 kg/m$^3$), $\phi$: 계상퇴적토사의 내부마찰각(°; 30~40° 범위이며 일반적으로는 35°를 사용함), $\theta$: 계상물매(°; 토석류의 피크유량을 산출할 때의 계상물매는 현 계상물매)

### ③ 설계수심

설계수심은 방수로의 단면을 검토할 때 설계유량을 통과시킬 수 있는 수심을 말하며, 다음 사항을 고려하여야 한다.

1) 토석류의 피크유량이 댐둑어깨를 월류하지 않을 경우: 설계유량(홍수 발생 시)에 대한 월류수심은 다음의 식으로 산출하며, 산출된 값 중에서 가장 큰 수치를 설계수심으로 채택한다.

$$Q_p = \frac{2}{15} \cdot C \cdot \sqrt{2g}(3B_1 + 2B_2)h_3^{\frac{3}{2}} \quad \cdots\cdots (7 \cdot 28)$$

$$B_2 = B_1 + 2 \cdot h_3 \cdot m_2 \quad \cdots\cdots (7 \cdot 29)$$

식에서 $Q_p$: 설계유량(m$^3$/s), $C$: 유량계수(=0.6~0.66), $g$: 중력가속도(9.8m/s$^2$), $B_1$: 방수로의 밑면 폭(m), $B_2$: 월류수면의 폭(m), $h_3$: 월류수심(m), $m_2$: 댐둑어깨의 기울기

$C$=0.6, $m_2$=0.5인 경우에는 다음의 식과 같다.

$$Q_p \fallingdotseq (0.71h_3 + 1.77B_1)h_3^{\frac{3}{2}} \quad \cdots\cdots (7 \cdot 30)$$

설계유량(토석)에 대한 월류수심은 계획퇴사물매를 사용하여 산출하며, 최대입경은 거석의 빈도분포에 근거한 최대입경(누적 값의 95%)으로 한다. 또한 토석류의 피크유량이 댐둑어깨를 월류할 경우의 설계수심은 설계유량(홍수 발생 시)에 대한 월류수심으로 한다.

2) 본체의 안정계산(홍수 발생 시)에서의 월류수심: 설계수심(안정)은 설계유량(홍수)에 대한 월류수심으로 한다.

3) 전정보호공에 대한 설계수심: 전정보호공에 대한 설계수심(전정)은 방수로의 단면 결정에 사용한 유량으로 설정한다.

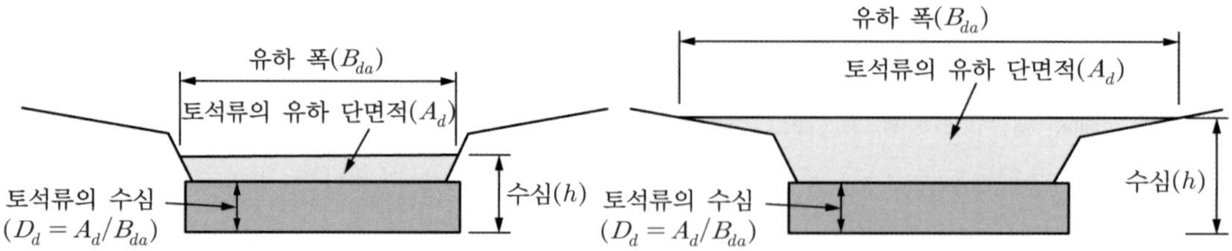


**그림 7-63** 수심에 따른 토석류의 유하 단면적($A_d$)과 유하 폭($B_{da}$)

### 3 위치 및 방향

**① 위치**

사방댐의 위치는 시공 목적, 지형, 지질 등에 따라 가장 효율적이고도 경제적인 장소를 선택하여야 하며, 특히 다음 사항에 유의한다.

1) 지반의 지지력이 부족할 경우에 발생하는 댐의 침하, 월류수에 의한 세굴, 계안침식 등에 의한 댐의 파괴를 방지하기 위하여 계상 및 양안이 견고한 암반인 곳을 선정하는 것이 바람직하다.
2) 원칙적으로 상류부가 넓고 댐자리가 좁은 곳을 선정하지만 계폭이 지나치게 좁은 곳은 댐둑어깨가 파괴될 위험이 있으므로 주의하여야 한다.
3) 붕괴, 산사태, 토석류 등에 의하여 유출된 토사가 퇴적된 곳에 사방댐을 축조할 때에는 그 직하부에 계획하는 것이 원칙이지만 구간이 길거나 계상물매가 급한 경우에는 저댐을 군적으로 배치한다.
4) 현 계상을 고정할 목적으로 배치하는 댐은 종침식에 의하여 계상이 저하할 위험성이 있는 곳에 계획한다.
5) 굴곡부의 하류나 계폭이 넓은 장소는 난류가 발생하여 산각이 침식될 위험이 높으므로 유로를 고정할 수 있는 댐을 계획한다.
6) 유출토사를 억제하기 위한 댐은 계상물매가 완만하고 계폭이 넓은 곳에 배치하며, 특히 토석류가 발생하여 형성된 계상퇴적지는 2차 이동이 발생하지 않을 곳에 계획한다.

**㉠ 합류 지점 부근의 위치**

본류와 지류가 합류하는 지점에 계획할 때에는 원칙적으로 합류 지점의 하류에 계획한다. 즉 본류와 지류는 집수면적, 계상물매, 유량, 불안정한 토사의 상황 등이 다르므로 양쪽 계류가 안정을 이룰 수 있도록 합류 지점의 하류부에 사방댐을 계획한다. 그러나 지류는 계상물매가 급하고 황폐도가 높으며 유출 시 본류에 영향을 미치는 인자가 복잡하게 작용하기 때문에 합류 지점에 지나치게 접근하여 배치하지 말아야 한다.

**㉡ 저댐군의 위치**

저댐군을 계획할 경우 최하류의 댐은 원칙적으로 견고한 기초지반에 설치하고, 상류의 댐은 하

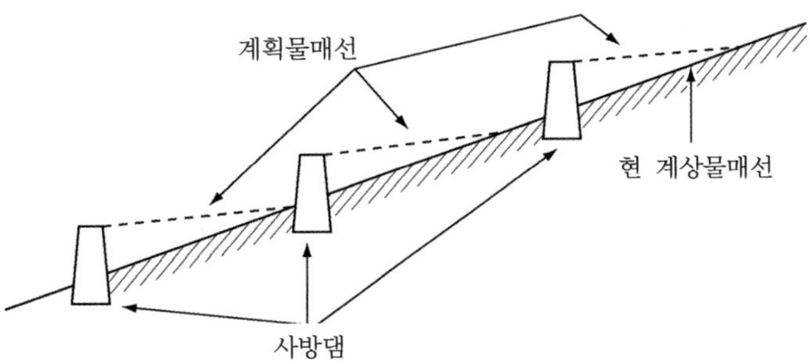


**그림 7-64** 저댐군의 배치

류의 계획물매선(현 계상물매의 1/2)과 구 계상이 만나는 곳에 설치한다. 즉 황폐계류에서 종 · 횡 침식이 심하게 발생한 구역이나 구역이 긴 경우에는 저댐군을 계획하며, 댐자리가 불안정할 때에는 앞댐, 물받이 등을 설치하여 계상을 보호한다.

저댐군을 계획할 경우에 하류의 기점이 되는 댐으로부터 상류를 향하여 순차적으로 계획물매선과 현 계상물매선이 만나는 지점을 댐자리로 한다. 이 경우에는 댐 양안의 상황과 각 댐의 국소세굴에 대하여 검토한다.

**ⓒ 위치 선정을 위한 현지답사 시 유의점**

사방댐의 시공 위치를 결정하기 위하여 현지답사를 실시할 때에는 다음 사항을 참고한다.

1) 한쪽 계안에만 암반이 노출되어 있고 반대쪽에서 암반이 발견되지 않는 곳은 암반 지대가 아닌 경우가 많다.
2) 양안의 암석이 다르거나 같은 계안일지라도 암석의 종류가 다를 때에는 단층인 경우가 많다.
3) 계폭이 급격히 좁아지는 곳은 기초 암반의 위치가 깊은 경우가 많다.
4) 계안을 굴착할 때 비탈면붕괴나 산사태 등이 생길 수 있으므로 양안의 비탈면에 대한 지질상태 등을 충분히 조사한다.

실제로 계상에 암반이 노출되어 있더라도 암반의 깊이를 추정할 때에는 숙련된 기술자도 착오하는 경우가 많으므로 유량이 비교적 많은 곳에서는 보링을 시굴하는 것이 바람직하다.

**② 방향**

사방댐의 방향은 일반적으로 직선 유로에서는 방수로 중심점이 유심선에 직각이 되도록 설정하고, 곡선 유로에서는 하류를 향하여 방수로 중심점이 유심선의 접선과 직각이 되도록 설정하여 댐 둑어깨 부위를 보호한다. 또한 유수의 충격으로 한쪽 계안이 침식될 위험이 있는 곳은 댐의 방향 또는 방수로의 위치를 변경하거나 기슭막이를 시공하여 계안을 안정시켜야 한다.

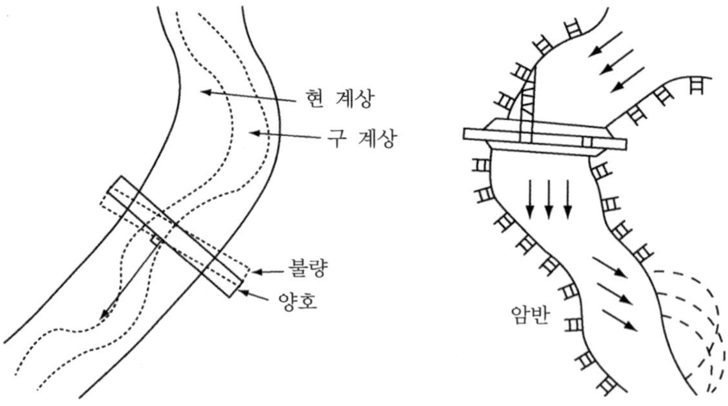


**그림 7-65** 예상 유심선과 댐의 방향

저댐군의 방향은 원칙적으로 각 댐의 방수로 중심선(방수로 댐둑마루의 하류 끝)이 하류를 향하여 유심선에 직각이 되도록 배치하며, 각 방수로의 중심점은 직상류 댐의 방수로 중심점의 유심선에 일치하도록 한다.

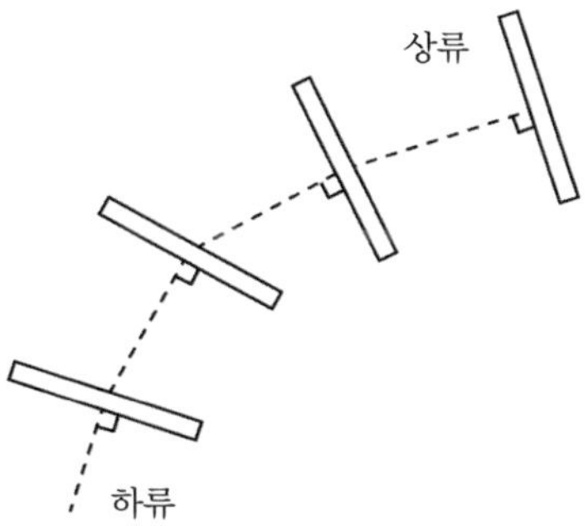


그림 7-66 저댐군의 배치 방향

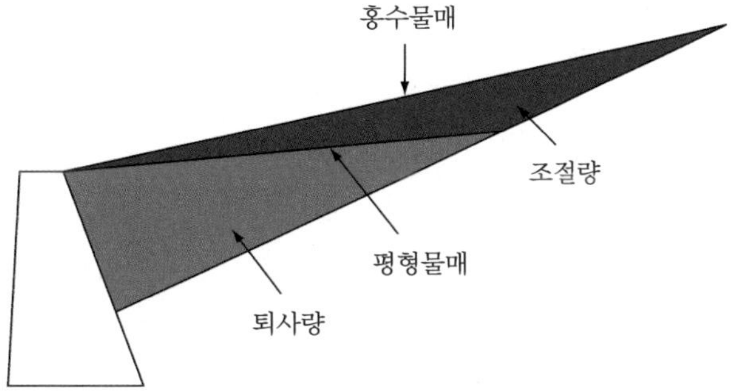


그림 7-67 사방댐의 퇴사 조절량

### 4 계획물매 및 높이

#### ① 계획물매

사방댐의 계획물매는 계상을 구성하는 사력의 형상, 입경, 유량 등을 고려하여 현 계상 중에서 가장 안정된 구간의 물매를 참고로 하여 결정하며, 비중이 작은 사력 및 세립토로 구성되어 있는 계류의 계획물매는 원칙적으로 수평 또는 수평에 가깝게 결정한다. 사방댐으로 인하여 계상에 분포하는 사력의 교대는 발생하지만 계상면에는 변화가 발생하지 않는 안정물매가 유지되어야 하며, 경험식으로 주로 발렌티니(Valentini), 스타이거(Steiger) 등의 이론을 활용한다. 그러나 현지 적용에 어려운 점이 많은 까닭에 실제로는 인근에 시공된 기존 댐군의 실측치와 경험치를 참고하여 2~3%부터 5~6%로 계획물매를 정하거나 현재 계상물매의 1/2~2/3를 표준으로 한다.

$$V_g = \sqrt{\frac{\beta f b(d-r)\cos\alpha}{r}} \quad \cdots\cdots (7\cdot31)$$

식에서 $V_g$: 임계유속(m/s), $\beta$: 유수가 충돌하는 물체의 형상계수[주체(柱體) 1/0.076, 구체(球體) 1/0.04, 타원체 1/0.06)], $f$: 계상 석력의 마찰계수, $b$: 석력의 유수 방향에 대한 길이(m), $d$: 석력의 비중(=2.2~3.0, 보통 2.6), $r$: 유수의 비중, $\alpha$: 계상물매

사방공사에서는 다음과 같은 식을 사용한다.

$$V_g = K \cdot \sqrt{b} \quad \cdots\cdots (7\cdot32)$$

식에서 $K$: 계수(=3.7~5.3, 보통 4.5)

#### ㉠ 일반식

안정물매는 계상재료가 커지거나 경심이 작아질수록 급해지므로 상류로 갈수록 안정물매 역시 급해진다.

$$\tan\alpha = \frac{\beta f b(d-r)}{rc^2R} \quad \cdots\cdots (7\cdot33)$$

식에서 $\tan\alpha$: 안정물매, $c$: 유속의 계수(=12.6), $R$: 경심(m)

㉡ **실용식**

• 발렌티니식

$$\tan\alpha = \frac{(d-1)b}{0.1c^2R} = \frac{(d-1)b}{0.1c^2H} = 0.093\frac{b}{R} \quad \cdots\cdots (7\cdot34)$$

식에서 $H$: 유수의 깊이(m)

• 스타이거식

$$\tan\alpha(=I) = a \cdot \frac{b}{t} \quad \cdots\cdots (7\cdot35)$$

식에서 $a$: 경험치(=0.4~0.6, 평균 0.5), $t$: 수심(m)

**② 높이**

일반적인 사방댐의 높이는 시공 목적, 지반 상황, 계획물매, 시공 지점의 상태 등에 따라 결정된다.

1) 붕괴지의 산각 또는 붕괴될 위험이 있는 비탈면의 산각이 침식되는 것을 방지하는 사방댐은 퇴사 이후의 물매와 산지 비탈면의 자연물매를 고려하여 높이를 정한다. 일반적으로 V자형으로 깊게 세굴된 계류로 기초지반이 견고할 때에는 약간 높은 사방댐으로 계상물매를 완화하여 산각의 침식을 방지한다.
2) 대규모 붕괴지의 산각침식을 방지할 목적으로 할 때에는 현지 상황을 고려하여 높은 사방댐을 설치하거나 낮은 사방댐을 군적으로 배치한다.
3) 계안붕괴지에서 산각침식을 방지할 목적으로 할 때에는 2~3개의 저댐을 군적으로 배치한다.
4) 계상재료가 이동하는 것을 방지하기 위해서는 현 계상을 목표로 계획한다.
5) 토석류 발생 지역에서는 충분한 여유고를 두고 배치하며, 저사를 목적으로 할 때에는 가급적 높게 한다.
6) 적당한 댐자리가 없는 경우나 예방용 사방댐을 배치할 때에는 하류의 적당한 위치에 다소 높은 댐을 계획한다.

황폐계류를 고정할 시에는 목적하는 바에 따라 다음의 사항을 고려한다.

㉠ **유로의 고정**

댐둑마루의 높이는 퇴사선을 기준으로 한다. 토사가 매우 깊게 퇴적된 경우에는 저댐군을 배치하여 퇴적토사가 유출되지 않도록 한다.

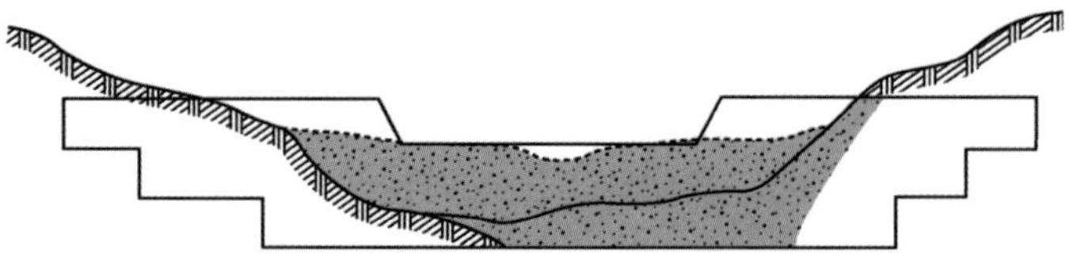

**그림 7-68** 퇴사선 수준의 사방댐 높이

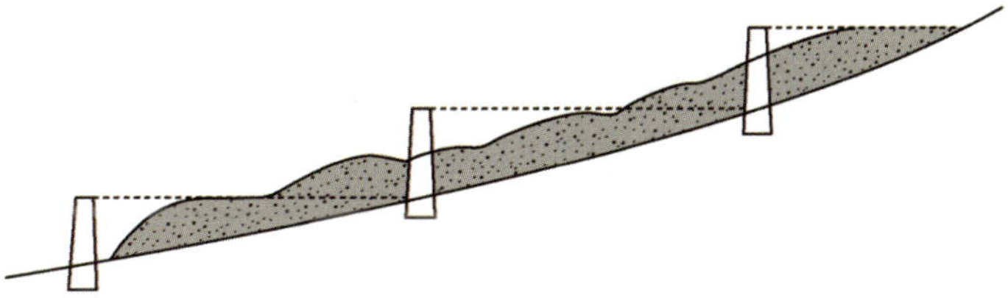

**그림 7-69** 저댐군의 높이

**㉡ 불안정한 토사의 억지**

산복공사 시에 발생한 땅깎기토사나 불안정한 퇴적토사를 억지하기 위하여 설치하는 댐은 토사를 댐의 설치 지점에서 억지할 수 있는 최소한도의 높이로 한다.

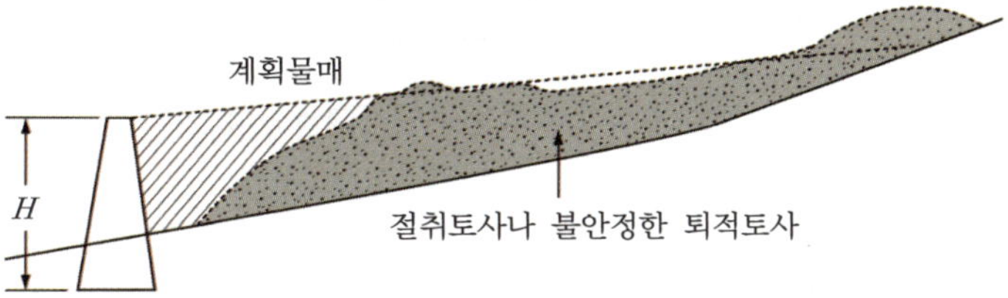


**그림 7-70** 불안정한 토사의 억지를 위한 사방댐 높이

**㉢ 종침식의 방지**

산각을 고정하기 위한 댐둑마루의 높이는 침식 이전의 원 계상선(溪床線) 정도로 한다. 즉 종침식의 깊이 $h$, 댐 높이 $H$, 댐의 밑넣기 깊이 $h'$일 때 $H=h+h'$ 정도로 한다.

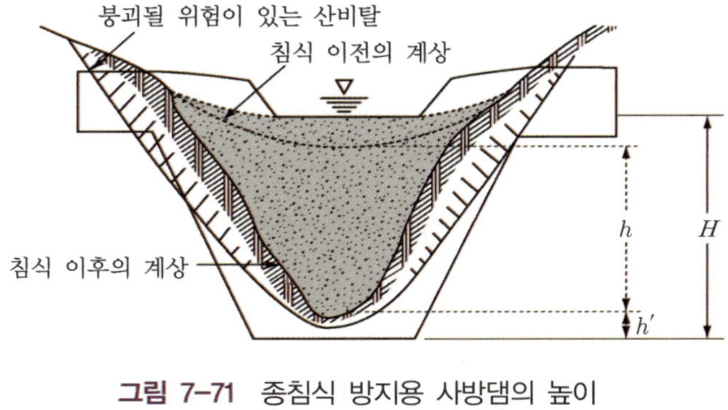


**그림 7-71** 종침식 방지용 사방댐의 높이

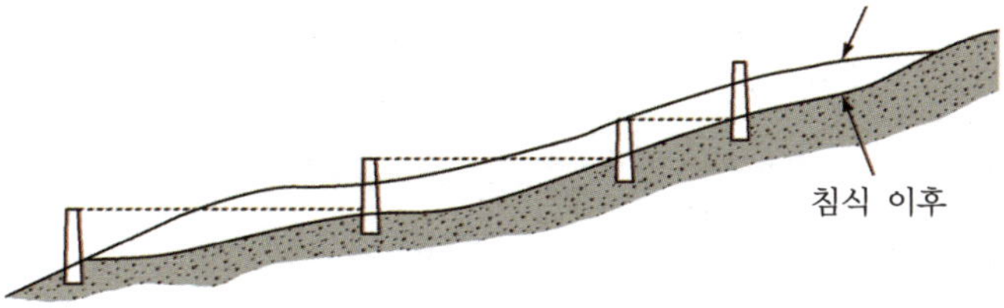


**그림 7-72** 종침식 방지용 저댐군의 높이

ⓡ **횡침식의 방지**

산각을 고정하기 위한 댐둑마루의 높이는 침식 이전의 원 계상선 정도까지로 하고, 댐둑어깨의 추가넣기와 방수로의 위치는 횡침식을 방지할 수 있을 정도로 한다.

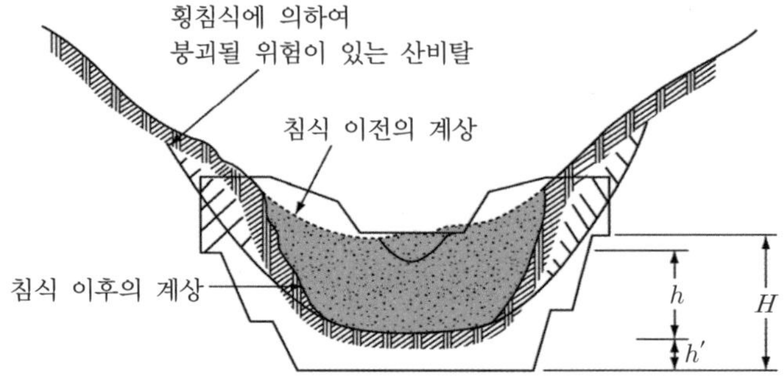


**그림 7-73** 횡침식 방지를 위한 사방댐의 높이

ⓜ **계상물매의 완화**

종 · 횡 침식을 방지하고 계상에 퇴적해 있는 불안정한 토사의 이동을 억지할 수 있는 높이로 한다.

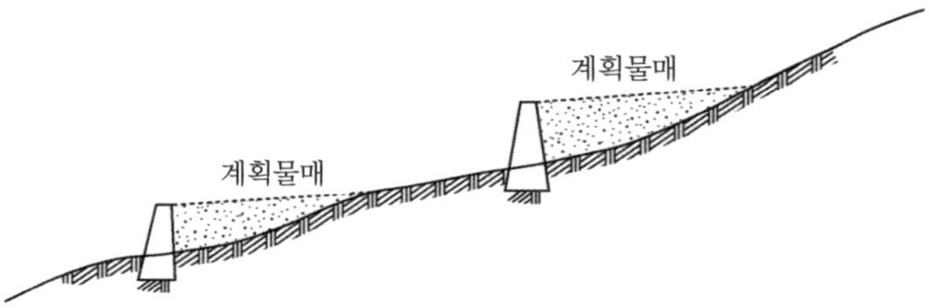


**그림 7-74** 계상물매의 완화를 위한 저댐군의 높이

ⓑ **산복공사의 기초**

댐둑마루의 높이는 기슭막이 또는 흙막이의 위치와 댐의 계획물매를 감안하여 기초 부분이 세굴되지 않을 높이로 한다.

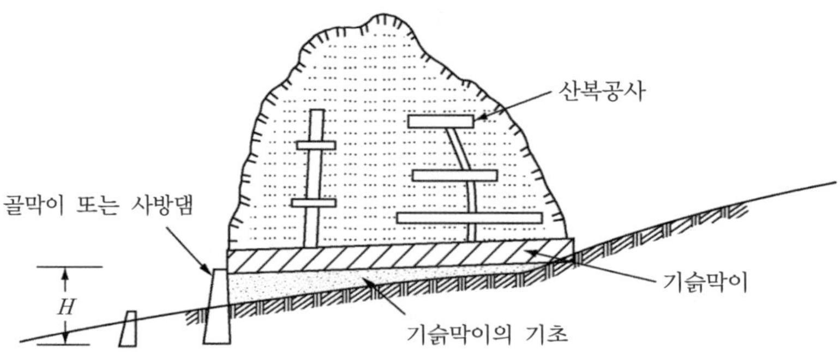


**그림 7-75** 산복공사의 기초를 위한 사방댐의 높이

## 5 방수로

### ① 위치

방수로(放水路, outlet, spillway, overflow section)의 위치는 댐자리의 지형과 지질, 계안의 상태, 유수의 방향, 물받이의 부위 등을 고려하여 결정하지만 원칙적으로는 현 계상의 중앙에 위치하도록 한다. 댐자리의 한쪽 지반이 견고하고 반대쪽이 사력층인 경우에는 견고한 지반 쪽에 방수로의 위치를 정하고, 양안이 사력층일 경우에는 유심선에 방수로의 위치를 정한다. 댐자리의 상류에 붕괴지가 분포할 경우에는 가능하면 유수가 영향을 미치지 않도록 반대쪽에 방수로의 위치를 정하고, 상 · 하류에 주택과 같이 중요한 보전 대상이 있는 경우에도 유심 및 방수로의 방향을 반대쪽에 위치하도록 한다.

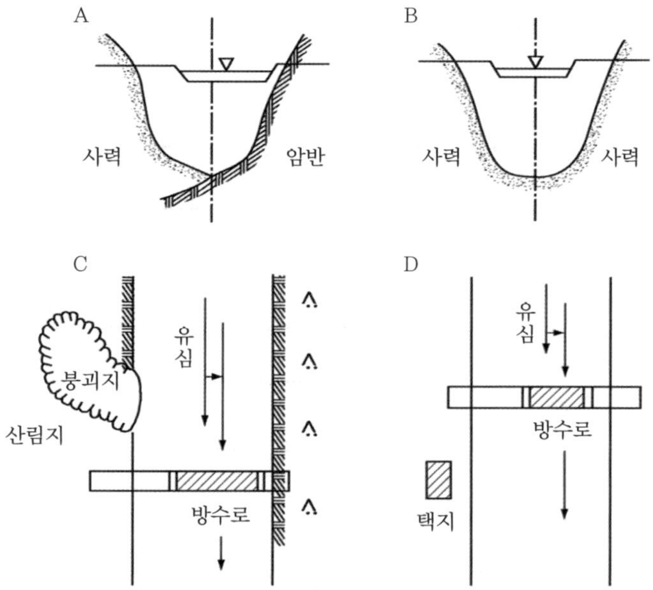


**그림 7-76** 방수로의 위치

### ② 형상

방수로의 형태는 사다리꼴을 표준으로 하고, 방수로의 양쪽 물매는 1 : 1 또는 1 : 0.5가 되도록 한다. 방수로의 아랫면 길이는 상 · 하류 양안의 상황에 따라 결정하지만 계안침식에 영향을 미치지 않는 범위에서 가능한 한 길게 잡아 월류수심과 낙하 속도를 줄여서 댐 하류의 세굴을 경감한다. 공급 토사가 많을 경우에는 중 · 소규모의 홍수 시에도 유로 안에 사력이 잔류하여 댐 상류부에 편류 또는 난류가 발생하므로 방수로를 깊게 하여 유로를 고정하거나 방수로를 복단면으로 하면 유효하다.

### ③ 단면

방수로의 단면은, 유하하는 사력, 유목, 토석류 등과 계획홍수유량을 기초로 하여 산출한 유하면적에 여유고를 두어 결정한다. 즉 방수로의 단면은 집수면적, 강우량, 강우 특성, 강우계속시간, 산지 비탈면, 산림황폐 상황 등에 따라 다르므로 합리식에서 산출한 계획최대홍수유량을 충분히 유하시킬 뿐만 아니라 유수와 함께 유하하는 각종 계상재료 등이 통과할 수 있도록 여유고를 두어 계획한다. 대상 유량이 $200m^3/s$ 미만이면 0.6m, $200\sim500m^3/s$이면 0.8m, $500m^3/s$ 이상이면 1.0m의 여유고를 두어야 하며, 계획홍수유량은 확률연도 100년을 원칙으로 하여 산정한다.

#### ④ 계획홍수유량 산출

계획홍수유량을 합리식으로 구하려면 집수면적이 비교적 작고 유역 내에 저류되지 않는 계류이어야 하며, 전술한 식 7·23에 따라 산출한다.

#### ⑤ 단면 설계

방수로의 단면은 원칙적으로 축류웨어(縮流weir, weir with end contraction, contracted weir)로 설계한다. 다만 댐이 완성된 이후의 계류 상황에 따라서는 개수로(開水路, open channel)로 설계할 수 있다.

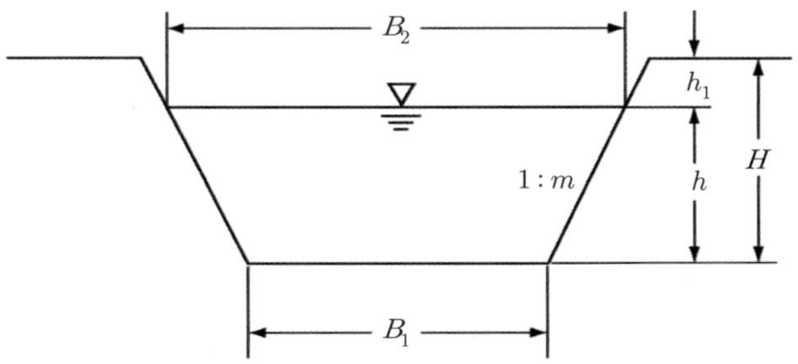


**그림 7-77** 방수로의 단면

#### ㉠ 축류웨어의 설계

댐 상류 쪽의 계상이 방수로의 댐둑마루보다 낮을 때 식 7·28~7·30을 이용하여 설계하며, 단면은 다음의 순서로 결정한다.

1) 축류웨어식으로 계산한 유량($Q$)을 계획홍수유량($Q_{max}$)에 근사(近似)시킨다.
2) $Q \geq Q_{max}$가 되는 방수로 단면을 결정한다. 다만 계류의 중 · 하류부에서 토석 등이 다량으로 섞여 유하할 때에는 0.6m 이상의 여유고를 둔다.

#### ㉡ 개수로의 설계

개수로의 유량은 제3장 식 3·15의 매닝공식으로 계산하고, 개수로의 단면은 다음의 순서로 정한다.

1) 계획홍수유량($Q_{max}$)을 식 7·23으로 구한다.
2) 방수로의 크기를 가정한다.

$$F=\frac{1}{2}h(B_1+B_2)=h(B_1+m\cdot h) \quad (7\cdot36)$$

$$B_2=B_1+2m\cdot h \quad (7\cdot37)$$

$$P=B_1+2l=B_1+2h \quad (7\cdot38)$$

식에서 $F$: 면적($m^2$), $h$: 월류수심(m), $B_1$: 방수로의 윗길이(m), $B_2$: 월류수면의 길이(m), $m$: 댐둑어깨의 물매(1 : $m$), $P$: 윤변(m), $l$: 방수로의 비탈면 길이(m)

**표 7-13** $F$, $P$, $B_1$, $h$의 산출식

| 구분 | 댐둑어깨의 물매 | |
|---|---|---|
| | 1 : 0.5 | 1 : 1 |
| $F$ | $(B_1+0.5h)h$ | $(B_1+h)h$ |
| $P$ | $B_1+2.24\cdot h$ | $B_1+2.83\cdot h$ |
| $B_1$ | $(F-0.5h^2)/h$ | $(F-h^2)/h$ |
| $h$ | $\frac{P\pm\sqrt{P^2-6.94F}}{3.47}$ | $\frac{P\pm\sqrt{P^2-7.31F}}{3.66}$ |

3) 경심($R$)을 계산한다($R=F/P$).
4) 물매($I$)를 상정한다(통상 계획물매를 사용함).
5) 평균 유속($V$)을 구한다($Q=F\cdot V$).
6) 유량($Q$)을 계산한다(매닝공식에 의함).
7) 유량($Q$)을 검증한다($Q\geq Q_{max}$).
8) $Q\geq 2Q_{max}$가 되도록 방수로의 단면을 결정한다. 다만 계류의 중 · 하류부에서는 산출한 유적(流積, discharge area)에 0.6m의 여유고를 더해 방수로의 단면을 결정할 수 있다.

**⑥ 방수로의 보호**

사방댐의 방수로는 토석 등이 유출되면 심하게 마모되므로 필요에 따라 보호 대책을 마련한다. 특히 방수로의 댐둑마루가 유송사력 등에 의하여 마모되거나 파손될 상황에 대비하여 필요에 따라 부배합 콘크리트(rich-mix concrete)나 돌붙이기를 사용한다.

## 6 댐둑어깨

**① 설계**

사방댐의 댐둑어깨는 월류하지 않는 것을 원칙으로 하기 때문에 계획홍수위보다 높아야 하고, 원지반에 충분히 부착하여 구조적으로도 문제가 없어야 한다. 댐둑어깨를 양안에 넣을 때에는 현지 조건에 따라 다르지만 암반인 경우 1.0m 정도, 연암 또는 균열이 많은 암반인 경우 1.5m 정도, 단단한 지반인 경우 2.0m 정도, 연약한 지반 또는 퇴적토사인 경우에는 3.0m 정도를 표준으로 한다. 토석류로 인한 충격력이 예상되는 경우나 댐둑어깨의 양안 접착 부위가 풍화작용이나 홍

수류에 의하여 결괴되어 댐 파괴로 이어질 위험이 있을 경우에는 사이채우기, 댐둑어깨덮기를 충분히 실시한다.

#### ② 물매

사방댐의 댐둑마루는 다음과 같은 경우에 원칙적으로 물매를 두어야 한다. 즉 ①토석류가 유하할 위험이 있을 때, ②댐둑어깨의 상류에 붕괴지가 있을 때, ③유목 등이 유출될 위험이 있을 때, ④댐의 위치가 계류의 굴곡부일 때 등이다. 댐둑마루의 물매는 상류의 계획퇴사물매와 같거나 급하게 하는 것을 원칙으로 하지만 토사유출이나 편류 등을 고려할지라도 댐둑어깨의 높이가 지나치게 높다고 판단될 경우에는 형상을 조절할 필요가 있다. 댐둑마루의 폭은 방수로의 폭보다 좁아야 하며 구조상의 안정성도 고려하여야 한다. 또한 댐에 작용하는 외력에 대해서도 안정하며 관리 면에서도 지장이 없을 정도의 폭으로 한다.

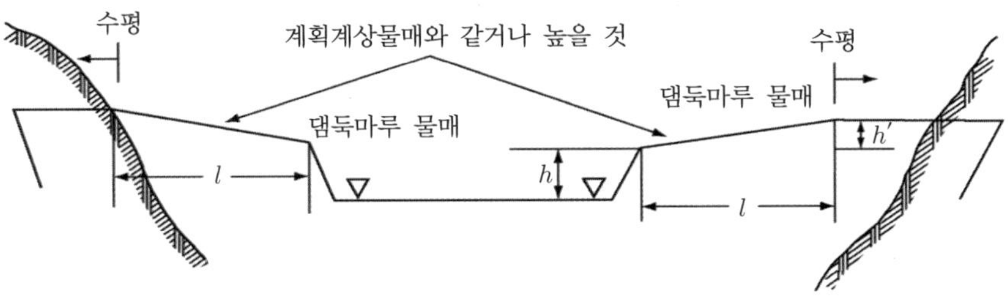


**그림 7-78** 댐둑마루 물매의 종료 지점

#### ③ 굴곡부의 댐둑어깨 높이

계류의 굴곡부 및 그 직하부에 설치하는 사방댐의 댐둑어깨는 양안의 수위가 다를 수 있음을 고려하여 높이를 결정한다. 즉 홍수, 토석류 등은 직진성이 있기 때문에 굴곡부의 볼록지형보다 오목지형의 수위가 높아지므로 계류의 굴곡부 및 그 직하부의 사방댐은 오목지형의 댐둑어깨를 볼록지형보다 높게 설정한다. 또한 댐둑어깨의 월류를 방지하기 위해서는 유심의 바깥쪽에 위치하는 댐둑마루의 물매를 높여야 한다.

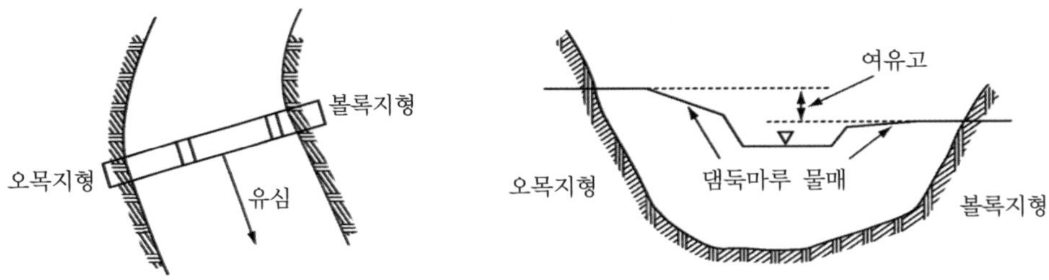


**그림 7-79** 굴곡부의 댐둑어깨 높이

### 7 본체의 단면

중력댐의 단면에서는 원칙적으로 반수면의 물매와 댐둑마루의 두께를 결정한 이후에 안정 조건을 만족할 수 있도록 대수면의 물매를 정한다. 중력댐의 단면을 결정할 때에는 설치 목적, 설치 장소, 집수면적, 상류의 황폐 상황, 홍수 흔적 등을 근거로 하여 홍수 시의 출수 및 평수 시의 유출 상황, 토사와 석력의 유송 상황, 기초지반을 파악한 후에 바닥파기의 깊이와 되메우기 방법 등을 충분히 검토한다.

대부분의 중력댐은 콘크리트로 축조하기 때문에 통상의 외력 조건에서는 댐 규모별로 단면을 표준화할 수 있다. 따라서 댐을 설계할 때에는 표준조건에 따라 작성된 단면표 등을 이용하면 단면의 안정계산을 생략할 수 있으므로 작업 능률을 올릴 수 있다.

그림 7-80 중력댐

**① 반수면의 물매**

중력댐에서 반수면의 물매(downstream batter)는 완만하게 하는 것이 경제적이지만 월류하여 낙하하는 석력, 유목 등에 의하여 사방댐의 월류부인 반수면이 손상될 위험이 있기 때문에 댐 높이가 6.0m 이상인 경우에는 1 : 0.2를 표준으로 한다. 그러나 댐 높이가 6.0m 미만인 경우에는 1 : 0.3을 표준으로 하며, 저댐인 경우에는 대수면의 물매(upstream batter)를 수직으로 하고 반수면의 물매를 1 : 0.3 이하로 계획하여도 안정성에 문제가 없으므로 경제성을 고려하여 결정한다. 또한 마사토 지대와 같이 토사의 입경이 작고 유출량이 적은 경우에는 댐 높이가 6.0m 이상일지라도 반수면의 물매를 1 : 0.2 이상으로 할 수 있다.

**② 댐둑마루의 두께**

중력댐의 댐둑마루는 유수와 유하사력에 의하여 마모되거나 전석 등의 충격으로 파손되는 경우가 있으므로 댐둑마루의 두께는 유송사력의 크기, 월류수심, 상류 쪽의 물매 등을 고려하여 결정한다. 다만 전석, 토석류에 의한 충격이 예상되어 댐둑마루의 두께가 4.0m를 초과할 때에는 충격재료를 함께 사용하여 4.0m 이하가 되게 한다. 즉 일반 황폐계류는 평균 1.5m(이암, 혈암, 토사지대의 계류는 1.0m, 자갈이나 력이 섞여 있는 계류는 1.2m, 호박돌이 섞여 있는 계류는 1.5m, 전석이 섞여 있는 계류는 1.8m), 홍수에 의하여 거석이 유하될 위험이 있는 경우에는 2.0m, 대규모 토석류가 발생할 위험이 있거나 산사태 등에 의하여 측압(側壓, lateral pressure)을 받을 위험이 있는 경우는 2.0~4.0m, 마사토 지대와 같이 유송토사의 입경이 작은 계류는 0.8~1.0m로 한다.

### ③ 안정조건

중력댐은 자중으로 수압, 토압 등의 외력에 저항하는 형식이므로 안정을 유지하기 위해서는 네 가지 조건, 즉 ①전도에 대한 안정(stability for overturn), ②활동에 대한 안정(stability for sliding), ③제체 파괴에 대한 안정(stability for internal force), ④기초지반의 지지력에 대한 안정(stability for bearing power of foundation)을 만족하도록 설계하여야 한다.

#### ㉠ 전도에 대한 안정

댐의 댐둑밑에 인장응력(引張應力, tensile stress)이 생기지 않도록 댐 자중과 외력의 합력이 댐둑밑의 중앙 1/3 이내에 들어오도록 설계하여야 한다.

$$0 < \frac{1}{2}b_2 < b_2,\ \frac{1}{2}b_2 = \frac{M}{V} \quad \cdots\cdots (7\cdot39)$$

식에서 $\frac{1}{2}b_2$: 합력의 작용선과 댐둑밑이 만나는 교점부터 댐둑밑 끝까지의 거리(m), $b_2$: 댐둑밑의 두께(m), $M$: 단위폭당 단면에 작용하는 하중 모멘트의 합계(kN·m/m), $V$: 단위폭당 단면에 작용하는 수직분력(kN/m), $H$: 단위폭당 단면에 작용하는 수평분력(kN/m), $e$: 합력의 작용선과 댐둑밑의 교점부터 댐둑밑 중앙까지의 거리($=x-\frac{1}{2}b_2$; m)

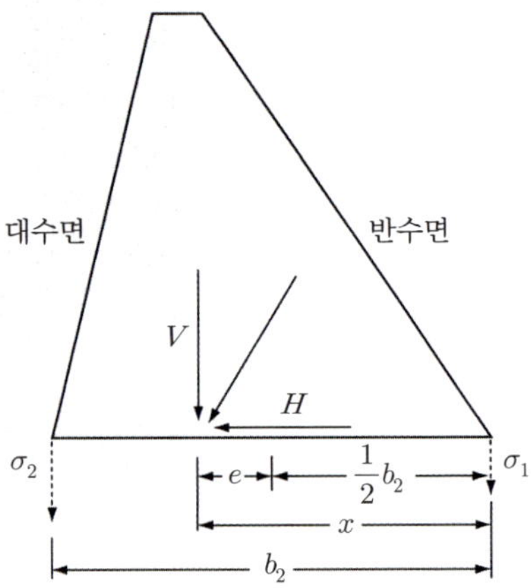


그림 7-81 합력의 작용점

#### ㉡ 활동에 대한 안정

사방댐의 활동에 대하여 검토할 시 댐의 모든 부분이 활동에 안전하도록 설계한다. 활동에 대한 제체와 기초지반의 접촉면에서의 안전율은 전단강도를 무시할 경우 일반적으로 다음 식으로 확인할 수 있다.

$$n \leqq \frac{f \cdot \sum V}{\sum H} \quad \cdots\cdots (7\cdot40)$$

식에서 $n$: 안전율(=1.2 이상), $f$: 마찰계수, $\sum V$: 단위폭당 단면에 작용하는 수직분력의 합(kN/m), $\sum H$: 단위폭당 단면에 작용하는 수평분력의 합(kN/m)

표 7-14 기초지반의 마찰계수

| 기초 상태 | 마찰계수 |
|---|---|
| 사력층 | 0.7 |
| 보통 흙 | 0.6 |
| 암반 | 0.7 이상 |

또한 기초지반이 암반인 경우에는 전단강도를 예상하여 다음의 식으로 검토하지만 암반의 밑넣기가 적은 경우에는 전단강도를 무시할 경우와 같은 방법으로 검토한다.

$$n \leqq \frac{f \cdot \sum V + \tau_o \cdot l}{\sum H} \quad \cdots\cdots (7\cdot41)$$

식에서 $\tau_o$: 제체와 기초지반 중에서 작은 쪽의 전단강도(kN/m$^2$), $l$: 전단저항을 기대할 수 있는 길이(m)

**㉢ 제체 파괴에 대한 안정**

제체의 단면에 생기는 응력은 제체의 허용응력도를 초과하지 않으면 파괴에 대하여 안정하다. 다만 콘크리트 구조일 경우에는 인장응력도가 허용치 이내일지라도 응력이 생기지 않도록 하는 것을 원칙으로 한다.

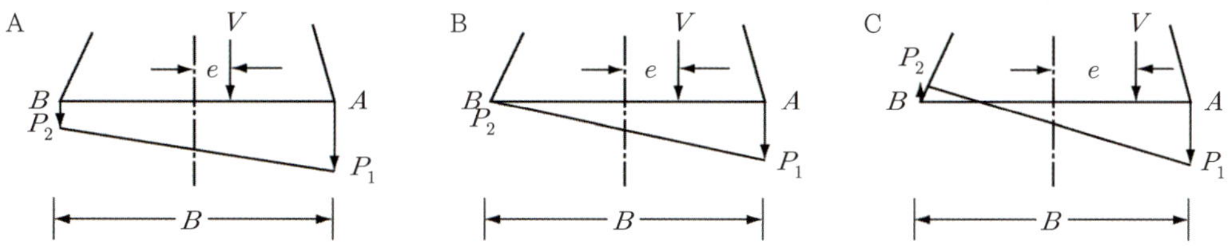


**그림 7-82** 합력의 작용 위치와 응력(A: $e < \frac{B}{6}$, B: $e = \frac{B}{6}$, C: $e > \frac{B}{6}$)

연직분력 $V$가 댐둑밑 $AB$의 중심으로부터 $e$까지의 거리에 작용할 경우 댐둑밑의 응력 분포는 $P_1 \sim P_2$와 같다.

$$P_1 = \frac{V}{B}\left(1 + \frac{6e}{B}\right) \quad \cdots\cdots (7 \cdot 42)$$

$$P_2 = \frac{V}{B}\left(1 - \frac{6e}{B}\right) \quad \cdots\cdots (7 \cdot 43)$$

식에서 $e = \frac{B}{6}$이면 $P_1 = \frac{2V}{B}$, $P_2 = 0$

제체에 부응력이 생기지 않게 하려면 원칙적으로 $e \leqq \frac{B}{6}$가 되어야 한다. 즉 합력의 작용선과 댐둑밑의 교점이 댐둑밑 $AB$의 중앙 1/3(middle third) 이내에 있으면 제체에는 부응력이 생기지 않기 때문에 파괴에 대하여 안전하다.

**표 7-15** 콘크리트 허용응력도

| 허용응력의 종류 | 허용응력도 (N/mm$^2$) |
|---|---|
| 허용압축응력도 | 4.50 |
| 허용휨인장응력도 | 0.22 |
| 허용지압응력도 | 5.40 |

**㉣ 기초지반의 지지력에 대한 안정**

댐둑밑의 응력($P$)은 기초지반의 반력으로 최대응력($P_1$)이 기초지반의 지지력보다 작으면 지반은 안정하다. 다만 응력 분포($P_1 \sim P_2$) 중에서 음수가 되는 부분이 있다면 그 부분은 지반반력이 없으므로 지반반력의 최대는 다음 식으로 구할 수 있다.

$$P_1 = \frac{2V}{3d} \quad \left(\text{단, } d = \frac{B}{2} - e\right) \quad \cdots\cdots (7 \cdot 44)$$

또한 기초지반의 지지력이 부족한 경우에는 사방댐의 기초처리 방법에 준하여 적절한 조치를 취한다.

**표 7-16** 기초지반의 지지력

| 토 질 | 지지력(kN/m²) | 토 질 | 지지력(kN/m²) |
|---|---|---|---|
| 경암 | 2,000~3,000 | 경질 점토층 | 150~200 |
| 화강암 | 3,500~10,000 | 보통 흙 | 30~100 |
| 분암 | 3,000~3,500 | 점토층 | 50~200 |
| 경사암 | 1,500~6,000 | 자갈 섞인 점토 | 50~300 |
| 석회암 | 1,600~2,400 | 자갈층 | 300~600 |
| 연암(응회암, 사암, 혈암) | 700~1,500 | 모래 섞인 자갈 | 200~500 |
| 수성암층(고결도가 낮음) | 500~600 | 보통 모래층 | 100~400 |
| 자갈층(고결도가 높음) | 700~800 | 단단한 점토층 | 200~500 |
| 모래층(고결도가 높음) | 700~800 | 습한 점토 | 150~200 |

## 8 기초

### ① 기초지반

사방댐의 기초지반은 충분한 지지력과 마찰저항력이 있어야 하며, 댐 하류의 세굴 및 파이핑 등에 의한 파괴에 대해서도 안전하도록 설계한다. 즉 기초지반의 허용지지력은 댐둑밑에 생기는 최대 반력보다 커야 하므로 외력에 의한 댐의 이동에 대하여 마찰저항력이 충분한가를 검토한다.

댐 하류의 지반은 유수의 세굴에 의하여 파괴될 위험이 있으므로 기초지반의 세굴에 대해서도 검토하며, 침투수에 의한 기초지반의 파괴(퀵샌드 및 파이핑)에 대한 안전성도 검토할 필요가 있다. 특히 기초지반의 지지력은 필요에 따라 보링, 사운딩 등으로 확인한다.

### ② 밑넣기

사방댐의 기초지반이 사력층과 같이 균일하지 못하거나 장기간의 풍화작용에 의하여 불안정해지면 홍수 시에는 하류가 세굴되어 댐 파괴의 원인이 되므로 설계 시 이러한 사항을 고려하여 밑넣기의 깊이를 결정한다. 사방댐의 밑넣기 깊이는 댐의 높이, 월류수심 등의 현지 조건에 따라 다르지만 단독 댐일 경우 다음을 표준으로 한다. 다만 세굴에 대한 보호공사를 실시한 경우에는 깊이가 달라지며 밑넣기를 하류 쪽에서 결정한다.

1) 경암으로 풍화되지 않은 경우: 약 0.5m
2) 암인 경우: 약 1.0m
3) 연암(풍화하기 쉬운 암반 또는 균열이 많은 암반)인 경우: 약 1.5m
4) 사력층인 경우: 2.0~3.0m

### ③ 사이채움 및 댐둑어깨덮기

암반의 굴삭 부분에서는 굴삭면의 풍화를 방지하고 제체를 암반에 최대한 밀착하기 위해서 체제와 암반의 간극에 콘크리트를 충전한다. 또한 댐마루의 추가넣기 부분이 풍화되거나 붕락하는 것을 방지하기 위하여 콘크리트블록찰쌓기 또는 콘크리트흙막이 등으로 댐둑어깨의 상부 비탈면을 보호한다.

토사를 굴삭한 부분은 되메우기를 충분히 실시하여야 하지만 토질에 따라서는 비탈면을 유지하기 어렵거나 유수가 침투할 위험이 있으므로 콘크리트흙막이, 콘크리트블록찰쌓기, 목재 등으로 보강한다. 또한 댐둑마루의 추가넣기는 특히 재붕괴가 일어나기 쉬우므로 콘크리트블록찰쌓기, 콘크리트흙막이, 식생 등으로 보호한다.

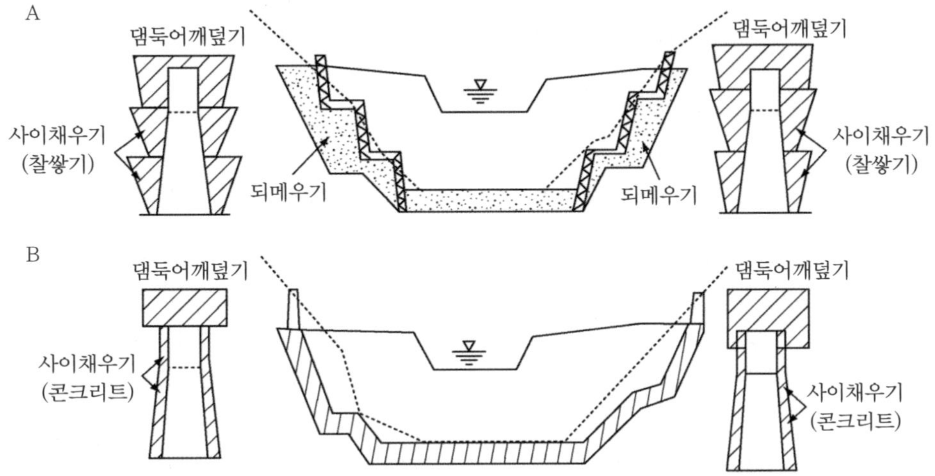


**그림 7-83** 사이채움 및 댐둑어깨덮기(A: 토사인 경우, B: 암반인 경우)

### ④ 기초처리

사방댐의 기초는, 지반의 지지력, 마찰저항, 차수 등에 문제가 있을 경우 상황에 따라 경제성, 시공성 등을 고려하여 적절하게 처리한다. 기초지반의 지지력이 부족할 때에는 댐둑밑의 폭을 넓혀 응력을 분산하거나 기초말뚝[나무말뚝, 강(鋼)말뚝, 콘크리트말뚝 등]을 타설하는 처리 외에 지반개량 등으로 보강한다. 댐의 안정상 기초지반의 퀵샌드, 파이핑 등으로 인하여 차수에 문제가 발생할 경우에는 지수벽, 주입공법, 물받이 등으로 처리한다. 점토층과 같이 지반이 연약하여 직접 콘크리트를 타설할 수 없는 경우에는 소요 강도를 얻을 수 있는 두께까지 연약지반층을 석력 등으로 보강한다. 점토층과 같은 연약지반에서 말뚝을 타설하여 지지력을 확보하였을 때에는 콘크리트를 직접 타설하지 않고 연약층에 사력 등을 60% 정도 채운 후에 콘크리트를 타설한다.

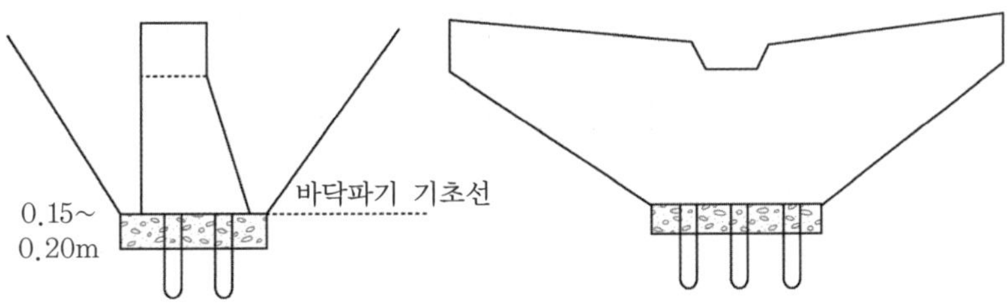


**그림 7-84** 연약지반에서의 기초처리

### ⑤ 말뚝기초

사방댐의 기초지반이 연약하여 말뚝으로 기초처리를 할 경우에는 기초지반의 토질 상태 및 지반의 깊이에 따라 공법 및 말뚝의 종류, 길이, 본수 등을 결정한다. 말뚝을 타설하는 최소 간격은 원칙적으로 말뚝 지름의 2.5배로 한다. 말뚝은 제작 방법, 재료, 형상, 공법에 따라 표 7-17과 같이 분류한다.

**표 7-17 말뚝의 분류**

| 종 류 | 제작 방법 및 공법 | 특 징 |
|---|---|---|
| 나무말뚝 | 통나무를 많이 이용함 | 방충 · 방부 처리를 하는 경우도 있음 |
| 콘크리트말뚝 | RC말뚝 | |
| (기성품) | 진동기를 사용한 보통타설 성형방식 | 속이 빈 것과 속이 찬 것이 있음 |
| | 원심력을 이용한 성형방식 | 거의 속이 빈 단면임 |
| | PC말뚝 | |
| | 프리텐션 방식 | 거의 속이 빈 단면임 |
| | 포스트텐션 방식 | 거의 속이 빈 단면임 |
| 강말뚝 | H형강말뚝 | 용접제품, 압연제품이 있음 |
| | 강관말뚝 | 용접제품, 압연제품이 있음 |

말뚝기초[항기초(杭基礎), pile foundation]는 하중을 지지 지반에 전달하는 방법에 따라 지지말뚝, 마찰말뚝 등으로 나뉜다. 자연지반은 균질하지 않기 때문에 지지말뚝과 마찰말뚝을 엄밀하게 구별하기 곤란하므로 설계 시에 어떤 지지 기구를 사용할지 판단할 필요가 있다. 일반적으로 철근콘크리트말뚝, 콘크리트말뚝, 강말뚝이 많이 사용되고 있다.

말뚝의 단면은 통상 재하중(載荷重, ballast, surcharge load)에 의한 축방향의 압력에 대한 강도에 따라 결정된다. 타설 말뚝의 경우 말뚝의 간격이 $2.5D$($D$는 말뚝의 직경) 이하이면 타설에 의하여 흙이 융기하기 쉽고, 말뚝을 타설할 때 인접 말뚝을 이동하거나 밀어내기 때문에 바람직하지 않다. 또한 말뚝의 중심부터 댐둑밑 가장자리까지의 거리는 일반적으로 말뚝 중심간격의 1/2로 한다.

#### ⑥ 퀵샌드 및 파이핑의 방지

압력을 가하는 침투류의 동수물매가 한계동수물매[한계동수구배(限界動水句配), critical hydraulic gradient) 이상이면 토사가 유수와 함께 교란되어 지지력을 상실하는 퀵샌드(quicksand) 현상이 나타난다. 퀵샌드 현상이 심해져 작은 입자가 움직이기 시작하면 수로가 형성되어 파이프 모양의 구멍이 생기는 파이핑(piping) 현상이 일어나 기초지반이 파괴된다. 다음 식으로 얻은 값이 모래입자의 한계유속보다 작으면 파이핑은 발생하지 않는다.

$$V_s = \frac{Q}{A_s} = k \cdot i \cdot \frac{A}{A_s} = \frac{k \cdot i}{n} \quad \cdots\cdots (7\cdot45)$$

식에서 $V_s$: 실제의 유속(cm/s), $Q$: 단면적 $A$를 유하하는 유량, $A_s$: $A$ 단면 속 간극의 단면적(cm$^2$), $k$: 투수계수(cm/s), $i$: 동수물매($H/L$), $A$: 단면적, $n$: 간극률(%)

**표 7-18** 입자의 직경과 한계유속

| 입자 직경(mm) | 한계유속(cm/s) | 입자 직경(mm) | 한계유속(cm/s) |
|---|---|---|---|
| 5.00 | 22.86 | 0.10 | 3.23 |
| 3.00 | 17.71 | 0.08 | 2.89 |
| 1.00 | 10.22 | 0.05 | 2.29 |
| 0.80 | 9.14 | 0.03 | 1.77 |
| 0.50 | 7.23 | 0.01 | 1.02 |
| 0.30 | 5.60 | | |

㈜ 저스틴(Justin) 식에 의함

파이핑은 댐 기초면 부근에 발생하는 것으로 간주하여 다음 식으로 검토한다.

$$C_c = \frac{l+2d}{\Delta h} \quad \cdots\cdots (7\cdot46)$$

식에서 $C_c$: 크리프비(표 7-19 참조), $l$: 물받이 길이를 포함한 댐둑밑의 폭, $2d$: 지수판 등에 의한 침투경로 길이(m), $\Delta h$: 댐 상 · 하류의 수위 차($=h_1-h_2$; m), $h_1$: 댐 상류의 수위(m), $h_2$: 댐 하류의 수위(m)

식 7·46에 의하여

$$L = C_c \cdot \Delta h \quad \cdots\cdots (7\cdot47)$$

$$C_w = \frac{l/3+2d}{\Delta h} \quad \cdots\cdots (7\cdot48)$$

식에서 $L$: 크리프선 총길이($=l+2d$; m), $C_w$: 가중 크리프비(표 7-19 참조)

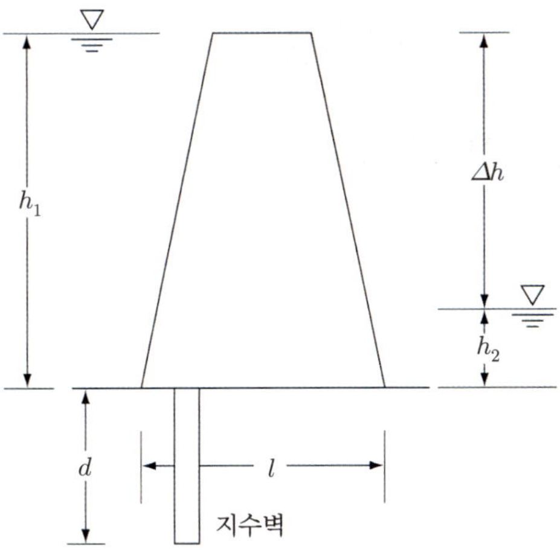


**그림 7-85** 크리프선 길이의 계산에 필요한 요소

**표 7-19** 크리프비와 가중 크리프비

| 토사의 종류 | 크리프비 ($C_c$) | 가중 크리프비 ($C_w$) |
|---|---|---|
| 미세한 모래, 실트 | 18 | 8.5 |
| 잔 모래 | 15 | 7.0 |
| 중간 모래 | – | 6.0 |
| 굵은 모래 | 12 | 5.5 |
| 가는 사력 | – | 4.0 |
| 사력 | 9 | – |
| 중간 사력 | – | 3.5 |
| 조약돌의 섞인 사력 | – | 3.5 |
| 조약돌과 력이 섞인 자갈 | 4~6 | 3.5 |

식 7·48에 의하여

$$L_w = C_w \cdot \Delta h \quad \cdots\cdots (7 \cdot 49)$$

식에서 $L_w$: 크리프선 총길이($=l/3+2d$; m)

식 7·48과 7·49 중에서 큰 크리프선 길이(사방댐의 기초지반 중 침투류의 유로 길이)를 채용하면 파이핑에 대하여 안전하다. 또한 크리프선 길이가 부족할 때에는 ①시트파일을 크게 하는 방법, ②물받이, 지수벽을 설치하는 방법, ③그라운드에 의한 기초처리 방법 등으로 조치한다.

## 9 부속물

### ① 물빼기구멍

#### ㉠ 시공 목적

사방댐의 물빼기구멍[수발공(水拔工), weep-drain, weep hole]은 ①댐 시공 중 배수와 유수의 통과, ②댐 시공 이후 대수면에 가해지는 수압의 감소 및 퇴사 이후 침투수압의 경감, ③사력기초의 잠류 속도 감소, ④유출토사량의 조절을 위하여 설치한다. 물빼기구멍은 목적에 따라 크기, 형상, 수량, 배치를 결정하지만 댐의 구조상 물빼기구멍에 응력이 집중되므로 신중하게 대비하고 필요에 따라 철근 등으로 보강한다.

**그림 7-86** 물빼기구멍

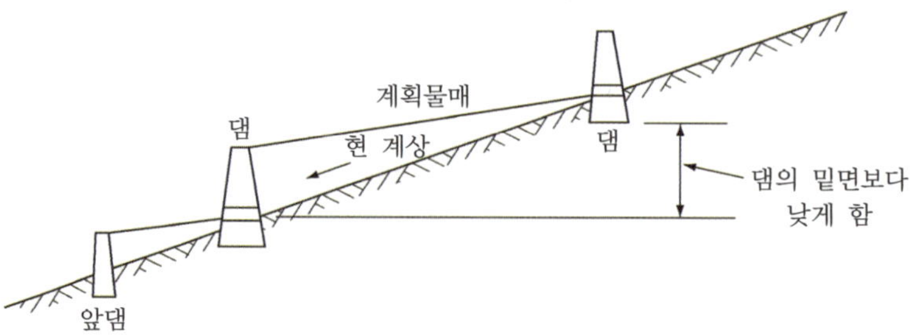


**그림 7-87** 저댐군의 물빼기구멍 위치

㉡ 위치

저댐군을 배치할 경우에는 하류 댐의 물빼기구멍을 상류 댐의 기초보다 낮은 위치에 설치한다. 물빼기구멍을 여러 개를 설치할 때에는 하단의 물빼기구멍을 계상선 또는 댐 높이의 1/3이 되는 곳에 설치하고, 상단의 물빼기구멍은 몇 개를 수평으로 배치한다. 또한 큰 규모의 사방댐에 설치하는 최상단의 물빼기구멍은 토석류가 충돌할 때 상부가 파괴되기 쉬우므로 방수로 어깨에서 1.5m 이하에 설치한다.

㉢ 크기 및 본수

물빼기구멍의 크기는 중간 정도의 홍수유량이 통과할 수 있도록 하고, 파이프는 지름 300mm의 염화비닐관을 표준으로 하며, 집수면적에 따라 본수를 정한다. 다만 사방댐의 구조, 현장 조건, 자연 조건 등에 따라서는 별도로 결정할 수 있다.

**표 7-20** 집수면적에 따른 물빼기구멍의 본수

| 집수면적(ha) | 염화비닐관($\phi$300mm)의 본수 |
|---|---|
| 15 미만 | 1 |
| 15~50 | 2 |
| 50~100 | 3 |
| 100~180 | 4 |
| 180~200 | 5 |

② 수축줄눈

㉠ 목적

중력식 콘크리트사방댐의 규모가 클 경우에는 수축줄눈[수축계목(收縮繼目), contraction joint]을 설치한다. 콘크리트를 타설한 직후에는 경화하는 동안 콘크리트의 온도가 매우 크게 변화하여 수축 · 팽창이 일어나기 때문에 길이가 긴 콘크리트사방댐을 시공하려면 원칙적으로 블록 타설을 하여 경화 시 비틀림이 발생하지 않게 함으로써 콘크리트의 균열을 방지한다.

㉡ 간격 및 위치

수축줄눈의 간격이 25m를 초과할 경우에는 10~15m 간격으로 연직 방향의 수축줄눈을 설치하며, 블록 구분은 댐의 길이 방향으로 거의 등분이 되도록 한다. 수축줄눈의 위치를 정할 때 제체의 단면이 크게 변화하는 곳이나 물받이는 피하며, 기초지반의 변이 지점을 고려하여 설치한다.

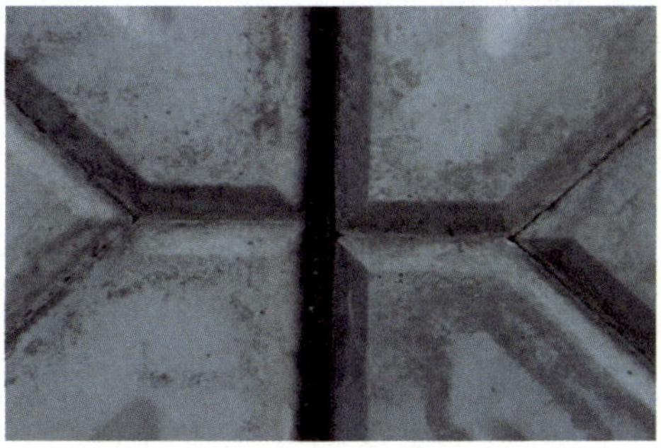

**그림 7-88** 수축줄눈

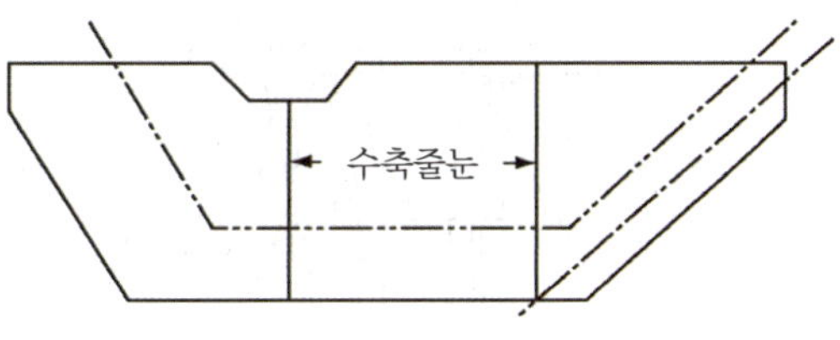


**그림 7-89** 수축줄눈의 위치

ⓒ **형상**

수축줄눈의 형상은 원칙적으로 횡단 방향의 중앙 부근에 삼각형으로 설치하며, 폭은 방수로 어깨 폭의 1/3 정도, 깊이는 폭과 같은 정도로 한다. 또한 수축줄눈의 틈에 토사 등이 끼지 않도록 합성고무와 같은 줄눈재를 끼워 넣거나 상류로부터 0.3m 정도의 단면 내에 지수판을 삽입한다.

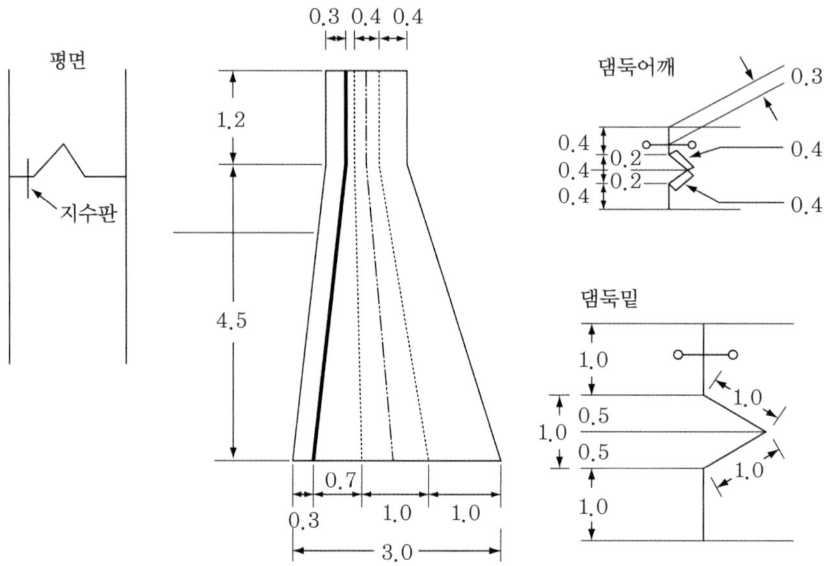


**그림 7-90** 수축줄눈의 형상(단위: m)

③ **취수시설**

사방댐의 댐자리 또는 퇴사구역에 취수구 등이 기설치된 경우에는 보상공사로서 취수시설을 설치하며, 원칙적으로 자연유입 방식으로 한다. 취수 방법에는 ①퇴사구역보다 상류에 낮은바닥막이

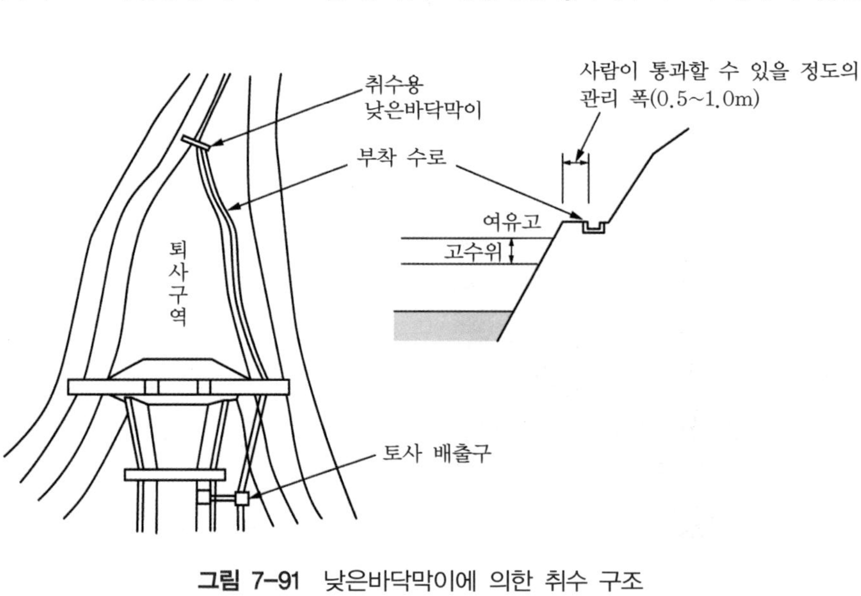


**그림 7-91** 낮은바닥막이에 의한 취수 구조

등을 설치하여 취수하는 방법, ②퇴사구역에 취수탑을 설치하여 취수하는 방법, ③앞댐의 직상부로부터 취수하는 방법 등이 있지만 지형, 지질, 취수량, 수질, 경제성 등을 고려하여 결정한다.

**㉠ 낮은바닥막이에 의한 취수**

낮은바닥막이의 추가넣기 및 밑넣기는 계류보전사업의 낮은바닥막이에 준하여 실시하고, 취수구의 단면은 현 취수구의 단면 및 취수량을 고려하여 필요한 최소 단면으로 한다.

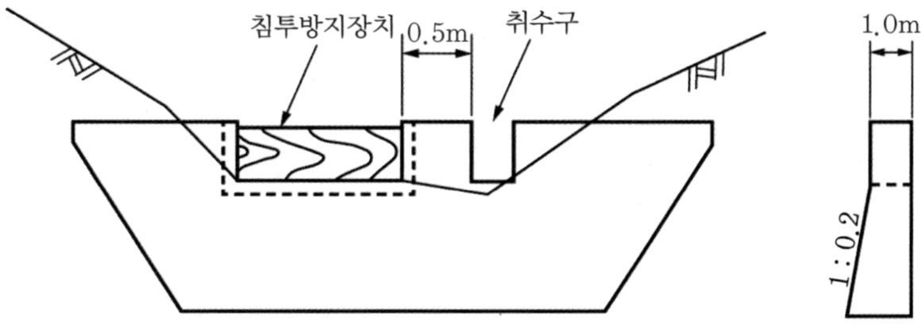


**그림 7-92** 취수용 바닥막이의 구조

**㉡ 취수탑에 의한 취수**

취수시설과 사방댐을 담당하는 관리자가 서로 다르므로 취수탑은 주요 구조물인 사방댐 본체와 분리된 구조로 설계하고, 적어도 제체의 굴착 영향선보다는 상류에 위치하도록 한다. 취수탑에는 작업용 계단을 설치하고, 사방댐의 하류 방향에는 유지 관리를 위한 조치를 강구한다. 취수구 쪽의 속도랑은 흙으로 충분히 덮어 되메우기를 실시한 부분을 보호할 수 있도록 설계한다.

### ⑩ 전정보호공

사방댐의 전정부에는 해당 지점이 세굴되어 본체가 파괴되는 것을 방지할 목적으로 필요에 따라 전정보호공사를 실시한다. 전정보호공사는 사방댐으로부터 낙하하는 유수와 사력에 의한 기초지반의 세굴 및 계상의 저하를 방지하고, 댐 본체가 낙하하는 유수와 사력에 의한 충돌에 안전하도록 설계한다.

**① 앞댐**

**㉠ 구조**

앞댐[부댐(副dam), counter dam]의 댐둑어깨는, 계상의 석력이 크고 유출이 심한 경우 본댐[本dam, 주댐(主dam), main dam]의 댐둑어깨와 두께를 같게 하지만 석력이 작고 이동이 적은 계류에서는 본댐 댐둑어깨의 0.8배를 표준으로 한다. 앞댐에는 원칙적으로 물빼기구멍을 설치하지 않는다.

**㉡ 본댐과 앞댐의 중복 높이**

본댐과 앞댐의 중복 높이는 경험상 다음의 식으로 구한다.

$$(H+h) \leqq 6.0\text{m이면} \quad t \fallingdotseq \frac{1}{3}(H+h) \quad \cdots\cdots (7\cdot50)$$

$$6.0\text{m} < (H+h) \leqq 8.0\text{m이면} \quad t = 2.0\text{m} \quad \cdots\cdots (7\cdot51)$$

$$(H+h) > 8.0\text{m}이면 \quad t \fallingdotseq \frac{1}{4}(H+h) \quad \cdots\cdots (7\cdot 52)$$

식에서 $H$: 본댐의 높이(m), $h$: 월류수심(m), $t$: 중복 높이(m)

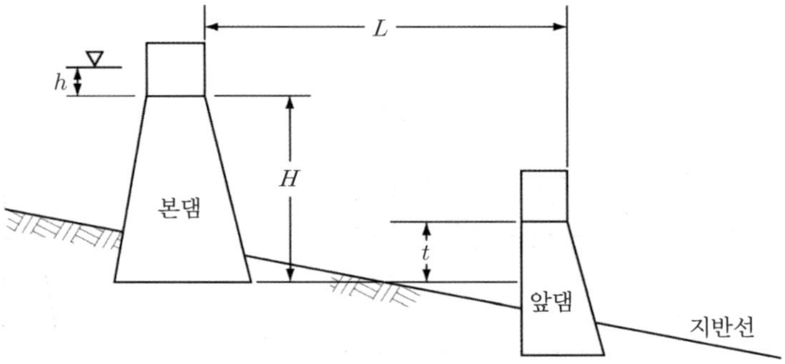


**그림 7-93** 본댐과 앞댐의 중복 높이

**㉢ 본댐과 앞댐의 간격**

본댐과 앞댐의 간격은 본댐의 유효낙차에 월류수심을 더한 높이의 1.5~2.0배를 표준으로 하며, 다음 식으로 구할 수 있다.

$$(H-t+h) \geqq 6.0\text{m}이면 \quad L \fallingdotseq 1.5(H-t+h) \quad \cdots\cdots (7\cdot 53)$$

$$(H-t+h) < 6.0\text{m}이면 \quad L \fallingdotseq 2.0(H-t+h) \quad \cdots\cdots (7\cdot 54)$$

식에서 $H$: 본댐의 높이(m), $h$: 월류수심(m), $t$: 중복 높이(m), $L$: 본댐과 앞댐의 간격(m)

다만 $(H-t+h) \geqq 6.0$m에서 산출된 간격이 $(H-t+h) < 6.0$m에서 산출된 최대 간격보다 작을 때에는 해당 최대 간격의 범위 내에서 중복 높이를 정한다. 즉 $6.0\text{m} \leqq (H-t+h) \leqq 8.0$m일 경우 $L \fallingdotseq 12.0$m로 한다.

**② 물받이**

**㉠ 구조**

물받이(front apron, apron fixation)는 콘크리트 구조를 원칙으로 하지만 유량과 토사의 이동이 적은 곳에는 돌망태, 콘크리트블록, 막돌 등을 사용하기도 한다. 물받이의 양안과 하류에는 측벽과 수직벽을 각각 설치하여 세굴을 방지한다.

**㉡ 길이**

물받이의 길이는, 낙하한 유수가 현 계류의 수리 조건으로 환원될 수 있는 길이로 하며, 일반적으로 본댐과 앞댐의 간격에 준하여 결정한다. 또한 파이핑이 발생할 위험이 있을 때에는 필요한 길이를 충분히 확보하거나 지수벽을 설치한다.

$$l = (1.5 \sim 2.0)(H+t) - nH \quad \cdots\cdots (7\cdot 55)$$

식에서 $l$: 물받이의 길이(m), $H$: 댐 높이(m), $t$: 월류수심(m), $n$: 반수면의 물매

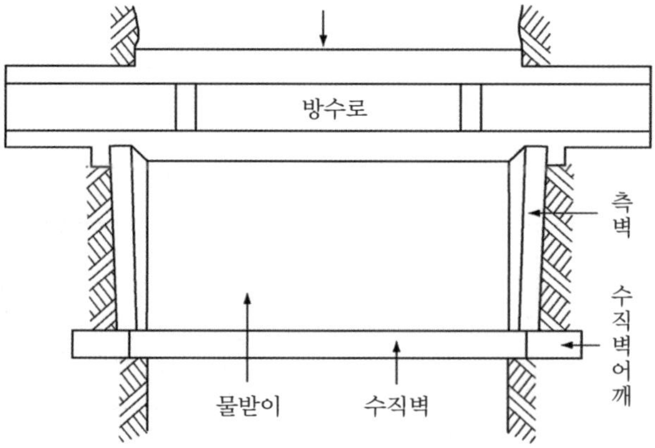


**그림 7-94** 물받이의 구조

다만 1.5는 높은 댐에서, 2.0은 낮은 댐에서 각각 이용하며, 기울기는 계상물매에 준한다. 수직벽의 밑넣기는 물받이보다 적어도 1.0m 이상 깊게 시공한다.

㉢ **두께**

물받이의 두께는 경험에 의하여 0.5~1.5m 범위에서 결정하며, 두께가 1.2m 이상일 경우에는 물받이를 보호하기 위하여 물방석을 설치한다. 물방석의 수심은 0.3~1.0m의 범위에서 정하지만 댐 높이가 높을 때에는 2.0m 정도로 한다. 물받이의 두께는 다음과 같은 경험식으로 산정한다.

- 물방석이 없는 경우

$$d = 0.2(0.6H_1 + 3h - 1.0) \quad \cdots\cdots (7 \cdot 56)$$

- 물방석이 있는 경우

$$d = 1.0(0.6H_2 + 3h - 1.0) \quad \cdots\cdots (7 \cdot 57)$$

$$d_w = 0.2(0.6H_2 + 3h - 1.0) \quad \cdots\cdots (7 \cdot 58)$$

식에서 $d$: 물받이의 두께(m), $d_w$: 물방석의 수심(m), $H_1$: 유효낙차(m; 물받이의 마루부터 본댐의 방수로 마루까지의 높이), $H_2$: 유효낙차(m; 물방석의 수면부터 본댐의 방수로 마루까지의 높이), $h$: 본댐의 월류수심(m)

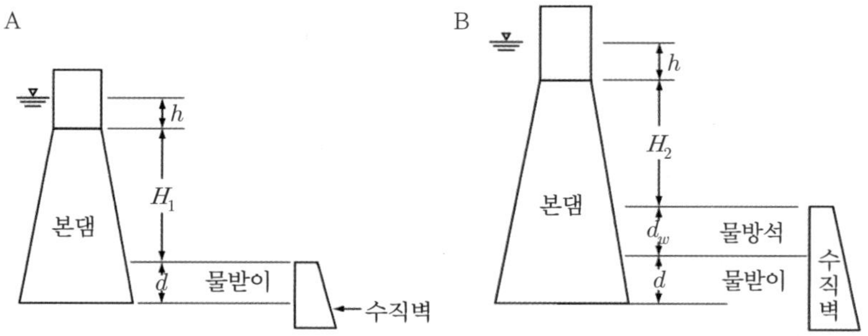


**그림 7-95** 물받이의 두께(A: 물방석이 없는 경우, B: 물방석이 있는 경우)

### ㉣ 물매

물받이의 물매는 수평을 원칙으로 하지만 계상물매가 급할 경우에는 댐의 기초가 깊게 굴삭되어 하류가 세굴될 위험이 있으므로 계획물매에 따라 물받이의 물매를 두도록 한다.

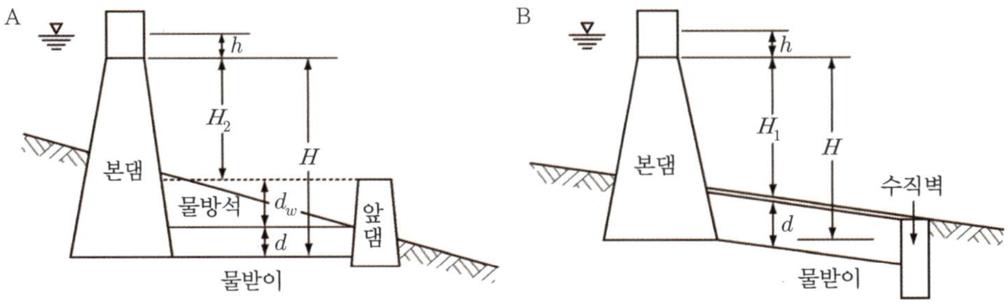


**그림 7-96** 물받이의 물매(A: 물방석이 있는 경우, B: 물방석이 없는 경우)

### ㉤ 물받이의 수직벽

물받이의 수직벽은 물받이의 하류 끝에 설치하며, 밑넣기의 깊이 및 양 끝의 추가넣기는 기초세굴 등을 고려하여 결정한다. 사력층에서는 물받이의 하류 끝이 세굴되어 물받이가 파괴되는 원인이 되기 때문에 반드시 물받이에 접속하여 수직벽을 설치하며, 수직벽의 마루두께는 0.5~1.0m를 표준으로 한다.

**그림 7-97** 물받이와 수직벽

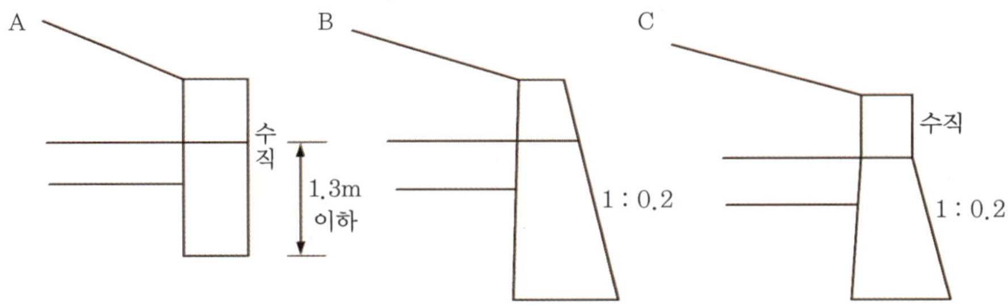


**그림 7-98** 수직벽과 어깨의 물매

수직벽의 기초 밑넣기는 계상의 토질 상황 등에 따라 세굴을 고려하여 결정하며, 물받이의 바닥보다 적어도 1.0m 이상 깊게 넣어야 한다. 또한 수직벽의 반수면 물매는 높이 1.3m 이하에서는 수직으로 하고 1.3m를 초과하면 1 : 0.2로 하며, 수직벽의 어깨 물매는 수직벽 자체의 비탈물매와 같게 한다. 다만 수직벽의 어깨 두께가 측벽의 어깨 두께보다 작을 때에는 어깨 물매를 수직으로 한다. 계간수로와 접속할 때에는 수직벽의 구조를 낮은바닥막이의 기준에 따른다.

### ③ 측벽

#### ㉠ 시공 목적

사방댐의 측벽(側壁, side wall)은 원칙적으로 물받이의 양안이 침식될 위험이 있거나 하류 계안의 지형 · 지질 상황에 따라 물받이의 유로를 규정할 필요가 있을 때 설치한다. 즉 사방댐에서 낙하하는 유수에 의하여 물받이에 와류(渦流, eddy current)가 발생하면 양안의 사력이나 세립토사 등이 횡침식을 받으므로 계안을 보호하기 위하여 설치한다.

#### ㉡ 물매 및 방향

측벽은 사방댐의 본체와 일체가 되어야 목적을 달성할 수 있으며, 지형 · 지질의 상황에 따라 형식을 결정한다. 물매는 1 : 0.2~0.3을 표준으로 하지만 지형의 상태 또는 측벽의 종류에 따라 바꿀 수 있다. 측벽의 방향은 원칙적으로 본댐의 축과 직각이 되도록 하지만 유량이 적고 도수의 위험이 없는 곳에서는 하류 끝부분의 폭을 앞댐 등의 방수로에 맞추어 줄일 수 있다.

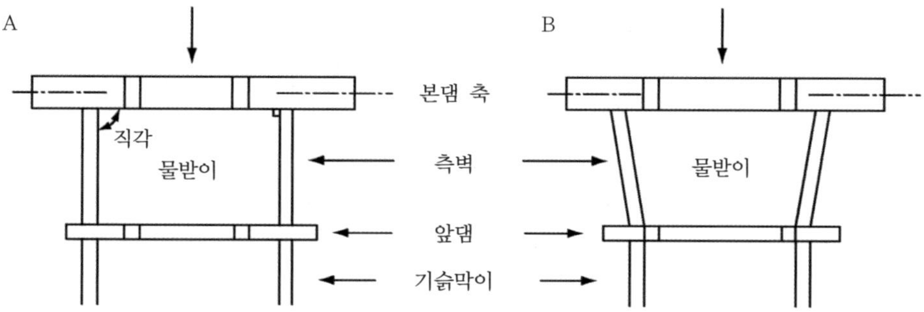


**그림 7-99** 측벽의 방향

#### ㉢ 높이

측벽의 높이는 방수로의 위치, 높이, 유심, 도수 등을 고려하여 최대홍수유량이 안전하게 통과할 수 있도록 설정하며, 적어도 사방댐의 방수로 단면과 같거나 그 이상이 되도록 한다. 사방댐의

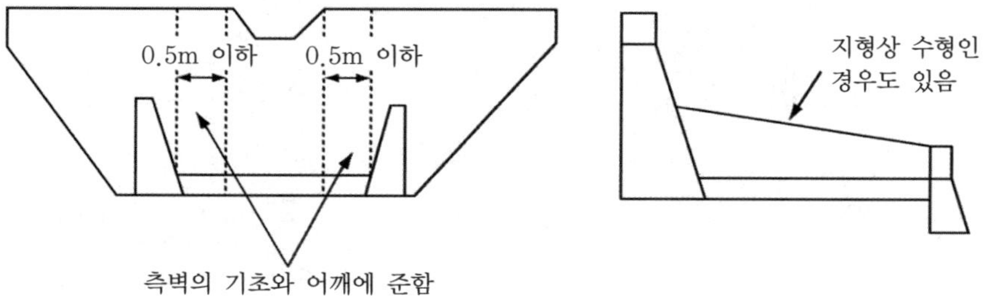


**그림 7-100** 측벽의 높이

방수로에서 낙하한 유수는 낙하 지점 부근에서 도수하기 때문에 이러한 상황을 추정하여 측벽의 어깨 높이를 결정하며, 어깨는 상류가 높고 하류가 낮게 물매를 주어야 한다. 다만 측벽 부분의 통수 단면(유로 폭)이 충분할 때에는 예외로 하며, 측벽의 좌우 높이는 같게 한다.

㉣ **기초와 댐둑마루**

측벽의 기초는 방수로 어깨의 수선보다 바깥쪽에 설치하며, 어깨의 높이와 위치는 사방댐의 방수로를 낙하하는 월류수의 충격을 고려하여 결정한다. 즉 사방댐의 방수로를 월류하여 낙하하는 유수는 바람, 유목, 유심 변화 등의 영향을 받아 양안에 침식을 일으키므로 측벽의 기초는 방수로의 어깨보다 1.0m 정도 바깥쪽에 설치하는 것을 표준으로 하며, 양안의 지형 조건에 따라서는 0.5m 정도 바깥쪽에 설치할 수도 있다.

물받이를 설치할 경우 측벽의 기초밑면은 물받이의 기초밑면과 같은 높이로 하고, 물받이를 설치하지 않을 경우에는 본댐의 기초밑면을 한도로 한다. 또한 측벽의 하류 끝은 앞댐의 방수로 어깨보다 1.0m 정도 밑넣기를 실시한다. 하류 끝부분의 어깨 높이는 원칙적으로 앞댐 또는 수직벽의 어깨 높이와 같게 하고 어깨의 두께는 0.3~0.5m를 표준으로 하며, 안전율은 흙막이의 안정성 검토에 준하여 실시한다.

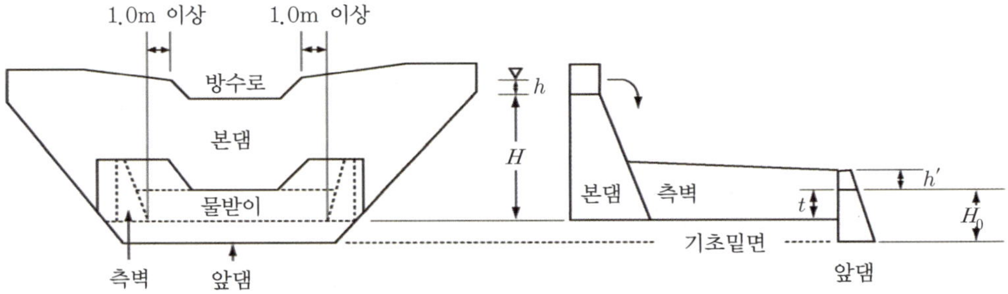


**그림 7-101** 측벽의 기초와 어깨

### 11 어도

사방댐에 설치하는 어도(魚道, fish way)는 대상 어류의 크기, 습성, 생활양식 등을 고려하여 형식을 선택하며, 특히 유지 관리에 대하여 충분히 검토하여야 한다.

**그림 7-102** 어도의 토사 매몰

**① 문제점과 대책**

환경에 대한 인식 변화에 따라 사방사업에도 계류생태계를 배려하는 공법이 도입되고 있다. 그 일환으로 사방댐에 어도를 배치하고 있지만 계류에 설치하는 어도는 계상변동의 영향을 받아 어류의 소상(遡上) 기능이 발휘되지 못하는 경우가 종종 발생한다. 즉 ①토사, 유목, 나뭇잎 등의 유입, ②수위의 낙차, ③퇴사에 따른 사방댐 상류부의 수위 상승, ④상수로의 변화, ⑤계안의 지형 조건, ⑥위치상 유지 관리의 곤란 등의 문제점을 안고 있다. 따라서 어도는 모든 사방댐에 설치하는 것이 아니라 상수(常水)가 있고 수서곤충이나 어류가 서식하는 장소에 한정하며, 이를 위해서는 사전조사가 충분히 이루어져야 한다. 또한 사방댐에 설치한 어도가 유효하게 기능하기 위해서는 ①토사에

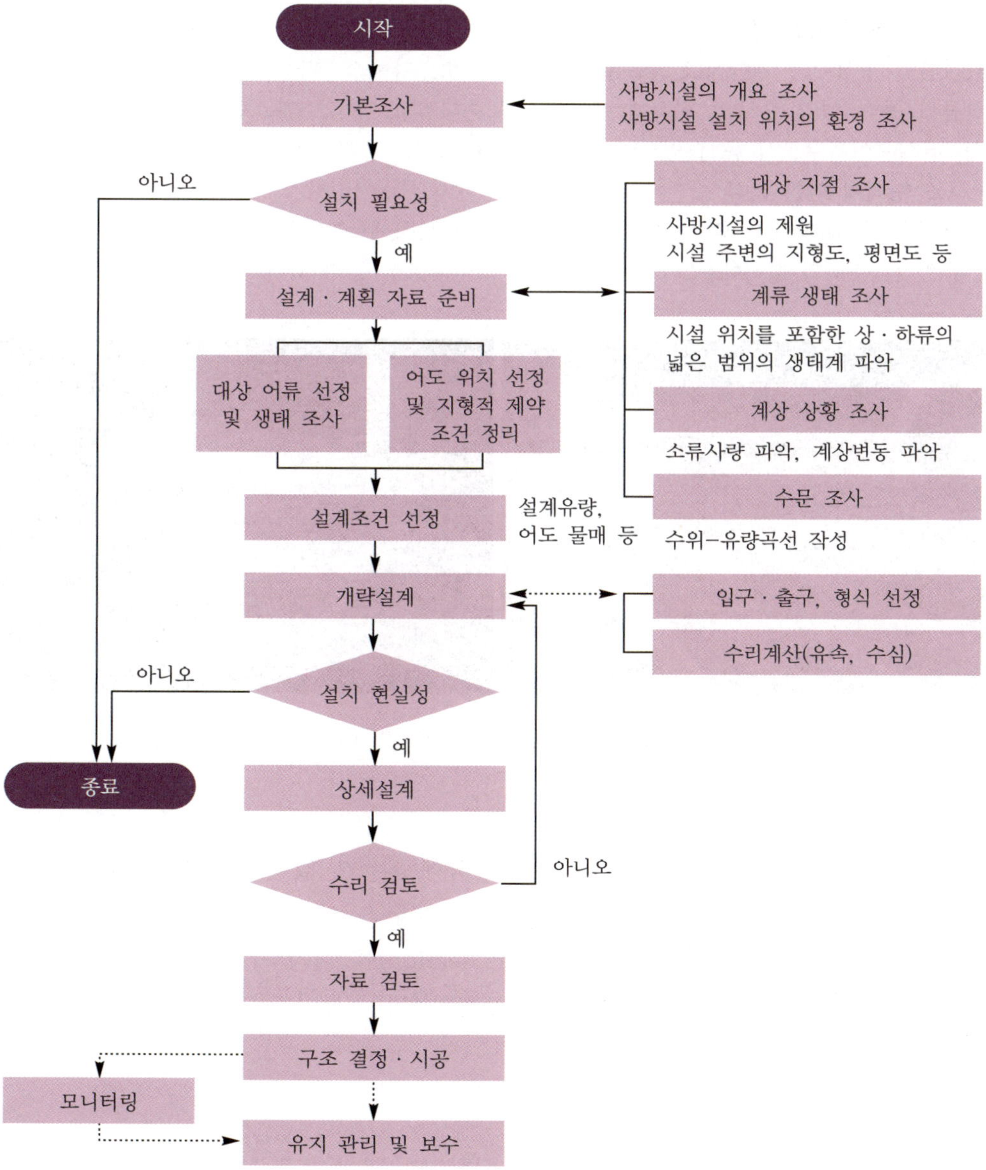


**그림 7-103** 어도 설계의 흐름도

의한 매몰, ②유로의 변화, ③어도 입구의 위치, ④유목 등에 대한 대비책을 마련하여야 한다.

**② 설계 순서**

사방댐의 어도 설계는 ①기초자료의 수집 및 파악(구조물 자료, 어패류 자료, 수리 자료 등), ②설계조건 설정(대상 계류의 유량과 수위 범위, 상 · 하류 쪽의 수위 조건, 어도의 유량, 어패류의 소상 능력 한계, 입지와 경제 조건), ③어도의 위치 선정(위치, 입구, 입구 풀, 유도설비, 출구), ④어도의 형식 선정, ⑤개략설계, ⑥상세설계, ⑦완성 이후의 평가계획 입안 순으로 실시한다.

**③ 종류**

**㉠ 수리 구조에 따른 분류**

풀(pool)의 형식에는 계단식(전면월류형, 부분월류형, 아이스하바형, 노르웨이형), 파치컬슬로트식, 잠공식 등이 있고 수로의 형식에는 데닐식(표준데닐형, 알라스카스텝파스형), 완구배바이패스수로식, 잡석붙이기수로식 등이 있으며, 그 밖에 리프트식, 엘리베이터식, 갑문식 등이 있다.

**㉡ 구조 형식에 따른 분류**

입구의 형식은 전방형과 후방형으로 나뉘며 수로의 형식에는 지그재그다단형, 나선계단형, 직선형 등이 있다. 출구의 형식에는 다단식, 단단식, 우회수로식 등이 있다.

그림 7-104 사방댐에 설치한 어도

## 12 유목 대책

유목포착시설(流木捕捉施設)에는, 산지 비탈면 등에 퇴적해 있던 도목(倒木, fallen tree)이 계류에 유입되는 것을 방지하기 위한 유목막이, 토석류구간에 설치하는 투과형 사방댐과 부분투과형 사방댐, 소류구간(掃流區間, traction section)에 설치하는 불투과형 사방댐+유목막이(앞댐 등에 설치), 투과형 사방댐, 모래막이+유목막이 등이 있다.

**① 토석류구간의 유목 대책**

**㉠ 효과량**

토석류구간에서는 투과형 사방댐 혹은 부분투과형 사방댐 등으로 토사와 유목을 동시에 포착한다.

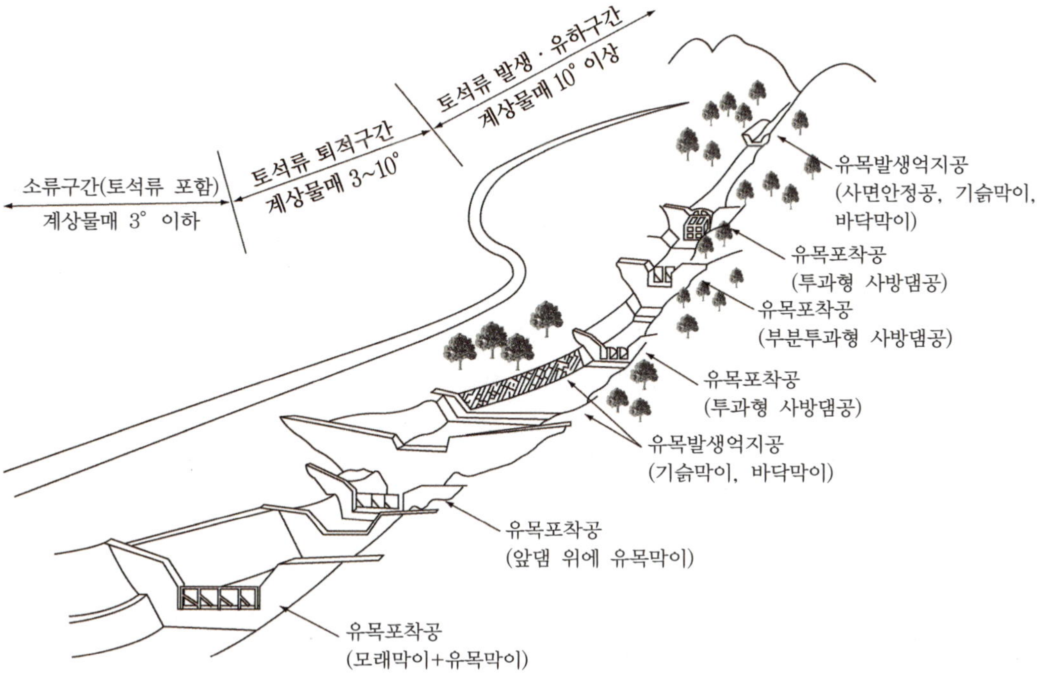


**그림 7-105** 유목포착시설의 배치 개념도

$$V_r = V_d \cdot \beta \qquad (7\cdot59)$$

$$V_d = h \cdot W \cdot (2 \sim 3)\frac{1}{I \cdot H} \qquad (7\cdot60)$$

식에서 $V_r$: 유목의 실제 체적($m^3$), $V_d$: 유목의 포착용량($m^3$), $\beta$: 유목의 용적률(실측치는 0.3 이하), $h$: 유목막이의 높이(m), $W$: 유목막이의 상류가 침수되는 폭 또는 퇴사지의 평균 폭(m), $I$: 유목막이 상류의 원 계상물매, $H$: 원 계상부터 유목막이 중앙부까지의 높이(m)

**그림 7-106** 토석류구간의 투과형 사방댐

㉡ 설계

ⓐ 각 부의 구조

유목막이[유목포착공(流木捕捉工), log boom]의 구조(방수로의 단면, 댐둑마루의 폭, 반수면의 물매, 기초·어깨의 안정성 및 구조 등)는 불투과형 사방댐이나 투과형 사방댐에 준한다. 토석류 구간에서 유목막이는 유목과 토석을 함께 포착하기 때문에 슬릿의 순간격(부재 사이의 간격)을 토석류에 포함된 최대 유목 길이의 1/3~1/2 이하, 토석류에 포함된 최대 사력 입경의 1.5배 이내로 한다.

ⓑ 제체의 안정성 검토

유목막이의 전체 구조에 대한 안정성 검토는 하중을 조합하여 실시한다. 기초 불투과부는 투과부와 함께 하중을 분산, 균등화하여 지반의 허용지지력 이하로 전달할 수 있는 두께가 필요하다. 따라서 기초 불투과부의 두께는 투과부의 구조 및 형상, 기초지반의 특성에 따라 결정되지만 1m 이하를 원칙으로 한다. 유목막이의 댐둑어깨 등이 콘크리트 구조인 경우에는 구조나 부재의 안정성을 검토할 때 유목 및 거력(巨礫)의 충돌로 인한 충격력에 대해서도 검토한다.

ⓒ 부재의 안정성 검토

투과부의 부재를 설계할 때에는 설계하중 외에 면외하중(面外荷重, out-of-plane loading) 및 유목·거력의 충돌하중에 대해서도 안전하도록 설계한다. 특히 면외하중은 토석류를 포함한 전석이 유심으로부터 10° 편심하여 충돌하도록 설계한다.

② 소류구간의 유목 대책

㉠ 효과량

유목막이에 의하여 유목이 포착되면 유목 사이사이에 간극이 존재하지만 퇴적 공간이 유목으로 모두 채워졌다고 가정하여 산정한다. 따라서 계획대상 유목을 포착하기 위한 유목막이 상류의 퇴적지 또는 침수지의 면적, 퇴적지 또는 침수지에 퇴적하는 유목의 실적률(實積率, ratio of absolute volume)은 각각 다음의 식으로 추정한다.

$$A_d \geqq \sum(l_{av} \times d_{av}) \quad \cdots\cdots (7\cdot61)$$

$$V_{r2} \fallingdotseq A_d \cdot d_{av} \quad \cdots\cdots (7\cdot62)$$

그림 7-107 소류구간의 유목막이

식에서 $A_d$: 유목막이 상류의 퇴적지 또는 침수지의 면적, $l_{av}$: 유목의 평균 길이, $d_{av}$: 유목의 평균 직경, $V_{r2}$: 퇴적지 또는 침수지에 퇴적하는 유목의 실적률

㉡ **설계**

ⓐ **투과부의 높이**

유목막이(투과부)의 높이는 유목막이로 인하여 상승한 사방댐의 수위에 유목 최대직경의 2배 이상을 할증하여 정한다.

$$H_s = h_s + \Delta h \quad \cdots\cdots (7\cdot63)$$

식에서 $H_s$: 유목막이로 인하여 상승한 사방댐의 수위, $h_s$: 유목막이(투과부)의 높이, $\Delta h$: 유목 포착을 고려한 할증 수심($\Delta h \geq 2d_{\max}$)

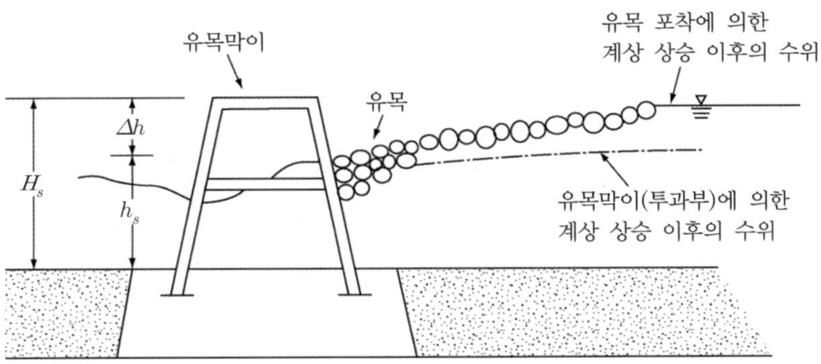


**그림 7–108** 소류구간에 설치하는 유목막이의 투과부 높이($H_s$)

소류구간에서는 대부분의 유목이 이류(泥流, mudflow)나 홍수의 표면류를 유하하기 때문에 유목막이의 높이가, 유목막이로 인한 사방댐의 수위 상승을 고려한 이류나 홍수류의 수위보다 높아야 한다.

$$h_s = h + h_r \quad \cdots\cdots (7\cdot64)$$

$$h_s = \beta \sin\theta \left(\frac{t}{d}\right)^{\frac{4}{3}} \cdot \frac{v^2}{2g} \quad \cdots\cdots (7\cdot65)$$

식에서 $h_s$: 유목막이로 인하여 상승한 사방댐 수위(m), $h$: 유목막이로 인하여 상승하기 이전의 사방댐 수위(m), $h_r$: 유목막이의 종부재(縱部材)로 인하여 수위가 상승한 높이(m), $\beta$: 종부재의 단면형상에 따른 계수(강관 $\beta \fallingdotseq 2.0$, 각상강관 $\beta \fallingdotseq 2.5$, H형강 $\beta \fallingdotseq 3.0$), $\theta$: 종부재와 하류 계상의 경사각(°), $t$: 종부재의 지름(m), $d$: 종부재의 순간격(m), $v$: 상류의 유속(m/s), $g$: 중력가속도(9.8m/s$^2$)

홍수류의 유속, 수심은 매닝공식 등으로 산출하며, 유목을 포함할 때의 유속, 수심은 고려하지 않는다. 유목의 유속은 홍수류의 표면유속과 거의 같으므로 평균 유속의 약 1.2배로 계산한다. 유

목막이의 높이는 최대 전석의 크기가 다음의 조건을 만족하면 투과부를 막지 않는다고 가정하여 결정한다.

$$D \geq 2d_i \quad \cdots\cdots (7\cdot66)$$

식에서 $D$: 투과부의 순간격, $d_i$: 최대 전석의 크기

즉 토사 등에 의하여 막힐 위험이 없을 경우 유목막이의 높이는 사방댐의 수위 상승높이를 더한 수심 $h_s$에 할증수심 $\Delta h$을 더한 수치로 하며, 막힐 위험이 있을 경우에는 유목막이에 의하여 최대 전석이 저지되기 때문에 여유고를 두어 설치한다. 다만 유목막이의 높이를 필요 이상으로 높게 하면 유목막이 자체나 주변의 기슭막이가 과대해지므로 대부분의 경우 기초 부분부터 유목막이의 댐둑마루까지의 높이를 5m 이하로 한다.

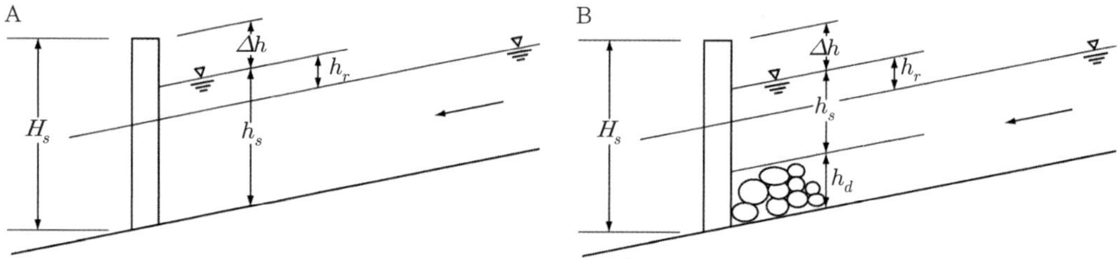


**그림 7-109** 유목막이의 높이(A: 투과부가 막힐 위험이 없는 경우, B: 투과부가 막힐 위험이 있는 경우)

ⓑ **전체의 안정성 검토**

전체의 안정성을 검토할 때에는 유목 등에 의하여 유목막이가 완전하게 막힌 상태에서도 안정하도록 설계한다. 다만 유목막이가 완전하게 막힌 상태를 상정하기 때문에 사력에 의하여 투과부가 막히지 않도록 설계한다. 따라서 설계하중은 자중 외에 수중(水重) 및 투과부 부재의 투영단면에 작용하는 정수압(물의 단위용적중량 $r_w = 1.0\text{t/m}^3$)으로 한다.

ⓒ **부재의 안정성 검토**

유목막이의 투과부를 구성하는 부재는 퇴사압, 유목, 전석의 충돌에 대하여 안전하도록 설계한다. 토석류구간의 유목막이와 마찬가지로 투과부의 구성 단면이 작고 중력식 구조가 아니기 때문에 부재의 구조계산을 실시하여 안정성을 검증한다.

**③ 앞댐 및 기존 사방댐을 이용한 유목막이**

앞댐에 유목막이를 설치할 경우에는 앞댐의 방수로 높이를 충분히 확보한 후에 설치하며, 수직벽에 유목막이를 설치할 경우에는 물방석과 같은 높이로 한다. 유목의 포착량을 늘리기 위해서는 본댐과 유목막이의 사이를 가능하면 길게 잡아야 하며, 유목막이의 종부재 간격은 최대 유목 길이의 $(1/3 \sim 1/2)L \geq D$를 만족하는 범위에서 선정한다.

또한 유목에 의한 재해를 방지하고 유목의 포착 기능을 향상하기 위하여 기존에 시공된 사방댐의 방수로 높이를 조절하여 유목막이를 설치하기도 한다. 이때 대상 사방댐이 보전 대상 직상부 또는 직하부에 있을 경우에는 유출토사의 상황을 감안하여 검토한다.

**그림 7-110** 사방댐의 본체(A) 및 앞댐(B)에 설치한 유목막이

## 13 저댐군공법

### ① 확산 기능

저댐군은 3기가 1조이다. 3기 중 최상류의 댐은 토사나 토석의 선단을 분해하여 저댐의 양쪽에 분산, 퇴적시키고 유수를 확산하여 유하시킨다. 중간 댐에서는 유수와 유출토사를 안정시켜 마지막 댐으로 유하시킨다. 이러한 과정을 통하여 토사와 분리된 유수가 세류화되기 때문에 댐의 전정부를 세굴하지 않고 통과하여 계상이 안정된다. 저댐군은 최적 간격 40~50m, 유효높이 2m(지역에 따라서는 1m) 전후로 설치한다. 저댐군은 상류의 댐이 유수와 토석을 분리하여 퇴적을 촉진하

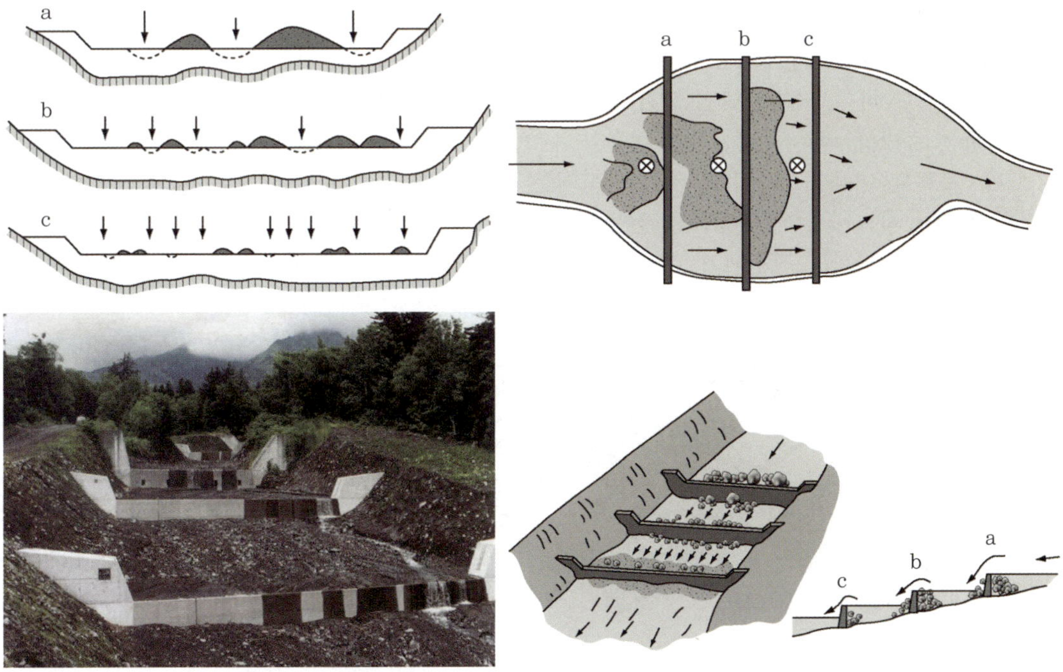


**그림 7-111** 저댐군의 확산 기능

고 하류의 댐이 유하수를 분산하여 세굴력을 낮추는 상호 보완 체제로 계상을 고정할 수 있는 공법이다.

### ② 유도 기능

직선유로의 확폭부에서는 확산 기능이 중요하지만 굴곡부에서는 유도 기능이 중요하다. 일반적으로 굴곡부에서는 소(沼)가 만들어지는 바깥쪽이 심하게 세굴되고 안쪽에 토사가 퇴적되어 유로의 사행이 진행되지만 저댐군을 방사상으로 설치하면 반대의 현상이 발생한다. 즉 토사는 바깥쪽에 퇴적하고 유수는 안쪽으로 유도되어 굴곡부에서도 계상을 확실하게 안정시킬 수 있다. 종전에는 굴곡부를 대상으로 한 사방댐 이론이 확립되지 않고 댐자리로서도 부적당하다고 간주되었지만 저댐군공법이 개발됨으로써 굴곡부를 활용하는 사방 대책이 가능해졌다.

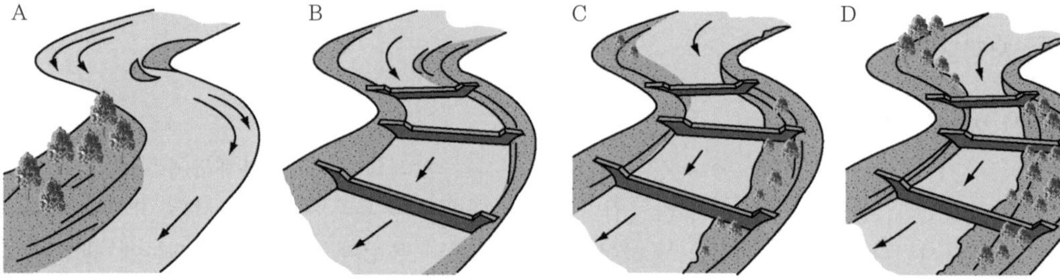


**그림 7-112** 굴곡부에서의 저댐군 시공에 따른 계상 변화 예상도(A: 자연 상태, B: 저댐군 설치, C: 토사 퇴적, D: 계안림 형성)[東三郎, 1982]

### ③ 매몰 기능

계안림(溪岸林, riparian forest)이 형성될 수 있는 계상퇴적지는 하도의 유동토석을 조절할 수 있는 공간이기도 하다. 저댐군공법에서는 계안림을 조성하는 횡방향 퇴적과, V자곡을 점차 평탄하게 매몰하는 종방향 퇴적을 확실하게 실현할 수 있다. 특히 중간 유역에서 진행되는 횡방향 퇴적은 토사·토석의 이동을 억지하고 계안과 모래톱[사주(砂洲), sandbar]에 식생이 침입할 수 있는 기회를 만들어 하도 공간의 안정화를 한층 촉진한다. 이러한 장소에서는 식생군락의 발달과 동반한 육상동물의 집단화도 진행되며, 수면을 덮을 정도로 신장한 지엽에서 낙하하는 곤충류는 어류

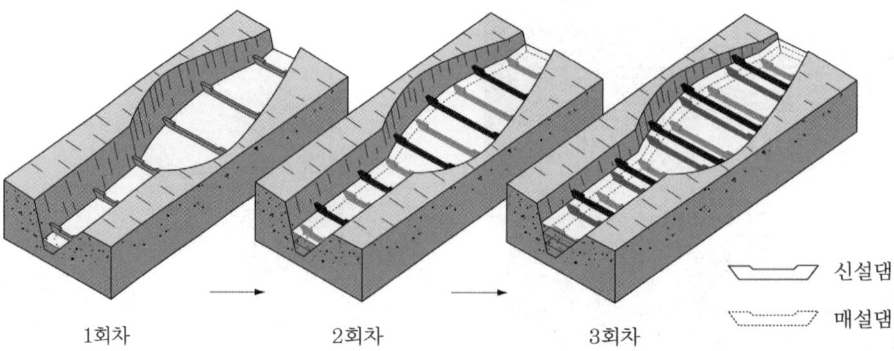


**그림 7-113** 저댐군에 의한 만사와 신설

로 대표되는 수생생물의 좋은 먹이가 된다.

저댐군공법은 토사 · 토석을 발생원 부근에 안정시켜 장거리 이동을 저지할 수 있으므로 보전 대상에 가깝고 공사가 용이한 하류의 확폭부부터 순차적으로 시공할 수 있다. 특히 사면붕괴로 인하여 계상에 유입된 토사가 이후의 홍수류에 의하여 재이동하게 되면 토석류가 되어 피해를 가중하므로 이러한 재해의 발생원인 계상퇴적지에 분포하는 토석이나 토사를 고정하는 공법으로 매우 유효하다.

#### ④ 장점

저댐군공법은 다음과 같은 장점이 있다.

1) 유수의 운동을 방해하지 않고 계상을 안정시킬 수 있다.
2) 범람토사를 확실하게 억지하고, 토사유출을 적절히 조절할 수 있다.
3) 사력층에도 축설할 수 있고, 기존의 댐 퇴사면에 손을 댈 수 있다.
4) 견고한 댐자리를 필요로 하지 않으며, 산사태 발생지, 선상지, 충적층에도 시공할 수 있다.
5) 보전 대상에 가까운 부분부터 대형 토목기계를 사용하여 합리적이고도 안전적, 계획적으로 시공할 수 있다.
6) 퇴적한 토사를 자갈 등의 2차 산물로 활용할 수 있다.
7) 유역 전체를 어도화할 수 있다.
8) 계안림의 생장에 따라 지역의 생태환경을 보전할 수 있다.

## 7·7·6 투과형 사방댐

### 1 부위별 명칭

투과형 사방댐은 댐 본체(방수로, 댐둑어깨, 밑판 콘크리트 등)와 그 앞에 설치하는 물받이 및 측벽으로 구성되며, 각 부위별 명칭은 그림 7-114와 같다.

투과형 사방댐은 토석류나 홍수에 포함된 사력이나 유목을 직접 포착하는 폐색형(閉塞型)과, 역류를 이용하여 사방댐의 상류 지역에 토사를 일시적으로 저류하는 역류형(逆流型)으로 나눈다. 폐색형의 투과형 사방댐은 사방댐의 상류 지역이 담수되지 않도록 개구부의 폭을 넓게 잡은 후 강관 구조 등으로 격자 모양의 투과벽을 구축하는 구조이다. 이 구조는 부재 사이에 토석류의 선단에서 이동하는 거석이 채워지게 하여 토석류를 포착, 감세할 수 있도록 설계한다.

역류형의 투과형 사방댐은 슬릿사방댐과 같이 개구부의 폭을 좁게 하여 축류에 의한 역류현상을 유발함으로써 사방댐의 상류 지역에 역류배수를 만드는 구조이다. 따라서 유입된 토사가 일시적으로 저류되어 유수 및 유출토사의 피크를 차단할 수 있기 때문에 토사 조절을 목적으로 하여 주로 소류구간에 설치한다. 또한 저류된 토사는 감수기에 급격하게 슬릿으로부터 유출되기 때문에 사방댐의 하류 지형에 적당한 규모의 유사지를 설치하는 등 전정부의 시설과 조합하여 안전을 배려하도록 설계한다.

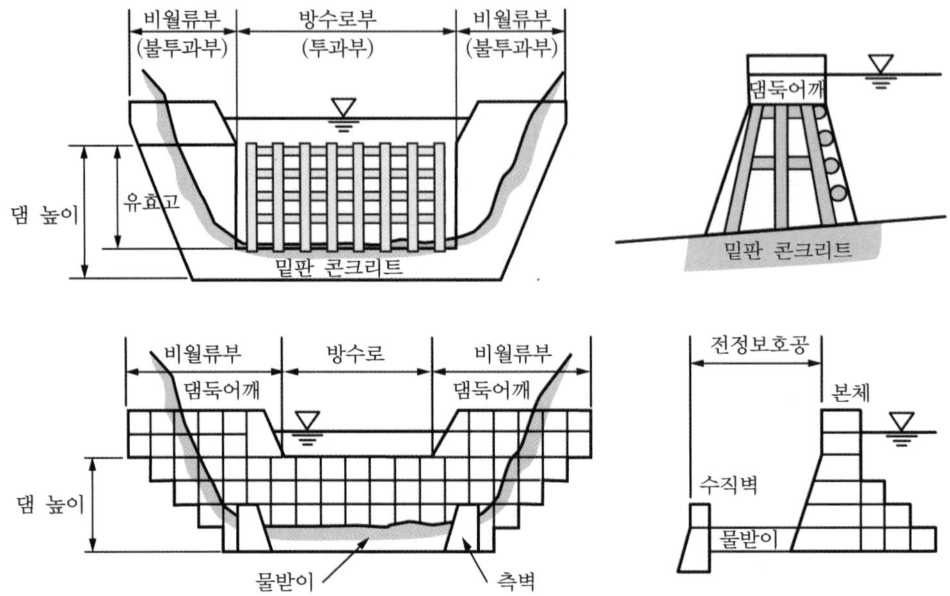


그림 7-114 투과형 사방댐의 부위별 명칭

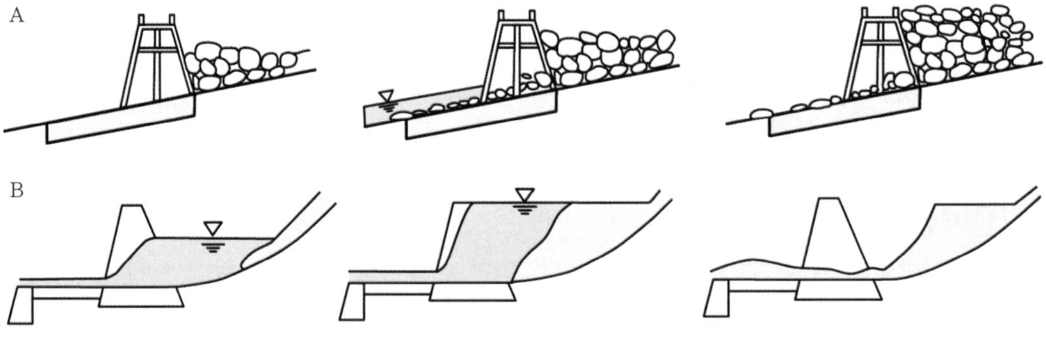


그림 7-115 강제투과형 사방댐과 콘크리트슬릿사방댐의 기능(A: 토석류를 포착하기 위한 폐색형의 투과형 사방댐, B: 토사를 조절하기 위한 역류형의 투과형 사방댐)

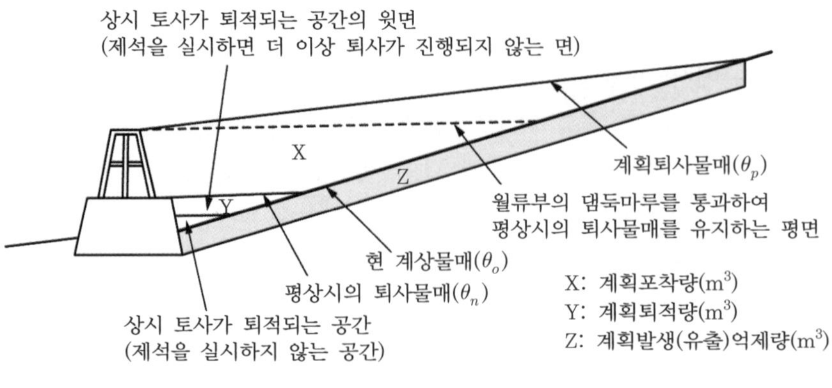


그림 7-116 투과형 사방댐의 퇴사량 예측

투과형 사방댐은 강관부재로 만든 투과부와 밑판 콘크리트로 구성된다. 투과부는 평상시나 중·소규모의 출수 시에 토사를 사방댐의 하류로 유출하기 때문에 토사 포착에 필요한 용량을 쉽게 확보할 수 있으며, 밑판 콘크리트는 불투과형 사방댐과 마찬가지로 토사의 이동을 억제하는 기능을 한다.

유목 포착을 겸할 경우에는 계획포착량=포착토사량+포착유목량이 된다. 따라서 투과형 사방댐에 의한 포착유목량을 산정할 경우에는 기존 재해 시의 유목 포착에 대한 조사 결과로부터 파악된 유목용적률 $K_{wl} \leqq 30\%$를 적용한다.

### [2] 설계유량 및 설계수심

#### ① 설계유량

설계유량은 방수로의 단면을 설계할 때 사용하는 대상 유량으로, 식 7·25에 따라 산출한 토석류의 피크유량을 사용한다.

#### ② 설계수심

설계수심은 설계유량을 통과시킬 수 있는 방수로의 월류수심을 사용한다. 즉 설계수심은 다음 1)과 2)의 값을 비교하여 큰 쪽의 수치를 사용하지만 지형 등의 이유로 방수로의 단면을 확보할 수 없을 때에는 댐둑어깨를 포함한 단면으로 대응한다.

1) 설계유량(토석)에 대한 월류수심: 계획퇴사물매를 사용하여 식 7·29에 따라 산출한다.
2) 최대입경: 7·2·1 현지조사 [5] 거석의 입경 조사를 참고하여 측정하지만, 계획지점으로부터 상류 및 하류의 각각 200m 내에 거석 200개가 분포하지 않을 경우에는 계획범위 내의 계측대상인 석력을 거력, 호박돌, 자갈 순으로 확대하면서 200개가 될 때까지 계측한다.

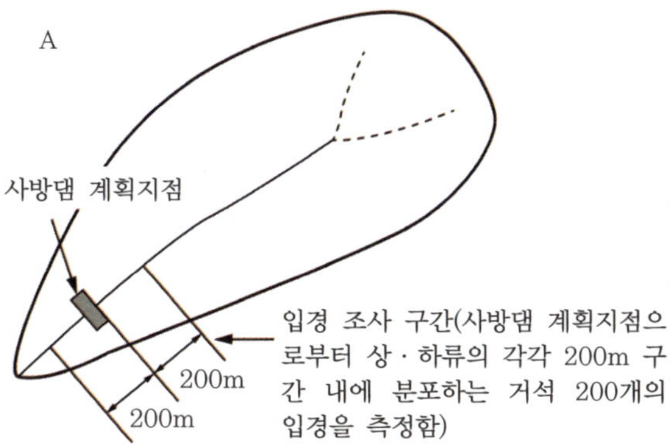

**그림 7-117** 최대입경의 측정 방법(A)과 거석 수가 부족한 현지 사례(B)

## 3 방수로

### ① 단면

방수로의 중심은 원칙적으로 현 계상의 중심에 위치하도록 설계하며, 사방댐 상·하류의 지형·지질, 계안의 상태, 유수의 방향을 고려하여 개구부가 막힌 후에도 토석류의 피크유량을 안전하게 통과시킬 수 있어야 한다.

투과형 사방댐이 토석류나 유목을 포착한 후에는 개구부가 완전히 막히는 것으로 간주하여 방수로의 단면이 토석류의 피크유량을 유하시킬 수 있도록 충분한 단면을 확보한다. 따라서 만사되지 않은 경우 유수가 투과부의 단면을 충분히 유하할 수 있고 만사 이후에는 제석을 실시하기 때문에 여유고를 고려하지 않아도 된다.

투과형 사방댐에서 방수로의 방향은 토석류의 포착 기능을 발휘할 수 있도록 상류 방향에 크게 편심하지 않도록 설계하지만 불투과형 사방댐과 같이 만사 이후를 예상하여 반드시 하류에 직각 방향이 되게 할 필요는 없다.

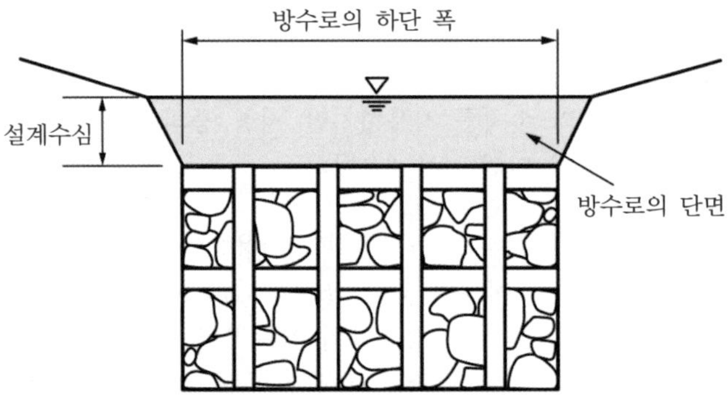


**그림 7-118** 투과형 사방댐 방수로의 단면

### ② 밑면의 폭

투과형 사방댐은 중·소규모의 출수 시 석력을 포착하지 않기 때문에 평상시에는 만사되지 않은 상태이다. 따라서 평상시에는 유수가 개구부의 아랫면(밑판 콘크리트의 댐둑마루)을 통과하므로 방수로의 밑면을 개구부의 폭과 일치시킨다. 사방댐의 하류부가 세굴되는 일에 대처하기 위하여 측면침식 등을 받지 않는 범위에서 가능하면 넓게 잡는다. 다만 지형 및 유량에 따라서는 개구부의 폭에 일치시키지 않아도 된다. 석력이나 유목을 효과적으로 포착할 수 있도록 슬릿의 간격을 우선시하기 때문에 방수로의 아래 폭을 미터 단위로 할 필요는 없다.

### ③ 높이

방수로의 높이는 토석류의 피크유량을 유하시키기 위하여 토석류의 피크유량으로부터 산정한 토석류의 수심(계획퇴적물매를 이용하여 산출함)과 토석의 최대입경을 비교하여 큰 쪽을 월류수심으로 설정한다. 다만 지형 등의 이유로 방수로 단면을 충분히 확보할 수 없을 경우에는 댐둑어깨를 포함한 단면으로 대응한다. 이 경우 댐둑어깨의 안정성, 하류부의 전정보호공에 미치는 영향,

하류의 세굴 방지 대책을 충분히 고려하여 적절한 대책을 강구한다. 특히 직상류에 주택이 위치한 경우에는 이상의 내용을 충분히 배려하여야 한다.

#### ④ 댐둑어깨의 댐둑마루

댐둑어깨의 기울기는 일반적으로 중력식 콘크리트사방댐의 사례를 참고로 하여 1 : 0.5로 하지만 토사의 유출 상황이나 사용 재료에 따라서는 수직으로 하는 경우도 있다. 또한 방수로의 단면은 원칙적으로 불투과형 사방댐과 같지만 투과부(슬릿부)가 막힌 후에도 안전하게 토석류를 통과시킬 수 있는 단면을 확보하여야 한다.

### 4 개구부

투과형 사방댐에서 개구부(開口部, opening part)의 위치, 폭, 높이는 토석류나 유목을 효과적으로 포착할 수 있도록 설정한다. 즉 개구부의 폭은 투과부의 기능이 충분히 발휘될 수 있도록 가능하면 넓게 잡고, 개구부의 높이는 토석류나 홍수의 수심보다 높게 확보하되 계획 포착량에 따라 정한다. 또한 개구부 밑면은 만사되지 않은 상태에서 평상시의 유량을 하류로 원활하게 유하시킬 수 있는 형상으로 설계한다.

#### ① 위치

##### ㉠ 종단 방향

투과형 사방댐에서 투과부 단면의 밑면 높이는 계류의 연속성을 고려하여 원칙적으로 현 계상에서 가장 낮은 위치와 일치시키며, 투과부의 단면을 복수단면으로 할 경우에도 상 · 하류의 연속성을 고려하여 투과부 단면의 높이를 설정한다. 사방댐의 직하류가 세굴된 경우에도 투과형 사방댐이 계류의 연속성을 충분히 발휘하기 위해서는 계류의 종단형을 경년적으로 파악하거나 자료가 부족할 경우 과거 5년 사이에 계상이 가장 낮았던 곳에 대응할 수 있도록 투과부 단면의 밑면 높이를 계획한다.

##### ㉡ 횡단 방향

계류의 연속성 및 양안이 안정된 위치에 투과부의 단면을 설치하며, 이 경우 토사의 퇴적에 지장이 없도록 주의한다. 사방댐의 축이 유로의 굴곡부에 위치할 때에는 유수가 직진하는 성질을 고려하여 본체의 안정을 손상하지 않는 범위에서 투과부의 단면을 바깥쪽에 설치하는 것이 바람직하다.

#### ② 폭

폐색형의 투과형 사방댐이 토석류를 효과적으로 포착하기 위해서는 평상시에 사방댐의 저사 공간을 가능하면 비워 두는 것이 중요하다. 이때 개구부를 지나치게 좁히면 중 · 소규모의 출수 시에 토사 및 유목이 퇴적하여 저사 공간이 줄어들기 때문에 개구부의 폭은 현 지형의 계폭을 고려하여 토석류가 유하할 수 있는 규모로 설정한다. 다만 계류의 최하단에 설치할 때에는 하류의 하도나 보전 대상에 미치는 영향을 참고하여 계폭보다 좁게 하는 경우도 있다.

토석류의 유하 폭보다 계폭이 충분히 넓은 경우에는 연직부재의 순간격을 조정하거나 개구부의 밑면을 복단면으로 하는 등 토석류가 확실히 개구부에 도달하도록 강구한다.

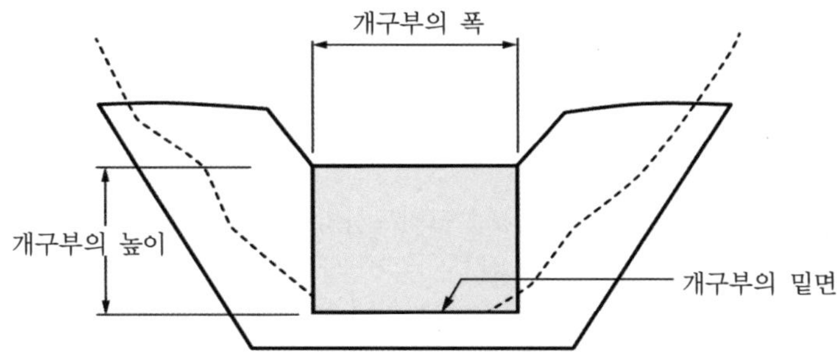


그림 7-119 투과형 사방댐의 개구부

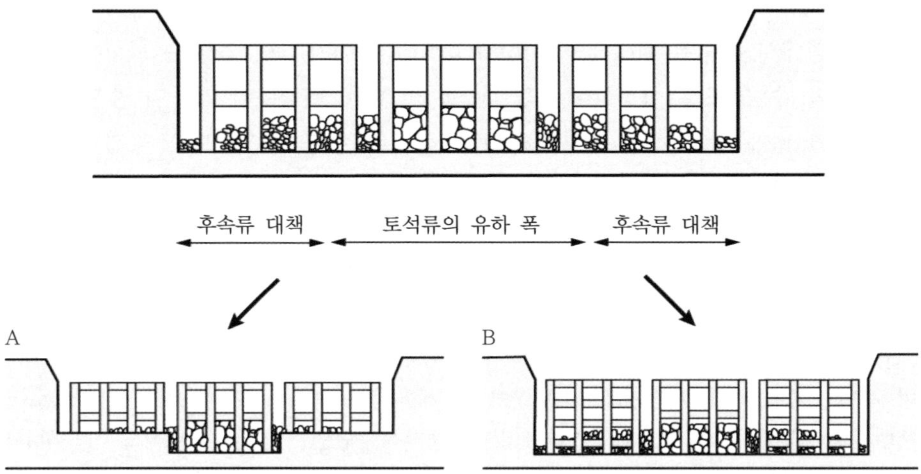


그림 7-120 계폭이 넓은 경우의 개구부 변형(A: 밑면 콘크리트의 복단면화, B: 좌우 강관부재의 간격 조정)

### ③ 높이

투과형 사방댐에서 개구부의 댐둑마루 높이는 통상의 저사댐과 마찬가지로 방수로의 댐둑마루 높이와 같게 설계한다. 개구부의 높이는 상류의 토사퇴적물이나 주변의 지형 등을 충분히 조사한 후 계획한다.

### ④ 밑면

투과형 사방댐은 중·소규모의 출수 시 사력을 포착하지 않기 때문에 평상시의 유량은 방수로가 아닌 개구부의 밑면(밑판 콘크리트의 댐둑마루)을 유하한다. 따라서 개구부의 밑면은 하도의 연속성이나 양안의 침식을 배려하여 계상의 가장 낮은 곳과 일치시킨다. 불투과부에서 댐둑마루의 폭은 불투과형 사방댐에 준하여 설정하고, 강재부를 배치하는 데 필요한 폭을 확보하기 위하여 불투과부의 댐둑마루 폭은 3m 이상으로 설계한다.

### ⑤ 단면의 설정

투과형 사방댐에서 투과부의 단면은 토석류의 최대입경, 유목의 최대직경, 시설의 목적 등에 따라 결정된다. 즉 투과형 사방댐은, 투과부 단면의 순간격을 적절하게 설정하여 토석류와 유목을 포착하는 기능과 평상시에 토사를 하류로 유하시키는 기능을 유지하여야 한다. 투과부의 단면은 토석류의 유하 형태나 최대입경($D_{95}$), 유목의 최대직경, 유역 내 기설 사방댐의 배치 상황 및 높이 등을 종합적으로 검토하여 설정한다.

투과형 사방댐의 수평 순간격은 토석류 최대입경의 1.0배 정도로 설정한다. 특히 토석류의 수심보다 높은 투과형 사방댐을 계획할 경우 연직 순간격도 최대입경의 1.0배 정도로 설정하여 토석류를 확실하게 포착한다. 또한 최하단의 투과부 높이는 토석류 최대입경의 1.5배까지 좁힐 수 있지만, 토사의 용적농도가 높을 경우 수평 순간격 및 연직 순간격이 최대입경의 1.5배보다 좁으면 투과부의 단면이 막힐 수 있기 때문에 기능상 필요한 경우 수평 순간격 및 연직 순간격을 1.5배까지 넓게 잡는다. 이때 기능상 필요한 경우란 토석류 등의 유하구간에 복수의 투과형 사방댐을 배치할 때 상류 지역에 배치하는 투과형 사방댐의 수평 순간격 및 연직 순간격을 확대하여 효과적으로 토석류에 대처하는 경우 등을 말한다.

한편 평상시의 유출토사를 하류로 유하시키는 기능과 토석류를 포착하는 기능을 유지하기 위하여 다음과 같은 조건을 만족할 경우 계류의 상황 등에 따라 이상과 다른 방법으로 투과부의 단면을 설정할 수 있다.

1) 토석류의 수심보다 낮은 투과부 단면이 토석류에 포함된 거석 등에 의하여 확실하게 막히고, 그와 같은 상태가 토석류의 유하 중에도 유지될 것
2) 토석류의 수심보다 높은 위치의 투과부 단면이 토석류의 후속류에 의하여 확실하게 막히고, 그와 같은 상태가 토석류의 후속류 유하 중에도 유지될 것

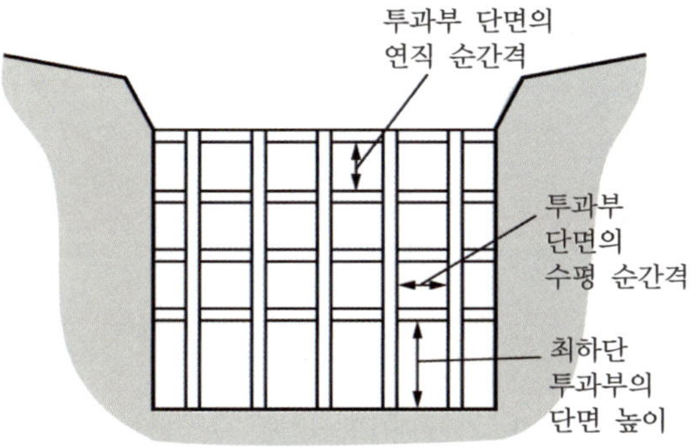


**그림 7-121** 투과부 단면의 순간격

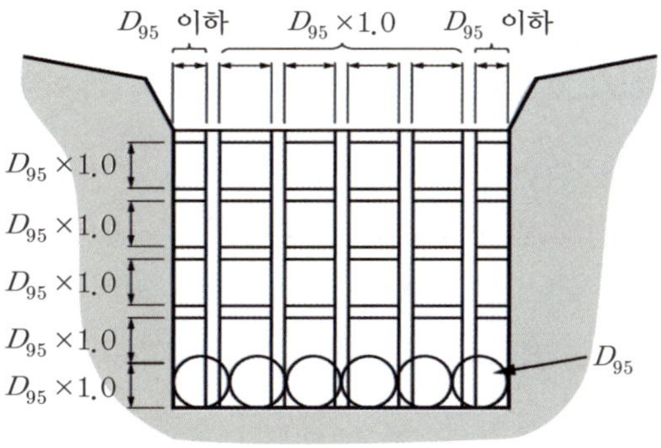


**그림 7-122** 최하단 투과부 단면의 결정

**표 7-21** 투과부 단면의 설정 방법

| 수평 순간격 | 연직 순간격 | 최하단 투과부의 단면 높이 |
|---|---|---|
| $D_{95}\times1.0^{*}$ | $D_{95}\times1.0^{*}$ | 토석류의 수심 이하** |

㈜ * 수평 순간격, 연직 순간격을 최대입경($D_{95}$)의 1.5배까지 확대할 수 있음
** 최하단 투과부의 단면 높이를 최대입경($D_{95}$)의 1.5배까지 좁힐 수 있음

특히 퇴적구간을 고려하거나 복수의 투과형 사방댐을 설치할 경우 투과부의 전체 단면이 사력에 의하여 막혀야 하므로 토석류의 유하 형태를 고려하면서 시설배치계획을 수립한다. 복수의 투

과형 사방댐을 배치할 경우에도 상류 지역의 투과형 사방댐에 의하여 토사 이동의 형태가 변화한다는 점에 유의한다.

### ⑥ 단면의 형상

투과형 사방댐에서 최상류의 부재는 사력이나 유목의 직격을 받기 때문에 이 부재가 받는 토석류의 유체력이나 사력의 충격력, 토석류 포착 후의 퇴사압을 밑판 콘크리트에 무리 없이 전달하는 일이 중요하다. 이와 같은 기능 및 구조 등을 검토한 후에 현지 가설이나 부재 운반의 용이성 등을 충분히 고려하여 단면형상을 설정한다.

#### ㉠ 구조부재

구조부재는 투과형 사방댐(특히 강제댐)을 구성하는 부재 가운데 주로 형상 유지를 목적으로 하여 역학적 저항력이 필요한 부재이다. 즉 토석류나 유목을 포착할 목적으로 배치된 기능부재를 지탱하는 역할을 하지만 기능부재를 겸하는 경우도 있다.

구조부재가 파손되면 토석류나 퇴사에 견디지 못하기 때문에 설계 시 부재가 허용응력도 이내로 억제되도록 한다. 파손될 구조부재를 특정하기는 어렵지만 사력의 충돌이 예상되는 부재에 설계외력이 가해질 경우 구조계가 파괴되지 않도록 하여야 한다. 일반적으로 부재의 숫자가 많을수록 용장성이 크고 부재의 파손에 따른 구조계의 유지에 대한 내성이 높다고 할 수 있다.

설계 시 안정계산에 사용하는 설계외력에 대한 부재의 발생응력을 허용응력도로 억제하여야 한다. 다만 사력의 충돌에 의한 부재의 국부적인 변형은 허용한다. 이때 부식두께는 한쪽 면을 0.5mm, 여유두께를 0.0~3.5mm로 한다.

부재가 손상되었을 경우 부재의 내력이 저감될 것을 감안하여 공용할 수 있는가를 판정한다. 이때 부식두께와 여유두께를 부재두께로 하여 고려한다. 다만 강관부재 자체는 용장성의 검토에 상관없이 오목면[요면(凹面)]의 양에 따라 다음과 같이 보수 · 보강을 판정한다.

1) 오목면 10% 이하 → 건전
2) 오목면 10% 초과 40% 미만 → 필요에 따라 보수 · 보강
3) 오목면 40% 이상 → 보수 · 보강(교체)

#### ㉡ 기능부재

기능부재는 투과형 사방댐의 투과부 단면에 설치하는 부재 가운데 토석류를 포착할 목적으로 배치하는 부재이다. 최근 투과형 사방댐이 주택지의 직상류에 배치되고 있어 보전 대상의 안전성을 확보한다는 관점에서 토석류의 후속류에 포함된 작은 사력도 포착하여야 할 경우가 있다. 이때 구조부재가 사력의 포착 기능을 겸하기도 하지만 작은 사력을 포착할 목적으로 구조부재를 배치하면 비경제적인 설계가 될 수 있다. 따라서 작은 사력을 포착할 목적으로 계획한다면 기능부재를 고려한다.

기능부재는 사력의 포착을 목적으로 하기 때문에 사력의 충돌을 피할 수 없을 뿐만 아니라 구조부재보다 파손될 가능성이 높다. 따라서 사력의 충돌과 같은 외력이 작용할 때 부재가 절단되지 않고 사력의 포착 기능을 유지할 수 있도록 소성변형을 허용하여야 한다.

설계 시 안정계산에 사용하는 외력에 대한 부재의 발생응력을 항복응력도로 억제하지만 사력의 충돌에 의한 부재의 국부적인 변형은 허용한다. 부식두께는 교체가 가능할 경우 0.0mm, 교체가 불가능할 경우에는 한쪽 면을 0.5mm로 한다. 또한 여유두께는 교체 여부에 상관없이 토석류에

대한 내성, 사력의 충돌 빈도나 부착 위치 등을 고려하여 0.0~3.5mm로 한다.

ⓒ **용장성**

일반적으로 투과부의 부재는 설계외력에 대하여 안전하여야 하며, 일부 부재가 파손되어도 사방댐 전체의 붕괴로 이어지지 않도록 가능하면 용장성(冗長性, redundancy)이 높은 구조로 한다. 그러나 용장성의 구체적인 평가 방법이 확립되어 있지 않기 때문에 불확실한 사물의 취급 방법이나 강구조의 인성(靭性)을 고려한 합리적인 설계가 도입되기 전까지는 강제투과형 사방댐을 설계할 때 종래의 안정계산 및 구조계산뿐만 아니라 종국내력(終局耐力, ultimate resistance force)의 크기나 시설의 규모, 계획위치, 계류의 특성 등을 종합적으로 판단하도록 한다.

투과형 사방댐의 주요 부재인 강관의 설계와 관련하여서는 거력의 충돌로 인하여 강관이 우그러지거나 휘는 정도를 함께 계산하여야 하며, 탄성역을 크게 초과한 소성역까지 허용하고 있다. 이와 같은 국소변형을 허용하는 이유는, 강제투과형 사방댐은 강관을 복수로 조합한 부정정(不整定) 구조물이기 때문에 일부 부재가 과도하게 변형되어도 구조물 전체로 충분히 유지할 수 있다고 판단하기 때문이다. 결국 강제투과형 사방댐은 용장성으로 하중에 대한 내성을 예상보다 높이고 있다.

그러나 토석류의 유체력이나 사력의 충격력을 계산할 수 있는 기준이 마련되고 토석류를 확정된 기존의 하중으로 간주하기 때문에 설계 시 경제성을 추구한 나머지 설계하중과는 크기나 작용형태가 다른 하중에 대한 내성을 고려하지 않는 경우가 있다. 이럴 경우 설계 시에는 예상하지 않았던 하중이 작용하여 일부 부재가 치명적인 손상을 입고, 이는 곧바로 구조물 전체의 안정성 손상으로 이어져 보전 대상의 안전을 담보할 수 없게 된다. 따라서 투과부의 구조검토 시에는 안정계산에 사용하는 외력(토석류의 유체력, 퇴사압)에 대하여 각 부재의 내력이 허용응력 이내에 들어야 하고, 거력의 충돌에 대하여 부재가 소정의 내력을 유지하여야 한다.

## 5 월류부

### ① 안정성

폐색형의 투과형 사방댐은 제체가 활동, 전도, 지지력에 대하여 안전하여야 하고, 투과부를 비롯하여 제체를 구성하는 부재가 토석류 및 토사와 함께 유출하는 유목에 대하여 안전하여야 한다. 즉 투과형 사방댐은 구조물 전체가 설계외력에 대하여 안전한 구조를 유지하도록 설계되어야 한다.

㉠ **안정조건**

투과형 사방댐의 안정조건은 불투과형 사방댐과 같다.

㉡ **설계외력**

투과형 사방댐의 설계외력은 기본적으로 불투과형 사방댐의 설계외력과 같지만 투과 구조에 적합한 설계외력이 작용하도록 한다. 즉 투과형 사방댐의 안정계산에 사용하는 하중으로 정수압은 고려하지 않으며, 퇴사면을 기준으로 하부는 퇴사압을, 상부는 토석류의 유체력을 사용하여 계산한다. 퇴사면의 높이는 퇴사압과 토석류의 유체력이 가장 커지게 설정한다.

ⓐ **자중**

밑판 콘크리트의 중량과 슬릿의 중량을 합산하며 슬릿 사이의 퇴사 무게와 유수의 무게는 고려하지 않는다. 다만 토사가 확실하게 슬릿 안에 포착되어 하류로 유출되지 않는 경우에는 포착되는 토사의 중량을 고려할 수 있다. 예를 들면 최상류의 부재에 의하여 포착된 토석류 중 밑판 콘크리트에 상재된 토사가 이에 해당한다.

ⓑ **정수압**

개구부가 넓은 투과형 사방댐이 토석류를 포착할 경우 퇴사지 내의 유수는 사력의 간극을 유하하여 담수되지 않기 때문에 토석류구간에 설치하는 투과형 사방댐에는 정수압을 고려하지 않는다. 실제로 투과형 사방댐이 퇴사된 상태에서 상류로부터 유수가 공급되어 퇴사면에 유수가 체류하는 경우에도 사방댐의 퇴사구역은 침윤선이 내려가면서 불포화상태가 된다.

다만 소류구간에 설치하는 유목막이와 같이 개구부가 유목으로 막혀 사방댐의 상류가 담수 상태가 되는 경우에는 투과형일지라도 정수압이 작용한다. 따라서 토사나 유목을 포착한 후의 상태에 따라 투과형 사방댐에서도 정수압의 영향을 검토한다.

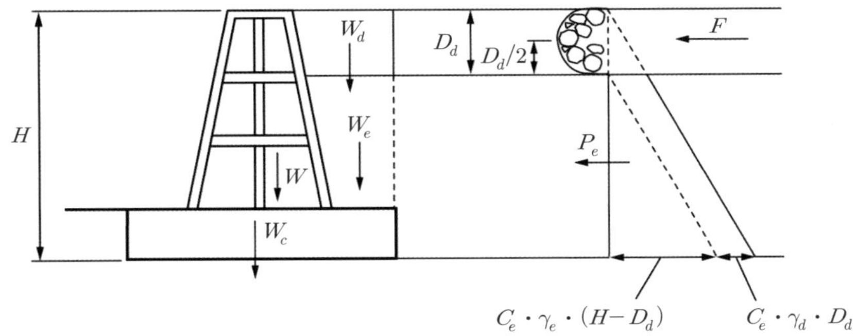


$H$: 댐의 높이, $W_d$: 토석류의 무게, $W_e$: 퇴사의 무게, $W$: 강재의 자중, $W_c$: 기초의 자중, $D_d$: 토석류의 수심, $F$: 토석류의 유체력, $P_e$: 퇴사압, $C_e$: 토압계수, $\gamma_e$: 토사의 단위체적중량, $\gamma_d$: 토석류의 단위체적중량

**그림 7-123** 월류부의 설계외력(토석류 발생 시)

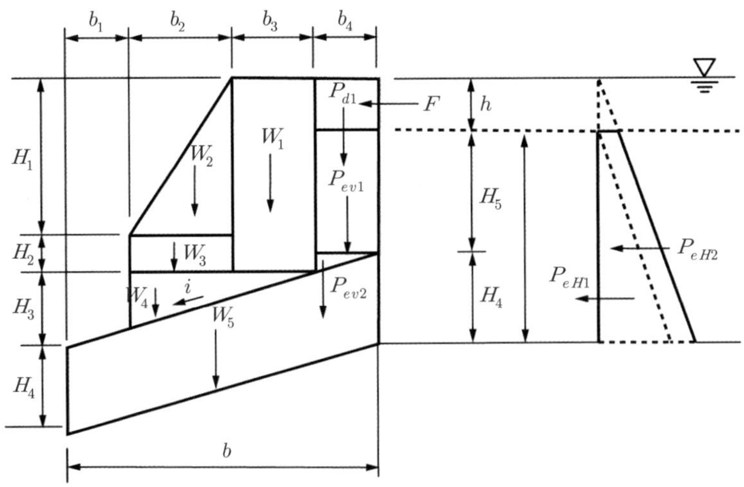


$H_1 \sim H_5$: 하중이 작용하는 높이, $h$: 토석류의 수심, $W_1 \sim W_5$: 각 단면에 작용하는 제체의 자중, $F$: 토석류의 유체력, $P_e$: 퇴사압, $P_{d1}$: 토석류의 무게, $b$: 기초의 폭

**그림 7-124** 강제투과형 사방댐(방수로)의 하중도(토석류 발생 시)

ⓒ **퇴사압**

토석류구간에서는 퇴사면의 하부가 담수되지 않는다고 간주하여 토석류의 중량을 상재하중으로 하는 공중 퇴사압을 작용시키고, 밀판 콘크리트는 정수압을 고려하여 수중 퇴사압을 작용시킨다. 퇴사압은 토석류가 상재되었다고 간주하여 사다리꼴 분포로 한다.

ⓓ **토석류의 유체력**

안정계산 시 토석류의 유체력은 투과형일지라도 개구부가 완전히 막힌 상태에서 퇴사면에 작용한다고 간주한다. 사력 및 유수의 충격력은 국소적으로 작용하기 때문에 안정계산의 대상이 아니지만 투과형 사방댐의 부재구조일 경우에는 검토한다.

**표 7-22** 투과형 사방댐(월류부)의 안정계산에 사용하는 설계외력(자중은 제외)

| 사방댐 높이 | 평상시 | 토석류 발생 시 | 홍수 발생 시 |
|---|---|---|---|
| 15m 미만 | – | 퇴사압, 토석류의 유체력 | – |
| 15m 이상 | – | 퇴사압, 토석류의 유체력 | – |

② **투과부의 구조검토**

㉠ **조건**

투과부의 부재는 설계외력에 대하여 안전하며 일부 부재가 파손되어도 사방댐 전체가 붕괴되지 않도록 용장성이 높은 구조로 설계한다. 즉 투과부의 부재강도에 대한 안전을 확인하여야 하고, 토석류와 같이 불확정 요소가 클 뿐만 아니라 피해가 막대한 토사 이동이 일어나 일부 부재가 파손되더라도 사방댐 전체에 영향을 미치지 않도록 용장성이 높은 구조로 계획한다. 이를 위하여 ① 토석류의 유체력 및 퇴사압에 대한 각 부재강도의 검토, ②온도 변화에 따른 온도응력에 대한 각 부재강도의 검토, ③① 및 ②의 힘에 대한 접합부 강도의 검토, ④석력 · 유목의 충돌에 따른 각 부재강도의 검토 등을 실시한다. 토석류를 포착할 목적으로 배치되는 부재(기능부재) 중에서 구조물의 형상을 유지하기 위한 부재(구조부재)에 해당하지 않는 것은 토석류 속 석력의 포착만으로 목

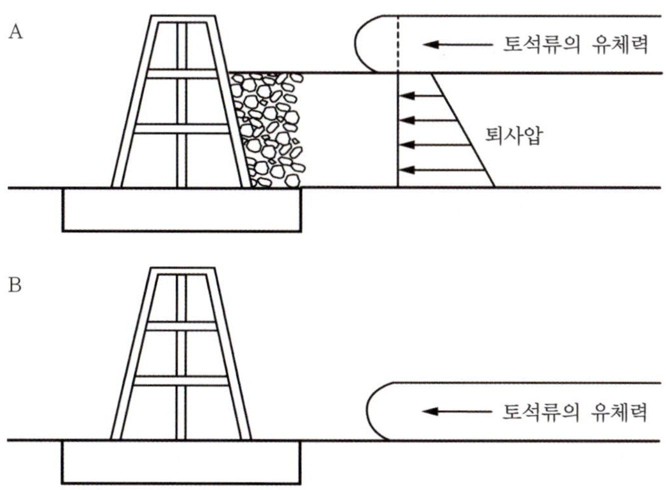


**그림 7-125** 구조계산의 검토 사례(A: 만사된 경우, B: 만사되지 않은 경우)

적을 달성하였다고 보기 때문에 소성변형을 허용할 수 있다.

**㉡ 설계외력**

**ⓐ 토석류 발생 시**

토석류 유하 시에는 단기하중이 작용하기 때문에 해당 지역의 기존 자료를 참고하여 허용응력도를 1.5배 할증한다. 이때 토석류 유하 시의 안정계산은 토석류의 유체력이 강제 부분의 댐둑마루 부근에 작용하는 것으로 상정하여 실시한다. 그러나 투과형 사방댐이 만사되기 이전에도 종종 토석류가 발생하므로 만사되기 이전에 토석류가 작용하는 쪽의 부재에 큰 응력이 생길 수 있다. 따라서 댐둑마루 부근에 토석류의 유체력이 작용하는 경우는 물론이고 만사 이전의 하중에 대해서도 반드시 검토한다.

**ⓑ 만사 시(평상시)**

토석류가 포착된 후에는 퇴사압이 장기간 작용하기 때문에 만사 시의 허용응력도를 할증하지 않는다.

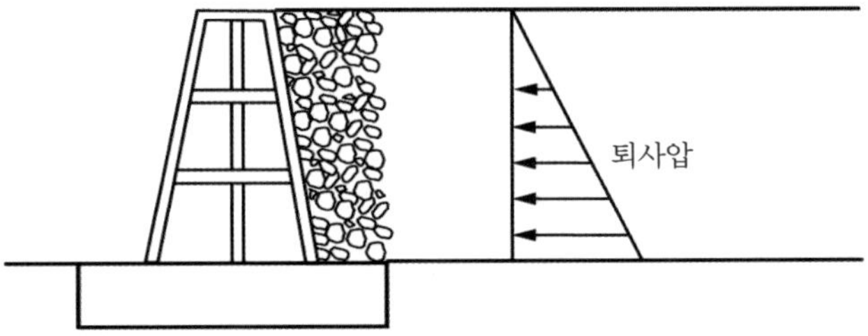


**그림 7-126** 투과형 사방댐의 설계하중(평상시)

**ⓒ 온도 변화 시**

강재의 골조가 부정정 구조이고 시설의 연장이 긴 경우에는 안정계산에 사용하는 하중 외에 온도 변화에 따른 영향도 고려하여야 한다. 온도응력에 대해서는 일반적으로 허용응력도를 1.15배 할증하며, 온도응력이 크고 안정계산에서 사용하는 하중에 의하여 결정되는 강재단면이 커지는 경우에는 부재단면이 온도응력에 의하여 결정되지 않도록 단면형상으로 하거나 시설의 연장을 분할한다. 이때 자중 이외의 하중은 제외하고 온도응력에 의한 영향에 대해서만 검증한다.

**ⓓ 면외하중**

투과형 사방댐의 중심축은 만곡부를 피하는 것이 바람직하지만 부득이한 경우에는 토석류의 포착 기능을 고려하여 상류에 대하여 편심하지 않도록 하는 일이 중요하다. 특히 사방댐의 직상류가 만곡부인 경우 선단부가 집합운반 상태에 도달하지 않을 뿐만 아니라 만곡부의 안쪽은 토석류의 선단부에 포함된 석력이 차단되지 않기 때문에 후속류가 통과한다는 점에 유의하여야 한다. 이와 같이 투과형 사방댐은 선단부의 거력군을 동반한 사력형의 토석류에 대하여 기능을 발휘하는 구조이기 때문에, 계류의 사행부, 지류의 합류점과 같이 토석류가 분산되기 쉬운 지형에서는 토석류의 형태로 유하하지 않을 수 있으므로 배치에 주의하여야 한다.

사방댐의 중심축이 유심에 편심하고 면외하중이 예상될 경우에는 편심각도가 30° 이상일 때의 구조계산에 있어 예상되는 토석류의 편심과 사방댐의 축이 이루는 각도를 상정한 후 여유각을 고려하여 사방댐에 대한 편심각도를 설정한다. 계류의 만곡부에 사방댐을 설치할 경우 투과부재에 대한 편심하중을 파악하는 데 필요한 사방댐의 편심각도는 다음의 식으로 계산할 수 있다.

$$\theta_{f1} = \theta_{f2} + \theta_{f3} \quad \cdots\cdots (7\cdot67)$$

식에서 $\theta_{f1}$: 사방댐에 대한 편심각도(°), $\theta_{f2}$: 예상되는 토석류의 유심과 사방댐의 중심축이 이루는 각도(°), $\theta_{f3}$: 여유각(=10°)

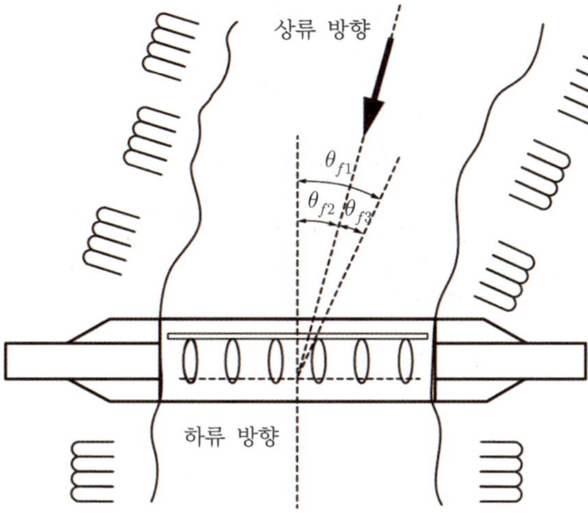


**그림 7-127** 투과부재에 대한 편심하중(계류의 만곡부에 사방댐을 설치할 경우)

**표 7-23** 구조검토에서 고려하는 설계외력

| 구 분 | 토석류 발생 시 | 만사 시 | 온도 변화 시 |
|---|---|---|---|
| 자중 | ○ | ○ | ○ |
| 토석류의 유체력 | ○ | – | – |
| 퇴사압 | ○ | ○ | – |
| 온도응력 | – | – | ○ |
| 허용응력도의 할증계수 | 1.50 | 1.00 | 1.15 |

### ③ 밑판 콘크리트의 설계

강제투과형 사방댐이 토석류의 유체력이나 퇴사압에 저항하여 지반에 하중을 전달하기 위해서는 일정 규모의 자중이 필요하다. 이때 밑판 콘크리트가 골조 구조의 하중을 지반으로 전달하고 동시에 활동에 저항하는 무게로 작용한다. 따라서 밑판 콘크리트의 내부에 발생하는 응력이 콘크리트의 허용응력을 초과하지 않도록 설계한다. 한편 지지 지반이 연약하거나 소정의 지지력을 유지하지 못할 경우에는 밑넣기 또는 기초처리 등을 실시하여 필요한 지반 허용지지력을 확보한다.

#### ㉠ 물매

토석류가 포착되기 전까지는 밑판 콘크리트의 댐둑마루(개구부의 밑면)를 유수가 통과하게 된다. 따라서 밑판 콘크리트의 폭(상 · 하류 방향), 사방댐 상 · 하류 지역의 퇴사 상황, 유량 등을 고려하여 밑판 콘크리트를 계상물매보다 완만하게 설계한다. 특히 계상물매가 급할 경우 최하단 부분의 세굴을 방지하기 위하여 밑판의 물매를 계상물매보다 완만하게 설계한다.

밑판 콘크리트를 경사지게 설계할 경우 사방댐의 높이는 토사를 포착하는 면을 기본으로 하여 설정한다. 또한 밑판 콘크리트의 밑면을 계단 모양으로 정형화하면 활동에 대한 저항이 강화되기 때문에 기초지반, 시공성 등에 따라 밑판의 형상도 조절한다.

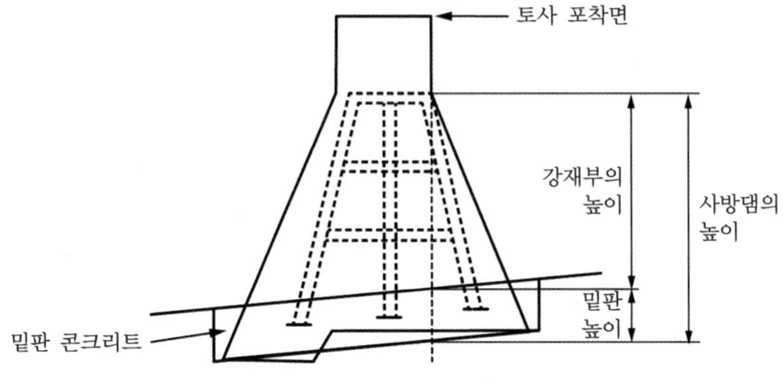


**그림 7-128** 밑판 콘크리트의 형상

사방댐의 기초는 안전을 위해서 암반에 시공하는 것이 바람직하지만 사방댐을 암반에 시공하기가 어려운 경우에는 사력기초에 시공하기도 한다. 다만 안정계산에 사용하는 퇴사압은 수평외력으로 작용하기 때문에 사력 지반일 경우 밑판의 밑면 하단부로부터 작용한다(암반에 시공할 경우에는 밑판의 밑면 상단부로부터 작용함).

**㉡ 두께**

밑판 콘크리트의 두께는 기초지반에 따라 밑넣기의 깊이를 확보하고, 밑판 콘크리트의 내부에 발생하는 응력이 콘크리트의 허용응력을 초과하지 않는 두께로 설계한다. 그러나 인장이 발생하는 경우에는 배근(配筋) 등을 실시하여 과도한 굴삭을 피한다.

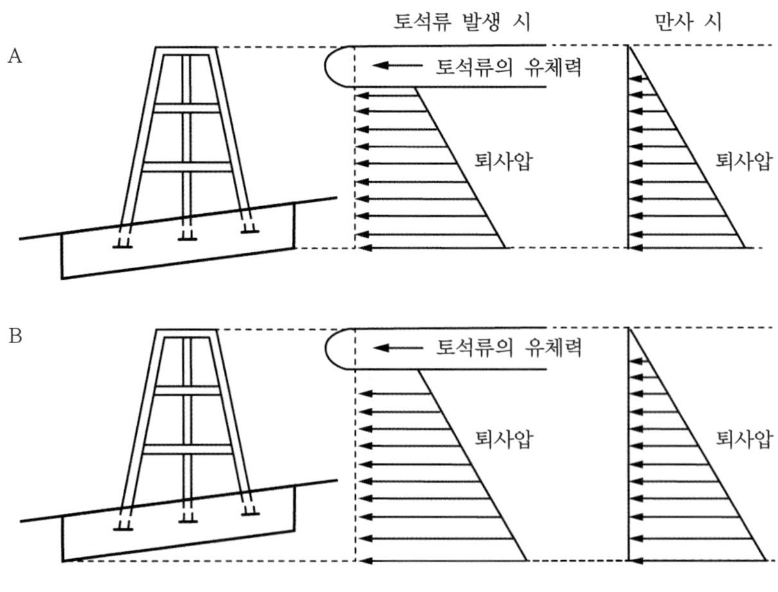


**그림 7-129** 기초지반의 차이에 따른 작용하중(A: 암반 지반, B: 사력 지반)

밑판 콘크리트는 설계하중에 대하여 자중으로 저항하여 사방댐의 안정성을 확보하기 때문에 안정상 필요한 두께를 확보하여야 한다. 일반적으로 투과부와 밑판 콘크리트가 일체가 되어 작용할 수 있도록 슬릿의 기둥을 밑판 콘크리트에 삽입하는 형상을 주로 채택하고 있다. 이때 슬릿을 슬릿의 바깥 직경보다 깊게 삽입하여야 하므로 밑판의 두께는 삽입 깊이의 2배 이상이 되어야 한다. 특히 슬릿의 삽입부에 발생하는 응력에 대한 밑판 콘크리트 내의 인발전단 및 지지압력을 대조하여 허용치 이내로 억제되도록 설계하며, 슬릿의 삽입과 다른 구조인 경우에도 이와 동등한 안전성이 보증되도록 설계한다.

**㉢ 컷오프**

투과형 사방댐이 만사될 경우 유수는 최상단 기둥의 댐둑마루로부터 투과부의 틀 안으로 낙하한 후 밑판 콘크리트의 댐둑마루를 유하하기 때문에 세굴을 방지하기 위한 컷오프(cut-off)가 필요하지 않다. 다만 사력 지반으로 ①지반을 구성하는 입경이 작은 경우 ②투과부의 틀 안에 사력이 퇴적하여 하류로 낙하하는 유수가 발생하는 경우, ③밑판 콘크리트의 최하단과 계상에 낙차가 있는 경우 등에는 컷오프를 포함한 전정보호공의 채택 여부를 검토한다.

## 6 비월류부

투과형 사방댐에서 비월류부의 안정조건 및 설계외력은 불투과형 사방댐과 같게 한다.

**표 7-24** 투과형 사방댐(비월류부)의 안정계산에 사용하는 설계외력

| 사방댐 높이 | 평상시 | 토석류 발생 시 | 홍수 발생 시 |
|---|---|---|---|
| 15m 미만 | – | 정수압, 퇴사압, 토석류의 유체력, 본체의 자중, 토석류의 무게 | – |
| 15m 이상 | 본체 자중, 지진관성력 | 정수압, 퇴사압, 토석류의 유체력, 본체의 자중, 토석류의 무게, 양압력 | – |

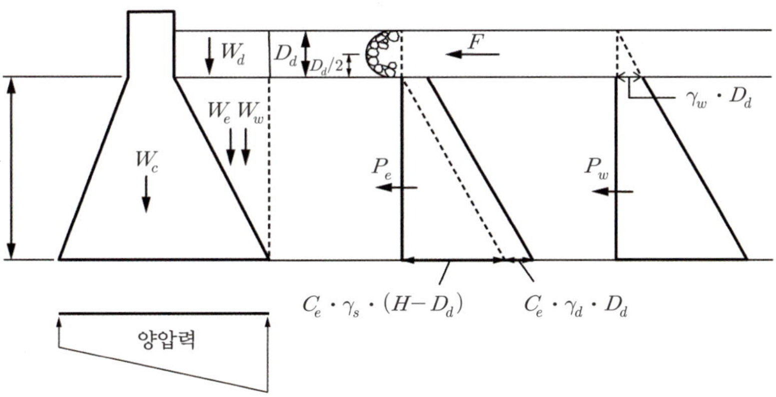


$H$: 댐의 높이, $W_d$: 토석류의 무게, $W_e$: 퇴사의 무게, $W_w$: 유수의 무게, $W_c$: 기초의 자중, $D_d$: 토석류의 수심, $F$: 토석류의 유체력, $P_e$: 퇴사압, $P_w$: 정수압, $C_e$: 토압계수, $\gamma_s$: 토사의 단위체적중량, $\gamma_d$: 토석류의 단위체적중량

**그림 7-130** 비월류부의 설계외력(토석류 발생 시)

**① 안정계산**

투과형 사방댐의 경우 만사되지 않은 상태에서는 개구부가 존재하기 때문에 만수 상태를 고려할 필요 없이 만사 이후의 토석류 발생 시에 대한 안정계산을 실시한다. 이때 퇴사면 아래는 포화되어 있다고 상정하고 유수의 단위체적중량을 사용한다.

**② 단면의 설정**

투과형 사방댐에서 비월류부(불투과부)의 단면은 원칙적으로 다음과 같은 사항을 검토하여야 한다.

**㉠ 댐둑마루의 폭**

댐둑어깨에서 댐둑마루의 폭은 본래 그 사방댐에 상정된 외력에 대하여 안전하고도 관리상 지장이 없어야 한다. 콘크리트 불투과 단면의 경우 충돌하는 최대입경의 2배를 원칙으로 하며, 필요로 하는 댐둑마루의 폭이 4m를 초과할 경우에는 별도로 완충재나 흙쌓기에 의한 보호, 철근에 의한 보강 등을 실시한다.

**㉡ 대수면의 기울기**

사방댐은 경제적인 단면을 원칙으로 하지만 토사 및 유목의 포착에 지장이 없도록 하고 필요에 따라 지진을 고려하여 비월류부 대수면의 기울기를 1 : 0.2~0.3로 한다.

**㉢ 반수면의 기울기**

반수면은 사방댐이 만사된 후 월류수에 의한 충격을 받기 쉬우므로 역학적으로 안정되고 경제성(굴착량, 재료 등)이 있는 역단면을 채택한다. 반수면의 기울기는 대수면의 기울기를 정한 후 안정계산을 실시하여 설계한다.

**㉣ 댐둑어깨**

댐둑어깨는 반수면의 기울기가 역단면일 경우 수직으로 하는 것을 원칙으로 한다.

### 7 전정보호공

투과형 사방댐의 경우 통상의 유수는 설치 이전과 거의 변화하지 않은 상태로 계상을 따라 유하하며, 토석류를 포착한 이후에도 월류한 토석류가 밑판 안쪽으로 낙하하기 때문에 대부분 전정보호공이 필요하지 않다. 그러나 포착된 토석류가 후속류에 의하여 세굴되거나 부분투과형과 같이 투과부의 끝과 계상면 사이에 낙차가 생기는 구조 등에서는 불투과형 사방댐에 준한 전정보호공이 필요하다. 특히 감세공이나 앞댐에는 필요성을 충분히 고려하여 계획한다.

### 8 부속물

각종 부속물은 불투과형 사방댐의 기타 부속물 설계기준에 준하여 설계한다.

## 7·7·7 부분투과형 사방댐

### 1 부위별 명칭

부분투과형 사방댐은 댐 본체(방수로, 댐둑어깨, 밑판 콘크리트 등)와 그 앞에 설치하는 물받이 및 측벽으로 구성되며, 각 부위별 명칭은 투과형 사방댐의 명칭을 참고한다.

부분투과형 사방댐에 사력형의 토석류가 도달하면 불투과부에 의하여 거력을 포함한 선단부가 포착되고, 불투과부의 상부에 설치된 투과부에는 거력을 포함하지 않은 후속류가 도달한다. 불투과부가 만사되면 상류의 퇴사물매가 완만해지기 때문에 토석류는 퇴사구역의 물매 변화에 따라 토사류 혹은 소류로 변화하기도 한다. 따라서 부분투과형 사방댐을 토석류 포착용으로 검토할 경우 시설의 효과가 소류구간에 설치한 유목막이와 같아질 수 있기 때문에 토사를 유효하게 포착하기 위해서는 토사의 이동 형태나 개구부 등을 충분히 검토한다. 다만 부분투과형 사방댐을 유목 대책으로 계획할 경우에는 이와 같은 내용을 검토하지 않더라도 유목의 포착 기능이 충분히 발휘될 것으로 기대할 수 있다.

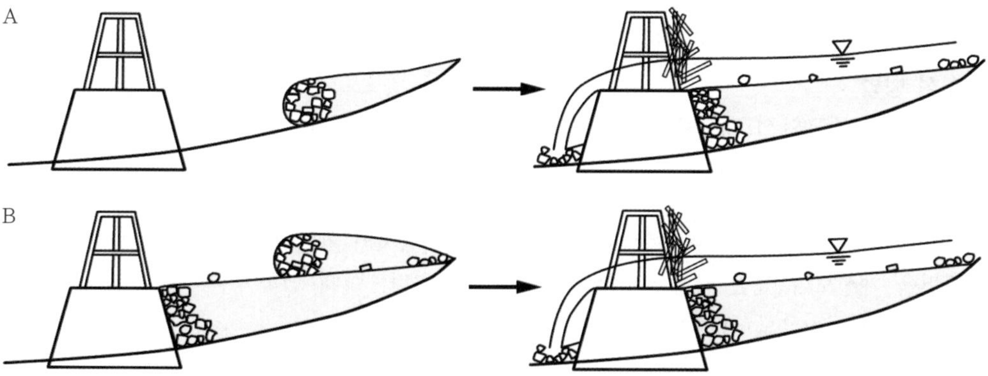


**그림 7-131** 부분투과형 사방댐에서 토사 및 유목이 포착되는 상황(A: 토석류의 선단부가 포착되고 거력이 포함되지 않은 후속류가 도달한 경우, B: 평상시의 퇴사물매가 현 계상물매에 비하여 크게 변화한 경우)

## 2 설계유량 및 설계수심

### ① 설계유량

부분투과형 사방댐의 설계유량은 기본적으로 불투과형 사방댐과 같게 한다.

### ② 설계수심

부분투과형 사방댐의 설계수심은 기본적으로 불투과형 사방댐과 같게 한다.

#### ㉠ 방수로 단면의 설계수심

부분투과형 사방댐의 설계수심은 투과형 사방댐과 마찬가지로 설계유량(토석)에 대한 월류수심의 값과 최대입경의 값을 비교하여 큰 쪽으로 한다. 다만 지형 등의 이유로 방수로의 단면을 확보할 수 없을 때에는 댐둑어깨를 포함한 단면으로 대응할 수 있다.

#### ㉡ 홍수 발생 시의 설계수심

부분투과형 사방댐에서 홍수 발생 시의 설계수심은 설계유량(홍수)이 불투과부를 월류할 때의 수심을 사용한다.

㉢ **전정보호공의 설계수심**

부분투과형 사방댐에서 전정보호공에 대한 설계수심(전정)은 방수로의 단면 설정 시 사용한 유량을 이용한다.

## 3 방수로

부분투과형 사방댐에서 방수로의 단면은 폐색형의 투과형 사방댐과 같게 한다.

## 4 개구부

### ① 위치

부분투과형 사방댐에서 개구부의 위치는 투과형 사방댐과 같은 방법으로 검토한다.

### ② 설정 방법

부분투과형 사방댐에서 개구부는 투과형 사방댐과 같은 방법으로 설정한다.

### ③ 밑면

사방댐 상류 지역으로부터 이동한 토사 및 유목을 퇴적시켜 계상을 안정시키려고 할 경우 개구부의 밑면을 계상보다 높인 부분투과형 사방댐을 계획한다. 이때 댐둑마루의 폭은 충돌하는 토석 최대입경의 2배 이상으로 하는 것을 원칙으로 한다.

## 5 월류부

### ① 안정성

부분투과형 사방댐은 제체가 전도, 활동, 지지력에 대하여 안정할 뿐만 아니라 투과부를 구성하는 부재가 토석류 및 토사와 함께 유하하는 유목에 대해서도 안전하여야 한다.

㉠ **안정조건**

부분투과형 사방댐의 전체 안정조건은 불투과형 사방댐에 준하여 검토한다.

㉡ **설계외력**

부분투과형 사방댐의 설계외력은 기본적으로 불투과형 사방댐과 같게 하지만 투과부의 구조에 따라 해당 설계외력에 작용하도록 설계한다. 따라서 부분투과형 사방댐의 안정계산에 사용하는 설계외력은 표 7-25와 같이 편성한다. 특히 부분투과형 사방댐의 불투과부는 밑판 콘크리트가 계상보다 돌출된 상태로 불투과형 사방댐과 유사한 퇴사 형태를 보이기 때문에 밑판 콘크리트의 댐둑마루까지 담수한다고 간주하여 정수압을 고려한다. 안정계산에 사용하는 설계외력은 토석류 발생 시($H<15$m)와 홍수 발생 시($H<15$m)와 같이 투과부와 불투과부에 작용한다. 투과부

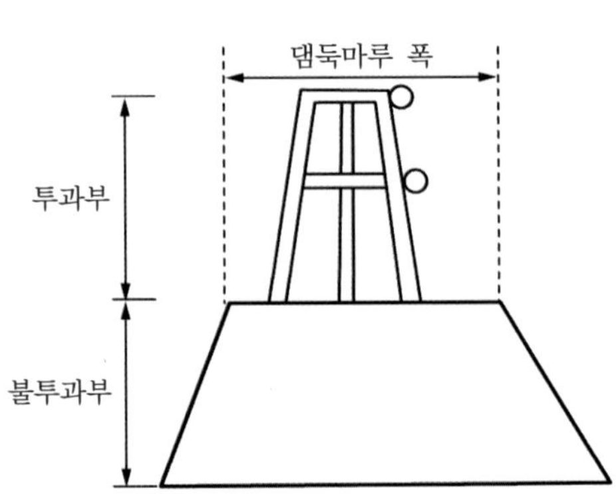


**그림 7-132** 부분투과형 사방댐의 구조

의 자중은 투과부에 사력 및 유수가 차단되지 않은 상태에서 산출하고, 홍수 발생 시 투과부를 월류하는 유수의 자중은 정수압으로 불투과부에 작용시킨다.

**표 7-25 부분투과형 사방댐의 안정계산에 사용하는 설계외력**

| 사방댐의 높이 | 평상시 | 토석류 발생 시 | 홍수 발생 시 |
|---|---|---|---|
| 15m 미만 | – | 정수압, 퇴사압, 토석류의 유체력 | 정수압 |
| 15m 이상 | 정수압, 퇴사압, 양압력, 지진 시의 관성력과 동수압 | 정수압, 퇴사압, 양압력, 토석류의 유체력 | 정수압, 퇴사압, 양압력 |

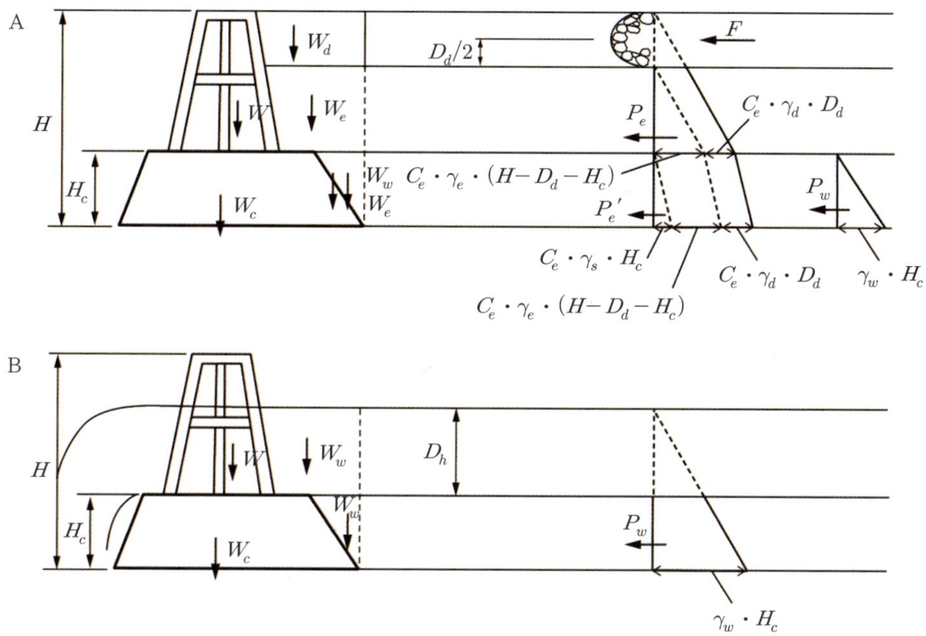


$H$: 댐의 높이, $H_c$: 불투과부의 높이, $D_d$: 토석류의 수심, $F$: 토석류의 유체력, $C_e$: 토압계수, $\gamma_d$: 토석류의 단위체적중량, $\gamma_e$: 토사의 단위체적중량, $\gamma_s$: 수중에서의 토사의 단위체적중량

**그림 7-133** 부분투과형 사방댐의 설계외력(A: 토석류 발생 시, B: 홍수 발생 시)

**② 투과부의 구조검토**

부분투과형 사방댐에서 투과부의 부재 및 구조는 투과형 사방댐과 같은 방법으로 검토한다.

### 6 비월류부

**① 안정계산**

부분투과형 사방댐에서 비월류부의 안정성 및 구조는 불투과형 사방댐과 같게 한다. 즉 부분투과형 사방댐에서 비월류부의 홍수 발생 시 수심은 불투과형 사방댐에서 산정한 월류수심을 사용하여 안정계산을 실시한다.

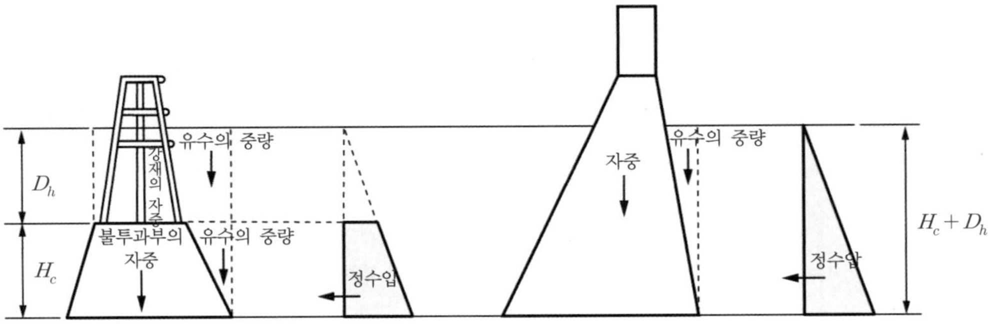


**그림 7-134** 부분투과형 사방댐의 수심(홍수 발생 시)

**② 단면의 설정**

**㉠ 댐둑마루의 폭**

불투과부의 댐둑마루 폭은 사력 및 유목의 충돌에 의하여 파괴되지 않아야 하므로 충돌하는 최대입경의 2배를 원칙으로 하고 불투과형 사방댐에 준하여 계획한다. 다만 불투과부의 안정성을 고려한다면 댐둑마루의 폭을 3m 이상으로 한다. 특히 구조검토에 의하여 파악된 투과부의 측면형상에 따라 투과부의 기초로 충분히 기능할 수 있도록 폭을 설계한다.

**㉡ 반수면의 기울기**

불투과부 반수면의 기울기는 불투과형 사방댐과 같게 한다.

## 7 전정보호공

부분투과형 사방댐의 전정보호공은 불투과부의 높이와 월류수심에 따라 물받이의 두께와 길이를 결정한다.

• 물방석이 없는 경우

$$t=0.2(0.6H_1+3D_h-1.0) \quad \cdots\cdots (7\cdot68)$$

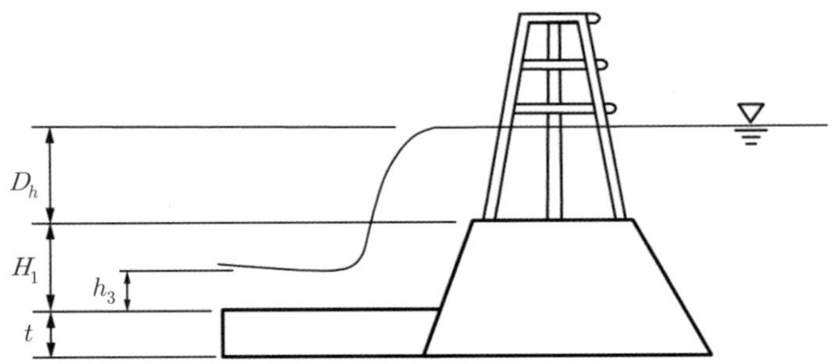


**그림 7-135** 부분투과형 사방댐의 유효낙차고 및 물받이의 두께

• 물방석이 있는 경우

$$t = 0.1(0.6H_1 + 3D_h - 1.0) \quad \cdots\cdots (7 \cdot 69)$$

식에서 $t$: 물받이의 두께(m), $H_1$: 불투과부의 높이(m), $D_h$: 월류수심(m)

### 8 부속물

부분투과형 사방댐의 부속물은 불투과형 사방댐 및 투과형 사방댐을 참조하여 설계한다.

## 7·7·8 저수형 사방댐

### 1 구조

저수형 사방댐의 구조는 원칙적으로 중력식 콘크리트사방댐의 구조에 준한다.

### 2 관리시설

저수형 사방댐의 저수 공간으로 전락하는 중대 사고를 방지하기 위하여 필요에 따라 전락 방지책 또는 표식, 계단 등을 설치한다.

### 3 저류수의 다목적 이용

저수형 사방댐에 저류된 계류수는 치수 면에서 사방에 지장을 주지 않는 범위 내에서 해당 관리자의 동의를 받아 다목적으로 이용한다. 이때 취수시설에 대한 비용은 이용자가 부담하는 것을 원칙으로 하지만 사방사업의 보상시설로서 취수시설을 설치할 경우에는 이용자에게 양도한다. 또한 취수시설에 대해서는 사방설비 점용 수속 등의 법적 절차를 밟아야 한다.

### 4 설치할 수 없는 장소

저수 겸용 사방댐의 경우 일반적으로 ①계류수를 저류할 경우 산사태, 땅밀림, 대규모 사면 붕괴 등을 유발할 수 있는 장소, ②토석류가 유하할 수 있어서 저류수에 토석류가 유입되면 사방댐의 댐둑마루로부터 유수가 월류할 수 있고 그로 인하여 재해가 현저하게 확대될 우려가 있는 장소, ③저수할 경우 사방댐의 기초지반에 대한 안전성이 손상될 우려가 있는 장소, ④주택가의 직상류, ⑤기타 저수하면 안 된다고 판단되는 장소 등에는 설치하지 않는다.

### 5 관련자 협의

저수형 사방댐을 계획, 설치할 때에는 해당 관리자 및 관련 산림관리 부서와 충분히 협의한다.

## 7·7·9 기설 사방댐의 개량

### [1] 유목막이 설치

사방댐의 유목 포착 기능을 향상하기 위하여 기설 사방댐의 댐둑마루를 덧쌓거나 개방하여 유목막이를 설치한다. 그러나 유목막이를 설치하는 대상 사방댐이 보전 대상의 직상부 또는 해당 계류의 최하단 사방댐인 경우에는 유출토사의 상황을 감안하여 별도로 검토한다. 설계 시에는 기설 사방댐의 물성을 구명하는 일이 필수이기 때문에 기설 사방댐에 대한 제체의 비중, 압축강도 등을 표본실험으로 파악한다.

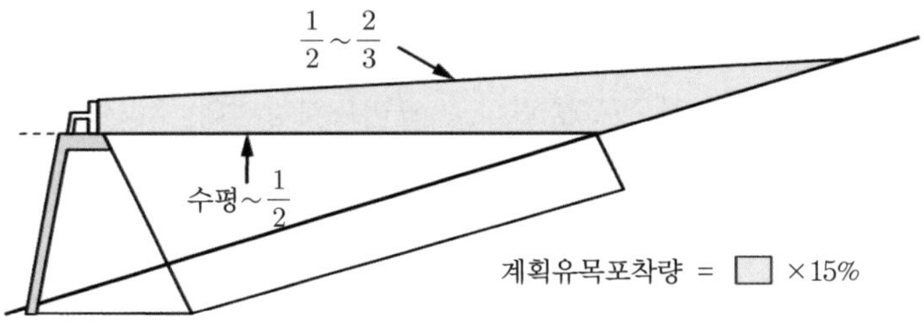


**그림 7-136** 강제 유목막이의 유목포착량

#### ① 설치 방법

기설 사방댐에 유목막이를 설치하는 방식은 구조에 따라 덧쌓기 방식, 교체 방식, 슬릿화 방식으로 분류할 수 있으며, 부착 높이에 따라서는 그림 7-137과 같이 다섯 가지의 형태로 나눈다.

덧쌓기는 콘크리트 부분의 높이가 기설 댐둑마루보다 높아지는 방식, 교체는 높이가 변하지 않는 방식, 슬릿화는 콘크리트 부분의 높이가 기설 댐둑마루보다 낮아지는 방식을 의미한다. 만사되

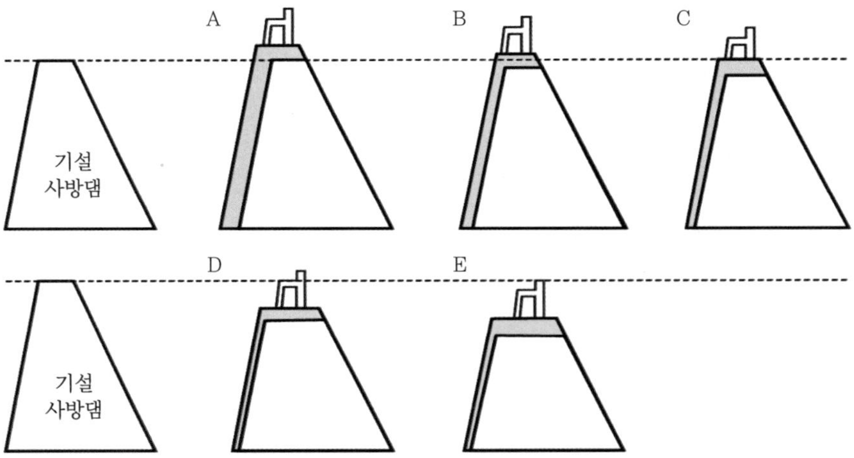


**그림 7-137** 기설 사방댐에 강제 유목막이를 설치하는 방법(A: 덧쌓기 방식, B: 부분 덧쌓기 방식, C: 교체 방식, D: 부분 슬릿화 방식, E: 슬릿화 방식)

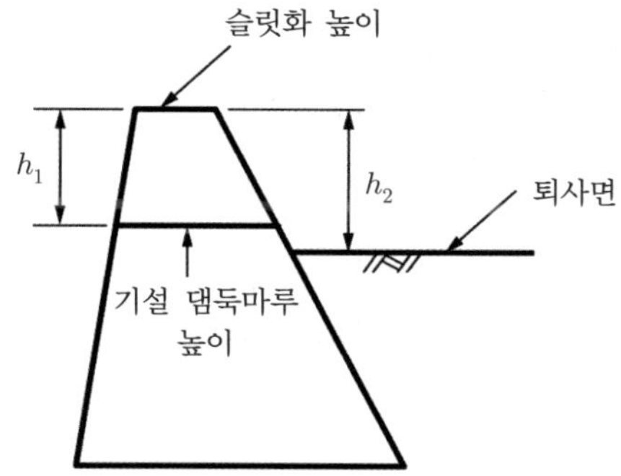


그림 7-138 만사되지 않은 상태의 사방댐

지 않은 사방댐이란 계획 슬릿화 높이보다 퇴사면이 낮아지는 경우, 즉 그림 7-138에서 보듯이 $h_1 < h_2$를 가리킨다. 세 방식 모두 종단면의 두께가 증가함에 따른 구조물로서의 안정조건을 만족하여야 한다. 유목막이를 설치할 때에는 시설의 효과, 댐자리 부근의 지형 · 지질, 퇴사 상황, 수리 조건, 유역의 토사 정비 상황, 상 · 하류의 토지이용 상황 등을 고려하여 적절한 형태를 선정한다.

기설 사방댐의 본체에 강제 유목막이를 설치할 경우 강재부의 응력을 제체에 전달하는 데 필요한 두께 및 넓이에 해당하는 기초콘크리트를 새롭게 타설하여야 한다. 그러나 강제 유목막이를 설치한 후 제체가 안정조건을 만족하지 못할 경우에는 두께를 늘리는 등 기설 제체를 보강하여 안정시킨다. 강제 유목막이를 부착하기 위한 기초콘크리트 및 보강콘크리트는 그림 7-139의 방법에 준하여 타설한다. 이때 퇴사 상황, 기설 제체의 안정성, 시공 조건 등을 고려하여 적절한 방법을 선택한다.

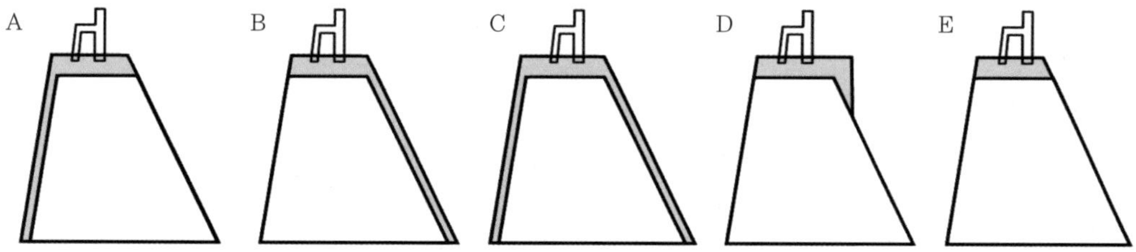


그림 7-139 기초콘크리트 및 보강콘크리트의 타설 방법

### ② 유목막이 설치 이후의 사방댐 높이

강제 유목막이를 설치한 이후의 사방댐 높이는 기초콘크리트의 밑면부터 강재부의 상부까지로 하며, 소류구간에서는 5m 이하로 한다.

### ③ 제체에 작용하는 외력

기설 사방댐을 이용하여 강제 유목막이를 설치할 경우 강제 유목막이가 유목으로 막힌 상태에서도 안정을 유지할 수 있도록 설계외력을 고려하여 설계한다. 설계외력은 토석류구간과 소류구간을 나누어 설정하고 각각의 경우에 대한 안정조건으로 가장 강력한 외력을 상정한다.

#### ㉠ 토석류구간

토석류구간에서 콘크리트의 제체에는 정수압 및 퇴사압을, 강제 유목막이에 대해서는 토석류의 유체력 및 퇴사압을 각각 고려한다. 특히 토석류구간에서는 유목이 불규칙하게 포착되기 때문에 강제 유목막이를 설치할 때에는 정수압을 고려하지 않는다.

#### ㉡ 소류구간

소류구간에서는 콘크리트의 제체 및 강제 유목막이에 대한 정수압과 퇴사압을 고려한다. 특히 덧쌓기인 경우 포착된 유목에 의한 누수가 발생하기 쉬우므로 정수압에 감소율 $\alpha$(통상 1)를 곱한다.

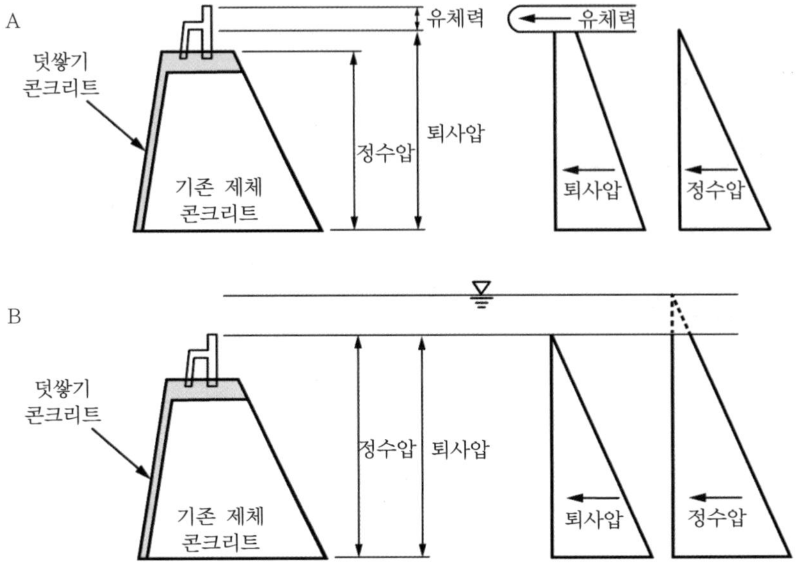


**그림 7-140** 강제 유목막이 설치 이후의 설계외력(A: 토석류구간, B: 소류구간)

**④ 안정조건**

강제 유목막이를 설치할 기설 사방댐의 기초는 활동, 전도, 기초의 지지력에 대하여 안전할 뿐만 아니라 제체 내의 모든 부분에 대하여 안정하여야 한다. 특히 강제 유목막이는 전체적인 안정성 외에 투과부를 구성하는 개개의 부재까지 안정하여야 한다.

**㉠ 제체 기초의 안정**

강재부 및 제체에 작용하는 외력에 대하여 제체의 기초는 활동, 전도, 기초의 지지력에 안전하여야 하고 제체의 안정조건은 불투과형 사방댐과 같다.

**㉡ 강제 유목막이 기초부의 안정**

강제 유목막이는 자중이 작기 때문에 기초부 부근에서 인장응력이 발생할 뿐만 아니라 활동 안전율이 저하하는 경향이 있으므로 제체 내부의 응력에 대하여 안전하여야 한다.

**㉢ 제체 내부의 안정**

기설 사방댐의 상부에 강재부를 설치할 경우 강재부의 하중이 더해지기 때문에 기초콘크리트의 상단부에 작용하는 제체의 응력이 증가한다. 따라서 기설 사방댐 상단부의 제체 내부에 발생하는 전단응력, 인장응력이 제체 콘크리트의 허용응력도보다 낮아지도록 필요에 따라 기설 제체의 두께를 보강한다. 제체 콘크리트의 허용응력은 기설 제체에서 샘플링한 시료로 압축실험 등을 거쳐 설정하며, 이때 전단강도와 인장강도는 콘크리트의 타설면에 의하여 저하되는 비율을 50%로 설정한다.

$$\sigma_c = \frac{\sigma_r}{n_c} \quad \cdots\cdots (7\cdot70)$$

$$\sigma_t = \frac{1}{10} \cdot \frac{\sigma_r}{n_t} \cdot r \quad \cdots\cdots (7\cdot71)$$

$$\tau = \frac{1}{10} \cdot \frac{\sigma_r}{n_r} \cdot r \qquad (7 \cdot 72)$$

식에서 $\sigma_c$: 콘크리트의 허용허용응력도(N/mm$^2$), $\sigma_r$: 콘크리트의 압축파괴강도(N/mm$^2$), $n_c$: 콘크리트의 압축강도에 대한 안전율(=4), $\sigma_t$: 콘크리트의 허용인장응력도(N/mm$^2$), $n_t$: 콘크리트의 인장응력에 대한 안전율(=7), $\tau$: 콘크리트의 허용전단응력도(N/mm$^2$), $n_r$: 콘크리트의 전단강도에 대한 안전율(=4), $r$: 콘크리트 타설면에 의한 강도 저하율

**㉣ 강재부 부재의 안정**

안정계산에 사용하는 하중은 사방댐이 일체가 되어 하중에 저항할 수 있도록 구조계산을 실시하여 파악한다. 사력 및 유목의 충돌에 대한 검토는 원칙적으로 사력의 충돌에너지에 대한 소성설계법으로 구조계산을 실시한 후 구조계에 과밀한 변형이 생기지 않는지를 확인한다. 이때 변형의 허용치인 구조계의 허용변형량은 프레임 높이의 2%로 한다.

**⑤ 방수로 단면의 확보**

강제 유목막이가 유목 등으로 완전히 막힌 경우에도 설계유량이 방수로를 안전하게 유하할 수 있도록 강제 유목막이의 댐둑마루 상단에 방수로 단면을 확보한다. 즉 방수로에 강제 유목막이를 설치할 경우에는 강제 유목막이가 막힌다고 간주하여 강제 유목막이의 댐둑마루 상단에 설계유량을 대응할 수 있는 방수로 단면을 확보한다.

소류구간에서도 필요한 방수로 단면을 확보한다. 그림 7-141과 같이 $b_1 \leqq b_2$, $b_1' \leqq b_2'$, $h_1 \leqq h_2$가 되도록 양쪽 댐둑어깨에 덧쌓기를 실시하거나 방수로의 댐둑마루를 슬릿화하여 대응한다.

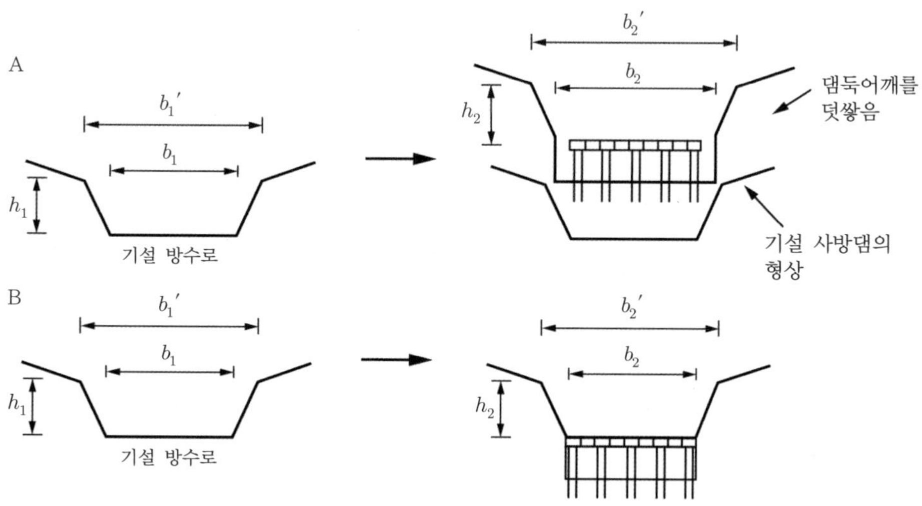


**그림 7-141** 방수로 단면의 확보(A: 덧쌓기를 실시한 경우, B: 슬릿화한 경우)

**⑥ 전정보호공의 대응**

기설 사방댐(본체)에 강제 유목막이를 설치할 경우에도 전정보호공이 안전하도록 설계한다. 강제 유목막이를 설치한 사방댐의 높이가 기설 사방댐보다 높아질 경우에는 물받이의 길이와 두께

등을 검토한 후 필요한 대응 방법을 마련한다.

### ⑦ 유의 사항

기설 사방댐에 강제 유목막이를 설치할 경우 강제 유목막이의 응력이 기설 사방댐의 제체에 잘 전달될 수 있도록 강재부와 콘크리트, 방수로 및 댐의 중심축, 신구 콘크리트 등이 일체화되게 설계한다. 강제 유목막이의 강재부가 설치되는 기초 불투과부(기초콘크리트)는 강제 유목막이의 응력이 제체에 잘 전달될 수 있도록 1m 이상 신설 콘크리트를 타설한다. 강제 유목막이의 기초콘크리트나 제체에 대한 두께 보강, 댐둑어깨의 덧쌓기 등을 실시할 경우 기설 콘크리트와 일체화되도록 한다. 경우에 따라서 기존의 제체와 보강콘크리트의 일체화를 유지하기 위한 배수가 필요하면 배수시설을 설치한다.

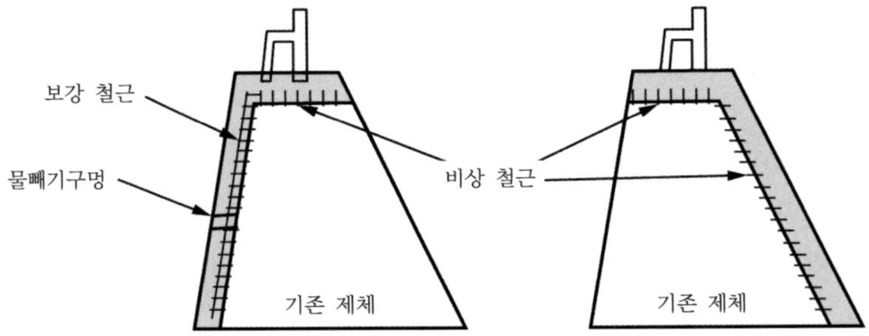


**그림 7-142** 신구 콘크리트 및 강재부의 일체화

## [2] 덧쌓기

산지유역 내에서 발생한 토사 및 유목을 처리하기 위하여 ①토사 및 유목의 처리가 상당히 필요하지만 기설 사방댐 이외에는 적당한 댐자리가 없을 경우, ②신규로 사방댐 등을 계획하는 것보다 경제적으로 유리하다고 판단될 경우, ③기설 사방댐이 노후하였거나 비정상적으로 퇴사가 진행되어 기설 사방댐에 대한 근본적인 대책이 필요하거나 기능 증진이 요구될 경우에는 필요에 따라 기설 사방댐에 덧쌓기를 실시한다. 불투과형 사방댐에 덧쌓기를 실시한 부분을 강제 슬릿과 같은 투과부로 활용할 경우에는 강제 유목막이의 설계를 참고하며, 시설의 효과는 사방댐의 형식에 따라 평가한다.

### ① 형식

사방댐에 덧쌓기를 실시할 때에는 반수면을 늘리는 방법과 대수면을 늘리는 방법 중에서 현지의 상황 등을 고려하여 적절한 방법을 선택한다. 반수면을 늘리는 방법은 퇴사지에 해당하는 대수면 방향을 현재의 상태로 유지한 채 간단한 배수만 실시하기 때문에 시공 면에서 유리하지만 주응력의 방향과 수축줄눈의 방향이 일치하게 되어 응력 면에서 불리하다. 이에 비하여 대수면을 늘리는 방법은 시공 시 퇴사지 내의 토사를 제거하고 시공 공간을 확보하여야 하므로 유로를 변경하는 작업이 필요하지만 응력 면에서는 주응력의 방향과 이음매가 직교하기 때문에 반수면을 늘리는 방법보다 유리하다.

그림 7-143에서 A와 F는 덧쌓기에 의한 작용하중을 기존 제체가 받게 하는 방법이고, E는 D

에 비하여 타설 눈금의 처리 면적이 넓어지기 때문에 노후한 사방댐의 반수면을 보호할 때 이용되는 경우가 많다. 따라서 우리나라의 경우 B, C, E의 형식이 널리 이용된다.

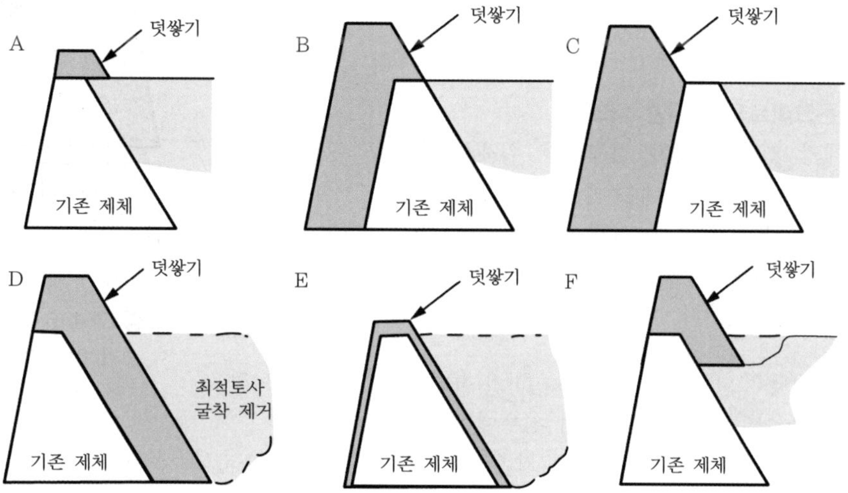


**그림 7-143** 사방댐의 덧쌓기 형식

### ② 안정성 검토

사방댐에 덧쌓기를 실시할 경우 증가하는 하중을 대상으로 기설 사방댐을 포함한 덧쌓기 사방댐과 기초처리에 대한 역학적 안정성을 검토한다. 저수댐에서는 통상 덧쌓기 공식을 이용하지만 사방댐에서는 일체적 구조에 의한 계산으로 안정계산을 실시한다.

#### ㉠ 덧쌓기 공식

덧쌓기 공식을 이용한 방법은 덧쌓기를 실시한 이후 제체 암반에 작용하는 응력을, 기존 사방댐의 응력과 덧쌓기로 새롭게 발생한 하중이 신설 사방댐에 작용하는 응력의 합으로 간주한다. 이때 덧쌓기 사방댐의 단면은 중복된 응력이 제체의 최상단에서 0 또는 압축이 되도록 한다.

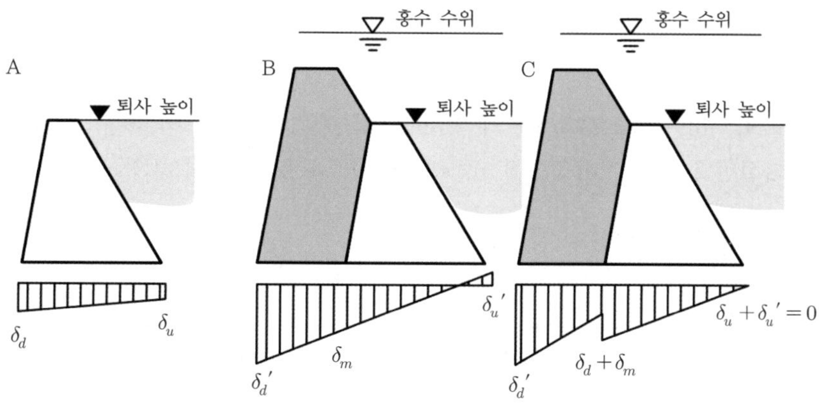


**그림 7-144** 반수면 덧쌓기 이후의 덧쌓기 공식을 이용한 안정계산(A: 기존 사방댐의 착암부 응력, B: 하중의 증가에 따른 신규 사방댐의 착암부 응력, C: 신규 사방댐의 착암부 응력)

ⓒ 일체적 구조에 의한 계산

일체적 구조에 의한 방법은 덧쌓기를 실시한 이후의 단면으로 안정계산을 실시하고, 기설 사방댐의 열화 진행 상황과 제체 재료의 물성을 파악하기 위하여 조사를 실시한다.

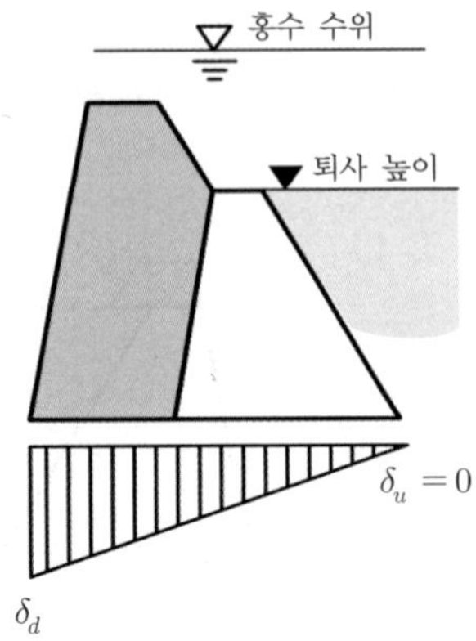


**그림 7-145** 반수면 덧쌓기 이후의 일체적 구조에 의한 안정계산

**③ 신구 콘크리트의 타설면 처리**

신규 제체와 기존 제체의 일체화를 위해서는 신구 콘크리트의 타설면에 대한 처리작업이 매우 중요하다. 특히 덧쌓기 후에는 기존 사방댐을 포함한 사방댐 전체가 안정성을 확보하여야 하므로 다음의 방법으로 신규 제체와 기존 제체를 일체화하는 일이 덧쌓기 사방댐의 전제조건이다.

1) 기설 사방댐의 표면을 치핑(chipping)하여 신구 콘크리트의 부착성을 높이고, 풍화가 진행된 경우에는 박피한다.
2) 신규 콘크리트를 타설하기 전에 기존의 제체를 고압수로 충분히 세정하고, 모르타르를 사용하여 신구 콘크리트의 타설면을 접착한다.
3) 타설면에는 이등분한 관으로 제작한 배수로를 격자형으로 배치하여 기설 사방댐으로부터 발생한 누수가 신규 제체에 수압으로 작용하지 않도록 한다.
4) 기존의 콘크리트에 철근을 삽입하여 전단력이 확실하게 전달되도록 한다.
5) 신구 콘크리트의 타설면을 일치시켜 기설 사방댐으로부터의 누수를 용이하게 배수한다.

다만 토석류구간에서 사방댐의 반수면에 덧쌓기를 실시할 경우 사방댐의 신설 댐둑마루 부근을 토석류가 직격하면 이상의 대응 방법으로는 제체의 일체성을 유지할 수 없다. 따라서 댐둑마루를 토석류가 직격하지 않도록 퇴사지에 퇴적된 석력을 제거하는 등의 조치를 강구한다.

한편 4)에서 필요한 철근의 양은 다음의 식으로 구한다. 즉 콘크리트 타설면에서의 강도 저하율을 고려하여 콘크리트의 전단응력도의 부족분을 보충하기 위한 철근의 양을 산출한다.

$$A_s = \frac{\tau' \cdot \gamma}{\tau_a} \quad \cdots\cdots (7\cdot73)$$

식에서 $A_s$: $1m^2$에 필요한 철근의 양($cm^2/m^2$), $\tau'$: 콘크리트의 허용전단응력도($N/mm^2$), $\gamma$: 타설면의 강도 저하율(≒0.5), $\tau_a$: 철근의 허용전단응력도($N/mm^2$)

삽입 철근의 한쪽 길이는 다음의 식으로 구한다.

$$L = \frac{\sigma_{sa}}{4\tau_{0a}} \cdot \phi \quad \cdots\cdots (7\cdot74)$$

식에서 $L$: 삽입 철근의 한쪽 길이, $\sigma_{sa}$: 철근의 허용인장응력도($N/mm^2$), $\tau_{0a}$: 콘크리트의 허용부착응력도($N/mm^2$), $\phi$: 철근의 직경(mm)

#### ④ 전정보호공의 대응

사방댐의 덧쌓기를 실시할 때에는 전정보호공에 대해서도 안전성을 검토한다. 물받이의 길이와 두께 등에 대하여 충분히 검토한 후 필요한 대응책을 마련한다.

### 3 슬릿화

유역의 토사 및 유목을 처리하고 환경 대책을 마련하기 위하여 ①토사 및 유목의 처리가 상당히 필요하지만 기설 사방댐 이외에 댐자리가 없을 경우, ②신규 장소에 대책시설을 계획하는 것보다 경제적으로 유리하다고 판단될 경우에 기설 불투과형 사방댐을 투과형으로 슬릿화하는 대책을 강구한다. 이로써 기설 사방댐에서 지금까지 사방댐의 효과량으로 평가받지 못하였던 저사 용량이 계획포착량으로 평가받을 수 있으며, 특히 계류의 연속성을 확보할 수 있다. 그러나 슬릿화로 인하여 사방댐 자체의 안전성이 저하할 수 있으므로 신중하게 검토하여야 한다.

#### ① 유의 사항

기설 사방댐을 슬릿화할 경우 현재의 안전성을 유지하는 범위에서 실시하여야 한다. 따라서 기설 사방댐의 슬릿화는 ①투과형 사방댐으로 할 경우 토석류 · 유목 포착용 사방댐의 형식을 선정하는 조건을 만족할 것, ②원칙적으로 슬릿화한 곳은 만사되지 않도록 할 것, ③슬릿화할 예정지가 이미 만사 상태일 경우 제석을 실시한 후에 실시할 것 등의 요건을 만족하여야 한다. 슬릿화를 진행한 이후의 사방댐은 부분투과형 또는 투과형 사방댐으로 취급한다.

#### ② 시설설계

사방댐의 슬릿화를 위한 구체적인 설계는 투과형 사방댐과 부분투과형 사방댐에 준하며, 유목막이를 설치할 경우에는 강제 유목막이를 참고한다.

# 제 8 장

# 해안사방

## 8·1 개요

### 8·1·1 정의

해안사방(海岸砂防, coastal sand dune fixation and stabilization)은, 해안지대에서 모래언덕[사구(砂丘), sand dune]의 이동 또는 모래날림[비사(飛砂), drifting sand waste] 등으로 인하여 가옥이나 농경지 등에 피해가 발생하는 일을 예방할 목적으로 시행하는 사방공사이다.

### 8·1·2 목표

#### 1 시공 대상지

해안사방은 이동사구(移動砂丘)로 구성된 해안 모래언덕, 모래날림이 심한 해안 모래땅 등의 해안사지를 대상으로 한다.

#### 2 구분

해안사방은 해안방재림조성사업과 해안침식방지사업으로 구분한다. 해안방재림조성사업은 모래날림, 풍랑, 염분, 쓰나미[진파(津波), tsunami], 해일(海溢, tidal wave) 등에 의한 피해를 줄이기 위하여 시행하는 사방사업이고, 해안침식방지사업은 파도 등에 의한 해안침식(海岸浸蝕, coastal erosion)을 방지하거나 복구하기 위하여 시행하는 사방사업이다.

#### 3 해안방재림 조성

최근 해안지대의 토지이용에 대한 요구에 따른 무분별한 개발과 각종 병충해 등으로 인하여 해안방재림이 감소하고 있으므로 근본적인 방안을 마련하여야 한다. 특히 해안방재림의 유지 관리에 필요한 조직을 구축하여 방향을 설정하고 해안방재림의 방재 기능과 임분 조건의 관련성을 파악하여야 한다. 즉 해안방재림의 실태 파악 및 변화에 대한 예측, 해안방재림 파괴의 원인 규명 및 위험성 예측, 복구 대책의 기본 방향에 대한 명확한 설정 등을 실시하여야 한다.

### ① 정의

해안방재림(海岸防災林, coast disaster prevention forest)은 해안의 염풍 속에 형성된 산림군락으로, 내륙에 있는 산림과는 조성 및 구조가 다르다. 해안방재림은 형성 장소에 따라 해빈림(海濱林), 해애림(海崖林), 기수림(汽水林)으로 나눌 수 있으며, 해빈림은 다시 빈제림(濱提林)과 사구림(砂丘林)으로 구분한다. 입지적 조건에서 보면 해애림에는 해빈림에 비하여 인위적 간섭이 적어 자연식생이 상당 부분 남아 있다. 기수림은 해안과 하천 지형이 만나는 기수 지역에 형성된 해안방재림이며 맹그로브숲이 대표적이다.

그림 8-1 경상남도 남해군 물건리의 방조어부림 전경

### ② 기능

해안방재림의 조성 장소에 따라 기대하는 주요 기능이 다르지만 대개 다면적(多面的) 기능을 겸한다. 또한 방재 기능이라는 기초 위에 다른 기능들이 작용하는 계층성(階層性)을 띤다.

최근 해안방재림의 기능에 대한 사회적 요구가 변화하고 있다. 이전에는 방재 기능과 생활환경 보전 기능이 해빈림의 주요 기능으로 인식되었지만 최근에는 생물다양성보전 기능, 보건·휴양 기능, 경관 기능, 학습장소제공 기능 등에 대한 기대가 높아지고 있다. 그러나 이러한 기대도 방재 기능이 제대로 발휘될 때라야 비로소 의미를 갖는다.

### ③ 목적

해안방재림은 해안의 모래땅 등에 산림을 조성하여 모래날림, 조풍(潮風, sea breeze), 파도, 해일, 쓰나미 등에 의한 피해를 방지 또는 경감할 것을 목적으로 한다. 우리나라는 삼면이 바다로 둘러싸여 해안선이 길고 여름철의 태풍과 겨울철의 계절풍(季節風, monsoon)으로 각종 연안재해가 발생하고 있다. 이에 따라 파도에 의한 해안선의 침식을 방지하기 위하여 방조공사(防潮工事, tide preventing works) 등을 실시하고 있으며, 배후의 나지에는 산림을 조성하여 각종 연안재해를 방지 또는 경감하고 있다.

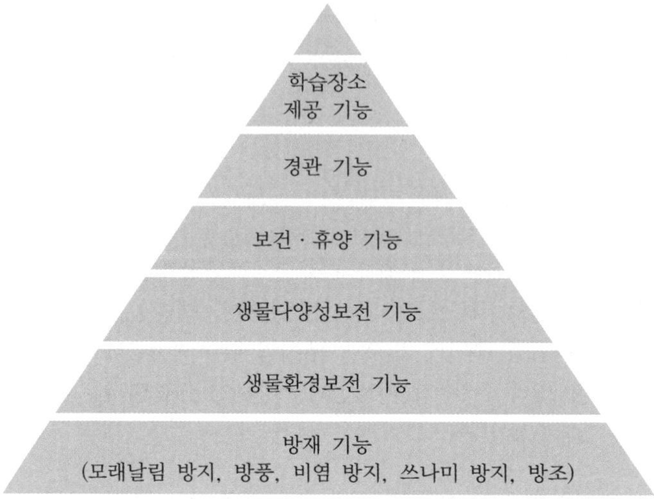


**그림 8-2** 해안방재림의 다면적 · 계층적 기능

**④ 계획규모**

**㉠ 모래날림 방지를 위한 규모**

해안방재림의 조성 계획은 피해의 종류 및 정도, 보전 대상과의 관련 등을 종합적으로 고려하여 가장 적절한 규모로 책정한다. 해안방재림이 모래날림을 방지하는 기능은 ①식생, 낙엽, 낙지 등으로 모래땅의 표면을 피복하여 모래날림을 방지하는 기능, ②모래땅의 조도(粗度, roughness)를 모래날림이 발생하는 한계풍속(限界風速, wind velocity limit) 이하로 억지하는 기능(제4장 표 4-6 참조), ③모래날림을 해안방재림의 전선부에 퇴적시켜 후방으로의 이동을 억지하는 기능 등으로 나누어 볼 수 있다.

**㉡ 조해 방지를 위한 규모**

해수면에서 발생한 해수의 미세한 물방울은 바람에 의하여 운반되는 과정에서 수분이 증발하고 염분 농도가 높아져 소금 결정(공중염분)이 된다. 또한 공중염분은 바람을 타고 이동하는 중에 확

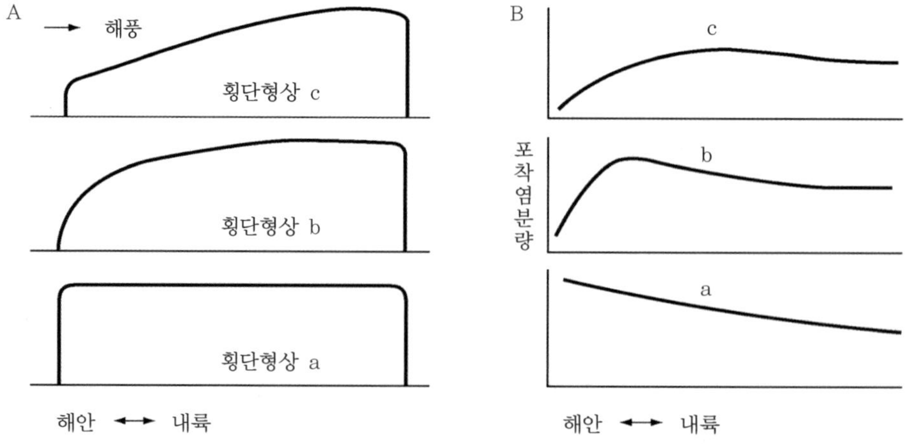


**그림 8-3** 해안방재림의 횡단형상(A)과 포착염분량의 수평분포(B)

산, 낙하하므로 바다로부터의 거리에 따라 양이 지수함수적으로 감소한다. 해안방재림이 기류 교란과 지엽으로 염분을 포착하므로 침엽이 조밀한 곰솔림에서 포착염분량이 많고, 해안방재림의 폭이 넓은 곳에서는 내륙으로 갈수록 점차 감소한다. 또한 포착염분량은 그림 8-3과 같이 해안방재림의 형상에 따라서도 다르다.

ⓒ **쓰나미 · 해일에 의한 피해 경감 · 방지를 위한 규모**

쓰나미와 해일의 발생 원인은 서로 다르지만 이에 대하여 해안방재림이 작용하는 기능은 거의 같다. 즉 수간(樹幹)의 마찰저항으로 쓰나미와 해일의 에너지를 낮추고 표류물의 이동을 저지하여 이동에 따른 2차 피해를 방지, 저감한다. 쓰나미와 해일이 일정한 폭의 해안방재림을 통과할 때 수간의 형상저항을 받아 저감하는 속도에는 다음과 같은 관계가 있다.

$$L = \frac{2 \cdot 10^4}{C_x \cdot N \cdot D} \cdot \log_e\left(\frac{V_o}{V}\right) \quad \cdots\cdots (8\cdot1)$$

식에서 $L$: 해안방재림의 폭(m), $C_x$: 수간의 저항계수(통상 1.0), $N$: 임목의 본수(본/ha), $D$: 평균 흉고직경(m), $V_o$: 해안방재림에 도달할 때의 쓰나미 속도(m/s), $V$: 해안방재림을 통과한 후의 쓰나미 속도(m/s)

또한 임목의 저항으로 흡수되는 쓰나미의 에너지는 다음 식으로 구할 수 있다.

$$W = F \cdot V_m \quad \cdots\cdots (8\cdot2)$$

$$F = \sum \Delta F = \sum \frac{1}{2g} C_x \cdot \rho \cdot {V_m}^2 \cdot \Delta N \cdot D \cdot H \quad \cdots\cdots (8\cdot3)$$

식에서 $W$: 쓰나미의 에너지(kg·m/s), $F$: 임목에 미치는 쓰나미의 힘(kg), $V_m$: 일정 구간 내 평균 쓰나미 속도(m/s), $\Delta F$: 해안방재림의 앞면부터 내륙 방향으로 일정 거리에 위치한 임목에 미치는 힘(kg), $g$: 중력가속도(9.8m/s$^2$), $\rho$: 해수의 밀도(1,030kg/m$^3$), $\Delta N \cdot D \cdot H$: 구간 내 쓰나미에 대항하는 수관투영면적 합계(m$^2$), $H$: 파도의 높이(m)

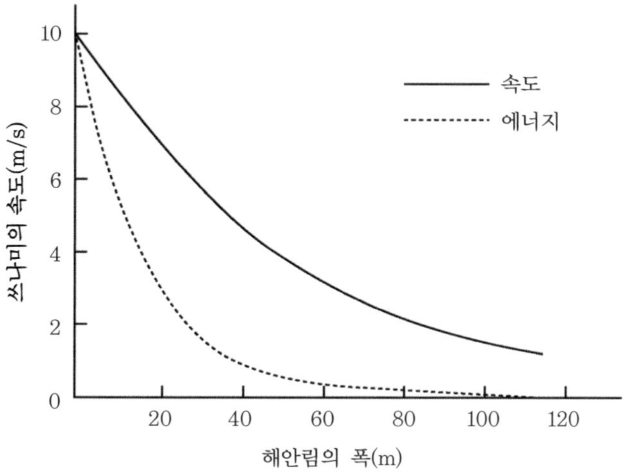


**그림 8-4** 해안방재림의 폭과 쓰나미의 속도 및 에너지

이들 식에 의하면 쓰나미의 진입속도는 진입거리에 지수함수적으로 감소한다. 즉 폭 60m의 해안방재림이 조성되면 쓰나미의 속도는 30% 이하로, 에너지는 10% 이하로 줄어든다. 따라서 쓰나미의 유속을 떨어뜨려 파괴력을 상당히 감소하기 위해서는 적어도 60m의 폭이 필요하며, 우리나라 동해안에 영향을 미칠 대규모 쓰나미의 유속을 낮추기 위해서는 100m 이상이 필요할 것으로 판단된다.

### 8·1·3 공종의 분류

해안사방은 ①파랑에 의한 침식을 방지하고 모래언덕 및 산림 조성의 기초가 되는 방조공사, ②모래날림 및 풍해를 경감하는 모래언덕조성, ③사업의 최종 목표인 해안방재림조성으로 구분할 수 있다. 특히 해안방재림조성사업은 산림이 갖고 있는 기능으로 모래날림, 조풍, 안개, 쓰나미 및 해일 등의 피해를 방지, 경감할 것을 최종 목적으로 한다. 따라서 산림의 기능이 충분히 발휘될 수 있는 해안방재림의 폭을 확보하고, 유효한 해안방재림의 폭을 확보할 수 없을 경우에는 방조시설과 조합하여 가능한 폭을 확보할 수 있도록 검토한다.

해안사방의 대상지는 일반적으로 해안침식이 심하게 발생한 곳이 많기 때문에 해안방재림의 확실한 조성 또는 유지를 위해서 방조제, 방조호안, 소파공, 소파제, 돌제를 필요로 하는 경우가 많다. 현재 우리나라의 산림 분야에서는 이와 관련한 사업을 진행하고 있지 않지만 앞모래사장의 넓이 · 물매, 침식의 원인 · 상황, 보전 대상과의 관련성 등을 종합적으로 검토하기 위해서는 방조공사의 공종을 병행하여야 한다.

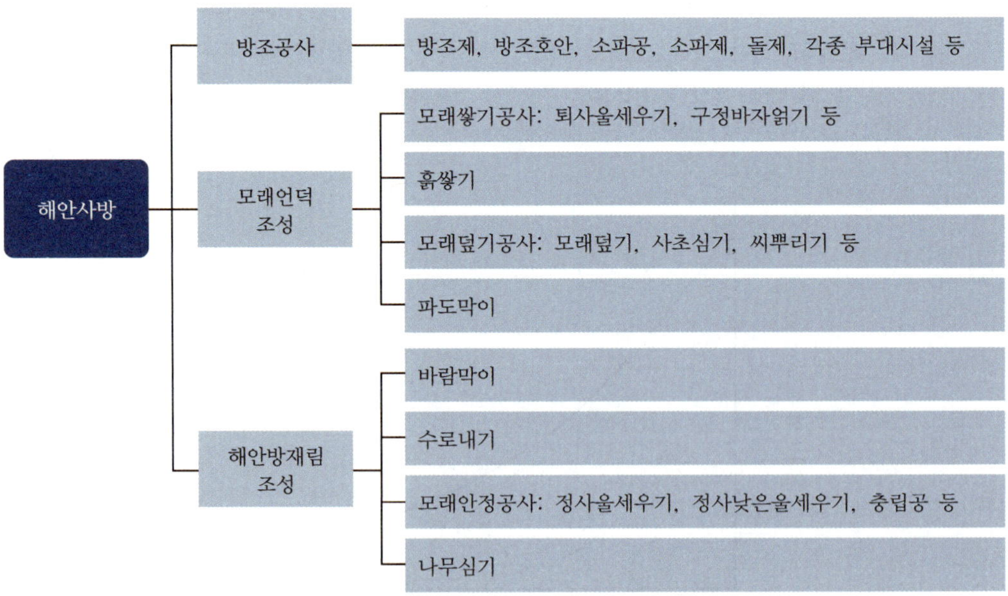


**그림 8–5** 해안사방의 공종에 따른 분류

# 8·2 조사 및 측량

## 8·2·1 조사

해안방재림의 조성 계획 또는 설계 시에는 사업의 목적과 내용 등에 따라 계획적으로 조사하여야 하며, 조사 대상의 범위에 해안방재림 조성 예정지 및 보전 대상구역을 포함하도록 한다.

### 1 조사 순서

조사는 원칙적으로 예비조사, 현지조사, 정리의 순으로 실시한다. 예비조사에서는 현지조사를 효율적으로 실시하기 위하여 기존 자료(각종 문헌, 공공기관 출판물 등)를 수집하고 지역 주민을 대상으로 청취조사를 실시한다. 현지조사에서는 예비조사 결과를 검증하고 현지 상황을 파악하기 위하여 더욱 상세하게 답사하며 필요에 따라서는 관측, 측정, 측량 등을 실시한다.

### 2 조사 항목

해안방재림의 조성 계획 및 설계에 필요한 조사 항목은 지형 조사, 토양 · 토질 · 지질 조사, 기상 조사, 해상 · 표사 조사, 임황 · 식생 조사, 황폐 현황 조사, 사회적 특성 조사, 기타 중에서 사업 목적에 따라 선택한다.

**표 8-1** 주요 공종별 조사 항목

| 공종 | 지형 | 토양 · 지질 | 기상 | 해상 · 표사 | 임황 · 식생 | 사회적 특성 |
|---|---|---|---|---|---|---|
| 방조공사 | ○ | ○ | ○ | ○ | | ○ |
| 모래언덕조성 | ○ | ○ | ○ | ○ | ○ | ○ |
| 방재림조성 | ○ | ○ | ○ | | ○ | ○ |

#### ① 지형 조사

조사 대상지 및 주변의 지형을 파악하여 계획 및 설계의 기초자료를 얻을 목적으로 실시한다.

#### ② 토양 · 토질 · 지질 조사

조사 대상지와 주변의 토양, 토질, 지질의 특성을 파악하여 계획과 설계의 기초자료를 얻을 목적으로 실시한다.

### ③ 기상 조사

조사 대상지 및 주변의 기상을 조사하여 계획 및 설계의 기초자료를 얻을 목적으로 실시하며, 조사 항목은 강수량, 기온, 바람, 서리, 동결 등이다.

### ④ 해상 및 표사 조사

조사 대상지 및 주변의 조석(潮汐), 파랑(波浪), 유황(流況), 표사(漂砂)를 조사하여 계획과 설계의 기초자료를 얻을 목적으로 실시한다.

### ⑤ 임황 및 식생 조사

조사 대상지 및 주변의 임황, 식생 등의 상황을 조사하여 계획 및 설계의 기초자료를 얻을 목적으로 실시한다.

### ⑥ 황폐 현황 조사

조사 대상지의 황폐 상황을 조사하여 계획 및 설계의 기초자료를 얻을 목적으로 실시한다.

### ⑦ 사회적 특성 조사

조사 대상지의 보전 대상, 방재시설, 법적 규제 등을 조사하여 계획 및 설계의 기초자료를 얻을 목적으로 실시한다.

## 8·2·2 측량

### 1 범위

정선 및 부근의 해저와 해안방재림을 조성할 구역을 포함하고, 특히 구조물의 배치 등에 대한 종합적 판단이 가능한 범위까지로 한다.

### 2 종류

해안방재림을 조성하기 위한 측량은 계획, 설계 목적, 현지 상황 등의 조사 결과에 따라 선택한다.

### ① 일반 지형측량

대상 지역의 지형을 파악하여 필요에 따라 평면도, 종단면도, 횡단면도를 작성한다.

### ② 정선측량

정선측량은 구조물의 위치, 방향, 구조 등을 결정하기 위하여 실시하며, 구조물 배치 등의 종합적 판단이 가능한 범위를 측량한다. 측량을 실시할 때에는 파랑에 의하여 침식되지 않을 지점에 기준점을 설치하고, 부득이하게 침식 위험이 있는 지점에 설치할 경우에는

**표 8-2 도면의 축척**

| 구 분 | 축 척 |
|---|---|
| 평면도 | 1/1,000 또는 1/500 |
| 종단면도 | 1/1,000 또는 1/500 |
| 횡단면도 | 1/100 |
| 구조도 등 | 1/20~50 |

비교점을 설치한다. 평면측량, 종단측량, 횡단측량으로 나누어 실시한 뒤 측량의 결과는 표 8-2의 축척을 표준으로 도면에 작성한다.

**③ 해저측량**

해저측량은 파랑을 추정하고 구조물의 위치, 규모 등을 결정하기 위하여 실시하며, 해저지형의 현황 또는 변화 등을 파악한다. 측선의 방향은 원칙적으로 정선에 대하여 직각이 되도록 하고 측선의 간격은 100m 이내를 원칙으로 하며, 측점의 간격은 50m 정도를 표준으로 한다. 측량의 범위는 조사 목적에 따라 결정하지만 원칙적으로 먼 바다에서는 깊이 30m, 가까운 바다에서는 20m까지로 한다. 측량의 결과는 해저종단면도 및 등심선도(等深線圖, depth contour)에 표시하며 도면의 축척은 원칙적으로 정선측량의 평면도와 같게 한다.

## 8·3 설계 및 시공

### 8·3·1 설계 요령

**1 예정지 선정**

해안방재림조성사업은 해안의 모래언덕 중에서 모래가 이동하여 가옥이나 농경지에 극심한 피해를 입히는 지역을 대상으로 하며, 해안침식방지사업은 만조 해안선과 연접한 지역 중에서 파도 등에 의한 해안침식이 진행 중이거나 우려되는 지역을 대상으로 한다.

**2 현지조사 및 설계서 작성**

현지조사와 설계서 작성은 산지사방사업의 조사 방법과 작성 방법에 준하여 실시한다.

### 8·3·2 시공 요령

**1 모래언덕조성**

모래언덕조성은 해안방재림을 조성하기 전에 선행되어야 한다. 파랑이 심한 곳은 모래언덕이 침식되어 유실되지 않도록 모래언덕의 앞면에 파도막이를 축설하고, 특히 앞모래언덕을 조성하기 위하여 퇴사울세우기를 시공하며 퇴사지는 사초로 피복하여 고정한다.

모래언덕 고정공사는 육지 쪽부터 시작하여 바다 쪽을 향하여 순차적으로 진행하며 모래언덕 뒤에는 해안방재림을 조성한다. 또한 모래 이동이 정지한 모래땅에는 정사울세우기를 시공하고 정사울 안에는 해안의 모래땅에 잘 견딜 수 있는 수종 중에서 큰 나무를 식재한다. 특히 모래날림이 극심한 지역에서는 정사울세우기와 모래언덕 피복공사를 함께 실시하여 효과를 높인다.

### 2 해안방재림조성사업

해안방재림조성사업은 모래가 내륙으로 이동하는 것을 방지하고 배후에 묘목을 식재하여 수림대를 조성하는 사업이다. 특히 모래언덕의 나무심기는 식재구덩이의 객토, 시비, 지주 설치 등에 따라 성공 여부가 좌우되므로 유의하여 사업을 추진한다. 즉 나무를 식재할 때에는 반드시 시비와 객토를 실시하고 비료목을 혼식한다. 해안방재림의 조성 1년 차에 객토를 실시하고 2년 차에 조림을 시행한다.

### 3 해안침식방지사업

해안침식을 방지하기 위한 소규모 공사가 필요할 경우에는 모래언덕을 쌓거나 콘크리트흙막이 또는 큰돌쌓기 등을 실시한다. 그러나 대규모 공사가 필요할 경우에는 방조제, 방조호안, 소파공, 소파제, 돌제, 각종 부대시설과 같은 해양 토목구조물을 계획할 필요가 있으며, 모두 현지 상황에 따라 적절히 선택하여 계획한다.

## 8·4 방조공사

### 8·4·1 방조제

### 1 목적

방조제공사(防潮堤工事, coastal dyke for tide prevention)는 파랑, 해일, 쓰나미 등에 의한 파도의 침입 및 해안침식을 방지하여 해안방재림과 그 예정지를 보호하고 모래언덕과 산림을 조성할 것을 목적으로 한다.

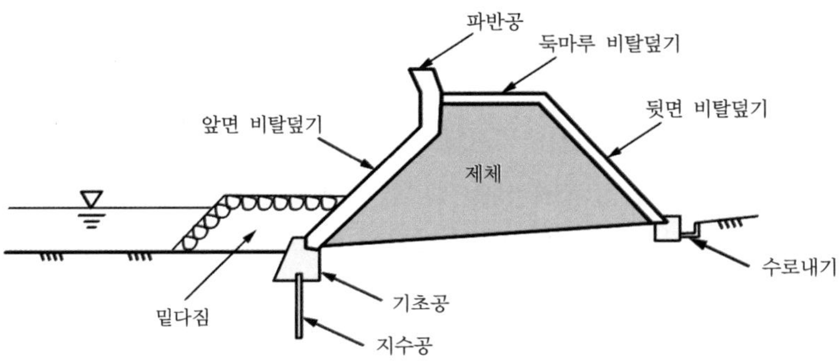


**그림 8-6** 방조제의 구조

### [2] 형식 및 종류

방조제의 형식은 직립형, 경사형, 혼합형 등으로 구분하고, 방조제의 종류는 사용하는 재료에 따라 콘크리트, 철근콘크리트, 석재, 콘크리트블록, 돌망태 등으로 구분한다. 형식 및 재료는 현지의 상황에 따라 적절하게 선정한다.

### [3] 설계 요인

#### ① 물매선 및 위치

방조제의 물매선은 원칙적으로 정선에 평행하게 설정하여 파랑, 해일, 쓰나미 등의 침입을 방지하고 후배지(後背地)에 해안방재림을 조성, 유지하는 데 필요한 위치에 설계한다.

#### ② 둑마루 높이 및 단면

둑마루의 높이는 설계고조위(設計高潮位)에 여유고를 더한 높이로 하며 자연 조건, 방조제의 형상, 소파공의 효과, 월파(越波)의 허용 정도 등을 고려하여 결정한다. 설계조위는 기상, 조석, 이상조위의 실측치나 추정치에 따라 정하고 설계파고(設計波高)는 원칙적으로 유의파로 한다.

앞면의 물매와 둑마루의 두께를 결정한 후에 안정조건을 만족할 수 있는 단면이 되도록 뒷면의 물매를 정하며, 방조제의 안정계산에 사용하는 하중은 제체자중, 배면토압, 잔류수압, 파력(波力)으로 한다. 또한 방조제의 단면은 전도에 대한 안정, 활동에 대한 안정, 제체 파괴에 대한 안정, 기초지반의 지지력에 대한 안정조건을 만족하여야 한다. 앞면의 물매는 제체의 안정, 수리 조건, 해빈(海濱)의 이용 등을 고려하여 결정하며, 둑마루의 두께는 원칙적으로 3m 이상을 표준으로 한다. 다만 직립형의 중력식 방조제는 1m 이상이 되게 하고, 제체의 안정을 고려하여 뒷면의 물매를 결정한다.

#### ③ 제체의 재료

방조제의 재료로는 다소의 점토를 포함한 사질 또는 사력질을 이용하며 충분히 다져야 한다. 다만 직립형의 콘크리트 방조제는 소요 강도 및 내구성이 있는 콘크리트를 사용한다.

#### ④ 기초공사 및 밑막이

방조제의 기초공은 제체를 안전하게 지탱할 수 있고 파력과 파도의 세굴에 충분히 견딜 수 있어야 한다. 또한 방조제의 밑막이는 방조제 앞면의 비탈덮기 또는 기초공의 세굴을 방지할 필요가 있을 때 설치하며 단독으로 침하 또는 굴요할 수 있는 구조로 한다.

#### ⑤ 지수공 및 수로내기

방조제의 지수공(止水工, cut-off method)은 기초지반 또는 기초지반과 기초공 사이의 누수를 방지하기 위하여 설치하며 파이핑 등에 의하여 기초가 파괴되지 않도록 설계한다. 또한 방조제의 수로내기는 제내지의 월파 또는 물보라 등을 배수하기 위하여 방조제 뒷면의 아랫부분에 설치하며 배수할 수 있는 단면을 충분히 확보하여야 한다.

## 8·4·2 방조호안

### 1 목적

방조호안공사(防潮護岸工事, tide prevention revetment)는 파랑, 해일, 쓰나미 등에 의한 해안침식을 방지하고, 모래언덕이나 해안선을 고정하여 해안방재림 또는 해안방재림 조성 예정지를 보호하며, 모래언덕 및 해안방재림 조성의 기초로 사용할 목적으로 실시한다.

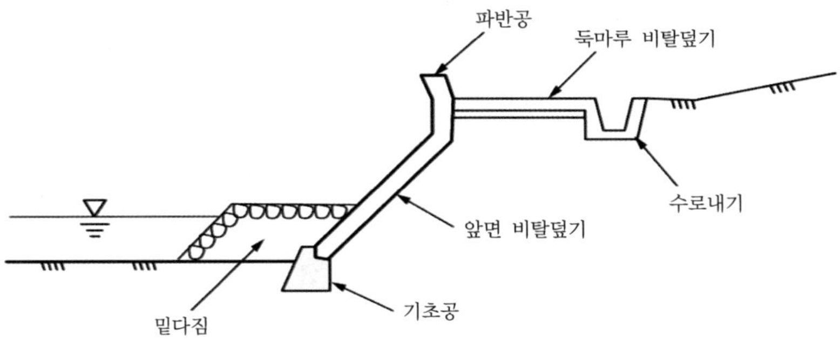


그림 8-7 방조호안의 구조

### 2 형식 및 종류

방조호안의 형식 및 종류의 선정은 방조제의 형식 및 종류의 선정에 준한다.

### 3 설계 요인

방조호안의 둑마루 높이, 단면, 기초공사, 지수공, 밑막이, 수로내기는 방조제의 설계 요인에 준한다.

## 8·4·3 소파공

### 1 목적

소파공사(消波工事, coastal breakwater works)는 파도의 월파고(越波高), 월파량(越波量), 충격쇄파압을 낮추고 방조제, 방조호안 등의 전면부에 퇴사를 촉진하며 세굴을 방지하기 위하여 실시한다.

### 2 형식 및 종류

소파공의 형식은 원칙적으로 투과식으로 하며, 소파공의 종류는 석재, 콘크리트블록 중에서 현지의 상황에 따라 소파 효과가 높은 것을 선정한다.

### 3 설계 요인

**① 물매선 및 위치**

소파공은 원칙적으로 방조제 및 방조호안에 평행하게 설치한다.

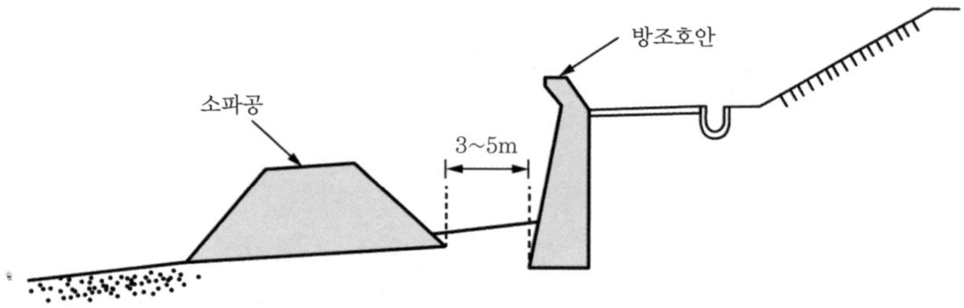


그림 8-8 소파공의 위치

**② 둑마루 높이 및 단면**

소파공의 둑마루 높이는 방조제 및 방조호안의 월파량을 허용량까지 저하하는 높이로 설계하며, 단면은 소파공의 안정성을 고려하여 결정한다.

**③ 콘크리트블록 등의 소요 중량 및 기초**

파력을 받는 방조제의 앞면을 보호하는 소파공에 사용할 콘크리트블록 및 사석(捨石)은 파력에 대하여 중량이 안정된 것을 사용한다. 또한 소파공의 기초는 소파공을 안전하게 지지하고 파력 및 파도에 의한 세굴을 충분히 견딜 수 있어야 한다.

## 8·4·4 소파제

### 1 목적

소파제공사(消波堤工事, coastal dyke for breakwater embankment)는, 파랑에 의한 침식으로 인하여 모래해변[사빈(砂濱), sand beach], 모래언덕, 해안선이 후퇴하는 것을 방지하여 정선을 유지하고 그 배면에 퇴사를 촉진할 목적으로 실시한다.

### 2 형식 및 종류

소파제의 형식 및 종류는 소파공의 형식 및 종류의 선정에 준한다.

### 3 설계 요인

**① 물매선 및 위치**

소파제의 물매선은 원칙적으로 정선에 평행한 선형이 되도록 한다.

**② 둑마루 높이 및 단면**

소파제의 둑마루 높이는 수심, 조위, 파고, 지반, 제체의 침하, 소파제의 형식 등을 고려하여 결정하며, 단면은 소파공의 단면에 준한다.

**③ 기초**

소파제의 기초는 소파공의 기초에 준한다.

### 8·4·5 돌제

#### 1 목적

돌제공사(突堤工事, coastal spur)는, 주로 연안표사(沿岸漂砂, coastal drift)의 원인이 되는 해안의 표사를 억지 또는 퇴적시켜 해안침식을 방지할 것을 목적으로 한다.

#### 2 형식 및 종류

석재, 콘크리트블록, 콘크리트말뚝, 시트파일 중에서 현지의 상황에 따라 적절하게 선정한다.

#### 3 설계 요인

**① 방향**

돌제는 정선에 직각이 되도록 설치한다.

**② 길이 및 간격**

돌제의 길이는 앞부분이 표사를 포착하여 퇴적시킬 수 있는 위치까지로 하고 기초는 방조제 또는 방조호안에 접속되도록 하며, 방조제 등이 없는 경우에는 악천후의 파도가 기초에 접촉하는 위치까지로 한다. 돌제의 간격은 정선이 가장 후퇴한 경우를 기준으로 하여 해안의 보전 또는 이용에 필요한 폭을 확보할 수 있도록 한다.

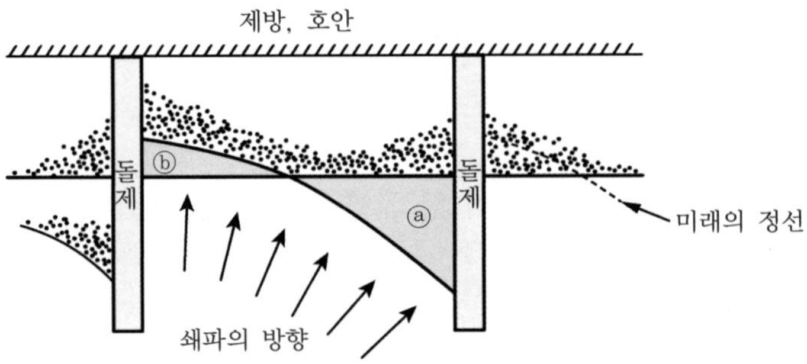


**그림 8-9** 돌제 사이의 정선 형상

**③ 둑마루 높이 및 단면**

돌제의 둑마루 높이는 육지 쪽의 수평 부분이 설계파도에 의하여 넘치지 않을 정도의 높이로 하고, 중간의 경사 부분은 해저물매에 거의 평행으로 하며, 앞부분은 수평 또는 해저물매에 평행하도록 한다. 돌제의 단면은 소파공의 단면에 준한다.

**④ 기초**

돌제의 기초는 소파공의 기초에 준한다.

이 외에 방조공의 부대시설인 배수로, 승강로 등을 해당 시설의 설치 목적에 맞게 계획하며, 특히 방조공의 강도가 약화하지 않도록 유의한다.

## 8·5 모래언덕조성

### 8·5·1 목적

모래언덕조성은 해안에서 불어오는 바람을 감쇄하거나 균일화하여 모래날림을 방지하고 모래땅을 고정함으로써 식재목이 정상적으로 생육할 수 있도록 함을 목적으로 한다. 최근에는 해안에 모래언덕을 조성하는 사례가 줄어들고 있지만 모래언덕은 모래날림을 줄이고 산림을 확실하게 조성할 수 있는 경제적이고도 효과적인 방법이다. 따라서 자연현상에 대하여 저항력이 강한 천연 모래언덕의 형태를 이루도록 할 필요가 있다.

### 8·5·2 종류

모래언덕은 자연모래언덕, 인공모래언덕[인공사구(人工砂丘), artificial sand dune], 흙쌓기[인공성토(人工盛土)]로 구분한다. 자연모래언덕은 장기간에 걸쳐 해풍 등에 의하여 형성된 모래언덕이며, 인공모래언덕은 퇴사울타리를 반복적으로 시공하여 인공적으로 조성한 모래언덕이다. 흙쌓기는 기계토공 등을 실시하여 인공적으로 조성한 성토이다.

### 8·5·3 공종 및 설계 요인

**1 공종**

모래언덕을 조성하는 공종에는 모래쌓기공사(퇴사울세우기, 구정바자얽기), 흙쌓기, 모래덮기공사(모래덮기, 사초심기, 씨뿌리기), 파도막이 등이 있다.

## 2 설계 요인

### ① 위치

모래언덕의 해안 쪽 앞부분이 파도에 의하여 침식, 파괴되지 않도록 정선으로부터 일정 구간 떨어진 육지 쪽에 조성하는 것이 바람직하다. 특히 해빈이 좁고 침식될 위험이 있는 곳에 조성할 때에는 방조공 등을 함께 계획하며, 해빈이 넓고 앞모래언덕[전사구(前砂丘), coastal protection dune, fore-dune]과 주모래언덕[주사구(主砂丘), main dune]을 모두 조성할 때에는 몇 가지 사항을 고려하여야 한다. 우선 앞모래언덕의 위치는 정선의 위치, 파고, 조위, 해안의 경사, 모래날림의 정도 등을 종합적으로 판단하여 결정하지만 해안 쪽에 지나치게 인접할 경우에는 모래언덕의 바람받이 쪽의 각부가 파랑에 의하여 파괴되므로 파랑도달선 안쪽에 위치를 정한다. 주모래언덕의 위치는 앞모래언덕의 위치를 결정한 후에 육지 쪽의 지형을 고려하여 결정한다. 모래언덕 사이의 거리는 모래언덕의 높이, 주위의 지형, 기존의 모래언덕 등을 참고하여 결정하지만 모래언덕 높이의 40배 이상이 되도록 한다.

### ② 방향

모래언덕은 정선에 평행일 경우 모래가 균등하게 공급되지만 정선의 방향이 주풍 방향에 직각이 아닐 경우에는 퇴사울타리가 정선과 사교(斜交)한다. 따라서 퇴사울타리는 정선에 평행하도록 설치하며, 정선과 주풍의 방향이 현저히 다를 때에는 정선 방향에 평행하게 주울타리를 설치하고 주풍 방향에 직각이 되게 보조울타리를 설치하거나 지그재그로 설치하여 퇴사 효과를 높여야 한다. 그러나 강풍 지대의 해안에서는 주울타리와 보조울타리의 접속 지점에 위치한 주울타리의 바람받이 쪽에 결함이 나타나므로 주의하여야 한다.

### ③ 높이

모래언덕은 해빈의 넓이, 물매, 모래의 상태(입경, 함수율), 풍속, 풍향 등의 영향을 받으므로 주변에 위치하는 인공모래언덕, 배후의 산림 등을 고려하여 높이를 결정한다. 모래언덕을 몇 열로 배치할 경우에는 앞모래언덕의 정부(頂部)와 내륙 방향에 위치한 자연모래언덕의 정부를 연결한 선 위에 주모래언덕의 정부가 위치하도록 설계한다.

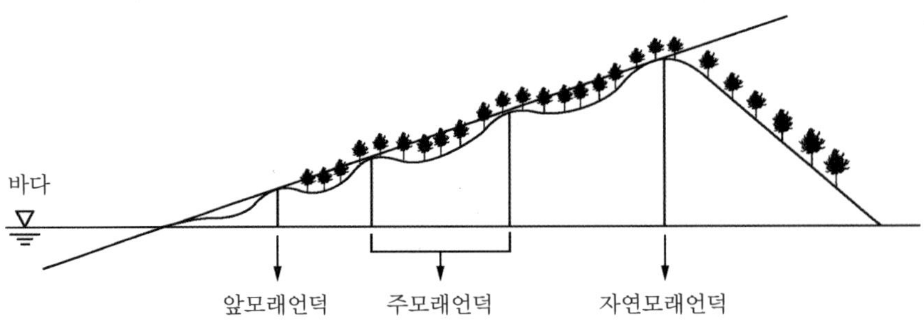


**그림 8-10** 모래언덕의 배치와 높이

#### ④ 구조

모래언덕의 횡단형상은 해양 재해에 대하여 저항력이 있고 안정된 형상이 되도록 조성하며, 경사면은 모래덮기로 고정한다. 모래언덕의 정부는 수평이 되게 조성하고 정부의 전 · 후 비탈면은 구정바자얽기를 시공하여 고정한다.

자연모래언덕에서 바람받이 쪽의 물매는 완만하고 바람의지 쪽의 물매는 급하다. 즉 바람받이 쪽의 물매는 모래의 비중, 입경과 풍속 등에 따라 다르지만 일반적으로 5~10° 이고, 바람의지 쪽의 물매는 모래의 안식각에 가깝다. 따라서 모래언덕을 조성할 때에는 자연모래언덕의 높이, 바람받이 · 바람의지 쪽의 물매 등을 고려하여 조성한다.

모래언덕의 정부에 요철이 있으면 바람이 안부(鞍部)를 통과할 때 오목한 부분으로 바람이 집중되어 침식이 일어나고 골이 생기며, 바람의지 쪽으로 바람이 균일하게 분배되지 않아 바람의지 면의 형상이 매우 불규칙하게 형성된다. 따라서 모래언덕의 정부가 풍압에 대한 효과를 발휘하기 위해서는 2~3m의 폭을 확보하여야 한다.

### 8·5·4 모래쌓기공사

#### 1 퇴사울세우기

#### ① 목적 및 시공 장소

퇴사울세우기[퇴사원공(堆砂垣工), sand dune fixation-hedge works]는 해안으로부터의 모래날림이 많은 경우에 계획하며, 해안에서 이동한 모래를 퇴사울타리의 배후에 퇴적시켜 인공모래언덕을 조성하기 위하여 설치한다. 모래해변이 발달한 해안에서 바다 쪽에 앞모래언덕을, 육지 쪽에 주모래언덕을 조성한다. 모래언덕의 조성 순서는 육지 쪽부터 착수하여 점차 해안 쪽으로 나아가는 것이 일반적이다.

시공 장소로는 앞모래언덕의 경우 모래날림의 정도, 파랑의 강약, 조류(潮流)의 고저, 해안의 경사 등을 고려하여 모래언덕의 앞바닥[전각(前脚)]이 피해를 입지 않을 장소에 조성한다. 주모래언덕은 앞모래언덕의 위치를 결정한 후에 육지 쪽의 지형을 고려하여 두 모래언덕 사이의 간격이 고저 차의 40배 이상 되는 곳에 조성한다.

**그림 8-11** 지그재그 형태의 퇴사울타리

### ② 간격

퇴사울타리는 평균 최대풍속에도 모래날림이 발생하지 않는 풍속(지상 1m의 풍속 6m/s) 이하로 억제할 수 있는 투과성(통풍성)이 유지되어야 한다. 일반적으로 퇴사울타리에 의한 모래날림의 퇴사 지점은 풍속이 빠르고 간격이 넓을수록 후퇴한다. 즉 퇴사울타리의 간격이 지나치게 조밀하여 방풍 물체(갈대, 대나무 등)의 간격비가 2 : 1보다 좁거나, 간격은 적당할지라도 퇴사 이전에 강풍으로 퇴사울타리에 모래가 부착하면 퇴사울타리의 틈이 막혀 풍도(風倒)되는 경우도 있다. 따라서 방풍 물체의 통풍 정도, 즉 간극률은 모래언덕의 형상, 바람의 힘, 모래의 입경 등에 따라 다르지만 통상 1 : 1로 하고 경우에 따라서는 1 : 2로 한다. 모래의 퇴사 상황이 퇴사울타리의 굴요성과도 관계되므로 투과성이 있지만 굴요성은 없는 퇴사울타리가 적합하다.

1) 판자울타리와 같이 투과성, 굴요성이 없는 경우에는 판자울타리를 따라 바람이 움직이므로 판자의 기초부에 구멍을 만들어 퇴적시킨다(그림 8-12 A 참조).
2) 초본류와 같이 투과성과 굴요성이 풍부한 경우에는 풍속이 약해지지만 모래는 통과하여 퇴적한다(그림 8-12 B 참조).
3) 투과성이 있지만 굴요성이 없는 섶울타리와 같은 경우에는 투과성의 정도에 따라 모래가 울타리를 중심으로 퇴적한다(그림 8-12 C 참조).

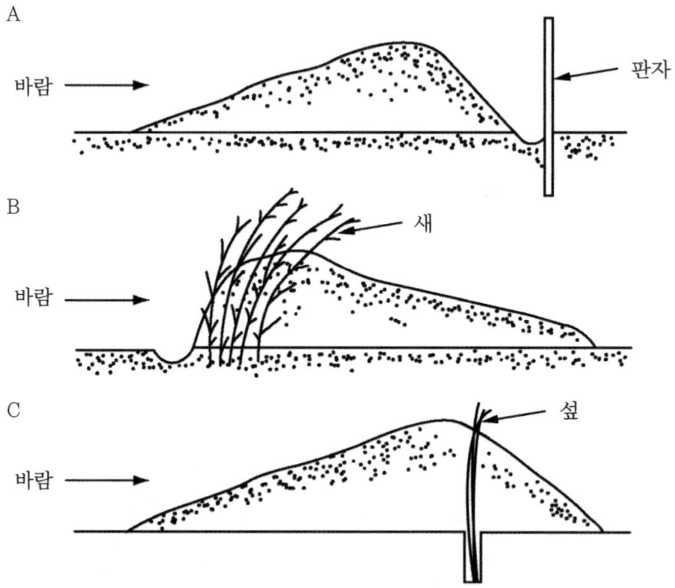


**그림 8-12 퇴사울타리의 재료별 퇴사 양상**

### ③ 위치

퇴사울타리는 계획한 모래언덕의 정선 연직선보다 약간 육지 쪽에서 시작한다. 첫 번째 퇴사울타리는 그림 8-13의 시공 순서 1에 위치하게 하고, 두 번째 퇴사울타리의 위치는 첫 번째 울타리의 직상 또는 약간 바다 쪽(0.5~1.0m)에 위치하도록 한다. 육지 쪽에 쌓이는 모래는 점성이 약하기 때문에 물매가 급하면 바람에 무너지기 쉽고 퇴적 상태도 불안정하다. 따라서 부득이 육지 쪽에 설치할 때에는 지주를 세우거나 바다 쪽에 망을 설치하여 풍도를 방지한다.

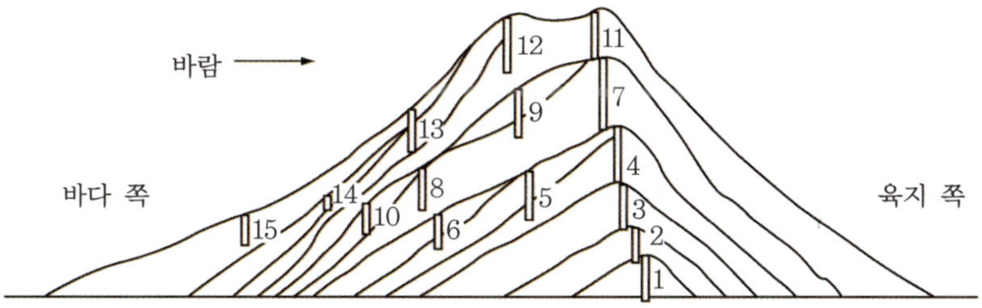


**그림 8-13** 퇴사울타리의 시공 순서(번호순)

### ④ 높이

퇴사울타리의 높이는 풍력, 모래의 양 등에 따라 결정하며 일반적으로 강풍에 의한 풍도를 피하기 위하여 1.0m 정도로 한다. 또한 퇴사울타리의 하부를 충분히 매설하지 않으면 풍혈이 생길 경우 퇴사울타리가 파괴되므로 유의한다.

### ⑤ 재료

퇴사울타리에 사용하는 재료는 퇴사가 종료될 때까지 내구성을 유지할 수 있어야 한다. 일반적으로 말뚝 재료로는 곰솔, 소나무, 낙엽송, 참나무, 잡목 등을 사용하고, 방풍재로는 섶, 갈대, 참억새, 대나무, 플라스틱망 등을 사용하며, 구하기 쉽고 내구성이 있는 재료를 선정한다.

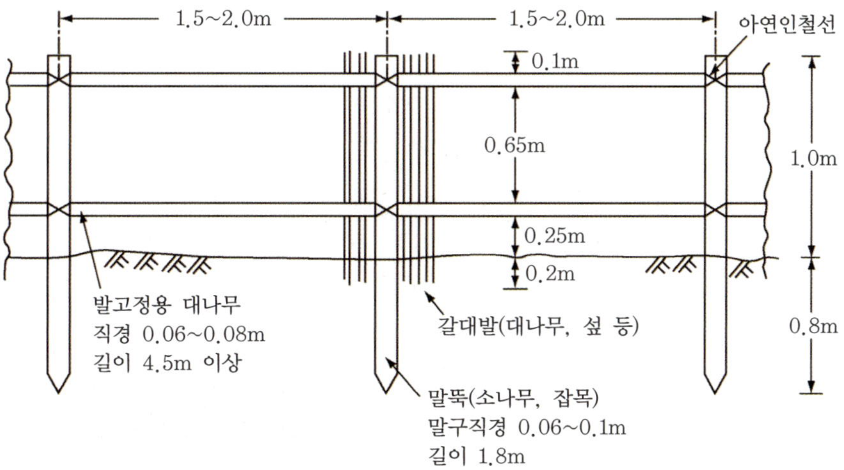


**그림 8-14** 퇴사울타리의 시공 구조도

## 2 구정바자얽기

### ① 목적 및 시공 장소

구정바자얽기[구정편책공(丘頂編柵工), wicker works on sand dune]는 모래언덕의 정부를 고정하기 위하여 모래언덕 방향으로 편책을 매설한 구조물로, 시공 장소는 퇴사울세우기를 참고하여 선정한다.

**② 구조 및 종류**

구정바자얽기의 사용 재료, 구조 등은 산지사방의 바자얽기에 준하며, 풍혈이 생기지 않도록 20cm 정도를 땅속에 묻고 바자의 정부는 반드시 수평으로 설치한다. 조성된 모래언덕의 정부는 방치하면 풍식을 입고 요철이 생겨 파괴되므로 바자를 1~2열 정도 묻어야 한다. 일반적으로 바자의 높이는 40~60cm로 하여 대부분을 매설하며, 사용 재료는 조풍 등에 대하여 내구성이 있어야 한다.

## 8·5·5 흙쌓기

### 1 목적 및 시공 장소

흙쌓기[성토공(盛土工), embankment construction works]는 퇴사울타리 등에 의한 자연 퇴사를 기대할 수 없거나 모래언덕을 신속하게 조성하여야 할 때 실시한다.

시공 장소는 퇴사울타리 등에 의한 자연퇴사를 기대할 수 없거나 모래언덕을 신속하게 조성하여야 할 곳으로, ①산간부의 황폐지가 복구되고 하천 정비 등이 진행되어 연안표사가 감소하고 있는 곳, ②흙쌓기를 기계화 시공으로 조성할 수 있는 곳 등이다.

### 2 설계 및 시공 방법

양쪽 흙쌓기 비탈면의 물매는 흙쌓기 재료의 안식각으로 하며, 흙쌓기의 표면은 침식을 방지하기 위하여 점성토로 20cm 이상 피복한 후에 식재한다. 해안 방향의 비탈면이 도파(跳波, overtopping wave)에 의하여 침식될 위험이 있을 경우에는 콘크리트 등으로 처리한다. 흙쌓기 재료로 해안의 모래를 채취하여 사용하면 모래해변이 후퇴하여 흙쌓기의 각부가 파랑으로 침식되기 때문에 주의하여야 한다. 흙쌓기의 기본은 지하수나 바닷물의 영향을 피하기 위하여 기준면보다 0.5~1.0m 높게 객토를 실시한다.

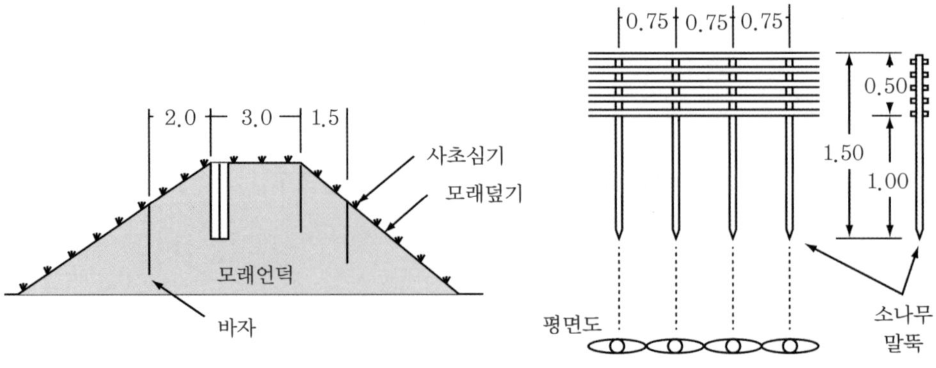


**그림 8-15** 흙쌓기의 시공 구조도(단위: m)

해안의 모래땅이나 모래언덕에 식재지를 조성할 때에는 식물의 생육에 필요한 양분과 수분이 부족하다는 점을 반드시 고려하여야 한다. 이를 효율적으로 보완하기 위하여 ①공생미생물을 활용하는 방법, ②어업에 큰 피해를 주고 있는 유용 해파리를 활용하는 방법, ③초본 군락에 침입한 곰솔 종자를 활용하는 방법 등을 적용한다.

### 8·5·6 모래덮기공사

#### 1 모래덮기

**① 목적 및 시공 장소**

모래덮기[복사공(覆砂工), 복공(伏工), sand dune covering works]는, 퇴사울세우기 또는 흙쌓기로 조성한 모래언덕이 식생으로 녹화될 때까지 모래언덕의 표면을 갈대, 거적, 새, 섶, 짚 등으로 피복하여 수분을 보존하고 모래날림을 방지할 목적으로 시공한다.

시공 장소는 ①조성된 모래언덕 또는 육지 쪽의 모래땅으로, 방치하면 바람에 의하여 침식되고 모래가 이동할 수 있는 곳, ②퇴사울세우기나 흙쌓기로 조성한 모래언덕 등이다.

**② 설계 및 시공 방법**

모래언덕의 표면을 정지한 후 섶, 짚, 갈대 등을 바람받이에서 바람의지 방향으로 표면에 밀착시켜 피복하고 그 위를 대나무와 새끼 등으로 견고하게 고정한다. 섶이나 나뭇가지의 밑부분인 근원부는 바람받이를, 끝부분은 바람의지를 향하게 하며 제1열의 끝이 제2열의 앞부분과 겹치도록 한다. 또한 강풍 지역에서는 각 열을 따라 나뭇가지나 간벌재를 올린 후 갈고리형의 말뚝으로 고정하고, 나뭇가지의 밀도는 바람의 강도나 모래날림의 정도에 따라 조정한다.

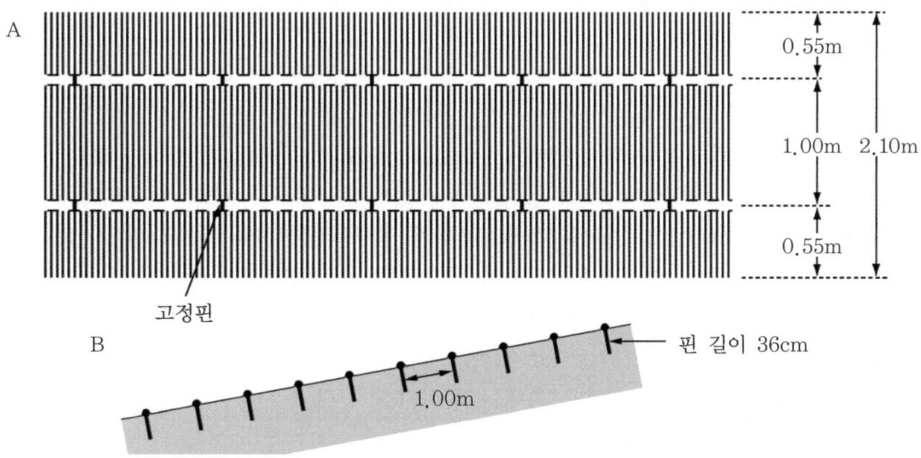


그림 8-16 모래덮기의 시공 구조도(A: 평면도, B: 단면도)

**③ 종류**

모래덮기는 사용하는 재료에 따라 소나무섶모래덮기, 갈대모래덮기, 짚모래덮기 등으로 구분하며 시공 장소의 특성에 따라 선택한다.

그림 8-17 짚모래덮기

## 2 사초심기

### ① 목적 및 시공 장소

사초심기[사초식재공(砂草植栽工), sand-grass planting measures]는, 해안의 모래땅에서 잘 생육하고 모래언덕의 고정 기능이 높은 사초를 식재 예정지 전면에 식재하는 일이다. 벼과, 사초과, 국화과 등에 속하는 초본류 중에서 내풍성·내염성이 강하고 퇴사에 의한 매몰, 건조, 더위에 강하여 모래땅에서도 잘 생육하는 사초를 식재하여 퇴사울타리와 정사울타리가 부식된 후에도 모래언덕을 피복, 고정할 것을 목적으로 한다.

시공 장소는 바람에 의하여 이동된 모래를 모래언덕의 바다 쪽 전면에 일정하게 퇴적시켜야 할 곳으로, ①퇴사울타리가 시공된 모래언덕의 식재 예정지의 전면, ②정사울타리가 시공된 모래언덕의 식재 예정지의 전면 등이다.

### ② 설계 및 시공 방법

사초의 식재 방법에는 다발심기[파식(把植), bundle planting], 줄심기[열식(列植), row-planting], 망심기[망식(網植), net planting] 등이 있다. 다발심기에서는 사초 4~8포기를 한 다발로 만들어 30~50cm 간격으로 심으며 묶음 모양에 따라 둥근다발심기와 넓적다발심기로 구분한다. 줄심기에서는 1~2주를 일열로 주간거리 4~5cm, 열간거리 30~40cm가 되도록 식재하고 줄 방향은 주풍 방향에 직각이 되게 심는다. 망심기에서는 사초를 바둑판같이 종횡으로 줄심기를 하여 모래 이동을 방지하며, 망 구획의 크기는 2m×2m로 하고 내부에도 사이심기를 한다. 일반적으로 바람받이 쪽에는 망심기를 하고 바람의지 쪽에는 줄심기를 한다.

### ③ 종류

식재하는 사초는, 모래가 퇴적하여도 고사하지 않고 기는줄기나 땅속줄기가 발달하여 모래층을 잘 긴박하여야 한다. 다음과 같은 초본류가 흔히 사용된다.

1) 벼과: 갯쇠보리, 갯보리, 새, 솔새 등

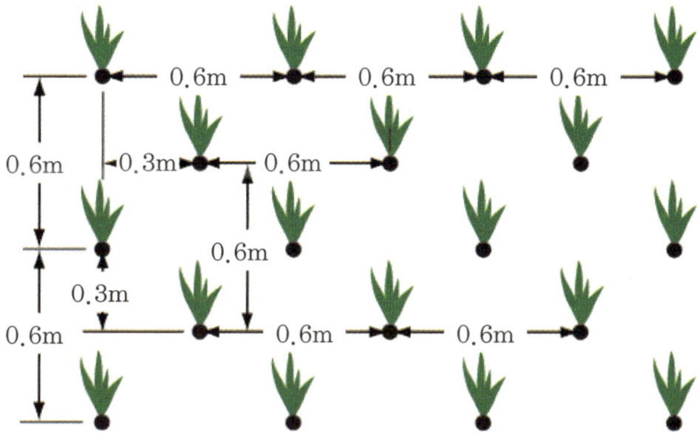


그림 8-18 사초심기의 배치 사례

2) 사초과: 보리사초, 통보리사초, 솔보리사초 등
3) 국화과 : 갯쑥부쟁이, 갯쑥, 갯씀바귀 등
4) 콩과: 갯완두, 자귀풀 등
5) 기타: 갯당근, 갯메꽃, 갯질경, 모래지치, 큰개미자리 등
6) 도입 품종: 비치그래스, 능수귀염풀, 지팽이풀 등

그림 8-19 사초심기

### 3 씨뿌리기

씨뿌리기는 사초심기 대신에 사초류 또는 기타 초본류의 종자를 모래땅에 직접 파종하는 일이며 파종 방법, 파종량, 파종 시기 등은 산비탈녹화공사의 씨뿌리기에 준한다.

## 8·5·7 파도막이

### 1 목적 및 시공 장소

파도막이[파랑공(波浪工), tide prevention works]는 모래언덕의 바다 쪽 각부가 파도 등에 의하여 침식, 파괴되는 것을 방지할 목적으로 설치하는 구조물이다.

시공 장소는 과거의 최대 파도도달선보다 육지 방향에 위치한 앞모래언덕의 하단부로, ①방조공과 같은 강도를 갖는 구조가 필요하지 않지만 강한 파도의 압력을 직접 받는 곳, ②파도의 침식에 대하여 충분한 내구성을 필요로 하는 곳 등이다.

### 2 설계 및 시공 방법

파도막이는 모래언덕의 바다 쪽 파도도달선에 위치하도록 설치하며, 방향은 원칙적으로 정선과 앞모래언덕에 평행하게 하고 정부는 수평으로 한다. 파도막이의 높이는 통상의 파도에 의하여 모래언덕의 각부가 세굴되거나 파괴되지 않을 정도의 높이로 한다.

파도막이는 모래언덕의 바다 쪽에 설치하지만 모래언덕이 정선에서 떨어져 있는 경우가 많기 때문에 파도에 의한 침식은 비교적 적은 편이다. 따라서 강한 파도의 압력을 직접 받는 방조공사에서와 같은 강도가 필요하지는 않지만 파도의 침식에 대해서는 충분히 내구성이 있어야 한다.

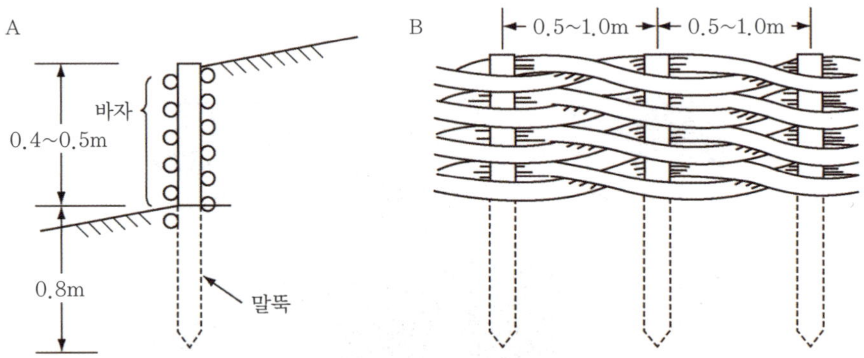


**그림 8-20** 파도막이의 시공 구조도(A: 단면도, B: 정면도)

**그림 8-21** 파도막이

### 3 종류

파도막이에는 파도막이바자얽기, 파도막이울짱얽기, 파도막이돌망태쌓기 등이 있다. 이전에는 파도막이울짱얽기가 많이 사용되었지만 내구성이 떨어져 최근에는 콘크리트판, 콘크리트블록, 2차 제품이 사용되고 있다.

## 8·6 해안방재림조성

### 8·6·1 목적

해안방재림조성은 해안의 모래땅에 산림을 조성하여 모래날림, 조풍 등의 재해를 방지 또는 경감하고 배후지를 보전할 것을 목적으로 한다.

### 8·6·2 공종

해안방재림조성의 공종에는 바람막이, 수로내기, 모래안정공사(정사울세우기, 정사낮은울세우기, 충립공), 나무심기 등이 있으며 현지의 상황에 따라 적절하게 선택한다.

### 8·6·3 바람막이

#### 1 목적 및 시공 장소

바람막이[방풍공(防風工), wind break]는 정사울타리나 식재목을 바람으로부터 보호하기 위하여 설치한다.

시공 장소는 ①해안방재림과 희생림 사이, ②사람과 가축 등의 출입으로 인한 피해가 예상되는 지역 등이다.

#### 2 설계 및 시공 방법

**① 방향 및 위치**

바람막이는 지형과 조성하려는 해안방재림의 폭을 고려하여 가장 효과적인 위치에 설치하되 원칙적으로 주풍의 방향에 직각이 되도록 설치한다. 조성하려는 해안방재림의 바람받이에 설치하지만 폭이 넓어 1개의 열로 효과를 기대할 수 없는 곳에는 열상(列狀)으로 배치한다.

**② 높이**

바람막이의 높이를 결정할 때에는 주풍의 강도, 해안방재림의 폭, 지형, 바람막이의 방풍률 등에 따라 효과 범위를 파악하여 결정하지만 통상적으로 2~3m로 한다. 바람막이에 의한 풍속의 감소율 및 범위는 방풍재의 투과율에 따라 다르다. 일반적으로 적당한 방풍률로 조성된 바람막이의 풍속 감소 효과가 바람의지에서는 높이의 35배 정도까지 미치지만 바람막이로부터 멀어지면 풍속이 회복되기 때문에 사전에 목표로 하는 풍속을 파악하는 일이 중요하다.

#### ③ 구조

지주의 구조에는 지주 단독의 단주형(單柱型), 주주와 지주를 조합한 공주형(控柱型)이 있으며 현지의 상황에 따라 선택한다. 방풍책(防風柵)은 방풍률이 가장 적절하도록 부재의 간격을 정하고, 방풍네트는 사전에 방풍률을 파악하여 효과적인 것을 선정한다. 바람막이의 방풍률은 풍동실험의 결과에 의하면 60% 정도를 표준으로 하는 것이 바람직하다. 주주 · 지주의 기초에는 풍압에 의하여 전도되지 않도록 콘크리트블록 등을 설치한다.

### 3 종류

바람막이에는 방풍책, 방풍네트 등을 사용하며, 사용 재료와 내구성이 다양하기 때문에 바람막이를 설계할 때에는 설치 기간, 풍속 등을 고려한다. 또한 바람막이의 주주 · 지주로는 목재, 합성수지, 경량강재 등을 사용하지만 어떤 재료든지 풍압에 의하여 파괴되지 않는 구조로 설계한다. 특히 철강재류를 사용할 때에는 조풍으로 인하여 녹슬지 않도록 아연 등으로 도금한다. 방풍책에는 갈대, 대나무, 목재 등을 사용하고, 방풍네트에는 각종 섬유, 합성수지, 금속 등을 사용하되 설치 기간 등을 고려하여 선정한다.

그림 8-22 바람막이

## 8·6·4 수로내기

### 1 목적 및 시공 장소

수로내기[배수공(排水工), water channel works]는 강수, 유입수 등에 따른 시공지의 표면수, 지하수, 침투수를 신속하게 배제할 목적으로 시공한다.

시공 장소는 ①지하수위가 높은 곳, ②침투수가 정체하기 쉬운 곳, ③표면수, 지하수를 신속하게 배제하여 식재목 뿌리의 부후를 방지하여야 할 곳 등이다.

### 2 설계 및 시공 방법

해안방재림의 조성지는 대체로 평탄지이기 때문에 지하수위가 높거나 침투수가 정체하기 쉬운 곳에서는 수로내기로 이를 신속히 배제하여 식재목의 뿌리가 썩는 것을 방지하여야 하며, 설계 및 시공은 산지사방의 수로내기에 준한다.

## 8·6·5 모래안정공사

### 1 정사울세우기

#### ① 목적 및 시공 장소

정사울세우기[정사원공(静砂垣工), sand dune stabilizing hedge works]는, 식재 예정지에 식재목의 생육 환경을 조성하기 위하여 후방의 풍속을 약화하고 모래 이동을 막을 목적으로 실시하며 모래덮기와 사초심기를 병행한다.

시공 장소는 ①바람에 의하여 앞모래언덕의 뒤쪽으로 모래가 이동할 가능성이 높은 곳, ②해안방재림을 조성할 예정인 모래땅 등이다.

#### ② 설계 및 시공 방법

정사울타리의 방향은 방풍 및 정사 효과를 최대로 발휘하기 위하여 주풍 방향에 직각이 되게 한다. 또한 바람막이를 설치할 경우에는 지형적 제약으로 인하여 바람막이를 주풍 방향에 직각으로 설치하기 곤란한 경우가 많다. 이때에는 바람막이의 방향에 상관없이 정사울타리의 한 변을 주풍 방향에 직각으로 설치하여 효과가 발휘되도록 한다.

정사울타리의 높이는 바람막이의 높이, 정사울타리의 크기, 식재목의 높이 등을 고려하여 결정하지만 일반적으로 유효높이를 1.0~1.2m로 하며, 구획의 크기는 한 변의 길이가 7~15m인 정사각형이나 직사각형으로 하는 것이 일반적이다. 정사낮은울세우기나 충립공을 설치하지 않을 경우에는 4m×4m의 정사각형 또는 2m×4m의 직사각형으로 한다.

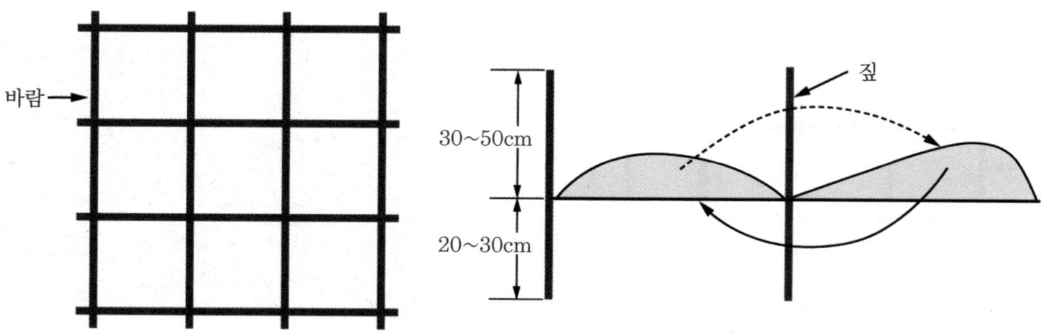


**그림 8–23** 정사울세우기의 구조

### ③ 재료

사용하는 재료로는 볏짚, 보릿짚, 갈대, 섶, 대나무, 억새류 등이 있으며, 식재목을 보호하기 위하여 필요한 기간까지 내구성을 유지할 수 있는 재료를 선정한다. 토양고결제나 표면처리제를 사용하여 지표를 고정하기도 한다.

그림 8-24 정사울세우기

## 2 정사낮은울세우기

### ① 목적 및 시공 장소

정사낮은울세우기[정사립공(靜砂立工), sand dune stabilizing low-hedge works]는 정사울세우기의 구획을 다시 작게 구획하여 모래 이동에 의한 해, 염해, 한해, 풍해 등으로부터 식재목을 보호하기 위하여 실시한다.

### ② 설계 및 시공 방법

정사울세우기의 구획이 잘못되었을 때에는 구획 내에 와류가 생겨 모래 이동, 조풍 등에 의하여 식재목이 피해를 입기 쉽다. 따라서 가능하면 정사울타리를 작게 구획하지만 구획이 지나치게 작으면 비경제적이기 때문에 정사낮은울타리를 설치하는 것이 바람직하다.

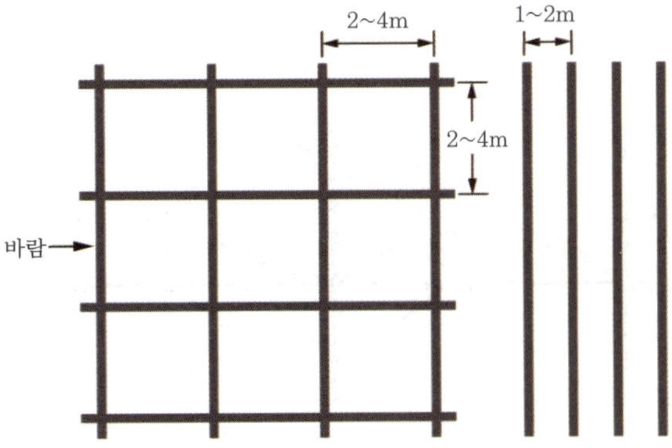


그림 8-25 정사낮은울세우기의 구조

그림 8-26 정사낮은울세우기

정사낮은울타리는 지형, 정사울세우기의 배치 상황 등에 따라서 다르지만 통상 한 변이 2~4m인 정사각형 또는 2m 간격의 열상으로 하고 직사각형인 경우에는 주풍 방향에 직각이 되게 한다. 정사낮은울세우기의 높이는 지상 30~50cm로 하고 아래쪽 20~30cm는 모래땅에 박아 빗물 등이 땅속으로 침투하도록 하며, 통풍비는 1 : 1로 한다.

**③ 재료**

정사낮은울세우기의 재료로는, 모래땅에 수분을 공급하고 주변의 임지로부터 비산해 오는 식물의 종자를 포착하여 발아를 촉진하기 위하여 짚, 갈대, 섶 등을 사용하고 있다.

### 3 충립공

**① 목적 및 시공 장소**

충립공(衝立工, screener works)은 새 등으로 제작한 구조체를 식재목의 바람받이에 세워 바람이 식재목에 직접 닿지 않도록 보호하는 일이다. 충립공은 바람에 의한 식재목의 수분 증발을 억제하여 활착률을 높이고, 강우를 땅속에 침투시켜 모래땅의 건조 방지에 도움을 주기 위하여 시공하며, 모래땅 조림에 효과적인 방법이다.

**② 설계 및 시공 방법**

충립공은 식재목으로부터 15cm 정도 떨어진 바람받이에 배치하며 폭 30cm, 높이 40cm 정도가 일반적이지만 묘목의 크기에 따라 결정한다.

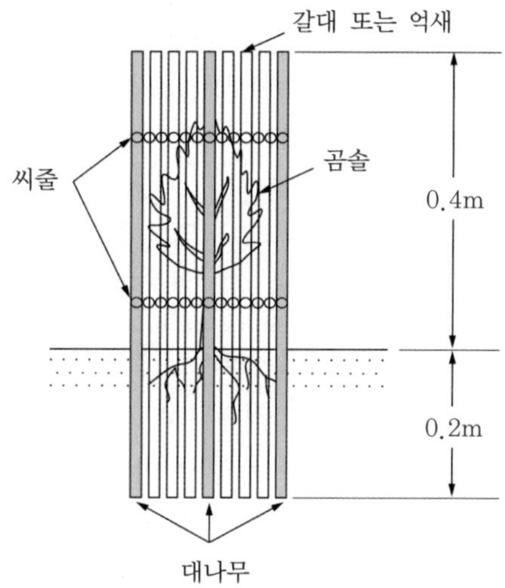


그림 8-27 충립공의 구조

## 8·6·6 나무심기

### 1 목적 및 시공 장소

나무심기[식재공(植栽工), planting measures]는 해안의 모래땅에 적합한 수종을 식재하여 조기에 수림화할 목적으로 실시한다.

시공 장소는 ①미등록지를 포함한 국 · 공유지, ②해안의 모래땅 등이다.

### 2 식재 계획

해안의 모래땅에 식재할 경우 일반 산지에 비하여 강풍, 조풍, 건조에 의한 피해를 입기 쉽다. 특히 해안의 모래땅은 지온의 일변화가 심하고 토양의 보수력이 작기 때문에 성림(成林)이 되기까지 많은 노력과 경비, 시간이 필요하다. 따라서 식재 계획을 수립할 때에는 식재지의 토양 조건, 기상 조건, 사회 조건 등의 조사 결과에 근거하여 가장 적절한 수종, 식재 본수, 혼효비율, 식재 방법 등을 결정하고 객토와 시비 등에 대해서도 충분히 검토한다.

최근 해안방재림의 방재 기능뿐만 아니라 생활환경이나 풍치 보전 및 창출에 대한 사회적 요구도가 증가하고 있으므로 이러한 상황 역시 충분히 배려하여 수종, 식재 본수, 혼효비율, 식재 방법 등을 선정한다. 특히 해안지대에서는 내륙으로 갈수록 식재목에 필요한 생육 조건이 개선되기 때문에 해안의 정선 부근에 비하여 식재 본수, 식재 계획에 대한 상세한 검토가 이루어져야 한다.

### 3 식재 수종

식재지의 환경 조건 등을 충분히 검토한 후에 다음의 조건이 구비된 수종을 식재 수종으로 선정한다.

1) 양분, 수분에 대한 요구가 적을 것
2) 모래날림, 조풍, 한풍 등의 피해에 잘 견딜 것
3) 바람에 대한 저항력이 강할 것
4) 온도의 급격한 변화에 잘 견딜 것
5) 병해충에 강할 것
6) 울폐력이 좋고, 낙엽 · 낙지 등으로 지력을 증진할 수 있을 것
7) 생활환경이나 풍치의 보전 · 창출에 적합할 것

우리나라의 해안방재림에 일반적으로 식재하는 수종에는 곰솔, 소나무, 섬향나무, 노간주나무, 사시나무, 떡갈나무, 해당화, 아까시나무, 보리장나무, 순비기나무, 팽나무 등이 있다. 해안의 모래땅은 토양의 이화학적 조건이 매우 나쁘기 때문에 주임목의 생장을 조장하기 위해서는 비료목을 혼식할 필요가 있다. 따라서 해안방재림에는 족제비싸리, 싸리류, 오리나무류, 보리수나무, 소귀나무, 자귀나무, 아까시나무 등을 비료목으로 식재하고 있다. 특히 최근 재선충병과 같은 병해충이 확산하고 있으므로 병해충에 강한 수종 또는 저항성 육종 묘목 등을 선정할 필요가 있다.

### 4 식재 방법

식재 묘목은 산지사방 조림에서보다 대묘(大苗)를 사용하는 편이 좋으며, 객토는 부식토와 같은 비옥한 흙을 한 구덩이당 1~3L씩 넣어 모래와 잘 섞은 후에 사용한다. 또한 수분 증발을 방지하고 토양 양분를 공급하기 위하여 짚, 녹비, 퇴비, 울타리 재료의 부스러기 등을 묘목 1본당 400g 정도로 모래 속 20~30cm 깊이에 묻어 둔다.

### 5 식재 본수

식재 본수는 토양, 기상 조건, 정선으로부터의 거리 등을 고려하여 결정하며(표준 10,000본/ha, 내륙 5,000~8,000본/ha), 식재 방법은 산지사방의 식재 방법에 준한다.

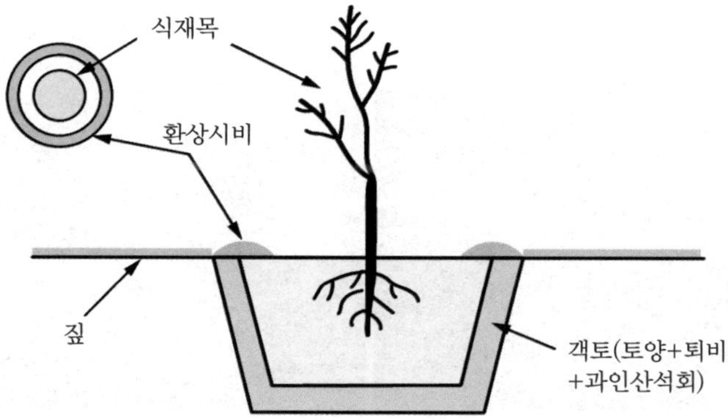


그림 8-28 나무심기의 방법(해안 모래땅)

### 6 시비 및 객토

식재지의 상태에 따라 다르지만 지효성 비료를 기본으로 하고 필요에 따라 속효성 비료를 함께 시비한다. 해안 모래땅에 묘목을 식재할 시 사용하는 비료의 일반적인 구비 조건은 다음과 같다.

1) 시비 효과가 빠르게 나타나고 장기간 지속될 것
2) 유실되지 않을 것
3) 다른 성분과 잘 결합하지 않을 것
4) 사용이 편리할 것

필요에 따라 추비를 실시하며, 객토 시 전면객토보다는 근계의 발달을 고려하여 현지의 모래 등을 혼입한 부분객토를 실시한다.

### 7 볏짚깔기 및 볏짚덮기

볏짚깔기를 하면 볏짚이 모래의 수분을 일시적으로 보유하여 식재목에 공급하고, 썩으면 식재목의 비료가 된다. 식재목의 뿌리나 줄기가 짚에 직접 닿지 않도록 짚의 위쪽을 모래로 피복한 후 그 위에 식재하는 일이 중요하다. 볏짚깔기의 양은 식재목 1본당 400g 정도를 표준으로 한다.

볏짚덮기를 하면 볏짚이 모래 이동과 수분 증발을 방지하고 지온의 극단적인 상승과 저하를 방지하며, 썩으면 볏짚깔기와 마찬가지로 비료가 된다. 볏짚덮기는 일반적으로 식재목의 주위나 식재지 전면에 실시한다. 사용하는 볏짚의 양은 식재목 주위에 실시할 경우에는 300g/본 정도, 식재지 전면에 실시할 경우에는 6,000~10,000kg/ha을 표준으로 한다.

**그림 8-29** 인천 강화군 서도면 주문도리 해안방재림 조성사업지(2009년; A: 공사 이전, B: 공사 중, C: 공사 직후, D: 6개월 후)

# 제 9 장

# 생활권사방

## 9·1 개요

### 9·1·1 정의

생활권사방(生活圈砂防, urban erosion control works)은 토사재해를 예방하고 도시 환경, 풍치 환경, 생태계 종다양성의 개선, 그리고 도시의 무질서한 택지화 방지 및 건전한 휴양 장소 제공 등을 목적으로 시행하는 공사이다. 넓은 의미로 보면 산지사방, 계간공사, 해안사방까지 포함할 수 있지만 좁은 의미에서는 비탈면보강공사, 비탈면보호공사, 산록공사가 생활권사방에 해당한다. 따라서 자연비탈면보다는 땅깎기비탈면, 흙쌓기비탈면과 같은 훼손지나 산록부의 형질변경지에서 사방기술에 경관조성 기술을 가미한 공사를 시행하여 국토와

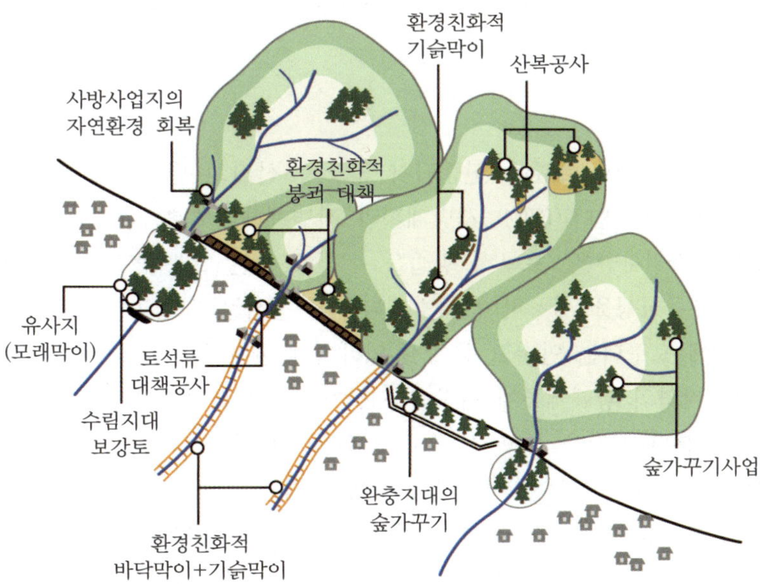


**그림 9-1** 생활권사방에 의한 사방 대책

환경 · 경관을 보전하고 훼손지 복구 및 식생복원 등을 통하여 자연과 최대로 조화시키는 사업이다.

### 9·1·2 목표

#### 1 시공 대상지

**① 자연비탈면**

생활권사방에서의 자연비탈면은, 사방공사가 필요한 관광지, 공원, 주택지, 또는 생활권 입구에 위치하여 자연적으로 훼손된 비탈면을 가리킨다. 생활권 지역의 자연비탈면은 경관적 복구가 이루어지도록 유의한다.

**② 인공비탈면**

도시계획과 도로 개설 시에 조성되는 땅깎기비탈면, 흙쌓기비탈면 등의 인공비탈면은 유형과 특성에 따라 적용공법이 달라지기 때문에 생활권사방을 계획할 때 이 점을 살펴야 한다.

**㉠ 땅깎기비탈면**

생활권 지역의 산지를 개발할 때 땅깎기공사로 발생하는 땅깎기비탈면은 비탈면을 구성하고 있는 물질에 따라 크게 암석비탈면, 토사비탈면, 토석비탈면으로 구분할 수 있다. 암석비탈면은 암석의 풍화 정도에 따라 경암 · 연암 · 풍화암 비탈면으로 구분하며, 구성 입자의 크기에 따라 나뉘는 토사비탈면과 토석비탈면에는 복구 공종과 녹화 기술을 다르게 적용하여야 한다.

**㉡ 흙쌓기비탈면**

흙쌓기비탈면은 땅깎기, 굴착, 터널공사 등을 시행할 때 생산된 잉여 토석에 의하여 조성되는 비탈면으로, 구성 토석의 종류에 따라 암석쌓기비탈면, 사력쌓기비탈면, 흙쌓기비탈면으로 구분한다.

#### 2 시공 방침

생활권사방은, 사방사업이 계류에 편중되지 않도록 산지 비탈면, 계류, 산록에서 토사의 억지와 조절을 주체로 한 면적(面的) 사방계획과 사면재해대책계획을 함께 고려하여 정비하여야 한다. 또한 생활권사방은, 토목적 방법을 주체로 하는 토목공사와 개념적인 차이가 있다. 즉 생활권사방은 식생을 활용하여 사방계획을 책정하는 사업이며, 보전 대상과의 위치관계, 정비 대상지에 요구되는 안전도 등에 유의하여야 한다.

예를 들면 상류 지역의 황폐계류에 사방댐을 설치하였거나 나지비탈면이 보전 대상과 멀리 떨어진 경우에는 충분한 시간을 두고 질 좋은 녹화를 실시할 수 있다. 그러나 토석류나 산사태가 보전 대상 주변에서 발생하면 식생의 기능에만 의존하기에는 한계가 있으므로 사방댐과 같은 시설로 재해 발생을 억지하여야 한다. 따라서 콘크리트 구조물을 적게 시공하고 식생으로 재해를 억제하기 위해서는 보전 대상과의 거리와 일정 규모의 완충지대를 확보하여야 한다. 사전조사를 실시할 때에는 대상 지역의 지형 · 지질 조사와 함께 식생 상황을 조사하고,

특히 식생이 갖고 있는 토사억지 효과를 기대할 수 있는지, 생태계의 균형이 유지되고 있는지 검토한다.

### 9·1·3 공종의 분류

사방공종을 생활 및 생산 공간 등과 직접적으로 연계할 경우에는 공원시설을 수림지대의 보강공법으로 활용할 수 있으므로 주변의 상황을 철저하게 검토한 후 채택한다. 공종을 선정할 때에는 가능하면 자연환경에 대한 부담을 줄이기 위하여 다음과 같은 공종을 채택한다.

1) 산비탈녹화공사나 수림대와 같이 식생이 지닌 토사억제 · 포착 효과를 최대한 활용할 수 있는 공종을 채택한다.
2) 생활권사방에 사용하는 재료로는 돌이나 돌망태와 같이 구조가 다공질(생물의 생육 환경에 기여함)인 재료를 채택한다.
3) 소규모 작업용 도로를 통해서도 운반이 가능한 소형 건설기계나 자재 중에서 사방사업에 유효하게 사용할 수 있는 것을 채택한다.

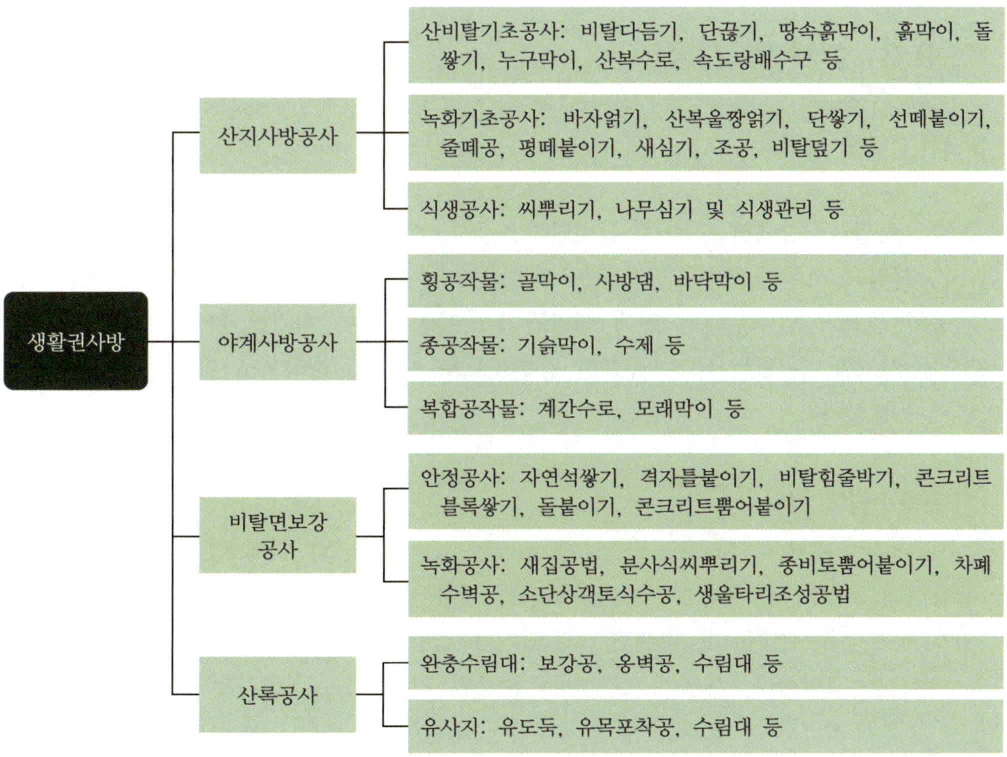


**그림 9–2** 생활권사방의 공종에 따른 분류

## 9·2 조사 및 측량

### 9·2·1 현지조사

생활권사방의 현지조사는 산지사방에 준하여 실시한다. 특히 보전 대상과의 위치 관계, 정비 대상지에 요구되는 안전도 등에 대한 조사가 필요하므로 대상지 주변의 지형 · 지질 조사와 함께 식생 상황을 조사한 뒤 적용할 공법 및 공작물을 검토한다.

### 9·2·2 측량

생활권사방의 현지측량은 대상지에 따라 산지사방 또는 야계사방의 측량 방법에 준하여 실시한다.

## 9·3 설계 및 시공

### 9·3·1 설계 요령

지금까지 생활권사방에서는 주로 산비탈기초공사, 산비탈녹화공사, 야계공사 등을 중심으로 한 사방사업을 시행하였지만 앞으로는 산록공사 및 비탈면보강공사의 여러 공법을 적극적으로 활용할 필요가 있다. 특히 현재 생활권의 산록공사에서 제외된 완충수림대와 유사지는 안전공간을 확보할 수 있는 매우 유효한 공법이므로 이를 효과적으로 활용할 구체적인 방안을 마련하여야 한다.

#### 1 완충수림대 설치

완충수림대(緩衝樹林帶, buffer forest zone)는 사방계획구역 내에 생육하고 있는 고유 수목을 활용하여 조성하고, 새롭게 수목을 도입할 경우에는 인근 지역의 유사한 조건에서 생육하고 있는 향토종을 선택하며, 수위변동이 있거나 소량의 토사가 퇴적될 때에도 충분히 견딜 수 있는 수종을 선발한다. 새롭게 도입하는 수종의 임분밀도는, 유사지의 유속을 늦추어 유출토사가 충분히 퇴적되는 효과를 얻을 수 있게 조절한다. 특히 유출토사의 포착 조건과 퇴적 조건, 유목의 포착 조건 등을 고려하여 수목의 간격을 결정하며 수목의 생육에 필요한 최소한의 간격을 확보한다는 전제로 조성한다.

산록공사에서는 기존의 옹벽공과 완충수림대를 보강하는 방안을 마련한다. 즉 산록부의 하단부에 대규모의 옹벽공을 설치하기보다 일반 가옥보다 낮게 흙막이 구조물을 설치하고 일정 규모의 완충수림대를 배치한 후 산비탈흙막이의 전면에 성토를 실시하여 식재하는 방안을 검토한다.

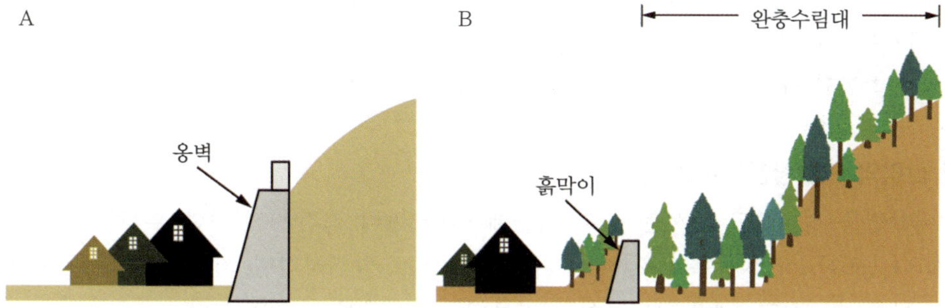


**그림 9-3** 기존 옹벽공(A)과 완충수림대(B)의 개념도

### 2 유사지와 바닥스크린 도입

유사지(游砂地, sand pockets)는 상류 지역의 각종 사방공사로도 유출토사량을 저감할 수 없을 때 설치한다. 이때 유역의 지형, 지질, 식생, 계상물매, 토사의 유출 형태 등을 고려하여야 한다. 즉 상류 지역으로부터 유출토사량이 많은 경우와 호우 시 발생하는 유해한 토사를 조정할 경우에는 유로의 일부를 확대하고 유출토사를 저류하여 토석류 위험지역 등의 피해를 방지할 목적으로 시설한다.

바닥스크린은 토석류를 유수와 토석으로 분리하여 정지, 퇴적시키기 위하여 도입한다. 바닥스크린은 판자 형태의 부재를 계상과 평행 또는 수평을 이루게 설치하는 층(層) 구조물로, 공급 재료와 유수를 분리하고 이동 능력을 한순간에 떨어뜨릴 수 있으며, 이동 재료의 특성에 따라 다단계의 유동 통로를 마련할 수 있다. 특히 좁은 지역에서도 시공 효과를 발휘할 수 있고 구조가 간단하여 시공 비용이 저렴할 뿐만 아니라 부재의 교체가 용이하여 사방시설물 설치에 공간적 제약을 받는 생활권에서 유효하다.

### 3 천연 자재 및 현지 자재의 활용

천연 자재나 현지 발생토를 활용할 경우에는 설치 장소의 조건과 외력을 검토한 후 필요에 따라 보강공법을 도입한다. 자연친화적인 공법에는 구조물의 자중에 의하여 외력에 저항하는 방법과 식물의 토사억지 효과에 기대하는 방법이 있다. 그러나 식물의 경우 범용성과 내구성이 콘크리트나 철강을 사용하는 구조물에 비하여 낮고 적용할 수 있는 범위가 한정적이다. 이러한 공법을 사용하기에 부적당한 장소 또는 외력을 검토할 때 보강하여야 할 곳은 다음과 같다.

1) 토석류의 유하구간(계상물매 10° 이상)인 경우 토석류의 충격력에 의하여 시설이 파괴될 우

려가 있고, 사방계획의 근간이 되는 시설인 경우 사방시설이 파괴되면 상 · 하류에 있는 사방댐 등의 구조물에 대한 안정성을 확보할 수 없다.

2) 보전 대상의 직상류에 설치된 시설인 경우 보전 대상에 필요한 안정성을 정량적으로 확인하기 곤란하다.
3) 시공 후의 유지 관리가 곤란한 장소인 경우 콘크리트나 강재를 사용하는 공법에 비하여 파손되기 쉽고, 파괴되면 복구가 어렵다.
4) 전석을 포함한 유출토사량이 다량으로 발생하는 구간에서는 시설이 파괴되기 쉽다.

### 4 산림의 기능향상 관리방안

산지 비탈면을 정비하고 나서는 실시 내용에 따라 관리 기간을 설정한 후 지속적으로 관리하여야 한다. 또한 식생이 목표로 하는 기능을 제대로 발휘하려면 기능 향상을 위한 단계적 계획을 사전에 수립하고 이에 근거하여 시간을 두고 완성해 나가야 한다.

식생관리는 장기간에 걸쳐 이루어져야 하므로 차량이 통과할 수 있는 관리용 도로와, 작업을 효율적으로 실시할 수 있는 작업용 도로를 확보하고 평상시에는 이를 산책로 등으로 활용한다.

한편 산복공사를 실시한 곳의 도입식생이 토사유출의 억제 효과를 지속적으로 발휘하고 있는지 확인한다. 이를 위해서 초기에 도입한 식생의 보육 관리와, 주변의 식생과 조화될 때까지의 관리 방침을 사전에 책정한다. 토사 생산을 방지한다는 측면에서 다음과 같은 산지 비탈면의 구체적인 정비 · 관리 방안을 마련한다.

1) 황폐한 사면의 극심한 토사 생산을 신속하게 억제할 수 있도록 계획한다.
2) 토사 생산이 억제된 상태가 유지되도록 한다.
3) 인위적인 유지 관리를 실시하지 않더라도 토사유출이 주변의 자연비탈면에 비해서는 적게 발생하도록 관리한다.

### 5 유의 사항

사업 목적에 따라 공사용 자재를 선정하고, 공사로 인한 건설폐자재가 가능하면 적게 발생하게 한다. 만일 구조물이 파손되더라도 자연환경에 부담이 가해지지 않도록 현지 자재, 천연 자재, 재활용 자재를 활용한다. 또한 주변의 수목에서 채취한 종자 또는 향토종을 식재하는 등 공사 지역의 생태계를 배려한다.

1) 간벌재 → 흙막이 자재(목책), 버팀목
2) 전정한 가지, 풀베기로 생산된 부산물 → 식생기반재
3) 전정한 가지, 목재 칩 → 멀칭 자재

토지의 개변이나 수목의 벌채를 적극적으로 억제할 수 있도록 시공계획을 수립한다. 특히 공사용 도로나 작업장 설치와 같은 가설공사는 가능하면 환경을 파괴하지 않도록 시공하며,

가설자재 역시 반복 이용이나 재생 이용이 가능하도록 한다.

### 9·3·2 설계서 작성

설계서에는 설계설명서, 설계 및 경비내역서, 단가표, 공작물개소별조서, 임야지적조서, 설계평면도 등의 서류를 첨부하며, 현지조사 자료와 측량 자료를 기초로 산지사방의 설계 요령에 준하여 작성한다.

### 9·3·3 시공 요령

#### 1 비탈다듬기

자연비탈면과 인공비탈면의 비탈다듬기는 모두 연속성을 유지할 수 있도록 시공한다. 규모가 큰 비탈면은 수직높이 3~5m마다 또는 적당한 곳에 소단을 설치하여 분할하는 것이 안전하다. 급경사지의 땅깎기비탈면은 상부일수록, 흙쌓기비탈면은 하부일수록 비탈면을 완만하게 시공하고, 대규모 땅깎기비탈면은 세로 또는 가로 방향으로 비탈다듬기를 실시하여 비탈면 전체가 부드러운 선형(線形)을 유지하도록 시공한다. 비탈어깨 부위의 붕괴를 방지하고 비탈 경관을 부드럽게 조성하기 위해서는 모난 부위를 다듬어 자연비탈면과 연결하는 라운딩(rounding) 공사를 실시한다.

#### 2 비탈면 식재

식재를 위한 비탈면의 기울기는 관목일 경우 1 : 2, 교목일 경우 1 : 3보다 완만하게 조성한 후 땅깎기비탈면은 비탈면 상단에, 흙쌓기비탈면은 비탈면 하부에 각각 묘목을 식재한다. 비탈면에 교목 식재 또는 큰나무 이식은 실시하지 않는 것이 바람직하다. 비탈면에 가급적 식생을 도입하고 돌이나 콘크리트 구조물에는 덩굴식물을 식재하여 피복, 은폐한다.

#### 3 적용공법 선정

**① 땅깎기비탈면**

땅깎기비탈면의 토질이 암석인 경우에는 암석의 풍화 정도에 따라 적용공법을 선정한다. 모래층 비탈면은 토양유실을 방지하기 위하여 격자틀붙이기를 실시하고 전면객토를 실시한 후에 파식하며, 사질토비탈면은 비교적 침식에 약하기 때문에 전면파식으로 식생대를 조성한다. 자갈이 많은 비탈면은 떼붙이기보다 종비토뿜어붙이기나 격자틀붙이기가 효과적이고, 점토비탈면은 표면침식보다 동상침식과 붕괴가 발생하기 쉬우므로 떼붙이기를 실시하는 편이 효과적이다. 경암비탈면은 돌출부를 제거한 후에 낙석방지망덮기 또는 새집공법을 적용하고, 연암비탈면은 후층객토(厚層客土)를 실시한 후에 식생을 조성하거나 종비토뿜어붙이기를 실시하면 효과적이다. 식생은 재래종과 도입종을 혼합하여 파종하는 것을 원칙으로 한다.

**② 흙쌓기비탈면**

흙쌓기비탈면의 토질에 따라 적용공법을 선택한다. 모래층비탈면 또는 사질토비탈면은 반드시 좋은 흙으로 흙덮기를 한 후에 식생을 조성하고, 점토비탈면이라면 점성이 약한 곳에는 흙덮기를 하지 않아도 식생을 도입할 수 있지만 점성이 강한 비탈면에는 부분적으로 흙덮기를 실시하거나 콘크리트블록붙이기를 시공한다. 돌붙이기나 콘크리트블록붙이기를 시공할 때는 붕괴 위험이 있으므로 산비탈돌쌓기 등의 기초공사를 시공한 후에 실시한다. 자갈이 많은 비탈면에 대해서는 객토 또는 흙덮기를 실시한 후 식생을 조성하거나 돌붙이기 또는 콘크리트블록붙이기를 시공하고, 대규모 비탈면에는 격자틀붙이기나 비탈힘줄박기를 병행한다. 용출수 지역의 비탈면에는 돌망태속도랑, 돌망태겉도랑, 보링배수공 등을 시공하면 효과적이다.

## 9·4 비탈면안정공사

### 9·4·1 자연석쌓기

#### 1 목적 및 시공 장소

자연석쌓기[자연석축석공(自然石築石工), natural-stone masonry]는 인공을 가하지 않은 천연 상태의 돌을 이용하여 비탈면을 물리적으로 안정시키고 경관을 조성할 목적으로 시공한다.

시공 장소는 경관 보전이 필요한 ①생활권 주변에 개설된 도로 비탈면, ②주택, 공원, 관광지 주변의 비탈면, ③휴양림 주변의 비탈면 등이다.

#### 2 설계 및 시공 방법

자연석쌓기를 설계할 때에는 땅깎기비탈면의 하부에 산비탈돌쌓기를 계획하고 그 상부에 산비탈돌쌓기와 조화되도록 배석(配石)한다. 재료로는 고색(古色)이 짙고 운치가 있는 자연석을 사용한다.

자연석쌓기를 시공할 때에는 비탈면의 물리적 안정성을 확보한 후에 시공한다. 자연석쌓기의 돌짜임은 주석(主石)과 부석(副石)을 기준으로 삼석(三石), 오석(五石), 칠석(七石)과 같이

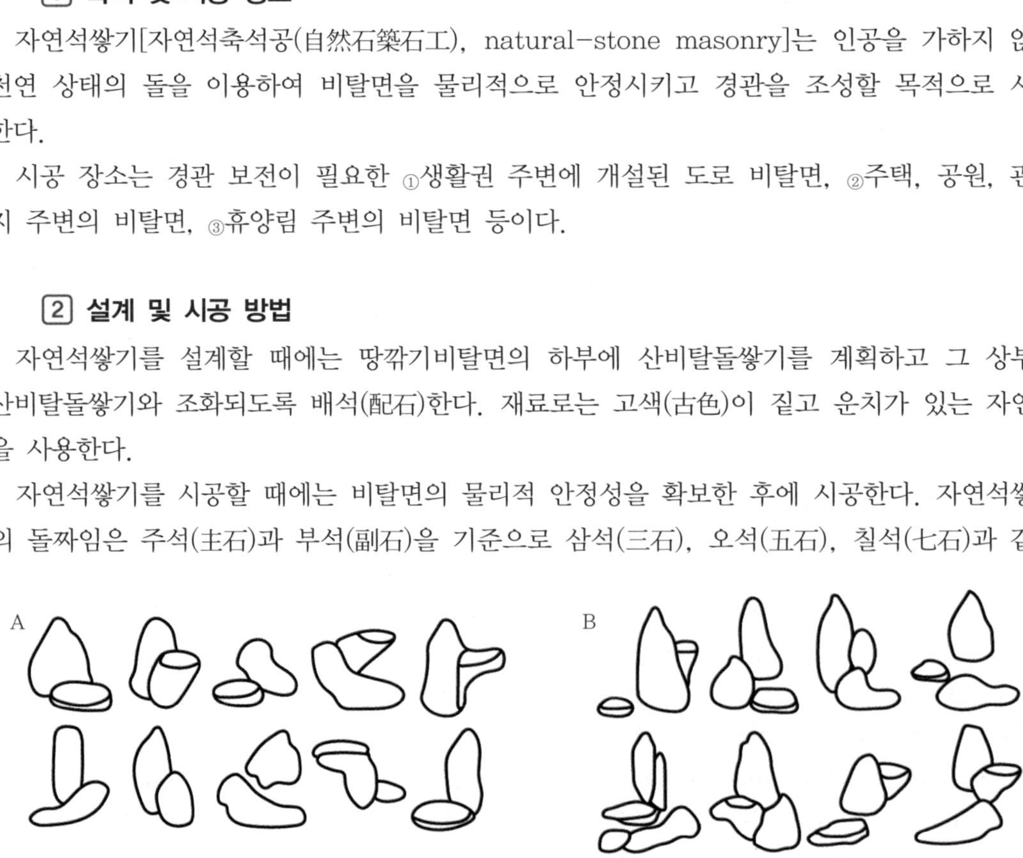


**그림 9-4** 돌짜임의 종류(A: 2개씩, B: 3개씩(五行石三石組))

홀수로 하는 것이 바람직하다. 선돌 사이에는 회양목, 눈향나무, 진달래, 철쭉과 같은 관상수를 심어 경관성을 높인다.

**그림 9–5** 자연석쌓기

### 9·4·2 격자틀붙이기

#### 1 목적 및 시공 장소

격자틀붙이기[법화공(法枠工), latticed-block pitching works, grating crib works]는 경사가 급한 비탈면의 침식을 방지하고 비탈면을 녹화하기 위하여 비탈면 전체에 격자틀을 시공하는 비탈안정용 녹화공종으로, 비탈면 주변의 지형, 지질, 위치적 환경, 인접 구조물과의 경관적 조화를 고려한다.

시공 장소는 ①비탈면의 경사가 급하고 토질이 불량하여 방치할 경우 비탈침식이 발생할 위험이 있는 곳, ②경사가 급하고 토질이 불량하여 비탈붕괴가 발생할 위험성이 높은 곳 등이다.

#### 2 설계 및 시공 방법

격자틀붙이기를 설계할 때에는 비탈면의 물리적 안정 및 녹화가 이루어질 수 있도록 토압과 지형을 충분히 고려한다. 비탈면의 최하단부에는 수평축대벽과 같은 기초콘크리트치기를 실시하여 받침으로서의 기능을 충분히 발휘하고 둑마루가 수평을 유지할 수 있도록 설계한다.

시공 시 비탈면이 불규칙하고 요철이 심한 곳에는 콘크리트블록이 비탈면에 잘 부착될 수 있도록 사전에 비탈다듬기를 실시한다. 붕괴될 위험성이 높은 흙쌓기비탈면에서는 기초공작물을 견고히 시공한 후에 계통적으로 격자틀을 조립하고, 각 격점(格點)에는 구조물이 이격되지 않도록 비탈면의 지질 특성에 따라 철근핀, 락볼트, 앵커 등으로 고정한 후에 콘크리트를 충전한다. 원지반에서 용출수가 유출되거나 유수가 집수되기 용이한 곳에는 속도랑을 시공한다. 격자틀 내부의 토양이 유출되는 것을 방지하기 위하여 비탈면의 특성에 따라 틀 내부에 식생을 도입하거나, 잡석 또는 콘크리트 등을 부착한 후 콘크리트나 모르타르의 뿜어붙이기 등을 실시한다.

## 3 종류

### ① 콘크리트블록격자틀붙이기

콘크리트블록격자틀붙이기는, 녹화공사만으로 비탈면 침식을 방지할 수 없는 급경사 비탈면, 특히 비탈면을 안정시키기 위해서는 중량의 격자틀을 이용하여 비탈면을 지지할 필요가 있는 곳에 시공한다.

비탈면 전체의 수직높이는 원칙적으로 5m 이하가 되도록 계획하고, 격자틀의 길이는 안채움공사의 물리적 안정을 유지하기 위하여 1.0m를 표준으로 한다. 격자틀의 폭이나 두께는 흙쌓기비탈면에서 10cm 이상, 땅깎기비탈면에서 15cm 이상을 표준으로 하며 격자틀 1개의 무게는 27~30kg이 적당하다. 격자틀의 설치 기울기는 원칙적으로 1 : 1.0보다 완만하게 설계하지만 토질에 따라서는 1 : 0.8 정도까지 설계할 수도 있다.

격자블록으로 주로 프리캐스트 제품을 사용하므로 시공 시 격자블록의 교차 부분을 미끄럼방지용 말뚝 또는 앵커철근으로 고정한다. 블록격자틀의 내부는 식생(떼)으로 채우는 것이 바람직하지만 식생이 생육하기 어렵다면 조약돌이나 콘크리트 등을 적절히 충전하고, 물빼기구멍을 반드시 설치하여 배면수(背面水)를 배출한다. 물빼기구멍은 원칙적으로 비탈면적 2~3m$^2$에 1개소를 설치하고 지름 30~50mm인 재료를 사용하며, 용출수가 다량으로 유출되는 곳은 속도랑을 설치한다.

### ② 합성수지재블록격자틀붙이기

합성수지재블록격자틀붙이기는 PE · PY · FRP 격자블록 등을 이용하여 비탈면의 물리적 안정 및 녹화용 공사에 적용한다. 합성수지재블록격자틀은 콘크리트블록격자틀에 비하여 무게가 가볍기 때문에 시공이 용이하다. 그러나 시공 후 표토층이 침하하면 형틀이 변형되거나 파손되기 쉬우므로 시공 전에 이를 충분히 고려한다. 중량의 격자블록으로 비탈면을 지지할 필요가 있는 곳에는 부적합하다. 기타 시공 요령은 콘크리트블록격자틀붙이기에 준한다.

**표 9-1 격자틀붙이기 내부 충전 방법**

| 구 분 | 공 법 | 주요 목적 | 비탈면 기울기 | 기타 조건 |
|---|---|---|---|---|
| 식생공사 (경관 배려) | 평떼붙이기, 식생매트붙이기 | 표층붕락, 풍화, 침식 방지 | 안정물매 | 오목·볼록 비탈면 가능 |
| | 식생객토반붙이기 | 표층붕락, 풍화, 침식 방지 | 1 : 1보다 완만한 비탈면 | 오목·볼록 비탈면 가능 |
| | 종자뿜어붙이기 | 표층붕락, 풍화, 침식 방지 | 안정물매 | 오목·볼록 비탈면 가능 |
| 붙임공사 | 돌·블록붙이기 | 표층붕락, 풍화, 침식 방지 | 1 : 1보다 완만한 비탈면 | 용출수 지역 가능 |
| | 콘크리트치기 | 표층붕락, 박리 방지 | 무근 1 : 1, 철근 1 : 0.5 비탈면 | – |
| | 낙석방지망덮기 | 표층의 낙석 방지 | 제한 없음 | 용출수 지역 가능 |
| 뿜기공사 | 모르타르뿜어붙이기 | 표층붕락, 풍화, 침식 방지 | 제한 없음 | 오목·볼록 비탈면 가능 |
| | 콘크리트뿜어붙이기 | 표층붕락, 풍화, 침식 방지 | 제한 없음 | 오목·볼록 비탈면 가능 |

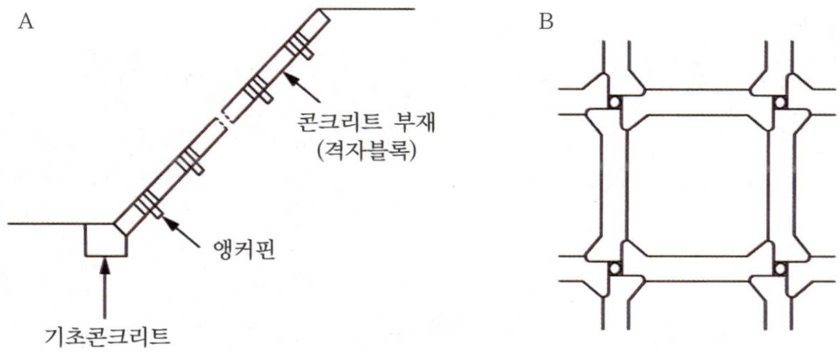


**그림 9-6** 땅깎기비탈면 콘크리트블록격자틀붙이기의 시공 구조도(A: 단면도, B: 정면도)

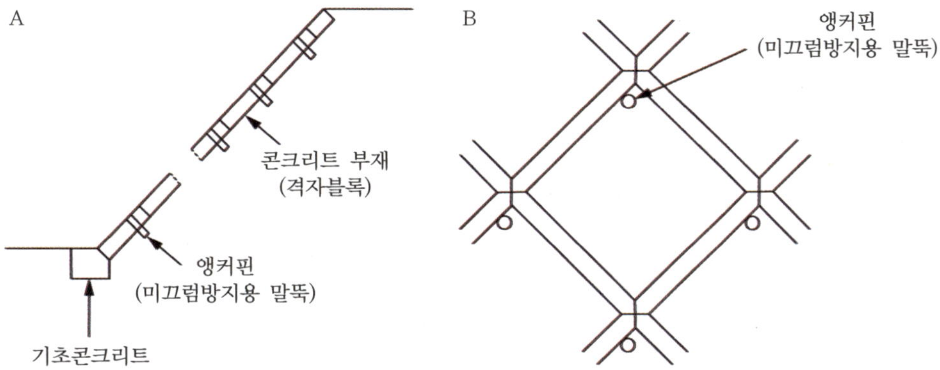


**그림 9-7** 흙쌓기비탈면 콘크리트블록격자틀붙이기의 시공 구조도(A: 단면도, B: 정면도)

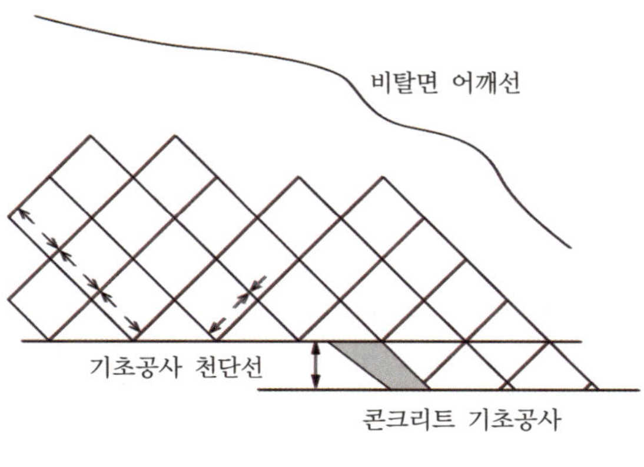


**그림 9-8** 격자틀붙이기의 공사 계획도

**그림 9-9** 콘크리트블록격자틀붙이기

### ③ 통나무격자틀붙이기

통나무격자틀붙이기는 도로 개설 지대와 같이 경관성을 필요로 하는 비탈면의 물리적 안정 및 녹화를 위한 공사에 적용한다. 통나무격자틀붙이기 재료로는 지름 10~15cm의 통나무를 사용하며, 통나무는 박피하여 방부 처리한 후 길이 0.6~1.0m로 절단한다. FRP 등의 소재에 비하여 통나무가 자연친화적이지만 수명이 짧은 점에 유의한다.

그림 9-10 합성수지재블록격자틀붙이기

그림 9-11 통나무격자틀붙이기

### 9·4·3 비탈힘줄박기

#### 1 목적 및 시공 장소

비탈힘줄박기[사면졸공(斜面枠工), 현장타졸공(現場打枠工), slope stabilizing crib works, free-frame works]는 비탈면에 직접 거푸집을 설치하고 콘크리트치기를 하여 뼈대(힘줄)를 만든 후 내부에 작은 돌이나 흙을 충전하는 비탈면 안정공법으로, 큰크리트블록격자틀붙이기로는 비탈면의 물리적 안정을 기대하기 곤란한 곳에 설치하는 구조물이다.

시공 장소는 ①경사가 급하고(1 : 0.8 이상) 석력이 많아 불안정한 비탈면, ②지하수 또는 누수로 인하여 침식이 심하게 발생하고 있는 비탈면 등이다.

#### 2 설계 및 시공 방법

비탈면 일부분에만 제한적으로 힘줄박기를 시공할 경우 효과를 충분히 기대할 수 없으므로 전체 비탈면에 시공하는 것이 효과적이다. 각 공작물의 기초를 견실하게 시공하여 콘크리트 힘줄이 침하하거나 파괴되지 않도록 주의한다. 콘크리트힘줄의 간격을 가능한 한 넓혀 경관성을 높인다.

시공 시 부재의 단면은 너비와 두께를 각각 20cm 정도로 하고, 틀의 길이는 부재 너비의 5~10배로 한다. 비탈힘줄박기 틀의 교차점은 앵커로 단단히 고정하여 보강한다. 틀 내부의 채움재는 현지에서 재료의 구득 여부에 따라 결정하지만 가능한 한 객토 등을 실시하여 도입 식생이 왕성하게 생육할 수 있는 기반을 조성한다. 비탈면의 최하단에는 수평 방향으로 옹벽형 콘크리트 기초공사를 실시하여 비탈힘줄박기 공작물이 변형되거나 이격되지 않도록 유의한다. 비탈어깨의 최상부에는 돌림수로를 설치하여 상부 비탈면으로부터 유수가 유입되는 것을 방지하고 비탈면 수로의 설치에도 유의한다.

#### 3 종류

틀의 모양에는 사각형, 삼각형, 계단상 수평띠 모양이 있으며, 경관성을 높이기 위하여 콘크리트 구조물을 식생으로 피복한다.

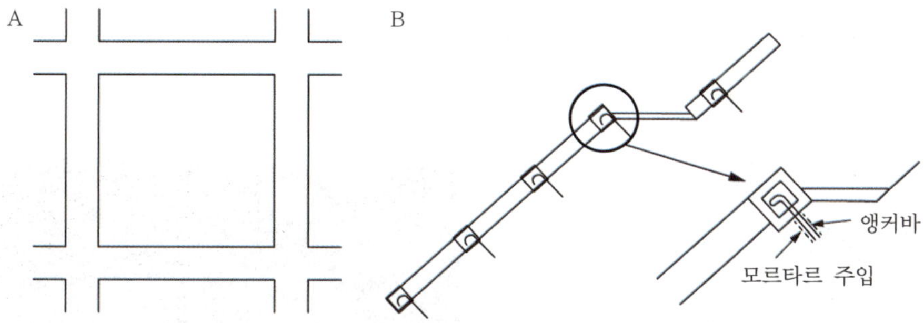


**그림 9-12** 비탈힘줄박기의 시공 구조도(A: 정면도, B: 단면도)

**그림 9-13** 비탈힘줄박기

### 9·4·4 콘크리트블록쌓기

#### 1 목적 및 시공 장소

콘크리트블록쌓기(concrete-block masonry works)는 장방형 또는 다각형의 쌓기용 콘크리트블록을 사용하여 시공 요령에 따라 비탈면을 안정시키는 공법으로, 한 변의 길이가 35~45cm인 블록을 사용한다.

시공 장소는 기울기가 1 : 0.5 이상으로 급하고 붕괴 우려가 있는 비탈면을 대상으로 한다.

#### 2 설계 및 시공 방법

콘크리트블록쌓기의 높이는 보통 3m 이내로 한다. 부득이 높게 쌓을 경우 벽면의 안정을 위하여 단위면적당 중량이 무겁고 뒷길이가 충분히 긴 블록을 사용한다. 시공할 때에는 산비탈흙막이(산비탈돌쌓기)의 시공 요령에 준하여 실시한다.

### 3 종류

콘크리트블록쌓기에는 주로 스톤블록, 킹견치블록, 게다블록, IC블록, 일자블록 등이 활용된다.

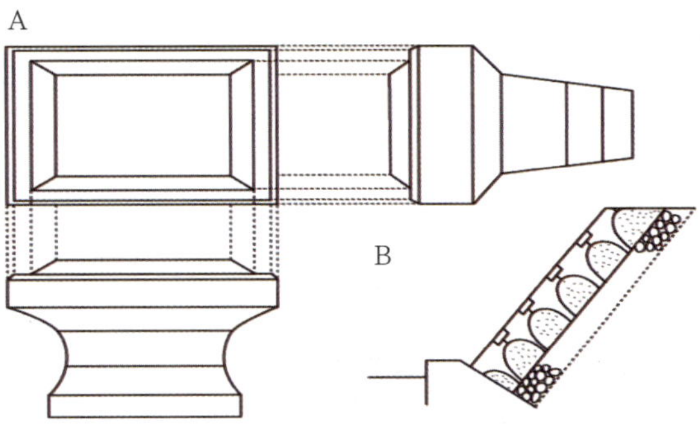


**그림 9-14** 견치블록의 규격(A) 및 시공 구조도(B)

**그림 9-15** 콘크리트블록쌓기

## 9·4·5 돌붙이기

### 1 목적 및 시공 장소

돌붙이기[사면장석공(斜面張石工), stone pitching on slopes]는 비탈면에 풍화, 침식, 박리, 붕괴 등이 현저하게 발생하여 녹화공사만으로 물리적 안정을 기대하기 곤란한 경우에 사용하는 비탈면 안전용 보조공법이다. 녹화공사로는 비탈면을 물리적으로 안정시킬 수 없는 경우 돌, 콘크리트블록 및 콘크리트 붙이기 등을 시공한다.

시공 장소는 ①식생 도입이 곤란한 기울기 1 : 1(경사 45°) 이하의 비탈면, ②수변 지역의 기슭막이 등이다.

### 2 설계 및 시공 방법

돌붙이기를 실시하기 전에 비탈다듬기를 실시한다. 석재 대용으로 콘크리트블록을 이용할 경우에는 주변 경관과의 조화를 충분히 고려한다.

돌붙이기를 시공할 때 물빼기구멍은 지름 30~50mm의 PVC관이나 FRP관 등을 사용하여 시공지 2~3$m^2$에 1개소를 표준으로 하여 설치한다. 신축줄눈은 원칙적으로 5m 정도의 간격으로 설치한다.

## 3 종류

### ① 돌메붙이기

돌메붙이기[공장공(空張工), stone dry-pitching works]는, 비탈면의 기울기가 완만하고 용출수가 발생하는 표토침식 지역을 대상으로 3m 이하가 되게 시공한다.

### ② 돌찰붙이기

돌찰붙이기[연장공(練張工), wet pitching]는, 용출수가 발생하지 않지만 균열과 절리가 발달한 암반 지역에서 붕락 방지용으로 시공한다.

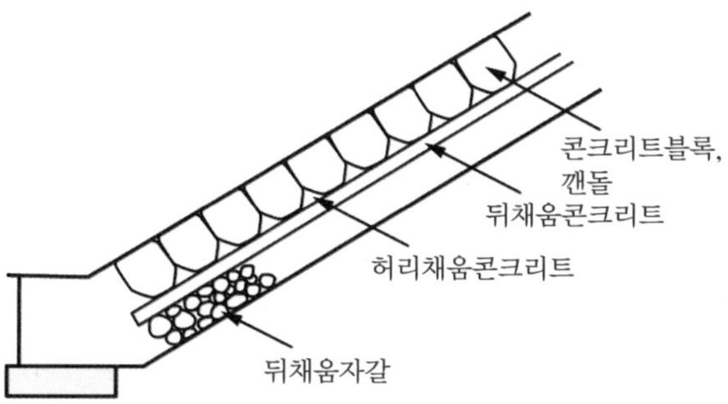


**그림 9-16** 돌붙이기의 시공 구조도

**그림 9-17** 돌붙이기

### ③ 콘크리트붙이기

콘크리트붙이기(concrete pitching works)는, 풍화되기 쉬운 암반비탈면에 15~20cm의 두께로 콘크리트를 타설하여 암반의 풍화를 방지할 목적으로 시공하며, 동토(凍土) 지대에서는 두께를 적절히 증대한다.

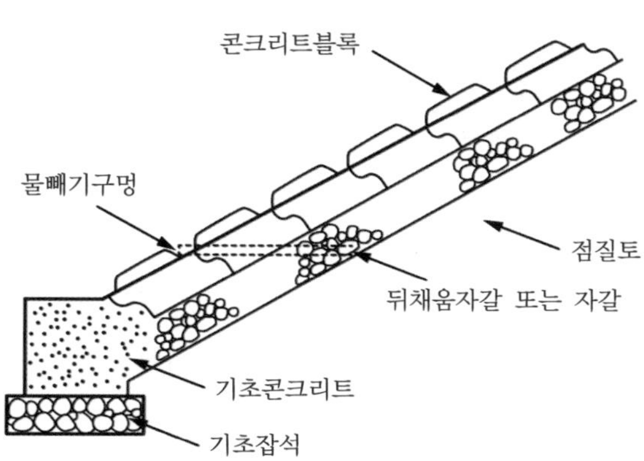


**그림 9-18** 콘크리트(블록)붙이기의 시공 구조도

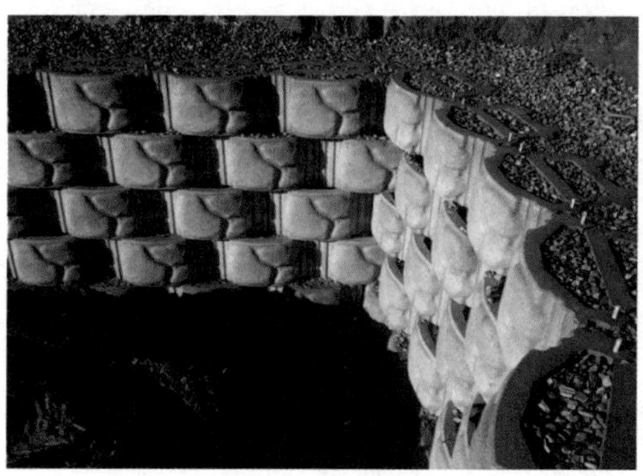

**그림 9-19** 콘크리트(블록)붙이기

### 9·4·6 콘크리트뿜어붙이기

#### 1 목적 및 시공 장소

콘크리트뿜어붙이기(숏크리트공법, concrete spraying method, shotcrete measures)는, 경사가 급한 대규모 암반비탈면에 암석이 노출되어 식생을 직접 도입하기 곤란한 경우에 시공하는 비탈면 안정공법이다. 암석의 풍화와 붕락을 방지하기 위하여 시공하며 모르타르뿜어붙이기도 포함한다.

시공 장소는 ①붕괴될 위험성이 높은 대규모 급경사지의 암석 노출 비탈면, ②대규모 급경사 암석비탈면으로 녹화공사가 불가능한 곳 등이다.

#### 2 설계 및 시공 방법

콘크리트뿜어붙이기를 설계할 때에는 장애물 제거, 돌림배수로 및 용출수 처리 등에 유의한다. 시공지에 생육하는 초목 등을 제거한 후 압력수나 공기 분사(air jet)로 비탈면의 먼지, 이토(泥土), 뜬돌과 같이 콘크리트가 부착하는 데 장애가 되는 물질을 완전히 제거한다. 압력수가 지나치게 강하여 뿜어붙이기 바닥면이 이질화(泥質化)될 위험이 있는 곳에는 과도하게 사용하지 않는다. 지표유하수가 유입될 위험이 있는 비탈면에는 비탈 상부에 돌림배수로를 설치한다. 비탈면 내부로부터 지하수가 유출될 경우 비탈면의 배면에 물빼기구멍이나 속도랑을 설치하여 용출수를 배출한다.

물빼기구멍은 지름 30~50mm의 PVC관으로 2~3m$^2$당 1개 설치한다. 물매가 급한 비탈면에는 철망과 와이어로프 등을 설치한 후 설치한 자재가 코어(core)가 될 수 있도록 일정 두께의 모르타르 또는 콘크리트 뿜어붙이기를 실시한다.

철망과 와이어로프는 원지반에 앵커로 고정하거나, 상부에 앵커를 타설하고 난 다음에 와이어로프로 결속, 고정하여 뿜어붙이기를 실시할 모르타르와 콘크리트가 활락하지 않도록 한다. 보강배근 또는 와이어로프의 철근은 비탈면의 상태에 따라 $\phi$9~11mm의 철근을 적절히 선택하여 50~100cm 간격으로 배근 위에 앵커바(anchor-bar)로 고정한다. 철근이나 와이어로프의 간격이 좁을 경우 작업할 때 콘크리트가 튈 수 있으므로 간격은 50cm 이상으로 한다. 보강용 철망의 와이어메시(wire mesh)는 비탈면의 상태에 따라 $\phi$2.0~3.2mm, 망눈 50~100mm인 것을 사용하고, 합침이 1눈 이상 되도록 하여 비탈면의 요철에 접착하며, 철망은 보강 와이어로프에 결속선으로 연결한다. 앵커바용 환강은 $\phi$16~11mm×50~100cm의 이형철근을 1m$^2$마다 1개를 표준으로 하여 비탈면에 고정하고, 비탈면의 요철이 심하여 철망을 앵커바만으로 고정할 수 없는 부분은 $\phi$9~13mm×15~30cm의 앵커핀으로 1m$^2$마다 3~5개를 표준으로 하여 철망에 고정한다.

노즐은 비탈면에 직각으로 설치하고 비탈면으로부터 1.0m 정도 떨어진 거리에서 4~6 kg/m$^2$의 압력으로 콘크리트를 뿜어 붙인다. 콘크리트뿜어붙이기의 두께는 원칙적으로

10~20cm로 하지만 동결융해로 인한 피해가 예상되는 지역에서는 20cm 이상으로 한다. 모르타르뿜어붙이기의 두께는 원칙적으로 5~10cm로 하지만 동결융해로 인한 피해가 예상되는 지역에서는 10cm 이상으로 한다. 검측용 측정봉을 가로·세로 각각 5m 간격으로 설치하고, 최소 뿜어붙이기는 설계 두께의 75% 이상이 되게 시공하며, 합격률은 80% 이상이어야 한다. 시공 후에는 필요한 강도가 확보될 때까지 온도 5℃ 이상과 적절한 습도를 유지한다.

### 3 종류

#### ① 건식 콘크리트뿜어붙이기

골재의 최대입경은 25mm 이하, 세골재율(細骨材率)은 60~80%, 시멘트 : 세골재 : 조골재의 비율은 1 : 4~5 : 2~3으로 한다.

#### ② 습식 콘크리트뿜어붙이기

골재의 최대입경은 15mm 이하, 세골재율은 60~80%, 시멘트 : 세골재 : 조골재의 비율은 1 : 4~5 : 1~2로 한다.

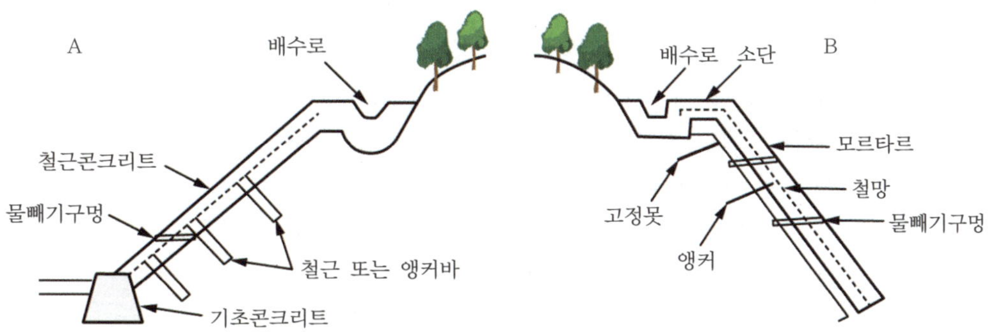


**그림 9-20** 콘크리트뿜어붙이기(A)와 모르타르뿜어붙이기(B)의 시공 구조도

**그림 9-21** 콘크리트뿜어붙이기

# 9·5 비탈면녹화공사

## 9·5·1 새집공법

### 1 목적 및 시공 장소

새집공법[소상공(巢箱工), nesting gradoni structures]은 주로 요철이 심한 암반비탈면에 반달형의 제비집 모양으로 잡석을 쌓고 그 내부에 흙을 충전한 후 식생을 조성하는 점적(點的) 암반비탈면 녹화공법이며, 채석장과 같이 요철이 적은 지역에는 식생상(植生箱, vegetation-box)을 제작하여 녹화한다.

시공 장소는 ①요철이 심하여 콘크리트뿜어붙이기를 실시하기 곤란한 암석 땅깎기비탈면, ②씨뿌리기나 나무심기가 곤란한 암석 땅깎기비탈면 등이다.

### 2 설계 및 시공 방법

암반비탈면의 오목지형에 터파기와 터다듬기를 실시하고 깬 잡석 등을 이용하여 제비집 모양으로 쌓는다. 새집공작물은 길이 2~3m, 폭 0.6~1.0m, 높이 0.5~1.0m를 표준으로 한다. 찰쌓기로 새집공작물을 축설할 경우 반드시 물빼기구멍을 설치하여 빗물이 고이지 않게 한다.

시공 장소와 시공 여건에 따라 다르지만 새집의 안쪽 크기는 길이 0.8~1.0m, 너비 0.5~0.6m를 표준으로 제작한다. 내부에 객토를 충분히 충전한 후 관목류와 덩굴식물을 식재한다. 유기질 성분을 보충하여야 할 곳에는 퇴비와 같은 유기질비료를 객토와 잘 섞은 후 시비한다.

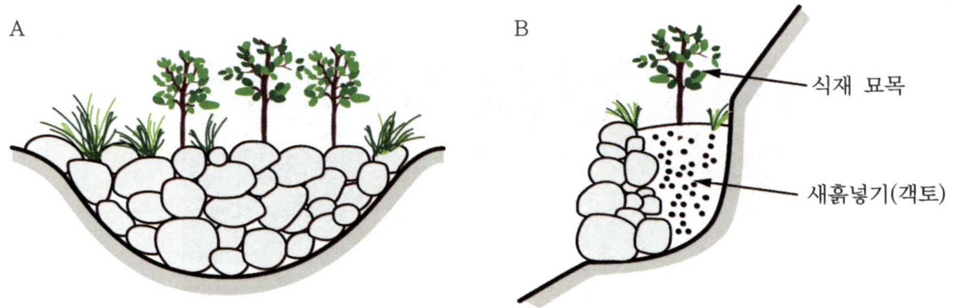


**그림 9-22** 새집공법의 시공 구조도(A: 정면도, B: 단면도)

### 3 재료

식생상은 점상(點狀) 또는 선상(線狀)인 식생녹화대를 이용하여 조성하고 콘크리트, 합성수지(FRP, GRP, RPM) 제품, 인조목재, 인조석재, 목재 등의 재료로 제작한다.

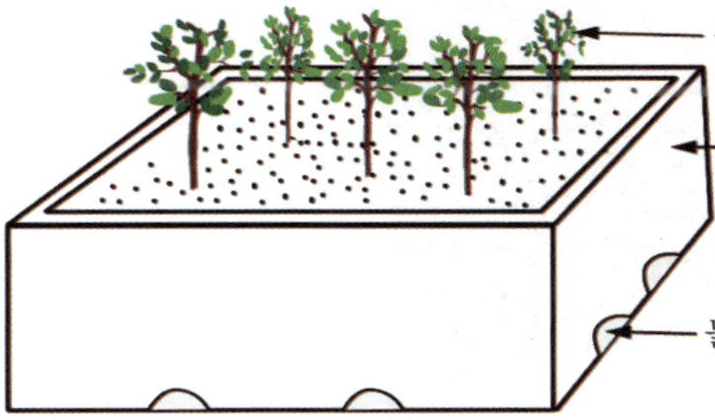


**그림 9–23** 식생상의 구조

**그림 9–24** 새집공법

### 9·5·2 분사식씨뿌리기

#### 1 목적 및 시공 장소

분사식씨뿌리기[분사식파종공법(噴射式播種工法), 종자취부공(種子吹付工), hydroseeding measures, seed spray measures)는, 경사가 급하고 규모가 커서 인력으로 녹화할 수 없고 토양 조건이 열악한 비탈면에 압력기계를 이용하여 종자, 비료, 접착제, 양생제를 뿜어 붙이는 조기 전면녹화공법이다.

시공 장소는 토양 조건이 열악하고 대면적인 급경사 비탈면으로 조속히 녹화하여야 할 곳 등이다.

#### 2 설계 및 시공 방법

비탈면의 상부에서 유수가 유입되거나 지하수가 분출하는 경우 흙막이나 수로내기와 같은 비탈면 안정을 위한 기초공사를 먼저 시공하여 강우 등에 의한 붕락을 방지한다. 분사식씨뿌리기에 사용하는 종자의 종류 및 파종량은 산지사방의 씨뿌리기에 준하며, 씨뿌리기의 발아기대본수는 초본 2,000본/$m^2$, 목본 100본/$m^2$ 등 총 2,100본/$m^2$을 표준으로 하여 살포한다.

분사식씨뿌리기를 시공할 때에는 비탈다듬기를 먼저 실시한다. 종자의 발아를 촉진하고 분사한 부착물의 침투를 촉진하기 위하여 비탈 1$m^2$당 1~3L의 물을 미리 살포한다. 다만 혹한기나 혹서기, 건조기 등은 피한다. 재료는 물 → 종자 → 비료 → 섬유 → 혼합양생제의 순서로 투입하고 잘 혼합한 뒤 수압분사식 파종기(水壓噴射式播種器, hydroseeder)로 균일하게 살포한다. 파종 후 2개월이 경과한 시점에서 발아 상태가 불량할 때에는 재차 파종한다. 현지의 토양 조건, 시공 시기 및 시공 기술에 따라 양생제의 뿜어붙이기를 병용하여 건조 피해 등을 방지하고, 뿜어붙이기가 종료된 시공면은 섬유(fiber) 종류나 시트(sheet) 종류로 피복하여 강우에 의한 빗방울침식을 억제한다.

그림 9-25 분사식씨뿌리기

### 9·5·3 종비토뿜어붙이기

#### 1 목적 및 시공 장소

종비토뿜어붙이기[종비토취부공(種肥土吹付工), 객토취부공(客土吹付工), seed-fertilizer-soil mixed spraying measures, hydroseeding measures with seed-fertilizer-soil materials]는 파종공법만으로 식생을 조성하기 어려운 무토양 암반비탈면에 전면적으로 식생을 조성하기 위하여 시공하는 암반비탈면 분사식씨뿌리기의 응용공법으로, 특수분사식씨뿌리기라고도 한다. 현재 다양한 시공 방법이 개발되어 시공되고 있다.

시공 장소는 암반 땅깎기비탈면으로 당장은 붕괴될 위험성이 높지 않지만 조기에 녹화하여야 할 곳 등이다.

#### 2 설계 및 시공 방법

시공 대상지로 비탈면에 용출수가 유출되는 지역은 피하고, 비탈면으로 유입되는 유출수를 처리하기 위한 우회수로 등의 배수시설을 먼저 시공한다. 종비토뿜어붙이기를 실시하는 층의 두께, 양생제의 질과 밀도에 비례하여 녹화 효과가 발휘되므로 목표로 하는 녹화 수준에 알맞은 최소한도의 공법 및 필요 자재를 선택한다. 시공 대상지의 여건에 적합한 재래종 초·목본류와 외래 도입종 초본류 종자를 선택하고 혼파 비율을 조절한다.

비탈다듬기가 완료되면 식생기반재가 잘 부착하도록 부착망을 비탈 요철면에 밀착시키고 천공을 실시한 후에 암절취면의 아래 수직 방향으로 앵커 및 착지핀을 견고하게 설치한다. 뿜어붙이기의 최소 두께는 설계 두께의 80% 이상이 되어야 하고 암질 및 암절취면의 절리 방향과 같은 지질 조건에 따라 두께를 조절한다. 뿜어붙이기의 두께는 물매가 1 : 0.5 이상인 경암과 보통암 비탈면에서는 15cm 정도로 하고, 물매가 1 : 0.5 이하인 연암과 풍화암 비탈면에서는 10cm를 기준으로 한다. 뿜어붙이기 작업 시 비탈면과 노즐 사이에 1m 정도의 간격을 유지한 채로 비탈면 상부에서 하부를 향하여 작업을 진행하며, 내부에 공극이 발생하지 않도록 주의한다. 두꺼운층뿜어붙이기를 시공할 경우에는 종자의 손실이 많이 발생하므로 다량으로 파종하고, 시공 후 2개월이 경과한 시점에서 발아 상태가 불량할 때에는 재차 파종한다.

### 3 재료

종비토뿜어붙이기에 사용하는 주요 재료는 물, 초목 종자, 비료, 비토, 섬유류, 색소, 전착제, 양생제, 기타 토양미생물제 등이고 부재료로는 철망(부착망), 앵커바, 앵커핀, 고정용 철근 등이 사용된다. 텍솔(Texsol)공법은 종비토뿜어붙이기를 시공할 때 토목용 연속장섬유를 함께 분사하여 접착강도를 높이는 공법이다.

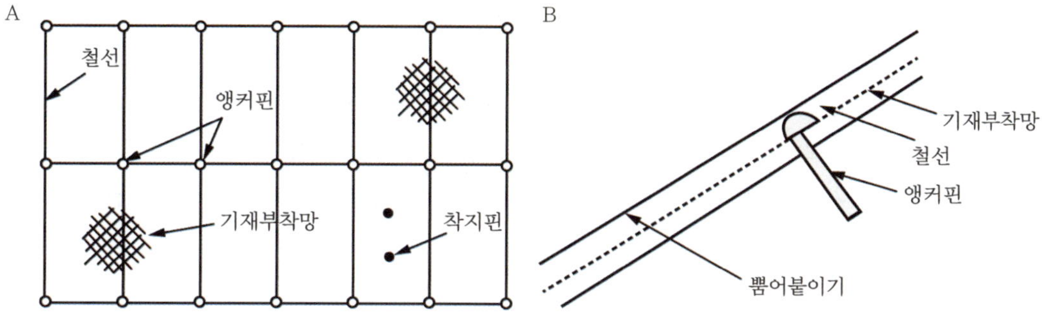


**그림 9-26** 종비토뿜어붙이기의 시공 구조도(기울기 1 : 0.5 이하의 연암 · 풍화암 비탈면; A: 정면도, B: 단면도)

**그림 9-27** 종비토뿜어붙이기

## 9·5·4 차폐수벽공

### 1 목적 및 시공 장소

차폐수벽공(遮蔽樹壁工, screen planting measures, green wall planting measures)은, 암석을 채굴한 비탈면이 가시권에서 직접 조망되지 않도록 생울타리[수벽(樹壁), green

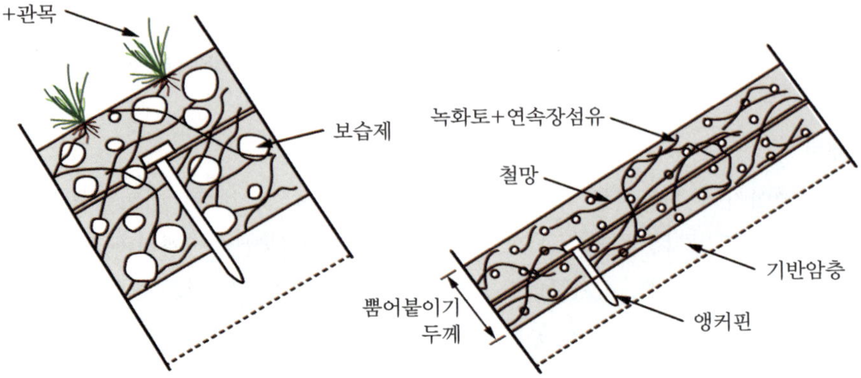


**그림 9-28** 텍솔공법의 시공 구조도

wall]를 조성하는 공법이다. 훼손지가 도로나 주택 등에서 보이지 않도록 암반비탈면의 앞쪽에 2~3열로 수목을 식재한다. 식재할 수목은 가급적 교목류 중에서 속성인 수종을 선정한다.

시공 장소는 가시권 내에 있는 도로 땅깎기비탈면 및 채석장과 같이 훼손된 잔벽의 앞면 등이다.

### 2 설계 및 시공 방법

수벽을 조성할 때에는 차폐 대상 비탈면의 각부에 일정 높이의 흙을 쌓고 그 위에 수목을 식재하면 차폐 효과가 크다. 식재지에는 객토와 시비를 병행하여 활착과 생육을 촉진한다.

차폐수벽공을 시공할 때에는 수종 선택과 식재 배열에 유의한다. 수벽을 3열로 조성할 때에는 중앙에 활엽수 교목을 1열로 식재한 후 앞뒤로 침엽수 또는 관목을 줄심기로 식재한다. 중앙에 교목을 2열로 식재할 경우에는 앞뒤에 관목을 줄심기로 식재한다.

### 3 종류

차폐수벽 조성용 수종으로는 속성 수종(이태리포플러, 은수원사시나무, 대나무 등), 내건성

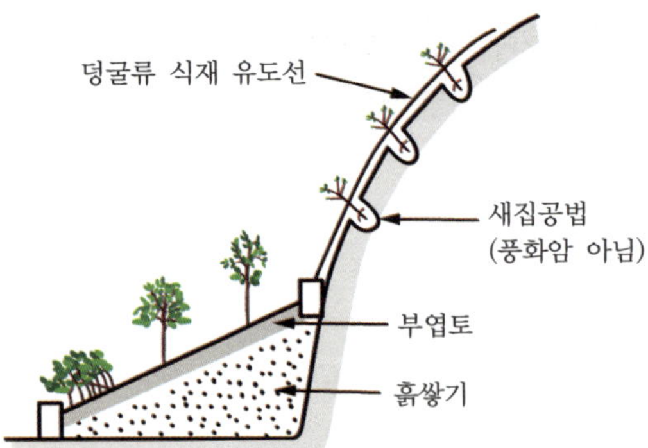


**그림 9-29** 차폐수벽공의 시공 구조도(채석장)

**그림 9-30** 차폐수벽공

수종(편백, 화백, 측백나무, 연필향나무, 가죽나무, 버즘나무, 아까시나무, 리기다소나무, 곰솔 등), 하층 보완 수종(개나리, 사철나무, 쥐똥나무, 무궁화, 노간주나무, 아왜나무 등의 관목류) 중에서 선정한다.

### 9·5·5 소단상객토식수공

#### 1 목적 및 시공 장소

소단상객토식수공(小段上客土植樹工, 소단상새흙식수공, soil-dressed planting measures on berm)은 채석 잔벽의 암반비탈면에 적절한 간격과 너비의 소단을 설치하고 그 위에 객토와 시비를 실시한 후 녹화용 묘목을 수평 방향으로 식재하는 암반녹화공법이다.

시공 장소는 ①암반 땅깎기비탈면, ②석회석 채취 적지 등이다.

#### 2 설계 및 시공 방법

소단상 객토층은 가능한 한 넓고 두껍게 설치하여야 식재 수목의 생장에 유리하지만 토사 운반에 경비와 시간이 소요되므로 적정한 수준으로 결정한다. 소단 앞에 돌 또는 돌망태로 흙막이를 설치하여 배후의 객토가 충분히 유지되도록 설계한다. 돌망태는 지름 40cm가량의 긴 원통형이 적당하다.

소단상 객토는 깊이 0.3m 이상, 너비 1.0m 이상을 표준으로 하여 시공한다. 시공 대상지 부근에서 채취한 표토를 객토 재료로 사용하고, 특히 채석장에서는 표토 제거작업 시 발생한 흙을 일정 장소에 적치하였다가 사용한다.

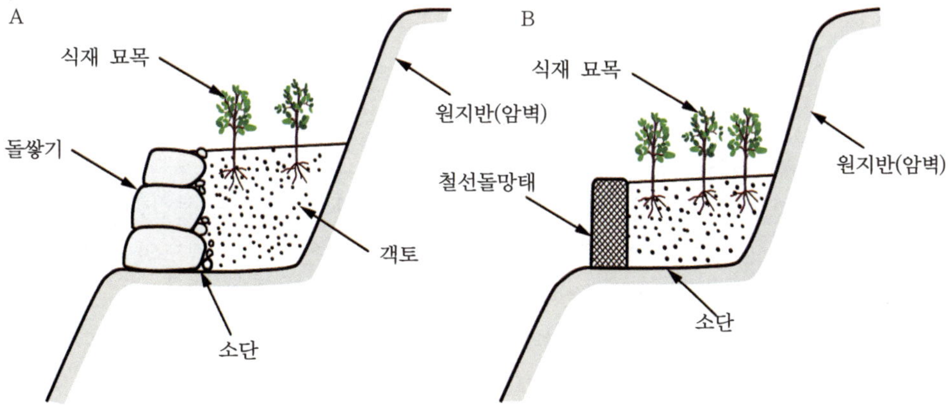


**그림 9-31** 소단상객토식수공의 시공 구조도(A: 돌흙막이, B: 돌망태흙막이)

#### 3 종류

암반비탈면은 일사량이 많아 지표의 온도가 오르고 건조하기 쉬우므로 내건성 수종을 도입한다. 소단상객토식수용 수종으로는 싸리류, 쥐똥나무, 개나리, 회양목, 병꽃나무, 조팝나무,

눈향나무, 노간주나무, 보리장나무, 사철나무, 물오리나무(산오리나무), 사방오리나무, 담쟁이덩굴, 등, 송악, 마삭줄 등을 식재한다.

그림 9-32 소단상객토식수공

### 9·5·6 생울타리조성공법

#### 1 목적 및 시공 장소

생울타리조성공법[수벽조성공법(樹壁造成工法), green-wall establishments]은 물리적으로 불안정한 암반비탈면이나 각종 황폐지를 차폐하여 경관성을 향상할 목적으로 비탈면의 소단이나 각부 등에 수목을 식재하여 울타리를 만드는 공법으로, 공원과 주택 주위에 조성하는 울타리용 수벽과 도로변에 조성하는 차폐수벽이 있다.

시공 장소는 ①암반비탈면이나 황폐지, ②도로의 굴곡부, 터널 출입구, 도로와 병행하는 노면, 철도변, ③공원이나 주택 주변 등이다.

#### 2 설계 및 시공 방법

생울타리용 수목으로는 가지가 밀생하고 병해충에 강한 실생묘를 선정한다. 묘목은 보통 30~100cm 간격으로 2~3열 식재하지만 수고가 낮은 수종은 15cm 정도의 간격으로 밀식한다. 생울타리의 길이와 높이는 입지 조건에 따라 결정한다.

생울타리를 식재한 당해에는 가지치기를 실시하지 않고, 수형을 조절하기 위하여 도장(徒長)한 가지만 솎아 준다. 식재한 이듬해에는 곁가지를 다듬어 주고 생장점을 잘라 지엽의 밀생을 촉진한다. 생육 과정에서 일부 가지가 고사하여 공간이 생길 경우에는 새끼 등으로 부근의 가지를 유인하여 메운다.

#### 3 종류

생울타리조성공법에는 향나무, 측백나무, 노간주나무, 보리수나무, 사철나무, 비자나무, 개

비자나무, 회양목, 무궁화, 진달래, 산철쭉, 개나리, 쥐똥나무, 광나무, 조팝나무류, 피라칸타, 홍가시나무 등의 조경수종을 이용하면 효과적이다.

**그림 9–33** 낙석방지망을 활용한 생울타리(개나리)

## 9·6 산록공사

### 9·6·1 완충수림대

#### 1 목적 및 시공 장소

완충수림대는 유출토사를 억제할 사방시설로서 기대하기 때문에 일반 시업림과 달리 근계가 잘 발달하고 통직한 수림을 육성할 목적으로 계획한다.

시공 장소는 ①하류 지역의 생활 및 생산 공간에 위치하는 산록부, ②도시화가 진행된 수계의 계안 지역 등이다.

#### 2 설계 및 시공 방법

완충수림대는 계획구역에 생육하고 있는 수목을 활용하여 조성하지만, 새롭게 수목을 도입할 경우에는 계획구역 또는 유사한 조건의 인근 장소에 생육하고 있는 식생을 참고하여 수위 변동이나 다소의 토사 퇴적에 견딜 수 있는 수종을 선정한다. 완충수림대를 새롭게 조성할 경우 수림 밀도가 ①수목의 생육 조건, ②붕괴 및 유출 토사의 포착 조건, ③붕괴 및 유출 토사의 퇴적 촉진 조건, ④유목의 포착 조건 등을 충족할 수 있도록 간격을 검토하고, 특히 수목의 생육에 필요한 최소한의 간격을 확보한다.

사업 대상지의 지형 조건에 따라 토사의 생산구역, 유과구역, 분산 · 퇴적구역, 통과저지구역 등으로 구분하고 구역별로 수림의 구조를 설정한다. 퇴사구간은 평상시 휴양 공간으로 충분히 활용할 수 있기 때문에 필요에 따라서 이용 면에서의 공간분석을 실시한다. 휴양시설을 수림대의 보조공과 보강공으로 활용하면 유효하기 때문에 관계 기관과 사전에 충분히 협의하여 이용 방안을 마련한다.

완충수림대는 토사의 퇴적 및 유목의 포착뿐만 아니라 경관성 향상, 녹음 형성, 생태계 보전과 같은 환경보전 기능을 발휘한다. 따라서 골짜기의 출구 쪽에 토사의 퇴적 공간을 확보하기 위하여 사방댐, 골막이 등을 유사지와 함께 시공하면 효과적이다.

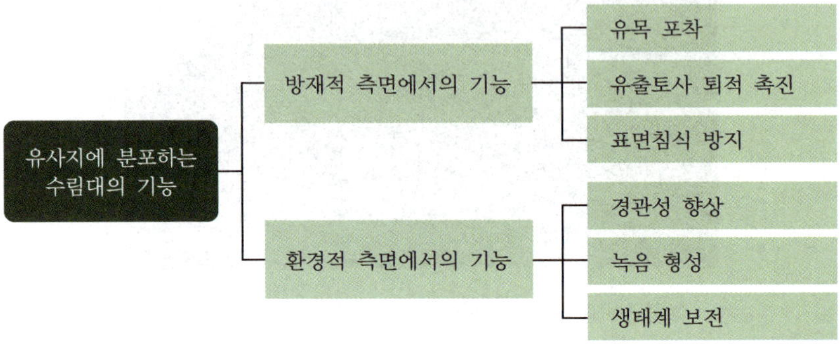


**그림 9-34** 완충수림대의 기능

완충수림대를 시공할 때에는 계상퇴적지에 생육하고 있는 수목이 토석류에 의하여 유목화하거나 산지 비탈면에서의 산사태 등으로 유목이 유출될 경우에 대비하여 유사지의 골막이를 유목 포착 기능을 갖춘 구조로 계획하는 등 유목 대책시설을 배치한다.

수목은 초본류에 비하여 생장속도가 느려 묘목에서 성림이 되기까지 수십 년을 필요로 하고, 살아 있는 생물체이기 때문에 목표 수림이 형성된 이후에도 지속적으로 변화하는 점을 고려한다. 수림을 방치하면 번무 상태에 따라 홍수 시 유사의 소통을 방해하거나 홍수류의 유속을 부분적으로 높일 수 있으므로 풀베기, 모두베기, 보식 등의 방법을 현지 상황과 수림의 특성에 맞게 실시한다. 계획한 대로 완충수림대가 기능을 충분히 발휘하기 위해서는 기능

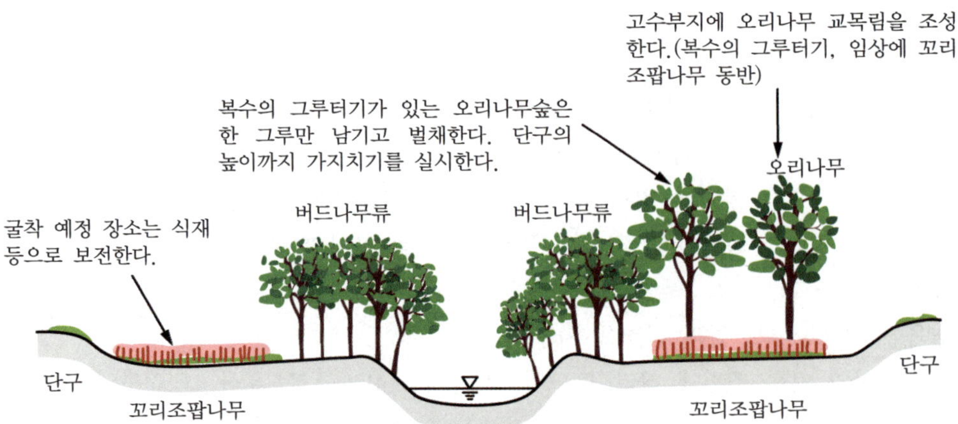


**그림 9-35** 완충수림대의 유출토사 저감(최소화) 방법

향상을 위한 단계적 방안을 사전에 수립하고 그에 맞추어 시간을 충분히 투자하여 완성해 나간다.

### 3 종류

#### ① 보조공

토석류가 직격할 것으로 예상되는 유역에는 토석류가 수림대를 직접 타격하는 힘을 완화하거나 유향을 억제하기 위하여 투과형 구조물을 보조공으로 계획한다.

#### ② 보강공

지반이 약하여 수목이 쉽게 전도할 것으로 예상될 경우 상류 쪽에 상재하중을 줄 수 있는 보강공을 검토한다.

#### ③ 보호공

유사, 유목에 의하여 손상을 입거나 퇴사에 의하여 수목이 쉽게 고사할 것으로 예상될 경우 수목의 상류 쪽에 보호공을 검토한다.

## 9·6·2 유사지

### 1 목적 및 시공 장소

유사지는, 통상 상류부에 대규모의 붕괴가 발생하거나 계상의 물매가 매우 급하여 사방댐만으로는 유출된 토사나 유목을 처리하기 곤란한 경우에 하류 산록부에 설치하는 구조물로, ①호우 시 계류의 상류 지역으로부터 유출되는 유해한 토사의 포착, ②유로의 일부 확대에 따른 유출토사의 저류, ③선상지대나 토석류 발생위험지 등에서 발생하는 토석류에 의한 피해 방지 등을 목적으로 한다.

시공 장소는 ①토석류 퇴적구역, 토사류구역, 소류구역, ②상류 지역에 사방시설이 불충분한 경우 토석류 퇴적구역 중에서 수림대의 중간 유역부터 하류 유역까지의 구간에 해당하는 범위, ③상류 지역에 사방시설이 충분히 정비된 경우 수림대의 최상류 부근부터 하류 유역까지의 구간에 해당하는 범위 등이다.

### 2 설계 및 시공 방법

유사지의 설계는 일반적으로 위치와 형상의 선정, 주요 시설 및 기타 시설의 설계 순으로 진행한다. 유사지의 퇴적구간은, 해당 유역의 토사처리계획에 근거하여 책정된 토사량을 처리하는 데 필요한 범위 및 계획홍수유량을 안전하게 유하시킬 수 있는 범위를 대상으로 설계한다. 유사지의 용량은 상류 지역의 강우량, 지형, 지질, 임상, 유역면적, 황폐 정도 등에 따라 결정하고 연 1회 제거작업으로 기능을 회복할 수 있는 용량으로 설계하며, 토사의 반출 방법과 부대시설 등을 함께 계획한다.

유사지의 형상은 통상 반주걱형, 주걱형, 자루형, 위형 중에서 지형의 특성에 따라 채택하고 필요에 따라 상·하류에 사방댐 또는 바닥막이를 설치하여 계상을 유지할 수 있는 구조로 설계한다. 유사지의 물매는 1 : 15~20을 유지하고, 유출토사가 확산하여 정지할 수 있도록 충분한 면적을 확보한다.

유사지 주변에 유도둑을 설치하여 유수의 범람을 방지하고, 토사의 재이동을 방지할 수 있는 골막이를 설치한다. 하류 지점의 유로공과 연결되는 부분에 유수가 집중되면 재차 침식이 발생하여 유로공 내에 토사가 유입되므로 골막이를 설치한다. 유사지 내에 있는 퇴적토사를 굴착, 제거하는 과정에서 상·하류 및 계안에 지장을 주지 않도록 사방댐 또는 바닥막이를 설치하여 계상을 유지한다. 유사지의 유입부가 급격히 넓어지면 유입부 부근에 토사가 퇴적되고 상류의 퇴적 공간이 감소하여 유수가 범람하므로 유입부의 확산 각도는 계류의 상황과 시공 위치 등에 따라 다르지만 30° 정도로 설계한다.

유사지의 구조는 현지의 지형을 고려하여 최하류에 골막이 등을 배치하고 소규모의 홍수를 처리하는 상수로, 대규모 홍수에 대응하는 유도둑 및 수림대 등으로 구성한다. 유출토사를 퇴사구역에 효과적으로 퇴적하기 위해서는 퇴사구역과 지표의 형상, 상수로의 평면형상, 상수로와 유사지의 높이 차 등을 참고하여 토사의 유하·퇴적 범위를 설정하고, 하류 쪽에 유목막이를 배치하여 포착 효율을 높인다. 유사지의 방재 기능을 향상하기 위한 제석 및 도목 처리 등을 계획한다. 침사지가 조성된 유사지에서는 토석류 발생 시 유출토사 포착용량을 상시 확보하기 위하여 중·소규모 홍수 시의 퇴적토사에 대한 배제 방법을 사전에 검토한다. 계획홍수가 발생한 후 실시할 수림의 복구 방법과, 도목의 발생이 예상되는 곳에서는 도목의 처리 방법에 대해서도 구체적으로 검토한다.

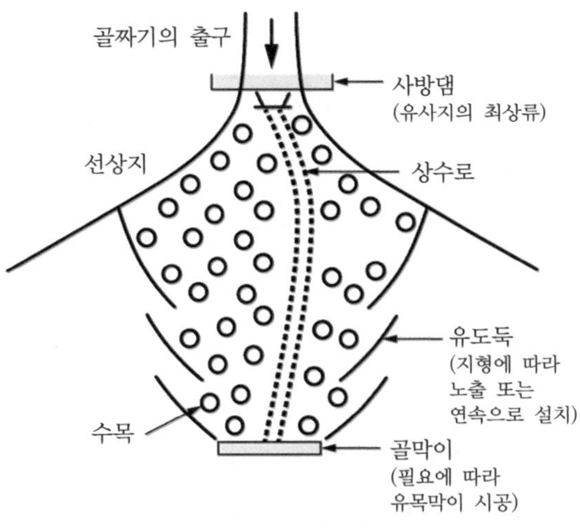


**그림 9-36** 유사지의 개념도

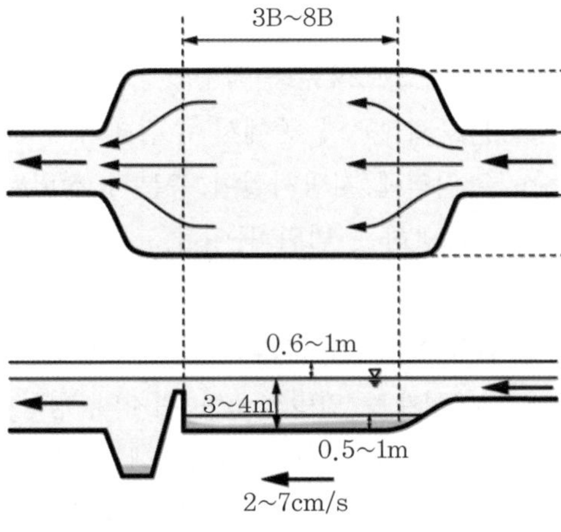


**그림 9-37** 유사지의 구조

**그림 9-38** 유사지의 내부(A · B) 및 전경(C) [木村, 2019]

### 3 종류

#### ① 상수로

상수로(常水路, eternal waterway)는 소규모 홍수 시 유수를 안전하게 처리하여 퇴사구역을 유지하고 수림대의 형성에 기여하는 구조물로, 유사지를 시공할 때 함께 계획한다. 상수로의 규모를 지나치게 크게 조성하면 자연과 조화롭지 못하고, 너무 작을 경우에는 매년 범람하여 수림의 생육 환경, 퇴사구역의 기능과 이용의 수월성 등이 손상을 입게 된다. 따라서 상수로의 규모는 해당 유사지의 환경적 중요성, 이용 형태, 수림의 생육 상황을 종합적으로 판단하여 결정한다. 상수

**그림 9-39** 상수로[木村, 2019]

로의 유하 단면은 1~2년 확률의 계획유량을 유하할 수 있도록 유지하고, 상수로가 퇴사구역으로 범람하지 않도록 설계할 경우에는 5년 확률 정도로 계획한다.

상수로를 시공할 때에는 함께 계획하는 기슭막이, 골막이, 바닥막이 등에 유의한다. 상수로가 평상시에도 침식될 위험이 있는 경우에는 기슭막이나 골막이 등으로 고정한다. 기슭막이는 자연석이나 돌망태, 돌쌓기, 강제틀과 같은 친수성이 높은 재료로 시공한다. 골막이와 바닥막이도 가능하면 친수성이 높은 재료로 시공하지만 보전 대상이 근처에 있거나 외력이 강하게 작용하는 경우에는 콘크리트를 사용한다.

**② 유도둑**

유도둑[도류공(導流工), debris-flow guide bank]은 토석류 등을 안전한 장소까지 유도하는 구조물로, 토석류 피크유량에 대응하는 단면으로 계획한다. 단면은 토석류의 유량과 수심을 고려하여 여유고를 확보하며, 이때 퇴적에 따른 후속류의 소상으로 인하여 범람하지 않도록 주의한다. 유도둑이 토석류를 안전한 장소까지 유도하도록 사방댐 등의 사방시설물(1기 이상) 또는 토석류 퇴적공을 설치한 후에 이와 연결되도록 계획한다. 선형은 직선이 바람직하지만 지형 및 토지이용 등의 이유로 부득이하게 굴곡할 경우에는 원곡선(圓曲線)으로 하며, 중심각은 30° 이하로 한다. 종단형상의 물매가 급격히 변하지 않도록 하고, 토사의 퇴적에 따른 후속류의 소상이 예상될 경우에는 이에 대하여 안전한 구조가 되도록 계획한다.

유도둑은 안전상 터파기 방식을 원칙으로 한다. 만곡부에서는 곡선 외향부의 수위 상승을 고려하여 둑의 높이를 결정하며 월류가 발생하지 않도록 충분한 높이를 확보한다. 토석류의 월류를 방지하기 위하여 토석류 방향에 대한 각도를 45° 미만으로 하지만 45° 이상으로 상정할 경우에는 유도둑을 여러 개로 분할하여 놀둑[하제(霞堤), open levee] 방식으로 배치한다. 둑마루는 현 계상물매와 평행으로 하는 것을 원칙으로 하며 토석류의 수심에 여유고를 더하여 높이를 계획한다. 유도둑의 표면은 콘크리트, 돌쌓기, 콘크리트블록쌓기, 시트파일 등으로 보호하여 토석류에 의한 침식을 방지하고, 둑의 하단부는 기슭막이의 밑넣기, 콘크리트블록 등을 이용한 밑다짐공사 및 수제 등을 실시하여 세굴에 안전한 구조가 유지되도록 설계한다.

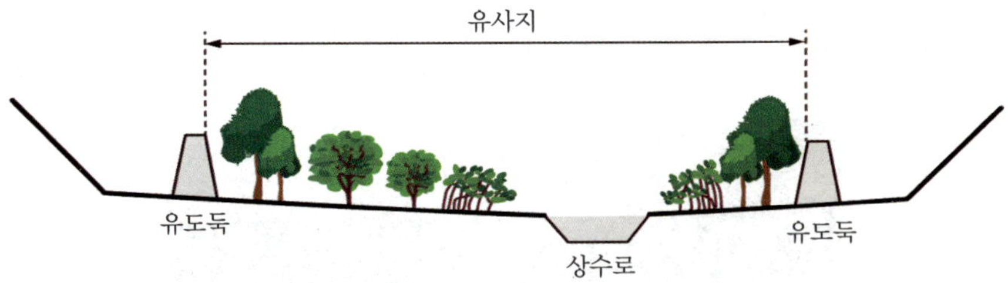


**그림 9-40** 상수로와 유도둑의 개념도

참고문헌 ▌

## :: 국내 문헌


1. 강원대학교 외. 2010. 유목 및 토석류 제어기술개발. 산림청. 247pp.
2. 국가법령정보센터. law.go.kr.
3. 국가표준식물목록. nature.go.kr/kpni.
4. 국토지리정보원. 2020. 대한민국 국가지도집 Ⅱ. map.ngii.go.kr.
5. 김석우, 전근우, 김경남, 김민식, 김민석, 이상호, 서정일. 2013. 산사태 취약지역 지정 · 관리 제도의 의의와 향후 과제. Journal of Forest and Environmental Science 29(3): 237-248.
6. 김석우, 전근우, 박종민, 남수연, 임영협, 김영설. 2011. 강원도 춘천시 근교의 산지계류에 형성된 계단상 하상구조의 특징. 한국임학회지 100(3): 202-211.
7. 김성수, 류재석, 이승태, 정호섭. 2009. 토목재료학. 구미서관. 463pp.
8. 김진학, 전근우, 서정일, 김석우, 윤주웅, 전계원. 2016. 생활권 산록지역에 있어서 토석류 피해 저감을 위한 철강재 바닥스크린의 최적 순간격 파악. Crisisonomy 12(4): 73-83.
9. 김진학, 전근우, 서정일, 김석우, 윤주웅, 전계원. 2017. 토석류의 발생 규모 및 빈도에 따른 바닥스크린 상의 토석류 포착형태의 차이. Crisisonomy 13(4): 137-149.
10. 김진학, 전근우, 서정일, 이윤태, 전계원. 2017. 철강재 바닥스크린의 토석류 피해저감 기능 극대화를 위한 측면스크린의 부착 효과. Crisisonomy 13(1): 109-121.
11. 大韓土木學會. 1998. 土木用語辭典. 技文堂. 638pp.
12. 류만용, 이재환, 전찬기, 김윤성, 박우진. 2007. 토목재료학. 구미서관. 399pp.
13. 박종민, 전근우. 2009. 자연친화적인 산지계류 복구 · 관리기술. 산림청, 신(新)산지방재사업단. 250pp.
14. 사방협회. 2020. 砂防技術 Ⅰ - 總論 · 山地砂防. 메이킹북스. 1-462.
15. 사방협회. 2020. 砂防技術 Ⅱ - 野溪砂防 · 海岸砂防. 메이킹북스. 465-859.
16. 사방협회. 2020. 砂防技術 Ⅲ - 生活圈砂防 · 附錄. 메이킹북스. 861-1148.
17. 산림청. 2002. 환경친화적인 사방공법정립에 관한 연구. 453pp.
18. 산림청. 2003. 산사태 발생원인 및 예방대책에 관한 연구. 563pp.
19. 山林廳. 2006. 韓國砂防100年史(1907~2007). 838pp.
20. 산림청. 2006. 해안방재림 조성 · 보전 · 관리 방안에 관한 연구. 260pp.
21. 산림청. 2007. 해안방재림 실태조사 및 정책방향에 대한 연구. 329pp.
22. 산림청. 2008. 사방시설의 재해저감 효과 및 주변 환경에 미치는 영향에 관한 연구. 308pp.
23. 산림청. 2022. 개정 사방기술교본(3판). 365pp.

24. 산림청. 2023. 2023 산림임업통계연보(제53호). 438pp.
25. 서정일, 전근우, 김민식, 염규진, 이진호, 木村正信. 2011. 산지계류에 있어서 유목의 종단적 분포특성. 한국임학회지 100(1): 52-61.
26. 성기태, 홍창우, 김경진, 이승용. 2007. 토목재료학. 신광문화사. 323pp.
27. 신(新)산지방재사업단. 2011. 사방관계사법(한/일/영). 178pp.
28. 禹保命. 1983. 新制 砂防工學. 鄕文社. 310pp.
29. 우보명. 2003. 훼손지환경녹화공학. 서울대학교 출판부. 558pp.
30. 禹保命 外. 1997. 山林工學. 光一文化社. 454pp.
31. 임업연구원. 1998. 사방기술교본. 산림청. 515pp.
32. 임종석, 이원택, 권호진, 송영우, 박용원. 2006. 지반공학용어사전. 엔지니어즈. 671pp.
33. 장상기, 김영식, 유용현, 전근우, 김민식. 2009. 강원도에 있어서 유목 및 토석류 제어를 위한 슬릿트 사방댐의 현황과 과제. 산림공학기술 7(1): 1-11.
34. 全槿雨. 1990. 荒廢溪流에 있어서 砂防施設物에 의한 河道固定에 관한 研究. 韓國林學會誌 79(3): 269-277.
35. 전근우. 2002. 수자원 함양기능 증진을 위한 산림사업의 역할과 방향. 한국임학회 정기학술 발표논문집 2002: 25-44.
36. 전근우. 2006. 유목(流木)재해와 방지대책. 방재연구 8(3): 13-22.
37. 전근우. 2007. 21세기형 사방사업의 현상과 과제. 산림공학기술 5(3): 184-196.
38. 전근우. 2011. 신고 사방공학. 향문사. 426pp.
39. 전근우. 2012. 강제사방구조물 설계편람. (사)한국산림기술사협회. 지식공감. 308pp.
40. 전근우. 2012. 해안림과의 공생. 강원대학교 출판부. 257pp.
41. 전근우. 2018. 사방댐. (사)한국산림기술사협회. 592pp.
42. 전근우, 김경남, 김민식, 김석우, 김진학, 김판석, 서정일, 송동근, 이광연, 이동균, 이윤태, 이진호, 장수진. 2019. 도시사방. 도서출판 미주. 262pp.
43. 全槿雨, 金玟植, 朴完根, 江崎次夫. 1997. 山地急流小河川에 있어서 河床微地形과 流木 特性. 韓國林學會誌 86(1): 69-79.
44. 전근우, 김민식, 염규진, 김윤진, 이진호. 2006. 일본의 유목대책지침에 대한 연구(Ⅰ) - 계획편을 중심으로. 산림공학기술 4(3): 226-241.
45. 전근우, 김민식, 염규진, 김윤진, 이진호, 임영협, 남수연. 2007. 일본의 유목대책지침에 대한 연구(Ⅱ) - 설계편을 중심으로. 산림공학기술 5(1): 31-44.
46. 全槿雨, 金錫宇, 金炅南, 中島幸喜, 江崎次夫. 2005. 쓰나미에 對備한 海岸林 造成과 非構造物 對策 - 日本의 事例를 中心으로. 한국임학회지 94(3): 197-204.
47. 전근우, 김석우, 서정일, 장수진. 2009. 일본 홋카이도(北海道)지역의 저댐군공법. 산림공학기술 7(2): 142-157.
48. 전근우, 김판석, 김민식, 서정일, 김석우. 2012. 일본의 사방관계사법. 산림청, 신(新)산지방재사업단. 178pp.
49. 전근우, 서정일. 2017. 사방시설의 환경대응에 관한 소고(小考). 산지환경 20: 43-52.
50. 전근우, 서정일, 김석우. 2015. 환경보전사방사례집. 산림조합중앙회. 263pp.
51. 전근우, 서정일, 김석우. 2024. 사방조사론. 한국치산기술협회. 696pp.

52. 전근우, 서정일, 김석우, 임영협, 장수진. 2011. 개정 사방용어집. (사)한국산림기술사사무소협의회. 491pp.
53. 전근우, 차두송, 염규진, 오재헌, 조구현, 江崎次夫. 2010. 산림공학 입문. 강원대학교 출판부. 412pp.
54. 전근우, 차두송, 조구현, 江崎次夫. 2003. 산림공학의 이해. 강원대학교 출판부. 347pp.
55. 趙泰膺. 1976. 砂防工學. 先進文化社. 473pp.
56. 최재진, 박석균, 최연왕, 김기형. 2007. 최신 토목재료학. 기문당. 379pp.
57. 한국산림공학회. 2014. 개정 사방기술교본. 산림청. 436pp.

## :: 외국 문헌

1. 江崎次夫. 2009. 實踐 環境綠化工學. 晴耕雨讀. 166pp.
2. 岡本正男, 阿部宗平. 2006. 自然に生きる砂防 － 砂防—自然とともに. 三和書籍. 146pp.
3. 岡本正男, 阿部宗平, 藤澤和範, 中村良光. 2007. 砂防施設が出来るまで. 三和書籍. 213pp.
4. 高谷精二 外. 1991. 砂防學概論. 鹿島出版會. 254pp.
5. 広島県土木局砂防課. 2012. 砂防技術指針. 835pp.
6. 廣瀨利雄 外. 1996. 魚道の設計. 株式會社 山海堂. 376pp.
7. 吉川秀夫 外. 1985. 流砂の水利學. 丸善株式會社. 536pp.
8. 金錫宇, 後藤健, 全槿雨, 丸谷知己. 2008. 山地河床における岩盤形状と巨礫の土砂流出に及ぼす影響. 砂防學會誌 61(4): 3−11.
9. 南哲行, 小山內信智. 2014. 現代砂防學概論. 三美印刷株式會社. 184pp.
10. 陶山正憲. 1998. 治山砂防工法特論. 株式會社 地球社. 233pp.
11. 大石道夫. 2014. 微地形砂防の實際. 鹿島出版會. 287pp.
12. 東三郎. 1982. 低ダム群工法 － 土砂害豫防の論理. 北海道大學圖書刊行會. 397pp.
13. 東三郎. 1991. 森と水の話. 北海道新聞社. 256pp.
14. 武居有恒 外. 1993. 砂防工學. 文永堂出版株式會社. 306pp.
15. リバーフロント整備センター. 1994. 川 － 日本の水環境・文化の明日を想う. 株式會社 山海堂. 128pp.
16. 北海道林務部治山課. 1991. 木で山をまもる － 木製土木施設開發事例. 社團法人北海道治山協會 95pp.
17. (社)北海道治山協會. 1991. 治山技術基準解說(運用). 福島プリント株式會社. 195pp.
18. (社)砂防學會. 1991. 溪流の土砂移動現象. 株式會社 山海堂. 316pp.
19. (社)砂防學會. 1992. 斜面の土砂移動現象. 株式會社 山海堂. 357pp.
20. (社)砂防學會. 1992. 土砂災害對策 － 崩壞・地すべり・落石・飛砂對策(1). 株式會社 山海堂. 265pp.
21. (社)砂防學會. 1992. 砂防・治山の動向. 株式會社 山海堂. 295pp.
22. (社)砂防學會. 1992. 世界の砂防. 株式會社 山海堂. 321pp.
23. (社)砂防學會. 2004. 改正砂防用語集. 株式會社 山海堂. 432pp.
24. (社)日本治山治水協會. 1992. 治山技術基準解說 － 防災林造成編. 新和印刷株式會社. 299pp.

25. (社)日本治山治水協會. 1992. 治山技術基準解說 - 總則・山地治山編. 新和印刷株式會社. 299pp.
26. (社)日本治山治水協會日本林道協會. 2005. 森林土木木製構造物施工マニュアル. 新和印刷株式會社. 379pp.
27. (社)全國治山技術協會. 1999. 砂防・地すべり防止施設事例集. 470pp.
28. (社)全國治山技術協會. 2005. 環境保全砂防事例集. 新灯印刷株式會社. 264pp.
29. (社)全國特定法面保護協會. 2006. のり面綠化工の手引き. 山海堂. 148pp.
30. 森誠一. 1998. 魚から見た水環境. (株)信山社サイテック. 243pp.
31. 石井正典. 1999. 砂防ダム魚道設計のポイント. 杜陵高速印刷株式會社. 33pp.
32. 松村和樹, 中筋章人, 井上公夫. 1988. 土砂災害調査マニュアル. 鹿島出版會. 253pp.
33. 水野信彦. 1995. 魚にやさしい川のかたち. 信山社出版社. 135pp.
34. 柿德市. 1983. 砂防計劃論. (株)精興社. 214pp.
35. 宇多高明. 2004. 海岸侵食の實態と解決策. 株式會社 山海堂. 304pp.
36. 一般財團法人 建設物價調査會. 2012. 改訂5版 土木施工の實題と解說. 奧村印刷株式會社. 831pp.
37. 日本法面綠化技術協會. 2005. のり面綠化技術 - 厚層基材吹付工. 山海堂. 169pp.
38. 日本河川協会. 2002. 改訂新版 建設省河川砂防技術基準(案)同解說.
39. (一社)日本治山治水協會・日本林道協會. 2017. 平成29年版 森林土木木製構造物施工マニュアル. 新和印刷株式會社. 513pp.
40. 林拙郎. 2008. 保全砂防學入門. 電氣書院. 293pp.
41. (財)砂防・地すべり技術センター. 2005. 砂防技術. ニッセイエブロ株式會社. 178pp.
42. (財)砂防・地すべり技術センター. 2009. 鋼製砂防構造物設計便覽. ニッセイエブロ株式會社. 178pp.
43. 全槿雨. 1988. 荒廢溪流の微地形判讀と河道整備に關する砂防學的研究. 北海道大學農學部演習林研究報告 45(2): 529-586.
44. 全槿雨. 2003. 韓國における土砂災害と對策の現狀. 日本砂防學會誌 56(1): 45-53.
45. 全槿雨, 李眞浩, 金炅南, 廉圭眞, 徐在哲, 麻鎬燮, 朴文秀, 江崎次夫. 2008. 韓國における海岸防災林の現狀と課題. 海岸林學會誌 7(2): 21-25.
46. 中野秀章. 1976. 森林水文學. 共立出版株式會社. 228pp.
47. 中野泰雄. 2003. 總合的な防災對策. 三和書籍. 102pp.
48. 中村俊六. 1995. 魚道のはなし. 株式會社 山海堂. 225pp.
49. 中村太士. 1999. 流域一貫. 築地書館. 138pp.
50. 池谷浩, 吉松弘行, 南哲行, 寺田秀樹, 大野宏之. 2001. 砂防・地すべり・がけ崩れ・雪崩防止工事ポケットブック. 株式會社 山海堂. 380pp.
51. 村井宏 外 共著. 1992. 日本の海岸林 - 多面的な環境機能とその活用. 株式會社 ソフトサイエンス社. 513pp.
52. 塚本良則. 1992. 森林水文學. 文永堂出版. 319pp.
53. 塚本良則 外. 1991. 新砂防工學. 株式會社 朝倉書店. 193pp.
54. 太田猛彦 外. 1999. 溪流生態砂防學. 財團法人 東京大學出版會. 246pp.

55. 河村三郎. 1982. 土砂水理學 1. 森北出版株式會社. 339pp.
56. 芦田和男 外. 1985. 扇狀地の土砂災害. 株式會社 古今書院. 224pp.
57. 丸谷知己. 2019. 砂防學. 朝倉書店. 244pp.
58. 荒巻学. 1969. 新潟県北部海岸における飛砂. 地理學論評 42(3): 170-175.
59. Jang SJ, Kim SW, Kim M and Chun KW. 2021. Evaluating the Effect of Root Cohesion on Shallow Landslides for Physically Based Modeling. Sensors and Materials 33(11): 3847-3862.
60. Kim SW, Chun KW, Kim M, Catani F, Choi B and Seo JI. 2021. Effect of antecedent rainfall conditions and their variations on shallow landslide-triggering rainfall thresholds in South Korea. Landslides 18: 569-582.
61. Kim SW, Chun KW, Otsuki K, Shinohara Y, Kim MI, Kim MS, Lee DK, Seo JI and Choi BK. 2015. Heavy Rain Types for Triggering Shallow Landslides in South Korea. Journal of the Faculty of Agriculture, Kyushu University 60(1): 243-250.
62. Kim SW, Kim M, An H, Chun K, Oh HJ and Onda Y. 2019. Influence of subsurface flow by Lidar DEMs and physical soil strength considering a simple hydrologic concept for shallow landslide instability mapping. CATENA 182, 104137.
63. Kim SW, Lee JH and Chun KW. 2008. Recent increases in sediment disasters in response to climate change and land use, and the role of watershed management strategies in Korea. International Journal of Erosion Control Engineering 1(2): 44-53.
64. Kim SW, Otsuki K, Shinohara Y and Chun KW. 2015. Distribution and mobilization of large woody debris in a mountain stream network, Gangwon-do, South Korea. Journal of the Faculty of Agriculture, Kyushu University 60(1): 251-258.
65. Obase K, Cha JY, Lee JK, Lee SY and Chun KW. 2012. Ectomycorrhizal fungal community of associated with naturally regenerating *Pinus densiflora* Sieb. et Zucc. seedlings on exposed granite slopes along woodland paths. Journal of Forest Research 17: 388-392.
66. Obase K, Cha JY, Lee JK, Lee SY, Lee JH and Chun KW. 2009. Ectomycorrhizal fungal communities associated with *Pinus thunbergii* in the eastern coastal pine forests of Korea. Mycorrhiza 20: 39-49.
67. Obase K, Lee JK, Lee SY and Chun KW. 2011. Diversity and community structure of ectomycorrhizal fungi in *Pinus thunbergii* coastal forests on the eastern coast of Korea. Mycoscience 52: 383-391.
68. Seo JI, Kim YR, Otsuki K, Kim SW, Yeom KJ, Yi JS, Ahn YS, Ezaki T and Chun KW. 2014. Contributions of Jellyfish fertilizer to survival and growth of seedlings planted in a recently burned forest, Republic of Korea. Journal of the Faculty of Agriculture, Kyushu University 59(1): 181-189.
69. Seo JI, Nakamura F and Chun KW. 2010. Dynamics of large wood at the

watershed scale: A perspective on current research limits and future directions. Landscape and Ecological Engineering 6(2): 271–287.

70. Seo JI, Nakamura F, Chun KW, Kim SW and Grant GE. 2015. Precipitation patterns control the distribution and export of large wood at the catchment scale. Hydrological Processes 29(24): 5044–5057.

71. Seo JI, Nakamura F, Nakano D, Ichiyanagi H and Chun KW. 2008. Factors controlling the fluvial export of large woody debris, and its contribution to organic carbon budgets at watershed scales. Water Resources Research 44(4): W04428.

# 찾아보기

:: ㅇ

## :: ㅈ



## :: ㅊ

## :: D



## :: E



## :: F



## :: G



## :: H

## :: I



## :: J



## :: K



## :: L



## :: M



## :: N



## :: O



## :: P

## :: Q



## :: R



## :: S

:: **T**



:: **U**



:: **V**



:: **W**

## 저자약력

**전 근 우**

강원대학교 농과대학 임학과(농학사)
일본 홋카이도(北海道)대학 대학원 농학연구과 임학전공(농학박사)
現 강원대학교 명예교수, 신(新)산지방재연구소 대표

**서 정 일**

강원대학교 산림과학대학 임학과(농학사)
일본 홋카이도(北海道)대학 대학원 농학연구과 환경자원학전공(농학박사)
現 국립공주대학교 산업과학대학 산림과학과 교수

**김 석 우**

강원대학교 산림과학대학 임학과(농학사)
일본 홋카이도(北海道)대학 대학원 농학연구과 환경자원학전공(농학박사)
現 강원대학교 산림환경과학대학 산림과학부 부교수

# 삼고 사방공학

**초판 1쇄 발행** 2025년 2월 3일

**저자** 전근우, 서정일, 김석우
**발행인** 나규성
**발행처** **향문사**
**주소** 서울특별시 강서구 공항대로 227, 1004호
**전화** 02-584-5671~2
**팩스** 02-584-5673
**등록** 1957년 11월 25일 제2020-000135호
**인쇄** ㈜청아디앤피
**제본** 민성바인텍
**ISBN** 978-89-7187-278-9 93520


**정가 47,000원**